Nr. 20
S. 3025—3184

1953
20. Mai

Chemisches Zentralblatt

Vollständiges Repertorium für alle Zweige der reinen und angewandten Chemie

Im Auftrage der Deutschen Akademie der Wissenschaften zu Berlin, der Akademie der Wissenschaften zu Göttingen und der Gesellschaft Deutscher Chemiker

herausgegeben von

Prof. Dr. **Maximilian Pflücke**

Chefredakteure: Dr. Eugen Klever und Prof. Dr. Maximilian Pflücke

124. Jahrgang

1953

Akademie-Verlag GmbH., Berlin — Verlag Chemie, GmbH., Weinheim/Bergstr.

Inhalt

Namenregister

Chemisches Zentralblatt

1953 Nr. 20 20. Mai

A. Allgemeine und physikalische Chemie.

A_1. Kernphysik und Kernchemie.

Hajime Narumi und **Tanehiro Nakau,** *Über die Quantelung des Drehimpulses im mehrdimensionalen Raum.* 1. Mitt. Behandlung des Entartungsproblems von Energiespektren in allg. quantenmechan. Untersuchungen. Vff. stellen die infinitesimalen Rotationen im mehrdimensionalen Raum dar u. bereiten die Best. der Energieniveaus der 4- u. 5 dimensionalen isotropen Oscillatoren bzgl. der Entartung vor. (Bull. Inst. chem. Res., Kyoto Univ. [Kagaku Ken Ryusho Hokoku] **26.** 26—35. Sept. 1951. [Orig.: japan., Auszug: engl.]) GERHARD SCHMIDT. 80

E. Arnous und **S. Zienau,** *Allgemeine Theorie der Dämpfungsphänomene für nichtstationäre Prozesse.* 1. Mitt. *Grundlagen und Zusammenhang mit dem S-Matrix-Formalismus.* Anwendung der Dämpfungstheorie von diskreten Zuständen auf die Positronentheorie in Operatorform. Als Ergebnis einer exakten Zeitintegration der SCHRÖDINGER-Gleichung erhalten Vff. eine Lsg. der HEITLERschen Integralgleichung in geschlossener Form u. gewinnen einen Operator, der die Dämpfungskonstanten u. die Elemente des Stoßoperators in der Energiedarst. verbindet. Diskussion des Zusammenhanges mit dem S-Matrix-Formalismus. (Helv. physica Acta **24.** 279—95. 10/7. 1951. Zürich, Univ., Seminar für theoret. Physik.) SPEER. 80

M. G. K. Menon und **O. Rochat,** *Beobachtungen bei der Mehrfachstreuung ionisierender Teilchen in photographischen Emulsionen.* 5. Mitt. *Streumessungen an Bahnspuren langsamer Protonen.* (4. vgl. GOTTSTEIN u. MULVEY, C. **1952.** 2786.) Durch Messung der Mehrfachstreuung an in der Emulsion endenden Bahnspuren von Protonen wurde die Streukonstante zu 27,8 ± 0,5 (für $\beta^2 \sim 0{,}03$ u. eine durchschnittliche Größe der Meßzelle von 72 μ) bestimmt. Eine einfache Meth. zur Identifizierung von Teilchen, welche die kombinierten Messungen von Mehrfachstreuung u. Restreichweite benutzt, wird angegeben. Ein Paramater $P = 2{,}37 \cdot \log \hat{\alpha}_{100\mu} + 1{,}37 \cdot \log R$ wird für jede Bahnspur bestimmt (R = Reichweite in μ; $\hat{\alpha}_{100\mu}$ = mittlerer Streuwinkel/100 μ, in der schnelleren Hälfte der Bahnspur gemessen); P ist eine lineare Funktion des Logarithmus der Teilchenmasse. Mit Bahnspuren von Protonen aus künstlichen Quellen u. solchen von σ-Mesonen wird eine Reihe von P-Werten experimentell geeicht. Mit dieser Meth. wurden die Bahnspuren von 83 Protonen aus einer Gruppe von 136 Teilchen der Ladung $|e|$ aus einem Höhenstrahlungsstern identifiziert. Der Mittelwert von P für die 83 Protonen wurde zu 4,275 ± 0,013 gefunden. Die Auflösung zwischen π-Mesonen, Protonen, Deuteronen u. Tritonen ist befriedigend. Die für die SAGITTA-Meth. berechnete Kopplungsmatrix wird unter Berücksichtigung des Energieverlustes wiedergegeben. (Philos. Mag. [7] **42.** 1232—40. Nov. 1951. Bristol, Univ., H. H. Wills Phys. Labor.) EICHHOFF. 85

M. Huybrechts und **M. Schönberg,** *Ionisation bei relativistischen Energien und Polarisationseffekte.* Eine von der Theorie von FERMI abweichende Theorie der Polarisationseffekte beim Energieverlust eines geladenen Teilchens wird aufgestellt, die zu einer wesentlich anderen Verlustaufteilung zwischen der zu Ionisationen führenden Anregung u. der Emission von ČERENKOV-Strahlung führt u. mit dem Experiment besser übereinstimmt. Es ergibt sich eine größere direkte Ionisation (bes. groß bei Gasen) für Stoßparameter, welche die atomaren Dimensionen nach dem relativist. Minimum übertreffen. Das relativist. Anwachsen des Verlustes bei Wechselwirkungen auf Entfernungen $>10^{-8}$ cm wird weitgehend durch das Anwachsen des Aktionsradius für Ionisation u. Anregung (BOHR-WILLIAMS) bestimmt. Die Sättigung tritt durch Begrenzung des Anwachsens des Aktionsradius infolge Polarisation des Mediums u. durch die Sättigung der Emission der ČERENKOV-Strahlung ein. (Nuovo Cimento [9] **9.** 764—807. 1/9. 1952. Brüssel, Univ. Libre, Centre de Phys. Nucl.) WERNER SCHULZ. 90

W. Charitonow, *Ionisationsverluste relativistischer Teilchen im Gas.* Vf. bestimmt mit Proportionalzählern (25% A., 75% Methan; 40 Torr Gesamtdruck) im Impulsbereich $3 \cdot 10^8$—$7{,}2 \cdot 10^9$ eV/c die Ionisationsfähigkeit negativer Teilchen (Mesonen). Es ergibt sich eine befriedigende, für weitergehende Schlüsse jedoch noch nicht ausreichende Übereinstimmung mit der BETHE-BLOCHschen Formel für Luft unter Berücksichtigung des

„Dichteeffektes". (Доклады Академии Наук СССР [Ber. Akad. Wiss. UdSSR] [N. S.] **86.** 285—87. 11/9. 1952. Physikal. Inst. der Akad. der Wiss. der ArmSSR.) Amberger. 90

Herwig Schopper, *Die Bestimmung der mittleren Energie von β-Spektren aus der Form der Absorptionskurve.* Ausführliche Darst. der C. **1952.** 2957 referierten Arbeit. (Ark. Fysik **3.** 441—54. 1952. Stockholm, K. T. H., Labor. Meitner.) Speer. 90

L. Marton, *Elektronenstreuversuche bei kleinen und mittleren Energien.* (Sitzungsbericht.) Es wird ein Instrument zur Beobachtung der Geschwindigkeit u. der Winkelverteilung der von festen Streukörpern gestreuten Elektronen beschrieben. Der gut gebündelte Elektronenstrahl fällt auf ein Target, dessen Orientierung innerhalb 5° verstellbar ist. Vorläufig wurden nur Strahlenergien zwischen 0,1 u. 15 keV benutzt. Ein magnet. Analysator für den gestreuten Strahl ist auf einem drehbaren Tisch montiert, der den Detektor trägt. Der Analysator bedeckt einen Winkelbereich von ca. 300° exklusive eines Rückstreuwinkels von ±15°. Erste Verss. ergaben, daß der Analysator eine Energieauflösung von ca. 1% hat. (Physic. Rev. [2] **87.** 200. 1/7. 1952. Nat. Bur. of Stand.) Gottfried. 90

E. Hisdal, *Mehrfachstreuung von 0,59 MeV-Elektronen.* Aus einer ^{32}P-Quelle wurden mittels eines β-Spektrometers niedriger Auflösung 0,59 MeV-Elektronen erhalten u. diese an einer in das Vakuumsyst. eingebauten Ilford G 5-Platte gestreut, wobei die Plattenebene einen Winkel von 10° zur Spektrometerebene bildete. 75 Bahnen von in der Emulsion mehrfach gestreuten Elektronen wurden mittels eines Cooke M 4005-Mikroskops vermessen. Der gefundene Streuwinkel $(\Phi_g)_{exp.} = 6{,}515 \pm 0{,}65°$ ist wesentlich kleiner als der theoret. Erwartungswert $(\Phi_g)_{theor.} = 10{,}54°$, dasselbe gilt für die Streukonstanten. (Philos. Mag. [7] **43.** 790—800. Juli 1952. Blindern, Oslo, Univ., Fys. Inst. A.) Weigel. 90

A. Ja. Wjatskin, *Unelastische Resonanzstreuung von Elektronen in Metallen.* (Vgl. C. **1951.** I. 2390.) Vf. betrachtet in Einelektronennäherung die unelast. Streuung von Elektronen (10^2—$2 \cdot 10^3$ eV), die durch mit der Gitterperiode modulierte Wellenfunktionen beschrieben werden u. unter Coulomb-Wechselwrkg. mit den Metallgitterelektronen stehen. Die Elektronen erleiden eine unelast. Resonanzstreuung, wenn ihre Energie gleich der Bandkante wird, d. h. unter der gleichen Bedingung wie bei der Elektronenbeugung. (Журнал Экспериментальной и Теоретической Физики [J. exp. theoret. Physik] **23.** 147—50. Aug. 1952. Leningrad, Inst. für Feinmechanik u. Optik.) Amberger. 90

O. Oldenberg, *Resonanz bei Zusammenstoßprozessen.* Vf. untersucht die Grenzen, bei denen die Resonanz bestimmte Zusammenstoßprozesse mit bevorzugter Wahrscheinlichkeit liefert. Bei Stößen zweiter Art beeinflußt die Resonanz wesentlich den Übergang von Elektronenenergie in Elektronenenergie oder in einen geringen Betrag von Schwingungsenergie. Die Resonanz ist bei dem Übergang von Rekombinationsenergie in Elektronenenergie nicht wirksam, sie ist ferner im allg. bei Prozessen, in welchen Kerne ihre Lagen um wesentliche Beträge ändern, ohne Bedeutung. (Physic. Rev. [2] **87.** 786—89. 1/9. 1952. Cambridge, Mass., Harvard Univ., Lyman Labor. of Phys.) Gerhard Schmidt. 90

W. R. Dixon, *Korrekturen für Selbstabsorption bei großen γ-Strahlenquellen.* Die Verringerung der γ-Strahlintensität bei Strahlern mit homogener u. paralleler Strahlung wurde berechnet. Eine allg. Korrektionsgleichung wird abgeleitet, die für lineare, zylindr., sphär. u. gewisse andere Formen der Strahlenquelle anwendbar ist. (Nucleonics **8.** Nr. 4. 68—72. April 1951. Ottawa, Ontario, Can., Nat. Res. Council of Canada, Div. of Phys., Rad. Labor.) v. Harlem. 90

M. A. Preston, J. R. Bird und **J. Shapiro,** *Nucleonenstreuung mit Rückstoßkernpotentialen.* (Sitzungsbericht.) Betrachtung der Wechselwirkungen vom Jastrow-Typ (C. **1951.** II. 2980), jedoch mit endlichen Rückstoßpotentialen. Für einen vorgegebenen Potentialverlauf treten 4 Parameter in der Wechselwrkg., 2 Reichweiten u. 2 Potentialkräfte auf. (Physic. Rev. [2] **86.** 610. 15/5.; Bull. Amer. physic. Soc. **27.** Nr. 1. 35. 31/1. 1952. Univ. of Toronto.) Gerhard Schmidt. 90

W. C. Koehler und **E. O. Wollan,** *Neutronenbeugungsuntersuchungen an Oxyden der leichteren Seltenen Erden.* (Sitzungsbericht.) Die Unterss. erstrecken sich auf die Oxyde von dreiwertigem *La, Pr* u. *Nd* u. auf *Ce-Oxyd,* wobei die magnet. Streueigg. von Ionen der 4 f-Serie ermittelt werden sollten. Die vorläufigen Ergebnisse beschränken sich auf die Kristallstruktur von Verbb. des La_2O_3-Typs. Aus Kristallpulverbeugungsdiagrammen u. Durchlässigkeitsdaten wurden folgende kohärente Wirkungsquerschnitte (in barn) erhalten: ^{139}La (8,7); Ce (2,7); ^{140}Ce (2,8), ^{142}Ce (2,6); Nd (6,5); ^{142}Nd (7,5), ^{144}Nd (1,0), ^{146}Nd (9,5) u. ^{141}Pr (2,4). (Physic. Rev. [2] **87.** 238—39. 1/7. 1952. Oak Ridge Nat. Labor.) Gerhard Schmidt. 90

H. L. Poss, E. O. Salant, G. A. Snow und **Luke C. L. Yuan,** *Gesamtwirkungsquerschnitte für 14 MeV-Neutronen.* Die Gesamtwirkungsquerschnitte von *C, H, D, O* u. *N*

für 14,10±0,05 MeV-Neutronen wurden bei Beschuß eines T–Zr-Targets mit den Deuteronen eines elektrostat. Generators durch Nachw. der Neutronen mit einem Terphenyl–Xylol-Scintillator u. einem Photomultiplier gemessen. Die wirksamen Neutronenenergien wurden aus der Rk. T (d, n) ^4He, der Energie- u. Winkelabhängigkeit des Reaktionsquerschnittes u. der Mehrfachstreuung der Deuteronen u. ihres Anteiles am Energieverlust berechnet. Eine Analyse des Durchganges durch C u. Polyäthylen (40 bis 80%) nach der Meth. der kleinsten Quadrate ergab folgende Gesamtwirkungsquerschnitte in barn: C 1,279±0,004; H 0,689±0,005; D 0,803±0,014; O 1,64±0,06 u. N 1,7±0,1. (Physic. Rev. [2] **87.** 11—20. 1/7. 1952. Upton, N. Y., Brookhaven Nat. Labor.)
Werner Schulz. 90

George Snow, *Analyse der 14 MeV-(n–p)-Streuung.* (Vgl. vorst. Ref.) Der Gesamtwirkungsquerschnitt σ_{total} für 1,410±0,05 MeV-Neutronen wird unter Annahme verschied. Parameter für den (n–p)-Singulettpotentialwall mit quadrat., exponentieller u. Yukawa-Form berechnet. Die Ergebnisse werden mit dem experimentellen σ_{total} = 0,689±0,005 barn verglichen. Grenzwerte der effektiven Reichweite, der inneren Reichweite u. der Tiefe des Singulettpotentials werden für jede Wallform ermittelt. Es ergeben sich z. B. die effektiven Singulettreichweiten zu $(2,22\pm0,24)\cdot10^{-13}$, $(2,24\pm0,33)\cdot10^{-13}$ bzw. $(2,11\pm0,40)\cdot10^{-13}$ cm. Bei allen Formen des Potentialwalles ist die Reichweite für das (n–p)-Singulett kleiner als für das (p–p)-Singulett. Die Ungenauigkeit des Wertes der (n–p)-Singulettreichweite läßt einen sicheren Schluß auf die Ungleichheit der inneren (n–p)- u. (p–p)-Reichweiten nicht zu. (Physic. Rev. [2] **87.** 21—26. 1/7.; Sitzungsbericht: **85.** 703. 15/2. 1952; Bull. Amer. physic. Soc. **26.** Nr. **6.** 7. 24/10. **1951.**)
Werner Schulz. 90

S. I. Rubinow und **Herman Feshbach,** *Ein Variationsprinzip für k cot δ.* (Sitzungsbericht.) Der Einfl. der Größe k cot δ, wo k die Wellenfunktion u. δ die Phasenverschiebung ist, in der Analyse der (n, p)- u. (p, p)-Streuung auf die Berechnung des Streuquerschnittes mit Hilfe eines neuen Variationsprinzips für die S-Zustandsstreuung wird diskutiert. (Physic. Rev. [2] **86.** 610. 15/5.; Bull. Amer. physic. Soc. **27.** Nr. 1. 35. 31/1. 1952. M. I. T.)
Gerhard Schmidt. 90

Richard K. Osborn, *Die in zweiter Ordnung gequantelte Theorie von Teilchen mit dem Spin ½ in nichtrelativistischer Begrenzung.* Die Meth. der kanon. Transformierung Dirac-Hamiltonscher Operatoren für freie Elektronen wird generalisiert, so daß ein in zweiter Ordnung gequantelter Formalismus angewandt werden kann. Hierbei gehen die Spinorwellenfunktionen in Vierkomponentenoperatoren für Bldg. u. Vernichtung ein. Wird der Hamilton-Operator von ungeraden Dirac-Operatoren befreit, so können die Spinoroperatoren mit 4 Komponenten in zwei Arten von Bildungs- u. Vernichtungsoperatoren mit 2 Komponenten zerlegt werden. (Physic. Rev. [2] **86.** 340—47. 1/5. 1952. Cleveland, O., Case Inst. of Technol.) Gerhard Schmidt. 90

Charles D. Coryell und **Hans E. Suess,** *Empirische Schätzung unpaariger Spineffekte für Protonen und Neutronen.* (Sitzungsbericht.) Unter Bezugnahme gerader Z- u. gerader N-Kerne läßt sich die Energie von Kernen durch E (Z, N) = f (Z, N) + π (für ein unpaariges Proton) + ν (für ein unpaariges Neutron) ausdrücken. Der von Bohr u. Wheeler eingeführte Ausdruck δ_A stellt die Summe π + ν dar. Beispiele für Kerne mit abgeschlossenen Neutronenschalen werden angeführt. (Physic. Rev. [2] **86.** 609. 15/5.; Bull. Amer. physic. Soc. **27.** Nr. 1. 34. 31/1. 1952. Massachusetts Inst. of Technol. and U. S. Geol. Survey.)
Gerhard Schmidt. 95

P. Gombás, *Die statistische Theorie des Atomkerns.* 1. Mitt. Ausführliche Darst. der C. **1952.** 7764 referierten Arbeit. (Acta physica Acad. Sci. hung. **1.** 329—90. 1952. Budapest, Univ. für techn. Wiss., Physikal. Inst.) Speer. 95

A. de-Shalit, *Über die Abweichungen der magnetischen Momente von den Schmidt-Linien.* Vf. erklärt die experimentellen Abweichungen der magnet. Momente von den Schmidt-Linien durch Anomalien des g-Faktors der freien Nucleonen, die im gebundenen Zustand beträchtlich red. werden. Es zeigt sich, daß prakt. alle experimentellen Werte in den beiden durch je eine Dirac- u. Schmidt-Linie abgegrenzten Gebieten liegen. (Helv. physica. Acta **24.** 296—97. 10/7. 1951. Zürich, ETH, Phys. Inst.) Speer. 95

Gunnar Lindström, *Kernresonanzabsorption in Anwendung auf Präzisionsmessungen der magnetischen Kernmomente und die Aufstellung einer absoluten Energieskala in der β-Spektroskopie.* Die Konstruktion einer Präzisionsmeßanordnung nach dem Prinzip der Kernresonanzabsorption wird beschrieben. Dabei wird eine neue Meth. zum Vgl. zweier Resonanzsignale mit einem Oscillographen erörtert u. die Einführung eines neuen Magnetfeldstabilisators mitgeteilt. Die neue Meth. wird zur Best. der magnet. Momente einiger leichter Kerne benutzt. Die auf $^1H(H_2O)$ bezogenen Resonanzfrequenzen sowie die magnet. Kernmomente (in Kernmagnetonen) wurden für D (D_2O), ^7Li ($LiNO_3$), ^{11}B ($Na_2B_2O_4$ u. $K_2B_2O_4$), ^{19}F ($CFCl_3$), ^{23}Na ($Na_2B_2O_4$ u. NaBr) u. ^{27}Al ($AlCl_3$) bestimmt. Die chem. Abhängigkeit lag für die Resonanzfrequenzen von Protonen in H_2O u. Paraffinöl in der Größenordnung von $(4,2 \pm 1,5) \cdot 10^{-6}$, für einige F-Verbb. in der Größenordnung von $(171,8 \pm 2,0) \cdot 10^{-6}$. Der Quotient der gyromagnet. Verhältnisse für die Eigenrotation (g_S) u. die Bahnbewegung des Elektrons (g_L) wurde zu $g_S/g_L = 2(1 + 0,0014 \pm 0,00006)$ errechnet. Die H_S-Werte für die F-, I- u. L-Linien von Th (B, C bzw. C″) betragen: $1388,56 \pm 0,15$, $1754,01 \pm 0,20$ bzw. $2607,17 \pm 0,30$ Gauß·cm. Die Massen von β^-- u. β^+-Teilchen sind bis auf 0,1‰ gleich. Das magnetogyr. Verhältnis des Protons ergab sich zu $(2,67525 \pm 0,00020) \cdot 10^4$ Gauß·Sekunde. (Ark. Fysik **4.** Nr. 1. 1—80. 1952. Stockholm, Nobel-Inst. of Phys.) WERNER SCHULZ. 95

H. R. Coish, *Theorie der inneren Konversion.* Weitere Korrekturen an dem von TRALLI u. GOERTZEL (C. **1952.** 1945) aufgestellten vollständigen quantenmechan. Problem der inneren Konversion. (Physic. Rev. [2] **84.** 164—65. 1/10. 1951. Winnipeg, Can., Univ. of Manitoba, Math. Phys. Dep.) GERHARD SCHMIDT. 103

S. A. S. Brimberg, *Innere Konversion von γ-Strahlen mit Paarbildung.* Die Berechnungen werden mit Hilfe der Theorie von JAEGER u. HULME durchgeführt, welche die DIRAC-Gleichung benutzt u. die γ-Strahlung als eine von einem elektr. Dipol oder einem elektr. Quadrupol ausgehende Störung des COULOMB-Feldes um den Kern ansieht. Die inneren Paarbildungskoeffizienten werden für die γ-Energien 2, 2,57, 3, 4 u. 5 mc^2 u. für Z = 0, 28 u. 84 berechnet. Es besteht keine lineare Abhängigkeit zwischen dem inneren Paarbildungskoeff. u. Z. Zur angenäherten Berechnung des inneren Paarbildungskoeff. wird eine für den Energiebereich 2—5 mc^2 gültige, bis auf 10% genaue Interpolationsformel angegeben. (Physic. Rev. [2] **87.** 150—51. 1/7. 1952. Stockholm, KTH.) WERNER SCHULZ. 103

H. Messel, R. B. Potts und **C. B. A. McCusker**, *Theoretische Ergebnisse über energiereiche Kernzusammenstöße in leichten und schweren Elementen.* Vff. entwickeln die für die verschied. Schemata der Mehrfacherzeugung von Mesonen angemessenen Kaskadentheorien u. stellen Hauptdiffusionsgleichungen auf, welche die verschied. Schemata als Spezialfälle enthalten. Ihre exakte Lösung u. die numer. Ergebnisse werden für eins dieser Schemata angegeben, u. zwar in einer Form, die sich für den direkten Vgl. mit den experimentell aus der Emulsionstechnik erhaltenen Werten eignet. Die theoret. Ergebnisse für die Nucleon-Kernzusammenstöße in leichten Elementen (*C*, *N* u. *O*) sowie in schweren Elementen (*Ag* u. *Br*) werden sowohl für Mesonen als auch für Protonen tabellar. angeführt. (Philos. Mag. [7] **43.** 889—99. Aug. 1952. Adelaide, Univ.; Dublin, Inst. for Adv. Stud.) GERHARD SCHMIDT. 103

Alfred Brukl, Friedrich Hernegger und **Hermine Hilbert**, *Zur Kenntnis neuer in der Natur vorkommender α-Strahler.* Nach chem. Anreicherung der Aktivitäten aus *Zn*-Erzen der Magdeburger Zinkhütte konnten mittels eines Röhrenelektrometers u. einer Reihe von Ionisationskammern folgende 6 α-Reichweitegruppen festgestellt werden: $0,9 \pm 0,07$ cm (**I**), $1,3 \pm 0,07$ cm (**II**), $1,79 \pm 0,08$ cm (**III**), $2,28 \pm 0,09$ cm (**IV**), $2,76 \pm 0,1$ cm (**V**) u. $3,36 \pm 0,06$ cm (**VI**) in Luft von 0° u. 760 mm Hg. Für den genauer untersuchten Strahler **VI** wird die Halbwertszeit zu 190 ± 10 Tagen bestimmt. Für die chem. Anreicherung wurden im wesentlichen die beiden folgenden Gänge benutzt: 1. Zn-Blende in HCl gelöst, inakt. Gangart abgetrennt, mit NaOH fast neutralisiert, mit H_2S bei einem solchen p_H gefällt, daß ZnS sich nur zum Teil abscheidet. Die gefällten Sulfide in HNO_3 gelöst u. vom S abgetrennt. 100 cm^3 der Nitratlsg. emittierten 32 α-Teilchen pro Minute. Durch NH_3-Zusatz fallen 62% der Aktivität aus. Beim Glühen gehen die Aktivitäten flüchtig; desgleichen mit S u. sublimierbaren Sulfiden. Die Trennung von Cu, Pb u. Zn erfolgt unvollständig, von Ag über AgCl dagegen vollständig. — 2. Schlackenmaterial aus der Verhüttung der genannten Zn-Blende in HCl 1 : 1 zers.; die Auflsg. wird so durchgeführt, daß die entstehende Fe-Lauge fast neutral u. schwermetallfrei anfällt. Die Aktivität findet sich im Rückstand, der gewaschen u. trockengesaugt u. nach 48 std. Luftoxydation mit konz. HCl extrahiert wird. Die Aktivität findet sich nach Abdestillation der Hälfte der Säure im Rückstand. Mit H_2O verd., vom Rückstand abfiltriert, mit Lauge fast neutralisiert, mit H_2S gefällt, nach 12 std. Stehen filtriert. Aktivität im Nd., bei der Chlorierung dieses Nd. geht Po u. vor allem **VI** bei 450° flüchtig, im Rückstand finden sich **I—VI**. Bei der Sublimation von S u. As-Sulfid im N_2-Strom bei 500° geht Po neben **V** u. **VI** über, **I—IV** bleiben im Rückstand. (S.-B. österr. Akad. Wiss., math.-naturwiss. Kl., Abt. IIa **160.** 129—46. 1951. Wien, Inst. für Radiumforsch.) WEIGEL. 103

R. Sherr und **J. Gerhart**, *γ-Strahlung von* ^{10}C. (Sitzungsbericht.) Das γ-Spektr. von ^{10}C aus ^{10}B (p, n) wurde mit dem NaJ-Scintillationsspektrometer vermessen. Außer der 511 keV-Vernichtungsstrahlung wurden γ-Gruppen von 720 ± 15 keV u. 1045 ± 20 keV beobachtet. Das Maximum der 1045 keV-Strahlung ist einem Untergrund aus einer harten

Strahlung überlagert, der auch bei ^{11}C, ^{19}Ne u. ^{35}Ar beobachtet werden konnte. Da bei der Positronenabsorption in verschied. Substanzen keine Z-Abhängigkeit gefunden wurde u. die Härte mit der Positronenenergie ansteigt, scheint das Kontinuum aus einer Vernichtung von bewegten Positronen zu stammen. Die Intensitäten der 720 keV- u. 1045 keV-Linien entsprechen (1,0 ± 0,1) u. (0,021 ± 0,005) γ-Strahlen pro ^{10}C-Positron. Diese γ-Gruppen entsprechen β^+-Übergängen zum 713 keV- bzw. 1740 keV-Anregungszustand. Das Intensitätsverhältnis berechnet sich auf Grund der f-Werte für erlaubte Übergänge zu 0,07. (Physic. Rev. [2] **86.** 619. 15/5.; Bull. Amer. physic. Soc. **27.** Nr. 1. 44. 31/1. 1952. Princeton Univ.) WEIGEL. 103

H. E. Gove und **H. F. Stoddart**, *Die Winkelverteilungen der $^{12}C(p, p')^{12}C^*$-Reaktion. ($Q = -4,45$ MeV) und der ^{24}Mg (p, p') $^{24}Mg^*$-Reaktion ($Q = -1,38$ MeV) unter Benutzung eines NaJ-Scintillationszählers.* (Vgl. C. **1953.** 1755.) (Sitzungsbericht.) Mit einem NaJ-Scintillationszähler wurde die Winkelverteilung der von ^{12}C u. ^{24}Mg unelast. gestreuten Protonen vermessen. Die Protonenenergie betrug 7,3 MeV. Die Ergebnisse wurden nach LEGENDREschen Polynomen entwickelt. Die beiden Winkelverteilungen unterschieden sich merklich, was im Hinblick auf die Tatsache von Interesse ist, daß in beiden Fällen der Spin des Targetkerns 0 (gerade Parität), der Spin des ^{24}Mg-Restkerns im ersten angeregten Zustand 2 (gerade Parität) ist. Der Spin für den ersten angeregten Zustand von ^{12}C ist ebenfalls 2 (gerade Parität). Beide Verteilungen sind um 90° asymm., was darauf hindeutet, daß mindestens zwei Niveaus mit verschied. Parität am Compoundkern (^{25}Al u. ^{13}N) beteiligt sind, worüber bisher nichts bekannt ist. (Physic. Rev. [2] **87.** 237—38. 1/7. 1952. M. I. T.) GERHARD SCHMIDT. 103

J. S. Arthur, A. J. Allen, R. S. Bender, H. J. Hausman, C. J. McDole, L. M. Diana, K. B. Rhodes und **R. A. Barjon**, *Energieniveaus, die sich aus 8 MeV-Protonen auf ^{9}Be, ^{12}C, ^{14}N, ^{32}S ergeben.* (Sitzungsbericht.) In einer Streuungsanordnung wurden 8 MeV-Protonen auf dünne Targets von ^{9}Be, Nylon u. ^{32}S geschossen. In ^{9}Be wurde das 2,42 MeV-Niveau aus ^{9}Be(p, p')^{9}Be beobachtet. Außerdem wurden α-Spitzen gefunden. Ein $0,2 \cdot 10^{-3}$ in. Nylontarget wurde bei 90° u. 150° beschossen. Es traten Protonengruppen auf, die Spitzen elast. Streuung von ^{16}O, ^{14}N u. ^{12}C entsprachen, in ^{14}N Energieniveaus bei 2,32, 3,80 u. 3,96 MeV sowie in ^{12}C ein Energieniveau bei 4,47 MeV. Zusätzlich zu der elast. Gruppe wurden 7 unelast. Gruppen in ^{32}S beobachtet, die angeregten Niveaus in ^{32}S bei 2,25, 3,85, 4,33, 4,57, 4,74, 5,05 u. 5,35 MeV entsprachen. (Physic. Rev. [2] **87.** 237. 1/7. 1952. Univ. of Pittsburgh.) GERHARD SCHMIDT. 103

G. R. Grove und **John N. Cooper**, *Über die Energieniveaus des ^{32}S-Kerns.* (Sitzungsbericht.) Die Energieniveaus von durch Protoneneinfang aus ^{31}P erhaltenem ^{32}S werden mit den aus dem Kugelschalenkernmodell von WILSON (C. **1951.** I. 2839) berechneten Werten verglichen. Die 17 beobachteten Niveaus lassen sich Werten von n = 28, 29, 30 u. 31 u. niedrigen Werten von j der Energieformel zuordnen. Für n = 30 werden die Niveaus Werten von j = 0, 1, 2, 3, 5 u. 6 zugeordnet. Für verschied. Niveaus übersteigen die Abweichungen zwischen den berechneten u. gemessenen Energien die Meßfehlergrenzen beträchtlich. (Physic. Rev. [2] **85.** 160. 1/1. 1952. Ohio State Univ.) WERNER SCHULZ. 103

J. A. Lovington, J. J. G. McCue und **W. M. Preston**, *Die (p, n)-Reaktion auf abgetrennte Isotope von Chrom.* (Vgl. MCCUE u. PRESTON, C. **1952.** 6325.) Vff. beobachten bei der Neutronenausbeute aus dem Protonenbeschuß angereicherter Isotope von ^{53}Cr u. ^{54}Cr mehrere hundert Resonanzen. Bei diesen Verss. diente als Protonenquelle ein elektrostat. Generator, die Genauigkeit der Energiemessung scharfer Resonanzen lag bei ±0,1%. Die Neutronen wurden mit einem Zähler von 1 in. Durchmesser nachgewiesen, der mit angereichertem BF_3 bei einem Druck von 55 cm Hg gefüllt u. in einem Cd-bedeckten Paraffinzylinder eingebettet war. Der Zähler war so eingestellt, daß γ-Strahlen nicht gezählt wurden. Die Ergebnisse lassen keine charakterist. Resonanzgruppen erkennen. Die oberen Grenzen für die Niveauabstände in den Compoundkernen ^{54}Mn u. ^{55}Mn sind 4 bzw. 5 keV. Die Schwellenwerte liegen bei 1406 ± 8 keV für ^{53}Cr (p, n) u. bei 2202 ± 5 keV für ^{54}Cr (p, n). (Physic. Rev. [2] **85.** 585—89. 15/2. 1952. Cambridge, Mass., M. I. T., Labor. for Med. Sci. and Engng.) GERHARD SCHMIDT. 103

H. Glättli, O. Seippel und **P. Stoll**, *Absolutbestimmung der Wirkungsquerschnitte ^{63}Cu (γ, n) und ^{12}C (γ, 3α) in bezug auf Lithium-γ-Strahlung.* Bei der Absolutmessung der γ-Intensität werden mit einem Zählrohr von bekannter Empfindlichkeit die in einer Pb-Folie ausgelösten Paar- u. COMPTON-Elektronen registriert. An Hand des bekannten COMPTON- u. Paarquerschnittes von Pb kann auf die Zahl der γ-Quanten geschlossen werden, welche das Target in dem durch Fläche u. Abstand der Pb-Folie von der Quelle definierten Raumwinkel verlassen. Das dünnwandige Meßzählrohr zur Registrierung der Sekundärelektronen befindet sich in einem Magneten, mit der Achse parallel zu den Feldlinien. Das Zählrohr ist teils durch das Eisen des Elektromagneten, teils durch eine 6—12 cm dicke Pb-Wand gegen Streustrahlung geschützt. Als Ergebnis der Wirkungsquerschnittbest. der Rk. ^{63}Cu (γ, n) bzgl. der Li-γ-Strahlung ergab sich ein Wert von 0,048 barn mit einer maximalen Fehlermöglichkeit von 30% (wahrscheinlicher Fehler 15%). Für den Wirkungsquerschnitt der Rk. ^{12}C (γ, 3α) ergab sich ein Wert von $1{,}75 \cdot 10^{-28}$ cm^2 mit einem wahrscheinlichen Fehler von ±15%. (Helv. physica Acta **25.** 491—99. 15/9. 1952. Zürich, ETH.) GERHARD SCHMIDT. 103

G. M. Lewis, *Die natürliche Radioaktivität von Rubidium.* Der radioakt. Zerfall von ^{87}Rb wird mit Hilfe eines RbJ–Tl-Kristalls als Scintillationszähler untersucht. Die Meth., die keine Störungen durch Quellenabsorption u. Streuung aufweist, deutet auf ein β-Spektr. mit einem Endpunkt bei 275 keV. Das FERMI-Diagramm zeigt einen verbotenen Verlauf. $T_{1/2}$ wird zu $(5{,}90 \pm 0{,}3) \cdot 10^{10}$ Jahren bestimmt, log ft ist gleich 17,5 u. der Übergang ^{87}Rb → ^{87}*Sr* ist in 3. Ordnung verboten. Hiermit stimmt die Spinänderung zwischen den Grundzuständen 3/2 → 9/2 überein. (Philos. Mag. [7] **43.** 1070—74. Okt. 1952. Glasgow, Univ., Dep. of Natural Philos.) WEIGEL. 103

R. M. Pearce und **E. K. Darby,** *Doppelter β-Zerfall von ^{124}Sn.* Vff. untersuchen eine Sn-Folie mit 95% ^{124}Sn mit in Koinzidenz geschalteten Scintillationszählern. Der Höhenstrahluntergrund wird durch einen in Antikoinzidenz geschalteten Flüssigkeitszähler heruntergedrückt. Bei Verwendung eines 18-Kanal-Analysators als Registriergerät u. 264 Std. Zähldauer wird ein Koinzidenzspektr. erhalten, das keinen Anhaltspunkt für ein auf doppelten β-Zerfall hindeutendes Maximum liefert. Für $T_{1/2}$ des doppelten β-Zerfalls von ^{124}Sn wird ein unterer Grenzwert von $0{,}3—0{,}6 \cdot 10^{17}$ Jahren angenommen. (Physic. Rev. [2] **86.** 1049—50. 15/6. 1952. Vancouver, Univ. of Brit. Columbia, Dep. of Phys.) WEIGEL. 103

D. Rose, G. Hinman und **L. G. Lang,** *Innere Konversion von ^{131}J.* Die β-Komponenten beim Zerfall von ^{131}J in ^{131}Xe werden in einem großen (ϱ = 50 cm) Doppelfokus-β-Spektrometer untersucht zwecks Best. der inneren Konversionskoeffizienten der 284, 364, 638 u. 724 keV-γ-Gruppen. Das β-Kontinuum läßt sich in 3 Komponenten mit Endpunkten von 338, 606 u. 807 keV auflösen. Der Multipolcharakter der γ-Übergänge wird diskutiert; die Koeffizienten der inneren Konversion (α_K) berechnen sich zu 0,036 ±0,002, 0,0174 ±0,0001, 0,0021 ±0,0001 bzw. 0,0037 ±0,0005. (Physic. Rev. [2] **86.** 863—65. 15/6. 1952. Pittsburgh, Pa., Carnegie Inst. of Technol.) WEIGEL. 103

T. B. Novey, *Winkelkorrelation und Intensität der inneren Bremsstrahlung von ^{32}P und RaE.* (Vgl. C. **1952.** 5039.) (Sitzungsbericht.) Vf. mißt die Winkelkorrelation zwischen β-Teilchen u. gleichzeitig emittierter innerer Bremsstrahlung beim RaE. Die Übereinstimmung der Korrelation mit der nach der Theorie von KNIPP, UHLENBECK u. BLOCH zu erwartenden ist sehr gut. Für die kontinuierliche γ-Verteilung bei ^{32}P u. RaE wurden Absolutmessungen des γ/β-Intensitätsverhältnisses mittels NaJ(Tl)-Scintillationszähler durchgeführt. Dem RaE-γ-Spektr. ist eine K-Röntgenstrahlung mit wenigen % der γ-Intensität überlagert. (Physic. Rev. [2] **86.** 619. 15/5.; Bull. Amer. physic. Soc. **27.** Nr. 1. 44. 31/1. 1952. Argonne Nat. Labor.) WEIGEL. 103

R. W. Pringle, H. W. Taylor und **S. Standil,** *Einige Beobachtungen über die γ-Strahlung von Polonium.* Vff. messen die Impulshöhenverteilung der ^{210}Po-γ-Strahlung mit einem Koinzidenzscintillationsspektrometer. Für die harte Komponente einer Ra- u. RaD-freien-Po-γ-Quelle lieferte die Einkanal-Impulshöhenanalyse einen Energiewert von 804 ± 5 keV. Im Bereich von 0,10—2 MeV konnte in Po keine weitere γ-Komponente gefunden werden. Die Best. der weichen Komponente mit Scintillationsspektrometer u. Einkanalanalyse lieferte durch Vgl. zur ^{131}J-γ-Strahlung von 80,1 keV einen mittleren Wert von 77 ± 2 keV. Falls der Koeff. der inneren Konversion für die 804 keV-γ-Strahlung ca. 5% beträgt u. die weiche Strahlung K-Strahlung ist, zeigen die Messungen an, daß nahezu die gesamte K-Schalenionisation von anderen Prozessen als von innerer Konversion herrührt. Koinzidenzmessungen mit einer Auflösungszeit von 0,3 μSek. ergaben, daß weniger als 1% der weichen Komponente mit der 804 keV-Komponente koinzidiert. Falls ein Teil der weichen Strahlung aus dem Kern kommt, erfolgt kein direkter Kaskadenübergang zum Grundzustand des Kerns. (Physic. Rev. [2] **87.** 384—85. 15/7. 1952. Winnipeg, Can., Univ. of Manitoba, Phys. Dep.) GERHARD SCHMIDT. 103

J. S. Levinger und **H. A. Bethe,** *Neutronenausbeute aus dem Kernphotoeffekt.* (Vgl. C. **1951.** I. 1107.) Die bei Kernphoto-Rkk. durch 300 MeV-Bremsstrahlung erzeugten Neutronenausbeuten scheinen schneller mit der Kernladungszahl als die nach der Theorie vorausgesagten Neutronenausbeuten zuzunehmen. Vff. analysieren die Ausbeuten für Elemente von *Cu* bis *U* in Approximationsausdrücken der Multiplizität der Neutronenerzeugung. Für die experimentellen Ausbeuten wird ein integrierter Wirkungsquerschnitt des Kernphotoeffektes angegeben. (Physic. Rev. [2] **85.** 577—81. 15/2. 1952; Sitzungsbericht: Physic. Rev. [2] **85.** 742. 15/2. 1952; Bull. Amer. physic. Soc. **26.** Nr. 7. 8. 30/11. 1951. Baton Rouge, La., State Univ.; Ithaca, N. Y., Cornell Univ.) GERHARD SCHMIDT. 103

J. Lafoucrière, *Herstellung intensiver und konzentrierter ^{32}P-Strahlenquellen.* Die Unters. des Spektr. von ^{32}P nach der Trochoidenmeth. erfordert die Herst. einer nahezu punktförmigen Strahlenquelle. Dieses Problem wird durch Einführung des Radioelementes in fester Form in eine dünnwandige Glasspitze gelöst. Zur Vermeidung von Aktivitätsverlusten wird ein Verf. angewandt, das eine schnelle Trennung u. Trocknung ermöglicht. Vier oder fünf Ndd. von $MgNH_4PO_4$ reichen zur Sammlung der Gesamtaktivität aus. (J. Physique Radium **12.** 826—27. Okt. 1951. Lyon, Inst. de Phys. atom.) GERHARD SCHMIDT. 105

Leonilda Altman, *Ein Analogierechner als Hilfe für Berechnungen zur Schauertheorie.* Die Berücksichtigung der Wirkungen der Mehrfachstreuung bei Monte Carlo-Berechnungen an Kaskadenschauern führte zur Entw. eines kleinen handbetriebenen Rechenapp. zur Berechnung sphär. trigonometr. Funktionen. (Rev. sci. Instruments **23.** 382. Juli 1952. Ithaca, N. Y., Cornell Univ.) H. HAUSWALD. 112

B. W. Soole, *Der RADIAC-Rechenschieber für die Berechnung der äußerlichen Bestrahlungsdosis aus Kernspaltprodukten.* Es wird ein Rechenschieber beschrieben, der eine Ermittlung der Bestrahlungsdosis in Röntgen (r) als Funktion der Zeit nach Explosion einer Atombombe u. der Dosismenge in r/Std. in einfacher Weise ermöglicht. Die theoret. Grundlagen werden abgeleitet. (J. sci. Instruments **29.** 189—92. Juni 1952. Teddington, Middlesex, Admiralty Res. Labor.) WEIGEL. 112

John Backus, *Der Entwurf von Cyclotronoscillatoren.* Vf. erläutert die Berechnung des Oscillators des 60 in.-Cylcotrons an Hand von numer. Beispielen. Dosen u. Vakuumkammergehäuse bilden zusammen mit einer Induktivität einen Schwingkreis, mit dessen Resonanzfrequenz die Senderöhre gesteuert wird. (Rev. sci. Instruments **22.** 84—92. Febr. 1951. Los Angeles, Calif., Univ. of South California.) H. HAUSWALD. 112

K. W. Allen, E. Almqvist, J. T. Dewan und **T. P. Pepper,** *Eine 200 kV-Hochspannungsanlage für die Beschleunigung von ^{3}H und ^{3}He.* Die Hochspannungsanlage zeichnet sich durch eine Hochfrequenzionenquelle mit einer Leistung von 200 μA u. einem H_2-Gasverbrauch von 9 cm^3 unter Normalbedingungen sowie durch ein Differentialpumpsyst., welches mehr als 95% des Gases wiedergewinnt, u. einen elektron. Stabilisator, der Spannungsschwankungen auf mehr als 0,05% stabilisiert, aus. (Canad. J. Physics **29.** 557—68. Nov. 1951. Chalk River, Ontario, Can., Nat. Res. Counc., AEP.) H. HAUSWALD. 112

I. I. Rabi, *Die Atomstrahlresonanzmethode für angeregte Zustände.* Die Meth. des Vf. (vgl. u. a. Physic. Rev. [2] **55.** [1939.] 526) kann auf die Unters. angeregter Zustände von Alkalien von 10^{-8} Sek. Lebensdauer ausgedehnt werden, indem zusätzlich zu dem Hochfrequenzfeld das Gebiet des „C“-Feldes auch mit der Strahlung der Hauptserien der untersuchten Atome ausgeleuchtet wird. (Physic. Rev. [2] **87.** 379. 15/7. 1952. New York, N. Y., Columbia Univ.) H. HAUSWALD. 112

W. W. Pratt, F. I. Boley und **R. T. Nichols,** *Ringfokussierung in einem β-Spektrometer mit dünnen Linsen.* Durch photograph. Aufzeichnung des Elektronenstrahls in einem β-Spektrometer mit dünnen Linsen wurde eine ringförmige Einschnürung des Elektronenbündels nachgewiesen. Die optimalen Beziehungen zwischen Ringdicke, Raumwinkel u. Fensterdurchmesser des Zählers wurden untersucht. Gegenüber dem ursprünglichen Blendensyst. liefert diese Anordnung bei einer Auflösung von 2,5% eine Verdopplung der Durchlässigkeit des Spektrometers. (Rev. sci. Instruments **22.** 92—96. Febr. 1951. Ames, Iowa, State Coll., Inst. for Atom. Res., u. Dep. of Phys.) H. HAUSWALD. 112

Sven Gösta Nilsson, *Die Bewegung von Elektronen im Felde eines gleichförmig gewundenen Toroids.* Durch Integration der Bewegungsgleichungen eines Elektrons im gleichförmigen Magnetfeld eines Toroids werden Aussagen über die Form des Eintrittsschlitzes, den Fokussierungswinkel u. das Auflösungsvermögen eines toroidförmigen β-Spektrographen gewonnen. (Ark. Fysik **4.** 347—51. 1952. Uppsala.) H. HAUSWALD. 112

S. K. Haynes und **J. W. Wedding,** *Die Verwendung von drei langen rechteckigen Spulen zur Neutralisation des erdmagnetischen Feldes in einem β-Spektrometer vom Linsentyp.* (Vgl. C. **1951.** I. 6.) Zur Erweiterung des Energiebereiches eines β-Spektrometers mit magnet. Linsen ohne Eisen auf langsame Elektronen wird das Erdfeld in einem langen zylindr. Bereich kompensiert. Angabe der Feldbedingungen u. von Konstruktionseinzelheiten. (Rev. sci. Instruments **22.** 97—101. Febr. 1951. Nashville, Tenn., Vanderbilt Univ.) H. HAUSWALD. 112

D. Keefe, T. E. Nevin, C. B. A. McCusker und **N. A. Porter,** *Gasverunreinigung von Geiger-Müller-Zählern.* Die Neigung des GEIGER-Bereichs eines Ar-A.-gefüllten Höhenstrahlzählrohres ist proportional der zugesetzten Luftmenge. Ein Partialdruck von 1 mm CO bringt den GEIGER-Bereich zum Verschwinden. (Nature [London] **170.** 501—02. 20/9. 1952. Dublin, Univ. Coll., Inst. for Adv. Stud.) H. HAUSWALD. 112

— *Die neuesten Entwicklungen auf dem Gebiet der Scintillationszählung.* Zusammenfassender Sitzungsbericht über den neuesten Stand der Scintillationszählertechnik. (Nucleonics **10.** Nr. 3. 32—41. März 1952.) REUSSE. 112

R. B. Owen, *Eine Übersicht über die Scintillationszählung.* Übersicht über die handelsüblichen Photomultiplier u. die Charakteristiken der Phosphore bei der Scintillationszählung u. den Spektrometern. (Atomics **4.** 5—10. Jan. 1953. Harwell, A. E. R. E.) GERHARD SCHMIDT. 112

Rudolf Frerichs, *Ein Empfänger sehr starker Absorption für durchdringende Strahlung.* Die Änderung der DK. eines Kristallphosphors bei Auffüllung seiner Elektronenfallen durch Strahlung wird zum Nachw. dieser Strahlung ausgenutzt. Ein Kondensator, bestehend aus 10 Schichten mit Phosphor bedeckter Al-Folie u. *Polystyrol* als Bindemittel, verändert seine Kapazität bei einer pulsierenden Röntgenbestrahlung von 0,001 r/Min. um $0{,}57 \cdot 10^{-6}$. Bei starker Bestrahlung erreicht die Kapazitätsänderung eine Sättigung, so daß das Wechselstromsignal verschwindet. (J. appl. Physics **23.** 697—98. Juni 1952. Evanston, Ill., Northwest. Univ., Dep. of Phys.) H. HAUSWALD. 112

John Marshall, *Čerenkov-Strahlungszählung.* Gekürzte Wiedergabe der C. **1953.** 2069 referierten Arbeit. (Physic. Rev. [2] **86.** 583. 15/5.; Bull. Amer. physic. Soc. **27.** Nr. 1. 8. 31/1. 1952. Univ. of Chicago.) H. HAUSWALD. 112

A₂. Optisches Verhalten der Materie.

Yvette Andrillat, *Spektraluntersuchung von Wolf-Rayet-Sternen im nahen Infrarot.* Die mit einem Objektivprisma an einem 120 cm-Teleskop erhaltenen Spektren von 4 Sternen des WC- u. 6 Sternen des WN-Typs zeigen mit Sicherheit das Vork. von N II-Linien in WC- u. von C I-, C II-, C III- u. C IV-Linien in WN-Sternspektren u. somit die Notwendigkeit einer Revision der Klassifizierung dieser Sterne. (C. R. hebd. Séances Acad. Sci. **234.** 2154—56. 26/5. 1952.) EICHHOFF. 113

Je. W. Pjasskowskaja-Fessenkowa, *Die Sonnenaureole im infraroten Spektralbereich.* Frühere Beobachtungen, nach denen im sichtbaren Spektralbereich der tägliche Gang der Aureolenhelligkeit von der Wellenlänge unabhängig u. nur eine Funktion der Durchsichtigkeit der Atmosphäre ist, lassen sich auf das nahe Infrarot ausdehnen. Die lineare Abhängigkeit der relativen Aureolenhelligkeit $E/E_{\odot,m}$ als Funktion der in Richtung der Sonne durchsetzten Atmosphärenmasse beweist die Beständigkeit der opt. Eigg. der Atmosphäre an 3 Beobachtungstagen in arkt. u. trop. Luft unter verschied. Feuchtigkeits- u. Staubgehalt. (Доклады Академии Наук СССР [Ber. Akad. Wiss. UdSSR] [N. S.] **85.** 989—92. 11/8. 1952. Alma-Ata, Inst. für Astrophys. der Akad. der Wiss. der Kasach-SSR.) AMBERGER. 113

C. De Jager und **L. Neven,** *Die Interpretation der beoachteten Wasserstofflinien im infraroten Sonnenspektrum.* 1. Mitt. (Vgl. C. **1951.** II. 1390.) Es wird ein Vgl. der beobachteten Profile der PASCHEN- u. BRACKETT-Linien im infraroten Sonnenspektr. mit den theoret. berechneten gebracht. Die theoret. Profile werden mit Hilfe eines Modells der Sonnenatmosphäre berechnet. Sie sind viel schmaler als die beobachteten Profile. Die Differenzen sind am größten für die BRACKETT-Linien. Wenn für die PASCHEN-Linien eine Breite angenommen wird, die 2—3mal größer ist als die auf Grund des STARK-Effektes berechnete u. für die BRACKETT-Linien 3,1mal größer, so läßt sich diese Diskrepanz erklären. Im Vgl. zu den PASCHEN- u. BALMER-Linien sind die BRACKETT-Linien bedeutend stärker. Diese Erscheinung versuchte man früher durch die Existenz von Supererregung zu erklären, für die Vff. aber keine Berechtigung sehen. (Proc., Kon. nederl. Akad. Wetensch., Ser. B **55.** 153—64. März/April 1952. Uccle, Belgien, Observ.) D. HAHN. 113

C. De Jager und **L. Neven,** *Die Interpretation der beobachteten Wasserstofflinien im infraroten Sonnenspektrum.* 2. Mitt. (1. vgl. vorst. Ref.) Vff. bringen die neuen $s_n S\,(\beta)$-Werte in absol. cgs-Einheiten. In einer Tabelle sind die Erregungskoeffizienten in den PASCHEN- u. BRACKETT-Linien pro neutrales H-Atom u. pro Einheit des Elektronendrucks angegeben. In einer weiteren Tabelle sind Temperatur- u. Druckdaten aufgeführt, die zu den Berechnungen nötig sind. (Proc., Kon. nederl. Akad. Wetensch., Ser. B **55.** 165—73. März/April 1952.) D. HAHN. 113

Junior Gauzit, *Wahrscheinliche Identifizierung von verbotenen infraroten Linien des neutralen Stickstoffatoms im Sonnenspektrum.* Auf Grund verbesserter Werte für die N I-Terme $^4S_{3/2} = 0$, $^2D_{5/2} = 19224{,}8\ cm^{-1}$, $^2D_{3/2} = 19233{,}7\ cm^{-1}$ u. $^2P_{1/2,\,3/2} = 28839{,}8\ cm^{-1}$ ergeben sich die Wellenlängen für die Übergänge $^2D_{5/2}-{}^2P_{1/2,\,3/2}$ u. $^2D_{3/2}-{}^2P_{1/2,\,3/2}$ zu 10397,6 bzw. 10407,1 Å. Diese Linien finden sich mit 10397,57 u. 10406,98 Å im Atlas von BABCOCK u. MOORE. Im photometr. Atlas (HULBERT-Observatorium) zeigen beide Linien gleiche Intensität u. eine Aufspaltung, welche für die Energiedifferenz der Niveaus $^2P_{3/2}$ u. $^2P_{1/2}$ von N I 0,14 cm^{-1} ergibt. Eine Abschätzung der Häufigkeit der N-Atome in der Sonnenatmosphäre aus der Linienbreite von 10406,98 Å führt zu einem Wert von $4 \cdot 10^{21}\ cm^{-2}$, der erheblich über dem bisher angenommenen Wert liegt. (C. R. hebd. Séances Acad. Sci. **234.** 2156—57. 26/5. 1952.) EICHHOFF. 113

M. A. Finkelstein, *Energieübertragung in aktivem Stickstoff.* 1. Mitt. *Übertragung mit Quecksilber.* Akt. N_2 wird durch therm. Zers (272°) von AgN_3 dargestellt, u. die Änderung der Emission durch Ggw. von Hg-Dampf mit einem hochempfindlichen Photonenzähler nach AUDUBERT (Empfindlichkeitsbereich 1900—2700 Å) untersucht. Die quantitative Unters. ergibt eine ca. 50mal stärkere Emission als ohne Hg. Die spektrale Unters. zeigt, daß sich die Intensität der N_2*-Banden 2150, 2300, 2400 Å durch die Ggw. von Hg nicht ändert u. die zusätzliche Emission durch das Auftreten der Hg-Resonanzlinie 2537 Å verursacht wird. Aus der Stärke dieser Emission schließt Vf., daß der Energieübergang durch Vermittlung höherer Energieniveaus des N_2* geschieht, denen eine sehr intensive Bande im Bereich um 1600 Å des N_2* entspricht. (J. Chim. physique Physico-Chim. biol. **49.** 185—95. April 1952. Paris, Sorbonne, Labor. d'Électrochim.)
F. W. KRÜGER. 118

M. A. Finkelstein, *Energieübertragung in aktivem Stickstoff.* 2. Mitt. *Übertragung mit Cadmium, Zink, Natrium, Kalium und Antimon.* (1. vgl. vorst. Ref.) Mit der gleichen Versuchsanordnung wird die Anregung von Na- u. Sb-Dampf direkt beobachtet. Die Emission des Na hängt wesentlich vom Partialdruck ab (Reabsorption u. Na_2-Bldg.). Aus 2 Verss. ergibt sich bei Na eine 4—12fache Verstärkung der reinen N_2*-Emission, im Sb-Dampf eine 3fache. Cd- u. Zn-Dämpfe zeigen im Empfindlichkeitsbereich des Photonenzählers (vgl. l. c.) keinen Einfl. auf das N_2*-Spektrum. Aus den Versuchsergebnissen u. den Unterss. anderer Autoren schließt Vf. jedoch, daß die Resonanzlinien 3261 (Cd) u. 3075 (Zn) angeregt werden. Eine Anregung von K kann nicht festgestellt werden. Aus der Tatsache, daß außer Sb alle untersuchten Elemente intensive Linien um 1650 Å besitzen, schließt Vf. auf Resonanzübertragung der Anregungsenergie u. damit auf die Ggw. einer intensiven Bande des N_2* bei 1650 Å u. Reemission durch Fluorescenz der untersuchten Dämpfe. Spektrale Verteilung u. Intensität werden durch die Lebensdauer der angeregten Zustände bestimmt. (J. Chim. physique Physico-Chim. biol. **49.** 196—203. April 1952.) F. W. KRÜGER. 118

D. S. Villars, *Übergangswahrscheinlichkeiten in der scharfen und diffusen Serie von Kalium.* Mit einer elektron. Rechenmaschine wurden die Wellenfunktionen verschied. Terme der scharfen u. diffusen Serie von K (bis zu 11 s u. 9 d) errechnet. Die daraus ermittelten Übergangswahrscheinlichkeiten, Oscillator- u. Linienstärken werden mitgeteilt. Die Berechnungen wurden nach der Meth. von BIERMANN u. LÜBECK ausgeführt. Für die 4 p-Wellenfunktion wurde Übereinstimmung mit BIERMANN u. LÜBECK erhalten. Diskussion der Zuverlässigkeit der Resultate. (J. opt. Soc. America **42.** 552—58. Aug. 1952. China Lake, Calif., U. S. Naval Ordnance Test Stat.) EICHHOFF. 118

C. Dakshinamurti und **B. Ramamoorthy,** *Einfluß von Mangan auf die Intensität von Magnesiumlinien im Gleichstrombogenspektrum.* Es wurde ein synthet. Boden, der 2% Mg u. 5% Fe_2O_3 enthält, hergestellt, außerdem Mischungen mit 50—2000 p.p.m. Mn. Die Unterss. wurden an der 2798,3 Å Mn-Linie u. der 2798,0 Å Mg-Linie u. als Standard der 2797,8 Å Fe-Linie mit einem automat. Quarzspektrographen durchgeführt. In allen Fällen wird die Mg-Linie durch die Mn-Linie unterdrückt, was auch für die schwächeren Linien bei 2790,8, 2776,7 u. 2781,4 Å zu gelten scheint. (Current Sci. **20.** 216. Aug. 1951. New Delhi, Indian Agric. Res. Inst.) LINDBERG. 118

W. R. S. Garton, *Absorptionsspektrum von Kupferdampf im Schumann-Gebiet.* Das Absorptionsspektr. von Cu-Dampf wurde im SCHUMANN-Gebiet von 1060—2500 Å photographiert, u. es wurden zwischen 1200 u. 1430 Å 15 neue Linien gefunden, von denen eine Gruppe der 6 stärksten Linien zwischen 1370 u. 1420 Å u. 6 andere zwischen 1220 u. 1300 Å liegen. Die ersten Unterss. dieser Linien zeigten, daß die Energieniveaus von SHENSTONE (Philos. Trans Roy. Soc. London, Ser. A **241.** [1948.] 277) $x\,^4P_{3/2}$, $x\,^4P_{1/2}$, $w\,^2P_{3/2}$ tatsächlich mit dem Grundzustand kombinieren. Die kürzerwelligen Linien gehören zweifellos zu höheren Niveaus, die mit $3\,d^9\,4\,s\,6\,p$ u. $3\,d^9\,4\,s\,4\,f$ beginnen. (Proc. physic. Soc., Sect. A **65.** 461—62. 1/6. 1952. London, Imperial Coll., Dep. of Phys.)
D. BRÜCK. 118

A. Lagerqvist, G. Nilheden und **R. F. Barrow,** *Das Bandensystem (D–X) von Siliciummonosulfid im nahen Ultraviolett.* Das Absorptionsbandensyst. $D^1\Pi - X^1\Sigma^+$ von SiS wurde im Spektralbereich von ca. 33000—39000 cm^{-1} sehr genau ausgemessen. 12 Schwingungsbanden, nämlich die 7,1-; 6,0-; 6,1-; 5,0-; 5,1-; 4,0-; 4,1-; 3,0-; 2,0-; 1,0-; 1,1- u 0,0-Bande wurden auf ihre Rotation analysiert. Die für $D^1\Pi$ abgeleiteten Konstanten sind: $B_v' = 0,2664 - 0,0021\ (v' + \frac{1}{2})$; $D_v' = [2,91 - 0,03\ (v' + \frac{1}{2})] \cdot 10^{-7}$; $G_v' = 513,1\ (v' + \frac{1}{2}) - 2,9\ (v' + \frac{1}{2})^2$; $v_e = 35026,8\ cm^{-1}$, $r_e' = 2,058$ Å. Im oberen Niveau wurden einige Störungen gefunden, die wahrscheinlich von Wechselwirkungen mit Elektronenzuständen $^3\Sigma^-$ u. $^1\Pi$ oder $^1\Delta$ herrühren. Es war nicht möglich, die absol. Zahl der Schwingungsniveaus des störenden Zustandes zu bestimmen, aber in jeder anderen Beziehung wurde der $^3\Sigma^-$-Zustand eingehend untersucht. Die Störungen lassen sich mit denjenigen im Spektr. von *CO* vergleichen. Die Analogie zwischen den Elektronenzuständen von SiS u. CO ist ausgeprägt. (Proc. physic. Soc., Sect. A **65.** 419—33. 1/6. 1952. Stockholm, Univ., Phys. Dep.; Oxford, Univ., Phys. Chem. Labor.) D. BRÜCK. 118

V. G. Krishnamurty, *Das Komplexbandenspektrum von Nickelchlorid (NiCl).* Das Emissionsbandenspektr. von NiCl wurde von 4900—3800 Å gemessen. Die Banden sind linienähnlich u. nach Rot schwach abgesetzt. In einigen Bandenfolgen zeigen sich Anomalitäten in der Intensität u. Komplexerscheinungen. Die Banden wurden in fünf Systeme mit der Bezeichnung A, B, C, D u. E eingeteilt. Die Systeme umfassen Dublett- u. Quartett-Terme. Zum Syst. A gehört der Elektronenübergang $^4\Pi - {}^4\Sigma$ mit den Bandkanten $Q_4 = 24305\ cm^{-1}$, $Q_3 = 24185\ cm^{-1}$, $Q_2 = 24064,1\ cm^{-1}$, $Q_1 = 23936,8\ cm^{-1}$ u. den Schwingungskonstanten $\omega'_e = 400,9\ cm^{-1}$, $\omega''_e = 416,3\ cm^{-1}$; zum Syst. B, $^4\Pi - {}^4\Sigma$, $Q_4 = 23247,1\ cm^{-1}$, $Q_3 = 23152,9\ cm^{-1}$, $Q_2 = 23049,4\ cm^{-1}$, $Q_1 = 22946,7\ cm^{-1}$, $\omega'_e = 398,0\ cm^{-1}$, $\omega''_e = 416,2\ cm^{-1}$; zum Syst. E, $^2\Pi - {}^4\Sigma$, $Q_2 = 21688\ cm^{-1}$, $Q_1 = 21585\ cm^{-1}$, $\omega'_e = 400,1\ cm^{-1}$, $\omega''_e = 414,5\ cm^{-1}$. Das A-, B- u. E-Syst. haben den gleichen unteren Zustand. Die 0,0-Folge des Syst. C wird durch Doppelbanden gleicher Intensität dargestellt. Das C-Syst. wird dem Elektronenübergang $^2\Sigma - {}^2\Sigma$ zugeordnet u. seine Schwingungsformel lautet: $\nu = 22749,2 \pm 398,9\,u' - 1,03\,u'^2 - 421,5\,u'' + 0,51\,u''^2$. Das D-Syst. wird dem gleichen Elektronenübergang $^2\Sigma - {}^2\Sigma$ zugeordnet u. seine Schwingungsformel lautet: $\nu = 21920,5 + 404,4\,u' - 1,16\,u'^2 - 422,5\,u'' + 0,25\,u''^2$. Von den drei verschied. beobachteten unteren Zuständen, einem $^4\Sigma$- u. zwei $^2\Sigma$-Zuständen, ist $^4\Sigma$ der Grundzustand des NiCl-Moleküls. (Indian J. Physics Proc. Indian Assoc. Cultivat. Sci. **26.** 207—25. Mai 1952. Waltair, Andhra Univ., Dep. of Phys.) D. BRÜCK. 118

C. J. Gorter, *Spektroskopie bei Radiofrequenzen.* Es wird ein Überblick über die verschied. Forschungszweige, bes. mol. Radiofrequenzspektren, paramagnet. Resonanz, ferromagnet. Resonanz u. Kernresonanz im Zusammenhang mit atomaren Radiofrequenzspektren gegeben. (Physica **17.** 169—74. März/April 1951. Leiden, Kamerlingh Onnes Labor.) GOTTFRIED. 121

Harald H. Nielsen, *Anomalien in den Mikrowellenspektren symmetrischer Moleküle.* Theoret. Betrachtungen über die von anderen Seiten beobachteten Anomalien in den Mikrowellenspektren verschied. Moll. für Übergänge zwischen Rotationszuständen, bes. wenn sie sich in einem angeregten Schwingungszustand befinden. (Physica **17.** 432—39. März/April 1951. Columbus, O., Univ., Mendenhall Labor. of Phys.) GOTTFRIED. 121

H. R. L. Lamont, *Frequenzstabilisierung durch Mikrowellenabsorption.* Es wird eine Meth. zur Stabilisierung der Frequenz eines Schwingkreises mit Hilfe von Mikrowellenabsorptionslinien beschrieben. Die Stabilisierung wurde für eine Anzahl von NH_3-Linien in der Nähe einer Wellenlänge von 1,25 cm untersucht. Die Möglichkeiten für andere Wellenlängen werden kurz gestreift. (Physica **17.** 446—52. März/April 1951. Wembley, General Electric Co., Res. Labor.) GOTTFRIED. 121

Roy S. Anderson, William V. Smith und **Walter Gordy,** *Linienbreiten des Mikrowellenspektrums von Sauerstoff.* (Vgl. C. **1952.** 1776.) Mit einem ZEEMANschen Modulationsspektrographen wurden die Linienbreitenparameter für O_2 für 15 im 5 mm-Wellenlängenbereich auftretende Mikrowellenübergänge bestimmt. Die gemessenen Werte lagen zwischen 0,0319 u. 0,0516 cm^{-1}/at mit einer mittleren Besetzung von 0,0475 cm^{-1} pro at. Eine Unters. der Änderung des Linienbreitenparameters in Abhängigkeit von der Rotationsquantenzahl ergab eine größere Linienbreite für die am meisten besetzten Zustände. Dies führte zu einer Deutung der Eigenstoßverbreiterung als eines Mechanismus, der nicht nur die theoret. vorhergesagten Quadrupol–Quadrupol- u. Polarisierbarkeitswechselwirkungen, sondern auch eine Rotationsresonanzwechselwrkg. ausschließt. — Es wird weiter über die Linienbreiten von O_2-Übergängen berichtet, die durch die Störmoll. NH_3, N_2O, N_2 u. Ar verbreitert werden. Für diese Moll. wurden Zusammenstoßdurchmesser bestimmt; die Ergebnisse stimmen befriedigend mit Ergebnissen der kinet. Theorie u. den NH_3-Verbreiterungsverss. überein. Schließlich wurde noch ein Linienbreitenparameter für *Luft* berechnet. (Physic. Rev. [2] **87**. 561—68. 15/8. 1952. Durham, N. C., Duke Univ., Dep. of Phys.) GOTTFRIED. 121

Charles M. Johnson und **Donald M. Slager**, *Linienbreite von COS als eine Funktion des Rotationsübergangs und der Temperatur.* Aus den Rotationsübergängen J = 1 → 2, 3 → 4, 5 → 6 u. 7 → 8 wurden aus Mikrowellenmessungen die Linienbreiten von $^{12}C^{16}O^{32}S$ im Grundschwingungszustand bestimmt. In diesem Bereich nimmt die Linienbreite mit der Quantenzahl J zu. Im Gegensatz zu kinet. Betrachtungen ist der Linienbreitenparameter $\Delta\nu$ bei gleichen Werten von N (N = Gesamtzahl der Moll. im absorbierenden Weg) proportional $T^{-1/2}$, wo T die absol. Temp. bedeutet. Die gemessenen Werte von $\delta\nu$ für verschied. Bedingungen der Temp., des Drucks u. des Rotationsübergangs sind tabellar. zusammengestellt. Die Größe $\delta\nu$ ist die Frequenzdifferenz zwischen den Inflektionspunkten der Absorptionslinie; zwischen ihr u. der Linienhalbwertsbreite, $2\Delta\nu$, besteht die Beziehung $2\Delta\nu = \sqrt{3}\,\delta\nu$. Trägt man $\delta\nu$ als eine Funktion des Rotationsübergangs für verschied. Drucke u. für Zimmertemp. (27°) bzw. die Temp. von Trockeneis graph. auf, dann zeigt sich, daß bei 27° $\delta\nu$ eine nahezu linear anwachsende Funktion von J ist. Bei der Temp. von Trockeneis nimmt $\delta\nu$ mit J zu; doch scheint bei höheren Übergängen keine Linearität mehr zu bestehen. Ebenso nimmt $\delta\nu$ mit sinkender Temp. zu. Der Wert des Linienbreitenparameters für den Übergang J = 1 → 2 bei Zimmertemp. ist 6,1 ± 0,35 MHz/mm. (Physic. Rev. [2] **87**. 677—78. 15/8. 1952. Baltimore, Md., Johns Hopkins Univ., Radiat. Labor.) GOTTFRIED. 121

Evan O. Kane, *Die optische Absorption von Bariumoxyd mit Barium im Überschuß.* Messung der opt. Absorption bei Raumtemp. u. der Temp. der fl. Luft von BaO-Kristallen, die durch langsames Abkühlen einer Lsg. von BaO in geschmolzenem Ba bis zu einer Größe von 2·1·0,3 mm gezüchtet wurden. Zur Verhinderung der Hydroxydbldg. wurde der Kristall in eine geschlossene Zelle mit Glasfenstern gebracht. Die tiefrote Färbung wird durch Lichtstreuung an koll. Aggregaten des Überschuß-Ba erklärt. Die Absorptionskonstante besitzt ein Maximum bei 2,4 eV, entsprechend einer opt. Aktivierungsenergie. Die Zentrendichte wurde zu $4 \cdot 10^{18}/cm^3$ = 0,02% Ba-Überschuß berechnet. Eine vorläufige chem. Best. dieses Überschusses ergab eine obere Grenze von 0,1%. (J. appl. Physics **22**. 1214—15. Sept. 1951. Ithaca, N. Y., Cornell Univ., Dep. of Phys.) SPEER. 122

L. M. Biberman, *Zur Theorie der Lichtstreuung in isotropen Medien.* Die von SSOBOLEW (C. **1952**. 4408) vorgeschlagene Theorie der Lichtstreuung läßt sich unmittelbar auf allg. Eigg. der FREDHOLMschen Integralgleichung 2. Art zurückführen. (Журнал Экспериментальной и Теоретической Физики [J. exp. theoret. Physik] **23**. 124—25. Juli 1952. Moskau, Energie-Inst.) AMBERGER. 122

Aleyamma George, *Lichtstreuung in Wasser, das mit Metallen in Kontakt steht.* Mittels Lichtstreuung wird untersucht, wie weit Au, Ag, Cu u. Messing in W. in Lsg. gehen, wenn sie mit diesem in Kontakt stehen. Intensität u. Polarisationseigg. von transversal an mit Metall in Kontakt stehendem doppeldest. W. gestreutem Licht werden als Funktion der Zeit untersucht. Die Streuintensität nimmt in den ersten 5 Std. schnell zu, dann langsamer, um nach 48 Std. konstant zu bleiben. Ag-Kontakt ruft 3fache Streuintensität hervor; es folgen Cu u. Messing. Au hat keinen wesentlichen Einfluß. Das Streulicht ist von blauer Farbe u. homogen. Aus den Polarisationsmessungen kann geschlossen werden, daß die Teilchengröße des Metallsols allmählich zunimmt. (Current Sci. **20**. 201—02. Aug. 1951. Trivandrum, Univ. Coll.) LINDBERG. 122

Albert V. Baez, *Fokussierung durch Beugung.* Eine Zonenplatte erzeugt reelle u. virtuelle Bilder. GABOR hat gezeigt, daß Abb. mittels rekonstruierter Wellenfronten möglich ist. Das benutzte Beugungsbild nennt er Hologramm (Proc. Roy. Soc. [London], Sect. A **197**. [1949.] 454). ROGERS weist nach, daß dieses sich wie eine FRESNELsche Zonenplatte verhält. Vf. verifiziert die Gleichungen von ROGERS durch Beobachtung des Beugungsscheibchens eines Staubteilchens. Es wird vorgeschlagen, mittels geeigneter Verkleinerung der FRESNELschen Zonenplatte eines kleinen Objektes Zonenplatten für Röntgenstrahlen herzustellen. (Amer. J. Physics **20**. 311—12. Mai 1952. Baghdad, Iraq, UNESCO, Techn. Assistance Miss.) LINDBERG. 122

Stanley S. Ballard, Lewis S. Combes und **Kathryn A. McCarthy**, *Ein Vergleich der physikalischen Eigenschaften von Bariumfluorid und Calciumfluorid.* Zwecks Entscheidung, ob die Verwendung von BaF_2 für opt. Zwecke Vorteile im Vgl. zu CaF_2 bietet, werden einige physikal. Eigg. dieser beiden Stoffe gegenübergestellt. YOUNG-Modul: BaF_2 5,0 u. 5,7; CaF_2 10,1 u. $7{,}6 \cdot 10^{11}$ dyn·cm^{-2} je nach der Kristallrichtung. Elastizitätsgrenze u. Bruchmodul: BaF_2 23 u. 32; CaF_2 49 u. $37 \cdot 10^7$ dyn·cm^{-2} je nach der

Kristallrichtung. Härtezahl nach KNOOP: BaF_2 82; CaF_2 158. Wärmeleitfähigkeit: BaF_2 27; CaF_2 $24 \cdot 10^{-3}$ cal·sec^{-1}·cm^{-1}·°C^{-1}. Kurzwellige Grenze für 10% Durchlässigkeit bei 6 mm Dicke: BaF_2 145; CaF_2 124 mμ. Langwellige Grenze für 10% Durchlässigkeit bei 10 mm Dicke: BaF_2 13,5; CaF_2 11 μ. F.: BaF_2 1280°; CaF_2 1360°. Löslichkeit pro 100 g W.: BaF_2 0,17 g; CaF_2 0,0017 g. BaF_2 hat ein breites Durchlässigkeitsgebiet, das weiter ins Ultrarot hineinreicht als bei CaF_2 u. LiF. CaF_2 ist härter u. weniger lösl. als BaF_2. Wärmeleitfähigkeit u. F. zeigen keine ausschlaggebenden Unterschiede. Die Spannungs–Dehnungs-Kurven beider Stoffe sind linear, d. h. das HOOKEsche Gesetz gilt bis zum Bruch. Beide zeigen keinen kalten Fluß. Aus den betrachteten Werten folgt, daß, abgesehen von der Ultrarotdurchlässigkeit, dem CaF_2 der Vorzug zu geben ist. (J. opt. Soc. America **42.** 684—85. Sept. 1952. Medford, Mass., Tufts Coll., Dep. of Phys.) FORCHE. 122

M. L. Katz, *Fluorescenz von Kupferionen- und Atomzentren in NaCl–Cu-Phosphoren.* Die blau-violette Luminescenzintensität I (willkürliche Einheiten) eines NaCl·Cu-Phosphors (erregendes Licht 2537 Å) nahm mit zunehmender Dauer t einer vorhergehenden Röntgenbestrahlung von I = 155 bei t = 0 auf I ≈ 70 nach t = 1 u. I ≈ 30 nach t = 2 Std. ab; die der roten Fluorescenzbande (erregendes Licht 3650 Å) nahm dagegen von I ≈ 0 bei t = 0 bis 0,25 auf I ≈ 100 nach t = 1 u. I ≈ 130 nach t = 2 Std. zu (Entstehung der A-Zentren [Erregungsmaximum 300 mμ] u. A'-Zentren [Erregungsmaximum 360 mμ]). Vf. nimmt an, daß in Analogie zu dem *NaCl·Ag*-Phosphor (vgl. C. **1953.** 1125) ein Teil der Cu^+-Ionen unter der Wrkg. der Röntgenstrahlen in atomare Cu-Zentren übergeht. Die Fluorescenz röntgenbestrahlter NaCl·Cu-Phosphore ist noch lange nach der Röntgenbestrahlung beobachtbar, doch tritt ein Farbwechsel vonRot nach Orangegelb ein, was beweist, daß diese Fluorescenz durch zwei Zentrenarten verschied. Beständigkeit u. verschied. Erregungs- u. Absorptionsspektren bedingt ist. Die Fluorescenzhelligkeit von NaCl·Cu ist geringer als bei NaCl·Ag u. ebenfalls von der Aktivatorkonz. abhängig. Als optimale Konz. ergab sich 0,1 Mol-% CuCl gegenüber 1 Mol-% AgCl. In A-Zentren können nur Cu-Ionen in der Nähe von Halogenfehlstellen übergehen. Die prakt. durch die Röntgenbestrahlung erreichbare Grenzkonz. der gewöhnlichen F-Zentren ist bei Cu-aktivierten NaCl-Phosphoren geringer als bei nichtaktivierten NaCl-Kristallen. Bei 0,5 Mol-% Cu weist die Ausleuchtkurve lediglich bei ~345° K ein einziges Maximum auf, das auch PARFIANOWITSCH (C. **1951.** II. 1695) angibt, bei 0,005 Mol-% Cu dagegen noch zwei weitere, wovon das bei ~440° K das Maximum bei ~345° K übertrifft. (Доклады Академии Наук СССР [Ber. Akad. Wiss. UdSSR] [N. S.] **85.** 757—60. 1/8. 1952. Saratow, Tschernyschewski-Univ.) AMBERGER. 125

A_3. Elektrizität. Magnetismus. Elektrochemie.

Karl Siebertz, *Neuartige Entladungen in magnetischen Feldern. Zur gleichnamigen Arbeit von Felix Ehrenhaft und Mitarbeitern.* Vf. nimmt zu der Arbeit von EHRENHAFT, HERZOG, HIGATSBERGER, VIEHBÖCK u. WEINZIERL (Acta physica austriaca **4.** [1950.] 129) Stellung, in der Entladungserscheinungen unter der Einw. magnet. Felder, die nicht mit den heutigen theoret. Vorstellungen zu erklären seien, bekanntgegeben wurden. Vf. setzt auseinander, daß alle beobachteten Tatsachen mit den heute bekannten Begriffen u. Gesetzmäßigkeiten der Gasentladungsphysik zum mindestens qualitativ zu erklären sind. (Acta physica austriaca **5.** 134—47. 1951. Wien, Siemens & Halske GmbH.) FAHLENBRACH. 131

G. Valle, *Theorie der Entladungsspannung zwischen koaxialen, zylindrischen Elektroden in einem transversalen Magnetfeld.* Die vom Vf. zur Best. des Entladungspotentials zwischen ebenen, parallelen Elektroden in einem transversalen Magnetfeld entwickelte Theorie (Nuovo Cimento **7.** [1950.] 174) wird auf den Fall koaxialer, zylindr. Elektroden ausgedehnt. Für jede spezielle geometr. Anordnung ergibt sich die entsprechende PASCHEN-Kurve, die bei einer bestimmten magnet. Feldstärke die Entladungsspannung als Funktion des Gasdrucks u. des Elektrodenabstandes darstellt. Die Grenzen, die sich für die Anwendung auf G.-M.-Zähler ergeben, werden diskutiert. (Nuovo Cimento [9] **9.** 145—68. 1/2. 1952. Bologna, Univ., Ist. di Fis.) CONRAD. 131

W. G. Standring und **J. S. T. Looms,** *Die elektrischen und Leucht-Charakteristika kurzer Funken in Luft für Hochgeschwindigkeitsphotographie.* Unters. des von verschied. Funkenstrecken emittierten Lichtes, Diskussion der Faktoren, welche den Maximalwert u. die zeitliche Veränderung beeinflussen, u. Messungen des Spannungseffektes im Funken zur Erklärung des Einfl. auf Lichtausbeute, Funkendauer u. die Form der Funkenstrecke. Eine Funkenentladung von 4 kA über einen Elektrodenabstand von 1 mm in Luft bei einer schwach gedämpften, oscillator. Entladung eines 0,1 μF-Kondensators ergibt eine punktförmige Lichtquelle mit einer Dauer in der Größenordnung von Mikrosekunden.

Ein solcher Funke, der 1000mal pro Sek. übergeht, kann durch eine rotierende Serienfunkenstrecke erhalten werden. Elektrodenmaterial mit niedrigem Kp. ergibt eine höhere Lichtausbeute u. längere Dauer, ohne die im Funken umgesetzte Energie zu beeinflussen. Eine eingeschnürte Entladung ergibt eine höhere Lichtausbeute bei längerer Dauer u. höherem Energieumsatz. Die Licht-Zeit-Charakteristik ist eine Funktion der Strom-Zeit-Charakteristik. Für Entladungs-Oscillations-Perioden von 1 mSek. oder mehr nimmt die maximale Lichtintensität für eine gegebene Stromstärke mit der Abnahme der Zeit bis zum Erreichen des maximalen Stromes zu. (Proc. physic. Soc., Sect. B **65.** 108—15. 1/2. 1952. Teddington, Middlesex, Nat. Phys. Labor.) EICHHOFF. 131

N. I. Ionow, *Messung der Energie von Elektronen und positiven Ionen im Plasma von Gasentladungen.* Vf. mißt mittels eines 3-Elektrodenplattenkondensators den positiven Trägerstrom in *Hg*-Dämpfen von 0,05—6,5($\cdot 10^{-3}$ Torr), bei Spannungen von 78 bis 30 V zwischen Anode u. Kathode u. bei Entladungsströmen von 0,24—0,40 A, sowie den Elektronenstrom (lg I^-) bei 1,2 bzw. 4,0 ($\cdot 10^{-3}$ Torr) u. 23 bzw. 36 V u. einem Entladungsstrom von 0,5 Ampere. Die „Ionentemp." bestimmt Vf. zu $\sim 1500^0$ K. (Доклады Академии Наук СССР [Ber. Akad. Wiss. UdSSR] [N. S.] **85.** 753—55. 1/8. 1952. Leningrad, Physikal.-Techn. Inst. der Akad. der Wiss. der UdSSR.)
AMBERGER. 131

Alfred Doehring, *Messung der Anlagerungswahrscheinlichkeit von Elektronen an Sauerstoff mittels einer Laufzeitmethode.* Es wird eine neue Anordnung beschrieben, bei der die Elektronen impulsgesteuert zu bestimmten Zeiten in einen Laufraum eintreten; die Trennung der am Auffänger ankommenden Elektronen u. Ionen erfolgt oscillograph. entsprechend den hochgradig verschied. Laufzeiten. Gemessen wurden die Anlagerungswahrscheinlichkeiten je cm Driftweg u. die Driftgeschwindigkeiten der verschied. Ladungsträger. Die Ergebnisse bei O_2 werden ausführlich zusammengestellt u. stimmen mit früheren Messungen gut überein. (Z. Naturforsch. **7a.** 253—70. März/April 1952. Heidelberg, Univ., I. Phys. Inst., u. Max-Planck-Inst. für med. Forschung, Inst. für Physik.)
PIEPLOW. 131

P. Budini und **G. Poiani,** *Über die Zunahme der spezifischen primären Ionisation bei hohen Energien.* (Vgl. Nuovo Cimento [9] **7.** [1950.] 835.) Die spezif. prim. Ionisation wird als Integralfunktion der Wahrscheinlichkeit P(p), daß ein Atom vom Stoßparameter p ionisiert wird, von p = a_0 (10^{-8} cm) bis unendlich entwickelt. Für diese Funktion I (ξ) u. (in Klammern angegeben) die Grenzzunahme der prim. Ionisation in %, auf das Minimum bezogen, ergeben sich folgende Werte: bei n. Bedingungen *H* 50 (24); *He* 100 (23); *Luft* 130 (35); bei 100 at: H 7 (3,5); He 10 (6,2); Luft 11,4 (7); ferner für *Ag* ca. 3,7 (ca. 0); *Br* ca. 6,8 (ca. 3,5); *AgBr*-Emulsion ca. 4,9 (ca. 2). (Nuovo Cimento [9] **9.** 199—201. 1/2. 1952. Triest, Univ., Ist. di Fisica.) R. K. MÜLLER. 131

W. M. Dukelski und **E. Ja. Sandberg,** *Negative Arsen-, Phosphor-, Schwefel- und Thalliumionen.* Bei der massenspektrograph. Unters. traten beim Erhitzen von Sb mit $\sim$1% As im negativen Ionen-Massenspekt. As^-, As_2^-, As_3^- mit etwa der gleichen Intensität auf, im positiven war As_4^+ am stärksten. Neben den Linien von Sb_2^- wurden gemischte Mol.-Ionen von $SbAs^+$ u. $SbAs^-$ beobachtet. — Beim Verdampfen von rotem P trat P_2^- ca. 5—6mal stärker als P^- u. 10—15mal stärker als P_3^- auf. Im Massenspektr. der positiven Ionen war P_4^+ analog As_4^+ am stärksten. — N^-- u. N_2^--Ionen konnten bei einer Entladung in N_2 nicht festgestellt werden. — Bei der Entladung in *Ammoniak* trat am intensivsten NH_2^- auf, NH^- 15—20mal u. H^- 1000mal schwächer. Die Intensitäten negativer S^--Linien waren: $S_3^- > S_6^- > S_4^- > S_5^- > S_2^- > S_7^- > S_8^- > S^-$. — In *TlJ*-Dampf wurden beobachtet: J^-, Tl^-, J_2^- u. TlJ, in *TlCl* $^{35}Cl^-$, $^{37}Cl^-$, Tl^-, $TlCl^-$ u. $TlCl_2^-$ u. in *TlBr* $^{79}Br^-$, $^{81}Br^-$, Tl^-, $TlBr^-$ u. $TlBr_2^-$. (Доклады Академии Наук СССР [Ber. Akad. Wiss. UdSSR] [N. S.] **86.** 263—65. 11/9. 1952.) AMBERGER. 131

A. Je. Glauberman und **A. F. Lubtschenko,** *Zur Theorie der dielektrischen Eigenschaften von Bariumtitanat in stationären Feldern.* Unter Berücksichtigung der geometr. Gitterstruktur u. Annahme einer Kovalenzbindung zwischen einem Ti-Ion u. einem der O-Ionen (MASON u. MATTHIAS, C. **1949.** II. 1269) berechnen Vff. näherungsweise das effektive Feld u. die DK. von Bariumtitanat unterhalb des CURIE-Punktes T_C. Diese Näherungslösung erlaubt die Best. der Abhängigkeit der DK. von der Temp. unterhalb T_C u. eine theoret. Bestimmung von T_C. Vff. skizzieren ferner die Abhängigkeit der DK. von der äußeren Feldstärke u. die der spontanen Polarisation von der Temperatur. (Журнал Экспериментальной и Теоретической Физики [J. exp. theoret. Physik] **23.** 188—98. Aug. 1952. Lwow, Univ.) AMBERGER. 132

Je. W. Ssinjakow und **B. K. Tschernyi,** *Potentialverteilung in Bariummetatitanat und anderen keramischen Dielektrika.* Die Potentialverteilung in TiO_2, *(Ba–Sr)*TiO_3 u. $BaTiO_3$ ist in weiten Temperaturbereichen linear u. anabhängig von der Verweilzeit der

Probe im elektr. Feld. Der zeitliche Stromabfall in TiO_2 läßt sich durch gleichmäßig über das ganze Vol. verteilte Inhomogenitäten erklären; derjenige in Bariummetatitanat u. (Ba–Sr)TiO_3 im seignetteelektr. Gebiet u. in einem gewissen Temperaturbereich oberhalb des CURIE-Punktes durch Bldg. lokaler Raumladungen in Gebieten spontaner Polarisation sowie durch Inhomogenitäten infolge von Zusätzen. Vff. bestätigen das Ergebnis von KSSENDSOW (Журнал Технической Физики [J. techn. Physik] **20.** [1950.] 117), wonach TiO_2 aus einer dielektr. u. Halbleiterphase besteht u. auf TiO_2 das Modell eines Doppelschichtdielektrikums angewendet werden kann. (Журнал Технической Физики [J. techn. Physik] **22.** 265–67. Febr. 1952. Dnjepropetrowsk, Univ., Lehrstuhl für Elektrophysik.) AMBERGER. 132

N. Ss. Nowossilzew, A. L. Chodakow und **M. Ss. Schulman,** *Einfluß von Abweichungen von der stöchiometrischen Zusammensetzung auf die Eigenschaften von $BaTiO_3$-Keramiken in starken Feldern.* Vff. untersuchen die bereits durch geringe stöchiometr. Änderungen stark beeinflußte Temperatur- (bis 160°) u. Spannungsabhängigkeit (bis 25 kV/cm; 50 Hz) von ε für $BaTiO_3$ + 0,5–2% *$BaCO_3$* bzw. + 0,5–2% *TiO_2* sowie reines $BaTiO_3$. Der maximale Wert für ε als Funktion des Verhältnisses BaO/TiO_2 liegt nach Vff. bei ~0,97 ($\varepsilon \approx 1380$), nach SKANAWI (C. **1949.** I. 14) bei ~1,07 ($\varepsilon \approx 1470$). (Журнал Экспериментальной и Теоретической Физики [J. exp. theoret. Physik] **23.** 336–39. Sept. 1952. Rostow/Don, Univ., Physikal.-Mathemat. Inst.) AMBERGER. 132

I. N. Beljajew, N. Ss. Nowossilzew, A. L. Chodakow und **M. Ss. Schulman,** *Dielektrische Eigenschaften verschiedener Titandioxydproben.* Vff. bestimmen für 5 TiO_2-Proben mit jeweils >99% TiO_2 u. angegebenem Geh. an Spuren *CaO, MgO, Fe_2O_3, SiO_2* (PbO, SnO_2) sowie für spektralanalyt. reines TiO_2 die Frequenzabhängigkeit (0 bis 10^8 Hz) von ε u. die Temperaturabhängigkeit (0–150°; $1,5 \cdot 10^6$ Hz u. –160 bis +160°; 50 Hz) von ε u. tg δ. Für chem. reines TiO_2 erreicht ε bei 50 Hz nur 140 (bei 1000 Hz ca. 95 u. bleibt von da prakt. konstant), während KSSENDSOW (Журнал Технической Физики [J. techn. Physik] **20.** [1950.] 117) $\varepsilon \approx 850$ findet. Nach KSSENDSOW nimmt tg δ für chem. reines TiO_2 mit der Frequenz zu u. erreicht den Wert 0,5 bei $f = 2,5 \cdot 10^6$ Hz, während hier nach Vff. tg δ in der Größenordnung von 10^{-3} liegt u. mit zunehmender Frequenz abnimmt. (Журнал Технической Физики [J. techn. Physik] **21.** 547–51. Mai 1951.) AMBERGER. 132

H. C. Schweinler, *Ferroelektrizität bei der Ilmenitstruktur.* Ausführliche Mitt. zu der C. **1953.** 2391 referierten Arbeit. (Physic. Rev. [2] **87.** 5–11. 1/7. 1952. Cambridge, Mass., Inst. of Technol.) FAHLENBRACH. 135

Robert L. Jepsen und **Marcel W. Muller,** *Erhöhte Emission von Magnetronkathoden.* Durch Steigerung der Anodenspannung u. der magnet. Feldstärke konnten Vff. eine Verletzung der HULLschen „cut-off"-Bedingung u. einen höheren Anteil vom Kathodenbombardement bei Magnetronröhren nachweisen. Durch das Kathodenbombardement kann der therm. Emissionsstrom bis auf das 10^3fache steigen (Sekundärelektronenemission). Der Prozeß, der zu diesem Kathodenbeschuß führt, wird als Elektronenwechselwrkg. erklärt, die sich im Raumladungsgebiet vor der Kathode abspielt. Quantitative Aussagen konnten nicht gemacht werden. (J. appl. Physics **22.** 1196–1207. Sept. 1951. New York, N. Y., Columbia Univ., Radiat. Labor.) SPEER. 135

G. L. Pearson, W. T. Read und **W. Shockley,** *Prüfung der Raumladungsschicht in einer p–n-Verbindung.* (Kurzer Sitzungsbericht.) Inhaltlich ident. mit der C. **1953.** 1292 referierten Arbeit. (Physic. Rev. [2] **86.** 647. 15/5. 1952. Bell Telephone Labors.) v. HARLEM. 135

Sakuji Komagata, Mitio Hatoyama, Motoichi Shibuya, Wataru Sasaki, Takaaki Yamamoto und **Makoto Kikuchi,** *Wechselstromcharakteristiken der Si-p-n-Verbindung.* Unters. der Wechselstromcharakteristiken verschied. Si–p–n-Verbindungen. Das Gleichrichterverhältnis beträgt bei ±1 V 80–100, während die Steigung der Kurve log i gegen V mit 15 weniger als die Hälfte der Ge–p–n-Verb. beträgt. Ergebnisse der Wechselstrommessungen in 2 Diagrammen. Auch die Impedanzmessungen zeigen Abweichungen vom Verh. entsprechender Ge–p–n-Verbindungen. (J. appl. Physics **22.** 1290. Okt. 1951. Tokyo, Electrotechn. Labor.) SPEER. 135

C. C. Hein und **W. M. Hickam,** *Kohlenstoff-, Sauerstoff- und Schwefelgehalt chilenischer Kupfer im Hinblick auf Kupferoxydulgleichrichter.* Analyse verschied. Proben des zur Gleichrichterherst. fast ausschließlich verwendeten chilen. Cu nach der Reinigung. Die C-Best. ergab Übereinstimmung mit den bekannten Löslichkeitsdaten. Große Abweichungen traten dagegen beim O- u. S-Geh. auf; sie stehen mit den Verlustströmen der Gleichrichter in enger Beziehung. Die durch Wärmebehandlung hervorgerufene Änderung des S-Geh. wurde bestimmt. (J. appl. Physics **22.** 1192–95. Sept. 1951. East Pittsburgh, Pa., Westinghouse Res. Labor.) SPEER. 135

A. G. Spektor, *Über die Existenz des Geweling-Effektes.* Der GEWELING-Effekt (Elektrotherm. Oberflächenbearbeitung ONTI 1936), die bei der thermoelektr. Behandlung heterogener Legierungen eintretende Beschleunigung der Lsg. der Phasen mit niedriger Leitfähigkeit infolge der Erhöhung der Stromdichte in der Nähe ihrer Oberfläche, ist infolge des unter n. technolog. Bedingungen eintretenden vollkommenen therm. Ausgleichs zu vernachlässigen, wie Vf. am Beispiel eines Vgl. der Lsg. der Carbidphase in einem *Austenitstahl* mit 1% C u. 1,4% Cr bei einer Erwärmungsgeschwindigkeit von 20°/sec im *Blei*-Bad u. durch einen elektr. Strom von 650 Hz darlegt. (Журнал Технической Физики [J. techn. Physik] **21.** 1153—56. Okt. 1951.) AMBERGER. 136

F. Abelès, *Über die effektive Zahl der freien Elektronen im Aluminium.* Vf. versucht zu zeigen, daß einige physikal. Eigg. des Al sich aus der Annahme erklären lassen, daß es nur freie Elektronen besitzt, wobei noch angenommen wird, daß Al im metall. Zustand dreiwertig ist. Die Idee hierzu wird durch Messungen des Reflexionsvermögens zwischen 0,4 u. 1 μ an im Vakuum aufgedampften undurchsichtigen Schichten, die mit denen von O'BRYAN u. HASS übereinstimmen, nahegelegt. Auch die spezif. Wärmen bei tiefen Tempp., die magnet. Susceptibilität u. die Größe des HALL-Effektes sind in Übereinstimmung mit der Hypothese, daß Al ein dreiwertiges Metall mit freien Elektronen ist, deren effektive M. 1,5—1,6mal größer ist als die Elektronenmasse. (J. Physique Radium **13.** 240—41. April 1952. Paris, Inst. d'Optique.) v. HARLEM 136

F. E. Hetherington und **James Reekie,** *Der elektrische Widerstand von kalt bearbeiteten Kupfer–Eisen-Legierungen.* Messung des elektr. Widerstandes von Cu–Fe-Legierungen mit einem Fe-Geh. zwischen 0,04 u. 1,34 Gew.-% in Abhängigkeit vom Grad der kalten Verformung, gemessen durch die %ige Abnahme des Drahtquerschnitts. Ein ausgeprägtes Widerstandsmaximum tritt bei einem Fe-Geh. von 0,26% auf. Bei steigendem Fe-Geh. fällt der spezif. Widerstand zunächst, um von 0,5% an wieder stetig zu steigen. Ausgehend vom geglühten Cu, steigert die zunehmende kalte Verformung des Materials die Widerstandswerte annähernd unabhängig vom Fe-Geh., so daß eine Schar von parallel verschobenen Kurven entsteht. Diskussion der Ergebnisse. (J. appl. Physics **22.** 1293—94. Okt. 1951. Kingston, Ont., Royal Military Coll., Dep. of Phys.) SPEER. 136

P. W. Selwood und **Lorraine Lyon,** *Manganoxyde auf Trägern: Einfluß der Modifikation des Trägers.* Mit Bezugnahme auf die Befunde von RODIER u. RODIER (C. R. hebd. Séances Acad. Sci. **230.** [1950.] 93) wird untersucht, wie weit sich Unterschiede in der Unterlage auf die Susceptibilitätsisothermen ausdrücken. Bei Al_2O_3 als Unterlage wird gefunden, daß Unterschiede in der Modifikation der Trägersubstanz von untergeordneter Bedeutung sind, vorausgesetzt, daß die spezif. Oberfläche groß gehalten wird. Von großer Bedeutung ist dagegen die Ggw. von Alkali. Bei mäßigen Mn-Gehh. kann dann die Susceptibilität pro g Mangan bei —183° fünfmal so groß sein wie bei alkalifreien Präparaten. Der Einfl. des Trägers auf den Oxydationszustand des Mn wird weitgehend herabgesetzt, im Mittel findet man den gleichen Wert (3,6) wie bei der Oxydation von $Mn(OH)_2$ in der Atmosphäre. (J. Amer. chem. Soc. **74.** 1051—53. 20/2. 1952. Evanston, Ill., Northwestern Univ., Chem. Labor.) KLEMM. 137

P. W. Anderson, *Eine angenäherte Quantentheorie des antiferromagnetischen Grundzustandes.* Ausführliche Darst. der C. **1953.** 812 referierten Arbeit. Die Eigg. des antiferromagnet. Grundzustandes werden mit der Nullpunktsenergie der Spinwellentheorie in Übereinstimmung mit der Erfahrung berechnet. (Physic. Rev. [2] **86.** 694—701. 1/6. 1952. Murray Hill, N. J., Bell Telephone Labor.) FAHLENBRACH. 137

W. D. Knight und **C. Kittel,** *Kernresonanz und die Elektronenstruktur der Übergangsmetalle.* Vff. zeigen, daß der Befund ZENERs (C. **1952.** 650) einer antiferromagnet. Wechselwrkg. zwischen den 3 d-Schalen benachbarter Atome bei den Übergangselementen *V, Cr, Nb, Mo, Ta* u. *W* mit einigen Erfahrungstatsachen (Fehlen von CURIE-Punktsanomalien, Fehlen von antiferromagnet. Ordnungszuständen bei V, Nb u. W u. Ergebnisse der Kernresonanz bei V u. Nb) nicht in Übereinstimmung zu bringen ist. Daraus wird geschlossen, daß bes. beim V die 3 d-Bindung entweder vollständig kovalent sein muß oder daß der Gesamtspin jedes Atoms sich mit einer Korrelationszeit von weniger als 10^{-4} sec ändern muß. (Physic. Rev. [2] **86.** 573. 15/5. 1952. Berkeley, Calif., Univ., Dep. of Phys.) FAHLENBRACH. 137

W. L. Beschidse, *Über die Austauschwechselwirkung äußerer und innerer Elektronen in Ferromagnetika.* Vf. verfeinert das Modell von WONSSOWSKI (C. **1946.** I. 16) u. berechnet die durch Austauschwechselwrkg. eines inneren 3 d-Elektrons mit einem Syst. von N „untermagnet." äußeren 4 s-Elektronen hervorgerufene Aufspaltung des 3 d-Grundniveaus. Die berechnete Aufspaltung ist eine lineare Funktion der Spontanmagnetisierung u. größenordnungsmäßig gleich 10^{-16}—10^{-15} erg. (Журнал Экспериментальной и Теоретической Физики [J. exp. theoret. Physik] **23.** 55—59. Juli 1952. Suchumi, Pädagog. Inst.) AMBERGER. 137

Conyers Herring, *Die Energie einer Bloch-Wand im Bändermodell.* 2. Mitt. *Störungsnäherung.* (1. vgl. C. **1953.** 12.) Die Konstante der Austauschwechselwrkg. in der BLOCH-Wand zwischen zwei ferromagnet. Elementarbereichen fällt bei der Berechnung des Einfl. eines kleinen, räumlich veränderlichen Störungsfeldes auf die Sättigungsmagnetisierung in der Theorie des Bändermodells ab. Eine Kombination dieser Theorie mit der von STONER u. WOHLFARTH führt deshalb für *Ni* zu keiner Übereinstimmung mit der Erfahrung, weil das STONER-WOHLFARTH-Modell die wirkliche Feldlösung nicht ausreichend approximiert. Dagegen führt die Anwendung der Theorie auf die des freien Elektronengases zu einer Bestätigung der Zweckmäßigkeit der vorgenommenen Störungsrechnung. Aus der Theorie schließt man auf die Existenz von Quantenzuständen, orthogonal zu denen des bisherigen Bändermodells, mit den Eigg. von Spinwellen. Diese Spinwellen tragen im Metall einen elektr. Strom, im Isolator dagegen nicht. Spinwellen großer Wellenlängen führen zum ferromagnet. Isolator. (Physic. Rev. [2] **87.** 60—70. 1/7. 1952. Murray Hill, N. J., Bell Telephone Labor.) FAHLENBRACH. 137

A. J. P. Meyer und **P. Taglang**, *Die magnetischen Eigenschaften einiger Laves-Phasen.* Einige Vertreter der LAVES-Phase AB_2, bei denen A oder B ein Element der Eisenreihe ist, werden magnet. untersucht. Ferromagnet. sind $FeBe_2$ ($\Theta = 643^0$, $\mu_B = 2,24$), $ZrFe_2$ ($\Theta = 372^0$, $\mu_B = 2,92$), $Zr_{0,81}Fe_{2,19}$ ($\Theta \sim 400^0$, $\mu_B \sim 2,9$), $TeFe_2$ ($\Theta \sim 100^0$, $\mu_B = 0,2$), $MgNi_2$ ($\Theta = 230^0$, $\mu_B \sim 0,01$) u. $CeNi_2$ ($\Theta = 2770^0$ K, $\mu_B = 2,30$). Einen temperaturkonstanten Paramagnetismus besitzen $TiCo_2$, $ZrCo_2$ u. $LaNi_2$. Vff. suchen Zusammenhänge zwischen dem Aufbau dieser Phasen u. den magnet. Eigenschaften. (J. Physique Radium **13.** 59 S—60. Juli/Sept. 1952. Strasbourg, Univ., Inst. de Phys.) FAHLENBRACH. 137

A. Pacault, A. Vankerckhoven, J. Hoarau und **J. Joussot-Dubien**, *Apparat zur Messung magnetischer Susceptibilitäten. Translationspendel nach Weiss-Foëx-Forrer.* Es wird eine Verbesserung der magnet. Waage nach WEISS-FOËX-FORRER beschrieben, die es gestattet, an sehr schwach diamagnet. Stoffen ($\chi = -0,5 \cdot 10^{-6}$) mit großer Genauigkeit (besser als 1% bei weniger als 1 dg, in der Größe von 0,1% bei mehreren dg) die magnet. Susceptibilität zu messen. (J. Chim. physique Physico-Chim. biol. **49.** 470—73. Sept. 1952.) v. HARLEM. 137

J. H. E. Griffiths und **J. R. MacDonald**, *Ein Magnetometer vom Oscillationstypus.* Bei der beschriebenen Meth. zur Messung der Sättigungsmagnetisierung von dünnen ebenen Proben ferromagnet. Materialien vollführt die Probe Schwingungen in einem gleichförmigen Magnetfeld um eine Achse, die in der Ebene der Probe u. in einem rechten Winkel zum Magnetfeld liegt. Die Meth. wurde an *Ni*-Blech, 0,11 mm dickem *Supermalloy* u. Ni-Filmen bis zu 0,1 μ Dicke herunter angewandt. (J. sci. Instruments **28.** 56—58. Febr. 1951. Oxford, Clarendon Labor.) H. HAUSWALD. 137

Jean-Brenet und **Anne-Marie Briot**, *Untersuchung über die Entwicklung der depolarisierenden und katalytischen Aktivität von Manganoxyden.* (Vgl. C. **1951.** II. 3557.) Der Einfl. höherer Tempp. auf das elektrochem. Potential u. die depolarisierende Aktivität von Manganoxyden wird untersucht. Im Temperaturbereich von 110—150° scheint das elektrochem. Potential durch die therm. Behandlung wenig beeinflußt zu sein, nimmt aber für den Bereich von 150—330° sehr schnell ab, u. zwar linear mit der Temp., wobei die Steigung der Geraden einen Wert von ca. 80 mV pro 100° erreicht. Für die Aktivität finden Vff. gleichfalls eine plötzliche Verringerung in der Nähe von 150°. Nach dieser Änderung, in der Größenordnung von 25—50% im Vgl. zur Anfangsaktivität, bleibt sie aber bis 325° fast konstant, so daß sie für bei 175 bzw. 325° behandelte Prodd. keinen Unterschied zeigt. Bei den therm. behandelten Präpp. tritt eine allg. Verfeinerung des kristallinen Gefüges ein, wie Vff. auf Grund röntgenograph. Unterss. diskutieren. In gewissen Fällen dagegen konnte die Tendenz zur Rückkehr zur *Pyrolusit*-Struktur bemerkt werden. Vff. diskutieren ferner den Einfl. der verschied. Phasen der Pyrolusitstruktur auf die depolarisierende u. katalyt. Aktivität sowie auf das elektrochem. Potential. (C. R. hebd. Séances Acad. Sci. **232.** 2021—23. 28/5. 1951.) SPARMANN. 140

J. O'M. Bockris und **B. E. Conway**, *Die Geschwindigkeit der Wasserstoffentwicklung an Silberkathoden als Funktion der Wasserstoffionenkonzentration.* Mit statist. ermittelten Parametern wurden die TAFEL-Linien während der H_2-Entw. an Ag-Kathoden für 0,001—7,0 n HCl bestimmt. Als geschwindigkeitsbestimmend wurde der Schritt $H_3O^+ + e^- \rightarrow Ag \cdots H$ angesehen. Bei niedrigen Konzz. wurde ein Sinken der Überspannung mit steigender H^+-Konz. beobachtet, während bei hohen Konzz. der p_H-Effekt seine Richtung änderte, was nach Ansicht der Vff. auf eine H_3O^+-Adsorption an der Kathode zurückzuführen ist. Eine Berechnung dieses Adsorptionspotentials wurde mit Hilfe des Dipolmomentes $Ag^- - H_3O^+$ versucht, um die Differenzen zwischen beobachteter u. berechneter Stromdichte zu erklären. Die numer. Lösung der Beziehungen zwischen dem elektrokinet. Potential, dem Elektrodenpotential u. der HCl-Konz. auf Grund der STERNschen Gleichung zeigte, daß bei niedrigen Konzz. der p_H-Effekt berechnet werden kann. Hinzufügen von KCl oder $BaCl_2$ verursachte bei niedrigen Stromdichten eine negativere Überspannung. (Trans. Faraday Soc. **48.** 724—30. Aug. 1952. London, Imp. Coll. of Sci. and Technol., Dep. of Inorg. and Phys. Chem.) KLAFFKE. 143

A$_4$. Thermodynamik. Thermochemie.

Shizuo Fujiwara, *Eine Formel für den Schmelzpunkt von anorganischen Verbindungen vom Typ MXO_n.* Für den F. von Verbb. vom Typ MXO_n (M Kation, XO_n Anion) wird die Gleichung $T(\alpha_+ - \alpha_-)^{1/6} = a - b\,(r_-/r_+)$ angegeben (T = F. in °K, α_+, α_- = Polarisierbarkeit, r_+, r_- = Radius des Metallions M bzw. des Zentralions $X^{(2n-1)}$ des negativen Ions). Es werden für verschied. Gruppen von Salzen (*Borate, Carbonate, Silicate, Nitrate* u. *Sulfate*) die Werte von a u. b angegeben u. in graph. Darstellungen die Gültigkeit der Gleichung gezeigt. (J. chem. Physics **20.** 1338—39. Aug. 1952. Tokyo, Japan, Univ. of Electro-Communicat.) E. HEINRICH. 147

P. J. Price, *Die radiale Verteilungsfunktion in flüssigem Helium.* Die Formel $S = n\,k\,T\chi_T$, die die Temp. u. die isotherme Kompressibilität mit der Intensität der kohärenten Streuung einer Strahlung verknüpft, ist auf fl. He nicht anwendbar. (Physic. Rev. [2] **86.** 495—96. 15/5. 1952. Durham, N. C., Duke Univ., Dep. of Chem.) KIRSCHSTEIN. 149

G. K. White, *Strömung von flüssigem Helium durch dünne Kanäle.* In ein He-Bad wurde ein mit He gefülltes, am unteren Ende mit einer geätzten Cu-Membran verschlossenes Glasgefäß eingetaucht. Indem das He durch die Membran (Dicke 0,2 mm, Porenweite ca. 1 μ) strömte, glich sich die Höhendifferenz der Flüssigkeitsspiegel im Gefäß u. im Bad allmählich aus. Hieraus wurde die Strömungsgeschwindigkeit in den Bereichen zwischen 1,16 u. 2,15° K u. zwischen 2,20 u. 4,20° K berechnet. Sie ist bei **He II** proportional $p^{0,22}$ (oberhalb 2,0° K nimmt der Exponent leicht zu) u. entspricht bei He I der laminaren Strömung. Die Viscosität konnte nur mit großer Ungenauigkeit ($\pm$30%) bestimmt werden. (Proc. physic. Soc., Sect. A **64.** 554—58. 1/6. 1951. Oxford, Clarendon Labor.) KIRSCHSTEIN. 149

R. Bowers und **G. K. White,** *Druckgradienten in der Superströmung.* Vff. benutzten eine ähnliche App. wie WHITE (vgl. vorst. Ref.), um den Druckabfall beim Durchströmen von *He II* durch zwei hintereinander liegende, verschieden dicke Cu-Membranen zu bestimmen; er ist bei der Membrane mit dem kleineren Widerstand fast gleich Null. (Proc. physic. Soc., Sect. A **64.** 558—62. 1/6. 1951.) KIRSCHSTEIN. 149

Klaus Clusius, *Das Trennrohr.* 9. Mitt. *Reindarstellung des schweren Stickstoffs ^{15}N.* (8. vgl. C. **1950.** II. 2651.) Bei Verss., aus gewöhnlichem N_2 mit 99,24% $^{14}N_2$ u. 0,76% $^{15}N^{14}N$ schweren N zu isolieren, konnte nur das Gas $^{15}N^{14}N$ mit 50% ^{15}N erhalten werden, da sich das Gleichgewicht $2\,^{14}N^{15}N \rightleftharpoons {}^{14}N_2 + {}^{15}N_2$ nicht ohne weiteres einstellt. Durch elektr. Entladungen (Einbau von Funkenstrecken an verschied. Stellen der Trennanlage) läßt sich jedoch dieses Gleichgewicht auf dem Umweg über die Rekombination des atomaren N „katalysieren". Die Erörterung der Thermodiffusionsverhältnisse des Gleichgewichtsgemisches zeigt, daß in ihm der Konzentrationsgradient an $^{15}N_2$ nur halb so groß wie in der eingefrorenen Mischung von $^{14}N_2$ u. $^{15}N_2$ ist. Die Daten der kompendiösen Trennanlage von 3,8 m Bauhöhe werden im einzelnen beschrieben. Mit der Anordnung konnte eine Anreicherung des schweren Stickstoffs bis 99,8% ^{15}N erzielt werden, die durch Dichtebest., UV-Bandenaufnahmen u. massenspektrometr. Analyse bestätigt werden konnte. Der Vers., den Thermodiffusionseffekt auf ein Extremalprinzip der Entropie der Gasmischung zurückzuführen, ist nicht mit den Ergebnissen der vorliegenden Arbeit in Einklang zu bringen u. muß aufgegeben werden. (Helv. chim. Acta **33.** 2134—52. 1/12. 1950. Zürich, Univ., Physikal.-chem. Inst.) KLEVER. 149

Russell E. Duff und **Herbert T. Knight,** *Eine experimentelle Untersuchung der „Spin"-Detonation.* Da bisherige Beobachtungen noch keine Entscheidung für eine der bestehenden Theorien erlauben, geben Vff. weitere Versuchsergebnisse an. Die gemessenen Werte zeigen eine gute Übereinstimmung mit den nach der akust. Theorie von MANSON u. FAY berechneten. Einen Einblick in die Form der Detonationswelle geben Vff. an Hand einer Photographie der Verformung einer Dural-Folie, die ursprünglich am Ende eines Detonationsrohres von 80 mm Durchmesser senkrecht zur Rohrachse ausgespannt war. Die Welle besteht aus zwei Teilen u. ist der von SCHTSCHELKIN u. SELDOWITSCH vorausgesagten Form ähnlich. Weitere Aufnahmen wurden durch einen Schlitz senkrecht zur Achse des Rohres gemacht. Sie zeigen die annähernd sinusförmige Gestalt der Welle. Weitere Einzelheiten werden an Hand der Aufnahmen der einfallenden u. reflektierten Welle diskutiert. (J. chem. Physics **20.** 1493—95. Sept. 1952. Los Alamos, N. Mex., Los Alamos Sci. Labor.) E. HEINRICH. 157

Arthur Uhlir jr., *Wärmeleitfähigkeit von flüssigem Argon und Stickstoff.* Die Wärmeleitfähigkeit von fl. Ar u. N_2 wurde bis zum doppelten krit. Druck u. vom n. Kp. bis ca. 190° K gemessen. Durch Kombination der ENSKOG-Transporttheorie mit den Berechnungen für freies Vol. kann man die Wärmeleitfähigkeit λ für fl. Ar zwischen 87,3 u. 141,6° K aus der Flüssigkeits- u. Dampfdichte u. der Verdampfungsentropie berechnen. Die vom Vf. errechneten Werte liegen innerhalb 15% der gemessenen Werte. Bei Berechnung der Viscosität auf ähnliche Art liegen jedoch die errechneten Werte bis zu 50% unter den gemessenen. Eine Korrektur für quantenmechan. Effekte vermindert den Unterschied zwischen den theoret. u. experimentellen Werten von λ auf ca. $\pm 5\%$, was innerhalb der Meßgenauigkeit therm. Daten liegt. (J. chem. Physics **20.** 463—72. März 1952. Chicago, Ill., Univ. of Chicago.) CRAMER. 158

F. Hubbard Horn, *Über die asymmetrische Wärmeleitfähigkeit in Kupfer–Kupferoxydulgleichrichtern.* Neuunters. der von STARR (Physics **7.** [1936.] 14) berichteten asymm. Wärmeleitfähigkeit von Cu–Cu_2O-Gleichrichtern ergeben an 4 verschied. kommerziellen Gleichrichtertypen keinen derartigen Effekt. Die Wärmeleitfähigkeit betrug in allen Fällen u. Richtungen 0,038 cal/Grad/Sek./cm² bei einem mittleren Fehler von ca. 10%. Diskussion der für die STARRschen Beobachtungen verantwortlichen Ursachen. (J. appl. Physics **22.** 1214. Sept. 1951. Schenectady, N. Y., General Electric Res. Labor.) SPEER. 158

E. A. Guggenheim, Termodinamica. Torino: Einaudi. 1952. (620 S. m. 37 Abb.) L. 8000,—.

A_5. Grenzschichtforschung. Kolloidchemie.

A. W. Bromberg, W. M. Lukjanowitsch, W. W. Nemzowa, L. W. Raduschkewitsch und K. W. Tschmutow, *Elektronenmikroskopische Untersuchung einiger kolloider Objekte nach der Entwicklungsmethode.* Die früher beschriebene (C. **1952.** 1958; vgl. auch C. **1952.** 1451) u. zur Unters. von V_2O_5-Solen verwandte Entwicklungsmeth. wurde nun auch an *$Zn(OH)_2$*-Solen erprobt. Zur Objektpräparation wurden zu 5 cm³ $Zn(OH)_2$-Sol einige Tropfen 0,05 n $AgNO_3$- u. 0,1%ig. Hydrazinhydratlsg. (bzw. $AuCl_3$ u. Hydroxylaminchlorid) gegeben. Nachdem sich das vorzugsweise an den $Zn(OH)_2$-Teilchen gebildete red. koll. Ag durch Färbung angezeigt hatte, wurden die $Zn(OH)_2$-Teilchen mit dem daran haftenden Ag in der üblichen Weise auf eine elektronenmkr. Objektträgerfolie gebracht u. getrocknet. Danach wurde das Objekt zunächst ein paar Min. im Elektronenmikroskop durchstrahlt, dann die $Zn(OH)_2$-Teilchen in einem 0,01 n HCl-Tropfen gelöst u. die übrigbleibenden Ag-Teilchen im Elektronenmikroskop beobachtet. Die Vorbehandlung durch Elektronendurchstrahlung ist nötig, damit sich das $Zn(OH)_2$ nicht völlig ohne Spuren in der Säure löst. Vf. beoachten eine bevorzugte Abscheidung an den scharfen Rändern der scheibenförmigen $Zn(OH)_2$-Teilchen. Dasselbe Verf. (bis auf die Lsg.), auf *Tabakmosaikvirus* angewandt, zeigte bevorzugte Ag-Abscheidung an den Enden der stäbchenförmigen Viren. (Доклады Академии Наук СССР [Ber. Akad. Wiss. UdSSR] [N. S.] **87.** 81—84. 1/11. 1952.) LENZ. 160

S. R. Sivarajan, *Lichtstreuung in kolloidalen Farbstofflösungen.* Intensität u. Depolarisation von an *Chrysophenin G* (**I**)- u. *Benzopurpurin 4 B* (**II**)-Lsgg. transversal gestreutem weißen Licht wurden als Funktion der Temp. von 26—85 bzw. 27—65° untersucht. Die Ergebnisse zeigen, daß die Micellen von **I** klein u. anisotrop, die von **II** anisitrop u. nicht klein gegen die Wellenlänge sind. Beide Größen nehmen für **I** allmählich ab bis zu einem steilen Abfall bei der Übergangstemp., was auf die Ggw. größerer sphär. Micellen hinweist. Das Verh. von **II** läßt auf die Bldg. größerer, mehr anisotroper Micellen schließen. Oberhalb der Übergangstemp. gehen die Micellen vermutlich in Lösung. (Current Sci. **20.** 202—03. Aug. 1951. Bangalore, Indian Inst. of Sci., Dep. of Phys.) LINDBERG. 162

Max Leva, *Druckabfall durch poröse Medien.* Vf. hält die Fortlassung des Effekts der Oberflächenrauhigkeit durch BROWNELL u. Mitarbeiter (Chem. Engng. Progr. **46.** [1950.] 415 u. früher) bei ihrer korr. Gleichung zur Berechnung des Druckabfalls durch poröse Medien bei Luftströmen auf Grund ihrer Verss. an glatten u. rauhen Ni-Sätteln für unzulässig, zumal die Werte für den Druckabfall bei rauhen Ni-Sätteln annähernd 40% unter denen bei glatten lagen. — **L. E. Brownell** erwidert, auf Grund sorgfältigster Bestimmungen zu dem Ergebnis gekommen zu sein, daß die Oberflächenrauhigkeit bei Schichten willkürlicher Anordnung keinen feststellbaren Effekt ausübe u. die durch die Schichtanordnung hervorgerufenen Effekte nicht so klein seien, wie LEVA sie angibt. (Chem. Engng. Progr. **47.** Nr. 6. 314—16. Juni 1951. Pittsburgh, Pa.) OPPERMANN. 166

Gerhard Schmid, *Zur Elektrochemie feinporiger Capillarsysteme.* 1. Mitt. *Übersicht.* Bei sehr feinporigen Capillarsystemen erstreckt sich die HELMHOLTZsche Doppelschicht der Wandungen über das ganze Poreninnere u. verliert damit ihren eigentlichen Charakter als „Wand"-Ladung. Es wird nun gezeigt, daß nicht nur die elektrokinet. Erscheinungen, sondern auch die elektr. Leitfähigkeit u. die Dialysepotentiale von einem einheitlichen Standpunkt verstanden werden können, wenn man die feinporigen Capillarsysteme als nahezu homogene Elektrolyte mit den Wandladungen als unbewegliche Ionen auffaßt. Die Formeln enthalten dann die Festionenkonz. statt des ζ-Potentials u. gestatten eine zum Teil quantitative Beschreibung fremder u. eigener Messungen der Elektroosmose, der Leitfähigkeit, der Strömungs- u. Dialysepotentiale mit nur einer Membrankonstanten (vgl. hierzu nachst. Reff.). (Z. Elektrochem. angew. physik. Chem. **54.** 424—30. Okt. 1950. Stuttgart, TH, Labor. für phys. Chem. u. Elektrochem.) KLEVER. 167

Gerhard Schmid, *Zur Elektrochemie feinporiger Capillarsysteme.* 2. Mitt. *Elektroosmose.* (1. vgl. vorst. Ref.) Es wird gezeigt, daß sich die von MANEGOLD u. SOLF (Kolloid-Z. **55.** [1931.] 273) gefundenen systemat. Abweichungen des elektroosmot. Verh. feinporiger Kollodiummembranen von den HELMHOLTZ-SMOLUCHOWSKI-Gleichungen zwanglos verstehen u. zum Teil quantitativ erklären lassen, wenn man von der Vorstellung einer im Vgl. zum Porenradius sehr dünnen elektr. Doppelschicht an der Porenwand abgeht u., umgekehrt idealisierend, die Gegenionen zur Wandladung als annähernd gleichmäßig über das Innere der Poren-Fl. verteilt voraussetzt. Die auf dieser Vorstellung aufgebauten, in der 1. Mitt. bereits aufgeführten Formeln der Elektroosmose werden genauer abgeleitet. Die neuen Formeln verlangen zum Unterschied von der entsprechenden HELMHOLTZ-SMOLUCHOWSKIschen Gleichung nicht mehr Unabhängigkeit, sondern ein ausgeprägtes Nachlassen der elektroosmot. Durchlässigkeit D_l vom Porenradius mit fallendem Radius; wie es auch beobachtet wird. Die von MANEGOLD u. SOLF empir. gefundene Beziehung D_l/D_H = konstant steht im Einklang mit den neuen Formeln, da sich der Ausdruck $F_0\,A/L = F_0\,A/C_L \cdot \varkappa_l$ in den Verss. als konstant erwies, d. h. unabhängig von der Porengröße ist. Die Erscheinung des Nachlassens der elektroosmot. Wirksamkeit des Stromes mit wachsender Stromdichte ist überraschend, weil sie bei grobporigen Systemen durchaus nicht zu beobachten ist. Bereits MANEGOLD u. SOLF hatten u. a. vermutet, daß hier eine Polarisationserscheinung durch den Strom vorliege, geben aber diese Vermutung wieder auf. Nach Angaben des Vf. schwankt nun aber die Versuchsdauer eines D_l-Wertes zwischen 2 u. 15 Minuten. Wenn sich also die Polarisation sehr rasch ausbildet u. schon innerhalb der Meßdauer einen stationären Zustand erreicht, so besagt die Zeitunabhängigkeit der Meßwerte nichts gegen die Annahme einer Polarisation. Vf. zeigt nun, daß mittels der Formeln von MEYER u. SIEVERS unter den Versuchsbedingungen von MANEGOLD u. SOLF eine derartige sich sehr rasch einstellende Polarisation bzw. Salzansammlung auf einer Membranseite auftritt u. damit einem Teil des elektr. Stromes, der selbst zur Hervorbringung der Elektroosmose nicht beiträgt, einen Durchgang durch die Membran ermöglicht. Daher ist es verständlich, daß nur in hochverd. Lsgg. erhöhte Leitfähigkeit der Porenlsgg. u. Dialysenpotentiale vorhanden sind, die sich bei einer Konz. oberhalb 0,03 n allmählich verlieren. (Z. Elektrochem. angew. physik. Chem. **55.** 229—37. April 1951.) SURAWSKI. 167

Gerhard Schmid und **Hans Schwarz,** *Zur Elektrochemie feinporiger Capillarsysteme.* 3. Mitt. *Elektrische Leitfähigkeit.* (2. vgl. vorst. Ref.) Die Erweiterung der TEORELL-MEYER-SIEVERSschen Theorie der Dialysepotentiale zu einer allg. elektrochem. Theorie der feinporigen Capillarsysteme wird für die Erscheinungen der elektr. Leitfähigkeit einschließlich Konvektionsleitfähigkeit (Oberflächenleitfähigkeit) im einzelnen durchgeführt. Die genaue Ableitung der schon in der 1. Mitt. (vgl. vorvorst. Ref.) angegebenen Leitfähigkeitsformeln wird jetzt nachgeholt. Außerdem wird über Messungen der elektr. Leitfähigkeit von Kollodiummembranen abgestufter Porosität u. elektrochem. Aktivität in KCl-Lsgg. verschied. Konz. berichtet, die zur Prüfung u. Bestätigung der Theorie dienen sollen. Es wird gezeigt, daß man mit Hilfe solcher Leitfähigkeitsmessungen die Festionenkonz. A im Membraninnern bestimmen kann, deren Identität mit der MEYER-SIEVERSschen „Selektivitätskonstante" bei Dialysepotentialmessungen von der Theorie gefordert u. in einer folgenden Mitt. experimentell geprüft werden soll. Zum Schluß diskutieren Vff. die Möglichkeit, inwieweit die Konvektionsleitfähigkeit, die bei der Berechnung der Verss. außer acht gelassen worden ist, hineinspielt bzw. stört. Es zeigt sich, daß der Beitrag der Konvektion zur Leitfähigkeit gerade noch so klein ist, daß er nicht mehr berücksichtigt zu werden braucht. (Z. Elektrochem. angew. physik. Chem. **55.** 295—307. Mai 1951.) SURAWSKI. 167

T. Gillespie und **G. O. Langstroth,** *Der Einfluß der relativen Feuchtigkeit auf die Koagulation und die Wandverluste von Ammoniumchloridnebeln.* Vff. bestimmten die Teilchenzahl u. die Zahl der an die Wand der Untersuchungskammer verlorenen Teilchen von NH_4Cl-Nebeln in Abhängigkeit von der Zeit u. der relativen Feuchtigkeit im Bereich von 15—98%. Die gewünschte Feuchtigkeit wurde dadurch erhalten, daß die Asbestplatten, mit denen die Versuchskammer ausgelegt war, mit H_2O bzw. entsprechenden

Salzlsgg. getränkt wurden. Die Geschwindigkeit, mit der der NH_4Cl-Nebel verschwindet, ist von der relativen Feuchtigkeit abhängig. So ist die nach 90 Min. noch vorhandene Teilchenzahl bei 50% doppelt so groß wie bei 96% relativer Feuchtigkeit. Koagulations- u. Verlustkonstante ergeben sich als unabhängig von der Feuchtigkeit, da sich das Absorptionsgleichgewicht von H_2O in weniger als 10 Min. einstellt. Steigt die Feuchtigkeit über 60% an, nimmt die Verlustkonstante rasch zu. Vff. führen dies auf eine schnellere Sedimentation als Folge der scheinbaren Dichtezunahme der Teilchen durch die H_2O-Absorption zurück. Im Gegensatz hierzu wird die Koagulationskonstante auch durch hohe relative Feuchtigkeiten nur unwesentlich verändert. Diese Ergebnisse deuten darauf hin, daß ein Aerosol eher durch Verhinderung der H_2O-Aufnahme als durch einen zusätzlichen Dampf stabilisiert werden kann. (Canad. J. Chem. **29.** 133—39. Febr. 1951. Alberta, Can., Defence Res. Board Exp. Station, Ralston.) WOELK. 180

T. Gillespie und **G. O. Langstroth,** *Die Alterung von Ammoniumchloridnebeln.* Durch neue Verss. mit Nebeln von 36—420 mg/cm³ NH_4Cl in ruhender Luft in Kammern von 11,8, 0,22 u. 0,0033 m³ wurden die bisher erhaltenen Ergebnisse über die Koagulation von NH_4Cl-Nebeln (vgl. vorst. Ref.) bestätigt u. erweitert. Proben wurden den Kammern period. während 4,5 Std. entnommen, in H_2O gelöst u. durch Leitfähigkeitsmessung die Konz. ermittelt. Zwischen den experimentell erhaltenen u. den theoret. berechneten Ergebnissen erhalten Vff. gute Übereinstimmung. Auch durch eine turbulente Bewegung der Luft wird die Koagulationskonstante nur in geringem Maße beeinflußt, wenn die Geschwindigkeit der Bewegung unter einem krit. Wert liegt. (Canad. J. Chem. **29.** 201—16. Febr. 1951,) WOELK. 180

A_6. Strukturforschung.

R. H. Parmenter, *Elektronische Energiebänder in Kristallen.* Theoret. Unters. über die Möglichkeit der Berechnung der Valenz- u. angeregten Elektronenbänder in Kristallen auf Grund der BLOCHschen Einelektronenwellenfunktionen. Durch Entw. jeder BLOCHschen Wellenfunktion in dreidimensionale FOURIER-Reihen kann eine schnelle Konvergenz der BLOCHschen Summen im Impulsraum erzwungen werden. Die Meth. wurde an Li erprobt u. ergab teilweise gute Übereinstimmung mit den experimentellen Werten. (Physic. Rev. [2] **86.** 552—60. 15/5. 1952. Cambridge, Mass., Inst. of Technol.) SPEER. 182

R. E. Rundle und **Matthew Parasol,** *O-H-Dehnungsfrequenzen in sehr kurzen und möglicherweise symmetrischen Wasserstoffbindungen.* Vff. untersuchen Kristalle, die eingebaute O—H—O-Gruppen [*$Ca(OH)_2$, Oxalsäuredihydrat, Pentaerythrit, Resorcin, Diaspor, $(NH_4)_2H_3JO_6$, Na_2CO_3, KH_2PO_4, Maleinsäure, Nickeldimethylglyoxim* u. *Palladiumdimethylglyoxim*] enthalten. Zwei Abbildungen geben die Bindungsabstände, aufgetragen gegen die Dehnungsfrequenzen für O—H—O-Bindungen u. ihre typ. Infrarotspektren, wieder. Im folgenden werden die Ergebnisse diskutiert. Bemerkenswert ist, daß die O—H-Frequenzen für den Pd-Komplex niedriger sind als für den Ni-Komplex. Wenn der Abstand für O—H größer als 2,44 Å ist, dann können asymm. O—H—O-Bindungen (Maleinsäure) oder symm. Bindungen (Palladiumdimethylglyoxim) mit ganz verschied. Frequenzen auftreten. Ob die Bindung symm. ist oder nicht, hängt von der Ladung u. von Resonanzeffekten ab. (J. chem. Physics **20.** **1487**—**88.** Sept. 1952. Ames, Iowa, Iowa State Coll., Dep. of Chem.) D. HAHN. 182

F. Senent, *Theoretische Begründung der Molekülkonfiguration des Ions $Ag(CN)_2^-$ und der Verbindungen PCl_5, SF_6, $TeCl_4$ und $Fe_2(CO)_9$.* (Vgl. C. **1952.** 5215.) Ohne Verwendung von Eigenfunktionen läßt sich für $Ag(CN)_2^-$ (mit apolaren Bindungen) die Elektronenformel $Ag^{-II}4d^{10}5s5p$ annehmen. PCl_5 (mit apolaren Bindungen) wird unter Annahme eines Elektronendefektes (sp^3s) die Formel $P^{V}3s\,3p\,3p\,3p\,4s$ zugeschrieben (trigonale Bipyramide mit Cl an jeder Spitze). Bei SF_6 liegt auch Elektronendefekt vor, als Formel wird $S^{VI}3s\,3p\,3p\,3p\,4s\,3d$ gegeben. Bei $(C_6H_5)_2SeCl_2$ u. $(C_6H_5)_2SeBr_2$ wird Anordnung der C_6H_5-Reste in einer Linie mit Se angenommen mit Halogen im Winkel zueinander in einer dazu senkrechten Ebene; analoge Struktur bei $TeCl_4$, Elektronenformel für diese Verbb.: $ns^2npnpnp\,(n+1)s$. Für $Fe_2(CO)_9$ gibt Vf. eine Formel, in der die zwei mit je 3 CO-Gruppen beladenen Fe^{3-} in einer Ebene durch 2 CO-Gruppen, in einer dazu senkrechten Ebene durch eine weitere CO-Gruppe verbunden sind; für den Elektronenzustand wird die Formel gegeben: $Fe^{3-VII}3d^{\,2}3d^{\,2}3d\,3d\,3d\,4s\,4p\,4p\,4p$. (An. Real. Soc. españ. Física Quím., Ser. B **47.** 665—72. Nov. 1951. Valladolid, Inst. de Quím. fís. A. de Rocasolano.) R. K. MÜLLER. 182

Terrell L. Hill, *Größe und Gestalt von Polyelektrolytmolekülen in Lösung.* In einer vorl. Mitt. erläutert Vf. eine Näherungstheorie zur Best. der Gleichgewichtsgestalt u. -größe von Polyelektrolytmoll. in Lsg. aus der geometr. Anordnung mit der kleinsten freien Energie unter Verwendung einer demnächst zu veröffentlichenden eigenen Meth.

u. unter Anlehnung an Überlegungen von FLORY u. REHNER (J. chem. Physics **11.** [1943.] 521) u. HERMANS u. OVERBEECK (Recueil Trav. chim. Pays-Bas **67.** [1948.] 761). (J. chem. Physics **20.** 1173—74. Juli 1952. Bethesda, Md., Naval Med. Res. Inst.) NIEMITZ. 186

B. J. Mason, *Die spontane Kristallisation von unterkühltem Wasser.* In einem Gefäß von ca. 30 dm^3 Inhalt wurde mittels eines nassen Tuches W. in feinen Tröpfchen von ca. 29 μ Durchmesser zerstäubt. Das Gefäß wurde auf eine tiefe Temp. geregelt. Die Eiskristalle schlugen sich an einem Kupferstab nieder, dessen anderes Ende in fl. O_2 getaucht war, u. wurden beobachtet. Wenige bildeten sich bei —39°, aber schnellere Bldg. fand bei —41° statt. Die Temp. wurde mit Thermoelement mit kalter isolierter Lötstelle in schm. Hg gemessen. (Quart. J. Roy. meteorol. Soc. **78.** 22—27. Jan. 1952. London, Imperial Coll.) MIETHING. 190

G. W. Johnson, *Die Epitaxie von Alkalichloriden auf Metallen. NaCl, KCl* u. *RbCl* werden aus Lsgg. auf Einkristallen bzw. polykristallinen Proben verschied. Metalle (*Ag, Au, Cu, Mg, Zn, Cd, Al, In, β-Sn, Pb, Sb, Bi, Fe, Ni*) aufkristallisiert. Dabei wird ein orientiertes Wachstum auf Ag, Au, Cu, Zn, Pb, Sb, Bi u. Fe erhalten. Bei Ag u. Au, welche unter n. Bedingungen nicht oxydieren, scheinen die Ergebnisse charakterist. für das Paar Metall–Alkalichlorid zu sein. Aus den Verss. mit Ag u. Au werden 2 wichtige Schlüsse gezogen: 1. Der Paßfehler zwischen Metallen u. Ionenkristallen ist von derselben Größenordnung (∼10%) wie für reine Ionenpaare. Dieses Ergebnis steht in einem Gegensatz zu früheren Arbeiten, wo eine viel kleinere Toleranz für das Metall–Ionenkristall-Paar gefunden wurde. 2. Das orientierte Wachstum findet wegen der höheren chem. Aktivität von Ag schneller auf Ag als auf Au statt. Das stimmt mit der Erfahrung überein, daß zwischen Unterlage u. Aufwachsung die Möglichkeit einer strengen chem. Bindung (AgCl u. AuCl) bestehen muß. Alle anderen Metalle haben n. Oxydfilme. Da trotzdem ein orientiertes Wachstum auf Cu, Zn, Pb, Sb, Bi u. Fe beobachtet wird, müssen die Oxydfilme dieser Metalle entsprechend dem metall. Untergrund orientiert sein. Das trifft vor allem für Cu, Zn, Pb u. in einigen Fällen für Fe zu. In allen Fällen, mit Ausnahme von Fe, wächst NaCl wegen der kleineren Ionengröße von Na schneller orientiert als KCl oder RbCl auf der Metallunterlage auf. (J. appl. Physics **22.** 797—805. Juni 1951. Upton, Long Island, N. Y., Brookhaven Nat. Labor.) KLEFFNER. 190

John J. Gilman, *Einfluß eines Oberflächenfilms von Kupfer auf die Verzwilligung in Zinkeinkristallen.* Auf Kristalle von Zn, die nach der Meth. von BRIDGMAN hergestellt worden waren, wurde elektrolyt. ein dünner Cu-Film niedergeschlagen. Die Verss. ergaben, daß der Cu-Film deutlich die krit. Spannung vergrößerte, die Zwillingsbldg. in diesen Kristallen verursacht. Dieser Effekt scheint durch die Wechselwrkg. zwischen Cu u. Zn an der Grenzfläche hervorgerufen zu werden. Der Oberflächeneffekt für Zwillingsbldg. wurde auch an einem rechteckigen Zn-Bikristall beobachtet. (Nature [London] **169.** 149—50. 26/1. 1952. New York, N. Y., Columbia Univ., School of Mines.) GOTTFRIED. 190

W. D. Kusnetzow, *Oberflächenenergie der Kristalle.* Nach einem Hinweis auf die Bedeutung der Oberflächenenergie fester Stoffe für die Abnutzung, einer Erläuterung der Begriffe partielle Oberflächenenergie u. innere Energie eines Kristalls u. einer Erwähnung der Dispersion bzw. Pulverisierung bespricht Vf. die beiden Methoden zur Best. der Oberflächenenergie von *NaCl,* die der Spaltung u. die des Abschleifens. Bei beiden ergibt sich, wie zu fordern ist, für die einzelnen Flächen das folgende Verhältnis: $\sigma\,(100):\sigma'\,(110):\sigma'\,(111) = 1:\sqrt{2}:\sqrt{3}$. Ferner wird die Best. der relativen Oberflächenenergie der Alkalihalogenide nach dem Schleif- u. nach dem Bohrverf. behandelt. Die Oberflächenspannung bei NaCl beträgt größenordnungsmäßig 200 erg/cm^2. (Природа [Natur] **41.** Nr. 9. 39—45. Sept. 1952.) WIEDEMANN. 196

Harry Czyzewski, *Die Verzweigung von Gleitlinien in α-Messing.* Vf. beschreibt das Zusammentreffen von Gleitlinien u. Zwillingsflächen in einer Probe von raumzentriertem kub. α-Messing (70 Cu, 30 Zn) auf (111)-Flächen. Die Gleitlinien werden durch Abtasten einer elektrolyt. polierten u. geätzten Fläche mit einem VICKERS-Härteprüfer erzeugt. Eine elektronenmkr. Aufnahme zeigt 4 Gleitlinien, die von Zwillingsflächen gekreuzt werden u. an den Zwillingsflächen ihre Richtung ändern. Es treten Intensitätsschwankungen der Linien, Doppellinien u. Linienverschiebungen auf. (J. appl. Physics **22.** 846. Juni 1951. Urbana, Ill., Illinois Univ.) KLEFFNER. 197

W. I. Archarow, *Über die Zonenbreite der zwischenkristallitischen inneren Adsorption.* Zu der von WINAROW (Журнал Технической Физики [J. techn. Physik] **19.** [1949.] 243) experimentell untersuchten Frage der Beeinflussung der Glühbarkeit von *Stahl,* bes. durch sehr geringe Borzusätze, kommt Vf. auf Grund einer Abschätzung der Energieänderung der Keime bildenden Atomgruppen zu der Vorstellung, daß zwar Bor die Ausscheidung von Keimkristalliten der α-Phase an der Grenzfläche des Austenitkristalls erleichtere, aber in weit höherem Maße das γ-Gitter in dieser Schicht stabilisiere u. gerade dadurch den Prozeß der Phasenumwandlung hemme. — Erwiderung von **Ss. W. Winarow.** — Stellungnahme hierzu von **W. I. Archarow.** (Журнал Технической Физики [J. techn. Physik] **22.** 332—39. Febr. 1952.) AMBERGER. 197

I. Šimon, H. O. McMahon und **R. J. Bowen,** *Berichtigung: Trockene metallische Reibung als Temperaturfunktion zwischen 4,2 und 600° K.* (Vgl. C. **1951.** II. 3280.) Vff. weisen auf die Priorität von HOLM sowie von MERCHANT bzgl. der l. c. mitgeteilten Adhäsionstheorie u. der Formeln für den Koeff. der stat. Reibung in Beziehung zu Scherfestigkeit u. Härte hin. (J. appl. Physics **22.** 848. Juni 1951. Cambridge, Mass., Arthur D. Little Inc.) KLEFFNER. 200

Peter Haasen und **Günther Leibfried,** *Fließkurven von Einkristallen aus Aluminium im Gebiet kleiner plastischer Verformung.* Die Fließkurven werden im Bereich bis maximal 2‰ Dehnung mit hoher Vergrößerung untersucht. Die Fließkurven werden durch schrittweises Belasten der Probe erzeugt u. unterscheiden sich in der Ausgangsverfestigung des Kristalls. Der Fließverlauf wird berechnet. Die Abhängigkeit der Konstanten im Fließgesetz von Vorlast usw. wird erörtert. Die Fließkurven sind nicht allg. glatt, sondern weisen zuweilen Wellen u. andere Besonderheiten auf. (Z. Metallkunde **43.** 317—21. Sept. 1952. Göttingen, Univ.) HOCHSTEIN. 200

Gerhard Lucas und **Georg Masing,** *Kriechen von Aluminiumdrahtspiralen.* Bei konstanter Last u. konstanter Temp. werden im Bereich kleiner Dehnungen Fließkurven aufgezeigt, u. hierbei die Abhängigkeit des Verfestigungsgesetzes von der Versuchstemp. u. der Vorbehandlung der Proben nachgewiesen. Es wird angenommen, daß schon vor Beginn der Deformation aktivierbare Stellen mit verschied. Aktivierungsenergien im Material vorliegen, wobei die Stellen kleinerer Aktivierungsenergie sich schneller erschöpfen. (Z. Metallkunde **43.** 341—49. Okt. 1952. Göttingen, Inst. für allg. Metallkunde.) HOCHSTEIN. 200

M. W. Porter and R. C. Spiller, The barker index of crystals. Vol. I. Pts. 1 and 2. London: W. Heffer 1952. (IX + 350 S. u. X + 1027 S.) £ 6 the set.

A₇. Gleichgewichte. Kinetik.

George K. Schweitzer und **John M. Lee,** *Untersuchungen der Racemisierungsgeschwindigkeit an Tris-[2.2'-dipyridyl]-nickel(II)-chlorid. Tris-[2.2'-dipyridyl]-nickel(II)-chlorid* (I), dargestellt aus 2.2'-Dipyridyl (II) u. $NiCl_2 \cdot 6\,H_2O$ (III) in Ggw. von wenig W., kann mit Ammoniumtartrat in die opt. Antipoden gespalten werden; $[M]_{5893}^{23,5°}$ 4294°(W.). Racemisierung von I in W. zwischen 16,5° (K_1 0,0468 min^{-1}) u. 40° (K_1 0,7700 min^{-1}) ist eine Rk. 1. Ordnung mit einer Aktivierungsenergie von 21,9 kcal/Mol. Zusatz von HCl bzw. NaOH (Konz. bis zu 0,1n) setzt die Halbwertszeit τ bei 23,5° von $\sim$7 auf $\sim$2 Min. herab; **II** hat keinen Einfl., durch **III** wird die Racemisierung proportional zur Konz. beschleunigt. Unterss. der Rk. in Lösungsmittelgemischen (W.–Aceton, –Methanol, –A., –Dioxan) bei verschied. Tempp. zeigen, daß τ von der Lösungsmittelzus. stark u. uneinheitlich abhängig ist. In allen Fällen wird die Racemisierung verzögert, τ hat bei bestimmten Zuss. Maxima, die nicht mit den Extremwerten anderer Eigg. der Lösungsmittelsysteme zusammenfallen. Dieses Verh. ist noch nicht erklärbar. Im übrigen widersprechen die Ergebnisse der Theorie der Racemisierung durch Ionisation. — Festes, wasserfreies **I** ist ohne Racemisierung haltbar. (J. physic. Chem. **56.** 195—98. Febr. 1952. Knoxville, Tenn., Univ., Dep. of Chem.) KRESSE. 225

George K. Schweitzer und **John L. Rose jr.,** *Untersuchungen der Racemisierungsgeschwindigkeit an Kaliumtrisoxalatochromat(III).* (Vgl. vorst. Ref.) Die Racemisierung von opt.-akt. *K-Tris-oxalatochromat(III)* (I, $[M]_D^{20}$ 4447°) in W. ist eine Rk. 1. Ordnung mit einer Aktivierungsenergie von 12800—13300 kcal/Mol. Vff. untersuchten den Einfl. der Lösungsmittelzus. auf die Rk. in Mischungen von W. mit Methanol, A., n-Propanol, Isopropanol u. Dioxan bei 25 u. 35°. Anders als in der vorst. Unters. wirkt bei **I** Zusatz eines organ. Lösungsm. gleichsinnig erhöhend auf die Halbwertszeit τ, der Anstieg ist bei den einzelnen Verbb. verschieden u. unabhängig von der Löslichkeit des **I** in den Gemischen. Beziehungen zwischen dem Gang der τ u. anderen Eigg. der Lösungsmittelsysteme bestehen nicht. Vff. schließen aus ihren Ergebnissen, daß die Veränderungen der Racemisierungsgeschwindigkeit von anorgan. Komplexen bei Wechsel des Lösungsm. ausschlaggebend durch die Konst. des Komplexes bestimmt wird. — **I,** aus $K_2Cr_2O_7$ mit $K_2C_2O_4$ u. $H_2C_2O_4$, opt. Spaltung bei Raumtemp. mit Strychninsulfat. (J. physic. Chem. **56.** 428—31. April 1952.) KRESSE. 225

Birger Adell, *Die Geschwindigkeit der Umwandlung von festem 1.2-Dinitrito- in 1.2-Dinitrodiäthylendiaminkobalt(III)-nitrat, extinktiometrisch untersucht.* Vf. untersucht extinktiometr. die Umwandlung von *1.2-Dinitrito-* (I) in *1.2-Dinitrodiäthylendiamin-kobalt(III)-nitrat* (II) in festem Zustand bei Tempp. von 20, 30 u. 40° bei 380—560 bzw. 390—570 mμ. II besitzt ein Absorptionsmaximum bei 435 mμ u. ein -minimum bei 390 mμ. Bei I liegen die entsprechenden Werte bei 455 u. 415 mμ. Die Umwandlung von I in II geht bes. rasch bei höherer Temp. vonstatten (ca. 55 Std. bei 40°, ca. 12 Std. bei 60°). Die Extinktionswerte bleiben dann konstant u. stimmen mit denen einer frisch bereiteten II-Lsg. innerhalb der Fehlergrenze überein. Die Umwandlung vollzieht sich in zwei Stufen: $[(ONO)_2 Co\ en_2] NO_3 \rightarrow [(ONO)(NO_2) Co\ en_2] NO_3 \rightarrow [(NO_2)_2CO\ en_2] NO_3$. Die Geschwindigkeitskonstanten für diese Rkk., K_1 u. K_2, konnten bei 20, 30 u. 40° zu 0,0195, 0,049 u. 0,162 bzw. 0,0025, 0,0093 u. 0,039 berechnet werden (dekad. Logarithmen, Zeit in Std.), desgleichen die Aktivierungsenergien q′ u. q″ sowie die Aktivierungskonstanten a′ u. a″ zu 19,30 bzw. 25,05 kcal u. $1,3 \cdot 10^9$ sec^{-1} bzw. $3,2 \cdot 10^{12}$ sec^{-1}. (Acta chem. scand. **5.** 54—71. 1951. Lund, Univ., Chem. Inst.) LINK. 225

S. Ašperger, *Kinetik der Zersetzung von Kaliumeisen(II)-cyanid in ultraviolettem Licht.* Die Zersetzungsgeschwindigkeit des $[Fe(CN)_6]^{4-}$-Ions durch Licht von Wellenlängen unterhalb 400 mμ wurde durch p_H-Messungen ermittelt. Die Rk. $[Fe(CN)_6]^{4-} + 2 H_2O \rightleftharpoons [Fe(CN)_5 \cdot H_2O]^{3-} + OH^- + HCN$ wurde als erster Schritt angesehen, während für die im Dunkeln stattfindende Rück-Rk. der Mechanismus $[Fe(CN)_5 \cdot H_2O]^{3-} + CN^- \rightarrow [Fe(CN)_6]^{4-} + H_2O$ angegeben wurde. Die Konzentrationsabhängigkeit der Rk. zeigte, daß es sich nicht allein um eine direkte photochem. Zers. handelte. Messungen in Luft, N_2 u. O_2 ergaben keine wesentlichen Unterschiede für die Reaktionsgeschwindigkeit. Die Zers. ging bei höheren Tempp. langsamer vor sich. Ggw. von $K_3Fe(CN)_6$ verhinderte die Reaktion. (Trans. Faraday Soc. **48.** 617—24. Juli 1952. Žagreb, Inst. of Inorg., Analyt. and Phys. Chem., Fac. of Pharmacy.) KLAFFKE. 226

George W. Watt, Wilbur F. Roper und **Sidney G. Parker**, *Die katalytische Aktivität von Metallen, die durch Reduktion von Salzen in flüssigem Ammoniak gewonnen werden.* 2. Mitt. *Nickel.* (1. vgl. J. Amer. chem. Soc. **70.** [1948.] 3753.) Es werden Ni-Katalysatoren mittels Red. von $NiBr_2 \cdot 6 NH_3$ durch K in fl. NH_3 hergestellt: 1,5—3 g Ni-Salz, in 12—65 cm³ fl. NH_3 gelöst oder suspendiert u. mit 2—4 g-Atom K/Mol Bromid versetzt, ergeben NH_3-unlösl. Prodd. mit Zuss. von 47—90% Ni, 2—13% N u. 10—28% K; das Prod. mit 90% Ni wird aus 2,0 g Ni-Salz in 12 cm³ NH_3 mit 0,75 g K erhalten. Sie werden im Vgl. mit Ni aus Oxyd (Red. mit H_2 bei 265—310°) u.W 6-RANEY-Ni auf ihre katalyt. Aktivität bei der Hydrierung von *Allylalkohol*, H_2-Adsorption u. Oberflächengröße untersucht. Die Aktivität der Kontakte aus Ni-Bromid, gemessen am H_2-Verbrauch/Zeit ist weitgehend unabhängig vom Ni-Geh.; sie ist zum Teil, jedoch nicht regelmäßig, bei höherem Ni-Geh. etwas größer. Wird der rohe Katalysator mit A. gewaschen, so nimmt seine Aktivität zu (steilere u. höhere Kurve), um bei erneuter Verwendung nach Zusatz von C_2H_5OK wieder zu sinken, bei abermaligem Waschen mit A. wieder zuzunehmen, worauf sie in einem weiteren Vers. nach Zusatz von KOH unter die Aktivität des rohen Kontaktes absinkt u. nach Waschen mit A. wieder annähernd den hohen Wert nach der 1. A.-Behandlung zeigt. Augenscheinlich enthält der rohe Kontakt eine Verunreinigung, die mit A. C_2H_5OK bildet u. auch mit Allylalkohol ein K-Salz gibt u. dadurch Geschwindigkeit u. Mechanismus der Hydrierung verändert. Tatsächlich treten bei einer Kontrollhydrierung mit *Hexen-1* die beobachteten Änderungen bei Zusatz von KOC_2H_5 bzw. Waschen nicht auf. Abtrennung der durch Waschen mit A. entfernten Verunreinigungen u. Identifizierung durch das Röntgendiagramm gelang nicht. Bei der Analyse der NH_3-unlösl. Reduktionsprodd. wurde kein konstantes K:N-Verhältnis gefunden. Wahrscheinlich entstehen bei der Red. des $NiBr_2$ mit NH_3–K-Lsgg. neben elementarem Ni u. Ni(II)-Amid-2-ammoniakat ein oder mehrere K-haltige Prodd. (durch Wrkg. von K-Amid auf Ni(II)-amid?). — Die Aktivität der Kontakte aus $NiBr_2$ liegt zwischen der von RANEY-Ni u. Ni aus NiO (letztere am kleinsten). Die Messung der Oberfläche nach einer modifizierten B.-E.-T.-Meth. ergibt Werte zwischen 5 m²/g für ein Prod. mit 67% Ni u. 8 m²/g für Prodd. mit 84% Ni (Ni aus Oxyd 17 m²/g, W 6-RANEY-Ni 87 m²/g); Messung des adsorbierten H (durch Abpumpen u. Sammeln in Gasbürette): Spuren bis 29 cm³ H_2/g, 26—83 cm³ NH_3/g; 2—34 cm³ N_2/g (Ni aus Oxyd kein H_2, RANEY-Ni im Durchschnitt 59 cm³/g). — Die Aktivierungswärme für die Allylalkoholhydrierung wird zu 10 u. 7 kcal/Mol für einen Kontakt aus $NiBr_2$ berechnet. (J. Amer. chem. Soc. **73.** 5791—93. Dez. 1951. Austin, Tex., Univ. of Texas, Dep. of Chem.) v. DECHEND. 227

F. E. C. **Scheffer**, Heterogene evenwichten in unaire en binaire stelsels. Delft: Uitg. Waltman. (283 S. m. Abb.) fl. 17,50.

B. Anorganische Chemie.

Klaus Clusius und **Georg Rechnitz**, *Die Bildung von Distickoxyd bei der Oxydation von Ammoniumsalzen mit Natriumhypobromit.* Durch Oxydationsverss. an NH_4Cl, NH_4Br, NH_4NO_3, $(NH_4)_2SO_4$ u. $(NH_4)_2Cr_2O_7$ mit NaOBr wird nachgewiesen, daß, entgegen der in der Literatur vertretenen Ansicht, NH_4-Salze durch Hypobromitlsgg. nicht zu reinem N_2 oxydiert werden. Das entwickelte Gas enthält stets 1,5—3% N_2O. Bei Zugabe von Nitrition ($NaNO_2$) steigt die N_2O-Menge auf ein Mehrfaches an, $CuSO_4 \cdot 5\,H_2O$ u. $CoSO_4 \cdot 7\,H_2O$ erhöhen nur wenig die N_2O-Entw., während Zusätze von NO_3^- ($NaNO_3$ u. $HgNO_3$); N^{3-} (NaN_3) u. Hydraziniumionen ($N_2H_4 \cdot H_2SO_4$) unwirksam sind. Analoge Verhältnisse bestehen bei der Oxydation von NH_4-Salzen mit Hypochlorit (*NaOCl*)- bzw. Monochloraminlösungen. Bei keiner der erwähnten Oxydationen konnte die Bldg. anderer Stickoxyde als N_2O mit Sicherheit beobachtet werden. (Helv. chim. Acta **36**. 59—65. 2/2. 1953. Zürich, Univ., Phys.-chem. Inst.) Klever. 243

Hans Bode und **Ernst Klesper**, *Über fluoraktive Stoffe.* Während bei der Umsetzung von Li- u. Na-Halogeniden mit elementarem F_2 die einfachen Fluoride LiF u. NaF entstehen, bilden sich bei der Einw. von gasförmigem, HF-freien F_2 auf die Halogenide (bes. Chloride) von K, Rb u. Cs bei 140—220° *K-*, *Rb-* u. *Cs-Perfluoride.* Da zu Beginn der Rk. eine Gewichtsabnahme eintritt, wird angenommen, daß zunächst nur das Cl gegen F ausgetauscht wird u. ein instabiler Zustand des Alkalifluorids entsteht, welcher dann unter starker Gewichtszunahme elementares F_2 einlagert u. das Perfluorid bildet. Wenn das Prod. bei dem Gewichtsminimum abgekühlt wird, wandelt es sich in die gewöhnliche Form des Alkalifluorids um, die hinterher nicht mehr zur F_2-Aufnahme befähigt ist. Die Gewichtszunahmen deuten auf die Entstehung der Verbb. RbF_3 u. CsF_3 als höchste Fluorierungsstufen hin. Das aus RbCl erhaltene Perfluorid spaltet bei 265° F_2 ab u. geht dabei in RbF über; für die Existenz eines RbF_2 wurden keine Hinweise gefunden. — Diese neuartigen „fluorakt." Substanzen bläuen KJ-Stärkepapier, entwickeln mit W. O_2, mit NH_3 vermutlich N_2 u. setzen sich mit wasserfreiem $NiCl_2$ zu roten Ni(IV)-Verbb. vom Typ $Me_2[NiF_6]$ um. — Für die Struktur der Perfluoride werden verschied. Möglichkeiten diskutiert, ohne daß eine endgültige Entscheidung herbeigeführt wird. Heteropolare Strukturen mit dreiwertigem Alkalimetall sind energet. unwahrscheinlich; wenn es Polyhalogenide sein sollten, muß es sich um einen neuartigen, bisher unbekannten Typ handeln; energet. ist ein Aufbau aus Alkalimetallionen mit höherer Ladung möglich, wobei das höher geladene Ion Zentralion eines Komplexes ist. — Aus KCl u. Sb_2O_3 bildet sich im F_2-Strom $K[SbF_6]$; $K[Sb(OH)_6]$ setzt sich mit F_2 nicht um. (Z. anorg. allg. Chem. **267**. 97—112. Dez. 1951. Hamburg, Chem. Staatsinst.) Forche. 246

F. A. Lenfesty, **Thad D. Farr** und **J. C. Brosheer**, *Gleichgewicht in dem System Siliciumtetrafluorid–Wasser.* Die Gleichgewichtskonstanten der Rk. SiO_2 (fest) + 4 HF (Gas) = SiF_4 (Gas) + 2 H_2O (Gas) wurden bei 200, 300, 400, 600 u. 800° dadurch bestimmt, daß HF u. Wasserdampf mittels eines N_2-Stromes durch eine mit Silicagel gefüllte Ag-Kammer geleitet u. aus den austretenden Gasen HF u. SiF_4 mittels NaF bei 105° u. Wasserdampf mittels $CaSO_4$ (Drierite) absorbiert wurden. Der 200°-Wert der Gleichgewichtskonstante $K_p = p^4_{HF}/(p^2_{H_2O} \cdot p_{SiF_4})$ ist unbrauchbar. Die übrigen Werte werden durch die Gleichung $\log K_p$ (at) = 5,547 — 6383/T bei einer maximalen Abweichung von 4,6% wiedergegeben. (Ind. Engng. Chem. **44**. 1448—50. Juni 1952. Wilson Dam, Ala., Tennessee Valley Authority.) Forche. 261

S. K. K. Jatkar und **V. B. Mainkar**, *Potentiometrische Untersuchungen an Manganoxyden.* Unter Verwendung des Elektrodensyst. Pt | gesätt. K_2SO_4-Lsg. / n H_2SO_4 | Hg_2SO_4 | Hg wurden Lsgg. von $MnSO_4$ mit $KMnO_4$ u. umgekehrt bei verschied. Säuregehh. titriert. Es wird festgestellt, daß sich die zwischen MnO u. Mn_2O_7 intermediär bildenden Mn-Oxyde auch durch diese Bestimmungsmeth. nachweisen lassen. Mit fortschreitender Oxydation scheinen noch weitere, bis jetzt unbekannte Mn-Oxyde zu entstehen. (J. Indian chem. Soc. **28**. 497—503. Sept. 1951. Poona, Univ., Dep. of Chem.) Boye. 350

F. Burriel und **F. Pino**, *Über die Oxydation des Fe(II) in HCl-Medium und in Gegenwart von Citronensäure und Silber-Ion.* Läßt man eine $FeCl_3$-Lsg. in mol. HCl in Ggw. von Na-Citratlsg. durch einen Ag-Reduktor laufen u. bestimmt dann das gebildete Fe(II) mit Dichromat u. Diphenylamin als Indicator, so wird eine wesentlich größere Menge Dichromat verbraucht, als dem anwesenden Fe(II) entspricht u. als in einem Vers. ohne Na-Citrat gefunden wurde, augenscheinlich infolge induzierter Oxydation der Citronensäure. Auch bei Verwendung einer Lsg. von Mohrschem Salz im Gemisch mit Citratlsg. ist der Dichromatverbrauch höher, als dem Fe(II) in der Lsg. entspricht, jedoch nicht so hoch wie im vorst. Fall. Daß dieser Unterschied durch die Ggw. von HCl oder AgCl (das die $FeCl_3$-Lsg. beim Durchgang durch die Ag-Kolonne sättigt) oder von beiden hervorgerufen wird, können Vff. dadurch nachweisen, daß sie bei MOHRschem Salz mit Citratzusatz in H_2SO_4–H_2PO_4-Medium in Ggw. von Ag_2SO_4 keinen überschüssigen Dichromatverbrauch finden, wohl aber in HCl–H_3PO_4. (Bei sämtlichen Verss. sind Temp., Verdünnung der Lsg. u. sonstige Bedingungen gleich.) Zur Erklärung der katalyt. Wrkg. des Ag-Ions kann man Bldg. von Zwischenverbb. während der Oxydation des Citrats oder von Adsorptionsverbb. infolge der Ggw. von festem AgCl annehmen. — Ergebnisse von Bestimmungen, die den überschüssigen Dichromatverbrauch in Ggw. von Ag-Ion u. Citronensäure zeigen, mit Einzelheiten über Konz. der Lsgg. u. Arbeitsweise. (An. Real Soc. españ. Física Quím., Ser. B **47**. 305—08. April 1951. Inst. Edafologia, Labor. de Chim. analit. de la F. de C. y del C. S. I. C.) v. DECHEND. 354

Geoffrey Wilkinson, *Antimontrichlorid-Substitutionsverbindungen mit Nickel- und Eisencarbonyl.* Frühere Unterss. (vgl. J. Amer. chem. Soc. **73**. [1951.] 5501) führten zur Herst. von Nickeltetrakistrihalogenphosphinen, $Ni(PX_3)_4$, die formal dem Nickelcarbonyl analog sind. In ähnlicher Weise entstehen bei der Rk. von $SbCl_3$ mit $Ni(CO)_4$ u. $Fe(CO)_5$ gemischte Trichlorostibincarbonylverbb. des Ni u. Fe. Diese reagieren mit CS_2 zu CO u. dunkelgefärbten Produkten. Mit Alkoholen, Aceton, W., verd. Säuren u. Basen erfolgt Zers. zu CO, Ni^{2+} bzw. Fe^{2+} u. SbOCl. Beim Erhitzen zers. sie sich ebenfalls unter CO-Entwicklung. Mit PCl_3 erfolgt heftige Rk. unter Freiwerden von CO. Den Unterschied der Eigg. zwischen den Ni–$SbCl_3$-Substitutionsprodd. u. denen, die mit Phosphorhalogeniden gebildet werden, führen Vff. auf die zunehmende Trägheit des freien Elektronenpaares in den Antimonhalogeniden im Vgl. zu den Phosphorhalogeniden zurück.

Versuche: *Trichlorostibintricarbonylnickel*, $Ni(CO)_3SbCl_3$, aus $Ni(CO)_4$ u. überschüssigem $SbCl_3$ in Cyclohexan bei gewöhnlicher Temperatur. Lederfarbenes, amorphes Pulver. — *Bistrichlorostibintricarbonyleisen*, $Fe(CO)_3(SbCl_3)_2$, aus $Fe(CO)_5$ u. $SbCl_3$ in Benzol. Gelbliches, amorphes Pulver, lichtempfindlich. (J. Amer. chem. Soc. **73**. 5502—03. Nov. 1951. Cambridge, Mass., Massachusetts Inst. of Technol, Dep. of Chem.) R. MATTNER. 356

Benoy B. Bose und **M. H. Khundkar**, *Herstellung von Dihydraten der Chloride des zweiwertigen Eisens, Nickels, Kobalts und Mangans.* $FeCl_2 \cdot 2\,H_2O$, $CoCl_2 \cdot 2\,H_2O$ u. $MnCl_2 \cdot 2\,H_2O$ können schon bei Raumtemp. aus $FeCl_2 \cdot 4\,H_2O$, $CoCl_2 \cdot 6\,H_2O$ bzw. $MnCl_2 \cdot 4\,H_2O$ erhalten werden, wenn man letztere 12—14 Std. über geschmolzenem $CaCl_2$ im Vakuum aufbewahrt. Ein weiterer Wasserverlust konnte selbst dann nicht beobachtet werden, wenn diese Zeit auf 7 Tage ausgedehnt wird. $NiCl_2 \cdot 6\,H_2O$ wird unter diesen Bedingungen nicht vollständig entwässert. $NiCl_2 \cdot 2\,H_2O$ entsteht beim Durchleiten von gasförmiger HCl durch eine gesätt. Nickelchloridlösung. Die Ergebnisse der Vff. widersprechen teilweise früheren Angaben anderer Autoren. (Ind. News Edit. J. Indian chem. Soc. **14**. 39—40. 1951. Dacca, East Pakistan, Univ., Dep. of Chem.) R. MATTNER. 356

Benoy B. Bose und **M. H. Khundkar**, *Entwässerung von Dihydraten der Chloride des zweiwertigen Eisens, Nickels, Kobalts und Mangans.* (Vgl. vorst. Ref.) Vff. untersuchen die Entwässerung von $FeCl_2 \cdot 2\,H_2O$, $NiCl_2 \cdot 2\,H_2O$, $CoCl_2 \cdot 2\,H_2O$ u. $MnCl_2 \cdot 2\,H_2O$ bei verschied. Tempp. u. stellen die abgegebene Wassermenge in Abhängigkeit von der Temp. graph. dar. In Berührung mit Luft neigen die Salze dabei zur Hydrolyse. Die Tendenz zur HCl-Abspaltung nimmt in der Reihenfolge Mn—Co—Ni—Fe zu. Die Ggw. gasförmiger HCl hemmt diesen Vorgang u. ermöglicht die Herst. der reinen, wasserfreien Chloride. Bei Fe, Co u. Mn wurden Monohydrate nachgewiesen, die beim Ni nicht auftreten. Die Herst. von $FeCl_2$ erfordert 10std. Erhitzen auf 150°, bei $CoCl_2$ u. $MnCl_2$ genügen 8 Std. bei 150°, während bei $NiCl_2$ 6 Std. auf 175° erhitzt wurde. (J. Indian chem. Soc., ind. News Edit. **14**. 45—49. 1951.) R. MATTNER. 356

N. P. Dijew und **M. I. Kotschnew**, *Über die Struktur des Kupferzunders und den Mechanismus der Kupferoxydation.* Die Kinetik der Cu-Oxydation bei Tempp. unterhalb 1025° wird maßgeblich durch die Bldg. einer oberflächlichen CuO-Schicht beeinflußt. Infolge ihrer dichteren Packung bildet die CuO-Schicht ein größeres Hindernis für die Diffusion als Cu_2O. Bei der Erhitzung von Kathoden-Cu im Temperaturbereich zwischen 600 u. 1000° nimmt die Oxydationsgeschwindigkeit je 100° Temperaturzunahme auf das 2,3—1,7fache zu, während eine weitere Temperaturerhöhung um 30° auf 1030° die Oxydationsgeschwindigkeit bereits verdoppelt. Die durch das Cu_2O leicht zur Phasengrenze Cu_2O/CuO gelangenden Cu-Ionen bewirken hier einen Umbau des CuO-Gitters in das Cu_2O-Gitter. Somit wirkt die innere CuO-Phasengrenze als O-Quelle, wobei auch eine Diffusion von O durch das Cu_2O zur Phasengrenze Cu_2O/Cu wahrscheinlich ist, so daß das Wachstum der Cu_2O-Schicht sowohl nach außen als auch nach innen erfolgt. Die Volumenänderungen an der Phasengrenze CuO/Cu_2O infolge des Gitterumbaus bewirken das bekannte Aufplatzen der CuO-Schicht u. eine period. Zunahme der Oxydationsgeschwindigkeit, die zu einer stufenförmigen Oxydationskurve führt, wie sie gelegentlich beobachtet wurde. (Доклады Академии Наук СССР [Ber. Akad. Wiss.

UdSSR] [N. S.] **85.** 563—66. 21/7. 1952. Inst. für Chem. u. Metallurgie der Uraler Zweigstelle der Akad. der Wiss. der UdSSR.) Reinbach. 358

S. E. Livingstone, *Palladiumkomplexe. 4. Mitt. Reaktionen von Palladiumverbindungen mit 1.10-Phenanthrolin.* (Vgl. C. **1952.** 3787.) Vf. beschreibt die Darst. einer Reihe von Verbb. der allg. Zus. [Pd phen. X_2], wobei phen. = 1.10-Phenanthrolin, X = *Cl, Br, J, CNS,* NO_2 u. 2X = C_2O_4 ist. Durch Behandlung einer Lsg. von K_2PdX_4 in heißem W. mit einer heißen wss. Lsg. des Monohydrats von phen. fallen die Komplexverbb. sofort aus, die in W. u. organ. Lösungsmitteln unlösl. sind. Bei Verss. mit $K_2Pd(CN)_4$ trat keine Fällung oder Farbänderung im Reaktionsgemisch ein. In wss. KCN geben die Komplexverbb. farblose Lsgg., unter Fällung von phen. Vf. diskutiert hieraus, daß die Bindung zwischen Pd u. CN sehr stark ist, noch stärker als zwischen Pd u. J. Im einzelnen wurden folgende Verbb., deren wahrscheinliche Struktur diskutiert wird, isoliert: *Dichloro-1.10-phenanthrolinpalladium(II),* $PdC_{12}H_8N_2Cl_2$ (I), cremefarbene Nadeln; *Dibromo-1.10-phenanthrolinpalladium(II),* $PdC_{12}H_8N_2Br_2$, gelborange Prismen; *Dijodo-1.10-phenantrolinpalladium(II),* $PdC_{12}H_8 \cdot N_2J_2$, blaßrosa-braune Kristalle; *Dithiocyanato-1.10-phenanthrolinpalladium(II),* $PdC_{12}H_8 \cdot N_2(CNS)_2$, hellgelbe Kristalle; *Dinitrito-1.10-phenanthrolinpalladium(II),* $PdC_{12}H_8N_2 \cdot (NO_2)_2$, blaßgelbe Nadeln; *Dioxalato-1.10-phenanthrolinpalladium(II),* $PdC_{12}H_8N_2C_2O_4 \cdot H_2O$, hellgelbe Nadeln. Beim Durchleiten von Cl_2 für 1 Std. durch eine Suspension von II in Chlf. wurde *Tetrachloro-1.10-phenanthrolinpalladium(IV),* $[PdC_{12}H_8N_2Cl_4]$ in Form hellroter Prismen erhalten. Dieses Prod. gibt an feuchter Luft oder beim Erhitzen auf 150° Cl_2 ab unter Rückbldg. von I. Es wurden weiterhin folgende Umsetzungen mit I durchgeführt: I, mit überschüssigem phen. in W. gekocht, gibt eine klare, gelbe Lsg., die durch das Tetraminchlorid, *[Pd phen.$_2$]Cl_2*, auf Grund des Gleichgewichtes [Pd phen. Cl_2] + phen. $\rightleftharpoons$ [Pd phen.$_2$]$^{++}$ + 2 Cl^- hervorgerufen wird. Das Tetraminion ist anscheinend nur bei Ggw. eines großen Anions beständig. So konnten durch Zugabe einer Lsg. von NH_4ClO_4 (II) zu der gelben Lsg. *Bis-1.10-phenanthrolinpalladium(II)-perchlorat,* $Pd(C_{12}H_8N_2)_2(ClO_4)_2$, als hellgelbe Prismen u. durch Zugabe einer Lsg. des Na-Salzes von 2-Naphthol-6-sulfonsäure *Bis-1.10-phenanthrolinpalladium(II)-2-naphthol-6-sulfonsäure,* $Pd(C_{12}H_8N_2)_2(C_{10} \cdot H_6OHSO_3)_2 \cdot 2\ H_2O$, als tiefgelbe Kristalle isoliert werden. Durch NaCl u. Aceton-Zusatz zu der gelben Lsg. wurde I ausgefällt. Wurde I in wss. Pyridin gelöst u. mit II versetzt, wurde *Dipyridin-1.10-phenanthrolinpalladium(II)-perchlorat,* $PdC_{12}H_8N_2(C_5H_5N)_2(ClO_4)_2$, als weißer Nd. erhalten. I, in wss. NH_3 auf 40° erwärmt, gibt eine hellgelbe Lsg., aus der durch Zusatz von II *Diammin-1.10-phenanthrolinpalladium(II)-perchlorat,* $PdC_{12} \cdot H_8N_2(NH_3)_2(ClO_4)_2$, als farblose Kristalle gefällt wurde. Eine analoge Verb. wurde in Form farbloser Nadeln durch Rk. mit 3%ig. wss. Äthylendiamin + II erhalten: *Äthylendiamin-1.10-phenanthrolinpalladium(II)-perchlorat,* $PdC_{14} \cdot H_{16}N_4(ClO_4)_2$. Eine analoge Chinolin-Verb. konnte in reiner Form nicht isoliert werden. (J. Proc. Roy. Soc. New South Wales **85.** 151—56. 16/7. 1952. N. S. W. Univ. of Technol., School of Appl. Chem., Dep. of Inorgan. Chem.) Sparmann. 365

C. Mineralogische und geologische Chemie.

H. H. Bartlett, *Altersbestimmung von Torf, Mergel, Caliche und archäologischem Material durch radioaktiven Kohlenstoff.* Das Alter postglazialer organ. Rückstände wird mit Hilfe der Radioaktivität des restlichen ^{14}C bestimmt. Das Alter von Mergel ist nicht zu bestimmen, da nur der aus Schalen stammende Teil organ. Ursprungs ist, bei den meisten Mergelarten aber der größere Teil durch die Einw. von Unterwasserpflanzen entstanden ist, die das CO_2 für die Photosynth. nicht der Luft, sondern sich zersetzendem $Ca(HCO_3)_2$ entnehmen u. eine Abscheidung von $CaCO_3$ gemäß der Rk. $Ca(HCO_3)_2 \rightleftharpoons H_2O + CaCO_3 + CO_2$ herbeiführen. Da $Ca(HCO_3)_2$ sich aus geolog. altem, inakt. gewordenem $CaCO_3$ u. mit atmosphär. CO_2 gesätt. Regenwasser gemäß der gleichen Rk. gebildet hat, kann der ^{14}C-Geh. nur bis zu 50% geringer sein als bei direkter Entnahme des CO_2 aus der Luft. Die gleiche Schwierigkeit tritt bei der Altersbest. von Caliche auf. Selbst bei Torf, der zusammen mit Mergel oder Kalktuffstein gefunden wird, ist die Best. unsicher. Bei Holz u. Holzkohle in Mergel oder Caliche kann das Alter nach Entkalkung zuverlässig bestimmt werden, da sein organ. C nur durch Photosynth. entstanden ist. Bei Molluskenschalen, Eierschalen u. Knochen kann durch verschied. Vorgänge, z. B. Ersetzung der ursprünglichen Substanz durch $CaCO_3$, der ^{14}C-Geh. angereichert oder vermindert worden sein, so daß eine Altersbest. unsicher ist. (Science [Washington] **114.** 55—56. 20/7. 1951. Ann Arbor, Mich., Univ. of Michigan, Botanic Gard.) Werner Schulz. 378

Ss. I. Benesslawski, *Kaolinit in Bauxiten und seine Genese.* Aus Beobachtungen über das. Vork. von Kaolinit in Bauxiten folgert Vf., daß sowohl Kaolinit als auch *Quarz* nicht terrigenen Ursprungs sein können, sondern als Mineralien einer ersten Niederschlagsbldg. zu betrachten sind, u. zwar erfolgt deren Ausscheidung aus der ursprünglichen Gelsubstanz (Oxyde des Al, Si, Ti; FeS u. a.) in Form einer (ersten) Kristallisation aus jenen Lsgg., die im Bauxit nach dessen Bldg. zirkulierten. Kaolinit stellt den Hauptträger der SiO_2 dar, seine vorgefundene Menge ist dem Si-Geh. der Bauxite proportional. (Доклады Академии Наук СССР [Ber. Akad. Wiss. UdSSR] [N. S.] **81.** 1121—23. 21/12. 1951.) v. WILPERT. 380

L. M. Lewina, *Über die Schiefer des Donezcarbons.* Die Tonschiefer des Donezgebietes sind bei der mkr. Schliffunters. nicht als typ. krist. Schiefer, nicht einmal als Phyllite zu erkennen: man kann in ihnen nicht die Tone von den Argylliten unterscheiden. Schiefer sind im Donez-Carbon nicht zu beobachten. Die diese Gesteine zusammensetzenden Bestandteile sind Aleurite u. Tone oder Argyllite. (Доклады Академии Наук СССР [Ber. Akad. Wiss. UdSSR] [N. S.] **81.** 1129—30. 21/12. 1951. Allunions Wiss. Forschungsinst. für Naturgase.) v. WILPERT. 380

Garland B. Gott, Donald G. Wyant und **Ernest P. Beroni**, *Uran in Schwarzschiefern, Ligniten und Kalksteinen in den Vereinigten Staaten.* In den Kohlenschiefern u. Schwarzschiefern erreicht der Urangeh. selten 0,1%, meist beträgt er zwischen 0,001 u. 0,01%. Die Lignite tertiären Alters enthalten etwa ebensoviel U, welches sich aber in den Aschen sehr stark anreichert. Kalke präkambr. bis tertiären Alters enthalten meist geringe Gehh., welche sich aber in Phosphat-, Kohle- oder Tonmaterial anreichern. U tritt auch in Verbindung mit kontaktmetamorphen Mineralien auf. (Bull. geol. Soc. America **62.** 1535. Dez. 1951. Denver, Colo., U. S. Geol. Survey.) ENSSLIN. 383

C. Osborne Hutton, *Uranhaltiger Thorit und thoriumhaltiger Monazit von der Blacksand-Seife, San Mateo County, California.* Der uranhaltige Thorit enthält 6,95 UO_2, während in dem Th-haltigen Monazit 4,22% ThO_2 gefunden wurden. Beide kommen in Schwarzsand-Seifen zusammen mit Hornblenden, rhomb. u. Klinopyroxenen, Chromspinell, Granat u. Zirkon neben oktaedr. Diamanten vor. Hauptmineralien sind *Pyrit, Monazit, Klinozoisit-Epidot.* Der Thorit ist metamikt u. hat die Lichtbrechung 1,846 ± 0,002, $D._{26}$ 6,27. Hellgrün bis braun. Der Thormonazit bildet abgeschliffene allotriomorphe Körper mit hellgelber Farbe u. der Lichtbrechung $\alpha = 1,787$ u. $\gamma = 1,840$. (Bull. geol. Soc. America **62.** 1518—19. Dez. 1951. Stanford Univ., Calif.) ENSSLIN. 383

Simonne Caillère und **François Kraut**, *Über die Entstehung der oolithischen Erze in Lothringen in bezug auf den Zustand des Eisens und über die zeitliche und räumliche Einheit ihrer Bildung.* In den Lothringer Minettelagern kommt das Eisen in der zwei- u. dreiwertigen Form vor, u. zwar ist das erstere durch nachträgliche Red. entstanden u. nimmt in den Schichten von oben nach unten zu. Wahrscheinlich sind die krist. u. koll. Mineralien gleichzeitig entstanden. (C. R. hebd. Séances Acad. Sci. **235.** 510—11. 1/9. 1952.) ENSSLIN. 384

Lyman C. Huff, *Abnorme Kupfer-, Blei- und Zinkgehalte von Böden in der Nähe von Erzgängen.* Während n. Böden nur 20—200 γ Cu, Pb oder Zn enthalten, kann der Geh. an diesen Metallen in den Verwitterungsböden am Ausbiß von Gängen Gehh. bis 1% annehmen. Dieses Verh. kann bei der Prospektierung verwendet werden, da die Metallgehh. direkt über dem Gang am höchsten liegen u. mit der Entfernung abnehmen. Eine Rolle für die Metallverteilung spielt die Bodenoberfläche u. das Einfallen des Ganges. (Econ. Geol. **47.** 517—42. Aug. 1952. Denver, Colo., U. S. Geol. Survey.) ENSSLIN. 384

Jacques Claveau, Jean Paulhac und **Jean Pellerin**, *Die Blei- und Zinklagerstätten des Bou Beker-Touissit-Gebietes, östliches französisches Marokko.* Beschreibung der Geologie der Lagerstätte, welche im oberen Jura entstanden ist. (Econ. Geol. **47.** 481—93. Aug. 1952. Bou Beker par Oujda, Französ. Marokko.) ENSSLIN. 384

Harry E. Kamprath, *Die Bedeutung geoelektrischer Untersuchungen für die Aufsuchung und Erschließung von Erzlagerstätten.* Bemerkungen zu der C. **1952.** 5705 referierten Arbeit von KEUNECKE. (Z. Erzbergbau Metallhüttenwes. **4.** 467—68. Dez. 1951.) HABBEL. 384

Gérard Sadran, *Versuche zur Synthese in bezug auf vulkanische Gesteine aus Algier.* Durch Einschmelzen vulkan. Gläser in Ggw. von *Dolomit, Gips* oder *NaCl* u. anschließendes mehrtägiges Tempern der Schmelze konnten bei gewöhnlichem Druck synthet. krist. Gesteine erhalten werden, deren Mineralbestand u. Textur mit den natürlichen Gesteinen übereinstimmt. Die Kristalle sind oft besser ausgebildet als bei den Naturgesteinen. (C. R. hebd. Séances Acad. Sci. **235.** 512—13. 1/9. 1952.) ENSSLIN. 385

J. Marvin Weller, Robert M. Grogan und **Frank E. Tippie** (unter Mitarbeit von **L. E. Workman** und **A. H. Sutton**), *Geologie der Flußspatlagerstätten von Illinois.* (State Illinois, Divis. State geol. Surv., Bull. **1952.** Nr. 76. 1—147.) ENSSLIN. 385

W. J. Smothers und **Yao Chiang**, *Differentialthermokurven ausgewählter Lignite.* Die Erhitzungsbedingungen — in Luft, in O_2, im Vakuum — für Lignite u. Carbonatmaterial beeinflussen stark die Differential-Thermokurven. Röntgenograph. Unterss. der Lignite können den Carbonatgeh. nicht genau erfassen, schließen aber die Möglichkeit nicht aus, daß in manchen Stadien der Zers. Cellulose vorhanden ist. Eine Korrelation zwischen Thermokurven u. Röntgendiagrammen, die die Unterschiede in der Erhitzungskurve erklären könnte, war nicht möglich. Bei Erhitzung von Lignit in Luft waren die Kurven meistens denen von Lignin ähnlich. (Econ. Geol. **47.** 384—96. Juni/Juli 1952. Fayetteville, Ark., Univ. of Arkansas, Inst. of Sci. and Technol.) HILLER. 388

Rushdi Said, *Der organische Ursprung einiger Kalksedimente im Roten Meer.* Durch spektrograph. Analyse des Korallenkalkes u. der feinen Fraktionen der Sedimente, welche beide fast gleiche Zus. auch bzgl. der seltenen Elemente besitzen, wird festgestellt, daß die Kalksubstanz im wesentlichen durch Organismen ausgefällt wurde u. daß im Roten Meer die chem. Sedimentation des Kalkes keine Rolle spielt. (Science [Washington] **113.** 517—18. 4/5. 1951. South Handley, Mass., Mt. Holyoke Coll.) ENSSLIN. 395

W. H. MacIntire, L. J. Hardin und **Winnifred Hester,** *Messung von atmosphärischem Fluor. Analysen von Regenwasser und Bewitterungsversuche mit spanischem Moos.* Vff. berichten über die in den Jahren 1948—1950 an sechs verschied. Plätzen in Ost- u. Mittel-Tennessee durchgeführten Bestimmungen der Konz. von Fluorverbb. in der atmosphär. Luft u. im Regenwasser in der Umgebung von Al- u. Phosphatfabriken. In den Ergebnissen kommt die Nähe des Standortes zu fluorabgebenden Industriewerken deutlich zum Ausdruck. Eine Erhöhung des F-Geh. findet man auch bei längeren Trockenperioden, in denen sich die Fluorverbb. in der Luft als Aerosole ansammeln u. dann bei dem nächsten Regenfall in bes. hoher Konz. niedergeschlagen werden. Auch span. Moos, welches 3 bzw. 4 Monate frei u. vor Regen geschützt der Atmosphäre ausgesetzt u. dann analysiert wurde, zeigt in der Nähe der besagten Fabriken einen höheren F-Gehalt. (Ind. Engng. Chem. **44.** 1365—70. Juni 1952. Knoxville, Tenn., Univ. of Tennessee, Agricult. Exp. Stat.) FORCHE. 396

Masatoshi Idogaki, *Der Cl-Gehalt des Regenwassers, das durch den Taifun Kejia 1950 herangebracht wurde.* Der Zusammenhang zwischen der Windrichtung u. dem Cl-Geh. der Ndd. bei Hamada (Präfektur Shimane, Südjapan) gelegentlich eines Taifuns wird dargetan. (Science [Japan] **21.** 252—53. 1951. Shimane Univ. [Orig.: japan.]) SCHULER. 396

Hans Ramberg, The origin of metamorphic and metasomatic rocks; a treatise on recrystallization and replacement in the earth's crust. Chicago: Univ. of Chic. Press. 1952. (334 S. m. Abb., Diagr. u. Bibl.) $ 10,—.

D. Organische Chemie.

D_1. Allgemeine und theoretische organische Chemie.

Tokuichi Tsumaki, *Forschung über organische Komplexsalze.* Überblick über die Entw. der Komplexsalztheorien, die Nebenvalenzringe, Häminmodelle, 2- u. 3-wertige Co-Komplexe u. natürliche organ. *Komplexsalze.* — 28 Literaturangaben. (Kagaku [Science] **21.** 622—27. Dez. 1951. Kyushu, Univ. [Orig.: japan.]) SCHULER. D 223

F. R. Hepner, K. N. Trueblood und **H. J. Lucas,** *Koordination des Silberions mit ungesättigten Verbindungen.* 4. Mitt. *Die Butene.* (3. vgl. C. **1945.** I. 378.) Um den Einfl. der Stereo- u. Stellungsisomerie auf die Stabilität von Ag^+-Olefinkomplexen zu ermitteln, untersuchten Vff. bei 25° die Verteilungsverhältnisse von *Buten-(1)* (**I**), *cis-* (**IIa**) u. *trans-Buten-(2)* (**IIb**) zwischen CCl_4 u. wss. 1n KNO_3 bzw. wss. $AgNO_3$-Lsgg. (0,25-, 0,5- u. 1n) u. von *2-Methylpropen* (**III**) zwischen CCl_4 u. 0,5n KNO_3 bzw. 0,1-, 0,25- u. 0,5n $AgNO_3$. Die Olefine wurden durch Bromierung titrimetr. bestimmt. In wss. $AgNO_3$-Lsg. wurde ein Überschuß an KBr zur Fällung des Ag^+ vorher zugesetzt. Vff. ermittelten die Verteilungskonstanten des nicht komplexgebundenen Olefins zwischen CCl_4 einerseits u. reinem W. andererseits bzw. wss. Phase der Ionenkonz. 1-, 0,5- u. 0,25n KNO_3 unter Verwendung der SETSCHENOWschen Gleichung, u. 1,0—0,1n wss. $AgNO_3$ ohne KNO_3, u. berechneten hieraus die thermodynam. Gleichgewichtskonstante k_1 der Bldg. eines Mono-Ag^+-Olefinkomplexes in wss. Lsg. bei der Ionenstärke 1 bzw. in ( ) die entsprechende Konstante bei der Gesamtkonz. an $Ag^+ = 1{,}000$: **I** 119,4 (140,9), **IIa** 62,3 (72,0), **IIb** 24,6 (29,2), **III** 71,5 (61,2). Die verschied. Größen der k werden mit wechselnder ster. Hinderung der Annäherung des Tetraaquo-Ag^+-Ions an das π-Elektronenpaar der Doppelbindung erklärt. Die Annahme, daß die Änderungen in k auf verschied. Größe der Wechselwirkungsenthalpie beruhen, halten Vff. nicht unbedingt für gültig. Wenigstens ein Teil der geringen Unterschiede der freien Energie (ca. ½ kcal) kann in Änderungen der Entropie der Ag-Anlagerung begründet sein. Auf Grund von Abweichungen der k-Werte bei endlichen $[Ag^+]$ schließen Vff. auf Bldg. von Di-Ag^+-Komplexen, deren Gleichgewichtskonstante k_2, bei Berücksichtigung des berechneten Verhältnisses γ der Aktivitätskoeffizienten Mono-Ag^+-Komplex/Ag^+ = 1,32, für **III** zu 0,13 ermittelt wurde. Für **I**, **IIa** u. **IIb** wurden die k_2-Werte mit dem γ-Wert von **III** abgeschätzt: **I** 0,18; **IIa** 0,15; **IIb** 0,19. — *cis-Buten-(2)* (**IIa**), aus meso-Butandiol-(2.3) (F. 33,90—34,15°) über meso-2.3-Diacetoxybutan, dl-2.3-Dibrombutan u. dessen Red. mit A. u. Zn. — *trans-Buten-(2)* (**IIb**), aus trans-2.3-Epoxybutan über meso-2.3-Dibrombutan analog **IIa**. — *Buten-(1)* (**I**), F. —130°, $Kp._{747}$ —5°, aus Allylbromid u. CH_3MgJ; $D.^0_4$ 0,668. — *2-Methylpropen* durch Erhitzen von tert.-Butylalkohol mit Oxalsäure. (J. Amer. chem. Soc. **74**. 1333—37. 5/3. 1952. Pasadena, Calif., Inst. of Technol., Gates and Crellin Labors. of Chem.) GNAUCK. D 223

Kenneth N. Trueblood und **H. J. Lucas**, *Koordination des Silberions mit ungesättigten Verbindungen. 5. Mitt. Äthylen und Propylen.* (4. vgl. vorst. Ref.) Vff. ermittelten bei 25° die Verteilungskonstanten von *Äthylen* (**I**) u. *Propylen* (**II**) zwischen CCl_4 einerseits u. W., 1nKNO_3, 1n$AgNO_3$ u. 0,5n$AgNO_3$ + 0,5nKNO_3 andererseits durch Bromtitration des Olefins. Aus den Verteilungsverhältnissen wurde die Gleichgewichtskonstante k bei Ag^+ = 1,000 u. in ( ) bei [Ag^+] = 0,5 u. [K^+] = 0,5: **I** 98,1 (91,7), **II** 96,8 (92,0), sowie die Bildungskonstanten der Mono-Ag^+- (k_1) u. bei höheren [Ag^+] die der Di-Ag^+-Olefinkomplexe (k_2) ermittelt: k_1 **I** 85,3; **II** 87,2; k_2 **I** 0,15; **II** 0,11. Die Substitution an der Doppelbindung durch eine Methylgruppe scheint also keinen Einfl. auf die k-Werte zu haben. Vff. glauben aber, daß wenigstens zwei entgegengesetzte Effekte, die sich hier gegenseitig aufheben, wirksam sind. — **I** u. **II** wurden aus den entsprechenden Dibromiden mit Zn u. 95%ig. A. dargestellt. — *Äthylenbromid* (**III**), $Kp._{746}$ 129,7—129,8°, aus A. durch Dehydratation u. Bromierung, umkrist. aus Methanol in Trockeneis-Isopropyläther, n_D^{25} 1,5359. — *Propylenbromid*, $Kp._{746}$ 139,3—139,8°, analog **III**, n_D^{25} 1,5173, n_D^{20} 1,5200. (J. Amer. chem. Soc. **74**. 1338—39. 5/3. 1952.) GNAUCK. D 223

C. Osterrieth und **G. Hamoir**, *Komplexe des Silbers mit Methionin. Methionin* (M) bildet mit Ag-Ionen die beiden Komplexe AgM u. AgM_2, deren Assoziationskonstanten k_1 u. K in neutralem Medium zu 3,41 bzw. 5,69 bestimmt wurden; die Stabilität der beiden Komplexe ist vom p_H prakt. unabhängig. Die COOH- u. die NH_2-Gruppe des M spielen bei der Komplexbldg. mit Ag-Ionen keine Rolle; das Ag ist allein an das S-Atom des M gebunden. Die Komplexbldg. des M mit Ag-Ionen läßt sich nicht zu einer potentiometr. M-Best. verwenden. (Bull. Soc. Chim. biol. **33**. 1906—10. 1951. Liège, Univ., Labor. de Biol. générale.) K. F. MÜLLER. D 223

Richard H. Wiley, John L. Hartman und **Edwin L. DeYoung**, *Quecksilbernitrat-Additionsverbindungen verschiedener Pyridinbasen.* Bei der Umsetzung substituierter Pyridine mit Hg(II)-Nitrat (**I**) gab *2.4-Lutidin* unter den Versuchsbedingungen (0,1 Mol Base + 0,1 Mol **I**, 5 Min. rühren, kühlen) keine Additionsverbindung. Die *Isochinolin-*, *Chinaldin-*, *Acridin-* u. *2-Methyl-5-äthylpyridin*-Additionsverbb. schieden sich zwar ab, ließen sich jedoch nicht umkristallisieren. Lediglich *Pyridin* (**II**), *Chinolin* (**III**), *β-Picolin* (**IV**), *Lepidin* (**V**), *2.3-Lutidin* (**VI**) u. *α-Picolin* (**VII**) gaben umkristallisierbare Niederschläge. — Trocknung über P_2O_5 im Vakuum führte, wie die Analysen zeigten, teilweise zu Hg-Verlusten, ebenso wie auch die FF. der im Vakuum getrockneten Substanzen zum Teil beträchtlich von denen der über $CaCl_2$/KOH ohne Anwendung eines Vakuums abwichen.

Versuche: Additionsverb. aus Hg-Nitrat u. **II**, F. 234—236° (233—235°); **III**, F. 178° (Zers.) (179—181° [Zers.]); **IV**, F. 131—133° (Zers.) (174—175° [Zers.]); **V**, F. 148° (Zers.) (137° [Zers.]); **VI**, F. 104—106° (Zers.) (145°); **VII**, F. 122—125° (Zers.) (109—115° [Zers.]) (FF. in Klammern nach Trocknung im Vakuum). (J. Amer. chem. Soc. **74**. 3452—53. 5/7. 1952. Louisville, Ky., Univ., Coll. of Arts and Sci., Dep. of Chem.) LIPPOLD. D 223

R. R. Tink und **A. C. Neish**, *Extraktion von Polyoxyverbindungen aus verdünnten wässerigen Lösungen durch Bildung von cyclischen Acetalen. 1. Mitt. Untersuchung über das Ausmaß der Reaktion.* Wenn eine verd. wss. Lsg. von *D-(—)-Butandiol-(2.3)* (**II**) in Ggw. von verd. HCl mit einem Überschuß von *n-Butyraldehyd* (**I**) behandelt wird, so bildet sich ein cycl. Acetal, das fast vollständig in der **I**-Phase gelöst ist. Glycerin, Zucker u. Zuckeralkohole lassen sich auf demselben Wege aus ihren wss. Lsgg. extrahieren. Reihenverss. ergaben, daß durch das Verf. *D-Mannit*, *D-Sorbit*, *Adonit*, *Dulcit* u. **II** bei einmaliger Behandlung mit **I** zu 99% aus ihren 4%ig. wss. Lsgg. entfernt werden. Für *Glycerin* u. *Äthylenglykol* liegt der Verteilungskoeff. nicht ganz so günstig, untersucht wurden ferner *D-Sorbose*, *D-Mannose*, *D-Fructose* (**III**), *D-Arabinose*, *D-Glucose* (**IV**), *D-Rhamnose* u. *D-Galaktose*. Die Zucker werden nicht so vollständig u. langsamer extrahiert, dabei liegen die Verteilungskoeffizienten für Mannose, **III** u. Sorbose höher als für **IV** u. Galaktose. — 12 andere fl., leicht zugängliche u. mit W. nicht mischbare Aldehyde u. Ketone [*Cyclohexanon* (**V**), *Benzaldehyd* (**VI**), *Butanon*, *3-Methylbutanon-(2)*, *Pentanon-(3)*,

Mesityloxyd, 2-Äthylhexaldehyd, 2.4-Dimethylpentanon-(3), Heptanon, 4-Methylpentanon-(2) u. *Acetophenon*] erreichen die Wirksamkeit von **I** bei **II** als Oxyverb. nicht. Die Wrkg. von **V** liegt der von **I** am nächsten. Angegeben sind bei allen Systemen %-Geh. der wss. Phase, Verteilungskoeff., Halbwertszeit u. Geschwindigkeitskonstante des Prozesses. Bei Methylglucosidbldg. durch Beimischung von CH_3OH wird für **IV** eine leichte Verbesserung des Verteilungskoeff. erreicht, n-Butanolzusatz dagegen wirkt ungünstig. Bei **III** setzten beide Alkohole die Wirksamkeit der Extraktion herab. — Vff. diskutieren die mögliche techn. Anwendbarkeit des Verfahrens. (Canad. J. Technol. **29.** 243—49. Mai 1951. Montreal, Que., McGill Univ.) Rossow. D 224

R. R. Tink, E. Y. Spencer und **J. M. Roxburgh**, *Die Extraktion von Polyoxyverbindungen aus verdünnten wässerigen Lösungen durch Bildung von cyclischen Acetalen.* 2. Mitt. *Extraktion von Glycerin.* (1. vgl. vorst. Ref.) Für die Extraktion von *Glycerin* (**II**) aus wss. Lsgg. mit Hilfe der Acetalbldg. hat *Butyraldehyd* (**I**) unter 12 verschied. Aldehyden u. Ketonen den günstigsten Verteilungskoeffizienten. **I** bildet mit **II** ein 5-gliedriges cycl. *Acetal*, Kp.$_{30}$ 118°, das mit $CH_3J + Ag_2O$ einen Methyläther bildet, aus dem nach Hydrolyse *Glycerin-α-monomethyläther*, Kp.$_{40}$ 137°, n_D^{25} 1,4422, entsteht. — Die Endkonz. des **II** in W. (G_E) ist von der Ausgangskonz. abhängig u. steigt mit steigender Temp., $1/G_E$ ist eine lineare Funktion des Verhältnisses I/W., die Extraktionsgeschwindigkeit C_α steigt linear mit der Säurekonz., mit steigender Temp. u. mit steigendem Verhältnis I/W.; C_α steigt auch linear mit der Menge eines kationenakt. Harzaustauschers, wenn dieser als Katalysator verwendet wird. Die Verwendung gleicher Mengen klein gemahlenen Harzes ruft eine größere Steigerung von C_α hervor, als durch die gesteigerte Austauschkapazität erklärt werden kann, u. zeigt, daß die spezif. Oberfläche als katalysierender Faktor angesehen werden muß. Die in vorst. Mitt. untersuchten 12 Carbonylverbb. wurden auch auf ihre Wirksamkeit bei der Extraktion von **II** in Ggw. von p-Toluolsulfonsäure bei 25° geprüft, **I** war auch hier am wirksamsten. (Canad. J. Technol. **29.** 250—60. Mai 1951.) Rossow. D 224

E. D. Hughes, *Reaktionen von Haliden in Lösung.* Zusammenfassende Darstellung. Im einzelnen werden besprochen die Mechanismen nucleophiler Substitutions-Rkk. von Organohalogenverbb., der Einfl. von Konst., Medium u. Temp. auf diese Rkk., ihr ster. Verlauf u. die Theorie dabei auftretender Umlagerungen, ferner der Mechanismus von Eliminierungs-Rkk. der Verbb. u. die Faktoren, die die Relativausbeuten an Substitutions- u. Eliminierungsprodd. bestimmen. Schließlich wird auf die Rkk. von positivem Halogen (in N-Chloraminen oder CF_3J z. B.) u. auf den Vgl. der Reaktionsfähigkeit der verschied. Y-Halogenbindungen, bes. von C-Hal u. Si-Hal, kurz eingegangen. (Quart. Rev. [Chem. Soc., London[**5.** 245—69. 1951. London, Univ. Coll.) Kresze. D 225

Yoshimasa Takezaki, *Der Mechanismus der Reaktion von Methylradikalen mit einigen sauerstoffhaltigen organischen Verbindungen.* Mit *Azomethan* als Quelle für Methylradikale wurde deren Rk. mit *Methanol* (**I**), *A.*, *Dimethyläther* (**II**), *Formaldehyd* (**III**) u. *Aceton* (**IV**) bei ca. 310°, teilweise auch bei niedrigeren u. höheren Tempp., durch Druckmessung u. Best. der beständigen Prodd. in Abhängigkeit vom Anfangsdruck der Reaktionsteilnehmer, von Wandeinflüssen u. von der Zeit untersucht. Danach konnten Reaktionsgleichungen aufgestellt werden, die bei **II** u. **III** Ketten-Rkk. mit H enthalten, die noch ziemlich lange nach Verbrauch des Methyls anhalten, während bei **I**, **A.** u. **IV** solche Ketten-Rkk. fehlen. Bei allen Rkk. entstehen N_2 u. C_2H_6, auf dem Wege über kurzlebige Radikale treten folgende Endprodd. auf: Methan (**V**), **III** u. CO aus **I**; **V**, Acetaldehyd u. CO aus A.; **V**, **III**, CO, H_2 u. Glyoxal (**VI**) aus **II**; **V**, CO, H_2 u. **VI** aus **III**; **V**, Methyläthylketon, Acetonylaceton, CO, Äthylen, Propylen u. C aus **IV**. Einige Aktivierungswärmen wurden bestimmt: $CH_3\cdot + CH_3OH \rightarrow CH_4 + \cdot CH_2OH$ 11,5 kcal; $CH_3\cdot + C_2H_5OH \rightarrow CH_4 + \cdot CH_3CHOH$ 12 ~ 13 kcal; $CH_3 + H_2CO \rightarrow CH_4 + HCO$ 5,6 kcal; $H + H_2CO \rightarrow H_2 + HCO$ 3,6 kcal sowie $H + CH_3N{=}NCH_3 \rightarrow CH_3NH\cdot NCH_3$ 0,5 kcal. Es wird hingewiesen auf die Bedeutung der Rkk. freier Radikale u. ihres Zerfalls bei Verbrennungsvorgängen, durch die Reaktionsketten fortgeleitet werden oder abbrechen, bes. im Hinblick auf die Ursachen des Klopfens. Durch die Verss. konnten bemerkenswerte Unterschiede in der Klopfgeschwindigkeit O-haltiger Verbb. erklärt werden. (Bull. Inst. chem. Res., Kyoto Univ. [Kagaku Ken Rynsho Hokoku] **26.** 1—25. Sept. 1951. Kyoto, Univ., Kodama Labor. [Orig.: japan.; Auszug: engl.]) Metzener. D 225

R. W. Durham und **E. W. R. Steacie**, *Die Reaktion von Methylradikalen mit Stickoxyd und die Kombinationsgeschwindigkeit von Methylradikalen.* Wegen der Bedeutung der Kombination von *Methylradikalen* (**I**) nach $2\,CH_3\cdot \rightarrow C_2H_6$ (1) bei allen Rkk., bei denen **I** beteiligt sind, wird Rk. (1) erneut untersucht u. ihre Geschwindigkeit aus einem Vgl. der Umsetzung (2) von **I** mit NO bestimmt. **I** wurden durch therm. Zers. von *Di-tert.-butylperoxyd* (Partialdruck 0,2 mm Hg) bei 325° erzeugt. Die Abnahme an **I** in dem

Strömungssyst. bei verschied. NO-Partialdrucken (bis zu 0,087 mm Hg) wurde mit Spiegeln von radioakt. Te durch einen Zähler verfolgt. Die Stoßausbeute (s) ergibt sich zu $1,5 \cdot 10^{-4}$ für Rk. (2). Unter Einbeziehung der Beobachtungen anderer Autoren ergeben sich für s der Rk. (1) die Grenzen 0,5 u. 0,05. Dabei wurde für die Rkk. (1) u. (2) mit Stoßdurchmessern von 3,5 u. 3,75 Å gerechnet. (J. chem. Physics **20.** 582—85. April 1952. Ottawa, Can., Nat. Res. Council, Div. of Chem.) THEILE. D 225

M. S. Kharasch und Robert Alden Mosher, *Reaktionen von Atomen und freien Radikalen in Lösung.* 28. Mitt. *Die Addition von N-Chlorsulfonylphthalimid an Olefine.* (27. vgl. C. **1952.** 2487.) Octen-(1) u. Decen-(1) reagieren mit N-Chlorsulfonylphthalimid (I) in Ggw. von 4 Mol-% Benzoylperoxyd (II) zu *N-[2-Chlor-n-octylsulfonyl]-phthalimid* (III) bzw. *N-[2-Chlor-n-decylsulfonyl]-phthalimid* (IV). Daneben bilden sich in kleinen Mengen Prodd. aus 2 Mol Olefin u. 1 Mol I.

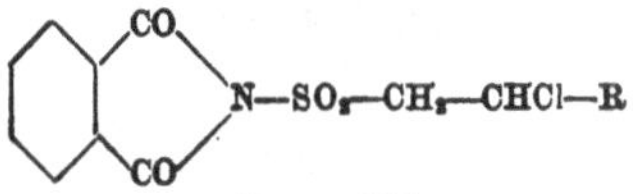

III R = n-C_6H_{13}
IV R = n-C_8H_{17}

Versuche: *Octen-(1)* (V), Kp. 120,2°; n_D^{20} 1,4089. — *Decen-(1)* (VI), Kp. 170—171°; n_D^{20} 1,4223. — *N-Chlorsulfonylphthalimid* (I), F. 157—158° (Eisessig), aus einer Suspension von Phthalimid-K in Bzl. u. SO_2Cl_2 in Bzl. bei 0—5° unter Feuchtigkeitsausschluß, Eindampfen, Aufnehmen des Rückstandes in Bzl., Einleiten von HCl-Gas bis zur Sättigung, 12std. Stehenlassen u. Abtrennen des ausgeschiedenen N-Chlorphthalimids. — *N-[2-Chlor-n-octylsulfonyl]-phthalimid* (III), $C_{16}H_{20}O_4NClS$, F. 98 bis 99° (Ligroin), durch Eintragen von 4 Mol-% **II** in eine sd. Mischung äquimol. Mengen von **V** u. **I**; 48% (Ausbeute). Als Nebenprod. entsteht durch Addition von 2 Mol **V** an 1 Mol **I** *Verb.* $C_{24}H_{36}O_4NClS$, viscoses Öl. — *Verb.* $C_{16}H_{21}O_5NS$, F. 111—112° (Bzl.), durch Erwärmen von **III** mit 5%ig. NaOH. — *Verb.* $C_{18}H_{26}O_5NClS$, F. 82—83° (Ligroin), durch Kochen von **III** mit absol. Alkohol. — *N-[2-Chlor-n-decylsulfonyl]-phthalimid* (III), $C_{18}H_{24}O_4NClS$, F. 90—91° (Ligroin), aus **I** u. **VI** in Ggw. von **II** wie bei **III**; 64%; Nebenprod. (aus 2 Mol **VI** u. 1 Mol **I**) *Verb.* $C_{28}H_{44}O_4NClS$, F. 68—69°; 8,5%. — Bei Erhitzen von **III** mit Na in absol. A. (1 Std.) entstehen Phthalsäure u. *n-Octansulfamid* (**VII**), $C_8H_{19}O_2NS$, F. 70—70,5°. — *S-Octylisothioharnstoff, Hydrobromid,* $C_9H_{21}N_2BrS$, F. 96 bis 97°, durch Erhitzen von n-Octylbromid u. Thioharnstoff in A., aus Ae. Kristalle. *Acetat,* F. 129—130° (W.). — *n-Octansulfonylchlorid,* Kp.₈ 115—116°, durch Einleiten von Cl_2 in die wss. Suspension von vorst. Acetat, Öl. Durch Eingießen in konz. NH_3-Lsg. entsteht **VII.** — Bei Rk. von I mit Styrol, Inden, Vinylacetat oder Allylchlorid in Ggw. von **II** entstehen keine Addukte, sondern nur polymere Materialien. N.N-Dimethylsulfamylchlorid u. N.N-Dimethylcarbamylchlorid reagieren nicht mit **V** in Ggw. von **II.** (J. org. Chemistry **17.** 453—56. März 1952. Chicago, Ill., Univ., George Herbert Jones Labor.) K. FABER. D 225

W. N. Ssetkina, D. N. Kirssanow, O. D. Sterlingow und A. L. Liberman, *Über Wasserstoffaustausch gesättigter Kohlenwasserstoffe bei der Einwirkung von Schwefelsäure.* Hinsichtlich der Austauschfähigkeit von H gegen D bei der Einw. von mit D angereicherter H_2SO_4 wurden *n-Heptan, n-Dodecan, 3-Methylhexan, 2.2-Dimethylhexan, 2.2.4-Trimethylpentan, Methylcyclohexan, Cyclohexan, 1.1-Dimethylcyclohexan, Methylcyclopentan, Cyclopentan, trans-* u. ein Gemisch von *cis-* u. *trans-Dekalin* untersucht. Die aus SO_3 u. an D angereichertem W. hergestellte, an D angereicherte H_2SO_4 (Monohydrat) wurde mit dem KW-stoff im Verhältnis 1:1 bis 3:1 Mol gemischt. Bei 22—25° wurde einige Std. geschüttelt, der KW-stoff abgetrennt, von Spuren H_2SO_4 befreit u. destilliert. Zur quantitativen Best. des ausgetauschten H wurde der KW-stoff in einem Luftstrom mit CuO verbrannt u. die D. des Verbrennungswassers gemessen. Es wurde gefunden, daß diejenigen unter den KW-stoffen, die nur prim., sek. oder quartäre C-Atome besitzen, nicht austauschen, dagegen die mit tert. C-Atom, u. zwar sämtliche H-Atome, nicht nur das am tert. C gebundene. Lediglich die beiden Dekaline tauschen nicht aus, was vielleicht auf ster. Faktoren zurückzuführen ist. Zum Mechanismus wird angenommen, daß zuerst H der CH-Gruppe durch H_2SO_4 unter Bldg. des freien Radikals oder des Carboniumions oxydiert wird. Hierfür spricht, daß mit nicht oxydierenden Säuren, z. B. Essigsäure, Austausch nicht zu erreichen ist, u. daß die Bldg. von etwas SO_2 in einigen Verss. festgestellt wurde. Am Radikal oder Carboniumion erfolge dann wegen der erhöhten Beweglichkeit aller H-Atome der Austausch, u. zwar in einer Ketten-Rk., da die Zahl der Moll. mit vollzogenem Austausch die der oxydierten weit übertrifft. Der Kettenabbruch soll in üblicher Weise eintreten. (Доклады Академии Наук СССР [Ber. Akad. Wiss. UdSSR] [N. S.] **85.** 1045—48. 11/8. 1952. Inst. für organ. Chem. der Akad. der Wiss. der UdSSR.) WÖRFFEL. D 225

A. W. Toptschijew, B. A. Krenzel und L. N. Andrejew, *Einige kinetische Gesetzmäßigkeiten bei der thermischen Chlorierung von n-Butan.* Kinet. Unters. der therm. Chlorierung einer Butanfraktion (97,1 Vol.-% n-Butan, 0,6 Vol.-% Isobutan, 1,9 Vol.-%

Propan, 0,4 Vol.-% höhere KW-stoffe) ergab, daß bei 300° Cl_2 zu 100% reagiert, unabhängig von der Volumengeschwindigkeit der Gase im Reaktionsraum. Bei dieser Temp. hängt der Umsatz von Cl_2 prakt. nicht von der Zus. des Gasgemisches ab. Bei niederen Tempp. sinkt der Umsatz des Cl_2 mit steigender Volumengeschwindigkeit. Die Aktivierungsenergie der Rk. wurde auf graph. Wege unter Benutzung des Cl_2-Umsatzes, der der Reaktionsgeschwindigkeit proportional ist, ermittelt u. auch aus dem Temperaturkoeff. berechnet. Ihr Wert ergab sich übereinstimmend zu ca. 39000 cal/Mol. (Доклады Академии Наук СССР [Ber. Akad. Wiss. UdSSR] [N. S.] **85.** 823–26. 1/8. 1952.) WÜRFFEL. D 225

L. D. C. Bok und **L. B. Petters,** *Wasserstoff-Deuterium-Austausch in wässerigen Lösungen von Glykolsäure und Natriumformiat.* Vff. untersuchten den H–D-Austausch in D_2O-Lsgg. von *Glykolsäure* (I) sowie von teilweise durch Zugabe von DCl in Ameisensäure umgewandeltem *Natriumformiat* (II) bei 210, 200, 190 u. 160°. Die Rk. wurde durch Verbrennen von I bzw. II u. Messung des Isotopengeh. im entstandenen W. verfolgt. Außerdem wurde die Rück-Rk. von deuteriertem I u. W. untersucht. Für I ist die Aktivierungsenergie ca. 30 kcal, die Halbwertszeit bei 160° 330 Std. (Hin-) bzw. 470 Std. (Rück-Rk.). Zum Vgl. werden angegeben für die Hin-Rk. für II 800 Std. (nach BOK u. COHEN), 40 Std. für Kaliumacetat (BOK u. GEIB, Z. physik. Chem., Abt. A **183.** [1939.] 353) u. 1,4 Std. für Glycin (nach BOK u. MITCHEL). Die Reihenfolge ist auf Grund der induktiven bzw. elektromeren Effekte leicht erklärbar. II reagiert etwa so schnell wie das Formiation, mit Überschuß an DCl ist der H–D-Austausch schneller. — DCl wurde aus D_2O durch Dest. über $BaCl_2$–PCl_5 dargestellt. (J. chem. Soc. [London] **1952.** 1524–25. April. Durban, Natal, Univ.) GNAUCK. D 225

K. E. Howlett, *Unimolekulare Zersetzungen von Chlorkohlenwasserstoffen.* Vf. untersuchte die Pyrolyse von *Äthylchlorid* (I) u. *Äthylidenchlorid* (II) bei Drucken von 1 bis 200 mm Hg bei 456 bzw. 412°. Die Rkk. sind monomol., die Reaktionsgeschwindigkeitskonstanten k nehmen mit fallendem Druck ab, wobei die Reaktionsordnung für II von 1 bei 4 mm Hg auf 1,5 bei 1 mm Hg steigt. Bei hohen Drucken stimmen die k mit den von BARTON u. HOWLETT (C. **1949.** E. 38) berechneten überein. Die Zahl der Schwingungsfreiheitsgrade s, die zur Aktivierungsenergie beitragen, wird unter der Annahme eines Stoßdurchmessers von 6 Å für I zu 15, für II zu 7 berechnet. (Nature [London] **170.** 168. 26/7. 1952. London, Univ., Bedford Coll.) GNAUCK. D 225

L. Ch. Freidlin und **A. M. Lewit,** *Dehydratationskinetik der Alkohole in Gegenwart von neutralem Calciumphosphat.* Die Wasserabspaltung aus Alkoholen in Ggw. von $Ca_3(PO_4)_2$ liefert in 98–99%ig. Ausbeute *Olefine.* Die Aktivität des Katalysators wird durch Glühen vermindert. K_2CO_3 vergiftet ihn. Die Aktivierungswärme Q (in kcal/Mol) u. der Faktor k_0 in der ARRHENIUSschen Gleichung ergab sich für *A.* zu Q = 40600; $K_0 = 4 \cdot 10^{15}$, für *Propylalkohol* zu Q = 38600; $K_0 = 5 \cdot 10^{15}$, für *Isopropylalkohol* zu Q = 37800; $K_0 = 4 \cdot 10^{16}$, für *Butylalkohol* zu Q = 55000; $K_0 = 3 \cdot 10^{21}$ u. für *Isobutylalkohol* zu Q = 68000; $K_0 = 5 \cdot 10^{24}$. Die Temperaturabhängigkeit der Dehydratation wurde bei 262–395° untersucht. Die kinet. Konstanten bei Ae. zeigen, daß dieser nicht Zwischenprod. der Dehydratation von A. ist. (Известия Академии Наук СССР, Отделение Химических Наук [Nachr. Akad. Wiss. UdSSR, Abt. chem. Wiss.] **1952.** 163–71. Jan./Febr.) SCHMEISS. D 225

David H. Volman und **Robert K. Brinton,** *Zerfall von Di-tert.-butylperoxyd und die Kinetik der Gasphasenreaktionen von tert. Butoxyradikalen in Gegenwart von Äthylenimin.* (Sitzungsbericht.) Die genannten Rkk. werden im Temperaturbereich von 129–154° untersucht. Für den Zerfall des Di-tert.-butylperoxyds in tert. Butoxyradikale (I) wird eine Aktivierungsenergie (AE.) von 37,6 kcal u. ein temperaturunabhängiger Frequenzfaktor (F) von $3{,}5 \cdot 10^{15}$/Sek. angegeben. I zerfallen mit einer AE. von ca. 17 kcal in Aceton u. Methylradikale. Dem Äthylenimin entreißen die Methylradikale ein H-Atom unter Methanbldg. mit einer AE. von 4,8 kcal u. einem F von $4{,}5 \cdot 10^{10}$ cm^3/Mol·sec. Es erfolgt auch Kombination von 2 Methylradikalen zu Äthan u. Rk. der I mit Imin unter Bldg. von tert. Butanol. (Physic. Rev. [2] **85.** 707–08. 15/2. 1952; Bull. Amer. physic. Soc. **26.** Nr. 6. 11–12. 24/10. 1951. Univ. of California at Davis.) THEILE. D 225

Robert L. Burwell jr., *Die Hydrolyse von optisch aktivem sekundären sauren Butylsulfat.* (Vgl. BURWELL JR., C. **1950.** I. 2084.) Vf. verfolgte die saure u. alkal. Hydrolyse von *Na-(+)-sek.-Butylsulfat* (I) durch Best. des entstandenen *sek.-Butanols* (II) u. des *Butylens* (III) sowie die Dehydratisierung u. Racemisierung von opt.-akt. II. Die alkal. Hydrolyse führte unter Inversion zu (–)-II u. wurde durchgeführt bei 99° bzw. beim Kp. mit wss. Lsgg. von NaOH (54%, –94%, 7%, 20 Std.), K_2CO_3 (58–65%, –96 bis –97%, 9%, 14–30 Std.), $KHCO_3$ (69%, –, –, 26 Std.), $Mg(OH)_2$ (52%, –87 bis —89%, —, 24 Std.); in ( ) Ausbeute u. opt. Reinheit von **II**; Ausbeute an **III**; Halbwertszeit der Rk. ($t_{1/2}$). Die saure Hydrolyse ergab durch teilweise Racemisierung opt. unreines (+)-**II** u. wurde mit H_2SO_4 (46—77%, —11 bis +41%, 7—48%, 1 Std. bis 7 Min.), H_3PO_4 (52%, —, 40%, 26 Min.), Äthansulfonsäure (**IV**) (62—74%, +41 bis +62%, 11—15%, 4—16 Min.), Toluolsulfonsäure (**V**) (74—78%, +72%, 9—13%, 3,5—16 Min.) sowie $NaHSO_4$ + Na_2SO_4 (9,3—34%, —31,6 bis —39%, 4,4—14%, —, bei Rückgewinnung von 34—82% (+)-**I** in 31,6—94,9%ig. opt. Reinheit) bei 99—111° bzw. beim Kp. durchgeführt. Die Dehydratisierung u. Racemisierung von **II** erfolgte mit H_2SO_4 bei 97—108°, mit **IV** bei 107°. Mit H_2SO_4 wurden pro Min. 0,19—6%, bei **IV** 0,6% dehydratisiert. Die opt. Reinheit des zurückgewonnenen **II** war 42,5—68,8% nach ca. 21%ig. Dehydratisierung. Vf. nimmt für die alkal. Hydrolyse einen S_N2-Mechanismus an. Da $t_{1/2}$ nur wenig durch große Änderungen der [OH^-] beeinflußt wird, u. wegen der großen Ionisierungskonstante von saurem sek.-Butylsulfat wird als angreifendes Mol. H_2O statt OH^- angenommen. Die bei der sauren Hydrolyse auftretende Racemisierung ist weder auf die geringe Racemisierung des **I** noch auf Bldg. von **II** über **III** oder auf die langsame Racemisierung von **II**, deren geringe Geschwindigkeit in H_2SO_4 mit Einstellung des Gleichgewichts ROH + H_2SO_4 $\rightleftharpoons$ $ROSO_3H$ + H_2O erklärt wird, zurückzuführen. Für die saure Hydrolyse nimmt Vf. 2 gleichzeitige Reaktionswege an, von denen der überwiegend beschrittene unter Erhaltung der Konfiguration bei Sprengung der S—OR-Bindung abläuft. Wegen der geringen Wrkg. verschied. Säurestärken auf den Racemisierungsgrad wird für beide gleiche Reaktionsordnung angenommen. Die Hydrolyse ist in verd. Säure 2. Ordnung. Ein Carboniumionmechanismus wird als allg. Reaktionsweg abgelehnt. Die Ursache der geringeren Racemisierung bei Hydrolyse mit **IV** oder **V** gegenüber H_2SO_4 ist unbekannt, doch geht steigende Racemisierung mit der [HSO_4^-] parallel. Für die Bldg. von **III** wird ein intramol. Eliminierungsmechanismus vorgeschlagen u. wegen der fast unveränderten **III**-Ausbeute bei verschied. Säurekonzz. die gleiche Reaktionsordnung wie bei der Hydrolyse vermutet. (J. Amer. chem. Soc. **74**. 1462—66. 20/3. 1952. Evanston, Ill., Northwestern Univ., Chem. Labor.) GNAUCK. D 225

Edward S. Lewis und **Charles E. Boozer**, *Kinetik und Stereochemie des Zerfalls von sekundären Alkylchlorsulfiten.* Um den Bildungsmechanismus von Alkylchloriden aus Alkoholen u. $SOCl_2$ aufzuklären, untersuchten Vff. den therm. Zerfall von opt.-akt. *2-Butyl-* (**I**), *2-Pentyl-* (**II**) u. *2-Octylchlorsulfit* (**III**) zu entsprechendem Alkylhalogenid u. Olefin in Dioxan (**IV**) bzw. Isooctan (**V**) u. in Abwesenheit von Lösungsmitteln im N_2-Strom durch spektrophotometr. Verfolgung der Menge an nicht umgesetztem Chlorsulfit. Zum Vgl. wurden titrimetr. die entwickelte u. in W. absorbierte Menge an HCl u. SO_2 verfolgt. In **IV** u. **V** wurde eine Rk. 1. Ordnung gefunden, wobei in **V** die Rk. langsamer war. Folgende Zerfallsgeschwindigkeitskonstanten k_1 wurden gefunden [in () $k_1 \cdot 10^4\ sec^{-1}$; Temp.]: 1. in **IV**: **I** (4,22; 73,0°), **II** (4,17, 72,5°; 4,44; 73°; 60,0; 99,8°; 54,4; 99,0°; 56,3; 99,6°), **III** (61,6; 98,5°), 2. in **V**: **II** (0,17; 100,5°; 0,20; 101,3°). Reines **III** ergab $k_1 = 6{,}5 \cdot 10^{-4}\ sec^{-1}$ bei 97,5°. Die Ausbeuten waren [in ( ) Alkylchlorid, Olefin]: 1. in **IV**: **I** (40%, 60%), **II** (40%, 25%), **III** (50%, 35%), 2. in **V**: **I** (60%, —), **III** (80%, 10%). Die erhaltenen Alkylchloride zeigten bei der Rk. in **IV** die gleiche Konfiguration wie die Chlorsulfite, während bei der Rk. in **V** u. bei Abwesenheit von Lösungsmitteln Inversion mit gleichzeitiger Racemisierung eintrat. Die opt. Reinheit des erhaltenen. Chlorids schwankte zwischen 11 u. 85%. Vff. diskutieren den Mechanismus von COWDREY, HUGHES, INGOLD, MASTERMAN u. SCOTT (J. chem. Soc. [London] **1937**. 1196) u. schließen aus der geringen Reaktionsgeschwindigkeit im weniger polaren **V**, daß der Übergangszustand ein größeres Dipolmoment als das n. Chlorsulfit besitzt. Als Grenzformen des Übergangszustands nehmen Vff. nebenstehende an.

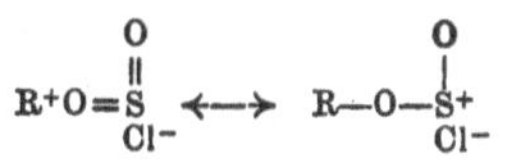

V e r s u c h e: *2-Butylchlorsulfit* (**I**), $C_4H_9O_2ClS$, Kp.$_{10}$ 47,0°, $[\alpha]_D^{25}$ +7,6° (c = 8,4, Isooctan) bzw. +10,7° (c = 18, Dioxan), aus $SOCl_2$ in PAe. u. Zugabe einer Lsg. von l-Butanol-(2), $[\alpha]_D^{25}$ —12,5°, in PAe. bei —20° u. Abpumpen des HCl, mehrstd. Stehen u. Abpumpen des PAe. u. $SOCl_2$ bei Zimmertemperatur. — *2-Pentylchlorsulfit* (**II**), Kp.$_{2,4}$ 37—38°, analog **I**. — *2-Octylchlorsulfit* (**III**), Kp.$_{0,18}$ 63—64°, aus l- u. d-Octanol-(2), $[\alpha]_D^{20}$ —6,2° bzw. +5,12°. (J. Amer. chem. Soc. **74**. 308—11. 20/1. 1952. Houston, Tex., Rice Inst., Dep. of Chem.) GNAUCK. D 225

André Boyer, Michel Niclause und **Maurice Letort**, *Kinetik der Pyrolyse von aliphatischen Aldehyden in der Gasphase.* 1. Mitt. *Einleitung der Pyrolyse von Acetaldehyd durch Di-tert.-butylperoxyd zwischen 420 und 485° K.* Die Analyse ergab als Hauptprodd. des Zerfalles von *Acetaldehyd* (**I**) CO u. CH_4 neben Spuren von Äthan, so daß sowohl die Zerfallsgeschwindigkeit als auch die pro Mol. *Di-tert.-butylperoxyd* (**II**) umgesetzte Zahl von **I**-Moll. aus dem Druckanstieg ermittelt werden konnten. Die Rk. ist in einem Pyrexgefäß von 182 cm^3 prakt. homogen. Wenn man die Zeit in Min. u. die Konzz. in Moll. pro 22,4 Liter mißt, ergibt sich für $v_0' = -(d[I]/dt)_0' = 1{,}25 \cdot 10^{12} [II]_0^{1/2} \cdot [I]_0^{0{,}9} \cdot e^{-26000/1{,}98\,T}$. Der Zerfall geht über die durch **II** gezündeten Ketten: $CH_3- + CH_3CHO \rightarrow CH_4 + CH_3CO-$; $CH_3CO \rightarrow CO + CH_3-$. Die pro Mol. **II** zerfallenden Moll. **I** nehmen mit wachsender Temp. u. steigender **II**-Konz. ab; ihre Zahl ist z. B. bei 451° K, 195 mm Hg **I** u. 0,108 mm Hg **II** 94 u. bei 5,6 mm Hg **II** 10. (J. Chim. physique Physico-Chim. biol. **49.** 337—44. Juni 1952. Nancy, Fac. des Sci., École Nat. Sup. des Ind. Chim.)

THEILE. D 225

André Boyer, Michel Niclause und **Maurice Letort,** *Kinetik der Pyrolyse von aliphatischen Aldehyden in der Gasphase.* 2. Mitt. *Sensibilisierung der Pyrolyse des Acetaldehyds zwischen 680 und 760° K durch Diacetyl.* (1. vgl. vorst. Ref.) Der therm. Zerfall von Acetaldehyd (**I**) wird zwischen 680 u. 760° K von kleinen Mengen Diacetyl (**II**) stark beschleunigt. Die Reaktionsprodd. (CO u. CH_4) u. der Enddruck werden nicht geändert. Die induzierte Rk. wird durch Vergrößern der Oberfläche des Reaktionsgefäßes schwach gehemmt, vielleicht durch Adsorption u. heterogenen Zerfall des **II**. Die beobachtete Reaktionsgeschwindigkeit (v_0'') wird aufgeteilt in einen Anteil, der dem Zerfall ohne Zusatz entspricht (v_0), u. einen Anteil, der dem durch **II** induzierten Zerfall entspricht (v_0'). Zwischen diesen Geschwindigkeiten soll die Beziehung gelten: $v_0''^2 = v_0^2 + v_0'^2$. Für die Einzelwerte wurde gefunden: $v_0' = 5{,}25 \cdot 10^{15} [II]_0^{1/2} [I]_0 \cdot e^{-51500/1{,}98\,T}$ u. $v_0 = 0{,}4 \cdot 10^{13} [I]_0^{3/2} \cdot e^{-48000/1{,}98\,T}$. Die große Analogie dieser Beziehungen legt für den Zerfall des reinen **I** einen Kettenmechanismus nahe. Die dagegen geäußerten Argumente werden kurz besprochen. (J. Chim. physique Physico-Chim. biol. **49.** 345—53. Juni 1952.)

THEILE. D 225

André Boyer und **Michel Niclause,** *Kinetik der Pyrolyse von aliphatischen Aldehyden in der Gasphase.* 3. Mitt. *Pyrolyse des Propionaldehyds zwischen 690 und 770° K. Ihre Sensibilisierung durch Diacetyl.* (2. vgl. vorst. Ref.) Der therm. Zerfall des *Propionaldehyds* (**I**) ist in einem ungepackten Gefäß nahezu homogen; er liefert bis 760° K hauptsächlich CO u. C_2H_6. Die Geschwindigkeit des Zerfalles läßt sich wiedergeben durch $v_0 = 1{,}45 \cdot 10^{13} [I]_0^{3/2} \cdot e^{-50300/1{,}98\,T}$ (Zeit in Min., Konz. in Moll. pro 22,4 Liter). Verss. mit *Diacetyl* (**II**)-Zusatz bis zu ca. 3% ergaben eine Beschleunigung. Für den induzierten Zerfall gilt $v_0' = 1{,}8 \cdot 10^{15} [II]_0^{1/2} [I]_0 e^{-52000/1{,}98\,T}$. Während ein Mol. **II** mindestens 70 Moll. **I** zum Zerfall bringt, ist der Einfl. von *Di-tert.-butylperoxyd* (**III**) geringer. Ein Mol. **III** induziert nur den Zerfall von 3—5 Moll. **I**. Vff. vermuten einen Kettenmechanismus, bei dem analog zum Methylradikal beim Acetaldehydzerfall das Äthylradikal Kettenträger ist. Seine Unbeständigkeit oberhalb 790° K ist der Grund für Abweichungen von dem einfachen Verh. in diesem Temperaturbereich. (J. Chim. physique Physico-Chim. biol. **49.** 354—62. Juni 1952.) THEILE. D 225

Charles C. Price und **Joseph J. Hydock,** *Der Einfluß von Sulfid-, Sulfoxyd- und Sulfongruppen auf die Verseifung von Benzoesäureäthylester.* (Vgl. PRICE u. LINCOLN, C. **1953.** 2257.) Um den Einfl. der Sulfid-, Sulfoxyd- u. Sulfongruppe auf aromat. Systeme in m- u. p-Stellung zu ermitteln, wurde die Verseifungsgeschwindigkeit bei 0, 25 u. 40 bzw. 45° von *m-* (**I**) u. *p-Methylmercapto-* (**II**), *m-* (**III**) u. *p-Methylsulfinyl-* (**IV**), *m-* (**V**) u. *p-Methylsulfonylbenzoesäureäthylester* (**VI**) mit NaOH in 56%ig. wss. Aceton (**VII**) u. in 95%ig. wss. n-Butylcellosolve (**VIII**) ($Kp._{745}$ 172,0—172,2°; n_D^{20} 1,4192) gemessen u. ihre UV-Absorption sowie die von *Phenylmethylsulfid* (**IX**), *-sulfoxyd* (**X**) u. *-sulfon* (**XI**) zwischen 240 u. 310 mμ ermittelt. Für Sulfide u. Sulfoxyde wurde dabei Hexan, für Sulfone 95%ig. A. als Lösungsm. verwendet. Es wurden kinet. ermittelt: in **VII** [in ( ) bimol. Reaktionsgeschwindigkeitskonstante $k \cdot 10^3$ in Liter/Mol·sec; HAMMETTsche σ-Konstante bei $\varrho = 2{,}373$ bei 25° u. $\varrho = 2{,}614$ bei 0° in **VII**] **I** ($k_{25} = 5{,}36$; $k_{40} = 17{,}76$; $+0{,}10$), **II** ($k_{25} = 2{,}046$; $k_{40} = 7{,}086$; $-0{,}07$), **III** ($k_0 = 7{,}01$; $+0{,}52$), **IV** ($k_0 = 7{,}69$; $+0{,}54$), **V** ($k_0 = 15{,}2$; $+0{,}65$), **VI** ($k_0 = 28{,}6$; $+0{,}76$); in **VIII** [in ( ) $k \cdot 10^3$ Liter/Mol·sec, σ bei $\varrho = -2{,}4 \pm 1$ bei 25° in **VIII**] **I** ($k_0 = 0{,}081$; $k_{25} = 1{,}41$; $k_{45} = 9{,}4$; $+0{,}14$), **II** ($k_{25} = 0{,}53$; $k_{45} = 4{,}25$; $-0{,}03$), **III** ($k_0 = 0{,}75$; $k_{25} = 9{,}5$; $+0{,}49$), **IV** ($k_0 = 0{,}50$; $k_{25} = 7{,}6$; $+0{,}45$), **V** ($k_0 = 1{,}75$; $k_{25} = 26{,}0$; $+0{,}67$), **VI** ($k_0 = 2{,}27$; $k_{25} = 31{,}2$; $+0{,}71$). Die Ergebnisse in **VIII** sind infolge Ggw. alkaliverbrauchender Verunreinigungen ungenau. Zur Ermittlung von ϱ bei 25° in **VIII** wurde die bimol. Geschwindigkeitskonstante der Verseifung von *Benzoesäure-* ($k = 6{,}22—6{,}67 \cdot 10^{-4}$), *p-Dimethylaminobenzoesäure-* ($k = 2{,}94—2{,}91 \cdot 10^{-6}$) u. *p-Nitrobenzoesäureäthylester* ($6{,}92—6{,}91 \cdot 10^{-2}$) in **VIII** ermittelt. Die gesamten elektr. Effekte sind in der erwarteten Größe. Der wenig negative σ-Wert für p-CH_3S zeigt vielleicht eine nur geringe Resonanzwrkg. auf die o,p-Stellungen an, da diese einen weniger wirksamen Austausch zwischen einem 2 p-Orbital des C-Atoms u. einem 3 p- des S einschließt, die UV-Absorption erweist jedoch eine starke Konjugation zwischen p-CH_3S- u. $COOC_2H_5$-Gruppe. Die semipolare S → O-Bindung steigert die Elektronenaffinität des S u. ruft eine Positivierung am Ring-C-Atom hervor. Deren Gleichheit in m- u. p-Stellung stimmt mit den gefundenen σ-Werten überein. Die UV-Absorption zeigt, daß das verbliebene freie Elektronenpaar der S—O-Gruppe ihr noch starke konjugative Eigg. verleiht. Die σ-Werte für die Sulfone sind durch stärkere induktive Effekte des positiveren S höher als erwartet. Die Beteiligung der im Sulfid freien Elektronenpaare des S an S—O-Bindungen im Sulfon hat eine Verminderung der Konjugation der SO_2-Gruppe mit der Carbäthoxygruppe zur Folge, was die UV-Absorption durch starkes Anwachsen des Maximums bei 280 mμ erweist. Die Unterschiede der σ-Werte sind sämtlich in Übereinstimmung mit den von PRICE (Chem. Reviews **29.** [1941.] 37) berechneten Polarisierungskräften.

Versuche: *Phenylmethylsulfid* (**IX**), $Kp._{737}$ 193,5—195°, n_D^{25} 1,5835. — *Phenylmethylsulfoxyd* (**X**), F. 29,5—30,0°, $Kp._{0,7}$ 104—105°, aus **IX** in Eisessig u. Zutropfen von 30%ig. H_2O_2, 7 Std. am Rückfluß. — *Phenylmethylsulfon* (**XI**), F. 87,0—87,5°, aus **IX** in Eisessig u. Zugabe eines 50%ig. Überschusses von 30%ig. H_2O_2, 4 Std. am Rückfluß, Ausbeute quantitativ. — *m-Methylmercaptobenzoesäure* (**XII**), F. 126,0—127,0° (50%ig. Methanol), aus diazotierter m-Aminobenzoesäure, Behandlung mit Na_2S_2 → Bis-carboxyphenyldisulfid, das mit Na_2S red., dann methyliert wird; 45—55% (Ausbeute). *Äthylester* (I), $C_{10}H_{12}O_2S$, $Kp._6$ 148,0—148,2°, n_D^{20} 1,5610. — *p-Methylmercaptobenzoesäure* (**XIII**), F. 191,5—192,0° (50%ig. Methanol), analog **XII**; *Äthylester* (**II**), $Kp._{14}$ 170,0 bis 170,5°; n_D^{20} 1,5784. — *m-Methylsulfinylbenzoesäure*, F. 171,0—171,5° (W.), analog **XIV** oder durch Oxydation von **XII** mit geringem Überschuß an 30%ig. H_2O_2 in Eisessig bei 80° 24 Std.; 65—80%; *Äthylester* (**III**), $C_{10}H_{12}O_3S$, $Kp._{0,08}$ 158,0—160,0°, n_D^{20} 1,5556. — *p-Methylsulfinylbenzoesäure* (**XIV**), $C_8H_8O_3S$, F. 232,5—233,0° (W.), aus **XIII** u. $2nHNO_3$ bei 95°, bis keine nitrosen Gase mehr entweichen; *Äthylester* (**IV**), $C_{10}H_{12}O_3S$, F. 62,0 bis 62,5°. — *m-Methylsulfonylbenzoesäure*, F. 264—265°, analog **XI**; *Äthylester* (**V**), $C_{10}H_{12}O_4S$, F. 74,0—74,6°. — *p-Methylsulfonylbenzoesäure*, F. 232—233,5°, analog **XI**; *Äthylester* (**VI**), $C_{10}H_{12}O_4S$, F. 95,8—96,4°. — *p-Nitrobenzoesäureäthylester*, F. 56,4—56,8°. — *p-Dimethylaminobenzoesäureäthylester*, F. 63,5—64,0°. — *Benzoesäureäthylester*, $Kp._{751}$ 211,0—211,2°. (J. Amer. chem. Soc. **74.** 1943—46. 20/4. 1952. Notre Dame, Ind., Univ., Chem. Labor.) GNAUCK. D 225

J. P. van Roon, P. E. Verkade und **B. M. Wepster**, *Desacylierung aromatischer Acylaminoverbindungen in einem sauren alkoholischen Medium.* Die Desacylierung aromat. Monoacetylamine ist nicht nur mit Alkoholat in absol. A., sondern auch mit absol. alkoh. HCl möglich, wie Vff. nachweisen. Letztere Rk. wurde kinet. verfolgt. Das Verf. war nur halbquantitativ, da die HCl-Konz. nicht konstant war. Verluste an HCl traten durch Salzbldg. u. durch Bldg. von CH_3Cl ein. Die umgesetzte Menge an Acetylaminen wurde durch die „Schmelzpunktsanalyse" verfolgt (vgl. WEPSTER u. VERKADE, C. **1950.** I. 1716), das Verhältnis von Acetylamin zu HCl betrug 1 : 1,5 oder 1 : 5. Zur Unters. gelangten: *Acetanilid* (105—140), *2-* (160—235), *3-* (90—120) u. *4-Methylacetanilid* (85—120), *4-Chloracetanilid* (60—120), *2-* (10—15), *3-* (30—45) u. *4-Nitroacetanilid* (20—30), *3.5-Dimethyl-4-nitroacetanilid* (40—70), *4-Nitroacetnaphthalid* (25—40), *Acetanilid-2-* (40—80) u. *4-carbonsäuremethylester* (30—65) sowie *2-Nitroacetanilid-6-carbonsäuremethylester* (210—330). Die Zahlen in ( ) geben die Zeit in Min. an, die zu einem vollständigen Umsatz bei einem Verhältnis Monoacetylderiv. zu HCl von 1 : 5 nötig sind. — Im Gegensatz zur alkal. Spaltung spielt der mesomere Effekt (—M) keine sehr große Rolle, es sind nur geringe Einflüsse festzustellen. Ster. Hinderung der Mesomerie kann daher vernachlässigt werden. — Negative Substituenten beschleunigen die Spaltung infolge ihres —J-Effektes. Durch o-Substituenten wird die saure Spaltung im Gegensatz zur alkal. stark gehindert, Vff. führen den Einfl. auf klass. ster. Hinderung zurück. — *3-Aminobenzoesäuremethylester*, F. 51—52°, *Hydrochlorid*, F. 201—202°. — *4-Aminobenzoesäureäthylester*, F. 90—91° (A.). — *2-Nitroanilin-6-carbonsäuremethylester*, F. 95,5 bis 96,5° (Methanol). — *3-Aminobenzonitril*, F. 52—53° (Methanol). — *4-Aminobenzonitril*, F. 85—86°. — Bei 2.3-Dinitro-4-äthoxyacetanilid entstanden bei der sauren Desacylierung nur Harze. (Recueil Trav. chim. Pays-Bas **70.** 1105—12. Dez. 1951. Delft, Holland, Techn. Univ., Organ. Labor.) KLEINWÄCHTER. D 225

Henry G. Kuivila und **Eliot K. Easterbrook**, *Die Kinetik der Bromolyse von Phenylborsäure in einer wässerigen Essigsäurelösung.* Unters. der Bromolyse von *Phenylborsäure* (I) bei 25° in 50%ig. Essigsäure nach: $ArB(OH)_2 + Br_2 + H_2O = ArBr + H_3BO_3 + HBr$. Die Rk. ist zweiter Ordnung, doch muß in Betracht gezogen werden, daß sich im Gleichgewicht mit Br' Tribromidionen bilden. Die Geschwindigkeitskonstante steigt um 10% bei Erhöhung der Bromkonz. von $1{,}74\cdot10^{-3}$ ($k = 6{,}27\cdot10^{-3}$) auf $8{,}69\cdot10^{-3}$ Mol/Liter. Die Rk. wurde jeweils während der ersten 20—30% des Gesamtumsatzes untersucht, da sich k im weiteren Verlauf infolge des gebildeten HBr ändert. Bei einem Zusatz von NaBr bleibt k konstant, auch wenn man die Anfangskonz. an Br_2 stark variiert (von

$7{,}271 \cdot 10^{-3}$ bis $4{,}30 \cdot 10^{-3}$ Mol/Liter). — Die Reaktionsgeschwindigkeit steigt mit dem Wassergeh. des Lösungsm. (30%ig. Essigsäure k = 0,0374; 20%ig. Essigsäure k = 0,0738 Liter/Mol·sec). Ferner hat der Zusatz von Salzen bzw. Säuren jeweils Einfl. auf die Rk.; Nitrat u. Perchlorat steigern die Reaktionsgeschwindigkeit gleich stark; Vff. nehmen hierbei einen Salzeffekt an. Sulfat u. prim. Phosphat dagegen sowie die Salze von Carbonsäuren wirken viel stärker, dies spricht für katalyt. Wrkg. der Anionen. Durch Säuren wird die Reaktionsgeschwindigkeit vermindert. Daten: ohne Zusatz k = 6,41; 0,12 mol. $NaClO_4$ k = 7,28; 0,3 $NaNO_3$ 7,62; 0,1 Na_2SO_4 12,7; 0,3 $NaHSO_4$ 5,06; 0,1 $HClO_4$ 4,34; 0,12 $HClO_4$ 4,16; 0,12 NaH_2PO_4 15,3; 0,12 CH_3COONa 44,0; 0,12 $ClCH_2COONa$ 36,5; 0,12 $Cl_2CHCOONa$ 24,0; 0,12 C_6H_5COONa 47,6. — Vff. teilen die Rkk. in „Lösungsmittel-Rkk.“ u. „durch Basen induzierte Rkk.“ ein, sie diskutieren für beide Untergruppen jeweils zwei Reaktionsmechanismen: (As) $ArB(OH)_2 \rightleftharpoons [Ar\cdot B(OH)O']$ (**II**) $+ H^+ + Br_2 \rightarrow ArBr + OBOH + HBr$, (Bs) $ArB(OH)_2 + H_2O \rightleftharpoons [Ar\cdot B(OH)_3]'$ (**III**) $+ H^+ + Br_2 \rightarrow ArBr + B(OH)_3 + HBr$, (Ac) $ArB(OH)_2 + N' \rightleftharpoons [Ar\cdot B(OH)O']$ (**IV**) $+ NH + Br_2 \rightarrow ArBr + OBOH + NH + Br$, (Bc) $ArB(OH)_2 + N' \rightleftharpoons [ArB(OH)_2N]'$ (**V**) $+ Br_2 \rightarrow ArBr + NB(OH)_2 + Br$; N′ bedeutet dabei ein nucleophiles Reagens. Die Rk. zwischen **II**, **III**, **IV** bzw. **V** u. Brom ist in jedem Fall der geschwindigkeitsbestimmende Schritt, negative Ladungen am Phenylrest von **I** erhöhen die Reaktionsgeschwindigkeit. Die quantitativen Unterss. zeigen, daß der hauptsächliche Reaktionsweg über Bc u. Bs verläuft. — Im Gegensatz zu den meisten Rkk. zwischen Phenylborsäuren u. elektrophilen Reagentien, bei denen Substitution der Borsäuregruppe erfolgt, ist es möglich, **I** zu nitrieren. Das erklärt sich daraus, daß die Nitrierung in stark saurem Medium ausgeführt wird, in dem die Konz. an den Intermediärverbb. **III** u. **V** klein ist u. damit Substitution von H schneller erfolgt als von $-B(OH)_2$. (J. Amer. chem. Soc. **73.** 4629—32. Okt. 1951. Durham, N. H., Univ. Dep. of Chem.)

KLEINWÄCHTER. D 225

Elliot R. Alexander und **Anton Mudrak**, *Untersuchungen über den Mechanismus der thermischen Zersetzung nach Tschugaeff und der Acetatzersetzung.* 1. Mitt. *cis- und trans-2-Phenylcyclohexanol.* Während die gewöhnliche Dehydratation eines Alkohols zum Olefin oft unter Umlagerung vor sich geht, führt die als TSCHUGAEFF-Rk. bezeichnete therm. Zers. des Xanthogensäureesters ohne Umlagerung zum dazugehörigen Olefin. Bei cycl. stereoisomeren Verbb. findet bevorzugt Eliminierung eines zum Säurerest cis-ständigen β-Wasserstoffatoms statt. Für die entsprechende Acetatzers. gilt das gleiche. Wie Vff. jetzt feststellten, gibt die Pyrolyse der Methylxanthogensäure- bzw. Essigsäureester von *trans-2-Phenylcyclohexanol* (**V** u. **VII**) zu 88,3% bzw. 86,5% 1-Phenylcyclohexen, die der entsprechenden cis-Verbb. (**IV** bzw. **VI**) dagegen zu 96—100% (92,8%) 3-Phenylcyclohexen, in diesem Falle steht der Wasserstoff am Phenyl-substituierten C-Atom trans zum Säurerest. Durch die Unterss. wird die Annahme gestützt, daß die Rk. durch Ausbldg. einer Wasserstoffbrücke vom zu eliminierenden H zum S bzw. O der >CS-(>CO)-Gruppe, also durch Bldg. eines Sechsringes, eingeleitet wird (HÜCKEL, TAPPE u. LEGUTKE, Liebigs Ann. Chem. **543.** [1940.] 191).

Versuche: *cis-2-Phenylcyclohexanol* (**I**), F. 42—43°, durch katalyt. Hydrierung von o-Phenylphenol; 41% (Ausbeute). — *2-Phenylcyclohexanon* (**II**), F. 56—59°, aus 2-Chlorcyclohexanon u. C_6H_5MgBr in Ae.; 41%. — *trans-2-Phenylcyclohexanol* (**III**), F. 56—57,5° (PAe.), aus **II** mit Na in absol. A.; 36%; *Phenylurethan*, F. 136—137°. — **IV**, $C_{14}H_{18}OS_2$, F. 44—46° (A.), aus **I** in trockenem Ae. mit Na (Reaktionsdauer 30 Std. bei Raumtemp.), dann Zugabe von CS_2, danach CH_3J; 90%. — **V**, nicht krist. analog aus **III**. — **VI**, $C_{14}H_{18}O_2$, $Kp._{0,2-0,3}$ 91—106°, aus **I** u. Acetylchlorid in Pyridin; n_D^{20} 1,5148; 85%; **VII**, $C_{14}H_{18}O_2$, $Kp._{0.2}$ 75—76°; n_D^{20} 1,5130; 78%. — Bei Verseifung von **VI** u. **VII** mit alkoh. KOH entstanden **I** bzw. **III** zurück; es fand also bei der Acylierung keine Umlagerung statt. — Die therm. Zerss. wurden bei **IV** bei 210—240°, bei **V** bei 110—115° bzw. 175°, bei **VI** u. **VII** bei 575—600° durchgeführt, die Zus. der Zersetzungsprodd. auf Grund der Brechungsindices berechnet (*3-Phenylcyclohexen* n_D^{20} 1,5448 u. *1-Phenylcyclohexen* 1,5644). — *4-Phenylcyclohexanol* (**VIII**), F. 61—65°, aus 4-Phenylcyclohexanon in Methanol durch Hydrierung in Ggw. von RANEY-Ni; 98%. — *4-Phenylcyclohexen*, $C_{12}H_{14}$, $Kp._{0,1}$ 50—51°, durch therm. Zers. des Xanthats von **VIII** bei 230 bis 240°; n_D^{20} 1 5440; $D.^{20}_{20}$ 0,1779; 47%. (J. Amer. chem. Soc. **72.** 1810—13. April 1950. Urbana, Ill., Univ. of Illinois, Noyes Chem. Labor.)

MANTHEY. D 225

John D. Roberts, **Donald R. Smith** und **C. C. Lee**, *Die Decarbonylierung von Diphenyltriketon.* Bei der durch Cu-Acetat, $AlCl_3$ oder NaOH bewirkten Decarbonylierung von *Diphenyltriketon* = *Diphenylpropantrion-(1.2.3)* (**I**) wird die mittlere Carbonylgruppe abgespalten. $^{14}C_{(1)}$-**I** (**Ia**) oder das *Hydrat* liefern nämlich bei der Decarbonylierung mit Cu-Acetat in sd. Essigsäure inakt. CO_2 u. radioakt. *Benzil* (**VI**, durch Oxydation von prim. gebildetem *Benzoin* [**VII**]); entsprechend wird $^{14}C_{(1)}$-*1-[p-Methoxyphenyl]-3-phenyl-*

propantrion-(1.2.3) (**II**) gespalten. $AlCl_3$ spaltet **Ia** in radioakt. **VI** u. *CO*; bei Ggw. von Feuchtigkeit werden auch wechselnde Mengen **VII** u. CO_2 erhalten, die fast ausschließlich aus dem **Ia**-Hydrat gebildet werden (Analyse durch Aufnahme der Infrarotspektren). Endprodd. der Decarbonylierung von **Ia** mit NaOH sind radioakt. **VII** u. inakt. CO_2; Vff. nehmen für diese Rk. eine Art Benzilsäureumlagerung von **I** unter prim. Bldg. des *Na-Salzes* von *α-Benzoylmandelsäure* an. Sie untersuchen die Benzilsäureumlagerung von $^{14}C_{(1)}$-1-[p-*Methoxyphenyl*]-*2-phenyläthandion-(1.2)* (**III**; *p-Methoxybenzil*) u. weisen durch isotop. Unters. des aus der *p-Methoxybenzilsäure* (**IV**) gewonnenen *p-Methoxybenzophenons* (**V**) nach, daß die Phenylgruppe doppelt so leicht wandert wie die p-Methoxyphenylgruppe. — Vff. erklären die sich aus den Ergebnissen der Decarbonylierungen ergebende, im Hinblick auf die Elektronenkonfiguration unerwartet leichtere Wanderung der Benzoyl- im Vgl. zu der der Phenylgruppe aus der Bldg. von mit den Decarbonylierungsagentien gebildeten Koordinationsverbb. u. ihre Umlagerungen nach WAGNER-MEERWEIN. Der Reaktionsmechanismus wird ausführlich erörtert.

Versuche: $^{14}C_{(CO)}$-*Acetophenon*, $Kp._{10}$ 97,5—98°, nach BROWN u. NEVILLE (U. S. Atomic Energy Commission); 83% (Ausbeute). — $^{14}C_{(1)}$-*1.3-Diphenylpropandion-(1.3)* (Dibenzoylmethan), aus vorst. Verb. über Benzalacetophenon u. Benzalacetophenondibromid; 62%. — $^{14}C_{(1)}$ *-1.3-Diphenyl-2-acetoxypropandion-(1.3)*, F. 95° (Ligroin, dann Methanol), aus vorst. Verb. durch 2std. Kochen mit N-Bromsuccinimid in CCl_4 in Ggw. von Benzoylperoxyd im UV-Licht, 1½std. Erhitzen des aus dem Filtrat isolierten rohen Bromids mit $CH_3COOH + CH_3COONa$, Zugabe von W. u. Hochvakuumdest. der festen M.; 51%. — $^{14}C_{(1)}$ *-1.3-Diphenylpropantrion-(1.2.3)* (**Ia**), F. 68—69° (Ligroin), aus vorst. Verb. in Chlf. durch langsame Zugabe von Br_2 in Chlf. bei 4—7° unter Durchleiten von Luft, Abdampfen nach mehreren Std., ¼std. Erhitzen im Vakuum u. Hochvakuumdest.; 84%. *Hydrat*, F. 88—89°, durch Umkristallisation von **Ia** aus verd. Essigsäure. — $^{14}C_{(CO)}$-*p-Methoxyacetophenon*, $Kp._{25}$ 151—153°, aus $^{14}C_{(1)}$-Na-Acetat über $^{14}C_{(1)}$-Acetylchlorid, das mit Anisol in Nitrobenzol in Ggw. von $AlCl_3$ kondensiert wird. — $^{14}C_{(CO)}$-*Benzal-p-methoxyacetophenon*, F. 103—104,5°, aus vorst. Verb. u. Benzaldehyd; 87% *Dibromid*, F. 161—162°; 73%. — $^{14}C_{(1)}$-*1-[p-Methoxyphenyl]-3-phenylpropandion-(1.3)* (*Anisoylbenzoylmethan*), F. 129—130°, aus vorst. Dibromid u. $NaOCH_3$ u. Ansäuern; 95,7%. — $^{14}C_{(1)}$-*1-[p-Methoxyphenyl]-2-brom-3-phenylpropandion-(1.3)*, F. 127—128° (Bzl.-Hexan), aus vorst. Verb. u. Br_2 in Chlf. bei 4—7°; 80,5%. — $^{14}C_{(1)}$-*1-[p-Methoxyphenyl]-3-phenylpropantrion-(1.2.3)* (**II**), F. 66—67° (Ae.), aus vorst. Verb. über rohes $^{14}C_{(1)}$-*1-[p-Methoxyphenyl]-2-acetoxy-3-phenylpropandion-(1.3)*, das in Chlf. bei 5—10° bromiert wird; Acetylbromid wird bei 100° u. 30 mm entfernt; 71%. — *Decarbonylierung*: von **Ia** bzw. **I**-Hydrat (a) mit Cu-Acetatmonohydrat in sd. Eisessig unter N_2; das Gas wird in NaOH aufgefangen u. das Carbonat als $BaCO_3$ gefällt; aus dem Rückstand im Reaktionskolben wird mit W. **VI** gefällt; aus **Ia** inakt. CO_2 u. 75,5% akt. **VI**, F. 93—95° (CCl_4); entsprechende Ergebnisse aus nicht isotop. **I**-Hydrat; (b) mit wasserfreiem $AlCl_3$ bei 130—140° in 1 Std. unter N_2, das Gas wird wie zuvor aufgefangen u., da es bei einem Vers. mit **I** durch Infrarotspektr. als nur aus *CO* bestehend erkannt wurde, zu CO_2 verbrannt; aus dem Reaktionsgemisch wird nach Behandlung mit verd. HCl mit Ae. **VI** isoliert; aus **Ia** inakt. *CO* u. akt. **VI**; aus **I**-Hydrat u. käuflichem $AlCl_3$ als Hauptprodd. **VII** u. CO_2, daneben durch Infrarotspektr. **VI** u. *CO* nachgewiesen; aus **Ia**-Hydrat u. käuflichem $AlCl_3$ CO_2 u. *CO*, beide Gase als $BaCO_3$ bestimmt; (c) von **II** mit Cu-Acetatmonohydrat in Eisessig unter N_2 in 2 Std. liefert CO_2 (als $BaCO_3$); 90,5%; aus dem mit W. verd. Reaktionsgemisch wird mit Ae. *p-Methoxybenzil* (**III**) extrahiert, F. 61—62° (A.); 87%; (d) von **Ia** mit NaOH: **Ia** wird, in wenig wss. A. gelöst, mit 15%ig. carbonatfreier NaOH unter N_2 2 Tage bei Zimmertemp. gehalten; es wird mit HCl versetzt, CO_2 in $BaCO_3$ übergeführt, u. aus dem wss. Teil mit Ae. **VII** extrahiert; F. 129° (A.); 5%. — Best. der Stellung von ^{14}C in **III**: **III** wird in Methanol mit 15%ig. H_2O_2 u. 2nNaOH oxydiert; nach Versetzen mit 6nHCl werden 66,3% *Anissäure* isoliert, F. 184° (W.); aus dem sauren Filtrat mit Ae. *Benzoesäure*, F. 121° (W.); in der *p-Anissäure* wurden 98,5% des ^{14}C nachgewiesen; diese Säure wurde, vermischt mit wenig inakt. Säure, durch Behandlung mit $SOCl_2$ u. dann trockenem NH_3 in Ae. in 82%ig. Ausbeute in das *Amid*, F. 164—165°, übergeführt; dieses wurde ½ Std. mit NaOCl-Lsg. behandelt u. aus dem Reaktionsgemisch mit Ae. *p-Anisidin* extrahiert, F. 57° (Ae.-Pentan); 53,4%; ^{14}C konnte nur wenig nachgewiesen werden, es lag also in der CO-Gruppe der Säure vor. — Benzilsäureumlagerung von **III**: a) **III** wird mit KOH in 50%ig. A. 10 Min. erhitzt, die dunkelblaue Lsg. mit W. verd. u. ausgeäthert; aus dem Extrakt wird mit konz. HCl *p-Methoxybenzilsäure* (**IV**) gefällt, F. 148—149° (Bzl.); 60,5%; b) für die weiteren Verss. wurde **III** mit solchem **III**, das in 71%ig. Ausbeute durch Oxydation von *Benzanisoin* mit Jod u. $NaOCH_3$ in sd. CH_3OH hergestellt wurde, vermischt. Das verd. **III** wird mit in 50%ig. A. gelöstem NaOH 15 Min. bei 70° behandelt u. die blaue Lsg. wie unter a) aufgearbeitet;

34,8% **IV**; c) **III** wird mit NaOH in verd. A. bei Zimmertemp. 4 Tage gerührt u. die gelbe Lsg. wie zuvor aufgearbeitet; 86,2% **IV**. — *p-Methoxybenzophenon* (**V**) aus **IV**: (a) Die durch Umlagerung nach a) dargestellte **IV** wird mit $Na_2Cr_2O_7$ in halbkonz. H_2SO_4 oxydiert; 57,2% **V**, F. 61—62° (Methanol-W.); (b) durch Umlagerung nach b) u. c) erhaltene **IV** wird mit CrO_3 in verd. Essigsäure 20 Min. oxydiert; 64—70% **V**. Das bei der Oxydation entstehende CO_2 wurde in $BaCO_3$ übergeführt, jedoch lagen die Ausbeuten an radioakt. $BaCO_3$ durch Überoxydation über den theoret. Werten, so daß die Proben für die Best. des Verhältnisses von Phenyl- zu p-Methoxyphenyl-Wanderung nicht brauchbar waren. (J. Amer. chem. Soc. **73.** 618—25. Febr. 1951. Cambridge, Mass.,Massachusetts Inst. of Technol., Dep. of Chem., u. Labor. for Nuclear Sci. and Engng.) FROHLOFF. D 225

H. C. Freeman und **R. J. W. Le Fèvre**, *Die Einwirkung von Licht auf Diazoaminobenzol in Äthanol gelöst.* (Vgl. J. chem. Soc. [London] **1937.** 1805.) Die Einw. von ungefiltertem UV-Licht auf 10^{-5} bis 10^{-3} mol. Lsgg. von *Diazoaminobenzol* (**I**, F. 98°) wird bei Belichtungszeiten bis zu 120 Min. durch Messung u. Vgl. der Adsorptionsspektren untersucht. Maxima von I bei 236, 288, 294, 355 mμ (log ε = 4,21, 3,82, 3,82, 4,30). Belichtung erniedrigt das Maximum bei 355 mμ u. erhöht die Extinktion bei 260 u. 400 mμ. Bei anschließendem Rühren im Dunkeln bis zu 120 Std. hält die Änderung des Spektr. an u. es werden neue Banden bei 310 u. 360 mμ beobachtet. Vff. beweisen damit, daß die Änderung von I kein reversibler photochem. Prozeß ist, der I in die unbekannte cis-Form überführt, sondern daß eine Zers. erfolgt. (J. chem. Soc. [London] **1952.** 2932—34. Juli. Sydney, N. S. W., Australien, Univ.) MACHOLDT. D 226

A. Bentley und **Alwyn G. Evans**, *Wechselwirkung zwischen Friedel-Crafts-Katalysatoren und organischen Halogeniden.* Es wird die Rk. zwischen $(C_6H_5)_3CCl$ u. $HgCl_2$, als Beispiel eines FRIEDEL-CRAFTS-Katalysators, in Nitromethanlsg. spektrophotometr. untersucht. Die Rk. ist von 1. Ordnung in bezug auf jede der beiden Verbb. u. führt zu einem Gleichgewicht nach $(C_6H_5)_3CCl + HgCl_2 \rightleftharpoons (C_6H_5)_3C^+ + ClHgCl_2^-$ mit einer Gleichgewichtskonstanten von $1{,}49 \cdot 10^2$ bei 17,5°. Die Rk. wird mittels des Absorptionsmaximums bei 430 mμ, das dem Carboniumion zugeschrieben wird, verfolgt. Aus der Temperaturabhängigkeit vorst. Gleichgewichtes lassen sich für die Dissoziations-Rk. $\Delta H^0 = 0{,}18$ kcal, $\Delta G^0 = -2{,}9$ kcal u. $\Delta S^0 = 9{,}3$ cal/Grad ermitteln. (Research **5.** 535—36. Nov. 1952. Cardiff, Univ. Coll., Dep. of Chem.) ZIMMER. D 227

D_2. Präparative organische Chemie. Naturstoffe.

Calvin Hanna und **F. W. Schueler**, *Reaktion disubstituierter Nitrosamine mit Lithiumaluminiumhydrid.* Bei der Rk. von 1 Mol N-Nitrosodiphenylamin mit 4 Mol $LiAlH_4$ entsteht nur *Diphenylamin* u. kein substituiertes Hydrazin. Analoge Rkk. bei N-Nitrosomethylanilin, N-Nitrosodicyclohexylamin u. N-Nitrosopiperidin liefern jedoch die asymm. Hydrazine. Vff. nehmen an, daß die Frage, ob die Red. auf der Hydrazinstufe stehenbleibt oder zur Aminstufe weiterverläuft, von der verwendeten Menge $LiAlH_4$ sowie von der Polarität der N–N-Bindung abhängt.

Versuche: Red. der Nitrosamine erfolgte durch langsames Zufügen von 0,1 (Mol) in Tetrahydrofuran zu 0,1 $LiAlH_4$ in Tetrahydrofuran, nach 1 std. Rühren Zers. des gebildeten farbigen Komplexes mit Aceton, Zufügen 30%ig. NaOH unter Rühren u. Dest. der organ. Schicht: *1-Methyl-1-phenylhydrazin*, $Kp._{13}$ 106—109°; 77% (Ausbeute). — *N.N-Pentamethylenhydrazin*, $Kp._{730}$ 146—148°; 75%. — *1.1-Dicyclohexylhydrazin*, $Kp._4$ 95—98°, feste M., sublimiert <162°; 48%. *Hydrochlorid*, $C_{12}H_{25}N_2Cl$, F. 238—240° (korr.), aus Ae. flockige Kristalle. *Methojodid*, $C_{13}H_{27}N_2J$, F. 250—252° (korr.), aus absol. Ae. Plättchen. (J. Amer. chem. Soc. **74.** 3693—94. 20/7. 1952. Iowa City, Iowa, State Univ., Coll. of Med., Dep. of Pharmacol.) LEHWALD. 450

Norman G. Gaylord, *Identität eines anomalen Produktes, von dem bei der Synthese von Dimethallyl berichtet wurde.* Bei der Rk. zwischen Methallylchlorid u. Hg in Ae., anschließender Hydrolyse u. Abdest. des Ae. erhält man *Dimethallyl* [*2.5-Dimethylhexadien-(1.5)*] (**I**), Kp. 113—115°. Erfolgt nach der Rk. erst die Dest. des Ae. u. danach die Hydrolyse, wie von SCHALES (Ber. dtsch. chem. Ges. **70.** [1937.] 116) beschrieben, so tritt zum Teil Isomerisation zu *Diisocrotyl* [*2.5-Dimetyhlhexadien-(2.4)*] (**II**), Kp. 136°, n_D^{24} 1,4776, ein. Wird die Reaktionsmischung auf 70—80° erhitzt, erhält man 59—64% **I**, 6—8% **II** u. 4% Polymere. Erhitzt man die Reaktionsmischung auf 85°, so setzt exotherme Rk. ein, u. es entstehen, wenn man durch Kühlung die Temp. unter 110° hält, 24% **I**, 19% **II** u. 30% Polymere. Die Trennung der Verbb. erfolgte durch Vakuumdest.; **I**, $Kp._{38}$ 36—40°; **II**, $Kp._{3-4}$ 41—46°. (Recueil Trav. chim. Pays-Bas **70.** 1042—44. Dez. 1951. Buffalo, N. Y., E. I. du Pont de Nemours & Co., Yerkes Res. Labor.)

KLEINWÄCHTER. 520

George B. Butler und **Ben M. Benjamin,** *Darstellung und Eigenschaften einiger ungesättigter Sulfoniumsalze.* Beim Vers., ungesätt. Sulfoniumsalze durch Rk. von *Diallylsulfid* (I) mit aliphat. Halogeniden, wie CH_3J, Isopropyljodid, Phenacylbromid oder p-Phenylphenacylbromid in Methanol darzustellen, wurden nur Trimethylsulfoniumhalogenide erhalten. So wurde im Gegensatz zu RAY u. LEVINE (J. org. Chemistry **2.** [1937.] 267) an Stelle des von diesen erhaltenen Diallyl-p-phenylphenacylsulfoniumbromids nur *Trimethylsulfoniumbromid* u. aus Dimethylallylsulfid u. Allyljodid in Methanol *Trimethylsulfoniumjodid* isoliert. Durch Behandlung von I mit Dimethylsulfat konnte *Methyldiallylsulfoniummethylsulfat* dargestellt werden. Dagegen gelang es, komplexe Sulfoniumhalogenid-Hg-Halogenide durch Rk. von ungesätt. Sulfiden mit Alkylhalogeniden in Ggw. von Hg-Salzen zu erhalten, die im allg. recht stabil waren. Wurde Bis-[allylmercapto]-äthan in Ggw. von HgJ_2 mit Allyljodid behandelt, so entstand ein Prod., das 4 Mol HgJ_2 enthielt, während bei Anwendung von Allylbromid eine Verb. mit 2 Mol HgJ_2 erhalten wurde. Einige Komplexe zersetzten sich bereits, bevor sie isoliert werden konnten.

Versuche: *1.2-Bis-[allylmercapto]-äthan*, $C_8H_{14}S_2$, Kp.$_7$ 109°, aus Äthylenmercaptan, KOH u. Allylbromid bei 0°, n^{25} 1,5345, D.^{25} 0,9998. — *Trimethylsulfoniumjodid*, F. 211°, durch 3std. Erwärmen von I u. CH_3J in CH_3OH im Rohr im Dampfbad; 5std. Kochen führte zu dem gleichen Ergebnis. — *Tetramethyläthylendisulfoniumdijodid*, $C_6H_{16}J_2S_2$, F. 105—105,5°, aus 1.2-Bis-[allylmercapto]-äthan mit CH_3J in CH_3OH; ohne Lösungsm. fand keine Rk. statt. — *Methyldiallylsulfoniummethylsulfat*, aus I u. Dimethylsulfat + Methanol im Rohr; Fl.; gibt mit H_2PtCl_6 *Bis-[methyldiallylsulfonium]-chloroplatinat*, $C_{14}H_{26}Cl_6S_2Pt$, F. 145°. — *Triallylsulfoniumjodid-mercurijodid*, $C_9H_{15}JS \cdot HgJ_2$, F. 64,5° (Methylisobutylketon), durch Zugabe von Allylbromid u. I zu HgJ_2 in Aceton. — Entsprechend wurden dargestellt, in () Zeit bis zur merkbaren Zers., bei Raumtemp.: *Triallylsulfoniumbromid-mercurijodid*, $C_9H_{15}BrS \cdot HgJ_2$, F. 19—22° (1 Std.). — *Methyldiallylsulfoniumjodid-mercurijodid*, $C_7H_{13}JS \cdot HgJ_2$, F. 15—18° (15 Std.). — *Triallylsulfoniumjodid-mercurichlorid*, $C_9H_{15}JS \cdot HgCl_2$, F. —47 bis —45°, n_D^{25} 1,6814, D.$^{25}_4$ 2,4400 (sofort). — *Triallylsulfoniumbromid-mercurichlorid*, $C_9H_{15}BrS \cdot HgCl_2$, F. —46 bis —43°, n_D^{25} 1,6382, D.$^{25}_4$ 2,1849 (1 Std.). — *Äthylen-bis-[diallylsulfoniumjodid]-tetramercurijodid*, $C_{14}H_{24}J_2S_2 \cdot 4HgJ_2$, F. 84—84,7° (2 Wochen). — *Äthylen-bis-[diallylsulfoniumbromid]-dimercurijodid*, $C_{14}H_{24}Br_2S_2 \cdot 2HgJ_2$, F. 25—28° (1 Std.). (J. Amer. chem. Soc. **74.** 1846—48. 5/4. 1952. Gainesville, Fla., Univ. of Florida, Dep. of Chem.)

HILDEGARD BAGANZ. 600

Elliot R. Alexander, Hirsh M. Busch und **George L. Webster,** *Darstellung und Hydrolyse von optisch-aktivem Butyl-(2)-acetal.* Bei der Hydrolyse von opt.-akt. *Butyl-(2)-acetal* wird die O-Butylbindung nicht gespalten. Man erhält den opt.-akt. Alkohol zurück.

Versuche: *D-(+)-Butanol-(2)*, $[\alpha]_D^{25}$ $+7,98 \pm 0,02°$, nach SPRUNG u. WALLIS (J. Amer. chem. Soc. **56.** [1934.] 1717). — *D-(+)-Butyl-(2)-orthoformiat* (I), nach ALEXANDER u. BUSCH (C. **1952.** 6996), $[\alpha]_D^{25}$ $+27,07 \pm 0,02°$ (homogen, l = 1). — *D-(+)-Butyl-(2)-acetal*, $C_{10}H_{22}O_2$, Kp.$_{16}$ 66—68°, durch Kochen von I mit Acetaldehyd, D-(+)-Butanol-(2) u. NH_4NO_3; n_D^{20} 1,4050, D.$^{20}_4$ 0,8279; $[\alpha]_D^{25}$ $+25,40 \pm 0,02°$ (homogen, l = 1); 64,5% Ausbeute. Hydrolyse des Acetals durch 5% H_3PO_3. (J. Amer. chem. Soc. **74.** 3173. 20/6. 1952. Urbana, Ill., Univ., Coll. of Pharm., Dep. of Chem.) JOHN. 670

Arthur P. Phillips, *Äthanolamide einiger Mono- und Dicarbonsäuren.* Es wird die Darst. von *Äthanolamiden* aus Mono- u. Dicarbonsäuren beschrieben. Dabei zeigen die Dicarbonsäuren ein abweichendes Verh.: Phthalsäuredimethylester u. Phthalsäureanhydrid geben mit Äthanolamin nur das *cycl.Imid*, während Bernsteinsäurediäthylester u. Bernsteinsäureanhydrid nur das *offenkettige Bisamid* liefern. Der Grund dafür wird in der bevorzugten cis-Konfiguration der Phthalsäurederivv. u. der trans-Konfiguration der Bernsteinsäurederivv. gesehen.

Versuche: Die Methyl- oder Äthylester der Carbonsäuren wurden mit 1—3 Mol Äthanolamin (I) pro Estergruppe durchschnittlich 1—3 Std. auf 160° erhitzt, Reinigung erfolgte durch Vakuumdest. oder Kristallisation. Erhalten wurden die Äthanolamide nachst. Säuren: *Dichloressigsäure-*, F. 85—86° (Aceton, $CH_3COOC_2H_5$, Skellysolve B); 75% (Ausbeute). *Hippursäure-*, F. 125—126° (A., $CH_3COOC_2H_5$); 80%. *Diphenylessigsäure-*, F. 124—125° ($CH_3COOC_2H_5$, Skellysolve B), durch Erhitzen der freien Säure mit I; 60%. *β.β-Diphenylpropionsäure-*, F. 95—96° ($CH_3COOC_2H_5$, Ae., Skellysolve B), analog; 80%. *p-Methoxybenzoesäure-*, F. 101—102° (CH_3OH, $CH_3COOC_2H_5$), 19 Std. kochen; 70%. *m-Toluylsäure-*, F. 63—64°, Kp.$_2$ 208—209°; 85%. *p-Chlorbenzoesäure-*, F. 118 bis 119° ($CH_3COOC_2H_5$); 70%. *m-Brombenzoesäure-*, F. 106—107° ($CH_3COOC_2H_5$), 22 Std. kochen; 100%. *p-Nitrobenzoesäure-*, F. 130—131° ($CH_3COOC_2H_5$), aus p-Nitrobenzoylchlorid u. I; 100%. *p-Aminobenzoesäure-*, F. 119—120° (CH_3OH, $CH_3COOC_2H_5$

Skellysolve B), durch Red. vorst. Verb. mit ADAMS-Katalysator; 90%. *p-Toluolsulfonsäure-, K-Verb.*, F. 282—283° (CH_3OH), aus p-Toluolsulfonylchlorid u. I; 80%. — Bis-äthanolamide: *Oxalsäure-*, F. 170—171° (CH_3OH), bei 100°; 100%. *Malonsäure-*, F. 127—128° (Aceton), bei 100°; 100%. *Bernsteinsäure-*, F. 156—157° (A.); 100%; u. bei 200° aus Bernsteinsäureanhydrid; 60—85%. *Glutarsäure-*, F. 119—120° (A., $CH_3 \cdot COOC_2H_5$), bei 200°; 100%. *Adipinsäure-*, F. 135—136° (A., $CH_3COOC_2H_5$); 100%. — *β-Oxyäthylphthalimid*, F. 130—131° (A.), bei 140°; 100%; u. gleichfalls aus Phthalsäureanhydrid u. I bei 200°; 100%. (J. Amer. chem. Soc. **73**. 5557—59. Dez. 1951. Tuckahoe, N. Y., Wellcome Res. Labors.) FAASS. 800

Emil Buchta und **Karl Burger**, *Über γ-Brom-Δ^α-dihydromuconsäurediäthylester und 4-Brompenten-(2)-säuremethylester.* Das techn. zugängliche Δ^β-Dihydromuconsäuredinitril gibt nach Verseifung mit H_2SO_4 u. Veresterung mit N-Bromsuccinimid (II) bei Ggw. von Dibenzoylperoxyd (III) *γ-Brom-Δ^α-dihydromuconsäurediäthylester* (I) u. nicht α-Brom-Δ^β-dihydromuconsäurediäthylester. Einführung eines weiteren Br-Atoms gelang in dieser Weise nicht. Bei Verseifung in 10% ig. H_2SO_4 entstand *Muconsäure* (IV). Die Struktur von I folgt aus dem oxydativen Abbau: Mit $KMnO_4$ entstand *Oxalsäure*, allerdings in geringerer Ausbeute, Ozonspaltung lieferte *Fumarsäure*, die nur aus I u. nicht aus dem Isomeren entstehen kann. Weiterhin wurde Δ^α-Dihydromuconsäurediäthylester bromiert, wobei ebenfalls I gebildet wurde. Eintropfen von I in Sodalsg. führte zur Bldg. von IV-*Diäthylester.* REFORMATSKI-Rk. von I mit Benzaldehyd, Zimtaldehyd u. Cyclohexanon lieferte *5-Oxy-5-phenyl-4-essigsäurepenten-(2)-säurediäthylester, 7-Phenyl-5-oxy-4-essigsäureheptadien-(2.6)-säurediäthylester* u. *4-[1-Oxycyclohexyl]-hexen-(2)-disäurediäthylester.* — Penten-(2)-säuremethylester ergab mit II bei Ggw. von III *4-Brompenten-(2)-säuremethylester*, der bei REFORMATSKI-Rk. mit Cyclohexanon bzw. Crotonaldehyd *4-[1-Oxycyclohexyl]-penten-(2)-säuremethylester* bzw. *5-Oxy-4-methyloctadien-(2.6)-säuremethylester* lieferte. Mit Benzaldehyd entstanden hier uneinheitliche Produkte.

Versuche: *Δ^β-Dihydromuconsäure*, $C_6H_8O_4$, F. 197—198°, aus Δ^β-Dihydromuconsäuredinitril durch Erhitzen mit H_2SO_4 (D. 1,45) auf 130—140° unter Schütteln bis zur Beendigung der Rk. u. Verdünnen mit W.; Nadeln aus W.; 78% (Ausbeute). — *γ-Brom-Δ^α-dihydromuconsäurediäthylester* (I), $C_{10}H_{15}O_4Br$, $Kp._{0,2}$ 124—127°, aus dem Diäthylester vorst. Verb. durch 2½ std. Kochen mit 1,8 Mol II bei Ggw. von etwas III in CCl_4; 85,2%; ohne Katalysator 9%, mit äquimol. Mengen II 44%. — *Muconsäure* (IV), $C_6H_6O_4$, F. 288—288,5° (Zers.), aus I durch 3½ std. Kochen mit 10% ig. H_2SO_4 bzw. 20% ig. alkoh. Kali; 26%. *Dimethylester*, $C_8H_{10}O_4$, F. 156—157°, mit CH_2N_2 oder PCl_5 + Methanol; Nadeln aus Methanol. — Abbau von 1 g I durch $KMnO_4$ gab 65 mg *Oxalsäuredihydrat*, F. 101—101,5°; durch Ozonspaltung wurde *Fumarsäure* [$C_4H_4O_4$, F. 287—288°; 67% (roh)] erhalten u. durch Rk. mit CH_2N_2 in Ae. als *Pyrazolindicarbonsäure-(4.5)-dimethylester* ($C_7H_{10}O_4N_2$, F. 97—98°, gelbliche Kristalle aus Chlf. + Ligroin) charakterisiert. — Ozonspaltung von Δ^β-Dihydromuconsäure gab *Malonsäure*, $C_3H_4O_4$, F. 134,5 bis 135,5°; 20% (roh). *Cinnamylidenmalonsäure*, F. u. Misch.-F. 203,5°. — Bromierung von Δ^α-Dihydromuconsäurediäthylester mit II + III wie oben ergibt I. — *5-Oxy-5-phenyl-4-essigsäurepenten-(2)-säurediäthylester*, $C_{17}H_{22}O_5$, $Kp._{0,02}$ 160—161°, aus I durch Erhitzen mit Benzaldehyd u. Zn in Bzl. bis zur beginnenden Rk., Verdünnen mit Bzl., Filtrieren u. Abdampfen; 57%. — *7-Phenyl-5-oxy-4-essigsäureheptadien-(2.6)-säurediäthylester*, $C_{19}H_{24}O_5$, $Kp._{0,02}$ 167—171°, aus I, Zimtaldehyd u. Zn wie vorst.; 49,2%. — *4-[1-Oxycyclohexyl]-hexen-(2)-disäurediäthylester*, $C_{16}H_{26}O_5$, $Kp._{0,05}$ 144—146°, aus I u. Cyclohexanon wie oben; 31,6%. — *Penten-(2)-säuremethylester*, $C_6H_{10}O_2$, $Kp._{14}$ 42,7°, aus der Säure, Methanol + H_2SO_4; 78—82% (roh). — *4-Brompenten-(2)-säuremethylester*, $C_6H_9O_2Br$, $Kp._{10}$ 86,5—89,5°, aus vorst. Verb., II u. III wie oben; 78%. *Freie Säure*, $C_5H_7O_2Br$, F. 86,5—87,5°, aus 2 g Ester durch Erhitzen mit 48% ig. HBr; 35 mg. — *4-[1-Oxycyclohexyl]-penten-(2)-säuremethylester*, $C_{12}H_{20}O_3$, $Kp._{0,005}$ 67—69°, aus vorst. Ester, Zn u. Cyclohexanon wie oben; 41%. — *5-Oxy-4-methyloctadien-(2.6)-säuremethylester*, $C_{10}H_{16}O_3$, $Kp._{0,25}$ 72—76°, wie vorst. mit Crotonaldehyd; 43%. (Liebigs Ann. Chem. **576**. 155—68. 1952. Erlangen, Univ., Chem. Labor.) LEHWALD. 820

C. E. Rehberg und **Marion B. Dixon**, *Reaktion von Acrylonitril mit Alkyllactaten.* Die Cyanäthylierung einiger Alkyllactate gelang unter dem katalyt. Einfl. von metall. Na oder K. Bei den nicht immer reproduzierbaren Rkk. entstanden nichtidentifizierte Nebenprodd., wodurch die Reindarst. der Endprodd. erschwert wurde. Die Ausbeuten schwankten stark. N.N-Dimethyllactamid u. Glykolsäureisopropylester wurden unverändert zurückerhalten.

Versuche: *Cyanäthyläther des Butyllactats*, $C_{10}H_{17}O_3N$, $Kp._1$ 109°, $Kp._{0,2}$ 77°, $Kp._{0,04}$ 55°, durch Einw. von CH_2: CHCN auf Butyllactat in Ggw. von Na oder K, 1 std. Erhitzen auf dem Dampfbad oder 12 std. Stehen u. Neutralisieren mit Essigsäure;

D.$^{20}_{4}$ 1,0038, n_D^{20} 1,4333; 50—80% (Ausbeute); daneben eine *Verb.* vom Kp.$_{1,2}$ 90°, D.$^{20}_{4}$ 0,9910, n_D^{20} 1,4523. — *Cyanäthyläther des Äthyllactats*, $C_8H_{13}O_3N$, Kp.$_1$ 95°, D.$^{20}_{4}$ 1,0427, n_D^{20} 1,4302; 0—70%; daneben eine nur wenig tiefer sd. unbekannte Verbindung. — *Cyanäthyläther des Methyllactats*, verunreinigt mit einem Nebenprod., Kp.$_{1,2}$ 90°, D.$^{20}_{4}$ 1,0680, n_D^{20} 1,4344. (J. Amer. chem. Soc. **74**. 1095. 20/2. 1952. Philadelphia, Pa., Eastern Reg. Res. Labor.) W. HOFFMANN. 850

W. I. Kurow, *Über alkylkohlensaure Salze (Alkylcarbonate von Metallen)*. 1. Mitt. Die therm. Spaltung von Natriumäthylcarbonat (I) verläuft bei ca. 300° in 2 Richtungen nach den Gleichungen $C_2H_5OCO_2Na = C_2H_4 + NaHCO_3$ u. $C_2H_5OCO_2Na = HCO_2Na + CH_3CHO$. $NaHCO_3$ u. HCO_2Na zers. sich in bekannter Weise weiter, das sich bildende W. hydrolysiert I, so daß als Endprodd. *Na_2CO_3, A., C_2H_4, CO_2, CO* u. *CH_3CHO*, außerdem ein aus CH_3CHO entstandenes *harziges Kondensationsprod.* festgestellt wurden.

Versuche: *Natriumäthylcarbonat* (I); durch Einleiten von CO_2 in C_2H_5ONa-Lsg.; Kristalle. Durch therm. Zers. wurden aus 10 g I 851 cm³ brennbares Gas (43,5 Gew.-% CO_2, 40,4 CO, 16,1 C_2H_4), 3,21 g Fl. u. 5,4 g fester Rückstand erhalten. (Журнал Общей Химии [J. allg. Chem.] **21**. (**83**.) 490—93. März 1951.) v. PEZOLD. 880

Owen A. Moe und Donald T. Warner, *Synthese von β-Acetamido-β.β-dicarbäthoxypropionaldehyd und DL-Asparaginsäure*. In Fortsetzung ihrer Arbeiten über neue Synthesen von Aminosäuren stellen Vff. *β-Acetamido-β.β-dicarbäthoxypropionaldehyd* u. hieraus durch Oxydation u. Hydrolyse *DL-Asparaginsäure* dar.

Versuche: *β-Acetamido-β.β-dicarbäthoxypropionaldehyd*, $C_{11}H_{17}O_6N$, F. 80—81° (A.), durch 5std. Behandlung von 30 g Allylacetamidomalonsäurediäthylester in absol. A. bei 0—5° mit O_3 u. reduzierende Spaltung nach Verdünnen mit A. mit Pd-Kohle; 29 3 g (Ausbeute). *2.4-Dinitrophenylhydrazon*, $C_{17}H_{21}O_9N_5$, F. 117—119°. — *β-Acetamido-β.β-dicarbäthoxypropionsäure*, $C_{11}H_{17}O_7N$, F. 147—148° (Bzl.), durch Oxydation vorst. Verb. in verd. NaOH mit $KMnO_4$ in W. unter Kühlung, Filtrieren, Einstellen auf p_H 3, Zers. des überschüssigen $KMnO_4$ mit Bisulfit, Einengen u. Extrahieren mit Chloroform. — *DL-Asparaginsäure*, F. 300° (Zers.), aus vorst. Verb. durch 4std. Kochen mit konz. HCl, Abdampfen, Neutralisieren u. Fällen als Cu-Komplex. (J. Amer. chem. Soc. **74**. 2690—91. 20/5. 1952. Minneapolis, Minn., General Mills, Inc., Chem. Labors.) LEHWALD. 950

D. C. Bradley, D. C. Hancock und W. Wardlaw, *Alkoxytitanchloride*. Es werden *Koordinationsverbb.* des *$TiCl_4$* u. *$TiCl_3OR$* mit *Essigester* durch Rk. von $Ti(OR)_4$ mit Acetylchlorid hergestellt. In diesen Verbb. wird für das Ti eine koordinative 5-Wertigkeit diskutiert; die Komplexe zeichnen sich durch besondere Beständigkeit aus, sie sind im Vakuum unzers. destillierbar. Neue Alkoxyverbb., vom Typ *$TiCl_3·OR$* (R = CH_3, C_2H_5, iso-C_3H_7 u. n-C_4H_9) wurden aus überschüssigem $TiCl_4$ u. den entsprechenden $Ti(OR)_4$-Verbb. hergestellt. Gleichmol. Mengen $TiCl_4$ u. $Ti(OR)_4$ geben hauptsächlich $TiCl_2(OR)_2$ neben $TiCl_3(OR)$ u. $TiCl(OR)_3$. Die Alkoxytitantrichloride disproportionieren beim Erhitzen im Vakuum nach $2\,TiCl_3·OR \rightarrow TiCl_2(OR)_2 + TiCl_4$. — *Titan-tetra-tert.-amyloxyd* (**IV**) reagiert anders als die anderen untersuchten Alkoxyde: Mit überschüssigem $TiCl_4$ entsteht (nur unrein erhalten) *$TiCl_3·O·C(CH_3)_2·C_2H_5$* u. mit Acetylchlorid ein Gemisch von **IV** u. *$TiCl[O·C(CH_3)_2·C_2H_5]_3$* (**X**).

Versuche: *Titantetraäthylat* (I), $Ti(OC_2H_5)_4$, Kp.$_{1,6}$ 124°, aus 75 g $TiCl_4$ u. 145 g A. in Bzl. durch Einleiten von NH_3 u. anschließende Dest.; 72 g (Ausbeute). — *Titantetraisopropylat* (II), $Ti(OC_3H_7)_4$, Kp.$_{7,5}$ 97°, ebenso mit 197 g Isopropanol; 93 g. — *Titantetra-n-butylat* (III), $Ti(OC_4H_9)_4$, Kp.$_{0,8}$ 160°, aus 110 g $TiCl_4$ u. 205 g n-Butanol; 115 g. — *Titantetra-1.1-dimethylpropylat* (IV), $Ti(OC_5H_{11})_4$, Kp.$_{0,3}$ 106°, aus 23,4 g **II** u. 54 g tert.-Amylalkohol; 27 g. — *Titantetramethylat* (V), $Ti(OCH_3)_4$, Kp.$_{0,1}$ 40°, aus 79 g **II** u. Methanol nach 1½ std. Sieden; 45 g. — *$TiCl_4·CH_3CO_2C_2H_5$* (VI), Kp.$_2$ ca. 80°, gelbliche Kristalle, aus 11,8 g **I** u. 50 cm³ Acetylchlorid (1½ std. Sieden u. anschließende Dest.); 10 g; **VI** bildet sich auch aus 11,3 g $TiCl_4$ u. 50 cm³ Essigester; 10 g. — *$TiCl_3(OC_2H_5)·CH_3CO_2·C_2H_5$* (**VII**), Kp.$_{0,5}$ ca. 90°, aus 12,3 g Acetylchlorid u. 11,9 g **I**; blaßgelb, krist.; 12 g; **VII** bildet sich auch aus **VI** u. A. in Bzl. u. aus $TiCl_3(OC_2H_5)$ u. Essigester; die Mol.-Gew.-Best. für **VII** (287) ergab einen durchschnittlichen Wert von 426. — *$TiCl_3(OC_2H_5)$*, Kp.$_2$ 60—85°, gelbliche Kristalle, aus 46 g $TiCl_4$ u. 8 g **I**; 27 g; Mol.-Gew. berechnet 199,3, gefunden 304 bzw. 249. — *$TiCl_3(O\text{-}n\text{-}C_4H_9)$*, Kristalle aus Leichtbenzin, die bei 20°/0,1 mm getrocknet werden, analog aus 10 g **III** u. 57 g $TiCl_4$ bei 0°; 20 g; beim stärkeren Erhitzen (65—80°/0,5 mm) tritt Zers. ein, wobei *$Ti(OH)Cl_3$* u. nach weiterem Erhitzen (100—160°/0,5 mm) *$TiCl_3(OC_4H_9)$* u. *$TiCl_2(OC_4H_9)_2$* als Gemisch erhalten werden. — *$TiCl_3(OCH_3)$*, Kristalle, analog aus 3,6 g **V** u. 40 g $TiCl_4$ bei 120°; 14,1 g. Beim Erhitzen unter 0,1 mm entsteht ein bei 90—100° dest. Gemisch von *$TiCl_3(OCH_3)$* u. *$TiCl_2·(OCH_3)_2$*. — *$TiCl_3(O\text{-}iso\text{-}C_3H_7)$* (**VIII**), Nädelchen, Kp.$_1$ ca. 65°, aus 5,6 g **II** u. 37 g $TiCl_4$ bei 0°; 4,5 g. — *$TiCl_3(O\text{-}iso\text{-}C_3H_7)·CH_3CO_2C_2H_5$*, Kristalle, Kp.$_{0,1}$ ca. 70°, aus **VIII** u. Essigester beim Eindampfen im Vakuum. — *$TiCl_2(OC_2H_5)_2 \cdot C_2H_5OH$*: je 33 g $TiCl_4$ u. A. wurden bis zur Beendigung der HCl-Entw. in Leichtbenzin erhitzt; 29,7 g; daraus entstand durch azeotrope Dest. mit Leichtbenzin *$TiCl_2(OC_2H_5)_2$*, Mol.-Gew. berechnet 208, gefunden 300. Dieses Prod. wurde auch aus $TiCl_4$ u. I durch 5std. Kochen in Leichtbenzin erhalten. Bei der Dest. bei 0,2 mm gehen zwischen 100 u. 120° *$TiCl_3(OC_2H_5)$* u. ein Gemisch von Dienen u. $TiCl_2(OC_2H_5)_2$ über. Aus letzterem wird durch Erwärmen mit A. wieder das Addukt erhalten. — *$TiCl_2(O\text{-}n\text{-}C_4H_9)_2$*, $Kp._4$ ca. 130—140°, aus 25 g $TiCl_4$ u. 50 g n-Butanol nach 52std. Sieden u. anschließender Dest. bei ca. 4 mm; 10 g; das Prod. bildete sich auch aus $TiCl_4$ u. **III**. — 18,1 g $TiCl_4$ geben nach $^1/_4$std. Erhitzen mit I auf 100° u. Dest. bei 2 mm zunächst 9 g eines Gemisches von $TiCl_3(OC_2H_5)$ + $TiCl_2(OC_2H_5)_2$ (3 : 1), dann 21,9 g $TiCl_2(OC_2H_5)_2$. — *$TiCl_3 \cdot (O\text{-}tert.\text{-}C_5H_{11})$* (**IX**), aus $TiCl_4$ u. **IV** bei —78°. Die Rk. zwischen **IV** u. Acetylchlorid, die zu einem Gemisch aus **IV** u. **X** führt, wurde durch Erhitzen auf 50—80° durchgeführt. (J. chem. Soc. [London] **1952**. 2773—78. Juli. London, Birkbeck Coll.) ZIMMER. 980

R. Long und **K. Schofield**, *3-Nitro-o-kresol.* Vff. haben durch eine systematische Versuchsreihe die günstigsten Reaktionsbedingungen für die Darst. von *3-Nitro-o-kresol* aus o-Toluidin mit $NaNO_2$ u. 50%ig. H_2SO_4 nach DENINGER [1889.] u. ASTLE u. CROPPER (C. **1945**. I. 1471) aufgefunden. Als Nebenprod. trat in wechselnden Mengen *3.5-Dinitro-o-kresol* auf.

Versuche: *3-Nitro-o-kresol*, F. 68—70° (Ligroin), $Kp._{7-8}$ 99—104°. 214 g o-Toluidin wurden in einer Lsg. von 400 cm³ konz. H_2SO_4 in 1200 cm³ W. mit einer 50%ig. Lsg. von 690 g $NaNO_2$ bei 10—15° unter Rühren diazotiert. Diese Lsg. wurde so rasch wie möglich zu 2,5 Liter 50%ig. H_2SO_4 bei anfangs 140°, später stets unterhalb 70° gegeben. Das Reaktionsprod. wurde durch Wasserdampfdest. abgetrennt. Das aus 2—3 Liter Destillat auskrist. Prod. wurde nach Trocknen im Vakuum dest.; 72 g gelbe Kristalle. — *3.5-Dinitro-o-kresol*, $C_7H_6O_5N_2$, F. 86—86,5° (Bzl.–Ligroin, Kp. 60—80°), $Kp._{6-8}$ 169 bis 172°, aus Rückstand der Vakuumdest. vorst. Verb., farblose Nadeln. (J. chem. Soc. [London] **1952**. 2437—38. Juni. Exeter, Washington Singer Labor.) L. FISCHER. 1060

Willard M. Bright und **Peter Cammarata**, *Brommethylierung; Darstellung von 2.6-Bis-[brommethyl]-4-alkylphenolen.* Durch direkte Brommethylierung von p-alkylierten Phenolen wurden dargestellt: *2.6-Bis-[brommethyl]-4-methylphenol*, $C_9H_{10}OBr_2$, F. 115 bis 117° (Heptan), durch Einleiten von wasserfreiem HBr in p-Kresol u. Paraformaldehyd in Eisessig bis zur Sättigung u. Bldg. eines Nd.; <80°; 60% (Ausbeute). — *2.6-Bis-[brommethyl]-4-tert.-butylphenol*, $C_{12}H_{16}OBr_2$, F. 92—93°, analog aus 4-tert.-Butylphenol; 50%; oder aus 2.6-Bis-[oxymethyl]-4-tert.-butylphenol u. HBr. — *2.6-Bis-[brommethyl]-4-tert.-octylphenol*, $C_{16}H_{24}OBr_2$, F. 87—90°, analog; 25%; oder aus 2.6-Bis-[oxymethyl]-4-tert.-octylphenol u. HBr. (J. Amer. chem. Soc. **74**. 3690. 20/7. 1952. Chicago, Ill., Res. Labor., Bauer and Black.) L. FISCHER. 1060

Gardner W. Stacy und **Richard J. Morath**, *Die Addition der Thiolgruppe an Schiffsche Basen.* 1. Mitt. *Benzalanthranilsäure.* Aus *Benzalanthranilsäure* (**II**) u. verschied. Mercaptanen entstehen Additionsprodd. des Typs **I**, die unter Lichtabschluß einigermaßen haltbar sind, bei Einw. von 2.4-Dinitrophenylhydrazin jedoch Benzaldehyd-2.4-dinitrophenylhydrazon abspalten. Zusatz von Piperidin als Katalysator scheint ohne Wrkg. zu sein.

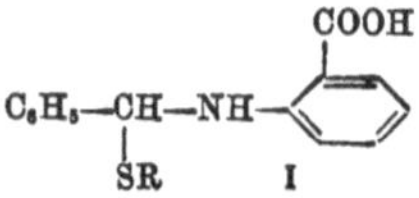

I

Versuche (FF. korr.): *Benzalanthranilsäure* (**II**), $C_{14}H_{11}O_2N$, F. 125—127°, aus Anthranilsäure u. Benzaldehyd in Bzl. unter Abdest. des gebildeten W.; 93% (Ausbeute). — Nachst. **I** aus **II** u. dem Mercaptan durch bis zu 12std. Stehen in Bzl.: *R* = *$-CH_2COOH$*, $C_{16}H_{15}O_4NS$, F. 90—91° (Essigester + PAe.); 92%. — *R* = *$-CH_2CH_2COOH$*, $C_{17}H_{17}O_4NS$, F. 115—116° (Essigester); 99%. — *R* = *$-C_6H_5$*, $C_{20}H_{17}O_2NS$, F. 95—98° (Essigester + PAe.); 91%. — *R* = *$p\text{-}CH_3C_6H_4$*, $C_{21}H_{19}O_2NS$, F. 118—120° (Essigester); 86%. — *R* = *Benzyl-*, $C_{21}H_{19}O_2NS$, F. 109—110° (A.); 70%. — *R* = *Acetyl-*, $C_{16}H_{15}O_3NS$, F. 121 bis 123° (Isopropanol); 70%. — *R* = *Isopropyl-*, $C_{17}H_{19}O_2NS$, F. 95—99° (Isopropanol); 57%. — *R* = *Isobutyl-*, $C_{18}H_{21}O_2NS$, F. 95—96° (Essigester); 62%. — *R* = *n-Butyl-*, F. 90—92° (A.); 49%. — *R* = *tert.-Butyl-*, $C_{18}H_{21}O_2NS$, F. 98—100° (A.), unter Rückfluß; 88%. — Ein Vers., β-Thionaphthol an Benzalanilin anzulagern, scheiterte. (J. Amer. chem. Soc. **74**. 3885—86. 5/8. 1952. Pullman, Wash., State Coll., Fulmer Chem. Labor.)

LEHWALD. 1090

G. Baddeley und **A. G. Pendleton**, *Die Isomerisierung aromatischer Ketone durch Einwirkung von Aluminiumchlorid.* Acetyldurol (**I**; 2.3.5.6-Tetramethylacetophenon) lagert sich in Ggw. von $AlCl_3$ bei 100° in ein Gemisch von 80% *Acetylprehnitol* (**II**), 10% *Diacetyldurol* (**III**) u. 10% *KW-stoffen* [darin *Hexamethylbenzol* (**IV**)] um. Bei 150° wurden 75% *3.4.5-Trimethylacetophenon* (**V**) u. 12% **IV** isoliert. 9-Acetyl-symm.-oktahydroanthracen (**VI**) u. 9-Acetyl-symm.-oktahydrophenanthren (**VII**) geben bei 100° *7-Acetyl-2-methyl-4.5-cyclohexenoindan* (**VIII**) in 75—80%ig. Ausbeute. Die Rkk. werden als ionoide Vorgänge gedeutet.

Versuche: Durch 12std. Erhitzen von 7,5 g **I**, 15 g $AlCl_3$ u. 1 g NaCl auf 100° wurden erhalten: 0,8 g Gemisch von *KW-stoffen*, $Kp._{20}$ 90—120°, Kp. 204°, F. —4° [bei einem Vers. wurde *Hexamethylbenzol* (**IV**), F. 165—166°, isoliert], 5,9 g *Acetylprehnitol* (**II**; *2.3.4.5-Tetramethylacetophenon*), $Kp._{20}$ 130—140° (*Semicarbazon*, $C_{13}H_{19}ON_3$, F. 209°), das mit NaCl *2.3.4.5-Tetramethylbenzoesäure*, F. 165°, lieferte, u. als Rückstand 0,8 g *Diacetyldurol* (**III**), aus A., F. 178—179°. Gleiche Schmelze 3 Std. auf 150° erhitzt: 6 g, $Kp._{20}$ 135—140°, bestehend aus 5,2 g *3.4.5-Trimethylacetophenon* (**V**; *5-Acetylhemimellitol*), Öl (*Semicarbazon*, F. 217°), u. 0,8 g **IV**, $C_{12}H_{18}$, aus A., F. 165—166°. **IV** u. **V** konnten auch durch Lösen in PAe. u. Ausziehen des **V** durch 80%ig. H_2SO_4 getrennt werden. — **II** u. $AlCl_3$ (3 Std., 150°) blieben unverändert. — Durch 2std. Erhitzen von 50 g **VI**, 76 g $AlCl_3$ u. 3 g NaCl auf 100° → 45 g Destillat, $Kp._{0,12}$ 148°, bestehend aus 30,2 g festem *7-Acetyl-2-methyl-4.5-cyclohexenoindan* (**VIII**) u. 14,8 g Öl, das bei nochmaliger Rk. mit $AlCl_3$ weiteres **VIII** lieferte. **VIII**, $C_{16}H_{20}O$, F. 97—98°, aus A. Nadeln. *Semicarbazon* $C_{17}H_{23}ON_3$, F. 154—155°, aus A. Nadeln. *Oxim*, $C_{16}H_{21}ON$, F. 154—155°, Prismen aus CH_3OH. — *2-Methyl-4.5-cyclohexenoindancarbonsäure-(7)* (**IX**), $C_{15}H_{18}O_2$, F. 207—208° (A.) 5 g **VIII**, 2,5 g SeO_2, 0,5 cm³ W. u. 34 cm³ Dioxan bei 55° u. 4std. Kochen → 5,7 g *Glyoxalderiv.*, F. 107—112°; davon 4 g in A. u. 20 cm³ 30%ig. H_2O_2 gelöst u. 10%ig. NaOH bis zum Ende der Rk. eingetropft; 30 Min. auf 80° erwärmt u. mit konz. HCl gefällt; 3,3 g. — *2-Methyl-4.5-benzindancarbonsäure-(7)*, $C_{15}H_{14}O_2$, F. 230—232° (A.), durch 6std. Erhitzen von 5 g **IX** mit Pd-Kohle auf 260° im CO_2-Strom; ausgeäthert, Ae. mit 2nNaOH ausgezogen u. angesäuert; 0,7 g; aus dem Ae. 2 g *2-Methyl-4.5-benzindan* (**X**), $C_{14}H_{14}$, $Kp._{0,2}$ 127°; wurde auch aus 5,2 g 2-Methyl-4.5-benzindanon-(3) durch CLEMMENSEN-Red. erhalten; 2,7 g. *Pikrat*, F. 90,5—91° (A.). *symm.-Trinitrobenzolverb.*, $C_{20}H_{17}O_6N_3$, F. 103,5 bis 104° (A.). — *Naphthalindicarbonsäure-(1.2)-anhydrid*, $C_{12}H_6O_3$, F. 166—167°, durch 24std. Rühren von 0,4 g **X** mit $K_3Fe(CN)_6$ u. KOH in W. bei 60° u. Dampfdest.; durch Ansäuern 0,2 g Nadeln aus CH_3COOH. — *3-Methyl-4.5-benzindanol-(3)*, $C_{14}H_{14}O$, F. 117 bis 118°, aus 4 g 4.5-Benzindanon-(3) in Ae. u. CH_3MgJ in Ae. über Nacht, Prismen aus Ae.; 4,2 g; 3,25 g gaben durch 3std. Kochen mit HJ (D. 1,7) u. rotem P unter N_2, Zugabe von W., Ausäthern u. Dampfdest. 0,8 g *3-Methyl-4.5-benzindan*; *Pikrat*, $C_{20}H_{17}O_7N_3$, F. 108—109° (A.). *symm.-Trinitrobenzolverb.*, $C_{20}H_{17}O_6N_3$, F. 114—115° (A.). — *1-Methyl-4.5-benzindan*, aus 1,75 g 1-Methyl-4.5-benzindanon-(3) durch CLEMMENSEN-Red.; 0,85 g. *Pikrat*, $C_{20}H_{17}O_7N_3$, F. 88—89° (A.). *symm.-Trinitrobenzolverb.*, $C_{20}H_{17}O_6N_3$, F. 88—89° (A.). — *4.5-Benzindan-Pikrat*, F. 109—110° (A.). *symm.-Trinitrobenzolverb.*, $C_{19}H_{15}O_6N_3$, F. 119—120° (A.). — Aus 5 g **III**, 8 g $AlCl_3$ u. 1 g NaCl wurden nach 2 Std. bei 100° 2,7 g **VIII** u. 0,9 g Öl, $Kp._{0,5}$ 160° erhalten. 6-Acetyltetrahydronaphthalin wurde, bei gleicher Behandlung nicht verändert. (J. chem. Soc. [London] **1952**. 807—12. März. Manchester, Univ., Fac. of Technol.) LEHMSTEDT. 1150

R. D. Watson, *Einige Derivate der 2.6-Dioxybenzoesäure.* Die Ausbeute bei der Darst. von *2.6-Dioxybenzoesäure* (*γ-Resorcylsäure*) (**I**) nach MAUTHNER (J. prakt. Chem. **124**. [1930.] 319 u. früher) kann von 5 auf 11% (bezogen auf m-Dinitrobenzol) erhöht werden, wenn in der letzten Stufe das Demethylierungsprod. in Eiswasser nur filtriert, das Bzl. abgetrennt u. die wss. Schicht mit konz. HCl angesäuert wird, um **I** auszufällen. *Na-Salz*, durch Erwärmen von **I** mit n $NaHCO_3$-Lsg. auf 60—70°. *Äthylester*, $C_9H_{10}O_4$, F. 50—51°. *n-Propylester*, $C_{10}H_{12}O_4$, F. 38—39°. — *2.6-Dimethoxybenzoesäure*; *Äthylester*, $C_{11}H_{14}O_4$, F. 71—72°; *n-Propylester*, $C_{12}H_{16}O_4$, F. 37—38°; *n-Amylester*, $C_{14}H_{20}O_4$, F. 47 bis 48°; *n-Hexylester*, $C_{15}H_{22}O_4$, F. 48—49°. (J. chem. Soc. [London] **1952**. 2940—41. Juli. Glasgow, Univ., Med. Res. Council, Gardiner Inst. of Med.) ERIKA HAAS. 1250

Leon D. Freedman und **G. O. Doak,** *Die Reduktion von Benzolphosphonyldichlorid.* Aromat. *phosphonige Säuren* sind aus den entsprechenden Phosphonsäuren weder durch Red. mit SO_2 noch mit HJ, Phenylhydrazin, PCl_3, Na-Hyposulfit, Zn + Alkali, amalgamiertem Zn + HCl oder P + J_2 zugänglich. Auch *Benzolphosphonyldichlorid* (**I**) läßt sich mit PCl_3 nicht reduzieren. Vff. gelingt es dagegen mit $LiAlH_4$ oder $LiBH_4$, aus **I** *Phenylphosphin* zu erhalten. Damit sind phosphonige Säuren aus Phosphonsäuren darstellbar, denn letztere geben leicht Phosphonyldichloride u. erstere lassen sich aus den Phosphinen mit O_2 gewinnen. Da $LiBH_4$ Nitrogruppen nicht angreift, scheint es möglich zu sein, mit ihm nitrosubstituierte Phenylphosphine herzustellen.

Versuche (Alle Rkk. unter N_2): *Phenylphosphin*, Kp. 154—157°. Zu einer sd. Ae.-Lsg. von $LiAlH_4$ wurde Benzolphosphonyldichlorid (**I**) innerhalb 3 Std. zugetropft, wobei sich ein Nd. abschied; danach wurde filtriert u. dest.; 55% Ausbeute. Bei Zutritt von Luft entstand rasch *Benzolphosphonige Säure*, $C_6H_7O_2P$. Redd. mittels $LiBH_4$ in

Tetrahydrofuran verliefen entsprechend; die Dest. war hierbei wegen eines sich bildenden Nd. schwieriger. Zur Zerstörung des giftigen Phenylphosphins empfehlen Vff. verd. Lsgg. von H_2O_2. (J. Amer. chem. Soc. **74.** 3414—15. 5/7. 1952. Chapel Hill, Univ. of North Carolina, U. S. Public Health Service, School of Public Health, Ven. Dis. Exp. Labor.) ZIMMER. 1380

Ss. D. Mechtijew, Ju. G. Kambarow und **T. A. Seinalowa,** *Synthese einiger alkylsubstituierter Cyclohexane.* 1.4-Diisopropyl- (I), 1.2.4-Triisopropyl- (II), 1.4-Di-sek.-butyl- (III) u. 1.4-Di-tert.-butylbenzol (IV), die aus Bzl. u. den entsprechenden Olefinen in Ggw. von H_2SO_4 erhalten wurden, lieferten bei der katalyt. Hydrierung *1.4-Diisopropyl-, 1.2.4-Triisopropyl-, 1.4-Di-sek.-butyl-* u. *1.4-Di-tert.-butylcyclohexan.* 1.2.4.5-Tetraisopropylbenzol ließ sich auch im Autoklaven, wahrscheinlich infolge ster. Hinderung, nicht hydrieren. Die ster. Zuordnung der entstehenden Isomeren erfolgte nach der von KASANSKI u. Mitarbeitern (vgl. C. **1948.** II. 1063) aufgestellten Regel, daß bei disubstituierten Cyclohexanen die cis-Formen höhere Zahlenwerte der Konstanten als die der trans-Formen haben.

Versuche: Die Hydrierung erfolgte im Strömungssyst. bei gewöhnlichem Druck mit Ni auf Kieselgur bei 180—200° oder leichter im Drehautoklaven bei 150—180° u. 50—70 at mit RANEY-Ni. Auf letztere Art wurden die Präpp. hergestellt, bei denen nachst. die Konstanten u. Ausbeuten angegeben sind. Die Hydrierungsprodd. wurden durch Oleum von Aromaten befreit u. im Vakuum fraktioniert. *1.4-Diisopropylcyclohexan,* $C_{12}H_{24}$. 21,6 g des Hydrierungsprod. von I enthielten 12,2 g der *cis*-Form, Kp. 210,5—211°, $Kp._7$ 65°; $D.^{20}_4$ 0,8192; n_D^{20} 1,4498; Mol.-Refr. ($[MR]_D$) 55,098; Mol.-Gew. 163,6 u. 3,7 g der *trans*-Form, $Kp._7$ 60°; $D.^{20}_4$ 0,8145; n_D^{20} 1,4480; $[MR]_D$ 55,216. — *1.2.4-Triisopropylcyclohexan,* $C_{15}H_{30}$. 43,7 g des Hydrierungsprod. von II enthielten 30,9 g der *cis-cis-cis*-Form, Kp. 251—253°, $Kp._{10}$ 107°; $D.^{20}_4$ 0,8355; n_D^{20} 1,4594; $[MR]_D$ 68,77; Mol.-Gew. 212,9, 211,5 u. 2 *cis-cis-trans*-Formen (ohne Stellungsbezeichnung): $Kp._{10}$ 104°; $D.^{20}_4$ 0,8345; n_D^{20} 1,4597; $[MR]_D$ 68,884; Mol.-Gew. 202; 4,6 g u. $Kp._{10}$ 90,5°; 4,5 g. — *1.4-Di-sek.-butylcyclohexan,* $C_{14}H_{28}$. 28,1 g des Hydrierungsprod. von III enthielten 8 g der *cis*-Form, Kp. 255—256°, $Kp._{10}$ 109°; $D.^{20}_4$ 0,8313; n_D^{20} 1,4575; $[MR]_D$ 64,273; Mol.-Gew. 195,2 u. 8,9 g der *trans*-Form, Kp. 241,5—243,5°, $Kp._{10}$ 103,5°; $D.^{20}_4$ 0,8305; n_D^{20} 1,4578; $[MR]_D$ 64,388; Mol.-Gew. 199. — *1.4-Di-tert.-butylcyclohexan,* $C_{14}H_{28}$. *cis*-Form, F. 57°; Kp. 242—243°; Mol.-Gew. 203,1; ca. 75% (Ausbeute). *trans*-Form, F. 18,5°; $Kp._{10}$ 96°, Kp. 239—240°; $D.^{20}_4$ 0,8309; n_D^{20} 1,4568; $[MR]_D$ 64,166; Mol.-Gew. 190,8; ca. 25%. (Доклады Академии Наук СССР [Ber. Akad. Wiss. UdSSR] [N. S.] **86.** 547—50. 21/9. 1952.) WÖRFFEL. 1810

A. Killen Macbeth und **J. S. Shannon,** *Reaktionen von α.β-ungesättigten Aldehyden und Ketonen.* 9. Mitt. *(—)-cis- und (+)-trans-Piperitol aus (—)-Piperiton.* (8. vgl. C. **1952.** 3986.) Vff. red. (—)-Piperiton (I, $Kp._1$ 65°, $[\alpha]_D^{18}$ —67°), mit $LiAlH_4$ zu einem Gemisch von 36% (—)-*cis-* (II) u. 64% (+)-*trans-Piperitol* (III), deren Trennung durch fraktionierte Kristallisation der 3.5-Dinitrobenzoate nicht, aber durch fraktionierte Dest. u. anschließende Überführung in die 3.5-Dinitrobenzoate erfolgreich war. Hydrolyse der Ester ergab die entsprechenden Alkohole, von denen II auf Grund der opt. Eigg. von Derivv. als opt. rein angesehen wird. Bei der Druckhydrierung mit RANEY-Ni von II konnte (—)-*Neomenthyl-3.5-dinitrobenzoat,* bei der von III (+)-*Isomenthyl-3.5-dinitrobenzoat* erhalten werden, wodurch die Konfiguration von II u. III bestätigt wird. III ist im geschlossenen Gefäß stabil u. zeigt keine Neigung, spontan W. abzuspalten.

Versuche: (—)-*cis-Piperitol* (II), $C_{10}H_{18}O$, F. 30°, $[\alpha]_D^{17}$ —246° (c = 2, Bzl. oder A.), aus I mit $LiAlH_4$ in Ae., 1 Std. am Rückfluß, Fraktion $Kp._{0,03}$ 47°, $[\alpha]_D^{18}$ —164°, ergab mit 3.5-Dinitrobenzoylchlorid II-*3.5-Dinitrobenzoat,* $C_{17}H_{20}O_6N_2$, F. 104° (Methanol), $[\alpha]_D^{16}$ —256° (c = 1, Bzl.) bzw. —268° (c = 1, Chlf.), aus dem durch Kochen mit KOH reines II erhalten wurde. *p-Nitrobenzoat,* $C_{17}H_{21}O_4N$, blaßgelbe Nadeln, F. 72° (PAe.), $[\alpha]_D^{18}$ —304° (c = 1, Bzl.); 85% (Ausbeute); *Phthalimidoacetat,* $C_{20}H_{23}O_4N$, F. 92° (Bzl.-PAe.), $[\alpha]_D^{17}$ —274° (c = 1, Bzl.); 88%; *Phenylurethan,* $C_{17}H_{23}O_2N$, F. 133° (PAe.), $[\alpha]_D^{19}$ — 338° (c = 1, Chlf.); 84%; *α-Naphthylurethan,* $C_{21}H_{25}O_2N$, F. 121°, $[\alpha]_D^{19}$ —260° (c = 1, Chlf.). — (—)-*Neomenthyl-3.5-dinitrobenzoat* (IV), blaßgelbe Nadeln, F. 156°, $[\alpha]_D^{20}$ —22° (c = 1, Bzl.) aus II durch Hydrierung mit RANEY-Ni bei 130° u. 800 lbs./sq.in. 1 Std. u. Behandlung mit 3.5-Dinitrobenzoylchlorid u. Pyridin. — (+)-*trans-Piperitol* (III), $C_{10}H_{18}O$, $Kp._{0,15}$ 57°, $[\alpha]_D^{17}$ +28° (c = 2, Bzl.), $D.^{25}_4$ 0,9203, n_D^{25} 1,4762, analog II; Rückstand der Fraktionierung, $[\alpha]_D^{18}$ +54°, ergab *3.5-Dinitrobenzoat,* $C_{17}H_{20}O_6N_2$, blaßgelbe Nadeln, F. 83° (PAe.), $[\alpha]_D^{18}$ +164° (c = 1, Chlf.). *p-Nitrobenzoat,* $C_{17}H_{21}O_4N$, blaßgelbe Nadeln, F. 69° (PAe.), $[\alpha]_D^{18}$ +180° (c = 1, Bzl.), 80%; *α-Naphthylurethan,* $C_{21}H_{25}O_2N$, F. 94° (PAe.), $[\alpha]_D^{18}$ + 122° (c = 1, Bzl.). — (+)-*Isomenthyl-3.5-dinitrobenzoat,* F. 145° (PAe.), analog IV. — *Cryptol* [*4-Isopropylcyclohexen-(2)-ol-(1)*] (25% (+)-*cis-* u. 75%

(—)-*trans*-Form), Kp.$_{0,7}$ 72—74°, $[\alpha]_D^{17}$ —81°, durch Red. mit $LiAlH_4$ von (—)-Crypton, $[\alpha]_D^{26}$ —65°; 95%. (J. chem. Soc. [London] **1952.** 2852—56. Juli. Adelaide, Austr., Univ., Johnson Chem. Labors.) GNAUCK. 1900

Gunther Lock und Vinzenz Rieger, *Notiz über eine einfache Herstellungsweise von Diphenylacetonitril.* Das zur Synth. von Heilmitteln wichtige *Diphenylacetonitril* kann aus Diphenylmethylbromid (I) mit $Zn(CN)_2$ oder $Cu_2(CN)_2$ dargestellt werden; an Stelle von reinem **I** lassen sich auch Diphenylmethylchlorid (**II**) oder das Rohprod. der Bromierung von Diphenylmethan (**III**) verwenden. Analog kann *Triphenylacetonitril* aus Triphenylchlormethan (**IV**) dargestellt werden.

Versuche: *Diphenylacetonitril*, F. 76°, a) durch Eintragen von **I** (F. 45°) u. $Cu_2(CN)_2$ in einen auf 120—150° erhitzten Kolben u. Ausziehen mit Bzl.; 72% (Ausbeute); b) ebenso aus **I** u. $Zn(CN)_2$; 64%; c) aus **II** u. $Cu_2(CN)_2$; 75%; d) durch Bromierung von **III** auf dem sd. Wasserbad, Durchleiten von Luft u. Umsetzung des erhaltenen rohen **I** mit $Cu_2(CN)_2$ bei 150°; Kp.$_{15}$ 170—180°; 50—60%. — *Triphenylacetonitril*, F. 129° (PAe.–Bzl.), aus **IV** mit $Cu_2(CN)_2$ bei 120—140° u. Ausziehen mit Bzl.; 84%. (Chem. Ber. **86.** 74—76. 1953. Unterach am Attersee, Oberösterreich, Arzneimittelfabrik Ebewe, Labor.) SPAETH. 2410

Albert Mondon, *Die Synthese des 1.1-Dimethyl-$\Delta^{9.10}$-oktalins.* Zur Unters. der Cyclisierung von ditert. 1.5-Glykolen mit konz. H_3PO_4 stellt Vf. *1-[1-Oxycyclohexyl-(1)]-4-methyl-4-oxypentan* (**IV**) dar: REFORMATSKI-Rk. von Aceton bzw. Cyclohexanon mit Propargylbromid (**I**) gab nicht nur das gewünschte *2-Methyl-2-oxypentin-(4)* (**VII**) bzw. *1-[1-Oxycyclohexyl-(1)]-propin-(2)* (**VIII**), sondern, da **I** auch ein bewegliches H-Atom besitzt, als Nebenprodd. *2.6-Dioxy-2.6-dimethylheptin-(3)* u. *1.3-Bis-[1-oxycyclohexyl-(1)]-propin.* Die Bldg. der Nebenprodd. wird durch verlängerte Reaktionsdauer u. durch Überschuß von Carbonylverb. gefördert. Sie lassen sich aber durch Erhitzen mit $Ba(OH)_2$ wieder quantitativ spalten. **VII** u. **VIII** werden mit 2 Mol GRIGNARD-Reagens u. dem entsprechenden Keton zu *1-[1-Oxycyclohexyl-(1)]-4-methyl-oxypentin-(1)* (**III**) bzw. *1-[1-Oxycyclohexyl-(1)]-4-methyl-4-oxypentin-(2)* (**II**) umgesetzt, von denen ersteres schwer kristallisierbar ist u. daher der Weg über **II** zu bevorzugen ist, da bei der katalyt. Hydrierung beide 2 Mol H_2 zu **IV** aufnehmen. Bisweilen erfolgt aus nicht bekannten Gründen bei **II** eine Aufnahme von 3 Mol H_2, wobei *Isohexylcyclohexanol-(1)* (**V**) entsteht; bei chinolinvergiftetem Katalysator wird ein Gemisch der cis-trans-isomeren *1-[1-Oxycyclohexyl-(1)]-4-methyl-4-oxypentene-(2)* gebildet, wobei je nach Menge des verwendeten Chinolins die Ausbeute zugunsten der *cis-* bzw. *trans*-Verb. verschoben wird. Die Zuordnung gelingt durch Red. von **II** mit Na in fl. NH_3 (nur trans-Red.), bei der sich nur die höherschm. Verb., also die *trans*-Verb., bildet. Bei Pd/$CaCO_3$-Hydrierung von **III** entsteht zunächst *cis-1-[1-Oxycyclohexyl-(1)]-4-methyl-4-oxypenten-(1)* u. bei anschließender Hydrierung mit Pt ebenfalls **IV**, wobei sich als Nebenprod. *Dimethyl-[γ-cyclohexylpropyl]-carbinol* (**VI**) bildet. Zum Aufbau von **V** u. **VI** wurden **VII** bzw. **VIII** mit $KHSO_4$ zu *2-Methylpenten-(2)-in-(4)* bzw. *3-Cyclohexen-(1)-ylpropin-(1)* dehydratisiert (als Nebenprod. *Mesityloxyd* bzw. *Cyclohexen-(1)-ylaceton* + *Cyclohexylidenaceton*), hieraus auf dem üblichen Weg *1-[1-Oxycyclohexyl-(1)]-4-methylpenten-(3)-in-(1)* bzw. *1-Cyclohexen-(1)-yl-4-methyl-4-oxypentin-(2)* u. durch anschließende Hydrierung **V** bzw. **VI.** Cyclisierung von **IV** mittels H_3PO_4 erfolgt unter Abscheidung einer fl., charakterist. riechenden Verb. (**B**), die Br_2 aufnimmt, aber kein Dibromid bildet, da bereits bei tiefer Temp. Abspaltung von HBr erfolgt. **B** nimmt in Essigsäure bei Hydrierung mit Pt 1 Mol H_2 auf, die Zus. weist auf $C_{12}H_{22}$, ist jedoch von einem hartnäckig anhaftenden Bestandteil (O-haltig, wahrscheinlich ätherartig gebunden, da über Na dest. wurde) nicht zu trennen, für den Vf. die Struktur **A** vermutet. Umsatz von **IV** mit $POCl_3$ + Pyridin liefert das Zwischenprod. *2-Methyl-5-[cyclohexen-(1)-yl]-penten-(2)*, das bei Cyclisierung ein gleiches Cyclisierungsprod., jedoch deutlich verschied. n_D-Wertes, liefert. Dehydrierungsverss. mit Pt-Kohle, Pd-Kohle oder Se bei 350° bleiben erfolglos, bei Dehydrierung mit Pt oder Ni in Ggw. von Bzl. als H-Acceptor entstehen *1.1-Dimethyltetralin* u. *1.2-Dimethylnaphthalin.* Da Spiranverbb. ähnlich reagieren, war ein Strukturbeweis in dieser Weise nicht möglich. — **B** wurde durch Kochen in Bzl. mit Toluolsulfonsäure derart verwandelt, daß die Doppelbindung in die ditert. Lage wandert (Verb. **C**). Das hieraus gewonnene *Ozonid* ist schwer spaltbar u. wurde daher einer Essigsäure–Zn-Staub-Behandlung unterworfen. Als einziger neutraler Bestandteil ließ sich *2.2-Dimethylcyclodecandion-(1.6)* isolieren, das durch verd. Na_2CO_3-Lsg. in *5.5-Dimethyl-4-keto-1.2.3.4.5.6.7.8-oktahydroazulen* (**IX**) umgewandelt wird. $LiAlH_4$-Red. von **IX** liefert die *4-Oxyverb.*, aus der H_2O-Abspaltung zum *Dien* nur unter großem Verlust durch H_3PO_4 erzwungen werden kann. Als saurer Bestandteil bei der Zn-Staub-Rk. wird in kleiner Menge *3.3-Dimethyl-4-keto-* oder *5.5-Dimethyl-4-ketooctandicarbonsäure-(1.8)* (**X**) erhalten. Aus den Ausbeuteverhältnissen schließt Vf., daß **C** zu 90% aus *1.1-Dimethyl-$\Delta^{9.10}$-okta-*

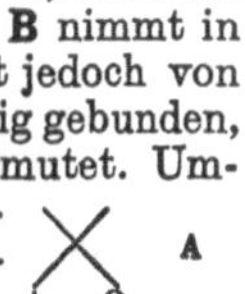

A

lin (**XI**) besteht. — Ferner wurde versucht, **B** nach ASINGER (Ber. dtsch. chem. Ges. **75.** [1942.] 656) durch O_3-Behandlung in CCl_4 bei 0° u. oxydierende Spaltung mit Ag_2O abzubauen. Aus der Reaktionslsg. ließen sich als neutrale Bestandteile eine *Verb.* $C_{12}H_{20}O_3$ (F. 195°), die nicht untersucht wurde, u. **IX** gewinnen, aus den sauren Bestandteilen nach Veresterung mit CH_2N_2 ein *Semicarbazon* (F. 103°), das durch Verseifung wahrscheinlich in das Deriv. von **X** übergeht, da bei CrO_3-Oxydation nur *Bernsteinsäure* entsteht. Die Ergebnisse zeigen, daß in **B** ein *1.1-Dimethyloktalingemisch* mit der Doppelbindung in verschied. Stellungen vorliegt, das bei der Isomerisierung in **XI** verwandelt wird.

Versuche: *1-[1-Oxycyclohexyl-(1)]-propin-(2)* (**VIII**), F. 57° (Pentan), $Kp._{12}$ 82 bis 85°, durch Zutropfen einer äther. Lsg. von **I** u. Cyclohexanon zu Zn-Staub in Ae., nach Beendigung der durch etwas J_2 eingeleiteten Rk. u. 5std. Erwärmen unter Rühren Zers. mit Eis + H_2SO_4 u. Dest. über $Ba(OH)_2$; 76% (Ausbeute). Als Nebenprod. *1.3-Bis-[1-oxycyclohexyl-(1)]-propin*, $Kp._{0,03}$ 147°, F. 113° (PAe.). — *1-[1-Oxycyclohexyl-(1)]-4-methyl-4-oxypentin-(2)* (**II**), $C_{12}H_{20}O_2$, F. 70—71,5° (Hexan), durch Zutropfen von Äthyl-MgBr in Ae. zu einer gekühlten Lsg. von **VIII** u. etwas CuCl in Ae., nach 12 Std. Zutropfen von Aceton in Ae. unter Rühren Zers. mit Eis + H_2SO_4; 85% (roh). — *1-[1-Oxycyclohexyl-(1)]-4-methyl-4-oxypentan* (**IV**), $C_{12}H_{24}O_2$, F. 85° (Hexan), aus 10 g **II** durch Hydrierung mit Pt in Methanol–Essigester (ca. 1 Std.); 9,8 g; sublimiert bei 80°/12 mm in Nadeln. *Bis-phenylurethan*, $C_{26}H_{34}O_4N_2$, F. 183°, aus A. Nadeln. — *2-Methyl-2-oxypentin-(4)* (**VII**), $Kp._{12}$ 35—37°, aus Aceton u. **I** analog **VIII**; 58%. — *2.6-Dimethyl-2.6-dioxyheptin-(3)*, $C_9H_{16}O_2$, F. 64°, bei vorst. Rk. als höhersd. Komponente; $Kp._{12}$ 118—120°, Nadeln aus Ae. + Hexan; ca. 14%. — *1-[1-Oxycyclohexyl-(1)]-4-methyl-4-oxypentin-(1)* (**III**), F. 85°, aus **VII**, Äthyl-MgBr u. Cyclohexanon in Ae. analog **II**; $Kp._{0,06}$ 115°, gallertartige M., die beim Stehen Nadeln ausscheidet; nimmt bei Hydrierung über Pt in Essigester 2 Mol H_2 auf u. liefert **IV**. — *Isohexylcyclohexanol-(1)* (**V**), $Kp._{12}$ 123°, aus **II** durch Hydrierung in Methanol mit Pt; n_D^{19} 1,4652, dickes Öl unangenehmen Geruchs. *Phenylurethan*, $C_{19}H_{29}O_2N$, F. 99,5—100°, aus PAe. feine Nadeln. — *cis-1-[1-Oxycyclohexyl-(1)]-4-methyl-4-oxypenten-(2)*, $C_{12}H_{22}O_2$ F. 80°, durch Kochen von 6%ig. Pd-Kohle in Methanol mit 2 Tropfen Chinolin, Zufügen von **II** u. Hydrieren wie oben; Nadeln aus Pentan; Hydrierung mit Pd-Kohle liefert **IV**. *trans-Verb.*, F. 91° (Hexan), a) durch Hydrierung wie vorst., jedoch nur mit 1 Tropfen Chinolin; daneben etwas cis-Verb.; b) durch langsames Zufügen von Na zu einer Lsg. von **II** in fl. NH_3, Abdampfen, Aufnehmen in Ae., Zers. des $NaNH_2$ mit W. u. Abdampfen der äther. Lsg.; Kristalldrusen aus Hexan. — *cis-1-[1-Oxycyclohexyl-(1)]-4-methyl-4-oxypenten-(1)*, $C_{12}H_{22}O_2$, F. 75° (Pentan), durch Hydrierung von **III** in Essigester über $Pd/CaCO_3$; bei Hydrierung mit Pt entsteht **IV**. — *2-Methylpenten-(2)-in-(4)*, Kp. 73—75°, durch mehrfache Dest. von 12,6 g **VII** mit $KHSO_4$ bei 140—160°; charakterist. riechende Fl.; 1,16 g. Daneben als Hauptprod. *Mesityloxyd*, Kp. 125—128°; *2.4-Dinitrophenylhydrazon*, F. 200°, rote Nadeln. — *1-[1-Oxycyclohexyl-(1)]-4-methylpenten-(3)-in-(1)*, $Kp._{11}$ 126—128°, aus vorst. Enin durch Rk. mit Äthyl-MgBr, CuCl u. Cyclohexanon wie oben; n_D^{19} 1,5070; wird durch Hydrierung über Pt in Essigester in **V** verwandelt. — *3-Cyclohexen-(1)-ylpropin-(1)*, C_9H_{12}, $Kp._{12}$ 56°, aus **VIII** durch Kochen mit $KHSO_4$ in Bzl. unter Abscheidung des gebildeten W.; $n_D^{21,5}$ 1,4835, Fl. von terpenartigem Geruch; 4 g aus 10 g; nimmt bei der Hydrierung 3 H_2 auf. Daneben eine *höhersd. Verb.*, $Kp._{12}$ 83—85°, n_D^{21} 1,4762, λ_{max} 242 mμ (ε = 2010 in Methanol); *Semicarbazon*, $C_{10}H_{17}ON_3$, F. 146° (Methanol), λ_{max} 227 mμ (ε = 13 500; Methanol); *2.4-Dinitrophenylhydrazon*, F. 98°, orangefarbene Nadeln. — *1-Cyclohexen-(1)-yl-4-methyl-4-oxypentin-(2)*, $C_{12}H_{18}O$, $Kp._{0,4}$ 85—86°, aus 3,6 g vorst. Cyclohexenylpropins, CuCl + C_2H_5MgBr u. Aceton; n_D^{21} 1,4959; 3,5 g. — *Dimethyl-[γ-cyclohexylpropyl]-carbinol* (**VI**), $Kp._{12}$ 123—124°, aus vorst. Verb. durch Hydrieren mit Pd-Kohle in Methanol; n_D^{23} 1,4630. *Phenylurethan*, $C_{19}H_{29}O_2N$, F. 121°, seidige Nadeln aus Ae. + Pentan. — *Cyclisierungsprod.* $C_{12}H_{20}$ (**B**), $Kp._9$ 86,5°, aus **IV** durch 20std. Rühren mit H_3PO_4 (D. 1,72) u. Gießen auf Eis; n_D^{20} 1,4951; 93%. *Dibromid*, zers. sich bereits bei —20° unter HBr-Abspaltung. *Nitrosochlorid*, bei —80° blaue Kristalle, schm. bei Zimmertemperatur. Katalyt. Hydrierung in Eisessig über Pt liefert *Verb.* $C_{12}H_{22}$, $Kp._{13}$ 92°, n_D^{20} 1,4753; riecht dekalinähnlich. Hydrierung in Methanol ergibt bei Aufnahme von 0,3 Mol H_2 eine bromentfärbende Verbindung. — *2-Methyl-5-[cyclohexen-(1)-yl]-penten-(2)*, $C_{12}H_{20}$, $Kp._{10}$ 91°, aus 4,3 g **IV** durch 1std. Kochen mit $POCl_3$ in Pyridin, Gießen auf Eis u. HCl u. Ausäthern; zeigt Apfelsinengeruch; 3,7 g; nimmt bei Hydrierung 2 Mol H_2 auf; liefert bei Cyclisierung ein **B** ähnliches Prod., $C_{12}H_{20}$, $Kp._{10}$ 90,5°, $n_D^{20,5}$ 1,4835. — *Umgelagertes Cyclisierungsprod.* (**C**), $Kp._{10}$ 90—91°, durch 3std. Kochen von **B** in Bzl. mit etwas Toluolsulfonsäure; $n_D^{20,5}$ 1,4963; 4,93 g aus 5,75 g. *Nitrosochlorid*, bei —80° tiefblaue Kristalle, schm. bei Raumtemperatur. — Dehydrierung von **B** durch 16std. Erhitzen mit Ni auf Kieselgur in Bzl. auf 350° ergibt *1.1-Dimethyltetralin*, $Kp._{10}$ 92—93°, $n_D^{20,5}$ 1,5230, λ_{max} 260, 267, 273 mμ (Methanol), u. *1.2-Dimethylnaphthalin*, $Kp._{10}$ 94—96°, $n_D^{19,5}$ 1,5360; *Pikrat*, goldgelbe

Nadeln, F. 130°; *symm.-Trinitrobenzolat*, hellgelbe Nadeln, F. 147°. — *2.2-Dimethylcyclodecandion-(1.6)*, $C_{12}H_{20}O_2$, F. 45° (Pentan), durch 6std. Ozonisierung von 4 g **C** in 40%ig. Essigsäure bei 0°, Zufügen von W., Rühren, Ausäthern, Rühren der äther. Schicht mit Essigsäure u. Zn-Staub (KJ-Lsg. darf kein Ozonid mehr anzeigen), Zufügen von W. u. Einengen der äther. Lsg.; 2,73 g; λ_{max} 290 u. 340 mμ (ε = 85 u. 26 in Methanol). *Semicarbazon*, $C_{13}H_{23}O_2N_3$, F. 200°, aus A. Nadeln, λ_{max} 230 mμ (ε = 10 359 in Methanol). Aus den sauren Reaktionsprodd. 0,5 g eines Öls (Semicarbazon, F. 205°). — *5.5-Dimethyl-4-keto-1.2.3.4.5.6.7.8-oktahydroazulen* (**IX**), Kp.$_{0,7}$ 84°, aus vorst. Verb. durch $^3/_4$std. Kochen mit 5%ig. Na_2CO_3-Lsg. u. Abtreiben mit Wasserdampf; $n_D^{21,5}$ 1,5102; 85%; λ_{max} 255 mμ (ε = 9790 in Methanol). *2.4-Dinitrophenylhydrazon*, $C_{18}H_{22}O_4N_4$, F. 219°, rote Nadeln aus Dioxan + Methanol. *Semicarbazon*, Prismen aus A., F. 205°, λ_{max} 270 mμ (ε = 28 550 in Methanol). — *5.5-Dimethyl-4-oxy-1.2.3.4.5.6.7.8-oktahydroazulen*, Kp.$_{0,4}$ 81—82°, aus 1 g **IX** durch $LiAlH_4$-Red. in Ae.; n_D^{20} 1,5045; 0,9 g; gibt bei Behandlung mit sirupöser H_3PO_4 bei 150°, Gießen auf Eis u. Ausäthern ein dünnfl. Öl, Kp.$_{10}$ 87°, riecht nach Pfefferminze, λ_{max} 257 mμ (log ε = 3,80 in Hexan); daneben als Hauptprod. zähfl. Öl, Kp.$_{2,2}$ 158—160°. — Ozonabbau von 5 g **B** nach ASINGER (l. c.) in CCl_4 bei 0° (2 Std.), Verrühren des Prod. mit Ag_2O + 2nNaOH (1 Std.), Zufügen von 100 cm³ konz. HNO_3 u. Trennen der Schichten liefert 57,5% Neutralteile u. 38,5% saure Bestandteile. Aus den Neutralteilen *Verb.* $C_{12}H_{20}O_3$, F. 195°, Prismen aus Essigester; 0,4 g. Daneben **IX**, Kp.$_{0,25}$ 80—90°; 0,66 g (*2.4-Dinitrophenylhydrazon*, F. 218°; *Semicarbazon*, F. 205°) u. *Verb.* vom Kp.$_{2,25}$ 105—120°; 1 g. Aus den sauren Bestandteilen durch CH_2N_2-Behandlung ein gelber, zähfl. *Ester*, Kp.$_{0,2}$ 140—143°; 2,1 g. *Semicarbazon*, F. 103° (Methanol). Hieraus durch Verseifung mit alkoh. NaOH *Semicarbazon* einer *Ketodicarbonsäure*, $C_{13}H_{23}O_5N_3$, F. 205° (A.). Hieraus durch Spaltung mit $2nH_2SO_4$ die *freie Säure*, $C_{12}H_{20}O_5$, F. 76°, federartige Kristalle; Oxydation mit CrO_3 in $2nH_2SO_4$ liefert *Bernsteinsäure*, F. 182°; *S-Benzylisothiuroniumsalz*, F. 153—154°, Nadeln. (Liebigs Ann. Chem. **577**. 181—201. 1952. Kiel, Univ., Chem. Inst.) LEHWALD. 2700

Elemér Vinkler, Ferenc Klivényi und **János Szabó**, *Darstellung aromatischer Sulfide mit der Friedel-Craftsschen Reaktion.* (Vorl. Mitt.) Beim Einhalten entsprechender Konzz. u. Tempp. gelang es Vff., im Gegensatz zu den Mißerfolgen LECHERS in Ggw. von $AlCl_3$ Phenylsulfenylchlorid bzw. α-Naphthalinsulfenylchlorid mit Bzl., Toluol, Naphthalin u. Methylnaphthalin in Rk. zu bringen u. aromat. Sulfide mit guter Ausbeute darzustellen. (Magyar Kémiai Folyóirat [Ung. Z. Chem.] **57**. 279. 1951. Szeged, Ungarn, Univ., Pharmaz.-Chem. Inst.) PLANK. 2700

Neil Campbell und **A. A. Woodham**, *Reaktionsfähigkeit der Carbonylgruppe in Mesobenzanthron. Mesobenzanthron* (**I**) bildet nur schwer ein *Oxim* (**Io**), das durch BECKMANNsche Umlagerung in das *Lactam von 8-[o-Carboxyphenyl]-naphthylamin-(1)* (**II**) übergeht. Al-Isopropylat red. **I** zu *Mesobenzanthren* (**III**), das auf diese Weise gut zugänglich ist. Durch $POCl_3$ u. PCl_5 entstehen aus **I** *dinucleare Prodd.*, die in der 7-Stellung, dem Sitz der CO-Gruppe in **I**, miteinander verknüpft sind. Einige Oxoniumsalze von **I** u. anderen Verbb. werden nach der „Kontaktmeth." von KOFLER untersucht.

Versuche [Chromatographie (Chr.) in Bzl. an Al_2O_2]: *Mesobenzanthronoxim* (**Io**), $C_{17}H_{11}ON$, F. 171°, durch 70std. Kochen von **I**, $NH_2OH \cdot HCl$ u. Pyridin, Eindampfen, Gießen in W. u. Ausäthern; Einengen u. Zugabe von gleichem Vol. A.; Chr., Entw. mit Bzl., Elution mit A., blaßgelbe rhomb. Tafeln aus CH_3OH; 65% (Ausbeute); leichte Hydrolyse zu **I** mit sd. alkoh. H_2SO_4 u. beim Umlösen aus CH_3COOH. — Ähnlich *3-Chlormesobenzanthronoxim*, $C_{17}H_{10}ONCl$, F. 205°, blaßorangefarbene Prismen aus CH_3OH; 35%. — 3 g **Io**, 3,8 g PCl_5 u. 50 cm³ $POCl_3$ wurden 1½ Std. gelinde gekocht u. $POCl_3$ abdest.; Rückstand mit etwas W. verrührt u. mit Bzl. ausgezogen: 0,17 g Nd. der *Chlorverb.* $C_{17}H_{10}NCl$, F. 288°, Nadeln aus A.; Chr. des Filtrats u. Entw. mit Bzl.: *Lactam von 8-[o-Carboxyphenyl]-naphthylamin-(1)* (**II**), $C_{17}H_{11}ON$, F. 234°; in H_2SO_4 gelbe Lsg. mit schwach gelber Fluorescenz; gab, in konz. H_2SO_4 gelöst, in W. gegossen, mit 6nNaOH alkalisiert, verd. u. mit $KMnO_4$ 17 Std. gekocht, *Phthalsäure*, aber keine Naphthalsäure. — *8-Brom-N-[o-brombenzoyl]-naphthylamin-(1)* (**IV**), $C_{17}H_{11}ONBr_2$, F. 142°, aus 8-Brom-naphthylamin-(1) (F. 82—86°, aus 8-Brom-1-naphthoesäure (**V**), NaN_3 u. konz. H_2SO_4) u. o-BrC_6H_4COCl, Prismen aus CH_3OH; 1,8 g **IV** u. 1,6 g Cu-Bronze, 2 Std. auf 250—260° erhitzt, mit Aceton extrahiert; durch Chr. des Eindampfrückstandes, Entw. mit Bzl. u. Ausziehen mit A. 10 mg **II**. — *8-Brom-1-naphthoesäure-o-bromanilid* (**VI**), $C_{17}H_{11}ONBr_2$, F. 145—146°, aus 5 g **V**-Chlorid u. o-$BrC_6H_4NH_2$ in Bzl., Nadeln aus CH_3OH; 7,2 g. — 2 g **VI** u. 1,8 g Cu-Bronze, 2 Std. bei 255—260° verrührt u. wie **IV** weiterverarbeitet; Elution einer Zone mit stark blauer Fluorescenz gab *Verb.* $C_{17}H_{11}ON$, F. 102°, Prismen aus PAe.; aus gelber, gelb fluorescierender Zone *N-Phenylnaphthostyril*, $C_{17}H_{11}ON$, F. 106°, blaßgelbe Nadeln aus PAe.; aus oberer rehfarbener Zone ohne Fluorescenz mit

CH_3OH etwas Kristalle, F. 240—250°, vielleicht das *Isomere* von **II** (CO u. NH vertauscht). — *Mesobenzanthren* (**III**), $C_{17}H_{12}$, F. 80—82°, aus 0,5 g **I** durch 2maliges 20std. Kochen mit Al-Isopropylat in Isopropanol unter Abdest. des Acetons; auf 10 cm³ eingeengt u. nach Zugabe von verd. H_2SO_4 mit Bzl. ausgezogen; Chr. gab fast farblose Tafeln; 0,37 g. *Pikrat*, F. 110—111°, rote Nadeln. — *3-Chlormesobenzanthren* (**VII**), $C_{17}H_{11}Cl$, F. 110°, aus 1 g 3-Chlormesobenzanthron analog **III** (18std. Kochen); dann abwechselnd Dest. u. 1std. Rückflußkochen bis zum Aufhören der Acetonbldg.; Chr., Entw. mit PAe.-Bzl. (4:1), Rosetten aus PAe.; 0,63 g. — *3-Brommesobenzanthren*, $C_{17}H_{11}Br$, F. 116°, analog vorst. Verb.; Nadeln aus PAe.; 70%. — *4-Benzylmesobenzanthrol*, $C_{24}H_{18}O$, F. 127 bis 128°, durch 25std. Kochen von 0,5 g 4-Benzylmesobenzanthron (**VIII**) wie **III**, aber in Ggw. von Bzl.; nach abwechselnder Dest. wie bei **VII** noch 5 Std. gekocht, dann wie **III**; nur eine Spur des *Benzanthrens* wurde erhalten; aus gelber Zone gelbe Prismen; 20 mg; aus oberer gelber Zone 0,2 g **VIII** zurück. — *Anthracen*, durch 40std. Rk. von Anthron wie bei **III**; fast 100%. — *Oxoniumsalze*: auf KOFLER-Mikroheiztisch ermittelt 1. F. der Mol.-Verb. (**M**), 2. eutekt. Punkt der 1. Komponente mit **M**, 3. eutekt. Punkt der 2. Komponente mit **M**:**I** + Pikrinsäure (**IX**), 142, 138, 115°. **I** + symm.-Trinitrobenzol (**X**), 140, 138, 116°. **I** + CCl_3COOH (**XI**), 95, 88, 47°. **I** + H_2SO_4, 184, 140°, —. Fluorenon (**XII**), + **IX**, 95, 72, 94°. **XII** + **X**, 80, 72, 75°. **XII** + **XI**, 37, 24, 22°. Phenanthrenchinon + **XI**, 138, 133, 39°. Folgende Systeme bildeten nur Eutektika: **I** + $CH_2 \cdot ClCOOH$ (F. 53°). **I** + Adipinsäure (F. 148°). **I** + C_6H_5COOH (F. 109°). Benzylidenacetophenon + **IX** (F. 49°) u. **XI** (F. 53°). — *7.7'-Dichlordimesobenzanthrenyl-(7.7')*, $C_{34}H_{20}Cl_2$, F. 390°, durch 5std. Kochen von 0,5 g **I**, 10 cm³ $POCl_3$ u. 0,65 g PCl_5; Eindampfrückstand mit W. verrieben u. Nd. mit sd. Bzl. extrahiert; Chr.; orangefarbene Nadeln; 0,2 g; außerdem *rotes Prod.*, F. 320°. — *7.7'-Dimesobenzanthryliden* (?), $C_{34}H_{20}$, F. 346—347°, durch 1½std. Kochen von 0,5 g **I** u. 10 cm³ $POCl_3$, Eindampfen u. Anreiben mit W.; mit 1—1½ Liter Bzl. ausgekocht u. auf 100 cm³ konz.; Chr., Entw. mit Bzl-PAe. (4:1); stark bläulichgrün fluorescierende Lsg.; aus Bzl. gelbe Nadeln. (J. chem. Soc. [London] **1952**. 843—47. März. Edinburgh, Univ.) LEHMSTEDT. 2950

Max H. Hubacher, *Anilinphthalein*. Die Synth. von *3.3-Bis-[p-aminophenyl]-phthalid* (*Anilinphthalein*, **I**), nach BAEYER [1880.] aus 3.3-Bisphenylphthalid gelang nicht. In Anlehnung an die Meth. von SCHWARZENBACH u. BRANDENBERGER (C. **1938**. I. 1561) konnte **I** jedoch mit F. 204° (statt F. 180°, BAEYER) hergestellt werden. Red. von **I** lieferte *Anilinphthalin* u. Decarboxylierung *4.4'-Diaminotriphenylmethan*. Analog wurde auch *3.3-Bis-[p-amino-m-tolyl]-phthalid* erhalten, das sich in *3.3-Bis-[m-tolyl]-phthalid* überführen ließ.

V e r s u c h e (FF. korr.): Ein Gemisch von Nitrobenzol u. $AlCl_3$ wurde bei 25° mit 40,6 g Phthalylchlorid u. 42,4 g symm. Diphenylharnstoff versetzt u. auf 80° erwärmt. Das *Kondensationsprod.* war in den gebräuchlichen Lösungsmitteln unlösl.; F. 260—300° (nur teilweise geschmolzen); 60—68 g (Ausbeute). — *Anilinphthalein* (**I**), $C_{20}H_{16}O_2N_2$, F. 202,5—203,2° (CH_3OH), lösl. in Aceton, mäßig lösl. in $CH_3COOC_2H_5$ u. CH_3OH, unlösl. in W., Bzl. u. Ae.: Vorst. Verb. wurde in Eisessig u. wenig W. mit konz. H_2SO_4 4 Std. erhitzt. Nach Versetzen mit Soda wurde CH_3COOH abdest., der Rückstand in n HCl aufgenommen, filtiert u. mit NH_4OH alkalisiert; 38—55%. Mit $ZnCl_2$ in alkoh. Lsg. Blaufärbung; das Hydrochlorid sintert bei ca. 220°; Diazotieren u. Kuppeln mit β-Naphthol lieferte einen in Alkali unlösl. kräftig roten Tetrazofarbstoff. Ein unreines Phenolphthalein aus **I** lieferte, mit KOH auf 230—235° erhitzt, *4.4'-Dioxybenzophenon*, *Benzoesäure* u. *p-Oxybenzoesäure*. — *Anilinphthalin*, $C_{20}H_{18}O_2N_2$, F. 238,1—238,7° (CH_3OH), lösl. in verd. HCl, verd. NaOH u. Aceton, unlösl. in Ae., PAe., $CH_3COOC_2H_5$, CCl_4, Chlf. u. Bzl., Erwärmen mit konz. H_2SO_4 bewirkt Grünfärbung: Aus **I** mit Sn in HCl; 49 bis 59%. — *4.4'-Diaminotriphenylmethan*, F. 138,3—139,4° (Bzl.), durch Decarboxylierung vorst. Verb. in Chinolin in Ggw. von bas. $CuCO_3$ bei 250°; 60%. *Diacetylverb.* (**II**), F. 240,0 bis 243,3° (Bzl.). — *4.4'-Diacetamidotriphenylmethan-2''-carbonsäure*, $C_{24}H_{22}O_4N_2$, F. 250,1 bis 251,0° (41%ig. A.), Grünfärbung mit konz. H_2SO_4: Vorvorst. Verb. wurde mit Essigsäureanhydrid 90 Min. auf 110° erwärmt, es wurde auf Eis gegossen u. das Reaktionsprod. mit Sodalsg. erhitzt u. angesäuert; 73—84%; Decarboxylierung lieferte **II**; das *Na-Salz* krist. aus wenig Wasser. *Methylester*, $C_{25}H_{24}O_4N_2$, F. 180,4—182,1° (Bzl.). — *Toluidinphthalein* (*3.3-Bis-[p-amino-m-tolyl]-phthalid*), $C_{22}H_{20}O_2N_2$, Nadeln aus CH_3OH, F. 196,8 bis 197,3°, analog **I** aus symm. Di-o-tolylharnstoff (F. 251—253°); 42—55%. Die essigsaure Lsg. färbt sich beim Erwärmen auf 100° rot u. entfärbt sich wieder beim Abkühlen. *Diacetylverb.*, $C_{26}H_{24}O_4N_2$, F. 256,0—256,7° (CH_3OH). — *3.3-Bis-[m-tolyl]-phthalid*, $C_{22}H_{18}O_2$, F. 112,5—113,2° (CH_3OH): a) Vorst. Verb. wurde diazotiert u. mit 50%ig. H_3PO_2 bei 0° behandelt. Reinigung erfolgte durch Vakuumsublimation; 47—55%; mit konz. H_2SO_4 Rotfärbung; lösl. in Aceton, CCl_4 u. Bzl.; b) aus m-Jodtoluol über die GRIGNARD-Verb. u. Phthalsäureanhydrid in Bzl.; 18—24%. Der alkalilösl. Anteil des

Reaktionsprod. lieferte *2-[m-Toluyl]-benzoesäure*, $C_{15}H_{12}O_3$, Nadeln, F. 162,2—162,4° (Bzl.). (J. Amer. chem. Soc. **73.** 5885—87. Dez. 1951. Brooklyn, N. Y., Ex-Lax, Inc., Res. Labor.) FAASS. 3061

Edward H. Cook und **Robert W. Taft jr.**, *Über das Verhalten von wässerigem Thenoyltrifluoraceton.* (Vgl. KING u. REAS, J. Amer. chem. Soc. **73.** [1951.] 1806.) Im Gegensatz zu der Feststellung von ZEBROSKI (Atomic Energy Commission Report BC-63 [**1947.**]), daß wasserfreies *Thenoyltrifluoraceton* (**I**), F. 44—45°, bei Zugabe zu verd. wss. NaOH prakt. vollständig in das Enolation übergeht, während das feste **I**-*Monohydrat* bei derselben Behandlung in *Acetylthiophen* (**II**) u. Na-Trifluoracetat gespalten wird, fanden Vff., daß die Zugabe einer wss. **I**-Lsg. zu überschüssiger Lauge nahezu dieselben Ergebnisse liefert wie die Zugabe von festem **I**-Hydrat oder seiner wss. Lösung. Demnach liegt in der wss. **I**-Lsg. das Monohydrat mit der Struktur **III** vor, die auch mit spektroskop. Befunden übereinstimmt. — Die potentiometr. Titration einer angesäuerten **I**-Lsg. mit NaOH verbraucht im unteren p_H-Bereich <3 der Titrationskurve mehr Lauge, als der zugesetzten Mineralsäure

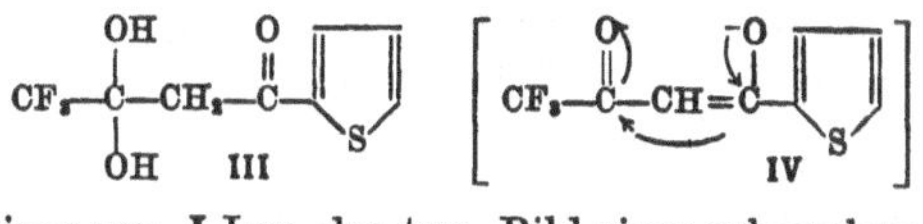

III IV

entspricht, während die Titrationskurve einer wss. **I**-Lsg. das typ. Bild einer schwachen Säure zeigt. Die Bldg. der starken Säure wird auf die Spaltung des **I**-Hydrats durch lokale p_H-Erhöhung bei der Laugezugabe erklärt; die Annahme einer säurekatalysierten Spaltung in Trifluoressigsäure u. **II** scheidet aus, weil **I** aus einer mol. HCl-Lsg. nach 24 Std. bei 50° wiedergewonnen wird. Die Titration einer wss. **I**-Lsg. mit starker Lauge entspricht aber trotz des Aussehens der Kurve nicht derjenigen einer schwachen Säure; die Rücktitration mit starker Säure zeigt, daß etwa die Hälfte des Diketons in die starke Trifluoressigsäure umgewandelt worden ist, u. zwar muß, wie aus Spektralunterss. folgt, die Spaltung während der Laugezugabe eingetreten sein. Sowohl **I** als auch das Hydrat können bei p_H 8 prakt. vollständig in das Enolation **IV** übergeführt werden. Oberhalb p_H 9 tritt Spaltung des **I**-Hydrats ein. (J. Amer. chem. Soc. **74.** 6103—04. 5/12. 1952. State College, Pa., Pennsylvania State Coll., School of Chem. and Phys.) FORCHE. 3071

Matthew E. Dullaghan und **F. F. Nord**, *Untersuchungen über die Chemie der Heterocyclen.* 21. Mitt. *Die Darzens-Reaktion.* (20. vgl. MASON u. NORD, C. **1953.** 506.) 2-Thenaldehyd (**I**) sowie seine in 3- oder 5-Stellung substituierten Derivv. lassen sich mit Chloressigsäuremethylester (**II**) bzw. α-Chlorpropionsäureäthylester (**III**) nach DARZENS zu den entsprechenden *Glycidsäureestern* kondensieren, wobei sich die Verwendung von trockenem $NaOCH_3$ in Ae. als Kondensationsmittel als günstig erwies; eine Umesterung bei den Rkk. mit **III** wurde nicht beobachtet. Es wurde ferner die Kondensation in Ae., Toluol, Bzl. u. Xylol u. ohne Lösungsm. mit Na-Alkoholaten oder gepulvertem Na als Kondensationsmittel untersucht. Kondensation von **I** mit α-Brompropionsäureäthylester tritt nur in sd. Ae., nicht bei tiefer Temp. ein.

V e r s u c h e : *β-[Thienyl-(2)]-glycidsäuremethylester*, Kp.$_3$ 119°, a) durch Zutropfen **I** + **II** zu Na-Pulver unter Ae. unter Kühlung, $^1/_2$ std. Kochen, Zugabe von Eiswasser u. Ansäuern mit Eisessig; 39% (Ausbeute); b) durch Zutropfen einer Suspension von $NaOCH_3$ in Ae. zur Lsg. von **I** u. **II** in Ae. während 1 Std. unter Rühren, Stehen bei Raumtemp. über Nacht, Gießen auf Eis u. Ansäuern mit Eisessig; 64%. — *α-Methyl-β-[thienyl-(2)]-glycidsäureäthylester*, Kp.$_4$ 122°, wie vorst. a); 39%; oder b); 66%. — *β-[3-Methylthienyl-(2)]-glycidsäuremethylester*, F. 112°, Kp.$_3$ 131°, nach a); 40%. — *α-Methyl-β-[3-methylthienyl-(2)]-glycidsäureäthylester*, Kp.$_5$ 123°, a); 10%. — *β-[5-Äthylthienyl-(2)]-glycidsäuremethylester*, F. 85°, Kp.$_7$ 157°, b); 69%. — *α-Methyl-β-[5-äthylthienyl-(2)]-glycidsäureäthylester*, Kp.$_5$ 142°, b); 70%. — *β-[5-Chlorthienyl-(2)]-glycidsäuremethylester*, F. 72—73°, Kp.$_8$ 158°, a); 37%. — *α-Methyl-β-[5-chlorthienyl-(2)]-glycidsäureäthylester*, Kp.$_3$ 147°, b); 60%. (J. org. Chemistry **17.** 1183—86. Sept. 1952. New York, N. Y., Fordham Univ., Dep. of Organ. Chem. and Enzymol.) SPAETH. 3071

Alfred Treibs und **Karl-Heinz Michl**, *Über N-Benzoylpyrrole.* Pyrrol u. Homologe lassen sich mit Benzoylchlorid u. Lauge (SCHOTTEN-BAUMANN) in die N-Benzoylderivv. überführen. Zur Charakterisierung der Alkylpyrrole ist vor allem die Benzoylierungs-Rk. mit p-Nitrobenzoylchlorid geeignet. Die von ALMSTRÖM (Liebigs Ann. Chem. **409.** [1915.] 291) dargestellte u. als *2.4-Dimethyl-5-benzoylpyrrol* (**II**) angesehene Verb. (F. 115°) kann nicht die ihr zugeschriebene Konst. besitzen, da das von Vf. aus 2.4-Dimethylpyrrol (**I**) u. Benzonitril gewonnene **II** bei 135° schmilzt. Damit ist zugleich erwiesen, daß den nach obiger Meth. erhaltenen Benzoylderivv. nur die Konst. als N-Derivv. zukommt. Dafür spricht auch, daß diese Benzoylderivv. mit Hydroxylamin nicht reagieren, während z. B. **II** ein *Oxim*, F. 151°, bildet.

V e r s u c h e : *1-Benzoyl-2.4-dimethylpyrrol*, $C_{13}H_{13}ON$, F. 119°, Nadeln aus Methanol–W., aus einigen Tropfen **I** in wss.-alkal. Lsg. mit einem Überschuß an Benzoylchlorid. — Analog: *1-Benzoyl-2.4-dimethyl-3-äthylpyrrol*, $C_{15}H_{17}ON$, F. 136°, *1-[p-Nitrobenzoyl]-2.4-dimethylpyrrol*, $C_{13}H_{12}O_3N_2$, F. 189°, Kristalle aus $CHCl_3$/Methanol u. Sublimation im Hochvakuum bei 150°, u. *1-[p-Nitrobenzoyl]-2.4-dimethyl-3-äthylpyrrol*, $C_{15}H_{16}O_3N$, F. 162°. — *2.4-Dimethyl-5-benzoylpyrrol* (II), $C_{13}H_{13}ON$, F. 136°, aus Methanol–W. u. Sublimation, aus I u. Benzonitril in absol. Ae., Sättigung mit HCl u. nach Stehenlassen über Nacht Abdampfen, Lösen in Methanol u. Kochen mit NaOH. Misch.-F. mit *1-Benzoyl-2.4-dimethylpyrrol* (F. 119°) bei 114°. (Liebigs Ann. Chem. **577**. 115—19. 1952. München, TH, Organ.-Chem. Inst.) BRATFISCH. 3081

Alfred Treibs und **Walter Ott**, *Über die Umsetzung von Pyrrolen mit Isocyansäureestern.* (Vgl. auch vorst. Ref.) Die Umsetzung von Isocyanaten mit Pyrrolen erfolgt nicht am N, sondern es tritt C-Substitution am Pyrrolkern ein. Diese Rk. mit Isocyanaten scheint auf das am N unsubstituierte Pyrrol u. C-Alkylderivv. beschränkt zu sein, vor allem auf solche mit freier α-Stellung. Diese Verbb. sind zur Charakterisierung gut geeignet, da gut kristallin, scharfe FF. u. stabil. Beim Erhitzen über freier Flamme tritt Zerfall in die Komponenten ein.

Versuche: *2.4-Dimethylpyrrol-5-carbonsäureanilid* (I), $C_{13}H_{14}ON_2$, F. 163°, Nadeln aus 50%ig. A., durch Rk. von 2.4-Dimethylpyrrol (II) mit Phenylisocyanat (III); 79% (Ausbeute). *Pikrat*, F. 138°. — *3-Chlor-2-tolylisocyanat* u. *4-Chlor-3-tolylisocyanat* reagieren mit II unter Bldg. von *2.4-Dimethylpyrrol-5-carbonsäure-2'-methyl-3'-chloranilid*, F. 192°, u. *2.4-Dimethylpyrrol-5-carbonsäure-3'-methyl-4'-chloranilid*, F. 191°; die Isomeren geben starke Schmelzpunktdepression miteinander. — *2.4-Dimethylpyrrol-5-carbonsäurebenzylamid*, $C_{14}H_{16}ON_2$, F. 174°, mit *Benzylisocyanat*; 74%. — *Pyrrol-2-carbonsäureanilid*, $C_{11}H_{10}ON_2$, F. 153°, Prismen aus Methanol; 64%. — *2-Methylpyrrol-5-carbonsäureanilid* (IV), $C_{12}H_{12}ON_2$, F. 173°, Nädelchen aus $CHCl_3$; 85%. *Pikrat*, F. 137°. — *3-Methyl-4-äthylpyrrol-2-carbonsäureanilid* (V), $C_{14}H_{16}ON_2$, F. 176°, Nadeln aus Methanol; 79%. — *2.5-Dimethylpyrrol-3-carbonsäureanilid*, $C_{13}H_{14}ON_2$, F. 131,5°, durch mehrtägiges Erhitzen mit III im Einschmelzrohr im Wasserbad. — *2.4-Dimethyl-3-äthylpyrrol-5-carbonsäureanilid*, $C_{15}H_{18}ON_2$, F. 137°; 74%. — *2.4-Dimethyl-3-formylpyrrol-5-carbonsäureanilid*, $C_{14}H_{14}O_2N_2$, F. 203°, aus I in $CHCl_3$ u. HCN + HCl, Verdampfung des Lösungsm., Lösen in W. u. Verseifen, Kristalle aus Methanol–W. u. im Hochvakuum sublimiert. — *2.4-Dimethyl-3-jodpyrrol-5-carbonsäureanilid* (VI), $C_{13}H_{13}ON_2J$, F. 194°, weiße Nädelchen aus A., durch Rk. von I in A. u. W. mit J_2 u. KJ; 88%. — *2.4-Dimethyl-3-brompyrrol-5-carbonsäureanilid*, $C_{13}H_{13}ON_2Br$, F. 167°, aus I in $CHCl_3$ u. Br_2, Kristalle aus Methanol–Wasser. — Nitrierung, Nitrosierung u. Sulfurierung von I führte zu unreinen Produkten. — *2.2'.4.4'-Tetramethyl-5.5'-dicarbanilido-3.3'-dipyrrylmethan*, $C_{27}H_{28}O_2N_4$, aus I in heißem A. mit 40%ig. CH_2O + HCl. — *2.2'-Dimethyl-5.5'-dicarbanilido-pyrromethen-(3.3')-hydrobromid*, $C_{25}H_{23}O_2N_4Br$, aus IV gelöst in der Hitze in 100%ig. Ameisensäure + HBr. Lösl. nur in viel Pyridin; ergibt, in wasserhaltigem Tetrahydrofuran suspendiert, auf Zusatz von n/10 NaOH eine orange gefärbte Lsg. der Farbbase, die beim Stehen in die farblose Carbinolbase übergeht. — *4.4'-Dimethyl-3.3'-diäthyl-5.5'-dicarbanilido-pyrromethen-(2.2')-hydrobromid*, $C_{29}H_{31}O_2N_4Br$, aus V mit HBr; kein Schmelzpunkt. — *2.2'-4.4'-Tetramethyl-5.5'-dicarbanilido-pyrromethen-(3.3')-hydrobromid*, analog mit I. Kein F., nicht eindeutige Analyse. — *2.2'-Dimethyl-5.5'-dicarbanilido-3.3'-dipyrryl-trimethinhydrobromid*, $C_{27}H_{25}O_2N_4Br$, F. 241° (Zers.), aus 0,1 g IV in Methanol, β-Äthoxy-acroleinacetal + HBr; 0,1 g. — *2.2'.4.4'-Tetramethyl-5.5'-dicarbanilido-3.3'-dipyrryl-trimethinhydrobromid*, $C_{29}H_{29}O_2N_4Br$, F. 286° (Zers.), analog mit I. — *4.4'-Dimethyl-3.3'-diäthyl-5.5'-dicarbanilido-2.2'-dipyrryl-trimethinhydrobromid*, $C_{31}H_{33}O_2N_4Br$, F. 238°, analog mit V. — *2.4.3'.5'-Tetramethyl-5-carbanilidopyrroketon-(3.2')*, $C_{20}H_{21}O_2N_3$, F. 150—155°, durch Kochen von VI mit Mg u. Benzaldehyd in absol. Tetrahydrofuran. (Liebigs Ann. Chem. **577**. 119—28. 1952.) BRATFISCH. 3081

Alfred Treibs und **Karl-Heinz Michl**, *Umsetzung von Pyrrolen mit Diketen.* (Vgl. auch vorst. Ref.) *Diketen* (I) wird in gleicher Weise wie *Isocyansäureester* an *Pyrrol* u. Homologe angelagert (vgl. vorst. Ref.). I besitzt die größere Reaktionsfähigkeit, die Rk. ist aber durch Katalysatoren (z. B. Na-Acetat) stark beeinflußbar. Ebenso verhindern negative Substituenten, wie Carbäthoxy-, Acetyl- u. Phenylgruppen, eine Anlagerung. Die in guter Ausbeute erhaltenen *Acetoacetylpyrrole* sind gut kristallin, lösl. in Laugen, geben grüne Eisenchlorid-Rkk., schwerlösl. Cu-Salze u. Kuppeln mit *Diazobenzolsulfonsäure* zu roten bis rotbraunen Farbstoffen, die in saurer Lsg. nach Grün umschlagen. Umsetzung der Acetoacetylpyrrole mit Isonitrosoacetessigester (IV) führt zu *2.3'-Pyrroketonen*, mit Hydrazinen zu *Pyrazolylpyrrolen* u. mit Hydroxylamin zu *Isoxazolylpyrrolen.*

Versuche: *2-Acetoacetylpyrrol* (II), $C_8H_9O_2N$, F. 87°, durch Rk. von Pyrrol mit I; 60% (Ausbeute). Mit Ameisensäure u. HBr violette Färbung, Eisenchlorid-Rk. blaugrün. *Cu-Salz*, F. 238°. — *2.4-Dimethyl-5-acetoacetylpyrrol* (III), $C_{10}H_{13}O_2N$, F. 108°, aus

2.4-Dimethylpyrrol u. I + Na-Acetat bei 80°; 75%; Eisenchlorid-Rk. leuchtend grasgrün, mit Ameisensäure u. HBr Rotfärbung. *Cu-Salz*, F. 216°. — *2-Methyl-5-acetoacetylpyrrol*, $C_9H_{11}O_2N$, F. 94°, analog III; Eisenchlorid-Rk. grasgrün. *Cu-Salz*, F. 222°. — *2.5-Dimethyl-3-acetoacetylpyrrol*, $C_{10}H_{13}O_2N$, F. 89°, analog III; 60%. — *2.4-Dimethyl-3-äthyl-5-acetoacetylpyrrol*, F. 88°, aus Kryptopyrrol u. I auf dem Wasserbad. — *2.4-Dimethyl-5-carbäthoxypyrroketon-(3.2')*, $C_{14}H_{16}O_3N_2$, F. 193°, aus II, Isonitrosoacetessigester (IV) in Eisessig u. Zn-Staub bei 80° u. Fällen mit W.; aus A. umkrist. u. im Hochvakuum bei 100° sublimiert. — *2.4.3'.5'-Tetramethyl-5-carbäthoxy-pyrroketon-(3.2')*, $C_{16}H_{20}O_3N_2$, F. 222°, analog aus III mit IV. — *3.5-Dimethyl-4-carbäthoxy-pyrroketon-(2.2')*, $C_{14}H_{16}O_3N_2$, F. 186°, aus II in Eisessig u. konz. wss. $NaNO_2$-Lsg., danach Zugabe von Acetessigester u. Zn, Kristalle aus A. u. Sublimation im Hochvakuum bei 150°. — *3.5.3'.5'-Tetramethyl-4-carbäthoxy-pyrroketon-(2.2')*, $C_{16}H_{20}O_3N_2$, F. 219°, analog aus III. — *2-[3'-Methylpyrazolyl-(5')]-pyrrol*, $C_8H_9N_3$, F. 120°, aus II in Methanol mit Hydrazinhydrat; Kristalle durch Wasserzusatz. — *2.4-Dimethyl-5-[3'-methylpyrazolyl-(5')]-pyrrol*, $C_{10}H_{13}N_3$, F. 162°, analog aus III. — *2-[1'-Phenyl-3'-methylpyrazolyl-(5')]-pyrrol*, $C_{14}H_{13}N_3$, F. 138°, aus II in Methanol mit Phenylhydrazin. — *2.4-Dimethyl-5-[1'-phenyl-3'-methylpyrazolyl-(5')]-pyrrol*, $C_{16}H_{17}N_3$, F. 120°, analog aus III in Alkohol. — *2-[3'-Methylisoxazolyl-(5')]-pyrrol*, $C_8H_8ON_2$, F. 132°, Blättchen, aus II mit Hydroxylaminhydrochlorid in Methanol. — *2.4-Dimethyl-5-[3'-methylisoxazolyl-(5')]-pyrrol*, $C_{10}H_{12}ON_2$, F. 148°, analog aus III. — *Verb.* $C_{19}H_{16}O_6$, F. 231° (Bzn.), aus 2.4-Dimethyl-5-carbäthoxy- oder -3.5-dicarbäthoxypyrrol u. I + Na-Acetat auf dem Wasserbad. (Liebigs Ann. Chem. **577**. 129—38. 1952.)
BRATFISCH. 3081

Alfred Treibs und Hildegard Scherer, *Reduktionen mit Lithium-Aluminium-Hydrid in der Pyrrolreihe. Di-alkylpyrryl-methane und Polymethane.* (Vgl. auch vorst. Ref.) Die Meth. der $LiAlH_4$-Hydrierung ist auch in der Pyrrolreihe an geeigneten Derivv. präparativ durchführbar. Die Red. der COOH-Gruppe mit $LiAlH_4$ verläuft n., die Red. von Carbäthoxy- u. Aldehydgruppen sehr schwer u. hängt ab von der Zahl u. Stellung der Substituenten. Bei geeigneten Versuchsbedingungen entstehen höhermol. Produkte. — Beschreibung einer einfachen Meth. zur Vakuumdest. kleiner u. kleinster Mengen.

Versuche: Red. von *2.4-Dimethyl-3-acetylpyrrol* mit $LiAlH_4$ in Ae., Hydrolyse mit verd. NaOH u. fraktionierte Dest. ergab 2 Fraktionen: 1. *Kryptopyrrol*, $C_8H_{13}N$, dünnes wasserklares Öl. *N-Benzoylverb.*, $C_{15}H_{17}ON$, F. 137° (A.-W.); *α-Carbonsäureanilid*, F. 137° (A.-W.). Beide Derivv. gaben mit Vergleichspräpp. keine Misch.-F.-Depression. 2. gelbliches, viscoses Öl, $C_8H_{13}N$ bzw. $C_{16}H_{24}N_2$, gibt kein Pikrat. Bei Wiederholung zeigte das Destillat Zers. bei 250°, Spaltprod. *2.4-Dimethylpyrrol*. — Red. von *Kryptopyrrolcarbonsäure* mit $LiAlH_4$ in Ae., Zerlegung mit W., Extraktion mit Ae. u. Dest. ergab *2.4-Dimethyl-3-[ω-oxypropyl]-pyrrol*, $C_9H_{15}ON$, hochviscoses Öl (*Pikrat*, $C_{15}H_{18}O_8N_4$, F. 116°). Bildet mit Phenylisocyanat *Urethan* $C_{16}H_{20}O_2N_2$ oder *Urethan-α-carbanilidoderiv.* $C_{23}H_{25}O_3N_3$, F. 143° (A.-W.). — *2.4-Dimethyl-5-[1-oxyäthyl]-pyrrol*, $C_8H_{13}ON$, Öl, aus GRIGNARD-Lsg. aus 2.4-Dimethylpyrrol u. Acetaldehyd 2 Std. auf dem Wasserbad, Zerlegung mit NH_4Cl-Lsg. u. Extraktion mit Äther. Umsetzungsprod. mit Phenylisocyanat, *Urethan* $C_{15}H_{18}O_2N_2$ bzw. *Urethan-α-carbanilidoderiv.* $C_{22}H_{23}O_3N_3$, F. 201°, gelbliche Nadeln. — *2.4-Dimethyl-5-[2-oxyäthyl]-pyrrol*, $C_8H_{13}ON$, Öl, analog. *Reaktionsprod. mit Phenylisocyanat*, $C_{15}H_{18}O_2N_2$, F. 157°, silberglänzende Nadeln. — *3.3'.5.5'-meso-Pentamethyl-2.2'-dipyrrylmethan*, $C_{14}H_{20}N_2$, Öl, durch Rk. von 2.4-Dimethylpyrrol mit Acetaldehyd im Einschmelzröhrchen bei 40—50°, dann bei 100°. (Liebigs Ann. Chem. **577**. 139—46. 1952.)
BRATFISCH. 3081

Reuben G. Jones, *Untersuchungen über Imidazole.* 5. Mitt. *S-Alkylierung von 2-Mercaptoimidazolen mit Estern.* (4. vgl. C. **1950**. II. 1457.) Aus 2-Mercaptoimidazol-4 (oder 5)-carbonsäuremethylester entsteht bei Erhitzen auf ca. 200° unter CO_2-Entw. *2-Methylmercaptoimidazol*, F. 134—135° (W.); 55% (Ausbeute). — In gleicher Weise erhält man aus dem Äthylester *2-Äthylmercaptoimidazol*, $C_5H_8N_2S$, F. 103—104°; 28%. Letzteres wird auch gebildet bei 10 Min. langem Erhitzen von 2-Mercaptoimidazol in Benzoesäureäthylester auf 215°; 39%; aus der Esterlsg. läßt sich *Benzoesäure* isolieren. (J. Amer. chem. Soc. **74**. 1084—85. 20/2. 1952. Indianapolis, Ind., Lilly Res. Labors.)
W. HOFFMANN. 3122

Reuben G. Jones, *Untersuchungen über Imidazole.* 6. Mitt. *Synthese von Imidazol-4.5-dicarbonsäureestern.* (5. vgl. vorst. Ref.) Durch CLAISEN-Kondensation werden aus N-Formyl- bzw. N-Acetylglycinestern mit Oxalsäureestern u. dann mit HSCN *1-substituierte 2-Mercaptoimidazol-4.5-dicarbonsäureester* erhalten, die bei der Oxydation mit HNO_3 die entsprechenden *1-substituierten Imidazol-4.5-dicarbonsäureester* ergeben. Die dargestellten Verbb. zeigen zum Teil abnormes Verh. bzgl. ihrer Löslichkeit in H_2O.

Versuche: *2-Mercaptoimidazol-4.5-dicarbonsäurediäthylester* (I), $C_9H_{12}O_4N_2S$, F. 204—205° (Zers.; W.), durch langsame Zugabe von Oxalsäurediäthylester u. N-Formyl-

oder N-Acetylglycinäthylester zu $NaOC_2H_5$ in Ae., Versetzen mit Eiswasser nach 12 Std. u. 5–6std. Erhitzen des wss. Anteils mit KSCN u. 12nHCl auf 40–60°; merklich lösl. in W.; 68 bzw. 54% (Ausbeute) (roh). — *2-Mercaptoimidazol-4.5-dicarbonsäure*, $C_5H_4O_4N_2S$, F. 251–252° (Zers.), aus I mit 6nNaOH (1 Std. Dampfbad); aus W. mit HCl kanariengelbe Kristalle, lösl. in W.; 71%. — *Imidazol-4.5-dicarbonsäurediäthylester*, $C_9H_{12}O_4N_2$, F. 151 bis 152° (W.), durch Oxydation von I mit verd. HNO_3, Zugeben von Na_2CO_3 u. Aufnehmen in Chlf.; Pulver, schwerlösl. in W.; 71%. — *1-Methyl-2-mercaptoimidazol-4.5-dicarbonsäuredimethylester* (II), $C_8H_{10}O_4N_2S$, F. 173,5–174°, analog I aus N-Formylsarkosinmethylester, Oxalsäuredimethylester, $NaOCH_3$ u. HSCN; aus methanolhaltigem Essigester kleine Nadeln; 70%. — *1-Methylimidazol-4.5-dicarbonsäuredimethylesternitrat*, $C_8H_{10}O_4N_2 \cdot HNO_3$, F. 154–155° (W.), durch Zugeben von II zu verd. HNO_3 in Ggw. von etwas $NaNO_2$ bei 30–40°; beim Kühlen auf 10° Kristalle; 65%. Daraus durch Versetzen der wss. Lsg. mit Na_2CO_3 u. Extrahieren mit Essigester die *Base*, $C_8H_{10}O_4N_2$, F. 46,5–47° (Bzl.–PAe.); lösl. in W.; 77%. — *1-Methylimidazol-4.5-dicarbonsäure*, $C_6H_6O_4N_2$, F. 261–262° (Zers.; W.), durch Alkalisieren der Mutterlaugen vorst. Verbb., Aufkochen, Ansäuern mit HCl bis p_H 2 u. Kühlen; Kristalle, schwerlösl. in W.; 44% (bezogen auf II). — *1-Phenyl-2-mercaptoimidazol-4.5-dicarbonsäurediäthylester* (III), $C_{15}H_{16}O_4N_2S$, F. 146–147° (A.), analog I aus N-Formyl-N-phenylglycinäthylester; 86%. — *1-Phenyl-2-mercaptoimidazol-4.5-dicarbonsäure*, $C_{11}H_8O_4N_2S$, F. 200–201° (Zers.; mit HCl aus W. gefällt); lösl. in W.; 74%. — *1-Phenylimidazol-4.5-dicarbonsäurediäthylester*, $C_{15}H_{16}O_4N_2$, F. 84–85° (Essigester–PAe.), durch Oxydation von III mit verd. HNO_3; manchmal ölig; 80%. — *1-Phenylimidazol-4.5-dicarbonsäure*, $C_{11}H_8O_4N_2$, F. 199–200° (Zers.; W.). *Dimethylester*, $C_{13}H_{12} \cdot O_4N_2$, F. 86–87° (A.), unlösl. in H_2O. (J. Amer. chem. Soc. **74**. 1085–86. 20/2. 1952.)

W. Hoffmann. 3122

I. K. Uschenko, *α.γ-Epoxythiacarbocyanine*. 1. Mitt. Verss., durch Umsetzung der diquartären Salze von Bis-[benzothiazolyl-(2)-methyl]-sulfid oder -disulfid (die aus Thiodiglykolsäuredichlorid (I) oder Dithiodiglykolsäuredichlorid (II) u. N-Äthyl- (IV) bzw. N-Phenyl-o-aminothiophenol (V) synthetisiert wurden) mit Orthoameisenester Thiacarbocyaninfarbstoffe mit S in α.γ-Brückenstellung zu erhalten, verliefen erfolglos u. ergaben in ungeklärter Rk. das bekannte *3.3'-Diäthyl-* u. *3.3'-Diphenylthiacarbocyaninjodid* (*Bis-[3-äthyl-(phenyl)-benzothiazol-(2)]-trimethincyaninjodid*). Kondensation von o-Aminothiophenol mit Diglykolsäure führte zu *Bis-[benzothiazolyl-(2)-methyl]-äther*, dessen diquartäre Salze bei der Kondensation mit Orthoameisenester in Acetanhydrid *3.3'-Diäthyl-* u. *3.3'-Diphenyl-8.10-epoxythiacarbocyaninjodid* (*Bis-[3-äthyl-(phenyl)-benzothiazol-(2)]-8.10-oxidotrimethincyaninjodid*) (III) ergaben, während in Pyridin keine Kondensation eintrat.

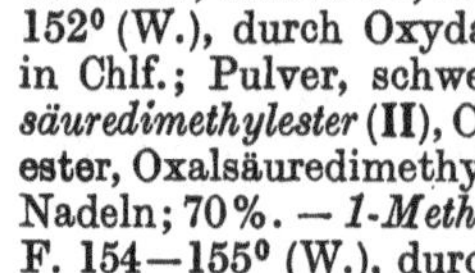

III

R = C_2H_5, C_6H_5

Versuche: *Bis-[benzothiazolyl-(2)-methyl]-äther*, $C_{16}H_{12}ON_2S_2$, F. 105°. 1 Mol Diglykolsäure u. 2 Mol o-Aminothiophenol werden im Einschmelzrohr 20 Std. auf 140 bis 145° erhitzt; aus A. große Tafeln; 55% (Ausbeute). — Herst. der nachst. beschriebenen diquartären Salze: Äquimol. Mengen von N-Äthyl- (IV) oder N-Phenyl-o-aminothiophenol (V) u. Säurechlorid werden in Bzl. gelöst u. die Lsgg. zusammengegeben; man gießt Bzl. vom ausgefallenen Salz ab, löst den Rückstand in heißem W., entfärbt mit Kohle, versetzt heiß mit KJ u. krist. aus A. oder Wasser. *Bis-[benzothiazolyl-(2)-methyl]-sulfid. Dijodäthylat*, $C_{20}H_{22}N_2J_2S_3$, F. 146° (Zers.); aus IV u. I; aus A. gelbe Kristalle; 27%. *Dijodphenylat*, $C_{28}H_{22}N_2J_2S_3$, F. 198° (Zers.); aus V u. I; aus A. gelbe Kristalle; 30%. — *Bis-[benzothiazolyl-(2)-methyl]-disulfid. Dijodäthylat*, $C_{20}H_{22}N_2J_2S_4$, F. 123° (Zers.); aus IV u. II; aus A. gelbe Kristalle; 32%. *Dijodphenylat*, $C_{28}H_{22}N_2J_2S_4$, F. 178° (Zers.); kleine gelbe Kristalle; 23%. — *Bis-[benzothiazolyl-(2)-methyl]-äther. Dijodäthylat* (VI), $C_{20}H_{22}ON_2J_2S_2$, F. 208° (Zers.); aus IV u. Diglykolsäuredichlorid; aus A. gelbe Kristalle; 43%. *Dijodphenylat*, $C_{28}H_{22}ON_2J_2S_2$, F. 214° (Zers.); lange rote Nadeln; wirkt stark reizend auf die Nasenschleimhaut; 61%. — *3.3'-Diäthyl-8.10-epoxythiacarbocyaninjodid* (III; R = C_2H_5), $C_{21}H_{19}ON_2JS_2$, F. 198° (Zers.); 0,4 g VI, 0,4 g Orthoameisenester u. 2,5 ml Acetanhydrid werden 1 Std. gekocht; man fällt mit Ae.; aus A. kleine dunkle Kristalle; 31%. — *3.3'-Diphenyl-8.10-epoxythiacarbocyaninjodid* (III; R = C_6H_5), $C_{29}H_{19}ON_2JS_2$, F. 178° (Zers.); aus A. bronzeglänzende Kristalle; 30%. (Журнал Общей Химии [J. allg. Chem.] **22**. (**84**.) 711–15. April 1952. Inst. für organ. Chemie der Akad. der Wiss. der UdSSR.)

H. Fröhlich. 3142

M. W. Cronyn und **T. W. Nakagawa,** *Reaktion von salpetriger Säure mit Thiobenzamiden*. Thiobenzamid wurde in verschied. Medien mit HNO_2 behandelt. In jedem Fall entstand als Hauptprod. *3.5-Diphenyl-1.2.4-thiadiazol*.

Versuche: *3.5-Diphenylthiadiazol*, F. 89–90° (A. + W.), a) durch Zutropfen von Thiobenzamid in Eisessig zu $NaNO_2$ in W. unter Kühlung u. Verdünnen mit W.;

30% (Rohausbeute); b) wie vorst. bei Verwendung eines Gemisches von Dioxan + W.; c) bei Verwendung von Butylnitrit in A.; 75%; d) unter Verwendung von konz. H_2SO_4 u. e) durch Einw. von J_2 in A. auf Thiobenzamid; 77%. (J. Amer. chem. Soc. **74**. 3693. 20/7. 1952. Berkeley, Calif., Univ., Dep. of Chem. and Chem. Engng.) LEHWALD. 3173

Robert M. Herbst, Carleton W. Roberts und **Edward J. Harvill,** *Die Synthese von 5-Aminotetrazolderivaten.* Um wasserlösl. Verbb. der Tetrazolreihe zur Unters. auf ihre medizin. Verwendung zu gewinnen, werden *1-Alkyl-* bzw. *-aryl-5-aminotetrazole* synthetisiert. — Wird 5-Aminotetrazol (I) in n. Weise alkyliert, entstehen stets Gemische von 1- u. 2-Alkylderivv. u. 5-Alkylaminotetrazol, was durch die Tautomerie von I erklärt werden kann. Gut gelingt dagegen die Darst. von 1-Alkyl- bzw. -aryl-5-aminotetrazolen nach dem Verf. von VON BRAUN u. KELLER (C. **1932**. II. 3890) aus Nitrilen u. HN_3 in Ggw. von H_2SO_4, wobei 2 Mol HN_3 notwendig sind. Die Rk. wird nicht, wie VON BRAUN annahm, über ein freies Iminradikal verlaufen, das sich an die C—N-Bindung des Nitrils addiert, sondern unter Anlagerung von HN_3 unter Bldg. eines Imidazids, das durch Einw. der Säure N_2 abspaltet u. sich zu einem Carboimidderiv. umlagert; für diese Umlagerung wird ein ähnlicher ion. Mechanismus angenommen, wie ihn NEWMAN u. GILDENHORN (C. **1948**. II. 28) vorgeschlagen haben. Ähnlich wie in I selbst, das sauer reagiert u. gegenüber hydrolysierender Einw. beständige Metallsalze bildet, sind in den dargestellten Derivv. die bas. Eigg. der Aminogruppe maskiert, vielleicht durch den ungesätt. Charakter des heterocycl. Ringes: Die Verbb. haben relativ hohe FF., sind nur wenig wasserlösl. mit neutraler oder schwach saurer Rk., geben zwar Acetylderivv., jedoch nur schwer SCHIFFsche Basen; stabile Nitrosoderivv. werden gebildet, die Hydrochloride werden in alkoh. oder wss. Lsg. hydrolysiert. — Die 1-Alkyl- bzw. -aryl-5-aminotetrazole lassen sich mit Benzolsulfonsäuremethylester, Dimethylsulfat, Diäthylsulfat oder Halogenalkylverbb. an der Aminogruppe alkylieren; die so gewonnenen *1-Alkyl-* bzw. *-aryl-5-alkylaminotetrazole* sind bas. u. verhalten sich wie n. sek. Amine; gleiches gilt für die daraus gewonnenen *5-Dialkylaminoverbb.*: sie sind fl., sind bas. u. geben mineralsaure Salze, die in wss. Lsg stabil sind. — Über die pharmakol Wrkg. der Verbb. vgl. GROSS u. FEATHERSTONE (J. Pharmacol. exp. Therapeut. **88**. [1946.] 353).

Versuche: *1-n-Amyl-5-aminotetrazol,* $C_6H_{13}N_5$, F. 161—162° (wss. CH_3OH), aus n-Capronitril u. der 6,8%ig. Lsg. von ca. der 3fach mol. Menge HN_3 in Bzl. durch Erwärmen auf 35—40°, mehrstd. tropfenweise Zugabe von konz. H_2SO_4 bei 45—50°, 4—5std. Rühren, mehrstd. Stehen, Gießen der sauren Schicht auf Eis u. Neutralisieren mit NaOH; 54% (Ausbeute). — Ebenso wurden folgende *1-Alkyl-* bzw. *-aryl-5-aminotetrazole* gewonnen: *1-Methyl-,* $C_2H_5N_5$, F. 222,5—223,5° (W.); 30%. — *1-Äthyl-* (III), $C_3H_7N_5$, F. 148—148,5° (W.); 51%. — *1-n-Propyl-,* $C_4H_9N_5$, F. 153—153,5° (wss. Isopropanol); 31%. — *1-Isopropyl-,* $C_4H_9N_5$, F. 161,5—162° (Isopropanol-Bzl.); 28%. — *1-n-Butyl-,* $C_5H_{11}N_5$, F. 149—149,5° (wss. Isopropanol); 46%. — *1-Isobutyl-,* $C_5H_{11}N_5$, F. 204° (W.); 55%. — *1-Isoamyl-,* $C_6H_{13}N_5$, F. 186—187° (wss. Isopropanol); 47%. — *1-[1-Äthylpropyl]-,* $C_6H_{13}N_5$, F. 190—190,5° (Isopropanol); 37%. — *1-n-Heptyl-,* $C_8H_{17}N_5$, F. 162,5—163° (Isopropanol); 60%. — *1-[1-Äthyl-n-amyl]-,* $C_8H_{17}N_5$, F. 146—146,5° (Heptan); 32%. — *1-n-Nonyl-,* $C_{10}H_{21}N_5$, F. 162,5—163° (wss. Methanol); 28%. — *1-n-Undecyl-,* $C_{12}H_{25}N_5$, F. 161,5—162° (CH_3OH); 19%. — *1-Cyclohexyl-,* $C_7H_{13}N_5$, F. 216,5—217,5° (87%ig. Isopropanol); 40%. — *1-Phenyl-* (II), $C_7H_7N_5$, F. 159,5—160° (W.); 46%. — *1-Benzyl-,* $C_8H_9N_5$, F. 186,5—187,5° (wss. Isopropanol); 23%. — *1-[β-Phenyläthyl]-,* $C_9H_{11}N_5$, F. 176° (Isopropanol); 26%. — *1-[β-Chloräthyl]-,* F. 151,5—152° (Heptan); 15%. — *1-Phenyl-5-methylaminotetrazol,* Kp.$_3$ 139—141°, aus II durch Erhitzen mit Benzolsulfonsäuremethylester auf dem sd. Wasserbad, wobei Selbsterwärmung auf 160° eintritt, spätere Zugabe der methanol. Lsg. des Benzolsulfonats zu einer Lsg. von Na in CH_3OH, kurzes Kochen, Abdest. von CH_3OH, zuletzt im Vakuum, Suspendieren in W., Addition von Pottasche u. Ausziehen mit Bzl.; 73%. *Hydrochlorid,* $C_8H_{10}\cdot N_5Cl$, F. 225° unter Zers. (Isopropylalkohol), in 87%ig. Isopropanol gewonnen. *Phenylthioharnstoffderiv.,* $C_{15}H_{14}N_6S$, F. 181—182°. — *1-Äthyl-5-äthylaminotetrazol,* Kp.$_{21}$ 122 bis 123°, ähnlich vorst. Verb. aus III u. Diäthylsulfat; 60%. *Hydrochlorid,* $C_5H_{12}N_5Cl$, F. 228—229° unter Zers. (absol. Isopropanol), lange, rechteckige Prismen. *Phenylthioharnstoffderiv.,* $C_{12}H_{16}N_6S$, F. 109—110°. — *1-Äthyl-5-methylaminotetrazol,* Kp.$_{19}$ 118 bis 120°, aus III u. Dimethylsulfat; 71%. *Hydrochlorid,* $C_4H_{10}N_5Cl$, F. 201—202° (Zers.). *Phenylthioharnstoffderiv.,* $C_{11}H_{14}N_6S$, F. 149—150°. — *1-Äthyl-5-benzylaminotetrazol,* aus 5,7 g III u. Benzylchlorid bei 150° als *Hydrochlorid,* $C_{10}H_{14}N_5Cl$, F. 224° unter Zers. (80%ig. Isopropanol); Nadeln; 6 g rein. *Phenylthioharnstoffderiv.,* $C_{17}H_{18}N_6S$, F. 117 bis 118°. — *1-Äthyl-5-isobutylaminotetrazol,* aus III u. Isobutylbromid bei 130—140° im geschlossenen Rohr als *Hydrobromid,* $C_7H_{16}N_5Br$, F. 201° (Zers.). *Phenylthioharnstoffderiv.,* $C_{14}H_{20}N_6S$, F. 75—77°. — *1-Cyclohexyl-5-diäthylaminotetrazol,* Kp.$_{2,5}$ 123—125°, aus IV u. Diäthylsulfat durch Erwärmen auf dem Wasserbad; 84%. *Hydrochlorid,*

$C_{11}H_{22}N_5Cl$, F. 161—162° (Propylendichlorid), dargestellt in Isopropanol; Nadeln. — Ebenso wie die vorst. Verbb. wurden die folgenden *1-Alkyl-* bzw. *-aryl-5-alkyl-* bzw. *-dialkylaminotetrazole* dargestellt (die *Phenylthioharnstoffderivv.* = *PTD* wurden aus Isopropanol, wss. Isopropanol, Toluol, Bzl.–Heptan, Ae.–PAe. oder PAe. umkrist.): *1-Methyl-5-äthylamino-*, Kp.$_{20}$ 117—119°; 60%. *Hydrochlorid*, $C_4H_{10}N_5Cl$, F. 202—203° (Zers.). *PTD*, $C_{11}H_{14}N_6S$, F. 148,5—149,5°. — *1-Methyl-5-benzylamino-*, *Hydrochlorid*, $C_9H_{12}N_5Cl$, F. 217—218° (Zers.). *PTD*, $C_{16}H_{16}N_6S$, F. 123—124°. — *1-Äthyl-5-methyläthylamino-*, Kp.$_{24}$ 113—115°; 74%. *Hydrochlorid*, $C_6H_{14}N_5Cl$, F. 143—145°. — *1-Äthyl-5-[β-phenyläthylamino]-*, *Hydrobromid*, $C_{11}H_{16}N_5Br$, F. 203—204° (Zers.), *PTD*, $C_{18}H_{20}N_6S$, F. 80—81°. — *1-n-Propyl-5-äthylamino-*, Kp.$_{4,5}$ 94—95°; 71%. *Hydrochlorid*, $C_6H_{14}N_5Cl$, F 187°. *PTD*, $C_{13}H_{18}N_6S$, F. 77—78°. — *1-Isopropyl-5-äthylamino-*, Kp.$_5$ 100 bis 102°; 71%. *Hydrochlorid*, $C_6H_{14}N_5Cl$, F. 226° (Zers.). *PTD*, $C_{13}H_{18}N_6S$, F. 109—110°. — *1-n-Butyl-5-äthylamino-*, Kp.$_{3,5}$ 108—109°; 74%. *Hydrochlorid*, $C_7H_{16}N_5Cl$, F. 196—197°. *PTD*, $C_{14}H_{20}N_6S$, F. 71—73°. — *1-Isobutyl-5-methylamino-*, Kp.$_{20}$ 130—132°; 75%. *Hydrochlorid*, $C_6H_{14}N_5Cl$, F. 243—244° (Zers.). *PTD*, $C_{13}H_{18}N_6S$, F. 111—112°. — *1-Isobutyl-5-äthylamino-*, Kp.$_{19}$ 135—137°; 65%. *Hydrochlorid*, $C_7H_{16}N_5Cl$, F. 239° (Zers.). *PTD*, $C_{14}H_{20}N_6S$, F. 77—78°. — *1-n-Amyl-5-äthylamino-*, Kp.$_{3,5}$ 117—119°; 71%. *Hydrochlorid*, $C_8H_{18}N_5Cl$, F. 188—189°. *PTD*, $C_{15}H_{22}N_6S$, F. 77—78°. — *1-Isoamyl-5-äthylamino-*, Kp.$_{3,5}$ 115—117°; 76%. *Hydrochlorid*, $C_8H_{18}N_5Cl$, F. 221—222° (Zers.). *PTD*, $C_{15}H_{22}N_6S$, F. 82—83°. — *1-[1-Äthylpropyl]-5-äthylamino-*, Kp.$_6$ 107—109°; 67%. *Hydrochlorid*, $C_8H_{18}N_5Cl$, F. 216° (Zers.). *PTD*, $C_{15}H_{22}N_6S$, F. 120—121°. — *1-n-Heptyl-5-methylamino-*, Kp.$_7$ 145—148°; 81%. *Hydrochlorid*, $C_9H_{20}N_5Cl$, F. 198—199°. *PTD*, $C_{16}H_{24}N_6S$, F. 76—77°. — *1-n-Heptyl-5-äthylamino*, Kp.$_{4,5}$ 134—136°; 75%. *Hydrochlorid*, $C_{10}H_{22}N_5Cl$, F. 162—163°. *PTD*, $C_{17}H_{26}N_6S$, F. 50—51°. — *1-Cyclohexyl-5-methylamino-*, Kp.$_5$ 140—142°; 80%. *Hydrochlorid*, $C_8H_{16}N_5Cl$, F. 264° (Zers.). *PTD*, $C_{15}H_{20}N_6S$, F. 172 bis 173°. — *1-Cyclohexyl-5-äthylamino-* (**IV**), Kp.$_{6,5}$ 138—140°. *Hydrochlorid*, $C_9H_{18}N_5Cl$, F. 248° (Zers.). *PTD*, $C_{16}H_{22}N_6S$, F. 143—144°. — *1-Cyclohexyl-5-benzylamino-*, *Hydrochlorid*, $C_{14}H_{20}N_5Cl$, F. 240° (Zers.). *PTD*, $C_{21}H_{24}N_6S$, F. 150—151°. — *1-Cyclohexyl-5-[β-phenyläthylamino]-*, *Hydrobromid*, $C_{15}H_{22}N_5Br$, F. 208—209°. *PTD*, $C_{22}H_{26}N_6S$, F. 120—121°. — *1-Phenyl-5-dimethylamino-*, Kp.$_{3,5}$ 136—138°; 66%. *Hydrochlorid*, $C_9H_{12}N_5Cl$, F. 210° (Zers.). — *1-Phenyl-5-äthylamino-*, Kp.$_5$ 146—148°; 61%. *Hydrochlorid*, $C_9H_{12}N_5Cl$, F. 239° (Zers.). *PTD*, $C_{16}H_{16}N_6S$, F. 93—94°. — *1-Benzyl-5-äthylamino-*, Kp.$_3$ 155—156°; 70%. *Hydrochlorid*, $C_{10}H_{14}N_5Cl$, F. 226° (Zers.). *PTD*, $C_{17}H_{18}N_6S$, F. 117—118°. — *1-[β-Phenyläthyl]-5-äthylamino-*, Kp.$_7$ 172—173°; 67%. *Hydrochlorid*, $C_{11}H_{16}N_5Cl$, F. 217—218° (Zers.). *PTD*, $C_{18}H_{20}N_6S$, F. 81—82°. — *1-Cyclohexyl-5-[β-phthalimidoäthyl]-*, *Hydrobromid*, $C_{17}H_{20}O_2N_5Br$, F. 270° (Zers.). (J. org. Chemistry **16.** 139—49. Jan. 1951. Orange, N. J., E. Bilhuber, Inc., Res. Labor.) NITZSCHKE. 3184

Walter Ciusa und **Giorgio Nebbia**, *Isonicotinsäurehydrazid.* An Hand von Literaturangaben werden Angaben über die Eigg. der isomeren Methylpyridine, die Abtrennung von *4-Methylpyridin* (I) aus dem Basengemisch, die Darst. von *Isonicotinsäure* (**II**) durch Oxydation von **I** u. die Umwandlung von **II**-Äthylester in *Isonicotinsäurehydrazid* beschrieben. — 43 Literaturnachweise. (Chimica [Milano] [N. S.] **7.** 81—83. März 1952. Bologna, Univ., Ist. di Merceologia, u. Ist. Neoterapico Italiano, Labor. Ric.)

K. FABER. 3231

Irving Allan Kaye, **Irving C. Kogon** und **Chester L. Parris**, *N.N-Dimethyl-N'-benzhydryl-N'-[pyridyl-(2)]-äthylendiamin und verwandte Verbindungen als Histaminantagonisten.* Vff. synthetisierten *N.N-Dimethyl-N'-benzhydryl-N'-[pyridyl-(2)]-äthylendiamin* (**I**) u. einige verwandte Verbb. durch Rk. von Dimethylaminoäthylchloridhydrochlorid (**II**) bzw. Dimethylaminoisopropylchloridhydrochlorid (**III**) mit 2-Benzhydrylaminopyridin (**IV**) bzw. anderen sek. Aminen in Ggw. von $LiNH_2$. Die schon von HALL u. BURCKHALTER (vgl. C. **1951.** II. 3020) beobachtete Zers. des **I** zu *N.N-Dimethyl-N'-[pyridyl-(2)]-äthylendiamin* (**V**) u. *1.1.2.2-Tetraphenyläthan* (**VI**) erfolgt nur in Ggw. von überschüssigem HCl; reines **I**-*Dihydrochlorid* wird durch 24std. Kochen in absol. A. nicht zersetzt. Mehr oder weniger starke Bldg. von **VI** bzw. seiner Substitutionsprodd. wurde bei der Dest. aller Rohprodd. beobachtet, wodurch sich zu niedrige Analysenwerte für N_2 ergaben. Mit *N-Benzhydrylanilin* reagierten **II** u. **III** nicht, daher wurde *N.N-Dimethyl-N'-benzhydryl-N'-phenyläthylendiamin* aus Benzhydrylchlorid (**VII**) u. N.N-Dimethyl-N'-phenyläthylendiamin (**VIII**) synthetisiert, wobei in Ggw. von HCl ebenfalls teilweise Zers. zu **VI** eintrat. Bei Verss., in ähnlicher Weise einige Substitutionsprodd. von **VII** mit **V** umzusetzen, konnte nur **V** als Dipikrat im Reaktionsprod. nachgewiesen werden; wahrscheinlich werden die gewünschten Verbb. zunächst gebildet, dann aber durch die Extraktion mit HCl gespalten. **V** wurde auch bei dem Vers. erhalten, aus *2-[4-Methoxybenzhydrylamino]-pyridin* (**IX**) u. **II** nach Entfernung der unlösl. Li-Verbb. durch Einleiten von HCl *N.N-Dimethyl-N'-[4-methoxybenzhydryl]-N'-[pyridyl-(2)]-äthylendiamin-*

hydrochlorid zu gewinnen. Analoge Prodd. entstanden bei der Einw. von HCl-Gas auf Reaktionsgemische von **III** u. **IV** oder 2-[Benzhydrylamino]-pyrimidin (**X**), während aus **II** u. **IV** das erwartete **I**-*Dihydrochlorid* erhalten wurde. Die als Ausgangsprodd. notwendigen sek. Amine wurden durch Einw. von **VII** auf 2-Aminopyridin (**XI**), 2-Aminopyrimidin bzw. 2-Aminolepidin in Ggw. von $LiNH_2$ oder durch reduktive Alkylierung der entsprechenden SCHIFFschen Basen mit C_6H_5MgBr gewonnen. In Abwesenheit von $LiNH_2$ reagierten nur **XI** u. 2-Aminothiazol (**XII**) ohne Bldg. ringalkylierter Verbindungen. Da im letzteren Fall die Ausbeute zu gering war, wurde *2-Benzhydrylaminothiazol* auch durch Totalsynth. aus Benzhydrylamin über das Isothiocyanat u. das entsprechende Thioharnstoffderiv. dargestellt. — Die von Vff. erwartete biol. Wirksamkeit der Endprodd. als Histaminantagonisten war gering. Mit 15% der Aktivität des Pyribenzamins erwies sich *N.N-Dimethyl-N'-[4-chlorbenzhydryl]-N'-[pyridyl-(2)]-äthylendiamin* am wirksamsten.

Versuche (FF. korr.): *2-Benzhydrylaminopyrimidin* (**X**), F. 138—139° (Methanol), Darst. analog der von 2-Benzylaminolepidin (vgl. KAYE, C. **1950**. I. 712) mit $LiNH_2$, aber in benzol. Lsg.; 20% (Ausbeute). *Pikrat*, $C_{17}H_{15}N_3 \cdot C_6H_3O_7N_3$, F. 148,5—149,5° (A.). — Ebenso wurde *2-Benzhydrylaminolepidin* (**XIII**), $C_{23}H_{20}N_2$, F. 111,5—112° (Isopropylalkohol) erhalten; 35%. — *2-Benzhydrylaminopyridin* (**IV**), F. 101—102° (Methanol), $Kp._{0,04}$ 130—132°, a) analog **X**; 53%; b) durch 24std. Kochen von **VII** u. **XI** in Bzl., Filtrieren, Einengen u. Umkristallisieren aus Hexan, dann Isopropylalkohol; 58%; c) durch Zugabe einer Lsg. von 2-Benzylidenaminopyridin (dieses durch Kochen von C_6H_5CHO u. **XI** in Cumol) in Cumol zu einer Lsg. von C_6H_5MgBr in Ae., 3std. Eehitzen auf 140°, Zers. mit gesätt. NH_4Cl-Lsg., Waschen des gefällten Prod. mit Ae. u. Vakuumdest.; 82%. *Pikrat*, $C_{18}H_{16}N_2 \cdot C_6H_3O_7N_3$, F. 183—184° (Aceton–A.). — Analog **IV** (Meth. c) wurden synthetisiert: *2-[4-Chlorbenzhydrylamino]-pyridin*, $C_{18}H_{15}N_2Cl$, F. 98,5—99° (Isopropylalkohol), $Kp._{0,02}$ 140—146°; 78%. — *2-[4-Methoxybenzhydrylamino]-pyridin* (**IX**), $C_{19}H_{18}ON_2$, F. 103,5—104,5° (Isopropyläther); 58%. *Pikrat*, F. 150,5—151,5°. — *2{-α-[Furyl-(2)]-benzylamino}-pyridin*, $Kp._{0,05}$ 132—135°; 45%. *Pikrat*, $C_{16}H_{14}ON_2 \cdot C_6H_3O_7N_3$, F. 126—127,5° (A.). — *2-{α-[Thienyl-(2)]-benzylamino}-pyridin*, $C_{16}H_{14}N_2S$, F. 97—98° (Isopropylalkohol), $Kp._{0,13}$ 140—144°; 64%. — *N.N-Dimethyl-N'-benzhydryl-N'-[pyridyl-(2)]-äthylendiamin* (**I**), $Kp._{0,03}$ 144°, a) analog **X** durch Kochen von **IV** mit **II** + $LiNH_2$ (letztere in 20%ig. Überschuß) in Bzl.; 92%; b) durch 7std. Kochen von **II** u. **IV** mit 2 Mol $LiNH_2$ in Bzl.; nach Filtrieren von LiCl u. Zugabe von äther. HCl entsteht das *Dihydrochlorid*, $C_{22}H_{25}N_3 \cdot 2\,HCl$, F. 160—161,5° (Essigsäureisopropylester); 91%. *Oxalat*, $C_{22}H_{25}N_3 \cdot C_2H_2O_4$, F. 160,5—161° (Isopropanol). — Analog **I** (Meth. a) wurden synthetisiert: *N.N-Dimethyl-N'-[4-chlorbenzhydryl]-N'-[pyridyl-(2)]-äthylendiamin*, $C_{22}H_{24}N_3Cl$, $Kp._{0,02}$ 155—160°; 96%. *Oxalat*, krist. mit 4 H_2O, nach Trocknen über H_2SO_4 im Vakuum noch 2 H_2O, bei 120° u. 0,1 Torr wasserfrei, $C_{22}H_{24}N_3Cl \cdot C_2H_2O_4$, F. 164,5—165° (Isopropanol). — *N.N-Dimethyl-N'-[4-methoxybenzhydryl]-N'-[pyridyl-(2)]-äthylendiamin*, $Kp._{0,04}$ 158—165°; 79%. *Oxalat*, $C_{23}H_{27}ON_3 \cdot C_2H_2O_4$, F. 141,5—142° (Isopropanol). — *N.N-Dimethyl-N'-{α-[furyl-(2)]-benzyl}-N'-[pyridyl-(2)]-äthylendiamin*, $Kp._{0,04}$ 137—144°; 85%. *Oxalat*, $C_{20}H_{23}ON_3 \cdot C_2H_2O_4$, F. 140—141° (A.). — *N.N-Dimethyl-N'-{α-[thienyl-(2)]-benzyl]-N'-[pyridyl-(2)]-äthylendiamin*, $C_{20}H_{23}N_3S$, F. 96—97° (Isopropanol), $Kp._{0,05}$ 155 bis 156°; 89%. *Oxalat*, F. 135—136° (A.–Essigsäureisopropylester). — *N.N-Dimethyl-N'-benzhydryl-N'-[pyrimidyl-(2)]-äthylendiamin*, $Kp._{0,04}$ 151°; 93%. *Dihydrochlorid*, $C_{21}H_{24}N_4 \cdot 2\,HCl$, F. 152—153°. *Jodmethylat*, F. 174,8—175,2°. — *N.N-Dimethyl-N'-benzhydryl-N'-[thiazolyl-(2)]-äthylendiamin*, $C_{20}H_{23}N_3S$, $Kp._{0,07}$ 163—167°; 82%. *Oxalat*, $C_{20}H_{23}N_3S \cdot C_2H_2O_4$, F. 178—179° (Isopropanol). — *N.N-Dimethyl-N'-benzhydryl-N'-[lepidyl-(2)]-äthylendiamin*, $Kp._{0,04}$ 192°; 82%. *Dihydrochlorid*, $C_{27}H_{29}N_3 \cdot 2\,HCl$, F. 192 bis 193°. — *1-Dimethylamino-2-[N-benzhydryl-N-pyridyl-(2)-amino]-propan*, $Kp._{0,03}$ 152 bis 155°, aus **III** u. **IV**; 84%. *Jodmethylat*, $C_{23}H_{27}N_3 \cdot CH_3J$, F. 139,5° (A.–Essigsäureisopropylester) u. nach Wiedererstarren F. 235—236°. — *1-Dimethylamino-2-[N-benzhydryl-N-lepidyl-(2)-amino]-propan*, $Kp._{0,04}$ 179°, aus **III** u. **XIII**; 88%. *Jodmethylat*, $C_{28}H_{31}N_3 \cdot CH_3J$, F. 155,5—156,5° (Essigsäureisopropylester). — *N.N-Dimethyl-N'-benzhydryl-N'-phenyläthylendiamin*, $Kp._{0,04}$ 155—156, durch 24std. Kochen von **VII** u. **VIII** mit 2 Mol $LiNH_2$ in Bzl. nach Abfiltrieren von LiCl u. Abtrennen des daneben entstandenen **VI** durch Fällen mit Isopropanol im Destillat; mit äther. $C_2H_2O_4$ in Isopropanol *Oxalat*, $C_{23}H_{26}N_2 \cdot C_2H_2O_4$, F. 191—192° (nach Trocknen bei 110° u. 0,1 Torr); 25%. — Bei ähnlicher Rk. zwischen **V** u. 4-Chlor-, 4-Methoxy-, 4.4'-Dichlor- oder 4.4'-Dimethoxybenzhydrylchlorid entstand nach Aufnehmen der Reaktionsprodd. in verd. HCl, Alkalisieren, Ausäthern u. Zugabe von äther. Pikrinsäure stets *N.N-Dimethyl-N'-[pyridyl-(2)]-äthylendiamin-*(**V**)*-Dipikrat*, $C_9H_{15}N_3 \cdot 2\,C_6H_3O_7N_3$, F. 200—201° (Methyläthylketon); es bildete sich auch beim Einleiten von HCl-Gas in ein von LiCl befreites Reaktionsgemisch von **II** u. **IX** in Bzl.; das *Dihydrochlorid*, F. 221—223°, entstand durch Sättigen einer Lsg.

von 10 g **I** in absol. A. mit HCl nach Einengen u. Waschen mit heißem Essigsäureisopropylester; 4,8 g; daneben durch Eindampfen des Filtrats u. Behandeln des Rückstandes mit Isopropanol; 2 g; *1.1.2.2-Tetraphenyläthan* (**VI**), F. 209—210,5°; dieses auch als Nebenprod. bei der Einw. von $LiNH_2$ auf 32,8 g **VIII** u. 48,6 g **VII** in Bzl.; 6 g. — *1-Dimethylamino-2-[N-pyridyl-(2)-amino]-propan,* beim Einleiten von HCl in eine von LiCl befreite Reaktionslsg. von **III** u. **IV** in Bzl.; auch aus **III** u. **XI** in Ggw. von $LiNH_2$. *Dipikrat,* F. 209—210° (W.). *Dioxalat,* $C_{10}H_{17}N_3 \cdot 2\,C_2H_2O_4$, F. 170—171° (Alkohol). — *1-Dimethylamino-2-[N-pyrimidyl-(2)-amino]-propandipikrat,* $C_9H_{16}N_4 \cdot 2\,C_6H_3O_7N_3$, F. 191—192° (A.). — *Benzhydrylisothiocyanat,* $C_{14}H_{11}NS$, F. 56,5—57,5° (wss. Methanol), Kp.$_9$ 165 bis 167°, Darst. analog CH_3NCS (vgl. MOORE u. CROSSLEY. Org. Syntheses **21.** [1941.] 81) aus Benzhydrylamin; 86%; daraus mit konz. NH_4OH in Aceton nach ½std. Kochen u. Zugabe von W. *N-Benzhydrylthioharnstoff,* $C_{14}H_{14}N_2S$, F. 184—185° (Isopropanol); 99%. — *2-Benzhydrylaminothiazol,* $C_{16}H_{14}N_2S$, F. 169,5—171° (Isopropanol), durch 5std. Erhitzen einer schwach salzsauren Lsg. vorst. Verb. u. Dimethylchloracetal u. Alkalisieren mit NaOH; 99%; auch bei 24std. Kochen von **VII** u. **XII** in Isopropylalkohol; 10%. — *Benzophenonanil,* F. 112—113°, durch 16std. Erhitzen von Benzophenon u. Anilin auf 210—215° u. Versetzen mit Isopropanol; 96%. — *N-Benzhydrylanilin,* $C_{19}H_{17}N$, F. 53—54,5° (nach Waschen mit Hexan), Kp.$_{0,05}$ 128°, durch 2std. Hydrierung vorst. Verb. mit 10%ig. Pd-Kohle in Bzl. bei anfangs 58 lbs.; 87%. *Hydrochlorid,* $C_{19}H_{17}$·N·HCl, F. 191—192° (Ae.-Methanol). (J. Amer. chem. Soc. **74.** 403—07. 20/1. 1952. Brooklyn, N. Y., Brooklyn Coll., Dep. of Chem.) W. HOFFMANN. 3231

A. Schöberl und **G. Wiehler,** *Über die Säurekatalyse der Wasserabspaltung aus Thioglykolsäure.* Das früher (C. **1952.** 5573) aus gealterten Thioglykolsäure (**II**)-Präpp. isolierte *2.2.5.5-Tetra-[carboxymethylmercapto]-1.4-dithian* (**I**) kann bequem aus **II** durch Einw. von HCl dargestellt werden. Schon bei gewöhnlicher Temp. bildet sich **I** in Lsgg. von **II** in W. oder organ. Lösungsmitteln, die mit HCl gesätt. waren, u. fällt aus. **I** wurde weiter als *S-Benzylthiuroniumsalz* [F. 164,5—166° (Zers.)] u. als *Äthylester* [F. 93,6° (A.)] charakterisiert. **I** sowie die Ester lassen sich, vermutlich unter Abspaltung von 2 **II**-Resten, nitrieren, wobei wahrscheinlich 2 NO_2-Gruppen eintreten. *Nitroderiv. aus* **I**-*Methylester,* F. 141,5° (CH_3OH), *aus* **I**-*Äthylester,* F. 129,5—130° (Zers.; A.); diese beiden Nitroderivv. reagieren mit prim. aromat. Aminen (Anilin, p-Toluidin, α-Naphthylamin) jeweils zur selben farbigen Verb., also unter Abspaltung der veresterten **II**-Reste; möglicherweise handelt es sich bei diesen farbigen Verbb. um nitrierte Dithiine der Konst. **III**. (Angew. Chem. **65.** 33. 7/1. 1953. Hannover, Tierärztl. Hochschule, Chem. Inst.) SPAETH. 3262

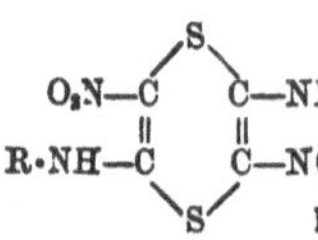

III

Arthur P. Phillips und **Allison Maggiolo,** *Bromierung einiger Anilinopyrimidine.* Vff. untersuchen die Bromierung von *Anilinopyrimidinen* im Hinblick auf die leichte elektrophile Substitution bei Anilinderivv. u. bei Amino- u. Oxypyrimidinen. Sie wählen als Verbb. *2-Amino-4-anilino-6-methylpyrimidin* (**I**), *2.6-Dimethyl-4-anilinopyrimidin* (**II**) u. *2-Anilino-4.6-dimethylpyrimidin* (**III**). Die Bromierungen wurden unter gleichen Bedingungen ausgeführt, so daß Substitution an verschied. Stellen des Mol. auf die unterschiedliche Struktur zurückgeführt werden kann, derart, daß in Eisessiglsg. mit einem Überschuß an Na-Acetat zum Abbinden der entstehenden HBr gearbeitet wird. **I** gab hierbei mit einem Äquivalent Br_2 ausschließlich *2-Amino-4-anilino-5-brom-6-methylpyrimidin* (**IV**), was durch Synth. dieser Verb. aus *2-Amino-4-chlor-5-brom-6-methylpyrimidin* (**V**) u. Anilin-Hydrochlorid bewiesen werden konnte. **IV** ist auch nicht ident. mit dem aus 2-Amino-4-chlor-6-methylpyrimidin u. p-Bromanilin-Hydrochlorid analog dargestellten isomeren *2-Amino-4-[4'-bromanilino]-6-methylpyrimidin* (**VI**). **IV** u. **VI** reagieren mit einem weiteren Mol Br_2 unter Bldg. von *2-Amino-4-[4'-bromanilino]-5-brom-6-methylpyrimidin,* das auch direkt aus **I** mit 2 Mol Br_2 erhalten wird u. dessen Struktur durch Synth. aus **V** u. p-Bromanilin-Hydrochlorid bewiesen wurde. Trägt das N-Atom der Anilinogruppe in **I** eine Methylgruppe, ist der Substitutionsverlauf analog. **II** gab mit einem Mol Br_2 *2.6-Dimethyl-4-anilino-5-brompyrimidin* (**VII**), mit 2 Mol Br_2 *2.6-Dimethyl-4-[4'-bromanilino]-5-brompyrimidin* (**VIII**). **VII** u. **VIII** wurden ebenfalls aus 2.6-Dimethyl-4-chlor-5-brompyrimidin synthetisiert. **VIII** gab mit einem weiteren Mol Br_2 *2.6-Dimethyl-4-[2'.4'-dibromanilino]-5-brompyrimidin.* **III** gab mit einem Mol Br_2 ein Gemisch von *2-[4'-Bromanilino]-4.6-dimethylpyrimidin, 2-Anilino-4.6-dimethyl-5-brompyrimidin* u. *2-[4'-Bromanilino]-4.6-dimethyl-5-brompyrimidin.* Da ein unsubstituierter Pyrimidinring weniger empfänglich für elektrophile Substitution als ein Benzolring auf Grund der stärker elektronegativen Natur des heterocycl. Kerns ist, aktiviert der Pyrimidinring Alkyle u. Halogene in 2-, 4- u. 6-Stellung für Kondensations- oder Austauschreaktionen. Die bevorzugte Substitution in der 5-Stellung ist auf die kumulierende Aktivierung dieser Stellung durch Elektronenabgabe von den beiden Aminogruppen u. der

Methylgruppe (für I) zu erklären. Ferner kann der Amino-N sowohl die 4'-Stellung des Benzol- wie auch die 5-Stellung des Pyrimidinringes aktivieren.

V e r s u c h e: Allg. Meth. der Darst.: *A) Bromierung von Anilinopyrimidinen:* In 0,01 Mol Anilinopyrimidin in 25 cm³ Eisessig mit 0,03 Mol wasserfreiem Na-Acetat wird eine Lsg. von 0,01 Mol Br_2 in 10 cm³ Eisessig unter Rühren zugetropft. Nach Zufügen des Br_2 1 Std. auf dem Dampfbad erhitzen. Nach Abkühlen mit 200 cm³ W. verd. u. konz. NH_4OH bis p_H 9 zufügen, Nd. abfiltrieren, umkristallisieren. — *B) Umsetzung eines Anilins mit Chlorbrompyrimidinen:* 0,01 Mol Chlorbrompyrimidin, 0,01 Mol Anilin u. 0,01 Mol konz. HCl in 30 cm³ W. 2 Std. auf dem Dampfbad erhitzen, dann mit 100 cm³ W. verd. u. konz. NH_4OH bis p_H 9 zufügen. Nd. abfiltrieren u. umkristallisieren. — Folgende Bromderivv. nebenstehender Konst. wurden dargestellt: *X = Br, Y = H* (**IV**), $C_{11}H_{11}N_4Br$, F. 152—153° (Äthylacetat–Skellysolve B), 100% (Ausbeute nach Meth. A), 80% (Ausbeute nach Meth. B). — *X = H, Y = Br* (**VI**), $C_{11}H_{11}N_4Br$, F. 228—229° (A.-W.), —, 95%. — *X = Y = Br*, $C_{11}H_{10}N_4Br_2$, F. 192—193° (Methanol), 100%, 100%. — *X = Br, Y = Cl*, $C_{11}H_{10}N_4ClBr$, F. 260—261° (A.-W.), 95%. — Ferner die *im N der Anilinogruppe methylierten Derivv.* mit *X = H, Y = H*, $C_{12}H_{14}N_4$, F. 149—150° (Bzl.-Skellysolve B), —, 90%. — *X = Br, Y = H*, $C_{12}H_{13}N_4Br$, F. 181—182° (Äthylacetat–Skellysolve B), 40%, 80%. — *X = Br, Y = Br*, $C_{12}H_{12}N_4Br_2$, F. 167—168° (Methanol), 100%, —. Folgende Bromderivv. nebenst. Konst. wurden dargestellt: *X = Br, Y = H* (**VII**), $C_{12}H_{12}N_3Br$, F. 98—99° (Methanol-W.), 70%, 95%. *Pikrat*, F. 197—198°. — *X = H, Y = Br*, $C_{12}H_{12}N_3Br$, F. 136—137° (Äthylacetat–Skellysolve B), —, 100%. *Pikrat*, F. 207—208° (Methanol). — *X = Br, Y = Br* (**VIII**), $C_{12}H_{11}N_3Br_2$, F. 160—161° (Methanol-W.), 100%, 100%. — *2.6-Dimethyl-4-[2'.4'-dibromanilino]-5-brompyrimidin*, $C_{12}H_{10}N_3Br_3$, F. 163 bis 164° (Methanol-W.), 100%, 100%. — Folgende Bromderivv. nebenst. Konst. wurden dargestellt: *X = H, Y = Br*, $C_{12}H_{12}N_3Br$, F. 126 bis 127° (Methanol-W.), 25%, 100%. *Pikrat*, F. 253—254° (Methanol). — *X = Br, Y = H-Pikrat*, $C_{12}H_{12}N_3Br \cdot C_6H_3O_7N_3$, F. 179—180° (Methanol), 25%, —. — *X = Br, Y = Br*, $C_{12}H_{11}N_3Br_2$, F. 152—153° (Methanol), 100%, —. (J. Amer. chem. Soc. **74**. 3922—24. 5/8. 1952. Tuckahoe, N. Y., Wellcome Res. Labors.) RUSKE. 3272

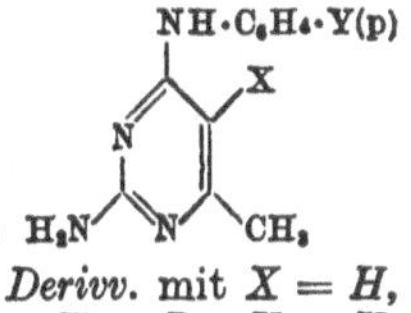

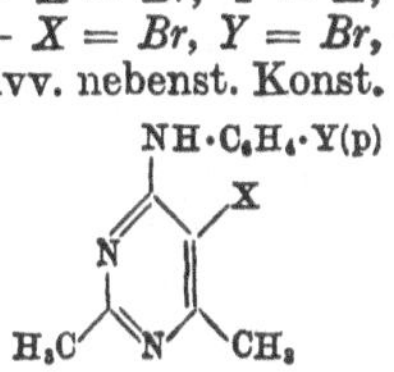

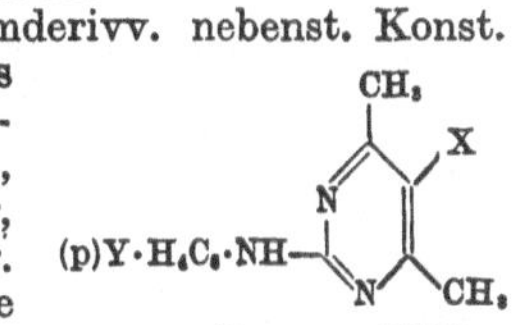

H. S. Forrest, R. Hull, H. J. Rodda und **A. R. Todd**, *Synthese von 8-substituierten Pteridinderivaten.* Die strukturelle Ähnlichkeit der natürlich vorkommenden Pteridine mit Purinnucleosiden u. Flavinen in bezug auf den Pyrimidinring macht es wahrscheinlich, daß auch $N_{(8)}$-Glykoside der Pteridine in der Natur existieren. Vff. stellen als Modellsubstanzen in *8-Stellung substituierte Pteridine* dar, die vielleicht als biol. Antagonisten zu den Purinnucleosiden oder den Flavinen wirken können. — 5-Chloracetamido-4-oxy-2.6-dimethylpyrimidin ließ sich mit $POCl_3$ nur schlecht umsetzen. 4-Chlor-5-formamido-2.6-dimethylpyrimidin gab nach Rk. mit Anilin u. Hydrolyse *5-Amino-4-anilino-2.6-dimethylpyrimidin*, das über die Chloracetylverb. zu *5.6.7.8-Tetrahydro-6-keto-2.4-dimethyl-8-phenylpteridin* cyclisiert wurde. — Die Rk. von 2-Amino-4-chlor-6-methoxypyrimidin mit Äthylamin (**II**) führte zum Disubstitutionsprod., *2-Amino-4.6-bis-[äthylamino]-pyrimidin*; mit 2-Amino-4.6-dichlorpyrimidin (**I**) entstand unter Druck *2-Amino-4-chlor-6-äthylaminopyrimidin*, das mit CH_3ONa zur *Methoxyverb.* führte. Da diese nur in sehr geringer Ausbeute entmethyliert werden konnte, wurde *2-Amino-4-äthylamino-6-oxypyrimidin* (**IX**) aus **I** durch partielle Hydrolyse u. Umsatz mit **II** gewonnen. Nach Nitrosierung in 5-Stellung, Red. zum Amin (**III**), das wegen seiner Unbeständigkeit an der Luft als Rohprod. weiterverarbeitet wurde, u. Chloracetylierung wurde *2-Amino-5-chloracetamido-4-äthylamino-6-oxypyrimidin* gewonnen, das jedoch nicht zu einem Ketopteridin cyclisiert werden konnte. Wohl aber führte rohes **III** mit Oxalsäure zu *8-Äthylleukopterin*, mit Benzoin zu *2-Amino-7.8-dihydro-8-äthyl-4-oxy-6.7-diphenylpteridin* u. mit Alloxan zu *7-Amino-9-äthyl-2.3.4.9-tetrahydro-5-oxy-2.4-diketo-1.3.6.8.9.10-hexaazaanthracen*, einem Diazaisoalloxazinderivat. — 5.6-Diamino-2-methylmercapto-4-[D-tetraacetylglucosylamino]-pyrimidin (**IV**) läßt sich zwar leicht chloracetylieren, doch konnte das erhaltene Deriv. nicht zu einem 8-Glucosylpteridin cyclisiert werden. Mit Alloxan reagiert **IV** in unübersichtlicher Weise, mit Benzoin gar nicht; mit Oxalsäurediäthylester u. $NaOCH_3$ entsteht jedoch *4-Amino-8-[D-glucosyl]-5.6.7.8.-tetrahydro-6.7-diketo-2-methylmercaptopteridin* (**V**), dessen Konst. durch HJO_4-Titration bewiesen wird; die Verb. nimmt 3 Mol HJO_4 auf, während das Isomere, 4-[D-Glucosylamino]-5.6.7.8-tetrahydro-6.7-diketo-2-methylmercaptopteridin, das statt **V** auch hätte vorliegen können, 5—6 Mol HJO_4 aufnehmen müßte.

Versuche: *5-Amino-4-oxy-2.6-dimethylpyrimidin* (**VI**), F. 196—197°, aus 20 g 4-Oxy-2.6-dimethyl-5-phenylazopyrimidin durch Hydrierung in A. mit $Pd/BaSO_4$ bei n. Druck, Einengen des Filtrats im Vakuum unter N_2 u. Herauswaschen von Anilin mit Aceton; 10,5 g (Ausbeute). — *5-Chloracetamido-4-oxy-2.6-dimethylpyrimidin*, $C_8H_{10}O_2 \cdot N_3Cl$, F. 216—217°, aus vorst. Verb. in Aceton mit Chloracetylchlorid (**VIII**) u. Pottasche durch 2std. Rk., Ausziehen des Festprod. mit CH_3OH, Eindampfen u. Vakuumsublimation; aus A. kleine Nadeln. Mit $POCl_3$ entstehen geringe Mengen **VI** u. *5-Amino-4-chlor-2.6-dimethylpyrimidin* (**VII**). — *5-Amino-4-anilino-2.6-dimethylpyrimidin*, $C_{12} \cdot H_{14}N_4$, F. 192—193°, aus 1,21 g 4-Chlor-5-formamido-2.6-dimethylpyrimidin durch 4std. Kochen mit Anilin, Abdest., $^1/_4$std. Kochen des Rückstandes mit verd. HCl u. Alkalisieren; aus Bzl. Nadeln; 1,45 g. Die Verb. entsteht ebenso auch aus **VII**. — *4-Anilino-5-chloracetamido-2.6-dimethylpyrimidin*, $C_{14}H_{15}ON_4Cl$, F. 139—140°, aus 0,77 g vorst. Verb. u. **VIII** in Aceton + K_2CO_3; aus CCl_4 Nadeln; 0,8 g. — *5.6.7.8-Tetrahydro-6-keto-2.4-dimethyl-8-phenylpteridin*, $C_{14}H_{14}ON_4$, F. 262—264° (wss. A.), aus 0,4 g vorst. Verb. durch Zugabe zu CH_3COOAg in sd. W., Addition von Ag_2CO_3, 2std. Kochen, Zentrifugieren, Ausziehen mit HCl u. Zugabe von CH_3COONa; 0,15 g; lösl. in A., 50%ig. Essigsäure u. wss. NaOH, unlösl. in Bzl. u. H_2O. — *2-Amino-4.6-bis-[äthylamino]-pyrimidin*, $C_8H_{15}N_5$, F. 135,5—136°, aus 2,8 g 2-Amino-4-chlor-6-methoxypyrimidin durch 4std. Erhitzen mit 30%ig. $C_2H_5NH_2$ (**II**) im Autoklaven auf 150°, Einengen der Lsg. im Vakuum, Lösen des öligen Rückstandes in verd. HCl, Fällen mit viel NaOH u. Vakuumsublimation; aus Bzl. federige Nadeln; 2,35 g. — *2-Amino-4-chlor-6-äthylaminopyrimidin*, $C_6H_9N_4Cl$, F. 152,5°, aus 2-Amino-4.6-dichlorpyrimidin (**I**) u. **II** in W. durch 3std. Erhitzen auf 100° im Autoklaven, Lösen des Prod. in verd. HCl u. Fällen mit NaOH; aus A. prismat. Nadeln. — *2-Amino-4-äthylamino-6-methoxypyrimidin*, $C_7H_{12}ON_4$, F. 137 bis 138°, aus 6,3 g vorst. Verb. in CH_3OH durch 3std. Erhitzen mit CH_3ONa im Autoklaven auf 130°; aus W., dann Bzl. Nadeln; 5,2 g. — *2-Amino-4-äthylamino-6-oxypyrimidin* (**IX**), $C_6H_{10}ON_4$, F. 229—230°, a) aus vorst. Verb. in A. durch Einleiten von HCl, 3std. Kochen, Eindampfen, Zugabe von A. u. Digerieren mit $NaHCO_3$-Lsg.; aus A. Prismen; b) aus 10 g **I** durch 4std. Kochen mit n-NaOH, Fällen von *2-Amino-4-chlor-6-oxypyrimidin*, $C_4H_4ON_3Cl$, F. 261°, 7,9 g, mit Essigsäure, 4std. Erhitzen mit **II** auf 120° im Rohr, Lösen in verd. HCl u. Fällen mit $NaHCO_3$. — *2-Amino-4-äthylamino-6-oxy-5-nitrosopyrimidin* (**X**), $C_6H_9O_2N_5$, F. 265—266° (Zers.), aus 5 g **IX** in verd. HCl durch Rk. mit $NaNO_2$ bei 0° u. Neutralisieren mit Soda; aus viel W. gelbe Platten; 5 g. — *2.5-Diamino-4-äthylamino-6-oxypyrimidin* (**III**), $C_6H_{11}ON_5$, F. 236—237°, aus 3,12 g vorst. Verb. in verd. NaOH durch Zugabe von Na-Dithionit bei 60—70° unter Durchleiten von N_2 u. Einstellen auf p_H 9—9,5; 2,12 g; die Verb. ist nicht völlig rein zu erhalten, da sie sich bei dem Vers. der Umkristallisation durch Oxydation zersetzt. — *2-Amino-5-chloracetamido-4-äthylamino-6-oxypyrimidin*, $C_8H_{12}O_2N_5Cl$, F. 213—214°, aus 3,4 g **III** in verd. NaOH durch Rk. mit **VIII** in PAe.; aus W. oder CH_3OH feine Nadeln; 3,8 g. — *8-Äthylleukopterin*, $C_8H_9O_3N_5$, aus frisch dargestelltem **III** durch Erhitzen mit Oxalsäure im Ölbad im leichten Vakuum, zuletzt $^1/_4$ Std. auf 260°, Ausziehen mit warmem W., Lösen des Rückstandes in 0,1nNaOH u. Einfiltrieren in sd. 0,1nHCl; bräunlichgelbes mikrokrist. Pulver. — *2-Amino-8-äthyl-7.8-dihydro-4-oxy-6.7-diphenylpteridin*, $C_{20}H_{19}ON_5$, aus 0,5 g **III** durch 2std. Kochen mit 0,8 g Benzoin in A. + Essigsäure, Abfiltrieren, Eingießen der Mutterlauge in W., Lösen der Ndd. in heißer NaOH u. Einfiltrieren in viel verd. Essigsäure; aus 30%ig. wss. Pyridin gelbe Nadeln; 1.1 g. — *7-Amino-9-äthyl-2.3.4.9-tetrahydro-5-oxy-2.4-diketo-1.3.6.8.9.10-hexaazaanthracen*, $C_{10}H_9 \cdot O_3N_7$, aus 0,5 g **X** durch Hydrierung in gesätt. Sodalsg. mit $Pd/BaSO_4$, Eindampfen des Filtrats, Lösen in Eisessig + A., 2std. Kochen mit 0,5 g Alloxan, Eindampfen, Digerieren mit W., Lösen in sd. 2nNaOH u. Einstellen auf p_H 5 mit Essigsäure; aus Pyridin oder W. gelbe mkr. Kristalle; 0,8 g. — *6-Amino-2-methylmercapto-5-nitroso-4-[tetraacetyl-D-glucosylamino]-pyrimidin*, $C_{19}H_{25}O_{10}N_5S$, F. 154°, aus 2,58 g 6-Amino-4-[D-glucosylamino]-2-methylmercapto-5-nitrosopyrimidin durch 36std. Rk. mit Acetanhydrid + Pyridin bei n. Temp., Zugabe von A. <10°, Eindampfen im Vakuum nach 2 Std., Zugabe von Eiswasser u. Filtration in Essigester durch Al_2O_3; blaue Nadeln; 3,45 g. — *5.6-Diamino-2-methylmercapto-4-[tetraacetyl-D-glucosylamino]-pyrimidin* (**IV**), $C_{19}H_{27}O_9 \cdot N_5S$, F. 214°, aus 5 g vorst. Verb. in etwas Essigsäure enthaltendem A. durch Zugabe von Zn-Staub; aus A. blaßgelbe Nadeln; 3,7 g. — *6-Amino-5-chloracetamido-2-methylmercapto-4-[tetraacetyl-D-glucosylamino]-pyrimidinhydrochlorid*, $C_{21}H_{28}O_{10}N_5ClS \cdot HCl$, F. 163—164° (Zers.), aus 5 g **IV** durch 8std. Rk. mit **VIII** in Chlf., Abdest. u. Zugabe von Ae.; aus Essigester mikrokrist. Pulver; 6 g. Daraus durch Lösen in W. u. schnelle Neutralisation mit $NaHCO_3$ die *Base*, F. 138—139°; feine Nadeln. — *4-Amino-8-[D-glucosyl]-5.6.7.8-tetrahydro-6.7-diketo-2-methylmercaptopteridin* (**V**), $C_{13}H_{17}O_7N_5S \cdot H_2O$, F. 230—240° (Zers.), aus 0,5 g **IV** in sd. A. durch Zugabe von 1 g Oxalsäurediäthylester

u. 0,56 g CH_3ONa, 1½std. Erwärmen auf dem Wasserbad, Lösen des Nd. in kaltem W. u. Einstellen auf p_H 6 mit Essigsäure; aus W. blaßgelbe Nadeln; 0,25 g; in alkal. Lsg. intensive blaue Fluorescenz im UV. — *4-Amino-5.6.7.8-tetrahydro-6.7-diketo-2-methylmercaptopteridin*, $C_7H_7O_2N_5S$, aus der sd. Lsg. von 0,73 g Oxalsäurediäthylester in A. + C_2H_5ONa durch Zugabe der gesätt. Lsg. von 4.5.6-Triamino-2-methylmercaptopyrimidin in A., Lösen des Nd. in NH_4OH nach 16 Std. u. Fällen mit verd. HCl; aus Dimethylformamid blaßgelbe Nadeln; 2 g; in alkal. Lsg. intensive blaue Fluorescenz im Ultraviolett. (J. chem. Soc. [London] **1951.** 3—7. Jan. Cambridge, Univ., Chem. Labor.)
NITZSCHKE. 3272

R. Hull, *Kohlenhydratderivate von Alkyldithiocarbazinaten.* Durch Einw. von *Dithiocarbalkoxyhydrazinen* (**I**), $NH_2 \cdot NH \cdot CSSR$, in wss.-alkoh. Lsg. auf verschied. Aldosen wurde eine Reihe von Zuckerderivv. hergestellt. Das *Methylderiv.* von **I** (R = CH_3) lieferte in den meisten Fällen krist. Prodd., die zur Indentifizierung des betreffenden Zuckers brauchbar sind. Das *Äthylderiv.* (**I**: R = C_2H_5) ergab gewöhnlich Öle, von denen einige langsam kristallisierten, während die Prodd. des *Isopropylderiv.* (**I**: R = C_3H_7) Öle blieben. Wahrscheinlich haben die Derivv. eine offene Kettenstruktur, da *N-Dithiocarbomethoxy-N'-D-glucopentaoxyhexylidenhydrazin* (**II**: R = CH_3, R' = $C_5H_{11}O_5$) im Absorptionsspektr. Maxima u. Minima ähnlich denen der Äthylidenverb. (**II**: R = R'= CH_3) u. keine Mutarotation zeigte. Ähnliche Derivv. wurden aus *D-Galaktose, L-Arabinose* u. *Lactose* u. mit dem *Äthylester* aus *D-Glucose* u. *D-Galaktose* erhalten. Bei der Rk. von Dithiocarbomethoxyhydrazin mit *D-Glucosamin* reagieren 2 Mol Ester mit dem Zucker. Nach der Analyse könnte das Prod. **III** oder **IV** entsprechen. Die Rk. wurde

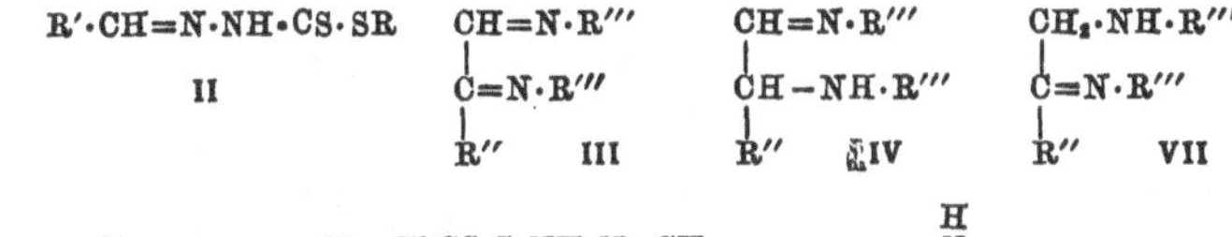

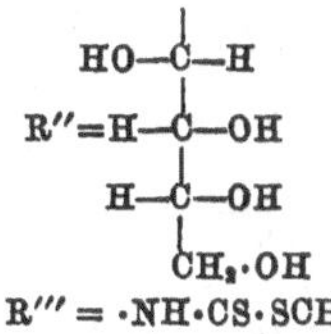

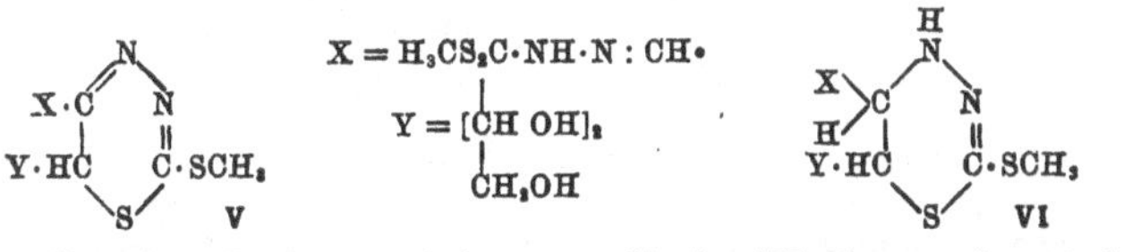

weiter dadurch kompliziert, daß ein anderes Mol. H_2O durch Kristallisation eliminiert wird, was zu **V** oder **VI** oder zu einer Anhydroverb. führen könnte. Weder das D-Fructose- noch das D-Glucosaminkondensationsprod. scheint Äthylenbindungen am $C_{(1)}$ u. $C_{(2)}$ der Zuckerkette zu enthalten, da die Absorptionsbanden sich von denen des *Diacetyl-bis-[dithiocarbomethoxyhydrazons]* $(\cdot CCH_3{:}N\cdot NH\cdot CS_2CH_3)_2$ unterscheiden. Es wird daher angenommen, daß das Glucosamin- u. das Fructosekondensationsprod. **IV** (bei Kristallisation **VI** liefernd) u. **VII** entsprechen.

Versuche: *N-Dithiocarbomethoxy-N'-D-glucopentaoxyhexylidenhydrazin*, $C_8H_{16}\cdot O_5N_2S_2\cdot H_2O$ (**II**, R = CH_3, R'= $C_5H_{11}O_5$), durch Erhitzen oder ¼std. leichtes Erwärmen u. 2tägiges Stehen von D-Glucose u. **I** (R = CH_3) in CH_3OH u. W., Nadeln aus CH_3OH–W., F. 120—121°; $[\alpha]_D^{20}$ +23,2° (c = 4,088 in Pyridin), λ_{max} 275 mμ (ε = 9541). — *N-Dithiocarbomethoxy-N'-L-arabotetraoxyamylidenhydrazin*, $C_7H_{14}O_4N_2S_2$. L-Arabinose u. **I** (R = CH_3) in A. u. W. leicht erwärmen u. 2 Tage stehenlassen, Nadeln aus wss. CH_3OH, F. 163—164° (Zers.); $[\alpha]_D^{20}$ +15,3° (c = 3,006 in Pyridin). — *N-Dithiocarbomethoxy-N'-D-galaktopentaoxyhexylidenhydrazin*, $C_8H_{16}O_5N_2S_2\cdot 0{,}5\,H_2O$. D-Galaktose u. **I** (R = CH_3) in W. u. A. umsetzen, aus A. Nadeln, F. 105°, $[\alpha]_D^{22}$ +16,4° (c = 3,016 in Pyridin). — *N-Dithiocarbomethoxy-N'-[4-β-galaktosyloxy-D-glucotetraoxyhexyliden]-hydrazin*, $C_{14}H_{26}\cdot O_{10}N_2S_2$, aus Lactose u. **I** (R = CH_3) in CH_3OH u. W., aus wss. CH_3OH, F. 165—166° (Zers.); $[\alpha]_D^{22}$ + 18,9° (c = 3,785 in Pyridin). — *N-Dithiocarbomethoxy-N'-äthylidenhydrazin*, $C_4H_8N_2S_2$, aus **I** (R = CH_3) u. CH_3CHO in A. u. W. bei 40—50°, aus A. Nadeln, F. 166 bis 167°. — Rk. von D-Glucosaminhydrochlorid u. Na-Acetat in W. mit **I** (R = CH_3) in A. bei 85 ± 5° → *Prod.* **IV** (?), $C_{10}H_{20}O_4N_4S_4$, F. 187°; Umkristallisation aus wss. 2-Äthoxyäthanol ergab *Dihydrothiadiazin* **VI** (?), $C_{10}H_{18}O_3N_4S_4$, gelbe Nadeln, F. 198° (Zers.); $[\alpha]_D^{24}$ +417° (c = 3,022 in Pyridin). Erhitzen von *D-Fructose* mit **I** (R = CH_3) in A., 1 Std., ergab *Prod.* **VII** (?), $C_{10}H_{20}O_4N_4S_4\cdot 0{,}5\,H_2O$, aus wss. CH_3OH orangegelbe Nadeln, F. 164° (Zers.); $[\alpha]_D^{24}$ +208,4° (c = 3,022 in Pyridin). — *Diacetyl-bis-[dithiocarbomethoxyhydrazon]*, $C_8H_{14}N_4S_4$. **I** (R = CH_3) u. Diacetyl in CH_3OH u. W. ½ Std. erhitzen, gelbe prismat. Nadeln aus heißem Dimethylformamid, F. 228—229° (Zers.). — *Dithiocarbäthoxyhydrazin* (**I**, R = C_2H_5), aus Hydrazin + KOH in absol. A. u. CS_2 unter 20° u. Umsetzen mit C_2H_5Br. — *N-Dithiocarbäthoxy-N'-D-glucopentaoxyhexylidenhydrazin*, $C_9H_{18}O_5N_2S_2\cdot 0{,}75\,H_2O$ (**II**, R = C_2H_5, R'= $C_5H_{11}O_5$), durch Erhitzen von **I** (R = C_2H_5) mit D-Glucose in A. u. W. (10 Min.), Nadeln aus A., F. 89,5—90,5°; $[\alpha]_D^{20}$ +18,95°

(c = 3,59 in Pyridin). — *N-Dithiocarbäthoxy-N'-D-galaktopentaoxyhexylidenhydrazin*, $C_9H_{18}O_5N_2S_2$, analog aus I (R = C_2H_5) u. D-Galaktose, Nadeln aus A., F. 141—142°; $[\alpha]_D^{20}$ +13,8° (c = 3,33 in Pyridin). — *Verb.* $C_{12}H_{24}O_4N_4S_4$, aus Glucosaminhydrochlorid u. I (R = C_2H_5) + Na-Acetat in W. ½ Std. bei 80±5°. Aus wss. A. Nadeln, F. 145 bis 146° (Zers.). — *Dithiocarboisopropoxyhydrazin*, $C_4H_{10}N_2S_2$, aus Hydrazinhydrat + KOH in A. u. CS_2 unter 20° u. Umsetzen mit Isopropylbromid, Prismen aus Bzl., F. 79 bis 80°. (J. chem. Soc. [London] **1952**. 2959—62. Aug. Berkeley, Manchester, Imperial Chem. Industries Ltd., Res. Labors.) AMELUNG. 3400

K. S. Dogson und **J. Pryde**, *Wirkung von alkalischem Hypochlorit auf 3.5.6-Trimethyl-d-gluconamid.* Reines 3.5.6-Trimethyl-d-gluconamid [F. 138,5°, $[\alpha]_D^{17}$ + 38,65° (W.)] wird mit alkal. Hypochloritlsg. nach WEERMAN (1917) behandelt u. nach HAWORTH u. Mitarbeiter (J. chem. Soc. [London] **1938**. 1975) aufgearbeitet. Der dabei entstehende Sirup wird papierchromatograph. in 4 verschied. Fraktionen zerlegt, die 3 deutlich verschied. methylierte Pentosederivv. u. eine nicht näher untersuchte Verb. mit organ. gebundenem N enthalten. Die von HAWORTH angenommene einfache Umwandlung in 2.4.5-Trimethylarabinose konnte nicht bestätigt werden. Es scheint sich vielmehr um eine sehr komplexe Rk. zu handeln, bei der ein Verlust an Methoxylgruppen eintritt. — Papierchromatograph. Trennung mit PAe./Butylalkohol 1:9, gesätt. mit W., als bewegliche Phase. Chromatograph. Fraktionierung über Cellulosekolonne: 1. Fraktion, beweglicher Sirup, $[\alpha]_D^{20}$ —4° (c = 1% in CH_3OH), n_D^{20} 1,4702, 34,5% OCH_3, wss. Lsg. red. FEHLINGsche Lsg. u. entfärbt Permanganatlsg.; 2. Fraktion, unbeweglicher Syrup, $[\alpha]_D^{20}$ —23,7° (c = 1% in CH_3OH), n_D^{20} 1,4730, 34,5% OCH_3, keine Aldehyd-Rk.; 3. Fraktion, unbeweglicher Sirup, $[\alpha]_D^{20}$ +13,2° (c = 1% in CH_3OH), n_D^{20} 1,4718, 47,9% OCH_3, keine Aldehyd-Rk.; nach Behandeln mit methanol. HCl bei 100° 59,3% OCH_3, $[\alpha]_D^{20}$ —12,5° (c = 1% in CH_3OH), n_D^{20} 1,4530. (Nature [London] **170**. 35—36. 5/7. 1952. Cardiff, Physiol. Inst.) ROSSOW. 3400

S. Bayne und **W. H. Holms**, *N-Arylglykosylamine.* Vff. stellten N-substituierte *Glykosylamine* nach verschied. Methoden dar u. führten einige in die isomeren *Isoglykosamine* über. Es wurden gewisse Regelmäßigkeiten des Verh. festgestellt. So ergeben Unterss. an Glucosylaminen von *o-*, *m-* u. *p-Carboxyanilin*, *-Toluidin* u. *-Chloranilin*, an *Galaktosylaminen* von *o-* u. *p-Toluidin* u. den *Isoglucosaminen* von *o-* u. *p-Toluidin*, daß Substitution im aromat. Ring die Prodd. stabilisiert u. daß die stabilisierende Wrkg. sich mit der Stellung des Substituenten in der Reihenfolge p < m < o vergrößert. Die Zers. der Glykosylamine verläuft möglicherweise über die bei der Hydrolyse entstandenen Aldosereste oder über die Isoglykosamine. KUHN u. Mitarbeiter zeigten, daß die Isoglykosamine im Gegensatz zu freien Zuckern u. Glykosylaminen *2.6-Dichlorphenolindophenol* reduzieren. Mit einem Acetatpuffer (p_H 4,7) wurden bei Zimmertemp. vergleichende Verss. gemacht (Abb. vgl. Original). Das o-Isomere wird in allen Serien langsamer isomerisiert als das m- oder p-Isomere. HANAOKAs (J. Biochemistry [Tokyo] **28**. [1938.] 109; **31**. [1940.] 95) Feststellung, daß bei den *N-Tolyl-* u. *N-Chlorphenyl-D-glucosylaminen* die Geschwindigkeit der Hydrolyse in der Reihenfolge o < m < p wächst, stimmt mit den vorliegenden Resultaten überein, nicht dagegen die Beobachtung, daß in den *N-Carboxyphenyl-D-glucosylaminreihen* das o-Deriv. leichter hydrolysiert wird als das p-Deriv., vielleicht erklärbar durch den Drehungsunterschied zwischen den unter diesen Bedingungen gebildeten Isoglucosaminen u. der von HANAOKA als Endprod. der Rk. angenommenen Glucose.

Versuche: *N-Tolyl-D-glucosylaminhemihydrate*, $C_{13}H_{19}O_5N \cdot ½\ H_2O$, nach WEYGAND (Ber. dtsch. chem. Ges. **72**. [1939.] 1663): *o-Verb.*, F. 95—96°; $[\alpha]_D^{20}$ —79,0° → —50° (c = 1,00 in CH_3OH); 61,5% (Ausbeute); *m-Verb.*, F. 106—107°; $[\alpha]_D^{20}$ — 97,5° → — 49,5° (c = 1,00 in CH_3OH); 74,5%; *p-Verb.*, F. 114—115°, $[\alpha]_D^{20}$ — 98,5° → — 46,5° (c = 1,00 in CH_3OH). *N-o-Tolyl-D-glucosylamin* wurde im Exsiccator innerhalb 46 Tagen nicht gefärbt, *N-p-Tolyl-D-glucosamin* zeigte nach 28 Tagen Bräunung. — *N-Carboxyphenyl-D-glucosylaminmonohydrate*, nach IRVINE u. GILMOUR (J. chem. Soc. [London] **1908**. 1429): *o-Verb.*, F. 131—132° (Zers.); $[\alpha]_D^{18}$ + 65,0 → —9,5° (24 Std.) (c = 0,50 in 50% ig. A.); 74,2%; *m-Verb.*, F. 122—123° (Zers.); $[\alpha]_D$ +18,0° → — 41,5° (24 Std.) (c = 0,50 in 50% ig. A.); 70,8%; *p-Verb.*, F. 132—133° (Zers.); $[\alpha]_D^{18}$ — 104 bis —105° → — 48,5° (24 Std.) (c = 0,50 in 50% ig. A.); 70,8%. — *N-Chlorphenyl-D-glucosylaminhemihydrate*, $C_{12}H_{16}O_5NCl \cdot ½\ H_2O$, nach IRVINE u. GILMOUR (l. c.): *o-Verb.*, F. 139 bis 140°; $[\alpha]_D^{17}$ —72,0° (c = 0,50 in CH_3OH); 70,0%; *m-Verb.*, F. 116—117°; $[\alpha]_D^{17}$ —121,0° (c = 0,5 in CH_3OH); 67,1%; *p-Verb.*, F. 120—122°; $[\alpha]_D^{17}$ —30° (c = 0,5 in CH_3OH), keine meßbare Mutarotation innerhalb 96 Std., nach 72 Std. bei Zimmertemp. war $[\alpha]_D$ um 2° gestiegen; 66,7%. — *N-Phenyl-D-glucosylamin*, nach WEYGAND (l. c.), F. 134—136°; $[\alpha]_D^{20}$ + 10,5° → —52,2° (c = 0,50 in CH_3OH); 59%. — *N-Tolylgalaktosylaminhemihydrate*, $C_{13}H_{19}O_5N \cdot ½\ H_2O$, nach WEYGAND (l. c.), o-Toluidin enthaltende

Mischung wurde innerhalb 4 Min., die p-Toluidin enthaltende innerhalb 2 Min. homogen: *o-Verb.*, F. 114—116°; $[\alpha]_D^{16}$ —41,0 → —18,0° (c = 1,00 in CH_3OH); 58,5%; *p-Verb.*, F. 160—162°; $[\alpha]_D^{16}$ —56,0° → —23,5° (c = 1,00 in CH_3OH); 72,5%. Die N-Tolylgalaktosylamine reduzierten neutrales oder alkal. 2.6-Dichlorphenolindophenol nicht, doch nach Zugabe von verd. CH_3COOH entwickelten sich nach wenigen Min. reduzierende Eigg. mit Entfärbung in saurer u. in alkal. Lösung. — *N-Tolyl-D-isoglucosamine*, $C_{13}H_{19}O_5N$, nach WEYGAND (Ber. dtsch. chem. Ges. **73.** [1940.] 1259): *o-Verb.*: F. 126 bis 128°; $[\alpha]_D^{17}$ —19,0° → —4,0° (c = 0,50 in CH_3OH); 62%; *p-Verb.*: F. 152—154°, $[\alpha]_D^{17}$ —23,0° → —10,0° (c = 0,50 in CH_3OH); 84%. (J. chem. Soc. [London] **1952.** 3247 bis 3252. Aug. St. Andrews, Fife, United Coll., Dep. of Biochem.) AMELUNG. 3400

S. Mori, *Vollsynthetische Steroide.* Forschungsübersicht über aromat. u. nicht-aromat *Steroide*, die Synthesen von WOODWARD u. von ROBINSON (*Epiandrosteron*) u. andere vollsynthet. natürliche Steroide. — 117 Literaturangaben. (Chem. and chem. Ind. [Kagaku to Kogyo] **5.** 172—81. April 1952. Tokyo. [Orig.: japan.]) SCHULER. 3700

C. A. Grob und **W. Jundt**, *Versuche zur Synthese von Verbindungen der Steroidreihe.* 4. Mitt. *Eine verbesserte Synthese des 7-Keto-1.4-dimethoxy-13-methyl-5.6.7.9.10.13-hexahydrophenanthrens.* (3. vgl. Helv. chim. Acta **32.** [1949.] 2427.) Durch Verwendung von Chloropren (**II**; 2-Chlorbutadien) an Stelle des schwerer zugänglichen 2-Methoxybutadiens wird die Synth. des für die Darst. von *7-Keto-1.4-dimethoxy-13-methyl-5.6.7.9.10.13-hexahydrophenanthren* erforderlichen *5.8-Dimethoxytetralons-(2)* (**I**) (vgl. GROB u. Mitarbeiter, C. **1948.** E. 585 u. 586) verbessert, u. zwar wurde **II** nach A. P. 1 967 862 (C. **1936.** I. 2209) mit Benzochinon zu *6-Chlor-5.8.4a.8a-tetrahydronaphthochinon-(1.4)* (**IV**) kondensiert, dieses zu *5.8-Dioxy-2-chlor-1.4-dihydronaphthalin* (**III**) umgelagert u. der *Dimethyläther* hiervon (**IIIa**) mit konz. H_2SO_4 unter HCl-Abspaltung in **I** übergeführt.

Versuche (FF. nach KOFLER, korr.): *6-Chlor-5.8.4a.8a-tetrahydronaphthochinon-(1.4)* (**IV**), F. 102—104°, durch 3std. Kochen von **II** u. Benzochinon in Xylol u. Bzl.; 80% (Ausbeute). — *5.8-Dioxy-2-chlor-1.4-dihydronaphthalin* (**III**), $C_{10}H_9O_2Cl$, F. 197 bis 199°, durch Versetzen der Lsg. von **IV** in Bzl. unter Rühren u. Durchleiten von N_2 mit HBr in Eisessig u. 15 Min. Kochen; aus Aceton-Bzl. Nadeln. — *5.8-Dimethoxy-2-chlor-1.4-dihydronaphthalin* (**IIIa**), $C_{12}H_{13}O_2Cl$, F. 74—76°, aus **III** mit $NaOCH_3$-Lsg. u. Dimethylsulfat, Kp.$_{0,1}$ 135—139°, aus CH_3OH gelbe Nadeln, λ_{max} 288 mμ (log ε = 3,55); 80% (bezogen auf **IV**). — *5.8-Dimethoxy-2-keto-1.2.3.4-tetrahydronaphthalin* (**I**), F. 97 bis 99°, durch Lösen von **IIIa** in kalter konz. H_2SO_4, 2½std. Rühren unter Durchleiten von N_2 u. Kühlen u. Gießen auf Eis; aus Ae.-PAe. Nadeln; 58%. *Dimethylketal*, $C_{14}H_{20}O_4$, F. 68—69°, durch 2½std. Erwärmen von **I** in CH_3OH mit Orthoameisensäuretriäthylester u. mit HCl gesätt. CH_3OH auf 60° unter Feuchtigkeitsausschluß, Stehen über Nacht bei Raumtemp., Alkalisieren mit KOH in CH_3OH u. Eindampfen; sublimiert bei 60°/0,03 mm, aus Ae.-PAe. Blättchen, λ_{max} 286 mμ (log ε = 3,53). — *1.4.6-Trimethoxy-7.8-dihydronaphthalin*, Kp.$_{0,02}$ 118—120°, durch 2std. Kochen vorst. Ketals in Xylol. — *1.4-Dimethoxynaphthalin*, F. 83—84°, durch 7std. Erhitzen von **IIIa** mit $NaOCH_3$-Lsg. im Rohr auf 140°. — *7-Keto-1.4-dimethoxy-13-methyl-5.6.7.9.10.13-hexahydrophenanthren*, F. 116—119°, durch Überführung von **I** in der früher (l. c.) beschriebenen Weise in *1-Methyl-2-keto-5.8-dimethoxy-1.2.3.4-tetrahydronaphthalin*, dessen Zugabe in Bzl. zu Diäthylaminobutanonjodmethylat, Zugabe von K in A. unter Kühlung u. Durchleiten von N_2, 2std. Rühren unter Kühlung, 10 Min. Erwärmen auf dem Wasserbad, Ansäuern mit 2nH_2SO_4, Zugabe von W. u. Aufarbeitung der Benzolschicht; aus Ae.-PAe. gelbliche Blättchen; 65%. (Helv. chim. Acta **35.** 2111—15. 15/10. 1952. Basel, Univ., Organ.-chem. Anstalt.) SPAETH. 3750

J. Romo, G. Rosenkranz und **Carl Djerassi**, *Steroide.* 10. Mitt. *Aromatisierungsexperimente in der Cholesterinreihe.* (9. vgl. C. **1951.** II. 3312.) Vff. fanden in Tetralin ein geeignetes Lösungsm., um *$\Delta^{1.4.6}$-Cholestatrien-3-on* (**I**) unter Abspaltung der Methylgruppe an $C_{(10)}$ im Ring A zu aromatisieren. Das entstandene *3-Oxy-19-nor-$\Delta^{1.3.5(10).6}$-cholestatetraen* (**II**) u. das aus **II** durch Red. erhaltene *3-Oxy-19-nor-$\Delta^{1.3.5(6)}$-cholestatrien* (**III**) wurden durch mehrere Derivv. charakterisiert. Einander entsprechende Derivv. der beiden Reihen zeigten fast gleiche FF., aber Unterschiede in den spezif. Drehungen u. den UV-Absorptionsspektren. Die Verbb. der **II**-Reihe hatten alle negative Drehungen u. ein Hauptabsorptionsmaximum bei 266 mμ, die Verbb. der **III**-Reihe drehten dagegen positiv u. besaßen ein Maximum bei 284 mμ u. ein Minimum bei 250 mμ. **II** u **III** lösten sich nur wenig in 5%ig wss. KOH, gaben keine Farb-Rk. mit alkoh. $FeCl_3$-Lsg. u. waren empfindlich gegen Luftoxydation.

Versuche (FF. korr., Drehungen in Chlf., UV-Spektren in 95%ig. A.): *3-Oxy-19-nor-$\Delta^{1.3.5(10).6}$-cholestatetraen* (**II**), $C_{26}H_{38}O$, F. 121—123°, aus **I** durch Tropfen der Tetralinlsg. durch ein mit Glasschnecken gefülltes Glasrohr, das auf 670—700° erhitzt wurde; nach Entfernen des Tetralins durch Vakuumdest. u. Wasserdampfdest. wurde mit Ae. extrahiert u. der Extraktionsrückstand in Pyridin in das p-Nitrobenzoat übergeführt, nach Chromatographie an Al_2O_3 in Hexan–Bzl. wurde dieses aus Chlf.–Methanol umkrist., 25% (Ausbeute), u. zu **II** mit KOH in verd. Methanol verseift; Nadeln aus Methanol, $[\alpha]_D^{20}$ −59,2°, λ_{max} 224 (mμ) ([log ε =] 4,49), 266 (3,96), 304 (3,21). *p-Nitrobenzoat*, $C_{33}H_{41}O_4N$, Kristalle aus Methanol–Essigester, F. 204—206°, $[\alpha]_D^{20}$ −53°, λ_{max} 264 (4,37). *Benzoat*, $C_{33}H_{42}O_2$, krist. aus Methanol–Ae. in 2 polymorphen Formen, F. 138—140° u. F. 128—130°, $[\alpha]_D^{20}$ −43,7°, λ_{max} 230 (4,49), 262 (403). *Acetat*, $C_{28}H_{40}O_2$, Platten aus Methanol–Ae., F. 96—98°, $[\alpha]_D^{20}$ −42°, λ_{max} 226 (4,50), 264 (4,09). — *3-Oxy-19-nor-$\Delta^{1,3,5(10)}$-cholestatrien* (**III**), $C_{26}H_{40}O$, aus **II** durch Red. mit H_2/Pd-Holzkohle in Essigester, Nadeln aus Methanol, F. 113—114°, $[\alpha]_D^{20}$ +74,9°, λ_{max} 284 (3,20), λ_{min} 250 (2,30). *p-Nitrobenzoat*, $C_{33}H_{43}O_4N$, Kristalle aus Essigester–Methanol, F. 211—213°, $[\alpha]_D^{20}$ +56,4°. *Benzoat*, $C_{33}H_{44}O_2$, dünne Nadeln aus Ae.–Methanol, F. 138—140°, $[\alpha]_D^{20}$ +50,5°. *Acetat*, $C_{28}H_{42}O_2$, Kristalle aus Ae.–Methanol, F. 93,5—95°, $[\alpha]_D^{20}$ +62°, λ_{max} 265 (2,63), λ_{min} 252 (2,53). (J. org. Chemistry **15**. 1289—92. Nov. 1950. Mexico City, D. F., Syntex S. A., Res. Labor., u. Univ., Inst. de Quím.) BIENECK. 3750

Carl Djerassi, R. Yashin und G. Rosenkranz, *Steroide*. 11. Mitt. *17-Äthinylandrostan-17β-ol und Androstan-2.17-dion.* (10. vgl. vorst. Ref.) *17-Äthinylandrostan-17β-ol* (**I**) wurde aus Androstan-17-on durch Umsetzung mit Acetylen dargestellt; es unterscheidet sich vom *17-Äthinyltestosteron* nur durch das Fehlen der Δ^4-3-Ketogruppierung, ist aber bei Kaninchen peroral völlig unwirksam. Dies bestätigt die Notwendigkeit einer α.β-ungesätt. Ketogruppierung im Ring A für Progesteronwirksamkeit (vgl. EHRENSTEIN, C. **1948**. II. 315). — *Androstan-2.17-dion* wurde nach der Nitronmeth. von KRÖHNKE (Ber. dtsch. chem. Ges. **69**. [1936.] 2006) dargestellt.

Versuche (FF. korr., KOFLER-Block, Drehungen in Chlf.): *17-Äthinylandrostan-17β-ol* (**I**), $C_{21}H_{32}O$, F. 155—157°. Zu einer Lsg. von 5 g Kalium in 70 ml tert.-Butylalkohol wurden im N_2-Strom 5,18 g Androstan-17-on in 50 ml Toluol gegeben. Über Nacht wurde unter Rühren u. Feuchtigkeitsausschluß Acetylen eingeleitet; die Lsg. wurde mit 500 ml W. verd., mit HCl neutralisiert u. mit Wasserdampf dest.; Rückstand aus Hexan; $[\alpha]_D^{20}$ −34,8°; 5 g (Ausbeute). — *17-Vinylandrostan-17β-ol*, $C_{21}H_{34}O$, F. 129,5—130° (Hexan); durch Hydrierung von **I** mit 2% Pd auf $CaCO_3$; $[\alpha]_D^{20}$ +2°; 79%. — *17-Äthylandrostan-17β-ol*, $C_{21}H_{36}O$, F. 116—117,5° (Hexan), aus voriger Verb. durch Hydrierung mit 5% Pd auf $BaSO_4$; $[\alpha]_D^{20}$ −3°. — *Androstan-3.17-dion-2-[p-dimethylaminophenyl]-nitron*, $C_{27}H_{36}O_3N_2$, F. 187—188°. Ein Gemisch von 21 g 2-Bromandrostan-3.17-dion-Pyridiniumsalz, 250 ml A., 250 ml Chlf., 7,1 g p-Nitrosodimethylanilin u. 47 ml nNaOH (bei 0° zusammengegeben) wurde 3½ Std. bei Raumtemp. gerührt; nach dem Einengen im Vakuum Kühlung mit Eis; aus Aceton–Hexan rötlich-orange Blättchen; 15 g. — *Δ^3-Androsten-2.17-dion-3-ol* (**II**), F. 165—175°, durch Zers. des Nitrons in äther. Suspension mit 5%ig. HCl, Kühlen auf 0° u. Ausschütteln des *Enols* mit 20%ig. Kalilauge; nach Ansäuern, Ausäthern u. üblicher Aufarbeitung aus Hexan; krist. nicht gut; $[\alpha]_D^{20}$ +149,8°; UV-Maximum 272 mμ (log ε = 3,98) (A.); 46%. *Acetat*, $C_{21}H_{28}O_4$, F. 208—210° (A.), durch Acetylierung von **II** mit Acetanhydrid/Pyridin; $[\alpha]_D^{20}$ +164,5°; λ_{max} 236 mμ (log ε = 4,13) u. 296 mμ (log ε =1,90); 84%. *Tosylat*, $C_{26}H_{32}O_5S$, F. 206—208° (Aceton/Hexan), durch Umsetzung von **II** mit Toluolsulfonsäurechlorid in Pyridin; $[\alpha]_D^{20}$ +133,4°; λ_{max} 228 mμ (log ε = 4,30) u. 294 mμ (log ε = 1,95); 89%. — *Androstan-2.17-dion*, $C_{19}H_{28}O_2$, F. 152,5—154,5° (Aceton/Pentan), durch Red. des Enoltosylats mit RANEY-Ni in A., Oxydation u. Chromatographie, wie bei RUZICKA, PLATTNER u. FURRER (C. **1945**. I. 165) beschrieben; $[\alpha]_D^{20}$ +119,9°; λ_{max} 290 mμ (log ε = 1,87); 35%. (J. Amer. chem. Soc. **72**. 5750—51. Dez. 1950.) FRUHSTORFER. 3750

Carl Djerassi, G. Rosenkranz, J. Iriarte, J. Berlin und J. Romo, *Steroide*. 12. Mitt. *Aromatisierungsversuche in der Progesteronreihe.* (11. vgl. vorst. Ref.) Vff. erhielten bei der Aromatisierung von $\Delta^{1.4.16}$-Pregnatrien-3.20-dion *$\Delta^{1.3.5.16}$-3-Oxy-17-acetylöstratetraen* (**I**) u. daraus die aromat. Analoga von Progesteron, *$\Delta^{1.3.5}$-3-Oxy-17-acetylöstratrien* (**II**), u. von 17α-Oxyprogesteron, *$\Delta^{1.3.5}$-3.17α-Dioxy-17-acetylöstratrien* (**III**), sowie verschied. Derivv. von **II** u. **III**. Aus Progesteron bzw. Δ^{16}-Progesteron wurde über *$\Delta^{1.4.6.16}$-Pregnatetraen-3.20-dion* (**IV**) durch Dienon–Phenol-Umlagerung *$\Delta^{1.3.5.6.16}$-1-Methyl-3-oxy-17-acetylöstrapentaen* (**V**) u. hieraus durch Red. *$\Delta^{1.3.5}$-1-Methyl-3-oxy-17-acetylöstratrien* gewonnen. Auch von diesen Verbb. wurden verschied. Derivv. hergestellt. UV- u. Ultrarotabsorptionsspektren dienten in einigen Fällen als Hilfsmittel zur Konstitutionsaufklärung. Die Verbb. **I** u. **II** zeigten weder östrogene (100fache Dosis von Östron an Ratten) noch Progesteron- (5fache Dosis von Progesteron an Kaninchen) Wirkung.

Versuche (FF. korr., KOFLER-Block; Drehungen in Chlf.; UV-Spektren in 95%ig. A.): *$\Delta^{1.3.5.16}$-3-Oxy-17-acetylöstratetraen* (I), $C_{20}H_{24}O_2$, F. 247—248°, aus $\Delta^{1.4.16}$-Pregnatrien-3.20-dion (F. 210—211°, $[\alpha]_D^{20}$ +118°) durch Eintropfen in Mineralöl-lsg. (vgl. KAUFMANN u. Mitarbeiter, C. **1951**. II. 2187) in ein mit Glasschnecken gefülltes, auf 600° erhitztes Glasrohr, gelbliche Kristalle aus Aceton; $[\alpha]_D^{20}$ +118°, 145° (A.); λ_{max} 230 (mμ) ([log ε =] 4,20), 280 (3,47); λ_{min} 266 (3,25); 22—30% (Ausbeute). *Oxim*, $C_{20}H_{25}O_2N$, Nadeln aus verd. Methanol, F. 142—144°, E. ~156° u. erneuter F. 176 bis 180°. *Semicarbazon*, $C_{21}H_{27}O_2N_3$, F. 251—253°, Kristalle aus Aceton–Hexan; λ_{max} 266 (4,46) (Chlf.). *Acetat* (**Ia**), $C_{22}H_{26}O_3$, Kristalle aus Hexan–Aceton, nach Sublimation F. 161—162°; $[\alpha]_D^{20}$ +110°; Ultrarot (UR)-Banden des Acetats bei 1204—1766 cm^{-1} (in CS_2), des Δ^{16}-20-Ketons bei 1670 cm^{-1}, aber keine freien Hydroxylbanden. Verseifung von **Ia** mit $KHCO_3$ in verd. Methanol gab **I** in fast quantitativer Ausbeute; Einw. von 20% H_2SO_4 in verd. Methanol lieferte nur noch 50% **I**; Verseifung mit 5%ig. methanol. KOH führte dagegen zu *$\Delta^{1.3.5}$-3-Oxy-16-methoxy-17-acetylöstratrien*, $C_{21}H_{28}O_3$, Kristalle aus Aceton–Hexan, nach Vakuumsublimation F. 203—204°; $[\alpha]_D^{20}$ +101°; λ_{max} 280 (3,33); λ_{min} 248 (2,51); UR-Bande bei 1700 cm^{-1} (gesätt. 20-Ketosteroid); 30%. Das UR-Spektr. des Acetats zeigte keine freie Hydroxylbande. — *$\Delta^{1.3.5}$-3-Oxy-17-acetylöstratrien* (**II**), $C_{20}H_{26}O_2$, F. 247—249°, aus **I** durch Red. mit H_2/5%ig. Pd/Tierkohle in Essigester, Kristalle aus Essigester; $[\alpha]_D^{20}$ +159°; λ_{max} 280 (3,40), 222 (3,82); λ_{min} 248 (2,27); 81—89%. *Acetat*, $C_{22}H_{28}O_3$, F. 107—109°, Kristalle aus Aceton–Hexan; $[\alpha]_D^{20}$ +126,5°. — *$\Delta^{1.3.5}$-3-Methoxy-17-acetylöstratrien*, $C_{21}H_{28}O_2$, F. u. Misch-F. 134—136°, a) aus **II** in A. durch Einw. von 50%ig. KOH u. Dimethylsulfat, prismat. Nadeln aus Hexan–Aceton; b) aus $\Delta^{1.3.5}$-3-Methoxyöstratrien-17-carbonsäure über das Säurechlorid durch Einw. von Cd-GRIGNARD-Lsg. in Bzl.-Ae., Kristalle aus Hexan; $[\alpha]_D^{20}$ +163°; 27%. — *$\Delta^{1.3.5}$-3-Acetoxy-17-acetylöstratrienenolacetat*, $C_{24}H_{30}O_4$, F. 154—158°, aus **II** durch Einw. von p-Toluolsulfonsäure in Essigsäureanhydrid, Kristalle aus Ae.–Hexan; $[\alpha]_D^{20}$ +42°; 78%. — *$\Delta^{1.3.5}$-3.17α-Dioxy-17-acetylöstratrien* (**III**), $C_{20}H_{26}O_3$, F. 240—242°, aus vorst. Verb. durch Einw. von Perbenzoesäure in Chlf.; nach Waschen der Lsg. mit Lsgg. von NaJ, $Na_2S_2O_3$, Na_2CO_3 u. mit W. wurde der Eindampfungsrückstand mit methanol. KOH verseift; Kristalle aus Essigester; $[\alpha]_D^{20}$+83,7° (Dioxan); λ_{max} 280 (3,29); λ_{min} 248 (2,35); 80%. *3-Monoacetat*, $C_{22}H_{28}O_4$, F. 128—129°, Kristalle aus Hexan–Aceton; $[\alpha]_D^{20}$ +29,3°, +73,3° (Dioxan); das UR-Spektr. zeigte die Ggw. einer freien Hydroxylgruppe, eines phenol. Acetats u. einer nicht konjugierten 20-Ketogruppe (1709 cm^{-1}). — *2.6.17-Tribromprogesteron*, $C_{21}H_{27}O_2Br_3$, F. 174—176° (Zers.), aus Progesteron durch Einw. von Br_2 in Ae.-Eisessig in Ggw. von wenig HBr, Kristalle aus Methanol/Chlf.; $[\alpha]_D^{20}$ +2,3°; λ_{max} 250 (4,21); 59%. — *$\Delta^{1.4.6.16}$-Pregnatetraen-3.20-dion* (**IV**), $C_{21}H_{24}O_2$, F. 239—240°, a) aus vorst. Verb. durch Einw. von sd. Kollidin; nach Chromatographie an Al_2O_3 mit Bzl. Platten aus Aceton oder Methanol; $[\alpha]_D^{20}$ + 112°; λ_{max} 234 (4,34), 298 (4,19); 37%; b) aus Δ^{16}-Dehydroprogesteron durch Bromierung u. HBr-Abspaltung wie oben ohne Isolierung des Bromids, F. u. Misch-F. 238—240°; 19—25%. — *$\Delta^{1.3.5.6.16}$-1-Methyl-3-acetoxy-17-acetylöstrapentaen* (**Va**), $C_{23}H_{26}O_3$, F. 128—130°, aus **IV** durch Einw. von p-Toluolsulfonsäure in Essigsäureanhydrid; Kristalle aus Ae.–Hexan u. Hochvakuumsublimation; $[\alpha]_D^{20}$ —100°; 51%. — *$\Delta^{1.3.5.6.16}$-1-Methyl-3-benzoyloxy-17-acetylöstrapentaen*, $C_{28}H_{28}O_3$, F. 210—212°, aus der Mutterlauge von **Va**; nach Verseifung mit $NaHCO_3$ in verd. A. u. Benzoylierung Nadeln aus Methanol; $[\alpha]_D^{20}$ —101°; zusätzlich 14%. — *$\Delta^{1.3.5.6.16}$-1-Methyl-3-oxy-17-acetylöstrapentaen* (**V**), $C_{21}H_{24}O_2$, F. 187—188,5°, aus **Va** durch Verseifung wie oben, Kristalle aus Hexan–Aceton; $[\alpha]_D^{20}$ — 101,4°; λ_{max} 228 (4,53), 266 (3,91), 306 (3,25). — *$\Delta^{1.3.5}$-1-Methyl-3-acetoxy-17-acetylöstratrien*, $C_{23}H_{30}O_3$, aus **Va** durch Red. mit H_2/5% Pd/Tierkohle in Essigester, Kristalle aus Hexan; nach Hochvakuumsublimation F. 129—130°; λ_{max} 268 (2,59); λ_{min} 252 (2,42); 81%. — *$\Delta^{1.3.5}$-1-Methyl-3-benzoyloxy-17-acetylöstratrien*, $C_{28}H_{32}O_3$, F. 181,5—183°, aus dem **V**-Benzoat wie bei vorst. Rk., Nadeln aus Essigester; $[\alpha]_D^{20}$ + 200°. — *$\Delta^{1.3.5}$-1-Methyl-3-oxy-17-acetylöstratrien*, $C_{21}H_{28}O_2$, F. 250—251,5°, aus vorst. Verb. durch Verseifung mit 2% methanol. KOH, Kristalle aus Hexan–Aceton; $[\alpha]_D^{20}$ + 200° (Dioxan); λ_{max} 284 (3,31); λ_{min} 252 (2,49). (J. Amer. chem. Soc. **73**. 1523—27. April 1951.) BIENECK. 3750

J. I. Harris und **T. S. Work**, *Die Synthese von Peptiden, die mit dem Gramicidin S verwandt sind, und die Bedeutung der optischen Konfiguration bei antibiotischen Peptiden.* 2. Mitt. *Pentapeptide. L-Ornithyl-L-leucyl-D-phenylalanyl-L-prolinmethylester* (I) u. die isomeren Pentapeptidester *α-[L-Valyl]-DL-ornithyl-L-leucyl-D-phenylalanyl-L-prolinmethylester* (**IIa**) u. *α-[L-Valyl]-DL-ornithyl-L-leucyl-L-phenylalanyl-L-prolinäthylester* (**IIb**), welche dieselbe Aminosäurereihenfolge wie *Gramicidin S* (**III**) besitzen, wurden nach der Carbobenzoxymeth. synthetisiert u. auf ihre antibakterielle Wirksamkeit *in vitro* gegen *Staphylococcus aureus*, *Streptococcus hämolyticus* u. *Escherichia coli* geprüft. **I**, **IIa** u. **IIb** zeigten nur begrenzte Wirksamkeit; **IIa**, das D-Phenylalanin enthält, war nicht wesentlich wirksamer als **IIb**. *α-[Tosyl-L-valyl]-L-ornithyl-L-leucyl-D-phenylalanyl-L-prolinmethylester* (**IV**) u. das diesem entsprechende, in mikrokrist. Zustand erhaltene *Amid* **V**

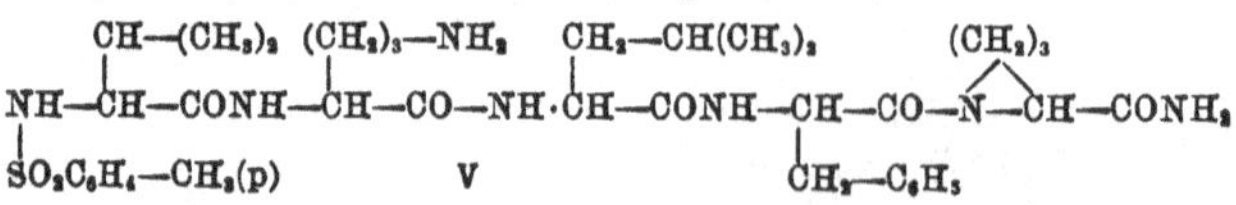

V

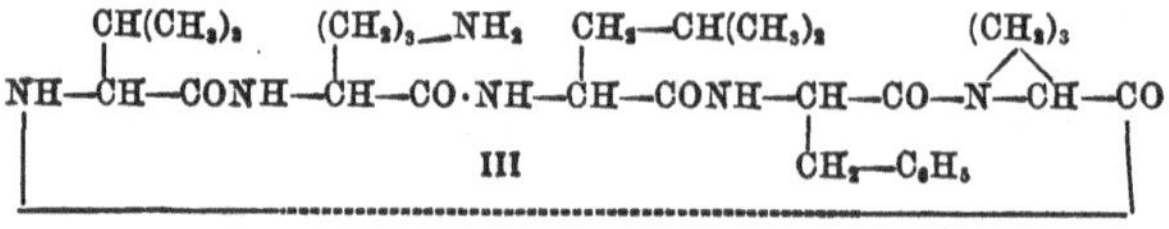

III

zeigten keine antibakterielle Wrkg., obwohl die Reihenfolge u. die opt. Konfiguration der Aminosäuren die gleichen sind wie im natürlichen **III**. Die synthetisierten, offenkettigen Pentapeptide unterscheiden sich von **III** allerdings dadurch, daß sie zusätzlich zur reakt. NH_2-Gruppe des Ornithins reakt. Endgruppen besitzen. Da das unwirksame Amid **V** nur die δ-NH_2-Gruppe des Ornithins als reakt. Gruppe besitzt, u. sonst die gleiche Reihenfolge der Aminosäuren mit gleicher opt. Konfiguration wie **III** aufweist, muß angenommen werden, daß das Vorhandensein dieser polaren Gruppe nicht für die biol. Wrkg. von **III** ausschlaggebend ist, sondern daß die Wrkg. mit der c y c l . Struktur von **III** zusammenhängt.

V e r s u c h e: *δ-Carbobenzyloxy (= Cbo)-DL-ornithin* (**VI**), $C_{13}H_{18}O_4N_2$, aus DL-Ornithin (Hydrochlorid) nach NEUBERGER u. SANGER (C. **1944**. I. 1395), Nadeln, F. 256°, neben *α.δ-Di-cbo-DL-ornithin*, $C_{21}H_{24}O_6N_2$, F. 112°. — *δ-Cbo-DL-ornithinmethylester* (**VII**), aus **VI**; *Hydrochlorid* krist. nicht. — *L-Valinmethylesterhydrochlorid* (**VIII**), $C_6H_{13}O_2N \cdot HCl$, rechteckige Platten aus CH_3OH–Ae., F. 170°. — *Cbo-L-valinhydrazid* (**IX**), $C_{13}H_{19}O_3N_3$, aus *Cbo-L-valinmethylester* (aus **VIII**, F. 56°) u. $N_2H_4 \cdot H_2O$ in CH_3OH bei Raumtemp. (24 Std.), Nadeln aus Essigester–CH_3OH, F. 179°. — *α-[Cbo-L-valyl]-δ-cbo-ornithinmethylester* (**X**), $C_{27}H_{35}O_7N_3$, aus dem Azid aus **IX** in Essigester u. **VII** in Essigester unter Kühlung u. 24 Std. bei 0°, Nadeln aus A., F. 150°, $[\alpha]_D^{17}$ +11,5° (c = 1,6 in Chlf.). — *α-[Cbo-L-valyl]-δ-cbo-ornithinhydrazid* (**XI**), $C_{26}H_{35}O_6N_5$, aus **X** in heißem CH_3OH u. 90% Überschuß $N_2H_4 \cdot H_2O$, 24 Std. bei 37°, Gel. — *α-[Cbo-L-valyl]-δ-cbo-ornithyl-L-leucyl-L-phenylalanyl-L-prolinäthy ester* (**XII**), $C_{48}H_{64}O_{10}N_6$, aus der Essigesterlsg. des Azids aus **XI** u. der Essigesterlsg. von *L-Leucyl-L-phenylalanyl-L-prolinäthylester* (HARRIS u. WORK, C. **1950**. II. 2450) bei 0° (24 Std.), aus Essigester–PAe., F. 128°. — *α-[L-Valyl]-ornithyl-L-leucyl-L-phenylanyl-L-prolinäthylester* (**IIb**), durch hydrierende Spaltung von **XII** in 2 Äquivalent HCl enthaltendem CH_3OH, hygroskop. halbfeste Masse. — *α-[Cbo-L-valyl]-δ-cbo-ornithyl-L-leucyl-L-phenylalanyl-L-prolinmethylester* (**XIII**), $C_{47}H_{62}O_{10}N_6$, aus **XI** (Azid) u. *L-Leucyl-D-phenylalanyl-L-prolinmethylester* (**XIV**, HARRIS u. WORK, l. c.), amorpher Körper aus Essigester–PAe., F. 198—200°. — *α-[L-Valyl]-ornithyl-L-leucyl-D-phenylalanyl-L-prolinmethylester* (**IIa**), aus **XIII** wie **IIb**, hygroskop. Sirup. — *L-Ornithinhydrochlorid*, aus L-Argininhydrochlorid nach der Arginasemeth. von HUNTER (Biochem. J. **33**. [1939.] 27). — *δ-Cbo-L-ornithinmethylester* (*L*-**VII**), aus voriger Verb. nach SYNGE (Biochem. J. **42**. [1948.] 99); *Hydrochlorid*, F. 140—141°, $[\alpha]_D^{19}$ +15,6° (c = 3 in CH_3OH). — *δ-Cbo-L-ornithin* (*L*-**VI**), aus wss. A., F. 254°. — *α-[Cbo-L-valyl]-δ-cbo-L-ornithinmethylester*, $C_{27}H_{35}O_7N_3$, aus **IX** (Azid) u. L-**VII** bei 0° in Essigester, Chromatographie der Lsg. des Rohprod. in Chlf–Bzl. an Celite 545, Nadeln aus Essigester, F. 150°, $[\alpha]_D^{19}$ ±0° (in Chlf.). — *α.δ-Di-cbo-L-ornithinhydrazid* (**XV**), $C_{21}H_{26}O_5N_4$, aus *α.δ-Di-cbo-L-ornithin* (Nadeln aus Chlf.–PAe., F. 114°) nach SYNGE (l. c.) über den Methylester mit $N_2H_4 \cdot H_2O$, F. 126—128°. — *α.δ-Di-cbo-L-ornithyl-L-leucyl-D-phenylalanyl-L-prolinmethylester* (**XVI**), $C_{42}H_{53}O_9N_5$, aus **XV** (Azid) u. **XIV** in Essigester bei 0°, schwach gelber, amorpher Körper, F. 86—88°. — *L-Ornithyl-L-leucyl-D-phenylalanyl-L-prolinmethylester* (**I**), durch Hydrierung von **XVI**. — *Phenylthiocarbonyl-L-valinmethylester*, $C_{13}H_{17}O_3NS$, aus L-Valinmethylester in Ae. u. *Phenylthiocarbonylchlorid* (Kp.$_{18}$ 108°, D.^{15} 1,285) in Ae. bei Raumtemp., Nadeln aus Cyclohexanol, F. 64°; 80%. — *Phenythiocarbonyl-L-valin* (**XVII**), $C_{12}H_{15}O_3NS$, Prismen aus Essigester–PAe., F. 114°. — *Phenylthiocarbonyl-L-valyl-p-aminobenzoesäuremethylester*, $C_{20}H_{22}O_4N_2S$, aus dem mit PCl_5 aus **XVII** in Ae. erhaltenen *Phenylthiocarbonyl-L-valylchlorid* (Nadeln, F. 66—68°) in Chlf. u. p-Aminobenzoesäuremethylester in Ae. bei Raumtemp., Nadeln, F. 170°. — *p-Toluolsulfonyl-L-valin* (**XVIII**, *Tosyl-L-valin*), $C_{12}H_{17}O_4NS$, aus L-Valin in n NaOH u. p-Toluolsulfochlorid bei Raumtemp. (3 Std.) u. Ansäuern, rechteckige Platten aus Essigester–PAe., F. 144°. — *Tosyl-L-valyl-DL-phenylalaninmethylester*, $C_{22}H_{28}O_5N_2S$, aus *Tosyl-L-valylchlorid* (**XIX**, aus **XVIII** u. PCl_5 in Ae., Nadeln, F. 63°) in Ae. u. äther. Lsg. von DL-Phenylalaninmethylester bei Raumtemp., Nadeln aus Essigester–PAe., F. 138 bis 139°. — *α-[Tosyl-L-valyl]-δ-cbo-L-ornithinmethylester* (**XX**), $C_{26}H_{35}O_7N_3S$, aus **XIX** u. L-**VII** in Ae., Nadeln aus Aceton–CH_3OH, F. 187°, $[\alpha]_D^{20}$ ±0° (c = 1,8 in Chlf.). — *α-[Tosyl-L-valyl]-δ-cbo-L-ornithinhydrazid* (**XXI**), $C_{25}H_{35}O_6N_5S$, durch 6std. Erhitzen am Rückfluß der methanol. Lsg. von **XX** mit 100%ig. $N_2H_4 \cdot H_2O$, aus Isopropanol, F. 226—227°. — *α-[Tosyl-L-valyl]-δ-cbo-L-ornithyl-L-leucyl-D-phenylalanyl-L-prolinmethylester* (**XXII**), $C_{46}H_{62}O_{10}N_6S$, aus **XXI** über das Azid u. **XIV** in Essigester bei 0° (24 Std.), Auskochen des Rohprod. mit CH_3OH, Mikronadeln (Abb.), F. 200°. — *α-[Tosyl-L-valyl]-L-ornithyl-L-leucyl-D-phenylalanyl-L-prolinmethylester-*(**IV**)*-monohydrochlorid*, $C_{38}H_{56}O_8N_6S \cdot HCl$, durch hydrierende Spaltung von **XXII** in 1 Äquivalent HCl enthaltendem CH_3OH in Ggw. von Pd-Schwarz, Mikronadeln aus CH_3OH u. Ae., F. 236° (Zers.), $[\alpha]_D^{18}$ —94,6° (c = 1 in CH_3OH). — *α-[Tosyl-L-valyl]-L-ornithyl-L-leucyl-D-phenylalanyl-L-prolinamid-*(**V**)*-hydrochlorid*, $C_{37}H_{55}O_7N_7S \cdot HCl$, aus **XXII** in bei 0° mit NH_3 gesätt. CH_3OH im verschlossenen Rohr (72 Std. bei 37°), u. hydrierende Spaltung, aus CH_3OH u. Ae., Nadeln, F. 268 bis 270° (Zers.). (Biochem. J. **46**. 582—89. Mai 1950. Hampstead, London, Nat. Inst. for Med. Res.) K. F. MÜLLER. 3900

Th. Posternak und **W. H. Schopfer**, *Untersuchungen in der Cyclitreihe.* 11. Mitt. *Über die Identität des Viburnits aus Viburnum tinus L. mit l-Quercit aus Gymnema sylvestre Br.* (10. vgl. Helv. chim. Acta **31**. [1948.] **2242**.) Ein Vgl. der Konstanten von *Viburnit* (**I**) aus Viburnum tinus L. u. *l-Quercit* (**II**) aus Gymnema sylvestre Br. macht ihre Identität wahrscheinlich. Die beobachtete biol. Aktivität von **I** als Wachstumsfaktor für *Eremothecium Ashbyii Guill.* u. *Neurospora ceassa Shaer & B. O. Dodge* kann durch eine Verunreinigung mit ca. 4% *Mesoinosit* (**III**) erklärt werden, da sie nach einer Reinigung über das *Pentaacetat* oder das *Triacetat* des *Isopropylidenviburnit* fast ganz verschwindet. **II** zeigt ganz geringe Aktivität. Der phosphororgan., säurelösl. Bestandteil der Früchte von Viburnum tinus L. besteht im wesentlichen aus *Inositphosphorsäureestern.*

V e r s u c h e (FF. korr.): *Viburnit* (**I**), aus den Blättern u. Früchten von Viburnum tinus L. nach einer wenig abgeänderten Meth. von HERISSEY u. POIROT (J. Pharmac. chim. [8] **26**. [1937.] 385). Aus dem Rohprod. Abscheidung von *Mesoinosit* (**III**) durch Behandlung mit sd. 0,4% alkoh. HCl; in der Lsg. **I**, aus 96%ig. A., F. 180—181°; $[\alpha]_D^{19}$ —47,3 ± 1,3° (c = 0,551 in W.); Ausbeute 3,2—3,5 g **I**/kg Blätter bzw. 1,25 g **I**/kg Früchte. Im Rückstand **III**, F. 223°; ca. 15% des Rohprod. bei Blättern, weniger bei Früchten. — Weitere Reinigung von **I** über das *Pentaacetat* (Kristalle aus A., F. 126°) ergibt nach der Desacetylierung **Ia**, F. 180—181°, u. über das *Triacetat von Isopropylidenviburnit* (vgl. nachst. Ref.) ergibt nach 3std. Kochen mit A. u. konz. HCl **Ib**. — Der P-haltige, säurelösl. Bestandteil der Früchte ergibt nach dem Entfernen der mineral. Phosphate bei der Hydrolyse mit 0,65nH_2SO_4 krist. **III**. — Mikrobiol. Verss.: Test *Eremothecium Ashbyii* in der Nährlsg.: 20 g Glucose, 5 g Ammoniumtartrat, 1,5 g KH_2PO_4, 0,5 g $MgSO_4 \cdot 7H_2O$, 400 Vitamin B_1, 0,4 Biotin, je 10 mg L(+)-Arginin u. L(—)-Leucin; u. Test *Neurospora* nach BEADLE. Die mit **III** erzielten Wachstumseffekte werden mit denen von **I** u. **II** verglichen (Kurve): **I** ungereinigt enthält 4,75% **III**; **Ia**, einmal umkrist. 2,14% **III**; **Ia**, sechsmal umkrist. 0,45% **III**; **Ib**, zweimal umkrist. 1,5% **III**; **Ib**, sechsmal umkrist. 0,875% **III**; **II** enthält 0,41% **III**. (Helv. chim. Acta **33**. 343—49. 15/3. 1950. Lausanne u. Bern, Labor. de Chim. organ., u. Inst. de Bot.) ROSSOW. 3950

Théodore Posternak, *Untersuchungen in der Cyclitreihe.* 12. Mitt. *Über die Konfiguration von Viburnit.* (11. vgl. vorst. Ref.) Für *Viburnit* (**I**) wird die Konfiguration eines *2.3.5/4.6-Cyclohexanpentol* nachgewiesen. Bei der Oxydation von **I** mit alkal. Permanganat entsteht eine *Metasaccharonsäure* (**II**), deren *S-Benzylthiuroniumsalz* ident. ist mit dem aus *α-Galaktometasaccharonsäure.* Bei der Oxydation von **I** mit *Acetobacter suboxydans* (A. s.) bildet sich das leicht zersetzliche *2.4/3.5-Tetraoxycyclohexanon* (**III**), das durch Red. in *Desoxyscyllit* (**IV**) übergeht u. das gleiche *Osazon* (**V**) bildet wie *d-Quercit* nach der Oxydation mit A. s. Die Bldg. eines *Monoisopropylidenviburnit* (**VI**) beweist die Ggw. von 2 in cis-Stellung benachbarten OH-Gruppen.

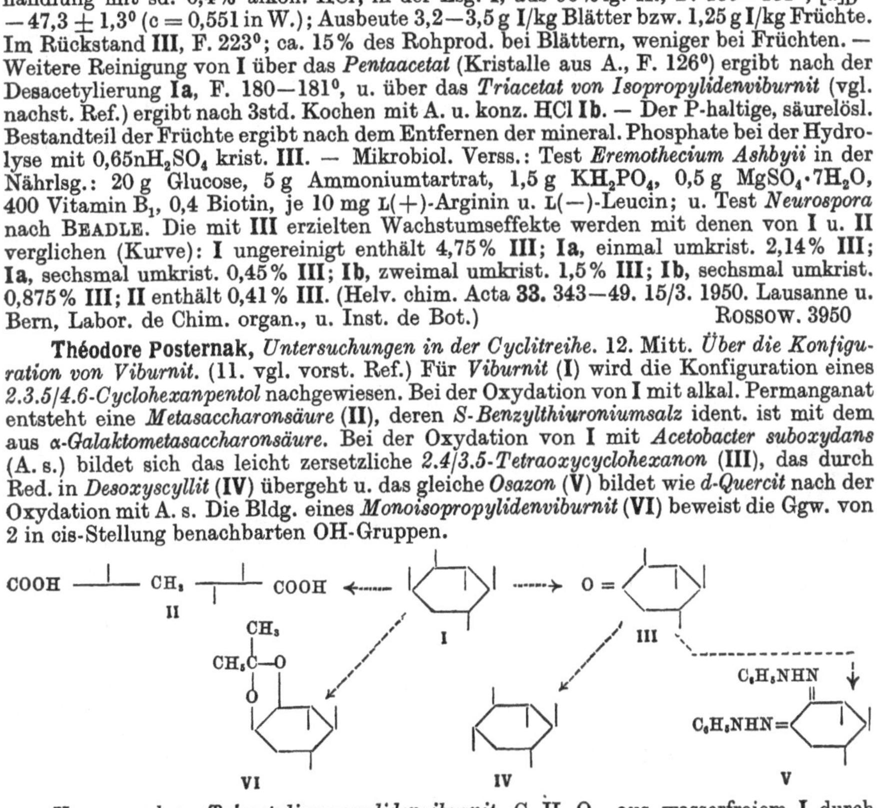

V e r s u c h e: *Triacetylisopropylidenviburnit*, $C_{15}H_{22}O_8$, aus wasserfreiem **I** durch Suspendieren in Aceton u. 5std. Erhitzen mit $ZnCl_2$ u. Essigsäureanhydrid, nach 1 Tag Zugabe von Pyridin, Dekantieren von Zn-Salzen u. Eindampfen, Stehen über Nacht mit

Essigsäureanhydrid u. Pyridin, Eindampfen, Aufnahme in Chlf. u. Ausschütteln mit $NaHCO_3$ u. W., aus Essigester u. Ligroin Nadeln, F. 118—120°; $[\alpha]_D^{20}$ —66,3±0,7° (c = 5,52 in Essigester). Nach Desacetylierung Oxydation mit Perjodat, Verbrauch 1,92 Mol/Mol Substanz. — *Metasaccharonsäure* (**II**), aus **I** durch alkal. Oxydation mit 3,2%ig. $KMnO_4$-Lsg. unter Kühlung u. Ausfällen als Pb-Salz, nach Entfernung des Pb als PbS Erhitzen des Filtrats mit $CaCO_3$ u. Zers. des Ca-Salzes mit n-Oxalsäure, freie Säure, F. u. Misch.-F. 158—160°; $[\alpha]_D^{20}$ +21,8∓1,3° (c = 3,03 in W.). *S-Benzylthiuroniumsalz*, $C_{22}H_{30}O_7N_4S_2$, F. 176—178°. Die gleiche Verb. aus Galaktose über **II**. — Oxydation von **I** durch A.s. Verbrauch 0,5 $MolO_2$, Oxydationsprod. red. FEHLINGsche Lsg. u. wird mit Na-Amalgam in Essigsäure red., nach dem Eindampfen u. Trocknen Kochen mit Essigsäureanhydrid u. $ZnCl_2$, Eingießen in W., Kristalle von *Pentaacetyldesoxyscyllit*, aus A. Nadeln, F. 188—189°. — Daraus durch Verseifen *Desoxyscyllit*, $C_6H_{12}O_5$, F. u. Misch.-F. 233—235°. — *Osazon* (**V**), $C_{18}H_{20}O_3N_4$, aus vorst. Oxydationsprod. mit Phenylhydrazin in 50%ig. Essigsäure, aus sd. A. gelbe Nadeln, F. 210—212° (Zers.); $[\alpha]_D$ +96∓4° (c = 1 in Pyridin/A. 1:1); Verbrauch von 2,3 Mol. Perjodat/Mol. — Dieselbe Verb. aus d-Quercit nach Oxydation mit A. suboxydans. (Helv. chim. Acta **33**. 350—55. 15/3. 1950.) ROSSOW. 3950

Théodore Posternak, *Untersuchungen in der Cyclitreihe*. 13. Mitt. *Herstellung und biochemische Oxydation von d-Viburnit*. (12. vgl. vorst. Ref.) *d-Inosose* (**II**), aus d-Inosit (**I**) durch Einw. von Acetobacter suboxydans (A. s.), wird bei katalyt. Hydrierung zu *d-Viburnit* (**III**) red., der durch biochem. Oxydation mit A. s. in *Tetraoxycyclohexanon* (**IV**), dem Antipoden der aus l-Viburnit durch A. s.-Oxydation entstehenden Verb., übergeht. Durch Red. wird **IV** in *Desoxyscyllit* (**V**) verwandelt.

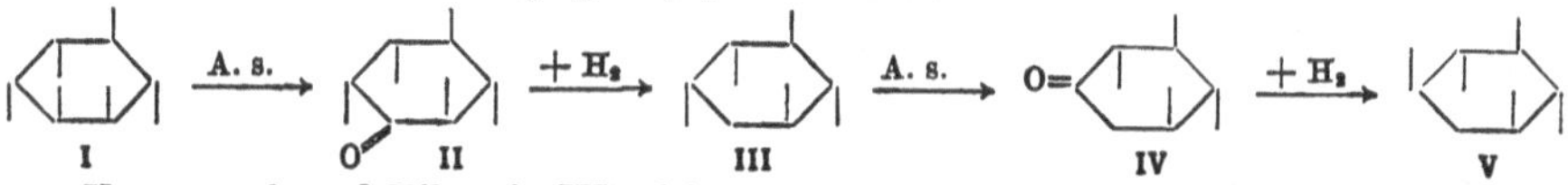

I II III IV V

Versuche: *d-Viburnit* (**III**), $C_6H_{12}O_5 \cdot H_2O$, F. 180—181° korr., durch 3std. Hydrierung von 0,218 g **II**-Hemihydrat in 12 cm³ 5%ig. H_2SO_4 in Ggw. von 55 mg Platinoxyd, Ausfällen der SO_4^{2-}-Ionen mit $Ba(OH)_2$ u. Eindampfen; Sirup, der nach einigen Tagen krist.; aus 95%ig. A.; Ausbeute 75 mg; Reinigung durch Überführung (Acetanhydrid u. $ZnCl_2$) in das *Pentaacetat* (F. 126° korr.) u. Desacetylierung mit n$Ba(OH)_2$; $[\alpha]_D^{22}$ +49,8 ±0,9° (c = 4,42; W.; l = 0,5 dm). — *dl-Viburnit*, F. 161—163° (95%ig. A.), aus gleichen Teilen **III** u. *l*-Viburnit. Daraus das *dl-Pentaacetat*, F. 113—114°. — *Osazon von* **IV**, F. 210—212° (Zers., A.), durch Oxydation von **III** durch A. s. (l. c.) u. Umsetzung nach 7 Tagen mit Phenylhydrazin, gelbe Nadeln; Schmelzpunktdepression mit dem Osazon aus *l*-Viburnit 1—2°; $[\alpha]_D$ —55±9° (c = 0,44; 1 Vol. Pyridin + 1 Vol. A.; l = 0,5 dm). — *Desoxyscyllit* (**V**), aus **IV**-Lsg. (nach 8 Tagen) durch Einw. von Na-Amalgam; nach Eindampfen u. Trocknen (100° im Vakuum) Acetylierung. *Pentaacetat*, F. u. Misch.-F. 188 bis 189° (A.). (Helv. chim. Acta **33**. 1594—97. 16/10. 1950.) ROSSOW. 3950

Théodore Posternak, *Untersuchungen in der Cyclitreihe*. 14. Mitt. *Desaminierung von Aminocycliten mit salpetriger Säure. Synthese von dl-Viburnit und eine neue vollständige Synthese von Mesoinosit*. (13. vgl. vorst. Ref.) *Inosamin SA* (**II**) wird als *Aminodesoxymesoinosit*, *Inosamin SB* (**III**) als *Aminodesoxyscyllit* identifiziert; **II** (cis-Form) wird von Perjodsäure u. Bleitetraacetat schneller oxydiert als **III** (trans-Form). Die Desaminierung von **II** mit HNO_2 liefert neben *Scyllit* (**IV**) *dl-Tetraoxycyclohexanon* (**V**; **Va** + **Vb**), dessen Osazon mit dem durch biochem. Oxydation aus dl-Viburnit (**VI**; **VIa** + **VIb**) erhaltenen ident. ist. Durch Hydrierung verwandelt sich **V** in **VI**. **III** wird durch Desaminierung mit HNO_2 in *Mesoinosit* (**VII**) übergeführt. Die Identität von **III** mit „*Aminodesoxyinosit III*" von GROSHEINTZ u. FISCHER wird festgestellt. Daraus ergibt sich eine vollständige Synth. von **VII** aus d-Glucose. Die Herst. von *Aminoisomytilit* (**VIII**) wird beschrieben, das sich mit HNO_2 in *Oxyisomytilit* verwandelt.

Versuche: *Inosamin SA* (**II**), $C_6H_{13}O_5N$, F. 278° (Zers., W.), durch Hydrierung von 1 g Phenylhydrazon der Scyllomesoinosose (**I**) in 10 cm³ Eisessig in Ggw. von 160 mg PtO_2 bis zur Aufnahme von 5 Mol H_2 (4 Std.); nach Verdünnen mit W., Entfärben an Norit u. Eindampfen bis zur Trockne Aufnehmen in A.; hieraus neben *Cyclohexylamin*- u. *Dicyclohexylaminacetat* 0,9 g Kristalle von **II** u. **III**; aus deren Lsg. in 0,4 cm³ 20%ig. HCl, 4 cm³ Aceton u. 8 cm³ absol. A. 0,7 g *Hydrochloride* von **II** u. **III**; durch Lösen des Gemisches in 1 cm³ heißem W. u. Zusatz von konz. NH_3 Kristalle von **II**. Hieraus durch Kochen mit Na-Acetat u. Essigsäureanhydrid das *N-Acetylderiv.*, F. 240—242°, nach dem Erstarren F. 255°. — *Inosamin SB* (**III**), F. u. Misch.-F. (mit „*Aminodesoxyinosit III*) 300° (Zers.), l. aus den Mutterlaugen von **II** durch Eindampfen u. Acetylieren über die *Hexaacetylderivv.* von **II** u. **III**, Trennung nach CARTER durch Einw. von mit NH_3 gesätt.

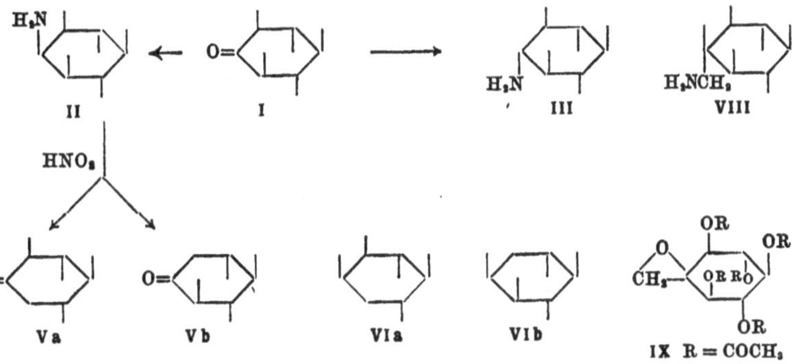

II I III VIII Va Vb VIa VIb IX R = $COCH_3$ X R = H

CH_3OH bei 18°; nach 3 Tagen Kristalle des *N-Acetylderiv.* von **III** (F. 287°) u. aus dessen Hydrochlorid durch Zugabe von konz. NH_3 **III.** Hieraus *Hexaacetylderiv.*, F. u. Misch.-F. (mit dem des „*Aminodesoxyinosits III*") 288°, aus Acetanhydrid; 2. durch Red. des *Oxims* von **I** durch Lösen des Na-Salzes in verd. Essigsäure u. Rk. mit Na-Amalgam unter Kühlung u. weiterer Säurezugabe; nach Filtrieren, Eindampfen u. Kochen mit Essigsäureanhydrid über das *Hexaacetylderiv.* u. das *N-Acetylderiv.* wie nach 1. — *Scyllit* (**IV**), F. u. Misch.-F. 350—352° (korr.), durch Desaminierung von **II** mit Ba-Nitrit in Essigsäure; nach Zerstörung der überschüssigen HNO_2 Eindampfen, aus W. mit wenig A.; aus der Mutterlauge *Hexaacetat*, F. u. Misch.-F. 296—298° (korr.). — *Osazon von* **Va** + **Vb**, $C_{18}H_{20}O_3N_4$, F. 208—209° (Zers.), aus **II** mit $NaNO_2$ in Essigsäure; nach Zerstörung der überschüssigen HNO_2 Zugabe von Na-Acetat u. Phenylhydrazin, feine gelbe Nadeln aus kochendem A.; die Oxydationsgeschwindigkeit der Verb. mit Perjodsäure ist ident. mit derjenigen des Osazons aus **VIa.** — *dl-Viburnit* (**VIa** + **VIb**), F. 158—159° (A.), aus **II** durch Desaminierung u. anschließende Hydrierung in Ggw. von PtO_2 (in 5 Std. werden 0,8 Mol H_2 absorbiert); nach Filtrieren u. Eindampfen Rückstand acetylieren (5 Min.), mit W. verd., Nd. abfiltrieren, Filtrat eindampfen u. in W. aufnehmen, das Ungelöste mit dem vorigen Nd. vereinigen u. mit kochendem absol. A. extrahieren; neben einem unlösl. Anteil von **IV**-*Hexaacetat* ein lösl. Anteil, *Pentaacetat* von **VIa** + **VIb** ($C_{16}H_{22}O_{10}$, Nadeln aus absol. A., F. 64°, nach Erstarren F. 111—113°, u. dessen Verseifung mit $Ba(OH)_2$ in Methanol. Hieraus durch biochem. Oxydation mit Acetobacter suboxydans u. Einw. von Phenylhydrazin das *Osazon* von **V.** — *Mesoinosit* (**VII**)-*hexaacetat*, F. 212 bis 213°, durch Desaminierung von **III** wie bei **II** u. Acetylieren; aus A. Plättchen; weder das Osazon noch das Pentaacetat von **VI** konnten isoliert werden. — *N-Acetylaminoisomytilit*, $C_9H_{17}O_7N$, F. 219—220°, durch 7std. Erhitzen eines Gemischs von 80 mg des Oxyds (**IX**) von Methylenpentaacetoxycyclohexan (oder Brompentaacetylisomytilit), 0,2 cm³ wasserfreiem Dioxan u. 1 cm³ einer bei 0° mit NH_3 gesätt. absol. methanol. Lsg. im geschlossenen Rohr bei 105° u. Eindampfen zur Trockne; aus W. + A. feine Nadeln. — *Aminoisomytilit*(**VIII**)-*Hydrochlorid*, $C_7H_{15}O_6N \cdot HCl$, F. 227—230° (korr., Maquenne Block), in Capillare Zers. bei 225°, aus voriger Verb. durch 2std. Erhitzen mit 20%ig. HCl, oder aus dem Oxyd (**X**) des Methylenpentaoxycyclohexans nach vorigem Verf. (5 Std., konz. NH_3) u. Umsetzung mit überschüssiger HCl; Reinigung über das Reineckat, platte Nadeln aus A. + wenig HCl. Hieraus durch Behandlung mit Ag_2SO_4 *Aminoisomytilit* (**VIII**), aus W. u. Zugabe von A., F. 160—162° (Zers.). — *Oxyisomytilit*, aus vorst. Verb. durch Desaminierung mit $BaNO_2$, Nadeln aus W. + A., F. u. Misch.-F. 220—223°. *Heptaacetat*, F. u. Misch.-F. 189—191°. (Helv. chim. Acta **33.** 1597—1605. 16/10. 1950.)

ROSSOW. 3950

Théodore Posternak, *Untersuchungen in der Cyclitreihe.* 15. Mitt. *Über die Konfiguration des Quebrachit.* (14. vgl. vorst. Ref.). Das aus *Quebrachit* (I) mit einem Mol. Aceton gebildete *Isopropylidenquebrachit* (**II**) verbraucht bei der Oxydation 1 Mol Perjodsäure u. hat infolgedessen nur zwei benachbarte Hydroxylgruppen. Für die Konfigurationsformel bleibt, nachdem zwei Formen durch den Konfigurationsbeweis für Pinit von ANDERSON, MAC-DONALD u. FISCHER ausgeschaltet sind, nur die Form **II**, aus der die Konfiguration für **I** hervorgeht. — *Isopropylidenquebrachit* (**II**), $C_{10}H_{18}O_6$, F. 135—137°, aus 0,75 g Quebrachit durch 5std. Erhitzen mit Aceton, $ZnCl_2$ u. Essigsäureanhydrid, nach Stehen über Nacht Zusatz von

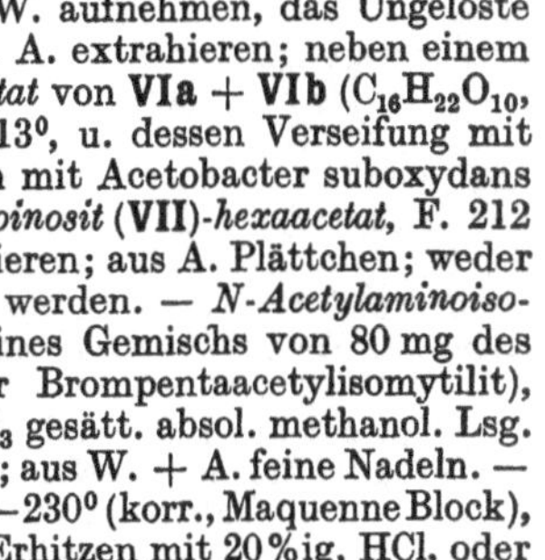

II I

Pyridin; nach dem Aufarbeiten Sirup, der durch Erhitzen mit 1,1nBa-Methylat desacetyliert wird, aus Essigester; $[\alpha]_D^{23}$ $-88,5 \pm 0,9^0$ (c = 2,17 in W.); Ausbeute 0,5—0,6 g. (Helv. chim. Acta **35**. 50—52. 1/2. 1952. Basel, Univ., Pharmazeut. Inst.)
ROSSOW. 3950

D_3. Makromolekulare Chemie.

Terrell L. Hill und **John W. Rowen**, *Sorption von Dämpfen durch Polymere.* Ableitung allg. Gleichungen für die Adsorption von Dämpfen an vernetzten u. nichtvernetzten linearen hochpolymeren Molekülen. Vff. gehen dabei von der Kombination einer lokalisierten LANGMUIRschen Adsorption an spezif. Stellen des Makromol. u. einer zusätzlichen Lösungsadsorption aus. Gleichungen werden angegeben für die freie Energie, das chem. Potential u. die relativen Dampfdrucke der Systeme. (J. Polymer. Sci. **9.** 93—95. Juli 1952. Bethesda, Md., Naval. Med. Res. Inst., u. Nat. Cancer Inst.)
FUCHS. 4000

Walter H. Stockmayer, *Molekulare Verteilung in Kondensationspolymeren.* Erweiterung der Theorie der Mol.-Gew.-Verteilung von Kondensationshochpolymeren auf Systeme von allgemeinerem Typus. Die Gleichungen für die Verteilung u. für das Gewichtsmittel des Mol.-Gew. werden angegeben. (J. Polymer. Sci. **9.** 69—71. Juli 1952. Cambridge, Mass., Inst. of Technol., Dep. of Chem.) FUCHS. 4000

G. Vallet, *Viscositätszahl und Diffusion in Polystyrollösungen. Einfluß der Polydispersität.* Vf. erörtert den Einfl. der Polydispersität bei der Best. der physikal. Eigg. von Makromoll. u. bei der Anwendung einfacher Modellvorstellungen. Eine Meth. zur Berücksichtigung der Polydispersität wird vorgeschlagen u. am Beispiel der Änderung der Viscositätszahl von Polystyrol in Abhängigkeit vom Mol.-Gew. demonstriert. Anschließend wird gezeigt, wie diese Meth. auch beim schwierigeren Fall einer gleichzeitigen Auswertung von Meßdaten der Viscositätszahl u. des Diffusionskoeff. anwendbar ist. (J. Chim. physique Physico-Chim. biol. **48.** 553—58. Nov./Dez. 1951. Strasbourg, Centre d'Études Phys. Macromol.) SCHÄFF. 4010

A. R. Gantmacher und **Ss. Ss. Medwedew**, *Katalytische Polymerisation ungesättigter Verbindungen.* 2. Mitt. *Einfluß der Dielektrizitätskonstanten von Styrol.* (1. vgl. C. **1950.** I. 1866.) Die Reaktionsgeschwindigkeit der Polymerisation von Styrol mit $SnCl_4$ als Katalysator in den Lösungsmitteln *Cyclohexan, Äthylchlorid, Dichloräthan* u. *o-Nitrotoluol* steigt mit der DK. des Mediums an. *HCl* beschleunigt dieselbe, nur beim Cyclohexan ist sie herabgesetzt. Das Mol.-Gew. der Polymerisationsprodd. steht in keiner Beziehung zur DK., HCl erniedrigt das Mol.-Gewicht. Die katalyt. Polymerisation verläuft nach dem sogenannten „Carbonium"-Mechanismus, bei welchem Verbb. vom Ionentypus, die am Ende dreiwertigen positiven C enthalten, die akt. Zentren sind. Der Ionencharakter der Rk. wird durch den Einfl. der DK. bestätigt. Weiter ergab sich, daß die Polymerisationsgeschwindigkeit in Äthylchlorid proportional dem Quadrat der Styrolkonz. ist. (Журнал Физической Химии [J. physik. Chem.] **25.** 1328—34. Nov. 1951.)
v. SCHROEDER. 4010

Kyuichi Mizutani und **Rikio Kobayashi**, *Studien zur Darstellung von Polyvinylchlorid.* 10. Mitt. *Wärmestabilität von Polyvinylchlorid.* (9. vgl. Rep. Government chem. ind. Res. Inst., Tokyo **45.** [1950.] 25.) Untersucht wurde der Einfl. verschied. Zusatzstoffe auf die Wärmebeständigkeit von Polyvinylchlorid (I), das durch Photopolymerisation bei 40^0 ohne Katalysatorzusatz aus dem Monomeren dargestellt wurde (Polymerisationsgrad 3450, Aschegeh. 0,006%). Die Verfärbung von **I** bei 150^0 wurde bei Zusatz verschied. Salze, Säuren u. Basen geprüft. Resultate: Ca, Ba, Sr, Ti, Sn, Pb erhöhen die Wärmestabilität, Ce, La, Mo, Au, Pt sind ohne Einfl., Mg, Fe^{2+} usw. vermindern die Beständigkeit; Zn, Sn^{4+}, Al u. Fe^{3+} sind bes. schädlich. Einwertige Kationen sind durchweg unschädlicher als zweiwertige. Von Anionen begünstigen schwache Säuren die Stabilität, während Redoxanionen meist schädlich sind. Salze begünstigen den Wärmezerfall, wobei einige Rotfärbung, andere (Salze von Fe, Al, Zn, Hg) dunkelviolette Färbung bewirken. Starke Säuren u. Basen beeinträchtigen die Wärmebeständigkeit, schwache Säuren u. Basen haben wenig Einfl., höhere aliphat. Säuren u. Amine wirken stabilisierend. Polymerisationsgrad, Erweichungspunkt, Wärmestabilität u. Aschegeh. stehen in enger Beziehung zum p_H des wss. Auszugs, elektr. Leitfähigkeit, Reißfestigkeit u. elektr. Isolierfähigkeit. (Rep. Government chem. ind. Res. Inst., Tokyo **46.** 31—37. Jan. 1951. [Orig.: japan., Auszug: engl.]) SCHEIFELE. 4010

Kyuichi Mizutani und **Rikio Kobayashi**, *Studien zur Darstellung von Polyvinylchlorid.* 11. Mitt. *Hitzebehandelte Produkte.* (10. vgl. vorst. Ref.) Untersucht wurde die Wärmestabilität von *Polyvinylchloridharz* (I) durch Best. des Gewichtsverlustes mit einer Thermowaage, der Menge des frei werdenden HCl, der Bromabsorption sowie der Änderungen von D. u. n. Resultate: Rascher Gewichtsverlust bei 230—280^0; die Geschwindigkeit der HCl-Entw. geht der Instabilität in der Wärme parallel. Von den einzelnen Polymerisatfraktionen sind diejenigen mit dem höheren Polymerisationsgrad wärmebeständiger; $ZnCl_2$ setzt die Wärmestabilität herab. In Cyclohexanonlsg. erhöht sich die spezif. Viscosität des Polymeren bei Bestrahlung mit UV u. Sonnenlicht. Wird die Probe vorher längere Zeit auf höhere Tempp. (170—190°) erhitzt, so nimmt die spezif. Viscosität bei Bestrahlung ab; bei Zusatz von $ZnCl_2$ tritt stets eine Abnahme ein. Bei Vorerhitzung auf 110—150° nimmt n der Cyclohexanonlsg. ab, bei Erhitzung auf 170—190° zu. Der Grad der Ungesättigtheit ergibt sich aus der Menge des von der Tetrachloräthanlsg. des I absorbierten Br_2. Wärmebehandeltes I wird durch Behandlung mit Cl_2, Br_2, HCl, H_2 u. HNO_3 entfärbt. Wärmebehandlung bewirkt eine gewisse Depolymerisation, bes. bei I mit Zusatz von $ZnCl_2$. (Rep. Government chem. ind. Res. Inst., Tokyo **46.** 38—53. Jan. 1951. [Orig.: japan., Auszug: engl.]) SCHEIFELE. 4010

N. Grassie, *Thermische Zersetzung von Polyvinylacetat.* 1. Mitt. *Produkte und Reaktionsmechanismus bei niedrigen Temperaturen.* Es wurde gefunden, daß *Polyvinylacetat* (**I**) bis 190° im Vakuum therm. stabil ist. Oberhalb 190° wird CH_3COOH abgespalten (ohne Bldg. des Monomeren) u. es verbleibt ein Polyacetylrückstand, der bei noch höheren Tempp. etwas Bzl. bildet. Verss. bei 213, 224 u. 235° zeigen, daß die CH_3COOH-Abspaltung eine Ketten-Rk. ohne Mitwrkg. von Radikalen darstellt. Die Start-Rk. beginnt an den Enden der **I**-Kette u. die weitere Rk. läuft in einfacher Weise ab (wenn sich erst einmal eine Doppelbindung gebildet hat, steht eine CH_2-Gruppe in α-Stellung zur Acetylgruppe; da diese Struktur sehr reaktionsfähig ist, wird sofort ein weiteres CH_3COOH-Mol. abgespalten unter Bldg. einer neuen Doppelbindung usw.). Da bei den Verss. kein stationärer Zustand erreicht wurde, konnten die reaktionskinet. Konstanten nicht bestimmt werden. Für die Aktivierungsenergien der Start- u. Fortpflanzungs-Rk. wurde ein Wert von 36700 ± 2000 cal/Mol bzw. 16900 ± 2000 cal/Mol ermittelt. Eine mögliche Beziehung zwischen dieser Rk. u. der HCl-Abspaltung aus Polyvinylchlorid (**II**) wird erörtert. Neben der vorgeschlagenen, durch abgespaltenes HCl autokatalysierten Rk. bei **II** scheint eine HCl-Abspaltung nach dem bei **I** vorliegenden Mechanismus möglich zu sein. Demnach müßte sich die Zers. des **II** durch Endgruppen verhindern lassen, die die erste HCl-Bldg. u. damit die weitere HCl-Abspaltung unmöglich machen. (Trans. Faraday Soc. **48.** 379—87. April 1952. Glasgow, Univ., Chem. Dep.) SCHÄFF. 4010

Bahattin Baysal und **Arthur V. Tobolsky,** *Beziehung zwischen Grenzviscosität und Molekulargewicht bei Polymethylmethacrylat: Einfluß der Größenverteilung.* Die Beziehung zwischen Grenzviscosität u. Mol.-Gew. bei homogenen Polymerfraktionen unterscheidet sich von der für unfraktionierte Polymere entwickelten Formel durch die Größe der empir. Konstante K. Das Verhältnis $K_{\text{unfraktioniert}}/K_{\text{homogen}}$ ist >1 u. ein Maß für die Heterogenität des Polymeren. Vff. bestimmen die K-Werte unfraktionierter Proben von *Polymethylmethacrylat* (**I**), vergleichen diese mit berichteten Daten von homogenen **I**-Proben u. untersuchen die daraus ermittelten Quotienten im Hinblick auf ihre Übereinstimmung mit den theoret. für die verschied. Typen der Größenverteilung zu erwartenden Werten. Als Versuchsmaterial diente Methylmethacrylat, das bei 60° unter dem Einfl. von Benzoylperoxyd u. 2.2'-Azo-bis-isobutyronitril blockpolymerisiert wurde. Die genannten Katalysatoren bewirken prakt. keine Transferreaktionen. Die **I**-Proben wurden dann aus Aceton–Methanol umgefällt u. ihre Grenzviscosität in Chlf. bestimmt. Diese Lsgg. wurden auch für osmot. Mol.-Gew.-Bestimmungen verwandt. Der Quotient beträgt für die Lsg. in Chlf. bei 20—25° 1,32, der theoret. unter Zugrundelegung einer Verteilungsfunktion berechnete 1,35. Die Verwendung des experimentell ermittelten Quotienten zur Best. der Art der Größenverteilung hat einen begrenzenden Faktor in der Fraktionierungstechnik, weniger in der Mol.-Gew.-Bestimmung. Für *Polystyrol* ergibt sich für Lsg. in Bzl. bei 30° ein experimenteller Quotient von 1,37 gegenüber dem berechneten Wert 1,32. (J. Polymer Sci. **9.** 171—76. Aug. 1952. Princeton, N. J., Univ., Frick Chem. Labor.) RUSKE. 4010

A. B. Bestul, H. V. Belcher, F. A. Quinn jr. und **C. B. Bryant,** *Viscositäten von GR–S-Kautschuklösungen im Konzentrationsbereich von 0,25—90%.* Mit BINGHAM-Viscosimetern u. mit dem MCKEE-Konsistometer wurden die rheolog. Eigg. von *GR–S–X-518* (**I**) (50°-Polymerisat) u. von *GR–S–X-558* (**II**) (+5°-Polymerisat) in α-Methylnaphthalinlsg. (**I** auch in Cetan) im Konzentrationsbereich 0,25—90% untersucht (Schubspannungen an der Capillarwand im Bereich von 2400—6500000 Dyn/cm^2; Schergeschwindigkeiten von 2,8—122000 Sek^{-1}). Vorverss. zeigten, daß die Lsgg. ihre Viscosität infolge Alterung nicht ändern. Aus logarithm. Schergeschwindigkeit/Schubspannungs-Diagrammen wird gefunden, daß die Lsgg. bei steigender Konz. in zunehmendem Maße nicht NEWTONsches Fließverh. zeigen. **I**- u. **II**-Lsgg. weisen bis zu Konzz. von ca. 70% keinen größeren Unterschied in ihrem Verh. auf. Bei höheren Konzz. nimmt das nicht-NEWTONsche Fließverh. bei **II**-Lsgg. stärker als bei **I**-Lsgg. zu. Die Abhängigkeit der Viscosität von der Konz. der

Lsgg. bzw. von der Temp. wird erörtert. Bei Unterss. im Konzentrationsbereich $\leq 10\%$ wurde gefunden, daß im Gegensatz zu anderen Polymerisatlsgg. bei gleichen Bedingungen hier nicht die Beziehung Schergeschwindigkeit $= K_1$ (Schubspannung) $+ K_2$ (Schubspannung)^2 gilt. Die Befunde stützen neuere Beobachtungen, daß Kautschuklsgg. geringer Konz. um so eher ein Newtonsches Fließverh. zeigen, je niedriger die Polymerisationstemp. des Kautschuks war. (J. physic. Chem. **56.** 432—39. April 1952. Washington, D. C., Nat. Bur. of Standards.) Schäff. 4030

W. E. Mochel, *Struktur von Neopren. 5. Mitt. Beziehung zwischen Viscosität und Umsatz bei mit Schwefel modifizierten Polychloroprenen.* (4. vgl. C. **1950.** II. 2807.) Zur Aufklärung der Wrkg. von S, der als Regler bei der Herst. von Neopren GN bzw. Neopren CG verwendet wird, wurde die Abhängigkeit der Viscositätszahl u. des Gelgeh. vom Polymerisationsumsatz (5—95%) der Polychloroprene (Polymerisationstemp. 40 bzw. 10°) untersucht. Diese modifizierten Polymerisate (Umsatz 10—40% — abhängig von der Polymerisationstemp.) sind vor einer Behandlung mit Tetraäthylthiuramdisulfid (**I**) unlöslich. S wirkt daher offensichtlich nicht als Kettenüberträger. Viscositätszahl/Umsatz-Kurven von modifizierten, mit **I** nachbehandelten Polymeren zeigen 2 Maxima. Das 1. Maximum bei 15—20% Umsatz scheint mit einer Änderung der Polymerisatstruktur (Änderung der Mol.-Gew./Viscositätszahl-Beziehung) zusammenzuhängen, während das 2. Maximum bei 85—90% Umsatz durch Bldg. relativ dichter, durch **I** nicht spaltbarer Gele verursacht wird. Die darauffolgende schwache Viscositätsabnahme hängt mit der Entfernung des hochmol. Polymerisats durch Gelbldg. zusammen, wobei ein niedriger mol. Solpolymerisat übrig bleibt. (J. Polymer Sci. **8.** 583—92. Juni 1952. Wilmington, Del., E. I. du Pont de Nemours & Co., Exp. Stat.) Schäff. 4030

Ikumi Kagawa und **Kakuji Katsuura,** *Über das Dissoziationsgleichgewicht hochmolekularer schwacher Elektrolyte.* Celluloseglykolsäureäther mit verschied. Verätherungsgraden wurden als Beispiel eines hochmol. Elektrolyten verwendet. Unters. von Problemen des Dissoziationsgleichgewichtes, z. B. des Einfl. der Konz. des hochmol. Elektrolyten, der Verteilungsdichte von Elektrolytradikalen, des Einfl. von Salz u. von Neutralisationsreagentien. Die experimentellen Daten wurden mit Hilfe der von Kagawa (J. Soc. Chem. Ind. Japan. **47.** [1944.] 574) abgeänderten Kernschen Formel (1) $\alpha_H \cdot \alpha/(1-\alpha) = k = k_s[(1-\alpha)/\alpha]^m$ u. der von Kagawa angegebenen Formel (2) $\alpha_H^2/C_p(1-\alpha) = k = k_s[(1-\alpha)/\alpha]^n$ ausgewertet. Die erhaltenen Resultate werden mit Kagawas Ansicht (J. Soc. Chem. Ind. Japan **47.** [1944.] 435, **52.** [1949.] 55 u. **53.** [1950.] 120) über die Bindung von Gegenionen diskutiert. (J. Polymer Sci. **7.** 89—95. Juli **1951.** Japan, Nagoya Univ., Fac. of Engng., Dep. of Appl. Chem.) Lantzsch. 4050

H. G. Higgins, Dallas Fraser und **J. F. Hayes,** *Die Rolle der Sulfhydrylgruppe bei der Bildung von alkalischen Proteingelen.* (Vgl. Wormell, C. **1952.** 65.) Bei Behandlung von *Casein* mit NaOH bei 25° in Ggw. von wenig W. (p_H 9,7—13,9) wurde Sulfid-S frei, der nach Ansäuern mit HCl als H_2S bestimmt wurde. Gleichzeitig tritt Abnahme von Cystin-S (max. 50%) u. Bldg. eines Gels ein. Der wahrscheinlich sehr komplexe Mechanismus der Gelbldg. ist noch unklar. Die Disulfidbindungen scheinen unter Vernetzung in einfache Sulfidbindungen des Lanthionintyps überzugehen. (Nature [London] **169.** 1020—21. 14/6. 1952. Melbourne, Commonwealth Scient. and Ind. Res. Organization, Div. of Forest Prod.) v. Pechmann. 4070

G. M. Allenby und **H. B. Collier,** *Die Bindung von Thiazinen durch Proteine und Nucleinsäure.* Die Bindung der roten Thiazinfarbstoffe *Phenothiazon* (**I**) u. *Thionol* (**II**) an *Plasmaalbumin* (**III**), *Hefenucleinsäure* (**IV**) u. *Thymusnucleoprotein* (**V**) wurde spektrophotometr. untersucht. Die Bindungskonstanten n (Zahl der Bindungsstellen/Mol bindende Substanz) wurden nach $1/r = K/n \cdot 1/(X) + 1/n$ (J. Amer. chem. Soc. **68.** [1946.] 1486)

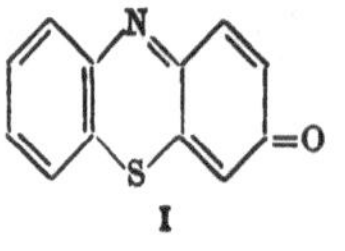

I

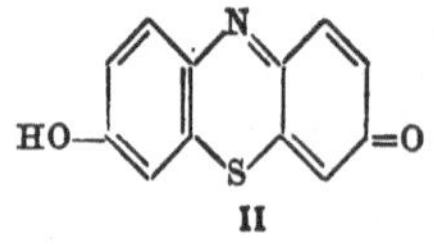

II

mit Hilfe der Gleichgewichtsdialysenmeth. (p_H 7,4, 5°) bestimmt (r Moll. gebundenen Farbstoffs/Mol bindende Substanz, X Konz. freien Farbstoffs, K Dissoziationskonstante des Komplexes). Die Bindung von **I** u. **II** erfolgt an relativ wenigen Stellen des Moleküls. Die Dissoziationskonstanten lassen eine mäßig starke Bindung erkennen, die möglicherweise durch van der Waalssche Kräfte unter Beteiligung des heterocycl. Rings sowie durch H-Brückenbldg. über die polaren Gruppen erfolgt. **I–III**: n 2,0, –log K 4,6; **II–III**: 2,3 bzw. 4,7; **I–IV** (auf Mol.-Gew. 20000 berechnet): 3,1 bzw. 3,5; **II–IV**: 0,44 bzw. 3,6; **I–V** (auf g-Atom P berechnet): 0,065 bzw. 4,3. (Arch. Biochem. Biophysics **38.** 147—57. Juli 1952. Edmonton, Can., Univ. of Alverta, Dep. of Biochem.) K. Maier. 4070

H. Benoit, *Untersuchung der elektrischen Doppelbrechung der Thymonucleinsäuren.* An zwei Proben, S V u. S VIII, wurden untersucht: 1. Einfl. der Ionenstärke im Lösungsm.

u. 2. Unters. der von der Konz. abhängigen Phänomene. Als Puffer wurde Glycin verwendet, die Messungen wurden durchgeführt mit Konzz. an S V u. S VIII zwischen 1 u. 5 mg/100 ml, nacheinander in reinem W. u. einem Puffer von 0,5 u. 1% Glycin. Δn ist immer negativ, die Thymonucleinsäurestäbchen orientieren sich also in Richtung des angelegten elektr. Feldes. Die Zugabe von Glycin vermindert die Größe der Doppelbrechung, ohne dabei den allg. Verlauf der Kurve zur Doppelbrechung zu modifizieren. Zu 2. gibt Vf. die Kurven der Doppelbrechung an, die in einer Pufferlsg. (0,5% Glycin) mit drei verschied. Konzz. (5 mg; 3—4 mg u. 1—2 mg je per 100 ml) erhalten wurden. Schließlich berechnet der Vf. aus den Versuchsergebnissen die Größe der verwendeten Thymonucleinsäuremoll. in der Lösung. S VIII ist höher polymerisiert als S V. Die Werte stimmen mit den durch Strömungsdoppelbrechung gewonnenen nicht gut überein. Vf. führt dies auf die Ungenauigkeit der durch Strömungsdoppelbrechung gewonnenen Diffusionskonstanten zurück. (J. Chim. physique Physico-Chim. biol. **48.** 612—14. Nov./Dez. 1951. Straßburg, Centre d'Études de Phys. Macromol.) HEYNS. 4090

Jean Pouyet, *Wahre Viscosität verdünnter Lösungen von Desoxyribonucleinsäuren.* Messung der Viscosität, mit einem Viscosimeter nach COUETTE (Genauigkeit von $\pm 0{,}005$ auf die Werte von η_0), bei $25 \pm 0{,}05^0$ in 10%ig. NaCl-Lsg. mit Konzz. unter $1 \cdot 10^{-4}$ g/cm³ an zwei Proben, S V u. S VIII. Vf. gibt für beide Proben die Werte für spezif. Viscosiät η_s an. Es ergibt sich eine lineare Abhängigkeit von η_s von der Konzentration. Die angewendeten Konzz. erlauben es, auf die Konz. u. den Gradienten Null zu extrapolieren. Mit der wahren Viscosität für diese Nullwerte kann der Streckungsgrad berechnet werden. Vf. leitet daraus eine Länge von 5000 Å für S VIII u. 2400 Å für S V ab. Aus dieser Verschiedenheit erklärt sich auch, daß man bei S VIII bereits Strukturviscosität erscheinen sieht. (J. Chim. physique Physico-Chim. biol. **48.** 616—18. Nov./Dez. 1951. Straßburg, Centre d'Études de Phys. Macromol.) HEYNS. 4090

S. Berlingozzi, Schemi delle dezioni di Chimica organica. Parte 1. Firenze: Società editrice universitaria. 1952. (405 S.) L. 2800,—.

E. Biologische Chemie. Physiologie. Medizin.

E_1. Allgemeine Biologie und Biochemie.

Helmut Metzner, *Cytochemische Untersuchungen über das Vorkommen von Nucleinsäuren in Chloroplasten.* Die Chloroplasten ausgewachsener Blätter von Agapanthus, Elodea, Ambulia u. Heteranthera wurden auf ihre Färbbarkeit u. ihre Verh. gegenüber proteolyt. Fermenten untersucht. Danach enthalten die Chloroplasten im Stroma, vielleicht nur in dessen Grenzschicht, Pentosenucleinsäure, die Grana dagegen Pentose- u. Desoxypentosenucleinsäure. Plastiden u. Chromosomen (der Speicheldrüsen der Dipteren) zeigen somit einen überraschend gleichartigen morpholog. u. chem. Aufbau beider Strukturen. (Biol. Zbl. **71.** 257—72. 1952. Münster/Westf., Botan. Inst., u. Göttingen, Univ., Pflanzenphysiol. Inst.) LOHMANN. 4150

R. Thomas, M. Steinert, S. Gothié und **J. Brachet,** *Die biologische Spezifität der Desoxyribonucleinsäuren verschiedener Tierarten.* Nach CHARGAFF u. Mitarbeitern sollen sich *Desoxyribonucleinsäuren* (I) verschied. Tierarten bzgl. der Verhältnisse von Purin- u. Pyrimidinbasen wesentlich unterscheiden. Da MAZA (Growth **13.** Suppl. 5. [1949]) beobachtet hatte, daß von verschied. Tierarten stammende I teils hemmend, teils ohne Einfl. auf die Entw. von Froscheiern sind u. dieser Effekt mit der Feststellung CHARGAFFs in Zusammenhang stehen könnte, wurden Verss. mit hochpolymerisierten u. gereinigten I aus Kalbsthymus, Hoden von *Rana fusca* u. *esculenta,* Hoden u. Intestinum von *Triton palmatus, alpestris* u. *Amblystoma mexicanum* u. Hoden von *Asterias glacialis* vorgenommen. Die Ergebnisse MAZAs konnten nicht bestätigt werden. (Experientia [Basel] **8.** **18.** 15/1. 1952. Bruxelles, Univ. libre, Fac. des Sci., Labor. de morphologie animale.) ITZEROTT. 4150

C. Gompel, *Zur Inaktivierung des Spindelapparates in der Zelle der Maus durch thioloprive Substanzen.* Im Hinblick auf die möglicherweise entscheidende Bedeutung der $-SH$-Gruppe bei der Mitose wurden verschied. „thioloprive" Stoffe im Tiervers. geprüft, nämlich *Monojodessigsäure, Monojodacetamid, Chloracetophenon* u. *Chlorpikrin.* Diese Substanzen, in Olivenöl gelöst, wurden Mäusen subcutan injiziert. Es stellte sich heraus, daß diese Stoffe tatsächlich in die (Metaphase der) Mitose eingreifen, indem sie Struktur u. Funktion der Spindelfäden ändern. Erklärt wird diese Wrkg. durch die Annahme einer biochem. Modifizierung der spindeleigenen $-SH$-Gruppe, wodurch eine n. Spindelbldg. u. -kontraktion verhindert wird. Ein Vgl. wird angestellt zwischen der Spindel- u. Muskelkontraktion. (Rev. belge Pathol. Méd. exp. **22.** 85—90. Sept. 1952. Bruxelles, Univ., Labor. d'Anatomie Patholog.) J. KEIL. 4150

Alberto Monroy und **Marina De Nicola**, *Die Pigmentkörnchen des Eies und Embryos des Seeigels Paracentrotus lividus.* Die aus Homogenaten in 1,5 mol. Rohrzucker (I) u. 0,02 mol. Na-Citrat durch Zentrifugieren isolierten Pigmentkörnchen von Eiern u. Embryonen von Paracentrotus lividus, die sich zum größten Teil in 0,25 mol. I-Lsg. lösten, wurden chem. untersucht, nachdem die Lsg. vorher eingefroren war. 30% des Trockengewichts bestanden aus Material, das sich mit A.-Ae. (3:1) bei 70° extrahieren ließ. Der Extrakt enthielt Carotinoide u. Phospholipide (0,14% P). Die lipidfreie Substanz enthielt 10% N, 8,5% Kohlenhydrate u. noch immer 0,2% P, keine Nucleinsäure, weswegen eine Verunreinigung durch Mitochondrien oder Mikrosomen ausgeschlossen ist. Durch Papierchromatographie wurde eine Anzahl von Aminosäuren ermittelt. Durch Elektrophorese u. fraktionierte Präcipitation wurden 3 verschied. Komponenten ermittelt. Spätere Entwicklungsstadien (Blastule) ergeben in den Pigmentkörnchen auch Nucleinsäuregeh. (Ribosenucleinsäure). Das Chromoprotein zeigt, wie andere mit Carotinoiden verbundene Proteine, reversible Denaturierung. (Experientia [Basel] **8.** 29—30. 15/1. 1952. Naples, Zool. Stat., Dep. of Physiol., u. Centre of Biol. of the C. N. R.) ITZEROTT. 4150

G. I. Rosskin, M. Je. Struwe und **T. I. Skljar**, *Histochemie der Succinodehydrase embryonaler Zellen und von Zellen maligner Tumoren.* Mit Hilfe einer von Vff. entwickelten histochem. Meth. wurde mikrotopograph. die Verteilung der *Succinodehydrase* (I) im Gewebe von Embryonen weißer Mäuse, Ratten u. Katzen sowie im Gewebe maligner Tumoren weißer Mäuse bestimmt. In allen Fällen war (im Vgl. zur Norm) die Intensität der I herabgesetzt, die somit als charakterist. für rasch wachsendes Gewebe angesehen wird. Die malignen Zellen unterscheiden sich jedoch von den embryonalen durch den scharfen Kontrast in der Verteilung der I zwischen Kern u. Cytoplasma (starke Wirksamkeit des Kerns, geringe des Cytoplasmas). Das Sarkom 180 u. das Adenocarcinom weißer Mäuse unterscheiden sich wesentlich nicht nur durch die Intensität der I-Rk., sondern auch durch die histotopograph. Verteilung des Ferments in den Tumorzellen. Die in der Literatur anzutreffende Meinung, daß in der nekrot. Zone des Tumors ein das I-Syst. hemmender Faktor enthalten sei, konnte nicht bestätigt werden. (Доклады Академии Наук СССР [Ber. Akad. Wiss. UdSSR] [N. S.] **84.** 345—48. 11/5. 1952. Moskau, Lomonossow-Univ.) RENTZ. 4160

J. Meyer-Arendt, *Untersuchungen über die Ultraviolettabsorption der Melanoblastomzelle.* Beschreibung einer Meth. zur Messung der Absorption von UV-Licht verschied. Wellenlänge an histolog. Strukturen (Anfertigung mikrophotograph. Schwarz-Weiß-Negative bei dem jeweiligen UV-Licht; Durchleuchtung mit sichtbarem Licht, das der schließlichen Farbe komplementär ist; Reproduktion auf farbempfindliche Negativ- oder Umkehrfilme. Man erhält so farbige Diapositive oder Papiervergrößerungen; jeder Farbe entspricht ein Absorptionsmaximum in einem beliebigen UV-Spektralbereich). Vf. erhält bei 3660 Å in der Melanoblastomzelle absorbierende, diffuse Ansammlungen von *Melaninvorstufen.* (Verh. dtsch. Ges. Pathol. **1952.** Nr. 35. 153—57. Hamburg.) REISS. 4160

W. Selberg, *Über blutdruckwirksame Substanzen in gut- und bösartigen Geschwülsten.* Beschreibung einer einfachen, sehr schnell arbeitenden Meth. zur Prüfung von Carcinomgewebe (Operationsgut) auf den Geh. an blutdruckwirksamen Substanzen. Einteilung der Geschwülste u. Gewebe in 3 Gruppen: 1. starke pressor. Wirkungen (Nebennierenmark u. seine Geschwülste), 2. geringe depressor. u. biphas. Wirkungen (Niere u. ihre Tumoren) u. 3. starke depressor. Wirkungen (Gewebe, die der Wand von Hohlorganen mit glatter Muskulatur entstammen [Uteruswand, -myome, Dickdarmcarcinom, Darmwand]). Es zeigt sich, daß morpholog. gleichgebaute Neubildungen pharmako-dynam. nicht gleich sind, sondern sich nach ihren Mutterorganen richten. (Verh. dtsch. Ges. Pathol. **1952.** Nr. 35. 132—36. Hamburg.) REISS. 4160

Henry J. Koch jr., George C. Escher und **John S. Lewis**, *Hormonbehandlung der hereditären hämorrhagischen Telangiektasien.* 3 weibliche Patienten mit hereditären hämorrhag. Telangiektasien wurden mit *Äthinylöstradiol* (I; 0,5—0,25 mg täglich) mehrere Wochen lang behandelt, 2 männliche Patienten erhielten 0,5 mg I + 5,0 mg Methyltestosteron (um den feminisierenden Nebenwirkungen von I zu begegnen). 1—3 Wochen nach Beginn der Behandlung wurde die Nasenschleimhaut wieder feucht u. vascularisiert, die Nasenblutungen nahmen ab, die Telangiektasien verschwanden; der Stuhl verlor sein teeartiges Aussehen. Nach Absetzen der Behandlung trat prompt ein Rückfall ein. (J. Amer. med. Assoc. **149.** 1376—80. 9/8. 1952. New York, N. Y., Sloan Kettering Inst. of Cancer Res., u. Mem. Center for Cancer and Allied Diseases.) W. BRANDT. 4160

Stanford Cade, Malignant disease and its treatment by radium. Vol. IV. 2nd ed. London: J. Wright & Sons. 1952. (552 S. m. Abb.) 52 s. 6 d.

E_2. Enzymologie. Gärung.

W. J. Hartman und **George Kalnitsky**, *Die kompetitiven Wirkungen von Metallionen auf die Citratoxydation.* 2. Mitt. (1. vgl. C. **1951.** I. 477.) Die Citratoxydation (C. O.) durch aus Kaninchennieren gewonnene Mitochondrien wird durch $3 \cdot 10^{-3}$ Mol Mn^{++} aktiviert. Cu^{++} in einer Konz. von $3 \cdot 10^{-8}$ Mol hemmt die C. O., wenn es den Zellen vor dem Mn^{++} zugesetzt wird, bleibt jedoch ohne Wrkg. bei Zusatz nach Mn^{++}. Gleiche Wrkg. zeigt Zn^{++}. Zugabe von Na^{+} bis zu $3 \cdot 10^{-2}$ Mol zu Mn^{++} enthaltenden Präpp. steigert die C. O., höhere Na^{+}-Konzz. wirken hemmend. Wird Na^{+} in Konzz. ab $3 \cdot 10^{-6}$ Mol aufwärts vor Mn^{++} zugesetzt, so resultiert eine Hemmung der C. O. Bei K^{+} liegen die Verhältnisse in Konzz. bis zu $3 \cdot 10^{-2}$ Mol umgekehrt. Die in der 1. Mitt. mitgeteilten kompetitiven Wirkungen von Mg^{++} u. Mn^{++} beruhen auf einer Hemmung der *α-Ketoglutarsäureoxydase* der Mitochondrien. (Arch. Biochem. Biophysics **37.** 72—82. Mai 1952. Iowa City, State Univ. of Iowa, Dep. of Biochem.) KRUSEN. 4210

R. Chanda und **E. C. Owen**, *Cocarboxylase und eiweißgebundenes Aneurin in Beziehung zur Phosphatase in Kuhcolostrum und -milch.* In Kuhcolostrum u. -milch wurden nach HOUSTON, KON u. THOMPSON (J. Dairy Res. **11.** [1940.] 145) die Anteile des proteingebundenen (**Ia**) u. Gesamt-*Aneurins* (**I**), sowie der *Cocarboxylase* (**II**) bestimmt u. mit dem Geh. an *Phosphatase* (**III**) verglichen. 1. post partum-Sekretion: **II** 27% von **I**; 3. Tag: **II** 60% von **I**; **II**-Konstanz während der nächsten 4 Tage, dann Abfall auf 8% (38. Woche der Lactation). Das erste Colostrum enthielt 19% von **I** an Eiweiß gebunden (2. Tag 9%, 14. Tag 16%, 38. Woche 6%). Der **III**-Spiegel unmittelbar post partum fiel von 154 E. am 3. Tag auf 17 E.; ab 4. Woche allmählich Anstieg auf 189 E. (38. Woche). **I** fiel während der Lactation ab, Colostrum u. Übergangsmilch waren **I**-reicher als spätere Milch. Die Änderungen von **Ia** u. **II** in Colostrum u. Milch stehen demnach in negativer Korrelation zu deren **III**-Gehalt. (Biochem. J. **51.** XIX—XX. Juni 1952. Kirkhill, Ayr, Hannah Dairy Res. Inst.) K. MAIER. 4210

Arthur Kornberg und **W. E. Price jr.**, *Enzymatische Synthese von phosphorhaltigen Lipoiden.* (Kurzmitt.) Unter Anwendung von ^{32}P, eingebaut in L-α-Glycerophosphat (α-GP), wird gezeigt, daß ein aus Rattenleber dargestelltes, gereinigtes Enzympräp. in Ggw. von langkettigen Fettsäuren (C_{12}—C_{18}, einschließlich Öl- u. Linolsäure) die Bldg. von P-haltigen Lipoiden katalysiert (Nachw. durch Messung der Aktivität); anorgan. isotopes Orthophosphat wird prakt. nicht einbezogen; Cholin, Phosphocholin, Glycerophosphocholin sowie Glycerin beeinflussen die Synth. nicht. Auf Grund der Ergebnisse der chromatograph. Unters. der Reaktionssubstrate wird der vermutliche Verlauf der Synth. schemat. folgendermaßen dargestellt (ATP = Adenosintriphosphat, CoA = Coenzym A): 1. Stearat + CoA $\xrightarrow{\text{ATP}}$ Stearyl-CoA; 2. Stearyl-CoA + α-GP → Monostearylphosphatidsäure + CoA; 3. Stearyl-CoA + Monostearylphosphatidsäure → Distearylphosphatidsäure + CoA. Hinweis, daß sich nach einem ähnlichen Schema die biol. Synth. von Cephalinen u. Lecithinen vollzieht. Die früheren Beobachtungen (Federation Proc., im Druck) über den Einbau von Phosphocholin in die Fraktion der Phospholipoide stehen mit dem obigen Schema in Einklang. (J. Amer. chem. Soc. **74.** 1617. 20/3. 1952. Bethesda, Md., Nat. Inst. of Arthritis and Metabolic Diseases, u. Nat. Inst. of Health.) TÄUFEL. 4210

Friedrich J. Bassermann, *Untersuchungen über die Enzymwirkung der Streptokinase–Streptodornase.* Wirkungen der *Desoxyribonucleinase* (**I**) sind abhängig von der Fixierung, p_H, Enzymkonz., Temp. u. Incubationsdauer. Eine monomol. Proteinschicht kann die Wrkg. bereits verhindern. Eine Einzelwrkg. der *Streptokinase* (**II**) oder *Streptodornase* (**III**) ist ohne reine Trennung u. Kristallisation nicht zu untersuchen; deshalb sind **I**-Wirkungen der **III** aus den Verss. nur mit großer Zurückhaltung abzulesen. Die proteolyt. Wrkg. der **II** ist sicher. α-Granula u. Nucleoli werden nicht angegriffen. Durch Lösung zäher Fibrin- u. Zellsubstrate vermögen **II–III**-Gemische Tuberkelbacillen zu mobilisieren u. somit der Einw. anwesender Tuberkulostatica zuzuführen. (Tuberkulosearzt **6.** 286—90. Mai 1952. Montabaur, Westerwald.) RUTKOWSKI. 4210

Esko Nikkilä, **Kaarlo Ekholm** und **Heikki Silvola**, *Papierelektrophorese von Enzymen. Amylase und Trypsin.* Abtrennung der *Amylase* (**I**) aus MERCKs nicht krist. Pankreasamylase u. des *Trypsins* (**II**) aus MERCKs nicht krist. Pankreastrypsin durch Papierelektrophorese. Beschreibung der Apparatur. Die Best. von **I** erfolgte mit Stärke u. Jod, die von **II** nephelometr. mit Casein u. Chinidin nach KRIJGMAN. **I** war elektrophoret. einheitlich mit einer Beweglichkeit von $2{,}9 \cdot 10^{-5}$ $cm^{-2} \cdot sec^{-1}$ $Volt^{-1}$ bei p_H 8,6 u. einer Ionenstärke von 0,05. Bei **II** wurden 2 Komponenten erhalten; die größere hatte eine Beweglichkeit von 0 u. die kleinere von $7{,}0 \cdot 10^{-5}$ $cm^{2} \cdot sec^{-1}$ $Volt^{-1}$. (Acta chem. scand.] **6.** 617—22. 1952.) LOHMANN. 4210

Irwin W. Sizer, *Fermentinhibition.* Vf. gibt an Hand der Literatur einen Überblick über die Wirkungsweise der Inhibitoren. Besprechung der einzelnen Inhibitorarten (Antivitamine, Proteindenaturierungsmittel, Hormone, Antibiotica). (Amer. Brewer **85.** Nr. 5. 29—33. 77. Mai 1952. Cambridge, Mass., Inst. of Technol., Dep. of Biol.) REISS. 4210

Betty M. Porterfield, *Die Wirkung von Calcium und Elektrolyten auf die Enzymwirkung von Influenzavirus und V. cholerae-Extrakt.* Die nach der Meth. von BURNET u. STONE (Austral. J. exp. Biol. med. Sci. **25.** [1947.] 227) aus Kulturen von *Vibrio cholerae* erhaltenen Lsgg. des receptorzerstörenden Enzyms (*Receptor Destroying Enzyme* = RDE) wurden durch Behandlung mit Kationenaustauscher von Ca-Ionen befreit. Durch diese Ca-Entfernung wurde die Aktivität von RDE gegenüber den *Erythrocyten* (I) stark vermindert. Ebenso wirkte Zugabe geringer Mengen an Ca-bindenden Anionen, wie *Fluorid, Oxalat, Citrat* oder *Calgon.* Zusatz von $CaCl_2$ reaktivierte. Im Gegensatz dazu zeigte sich bei *Influenzavirus*-Lsgg. keine Abnahme der Fermentaktivität gegenüber I durch die Entfernung der Ca-Ionen. (Brit. J. exp. Pathol. **33.** 196—201. April 1952. Salisbury, Harvard Hosp., Common Cold Res. Unit.) v. PECHMANN. 4210

Mervyn Griffiths, *Oxydation der Harnsäure, katalysiert durch Kupfer und durch das Cytochrom–Cytochromoxydase-System.* Die Oxydation von *Harnsäure* (I) in Ggw. kleiner *Cu*-Mengen (O_2-Begasung im WARBURG-App.) verläuft bei p_H 12,4 sehr schnell, bei p_H 8,2 dagegen kaum merklich. Die Oxydation wird durch *KCN,* dagegen nicht durch *Pyrophosphat,* gehemmt. Die im Verlauf der durch Cu katalysierten I-Oxydation auftretenden Änderungen im UV-Spektr. sind ident. mit denen, die bei der I-Oxydation durch *Uricase* (II) auftreten. Es ist deshalb anzunehmen, daß die prosthet. Gruppe von II ein 2wertiges Schwermetall ist, zumal die II-Wrkg. auch durch KCN gehemmt wird. Durch das *Cytochrom–Cytochromoxydase-System* wird I bei p_H 7,9 ebenfalls merklich oxydiert, so daß anzunehmen ist, daß I auch von Organismen, die keine II besitzen, in kleineren Mengen oxydiert werden kann. (J. biol. Chemistry **197.** 399—407. Juli 1952. Canberra, Commonwealth Dep. of Health, Australian Inst. for Anatomy.) KRUSEN. 4210

T. W. Wenkstern, *Über die Rolle der Phosphorylierungsprozesse bei der Synthese des Milchzuckers.* Zur Klärung der Rolle von *Galaktose-1-phosphat* (I) bei der Synth. von *Milchzucker* (II) wurden an Schnitten u. Homogenaten der lactierenden Milchdrüse von Kaninchen u. Ratte die möglichen Umwandlungen von α- u. β-I untersucht. Es zeigte sich, daß als einzige fermentative Umwandlung von I unter der Einw. der Schnitte u. Homogenate der Milchdrüse eine hydrolyt. Phosphorylierung durch die Gewebephosphatasen eintritt. In einer die Atmung noch nicht beeinflussenden Konz. unterdrücken die die Atmungsphosphorylierung ausschaltenden Gifte Dinitrophenol u. NaN_3 die Synth. von II im Milchdrüsenschnitt. Die Ergebnisse liefern keinen Hinweis auf die Beteiligung von I an der Synth. von II. (Биохимия [Biochemie] **17.** 288—97. Mai/Juni 1952. Moskau, Bach-Inst. für Biochemie.) LEBTAG. 4230

H. L. Kornberg und R. E. Davies, *Die Umwandlung subcutan injizierten ^{15}N-Harnstoffs in der Katze.* Nach 2maliger subcutaner Injektion von *^{15}N-Harnstoff* (I; Gesamtdosis 32,1 mg ^{15}N) bei einer 2,0 kg schweren Katze wurden innerhalb 40 Std. 2,5% von ^{15}N im Urin in andrer Form als I ausgeschieden. Die Gewebe enthalten N mit geringem Isotopüberschuß. Die Umwandlung von ^{15}N–NH_3 im Organismus wurde durch Best. der ^{15}N-Verteilung in Geweben u. Urin nach 10 subcutanen Injektionen von *^{15}N-Ammoniumlactat* (II; Gesamtdosis 28 mg ^{15}N) in 4std. Abstand bei einer 1,2 kg schweren Katze ermittelt. 54,2% des injizierten II-*N* wurden in 40 Std. zu ^{15}N-I umgewandelt. In 40 Std. werden mindestens 5% von I im Organismus der Katze abgebaut. *N* der Magenmucosa war nach Zuführung von ^{15}N-I oder ^{15}N-II nicht bevorzugt mit ^{15}N angereichert. Dies spricht gegen eine Beteiligung der Magen-*Urease* bei örtlichen synthet. Prozessen. (Biochem. J. **52.** 345—50. Okt. 1952. Sheffield, Univ., Dep. of Biochem., Med. Res. Council Unit for Res. in Cell Metabolism.) K. MAIER. 4230

Minoru Ohara und **Tadakazu Suyama,** *Nitratreduktase-Aktivität während der Embryonalentwicklung beim Frosch.* Unters. über die Aktivität der *Nitratreduktase* (I) sowie anderer Enzyme (*Succinat-* u. *Lactatdehydrogenase*) des Frosches *Rhacophorus schlegelii arborea.* Die Ergebnisse deuten darauf hin, daß während phylogenet. Entw. des Frosches eine Periode der *Nitrat*-Respiration aufgetreten sein muß: I hat ein Maximum zur Zeit des Schlüpfens, während die Aktivität beim Auftreten von Melanin u. dem Einsetzen der Blutzirkulation durch die Wrkg. des Hämoglobins verringert wird. (Nature [London] **169.** 285—86. 16/2. 1952. Kanazawa Univ., Japan, Fac. of Med., Dep. of Pathol.) LÜPNITZ. 4230

Helen A. Stafford, *Über die Verteilung und Entwicklung der Enzyme bei Erbsenkeimlingen.* In einem Brei aus gequollenen Erbsen bzw. aus Teilen 6 Tage alter Erbsenkeimlinge (Kotyledonen u. Sproß–Wurzel-Achse) wurde die Aktivität verschied. Enzyme bestimmt. Legt man das Frischgewicht zugrunde, so findet man, daß in der Keimlingsachse die *Ascorbinsäureoxydase* u. in den Kotyledonen die *Phosphorylase*, die *Cytochromoxydase* sowie die *Succinoxydase* vorherrschen, während die *Amylase* sich auf alle Organe gleichmäßig verteilt. Bezieht man dagegen die Werte auf die Trockenmasse (oder den Proteingeh.), so erscheint die *Ascorbinsäureoxydase-*, *Cytochromoxydase-* u. *Amylaseaktivität* in der Sproß–Wurzel-Achse u. die *Phosphorylase-* u. *Succinoxydaseaktivität* in den Kotyledonen am höchsten. Im Verlaufe der Keimung verschwindet die *Ascorbinsäureoxydase*, während alle übrigen Enzymwirkungen zunehmen. (Bull. Torrey bot. Club Torreya **79.** 351—58. Sept./Okt. 1952. Philadelphia, Pa., Univ., Dep. of Botany.) J. KEIL. 4230

E_3. Mikrobiologie. Bakteriologie. Immunologie.

I. Je. Elpiner, *Die Ultraschallwellen in der Mikrobiologie.* Übersichtsarbeit. Vf. vertritt die Ansicht, daß bei der Ultrabeschallung von wss. Lsgg. freie Radikale entstehen. Je nach der Natur des Gases, mit welchem die ultrabeschallte Lsg. gesätt. wird, findet eine Red. oder Oxydation statt. Bei gleichen Bedingungen entsteht in einem bestimmten Vol. dieselbe Menge an reduzierender oder oxydierender Substanz, so daß in Ggw. eines reaktionsfähigeren Stoffes eine Schutzwrkg. für die übrigen Substanzen bei der Ultrabeschallung eintritt. Eine Schutzwrkg. zeigen auch jene Stoffe, die den Übergang des W. in die Kavitationsräume verhindern, wobei die Bldg. freier Radikale u. atomaren H ausgeschlossen ist. Unentschieden ist die Frage, ob die Kavitationsräume im Mikroorganismus oder nur in der Umgebung entstehen. (Микробиология [Mikrobiologie] **21.** 228—38. März/April 1952.) LEBTAG. 4300

Stig Hård, *Untersuchungen zur Kultivierungsmöglichkeit von virulenten Treponema pallida-Spirochäten in Nährmedien mit pflanzlichen Wuchsstoffen.* Auf einem Bakteriennährboden üblicher Zus., in welchen man rohe, steril präparierte Kartoffelscheiben einbettet, lassen sich nichtvirulente Treponemen (bei 20°) kultivieren, wobei bis zum 26.Tage Vermehrungsteilungen zu beobachten sind. Der Wuchsstoff findet sich nicht im filtrierten Tomatensaft u. ist auch nicht ident. mit *Heteroauxin* (*Indol-3-essigsäure*), welches wirkungslos ist. (Acta dermato-venereol. [Helsingfors] **32.** 381—85. 1952. Stockholm, Karolinskaja Sjukhuset, Dep. of Dermatol.) J. KEIL. 4310

A. Imschenetzki und **L. Kusjurina,** *Über die Geschwindigkeit der Zellenvermehrung bei der gefalteten Rasse der Essigsäurebakterien.* Bei der Züchtung von Acetobacter suboxydans bei 28° auf fl. Nährboden war nach 17 Std. die Zahl der submersen Zellen der gefalteten Form bei einer Luftgeschwindigkeit von 27—45 Liter/Std. gleich 537,2%, die mittlere Vermehrungsgeschwindigkeit gleich 543,3%, wenn Zellenzahl u. Vermehrungsgeschwindigkeit der glatten Form gleich 100% gesetzt wurden. Bei der Durchlüftung mit 6,9—10,8 Liter/Std. zeigte die glatte Form kein Wachstum, während die gefaltete Form wuchs. Auf der Oberfläche des fl. Nährbodens war die Vermehrungsgeschwindigkeit bei beiden Formen die gleiche. (Доклады Академии Наук СССР [Ber. Akad. Wiss. UdSSR] [N. S.] **83.** 925—27. 21/4. 1952.) LEBTAG. 4310

P. F. Djatschenko und **T. G. Romanowitsch,** *Bactericide Eigenschaften von Protaminen.* Aus Störmilch gewonnenes *Protaminsulfat* (*Sturin*) hemmt das Wachstum von Bac. subtilis, Bac. mycoides, Bac. mesentericus, Bact. coli commune u. stimuliert das Wachstum von Streptococcus lactis. Gegenüber Oidium lactis u. Penicillium glaucum zeigt Sturin keine antibiot. Wirkung. (Микробиология [Mikrobiologie] **21.** 185—86. März/April 1952. Moskau, Allunions Wiss. Forschungsinst. für Milchind.) LEBTAG. 4330

C. Bazzicalupo und **A. Portella,** *Die Wirkung der p-Aminosalicylsäure auf Brucellen in vitro.* Durch *p-Aminosalicylsäure* lassen sich verschied. Brucellastämme in vitro nur durch hohe Dosen (1000—1500 γ/cm^3) hemmen. Die klin. Anwendungsmöglichkeiten von PAS bei Brucellosen werden kurz diskutiert. (Giorn. Batteriol. Immunol. **44.** 287—91. Mai/Juni 1952. Napoli, Univ., Ist. di Tisiologia.) H. SCHEURLEN. 4330

J. Dierijck, *Einfluß von Vitamin D_2 auf das Wachstum des Tuberkelbacillus.* Im Gegensatz zu RAAB (vgl. Diseases of the Chest **12.** Sept./Okt. 1946) stellt Vf. keine bakteriostat. Wrkg. des *Vitamin D_2* (**I**) auf Tuberkelbacillen fest; vielmehr zeigt das zur Lsg. von **I** dienende *Propylenglykol* einen beachtlichen tuberkulostat. Effekt. (Rev. belge Pathol. Méd. exp. **21.** 294—98. Nov. 1951. Bruxelles.) RUTKOWSKI. 4330

H. M. Jettmar, *Über die bakteriostatische Wirkung der Ascariden-Cuticula.* Bericht über Unterss. mit verschied. Organen von *Ascaris megalocephala* u. ihren Extrakten auf die bakteriolog. Wrkg. gegenüber verschied. Mikroben (vgl. C. **1953.** 251.) Außer der Pericoel-Fl., die den höchsten bakteriolog. Titer zeigt, weisen auch Suspensionen der Cuticula gegenüber bestimmten grampositiven Mikroben eine beträchtliche Wrkg. auf; die wirksamen Substanzen sind sehr thermostabil. (Arch. Hyg. Bakteriol. **136.** 568—73. 1952. Graz, Univ., Hygiene-Inst.) DOSSMANN. 4330

G. B. Leyton, *Einige Beobachtungen über Staphylokokken und ihre Resistenz gegenüber Antibioticis.* Für verschied. Zeiträume wurde eine Resistenz einer Reihe von Staphylokokkenstämmen gegenüber *Penicillin, Aureomycin, Terramycin* (**I**), *Chloromycetin* (**II**) u. *Streptomycin* (**III**) registriert, wobei für 1951 gegenüber **I** u. **II** keine, gegenüber **III** eine geringe Zunahme der Resistenz festgestellt wurde. (Canad. med. Assoc. J. **67.** 20—22. Juli 1952. Winnipeg, Manitoba, Provincial Labor.) DOSSMANN. 4340

F. Klose und **H. Knothe,** *Über die Einwirkung von Antibioticis und Chemotherapeuticis auf Mycobacterium tuberculosis des Typ humanus im bebrüteten Hühnerei.* 2. Mitt. *Das Verhalten von Tuberkelbakterien Typ humanus bei PAS-Einwirkung.* (1. vgl. C. **1952.** 7512.) *PAS* (**I**) hemmt ebenso wie *Streptomycin* (**II**) bei gleichzeitiger Einbringung mit einer Aufschwemmung eines virulenten Tuberkulosestammes (Typ. human.) in ein 7tägig bebrütetes Hühnerei die Entw. einer Impftuberkulose der Chorioallantois-Membran. **I** kann jedoch ebenso wie **II** die Tuberkelbacillen nicht abtöten. Werden **I** bzw. **II** bis zum 5. Tag nach Verabreichung der Tuberkelbacillen in das bebrütete Hühnerei eingebracht, so hemmen sie zwar nicht völlig das Auftreten tuberkulöser Veränderungen der Allantoismembran, lassen jedoch noch einen Einfl. auf den Umfang der patholog. Vorgänge erkennen. Werden **I** bzw. **II** erst nach 5 Tagen eingebracht, so beeinflussen sie die entstandene Impftuberkulose nicht mehr. (Aerztl. Wschr. **7.** 598—601. 27/6. 1952. Kiel, Univ., Hygien. Inst.) RUTKOWSKI. 4340

Reinhard Wigand, *Neue Untersuchungen über Bartonella bacilliformis.* 2. Mitt. *Verhalten gegenüber Sulfonamiden und Antibiotica in vitro.* Vf. prüfte in vitro die Resistenz des Erregers der CARIONschen Krankheit, Bartonella bacilliformis, gegen *Penicillin, Dihydrostreptomycin, Aureomycin, Chloromycetin, Terramycin, Sulfathiazol, Gantrisin* u. *Supronal.* Der Erreger ist gegenüber Sulfonamiden relativ resistent, gegenüber Antibioticis sehr empfindlich. Zur Therapie wird eine Kombination mehrerer Antibiotica, die auch Salmonelleninfektionen mit beeinflußt, empfohlen. (Z. Tropenmed. Parasitol. **3.** 453—60. Mai 1952. Hamburg, Inst. für Schiffs- u. Tropenkrankheiten.) ZILLIG. 4340

E. Walch, *Mikroskopische Beobachtung des Antibiotica-Synergismus an lebenden Bakterien.* Unterss. mit *Penicillin* (**I**), *Streptomycin* (**II**) u. dem Kombinationspräp. *Supracillin* (**III**) hinsichtlich der Wrkg. auf verschied. Bakterien ergaben, daß die Wachstumshemmung von **III** stärker ist als die von **I** u. **II**, welche jeweils in doppelter Konz. geprüft wurden. Auch in vitro läßt sich an lebenden Keimen eine synergist. Wrkg. von **I** u. **II** aufzeigen. (Die Medizinische **1952.** 860. 21/6. Heidelberg, Univ., Frauenklinik.) REICHLE. 4340

Eugene D. Weinberg, *Der Einfluß von verschiedenen Stickstoffquellen auf die Aktivität von Antibioticis.* Serratia, Stamm EM wurde auf einem Nährboden gezüchtet, der Glycerin, $MgSO_4$, $FeSO_4$, Na_2HPO_4, NaCl u. 2% Agar enthielt u. auf p_H 7,0 eingestellt war. Verschied. Aminosäuren, Caseinhydrolysat, Harnstoff, Vitamine oder Stickstoff enthaltende anorgan. Salze wurden dem Nährboden in einer Konz. von 0,05—1,0% zugesetzt. Danach wurden dem Medium Antibiotica zugesetzt. Wenn im Nährboden P fehlte, so waren nur *Chloramphenicol* (**I**) u. *Penicillin* (**II**) in der Lage, eine Wrkg. auf das Größenwachstum von Serratia auszuüben. *Aureomycin* (**III**) erwies sich als inakt., während *Terramycin* (**IV**) in Ggw. von 1% Caseinhydrolysat wirksam war. Diese Meth. kann zur Differenzierung von **III** u. **IV** benutzt werden. **IV, II** u. *Bacitracin* (**V**) übten eine wachstumsfördernde Wrkg. bei Zusatz von N-enthaltenden Aminosäuren u. Salzen aus. Wenn Glutaminsäure als N-Quelle verwendet wurde, hemmten **II** u. **V** das Wachstum nicht. Bei Zusatz von P zum Nährmedium wiesen **I, III, IV** u. *Streptomycin* eine wachstumshemmende Wrkg. aus, **II** u. **V** waren wirkungslos. (Antibiotics and Chemotherapy **2.** 130—34. März 1952. Bloomington, Univ., Dep. of Bact.) REICHLE. 4340

Gy. Takátsy, *Reinigung und Präcipitation von Viren nach einer neuen einfachen Methode.* Verschied. Stämme von Influenza-, Newcastle- (Atypische Geflügelpest) u. Mumpsvirus wurden durch Adsorption an rote Blutkörperchen u. Elution, Präcipitation bei der Dialyse u. 15 Min. Zentrifugieren bei 3000 Umdrehungen gereinigt. Sie enthalten nach der Reinigung weniger als 0,7% der ursprünglich vorhandenen N-haltigen Verunreinigungen. Bei der Dialyse präcipitieren die dem Typ A angehörenden Influenzastämme bei höheren Salzkonzz. als die Stämme des Typs B. (Acta med. Acad. Sci. hung. **3.** 185—91. 1952. Budapest, State Inst. of Public Health, Virus Sect.) WIEDEMANN. 4374

A. F. Posnette und **R. V. Harris,** *Viruskrankheiten bei Obstkulturen.* Im ersten Teil werden einige neu festgestellte Viruserkrankungen bei Erdbeeren behandelt u. die „grüne Blütenblätterkrankheit“ (green-petal) erörtert. Die Übertragung durch Insekten u. deren Bekämpfung, die Gewinnung von virusfreiem Pflanzgut u. die Hitzetherapie des Pflanzgutes werden besprochen. Im zweiten Teil werden Viruserkrankungen an Obstbäumen, vor allem an Äpfeln, Birnen u. Kirschen (Pfropfinfektion u. einer Wurzelstockinfektion) behandelt. Die Gewinnung von virusfreiem Pflanzenmaterial sowie die Auswahl geeigneter Testpflanzen auf eine bestimmte Viruskrankheit werden erörtert. (Nature [London] **170.** 181—82. 2/8. 1952. Kent, East Malling Res. Stat.) WIEDEMANN. 4374

K. S. Srinivasan und **C. V. Ramakrishnan,** *Thiaminsynthese durch Schimmelpilze.* Gewisse, auf Ölsamen gezüchtete Schimmelpilzstämme synthetisieren *Thiamin* (I), wenn sie auf CZAPEKs Nährlsg. gezüchtet werden. Die I-Synth. durch *Aspergillus flavus* AF_1 wurde eingehend untersucht. Das p_H-Optimum für die Maximalsynth. von I durch *Aspergillus flavus* AF_1 ist 6,6. Die Synth. ist am 15. Tage maximal (2,18 γ I/g). Die Optimaltemp. ist 26°. Werden die Kulturflaschen im Dunkeln aufbewahrt, so wird mehr I synthetisiert als wenn man sie dem Tageslicht aussetzt. NH_4-Salze (Chlorid, Nitrat, Phosphat, Sulfat) in einer Konz. von 0,4% beschleunigen die I-Synth. bedeutend. Für die Züchtung im großen scheint Erdnußkuchen ein gutes Medium zu sein. (Biochim. biophysica Acta [Amsterdam] **9.** 156—60. Aug. 1952. Bangalore, South India, Indian Inst. of Sci., Dep. of Biochem.) K. F. MÜLLER. 4380

W. G. Macmillan, R. G. Bose und **J. P. Bhattacharyya,** *Notiz über ein Penicillium mit Kupfertoleranz.* 2. Mitt. *Seine cellulosezersetzende Aktivität und Wirkung auf Kupferimprägnierte Juteleinwand.* (1. vgl. C. **1953.** 2464.) Der früher beschriebene, in die *P. janthinellum*-Reife eingeordnete *Penicillium*-Stamm (A) mit hoher *Cu*-Verträglichkeit (vgl. l. c.) ist kein bes. starker Jutezersetzer, da der Stärkeverlust nichtimprägnierter Juteleinwand nach Beimpfung mit Sporen u. 21tägiger Bebrütung bei 30° nur 19% beträgt, während die Einw. eines typ. Jute-zerstörenden Pilzes, *Chaetomium indicum* eine 65%ig. Abnahme bewirkt. **Azoid besser durch *Cu-Naphtenat* als durch Kupferammoniak gehemmt.** Azoid verwertet anscheinend leicht die lösl. Juteanteile, dagegen nicht die die Grundsubstanz der Jute bildende Ligninkomponente. (Sci. and Cult. **18.** 287—88. Dez. 1952. Calcutta, Indian Jute Mills Assoc. Res Inst., Microbiol. Labor.) K. MAIER. 4380

F. Blank, *Eine quantitative Methode zur in vitro-Auswertung fungistatischer Agentien.* Beschreibung einer einfachen, auf einer modifizierten Diffusionstechnik beruhenden Filterpapierstreifenmeth. zur in vitro-Best. fungistat. Substanzen u. Salben. Sie ist bei wasserlösl. u. unlösl. Verbb. anwendbar, wobei für letztere vorteilhaft 2-Methoxyäthanol, Dioxan u. A. als Solventien dienen. Als Testorganismen sind pathogene wie apathogene Pilze verwendbar. Die Meth. ist empfindlich, die Ergebnisse quantitativ u. reproduzierbar. Als Nährboden dient ein modifiziertes SABOURAUD-Medium (2% Neopepton „Difco", 4% Maltose, 0,1% Hefeextrakt „Difco", 10% Rinderserum, 2,5% Agar). Zur Strichbeimpfung der Platten werden Suspensionen von Thallosporen u. Mycel von *Trichophyton rubrum, T. sabouraudi, T. megnini, T. epilans, T. tonsurans, T. sulfureum, T. ferrugineum, Sabouraudites audouini, S. canis, S. gypseus* u. *Epidermophyton floccosum* oder bei *Candida*-Arten fl. Kulturen verwendet. Als Maß der fungistat. Aktivität dient die Größe der Hemmzonen, die während der Bebrütung (25 bzw. 30°) an mehreren aufeinanderfolgenden Tagen bestimmt wird. — 37 Literaturangaben. (Canad. J. med. Sci. **30.** 113—17. April 1952. Montreal, Que., McGill Univ., Dep. of Bacteriol. and Immunol.) K. MAIER. 4380

W. H. Cook, R. C. Rose und **J. R. Colvin,** *Elektrophoretische Sedimentations- und Diffusionseigenschaften von Carragheenin. Carragheenin*(I), das aus der Alge Chondrus crispus extrahierte Polysaccharid, wird elektrophoret. (a) auf Einheitlichkeit u. strukturell durch Sedimentations- (b) u. Diffusionsverss. (c) untersucht. Die a-Analyse von 4 I-Proben (Eigenzähigkeit 3,4—11,2) zeigt beträchtliche Spreizung, ohne daß dies das Vorhandensein besonderer Bestandteile beweist. Die bei allen Proben ähnlichen mittleren Beweglichkeiten betragen durchschnittlich $12{,}0 \cdot 10^5$ $cm^2/V \cdot$ Sekunde. b u. c zeigen, daß bei zunehmender Eigenzähigkeit das Mol.-Gew., Achsenverhältnis (d) u. die geschätzten Durchmesser des Rotationsellipsoids (e) ansteigen, u. zwar, ohne Einbeziehung der Solvatation u. bei Anstieg der Viscosität auf das Dreifache, das Mol.-Gew. von 110000 auf 530000, d von 160 auf 340 u. e von 9,9 auf 13,5 Å. Hierbei handelt es sich um Mittelwerte, da alle Proben polydispers sind u. b außerdem 2 Bestandteile nachweisen. Vgl. der gefundenen Werte mit denen der Cellulose zeigt, daß der überwiegende Teil lineare Struktur hat. Die größere Sedimentationsgeschwindigkeit des kleineren Anteils weist auf andere Größe u. Form hin (gegebenenfalls Verzweigung). Nach a-Analyse sind für beide Bestandteile die Eigg., von denen die Ladungsdichte abhängt, ähnlich. (Biochim. biophysica Acta [Amsterdam] **8.** 595—606. Juni 1952. Ottawa, Nat. Res. Labor., Div. of Appl. Biol.) KÖNIGSDORF. 4380

E_4. Pflanzenchemie. Pflanzenphysiologie. Pflanzenpathologie.

E. Wangermann und **H. J. Lacey,** *Wirkungen von ultravioletter Strahlung auf Lemna minor.* Bei der Bestrahlung von *Lemna minor* mit der Strahlung einer Hg-Entladungslampe mit maximaler Emission bei 2500 Å in einer geschlossenen Box zeigten die

Pflanzen nach 10 Sek. sichtbare Symptome, wie die Ausscheidung flüssiger Tropfen auf der Oberfläche. Bestrahlungen von mehr als 30 Sek. waren letal. Durch Kontrollverss. konnte gezeigt werden, daß für diese Effekte im wesentlichen das bei der Bestrahlung in der umgebenden Luft erzeugte O_3 verantwortlich ist. Die Zerstörung des Chlorophylls, die mit dem Zerstörungsprozeß verbunden ist, konnte als ausschließliche Folge der Anwesenheit von O_3 festgestellt werden. (Nature [London] **170.** 126—27. 19/7. 1952. Leicester, Univ. Coll., Dep. of Bot.) REUSSE. 4404

T. A. Geissman und **Elly Hinreiner,** *Theorien der Biogenese von flavonoiden Verbindungen.* 1. Mitt. In höheren Pflanzen vorkommende *Flavonoid*-Verbb. (I) u. verwandte Substanzen: *Propenylbenzole,* Alkohole, Säuren u. Carbonylverbb. der C_6–C_3-Klasse, *Lignane* (Dimere der C_6–C_3-Verbb.), *Cumarine,* Verbb. der C_6-, C_6–C_1- u. C_6–C_2-Klasse, *Chromone,* C_6-Verbb. mit langen aliphat. Seitenketten, *Flavonoid*-Verbb. = C_6–C_3–C_6-Verbb. (*Flavanone, Chalkone, Dihydrochalkone, Catechine, Anthocyane, Isoflavine*), *Benzophenon-*, *Xanthon-* u. *Stilben*-Derivate. Die aromat. Ringe u. aliphat. Seitenketten zahlreicher Gruppen von Naturstoffen stehen in Strukturbeziehung zu den verschied. Bauelementen des C_6 (*A*)–C_3–C_6 (*B*)–*Flavonoid*-Skeletts. Der Benzolkern (*A*) besitzt bei den meisten **I** die Hydroxylanordnung des *Phloroglucins,* seltener des *Resorcins,* wobei noch weitere Hydroxylierung möglich ist, u. ist mit dem heterocycl. Teil des Mol. verschmolzen. Das C_3-Bruchstück von **I** unterscheidet sich hinsichtlich Oxydationsstufe u. -art. Derartige Abwandlungen finden sich auch bei C_6–C_3-Verbindungen. Ausgangsmaterial für synthet. Prozesse in der Pflanze: *Aminosäuren,* *β-Ketonsäuren* (?), *Hexosen* u. *Cyclite.* Synthet. Mechanismen der lebenden Zelle: β-Carboxylierung, Aldolkondensation, Acyloinkondensation; nichtenzymat. synthet. Prozesse; *Oxydationsenzyme.* (Bot. Rev. **18.** 77—164. Febr. 1952. Los Angeles, Calif., Univ. of California, Dep. of Chem.) K. MAIER. 4460

T. A. Geissman und **Elly Hinreiner,** *Theorien der Biogenese von flavonoiden Verbindungen.* 2. Mitt. (1. vgl. vorst. Ref.) Theorien der pflanzlichen Biosynth., die charakterist. Strukturen der *Flavonoid*-Verbb., Bldg. der carbocycl. C_6-Elemente, Verknüpfung der C_3-Seitenkette, C_6 (*B*)-Vorstufe, *Hexose*-Vorstufe der C_6-Einheiten u. Ringschluß, Bldg. von C_6 (*B*)–C_3, C_6 (*A*)-Fragment, Oxydationsstufen von C_3 u. von C_3 in C_6–C_3–C_6-Verbb., Folgerungen aus der Struktur der *Isoflavone, Stilbene* u. *Xanthone, Benzophenone, Brasilin* u. *Hämatoxylin, Hydrangenol,* Verknüpfung der Zuckerreste, Herkunft der Methoxy- u. Methylendioxygruppen, *Cumarine, Chromone,* isoprenoide Seitenketten, *Furan-* u. *Chroman*-Ringe; Diskussion der Frage der *Glykosid-* u. *Methyläther*-Bldg., der Beteiligung von CH_2O bzw. eines CH_2O-„Äquivalents" bei synthet. Prozessen in der Pflanze. — 167 Literaturzitate. (Bot. Rev. **18.** 165—244. März 1952. Los Angeles, Calif., Univ. of California, Dep. of Chem.) K. MAIER. 4460

E. T. Mertz, V. L. Singleton und **C. L. Garey,** *Die Wirkung von Schwefelmangel auf die Aminosäuren von Alfalfa.* In Quarzsand mit sulfatfreier Nährlsg. gevogene Alfalfapflanzen zeigten gegenüber Kontrollpflanzen von 18 untersuchten Aminosäuren bei 16 durchschnittlich um 50% tiefer liegende Werte. Dagegen lag bei den sulfatfrei ernährten Pflanzen der *Asparaginsäure*-Geh. um über 200% u. der *Arginin*-Geh. um 10% höher. (Arch. Biochem. Biophysics **38.** 139—45. Juli 1952. Lafayette, Ind., Purdue Univ., Dep. of Agric. Chem. and Agronomy.) KRUSEN. 4470

C. G. Woodbridge, A. Carney und **H. R. McLarty,** *Bormangel bei auf Boden mit ausreichendem Borgehalt wachsenden Birnbäumen.* Beschreibung einer Wachstumsstörung mit B-Mangelsymptomen bei Birnbäumen. Die chem. Analyse der betroffenen Gewebe ergab einen normalerweise bei Mangelerscheinungen auftretenden B-Geh., während der Kulturboden eine für die Baumentw. ausreichende B-Menge enthält. Vermutlich ist eine Verringerung der Bodenfeuchtigkeit im Herbst u. zeitigen Frühjahr die Ursache für das Auftreten des B-Mangels. (Sci. Agric. **32.** 440—42. Aug. 1952. Summerland, Brit. Columbia, Div. of Chem., u. Labor. of Plant Pathol.) RANG. 4470

R. C. Brian und **E. K. Rideal,** *Über die Wirkungsweise von Regulatoren des Pflanzenwachstums.* Zur Klärung des Wirkungsmechanismus eines pflanzlichen Wuchsstoffes wurde *2-Methyl-4-chlorphenoxyessigsäure* (**I**) in verschied. Konzz. in einem LANGMUIR-Trog mit monomol. Schichten oberflächenakt. Verbb. zusammengebracht u. die Adsorptionsisothermen aus den Änderungen des Oberflächenpotentials ($\delta \Delta V$) in Abhängigkeit von der **I**-Konz. ermittelt. Zwischen $c/\delta \Delta V$ u. c besteht lineare Abhängigkeit, die Adsorption erfolgt nach dem LANGMUIR-Typ. Bei Verwendung eines quartären NH_4-Salzes, *Octadecyltrimethylammoniumchlorid,* tritt oberhalb p_H 4,0 **I** in ionisierter Form mit ersterem in Wechselwrkg., ebenso mit langkettigen Verbb., die als polare Gruppe die NH_2- oder Ketogruppe besitzen, wie *Eikosylaminhydrochlorid* (bei p_H 2,7—5,6), *Methylpentadecylketon* (bei p_H 3,6). Keine **I**-Adsorption erfolgte an *Hexadecylphenol* (p_H 3,6 u. 5,5), *n-Octadecylacetamid, Stearamid, Phytosterin, Cetylalkohol* u. *Eikosylacetat* (p_H 8,0). Da demnach **I**

stark in Wechselwrkg. (Adsorption) mit positiv geladenen N-Atomen tritt, erfolgt in der Pflanze möglicherweise eine solche mit Eiweißverbb. u. Lipoidlecithin. Diese Annahme wird durch die Ergebnisse gestützt, die sich bei Best. der **I**-Adsorption an monomol. Schichten eines Proteins (*Gliadin*, **II**), Lipoids (*Lecithin*, **III**), eines Lipoproteins (gleiche Teile **II** + **III**) u. an direkt aus Pflanzengewebe, Tomatenschößlinge (Kressekeimlinge, Weizenkoleoptilen) hergestellten monomol. Schichten ergaben. Die Empfindlichkeit der Pflanzenarten gegenüber Wuchsstoffen beruht vielleicht auf dem Umfang ihrer Adsorption an Teilen der Pflanzen, die nicht an der physiol. Rk. der Wachstumshormone teilnahmen. Die **I**-Adsorption an monomol. Filme von Kresse- u. Tomatengewebe, die gegen **I** sehr empfindlich sind, war untereinander gleich u. 4—5fach kleiner als die von **I** an Schichten aus Weizenkoleoptilen, die große **I**-Resistenz aufweisen. Die wachstumregulierende Aktivität von **I** nimmt mit zunehmendem p_H-Wert ab. Da dieser Effekt durch Adsorption nicht deutbar ist, muß an dieser Erscheinung noch ein weiterer Faktor beteiligt sein. (Biochim. biophysica Acta [Amsterdam] **9.** 1—18. Juli 1952. London, Royal Inst., Davy-Faraday Labors.) K. Maier. 4485

M. Chryssanthos Phouphas, *Die Wirkung von Maleinsäurehydrazid auf den Zuckergehalt des Bastgewebes in vitro gezüchteter Karottenwurzeln. Maleinsäurehydrazid* (**I**) hemmt in Ggw. von Indolylessigsäure (10^{-8}) in Konzz. von 10^{-5} schwach, von 10^{-3} stark das Wachstum in vitro gezüchteten Bastparenchyms der Karottenwurzel. **I** bewirkt anfänglich im Gewebe eine Zunahme der *Saccharose* (**II**)-Bldg., während nach 32 Tagen ein rascher **II**-Abbau einsetzt, der möglicherweise auf eine zunehmende tox. Wrkg. von **I** auf den enzymat. Mechanismus der **II**-Synth. zurückzuführen ist. **I** übt gleichzeitig auf die Umwandlung von *Glucose* in *Fructose* eine hemmende Wrkg. aus. Der *Fructose*-Geh. bleibt unter **I**-Wrkg. konstant oder nimmt ab. (C. R. hebd. Séances Acad. Sci. **235.** 808—10. 13/10. 1952.) K. Maier. 4486

Robert Bouriquet, *Die Wirkung von Mercaptoäthylamin und Mercaptothiazolin auf einige in vitro gezüchtete pflanzliche Gewebe.* Es wurde die Wrkg. von *β-Mercaptoäthylamin* (**I**) u. dem strukturell analogen *Δ^2-2-Mercaptothiazolin* (**II**) in Konzz. von 10^{-8} bis 10^{-4} auf in vitro gezüchtete pflanzliche Gewebe untersucht. **I** u. **II** üben auf Krongallengewebe der Schwarzwurzel, das gegenüber Heteroauxinen unempfindlich ist, eine deutliche wachstumsstimulierende Wrkg. aus u. sind damit die ersten in dieser Richtung akt. definierten Verbindungen. **II** verdoppelt die Wachstumsgeschwindigkeit von Kulturen gegenüber solchen ohne Teilungsfaktor. Gegenüber analogem Karottengewebe ist die Wrkg. von **I** u. **II** äußerst schwach. Auf Gefäßparenchym von Topinambur u. asept. gezogene Getreide- u. Radieschenkeimlinge sind **I** u. **II** ohne Wrkg., d. h. **I** u. **II** besitzen keine Auxinaktivität. (C. R. hebd. Séances Acad. Sci. **235.** 811—12. 13/10. 1952.) K. Maier. 4486

Milica Ćorović, *Der Einfluß des Thyroxins auf das Wachstum der Maiswurzel.* Thyroxin (**I**) bewirkt ein verstärktes Längenwachstum bei Maiswurzeln in den ersten 24 Std. nach der Behandlung. Danach hört die **I**-Wrkg. auf. Auch die Seitenwurzeln werden durch **I** länger u. zahlreicher. Verdickungen u. Tumoren treten nicht auf. (Acta pharmac. jugosl. **2.** 15—19. 1952. Belgrad, Pharmaz. Fak., Botan. Inst.) Beckmann. 4486

E5. Tierchemie. Tierphysiologie. Tierpathologie.

Vernon L. Frampton und **Michiel Joseph Joncich**, *Albumine aus den drei Albuminschichten des Hühnereies.* (Vgl. auch C. **1952.** 2555.) Die aus den drei Albuminschichten abgetrennten u. durch mehrfache Umkristallisation gereinigten Albumine zeigten bei p_H 6,0, Ionenstärke 0,05 u. einer elektromotor. Kraft von 6,9 V/cm ident. elektrophoret. Bilder, die auch bei Mischungen der verschied. Albumine auftraten. (Arch. Biochem. Biophysics **37.** 490—91. Juni 1952. Austin, Tex., Univ. of Texas, Basic Cotton Res. Labor.) Krusen. 4520

E. Marchetti, *Wasserlösliche Stoffe im Eigelb und im Bioplastina „Serono". Freie Aminosäuren.* (Vgl. auch Serono u. Curatolo, C. **1953.** 2308.) Beim Verdampfen des wasserlösl. Komplexes aus Eigelb oder Bioplastina bei niedriger Temp. zur Trockne erhält man ein gelbliches Pulver. Die Lsg. schäumt beim Schlagen, koaguliert beim Kochen nicht u. gibt mit Trichloressigsäure, Tanninsäure, $(NH_4)_2SO_4$ u. $MgSO_4$ keinen Nd., jedoch mit Phosphorwolframsäure; Biuret- u. Ninhydrin-Rk. sind positiv. Die Substanz scheint eine Zuckergruppe zu enthalten: Gesamt-N (Mikrokjeldahl) 14,2%, Amino-N (Sörensen) 3,92%, P (Machboeuf) 0,526, berechnet als Na_3PO_4. Es dürfte sich um ein Gemisch von Aminosäuren (**I**), Glyko- u. Phosphoproteinen handeln. — Die **I** konnten mittels Papierchromatographie (Watman-Filter Nr. 1, Lösungsm. 40 n-Butanol, 10 Essigsäure, 50 W., Entwickler Phenol + W. 4: 1) in ihre Bestandteile zerlegt werden. Man erhielt sie als genügend weit voneinander entfernte kreisbogenförmig angeordnete Flecken, die folgenden freien I entsprachen: *Asparaginsäure* (II), *Cystin*, *Glutaminsäure* (III), *Asparagin*, *Threonin*, *Arginin*, *Alanin* (IV), *Tyrosin*, *Methionin* (V), *Phenylalanin*, *Leucin* (VI). II, III, IV, V, VI sind in größerer, die anderen I in geringerer Menge enthalten. (Rass. Clin., Terap. Sci. affini **51.** 69—75. April/Juni 1952. Ist. Serono.) FRÜHWALD. 4520

E. Martini, A. Marzorati und **E. Morpurgo**, *Über die Nervenwirkung von Hirnbestandteilen, die möglicherweise Ketosteroide sind.* Vff. isolierten mit der für die Gewinnung von Nebennierenrindenextrakten üblichen Meth. aus dem Hirn verschied. Tierarten eine Fraktion, die in ihren Löslichkeitseigg. auf Ketosteroide hinweist, Phosphomolybdänsäure u. ammoniakal. $AgNO_3$-Lsg. red. u. mit Dinitrophenylhydrazin u. GIRARD-Reagens T reagiert. Bei der Papierchromatographie nach Hydrolyse erweist sich die Fraktion als uneinheitlich. Die Gesamtfraktion oder die in ihr enthaltenen Ketonanteile rufen nach subcutaner Injektion bei adrenalektomierten Ratten eine Verringerung der Lymphocyten u. bei adrenalektomierten Mäusen eine gewisse Zunahme des Leberglykogens hervor. Bei n. Ratten bewirkt die Fraktion eine Tonusverringerung der Bauch- u. Beinmuskulatur, Katatonie u. Schläfrigkeit. Nach wiederholter mechan. Reizung verschwinden diese Symptome, um in der Ruhe wiederzukehren u. einige Std. erhalten zu bleiben. Irreversible Schädigungen wurden nicht beobachtet. (Experientia [Basel] **8.** 225—26 15/6. 1952. Mailand, Univ., Fac. di Med. Veterin., Ist. di Fisiol. e Chim. Biol.) IPPEN. 4520

T. S. Danowski, *Elektrolyte und kongestives Versagen.* Zusammenfassende Besprechung mit 140 Literaturzitaten. (Ann. intern. Med. **37.** 453—64. Sept. 1952. Pittsburgh, Pa., Univ., School of Med., Dep. of Res. Med.) SCHWAIBOLD. 4550

E. R. Gabrieli und **M. Campani**, *Die Wirkung der reticuloendothelialen Blockierung auf die dermale Ausbreitung chinesischer Tusche.* Die Ausbreitung chines. Tusche in der Haut von Albinoratten wurde in Ggw. von *Hyaluronidase* gehemmt, wenn das reticuloendotheliale Syst. durch i. v. oder intraperitoneale Injektionen von koll. Fe (*Ferrivenin*, BENGERS LTD., England) blockiert war. Die Wrkg. hielt jedoch nur 3—4 Std. an. Der Effekt war bei i. v. Injektionen größer. (Experientia [Basel] **8.** 19—20. 15/1. 1952. Stockholm, Karolinska Inst., Dep. of Exp. Histol.) ITZEROTT. 4550

C. D. Crevy und **F. Y. Tichy**, *Ursache und Behandlung von Nieren- und Blasensteinen bei schwerer Poliomyelitis.* Die Poliomyelitis unterscheidet sich nicht von anderen Krankheiten mit langdauernder Bettruhe u. kann ebenfalls zur Konkrementbldg. in den ableitenden Harnwegen führen. Die Hauptursache sehen Vff. in der Inaktivitätsatrophie der Knochen mit dem damit verbundenen Kalkabbau, in den veränderten u. verlangsamten Blutstromverhältnissen der Nierengefäße u. damit verbundenen chem. Veränderungen des ausgeschiedenen Urins. Neben dem Bericht zweier Krankheitsfälle werden die Möglichkeiten der Vorbeugung besprochen. (A. M. A. Arch. Neurol. Psychiatry **68.** 539—48. Okt. 1952. Minneapolis, Minn., Univ. of Minnesota, Med. School.) BERGER. 4552

Ward Pigman und **A. Jane Reid**, *Die organischen Verbindungen und Enzyme des menschlichen Speichels.* Der menschliche Speichel (Sp.) enthält 0,3—0,7% feste Substanz wovon der größte Teil (0,2—0,5%) organ. Verbb. sind. Nach den verschied. Analysenmethoden werden in 100 cm^3 Sp. 175—564, im Mittel 283 mg Proteine gefunden, den Hauptteil (durchschnittlich 270 mg) liefert dabei das *Mucin*. Beim gesunden Menschen ist die Summe des *Harnstoff*- u. *Ammoniak-N* des Sp. auffallend konstant u. geht dem Harnstoffspiegel des Blutes parallel. Der *Harnsäure*-Spiegel des Sp. soll klin.-diagnost. bedeutsamer sein als der des Blutes u. Urines. Eine Untersuchungsreihe zeigte 0,5—2,9 mg-% Harnsäure im Sp.; Werte über 0,4 müssen als anomal angesprochen werden. Mit Hilfe des mikrobiol. Tests konnten im Sp. 16—17 freie Aminosäuren nachgewiesen werden; in relativ größter Menge treten *Arginin* (3,3—10,0 mg-%), *Glutaminsäure* (3,0—12,6) u. *Glycin* (1,9—15,5) auf. Der Geh. an reduzierenden Zuckern in Sp. ist viel geringer als der des Blutes (z. B. 7—30 mg-% berechnet als *Glucose*). *Cholesterin* (I) kommt in einer Menge von 2,3—50 mg-% vor, bei einem Durchschnitt von 7,9. Beim „saueren" Sp. schwankt der I-Geh. zwischen 13,5 u. 15,7 mg, beim „alkal." zwischen 5,3 u. 9,2. — A.-Ae.-extrahierbarer „Lipoid-P" zeigt sich in einer Menge von durchschnittlich 0,12 mg. Daneben existiert anderweitig organ. u. anorgan. gebundenes *P*. — Die Blutgruppenfaktoren A, B u. O (Polysaccharidsubstanzen) konnten in einer Menge von 1,5 mg-% aus Sp. isoliert werden. Es gibt Personen, die ihre Blutgruppenfaktoren nicht sezernieren. — An Vitaminen lassen sich nachweisen: *Vitamin C*, *Pyridoxin* (die meisten anderen Vitamine des B-Komplexes in weit geringerer Menge) sowie *Vitamin K*. Das *Vitamin A* fehlt. — Der Sp. enthält folgende Enzyme: *Amylase* (zur Gruppe der *α-Amylasen* gehörig, wie Pankreas-, Bacillus subtilis- u. Aspergillus oryzae-Amylase), *Lipase* (schwach), *proteolyt. Enzyme* (schwach wirkend, bes. gegenüber *Casein*), *Phosphatase*; dann *Invertase* u. *Maltase*, deren Wirkungen in der Regel durch die Tätigkeit der Bakterienflora des Mundes verstärkt erscheinen, u. *Hyaluronidase* (nicht bei allen untersuchten Personen u. in der Wrkg. stark schwankend). — An Hormonen konnten *Apoerythein* u. *Parotin* nachgewiesen werden. (J. Amer. Dental Assoc. **45.** 325—38. Sept. 1952. Alabama, Univ., Med. Coll.) J. KEIL. 4555

Fritz Bramstedt und **Rudolf Vonderlinn,** *Biochemische Speicheluntersuchungen.* 2. Mitt. *Die Sauerstoffaufnahme des Speichels und ihre Beziehungen zur Zahncaries.* In vitro-Unterss. mit Speichel von cariesresistenten (a) u. -anfälligen Personen (b) ergaben, daß die O_2-Aufnahme des Speichels von a stets höher liegt als die von b. Es wird vermutet, daß die geringere O_2-Aufnahme bei b auf einem Mangel an Acceptoren für energiereiche Phosphatbindungen beruht. Die O_2-Aufnahme wird durch *HCN* u. *CO* stark, durch $^1/_{1000}$ mol. *NaF* nicht gehemmt. Das unterschiedliche Verh. des Speichels von a u. b kann als Cariestest verwendet werden. (Zahnärztl. Welt **7.** 505—09. 25/11. 1952. Hamburg, Univ., Krankenhaus Eppendorf, Klinik u. Poliklinik für Zahn-, Mund- u. Kieferkrankheiten, u. Physiol. Chem. Inst.) KLESSE. 4555

J. A. Beggs, *Die Behandlung von Herpes gestationis mit Testosteron.* Bericht über einen Fall mit heftigem unbeeinflußbarem Juckreiz. Die Erscheinungen ließen sich mit je 25 mg *Testosteron* in 3 Tagen beheben u. dann mit 10 mg täglich bis nach der Geburt kontrollieren. 6 Monate danach war die Patientin noch symptomfrei. (Canad. med. Assoc. J. **67.** 52. Juli 1952. Dublin, Ottawa, Can., Ottawa Civic Hosp.) DOSSMANN. 4559

E. Stewart James und **W. G. Walker,** *ACTH bei der Behandlung von multiplen Wespenstichen.* Nach kurzer Literaturübersicht wird der Fall eines Kleinkindes beschrieben, das von einem Wespenschwarm gestochen wurde. Verabreicht wurde sofort *Phenobarbital-Na, Benadryl, Adrenalin, Codeinphosphat,* 8 Std. später erhielt das Kind intravenöse Tropfinfusion einer 5%ig. *Dextrose*-Lsg. u. *ACTH,* Initialdosis 10 mg, dann 5 mg 6stündlich, bei eingetretener Besserung Reduzierung der Dosis auf 2,5 mg, insgesamt 58 mg. Da das Kind einer Reihe therapeut. Maßnahmen unterzogen wurde, ist nicht mit Sicherheit zu schließen, daß der günstige Verlauf auf die *ACTH*-Medikation zurückzuführen ist. (Canad. med. Assoc. J. **67.** 50—51. Juli 1952. Vancouver, Gen. Hosp.) DOSSMANN. 4560

Walter Sandritter, *Über die Pathophysiologie der Nebennierenrindenhormone.* Übersichtsarbeit u. Warnung vor unkontrollierter Hormontherapie. (Dtsch. dentist. Z. **6.** 261—63. 23/4. 1952. Frankfurt/Main.) KLESSE. 4561

Ja. M. Milosslawski, *Zur Frage der Bestimmung von 17-Ketosteroiden im Harn.* Die Ausscheidung der 17-Ketosteroide (I) in den Harn ist bei der ADDISONschen Krankheit deutlich herabgesetzt, bei Tumoren der Nebennierenrinde deutlich erhöht. Die Ausscheidung von I ist bei ca. 30jährigen Männern stärker als in anderen Lebensaltern. Bei Hypertonikern u. Patienten mit Morbus CUSHING unterscheidet sich die Ausscheidung von I nicht wesentlich von der gesunder Personen, was auf eine unveränderte androgene Funktion der Nebennierenrinde bei diesen Erkrankungen hinweist. (Клиническая Медицина [Klin. Med.] **30.** (**33.**) Nr. 3. 67—71. März 1952. Moskau, I. Med. Inst., Hospit.-Therapeut. Klinik.) RENTZ. 4561

John B. Thiersch, Loretta Conroy, Alexander R. Stevens jr. und **Clement A. Finch,** *Nachteilige Wirkung des Cortisons auf die Knochenmarkregeneration nach Bestrahlung des Marks.* Die Regeneration der durch Röntgenbestrahlung (200 r) geschädigten blutbildenden Gewebe im Knochenmark wird bei Ratten verzögert, wenn die Tiere nach der Bestrahlung *Cortison* (10 mg intravenös täglich) erhalten. (J. Lab. clin. Med. **40.** 174—81. Aug. 1952. Seattle, Wash., Univ. of Washington, Dep. of Med. and Pathol.) W. BRANDT. 4561

A. J. Erslev, C. K. Iverson und **F. D. Lawrason,** *Cortison und ACTH bei hypoplastischer Anämie.* 5 Fälle chron. u. ein Fall akuter hypoplast. Anämie wurden mit *Cortison* oder *ACTH* für die Dauer von 7—20 Tagen behandelt. Wesentliche Veränderungen im hypoplast. Knochenmark wurden nicht beobachtet. Abgesehen von geringen zeitlichen Schwankungen in der Leukocyten- u. Reticulocytenzahl hielt die Pancytogenie ungehindert an. (Yale J. Biol. Med. **25.** 44—50. Sept. 1952. Yale Univ., School of Med., Dep. of Internal Med.) KÖNIGSDORF. 4561

S. Leonard Simpson, *Cortison zur Behandlung des Nebennierenvirilismus.* Vf. berichtet über eine Patientin mit Hirsutismus. Nach *Cortison* zeigte sich eine deutliche Abnahme der 17-Ketosteroide im 24 Std.-Harn. Nach 3wöchiger Behandlung zeigte sich keine eindeutige Besserung, lediglich die vorher bestehende, therapieresistente Akne wurde beseitigt. Bei längerer Therapie wäre eine gewisse Besserung des Hirsutismus nach Ansicht des Vf. wahrscheinlich. (Lancet **263.** 91. 12/7. 1952. London.) SCHÜMANN. 4561

S. de Séze und **Nina Debeyre,** *Unsere Erfahrung mit Cortison bei der Behandlung chronisch werdender Polyarthritis und der Spondylarthritis ankylopoetica (nach Behandlung* *von 100 Fällen im Hôpital Lariboisière bei Kontrolle von 6—18 Monaten*). Übersicht über *Cortison* (I)-Behandlung in 80 Fällen mit chron. gewordener Polyarthritis u. 20 Fällen mit Spondylarthritis ankylopoetica. I-Behandlung wurde in 3 Etappen durchgeführt. Die wirksame Mindestdosis variiert von Fall zu Fall. Es wurden sehr gute Erfolge mit lang anhaltender I-Behandlung erzielt, Vff. halten I aber nur in solchen Fällen für indiziert, die mit den bisher üblichen Therapien nicht zu beeinflussen sind. (Semaine Hôpiteau Paris **28.** 2808—18. 26/9. 1952. Paris.) DOSSMANN. 4561

K. Fellinger und **J. Schmid,** *Intraarticuläre Cortisontherapie.* Vff. verabfolgten bei Patienten mit Polyarthritis *Cortison* intraarticulär mit gutem Erfolg. Neben dem Kniewurden auch Hüft- u. Schultergelenk mit Erfolg behandelt. Daneben wurden die Relationsänderungen der einzelnen Eiweißfraktionen im Gelenkpunktat unter der intraarticulären Cortisontherapie untersucht. (Wiener klin. Wschr. [N. F. 7] **64.** 377—79. 23/5. 1952. Wien, Univ., II. Med. Klinik.) REICHLE. 4561

A. W. Capon, *ACTH, Cortison und Tuberkulose.* Bericht über 2 Fälle, an denen nachgewiesen wird, daß *Cortison* (I)-Therapie die tuberkulöse Infektion nachteilig beeinflußt. Da bei Hormontherapie die Aktivierung einer vorhandenen Tuberkulose zu befürchten ist, sollten I u. *ACTH* in solchen Fällen, wenn überhaupt, nur in Verbindung mit *Streptomycin* u. *PAS* verabreicht werden. (Canad. med. Assoc. J. **67.** 46—48. Juli 1952. Weston, Ontario, Can., Toronto Hosp. for Tuberculosis.) DOSSMANN. 4561

S. J. Shane, R. A. Clowater und **Clifford Riley,** *Die Behandlung tuberkulöser Meningitis mit Cortison und Streptomycin.* Es wird ein Fall mit tuberkulöser Meningitis besprochen, bei dem die Verabreichung von *Cortison* (I) neben *Streptomycin* (II) zu anhaltender klin. Besserung führte. Verabreicht wurde intramuskulär *Dihydro*-II 2 g täglich u. II intrathecal 50 mg. Nach 2 Wochen entwickelte sich ein lumbaler intrathecaler Block, so daß die II-Medikation nicht mehr fortgesetzt werden konnte. Cisternapunktion u. Instillation von $6 \cdot 10^3$ E. *Streptokinase* + *Streptodornase* + 25 mg II beeinflußte den hoffnungslosen Zustand nur wenig. Besserung erst durch I-Therapie, *Cortone Acetate* [MERCK], 300 mg intramuskulär 1 Woche, anschließend oral 200 mg I über 11 Wochen, dann laufend Erhaltungsdosis von 100 mg. Kein Nachw. von Tuberkelbacillen bei den laufenden Liquoruntersss., keine wesentlichen Nebenerscheinungen durch die lange Hormonbehandlung. (Canad. med. Assoc. J. **67.** 13—15. Juli 1952. Sydney, Nova Scotia, Point Edward Hosp.) DOSSMANN. 4561

Je. P. Smirnowa, *Einfluß des Hormons der Schilddrüse auf die Elemente des aktiven Bindegewebes.* Verabreichung von *Thyreoidin* (I) an weiße Ratten u. Mäuse (15—30 Tage lang 3mal täglich zu 2—5 mg I pro 100 g Körpergewicht mit der Sonde per os) führt, wie die mkr. Unters. von Milz, Leber u. Gehirn der getöteten Tiere ergab, zu einer Aktivierung des Bindegewebssyst., die sich als verstärkte Proliferation u. intensive Vermehrung der Zellelemente äußert. Werden gleichzeitig Sulfonamide gegeben, so ist die Aktivierung gering oder gleich Null. (Доклады Академии Наук СССР [Ber. Akad. Wiss. UdSSR) [N. S.] **85.** 677—79. 21/7. 1952. Kasach. Med. Molotow-Inst.) RENTZ. 4562

W. Ponsold, *Die Behandlung der Nebenschilddrüseninsuffizienz mit dem Calcinosefaktorstoß.* Bei der Behandlung von 35 Patienten mit Nebenschilddrüseninsuffizienz ergaben sich folgende Richtlinien: Die schlagartige Beseitigung der Krankheitssymptome erfolgt durch einen *Calcinosefaktor* (I)-Stoß (*AT 10, Calcamin, Antitetamin*), wobei auf die Gefahren der I-Überdosierung zu achten ist. Patienten mit $<6{,}5$ mg-% *Serum-Ca* erhalten 100 cm^3, mit 6,5—8,0 mg-% ca. 50 cm^3 I-Lsg. innerhalb von 12 Std. peroral. Für Präpp., die das antitetan. Prinzip, das in pharmakol. u. klin. Hinsicht der Wrkg. des Nebenschilddrüsenhormons gleicht, enthalten, jedoch peroral anwendbar sind, wird die gemeinsame Bezeichnung I vorgeschlagen. (Dtsch. med. Wschr. **77.** 1475—76. 21/11. 1952. Halle, Univ., Pharmakol. Inst.) K. MAIER. 4562

A. G. Macgregor, E. J. Wayne, H. Miller und **J. F. Goodwin,** *Grundumsatz und Radiojodtest bei der Diagnose von Schilddrüsenerkrankungen.* Es werden einige Auffassungen von ROBERTSON (C. **1952.** **6236**) bzgl. der Anschauungen der Vff. über den Radiojodtest richtiggestellt u. besprochen. Vff. betonen, daß die Frage noch nicht gelöst ist, welcher von den bekannten Testen der Schilddrüsenfunktion für den Kliniker die schnellste u. sicherste Diagnose verspricht. (Lancet **262.** 616—17. 22/3. 1952. Sheffield, Univ., Nat. Centre for Radiotherapy, Dep. of Pharmacol. and Therapeut., u. London, Hammersmith Hosp.) DOSSMANN. 4562

M. Székely, S. Mányai und **F. B. Straub,** *Über den Mechanismus der osmotischen Hämolyse.* Vff. kommen auf Grund ihrer Unterss. zu der Ansicht, daß die osmot. Hämolyse in einer, durch den osmot. Druckunterschied bedingten, partiellen Ausströmung des Zellinhaltes durch die reversibel aufgelockerte Membran besteht. Die Membranstruktur menschlicher Erythrocyten geht durch Hämolyse mit 2 Voll. H_2O nicht irreversibel zugrunde. Bei einer Hämolyse mit H_2O im Verhältnis 1:20 geht ein Teil der Zellmembranstruktur zugrunde. Im hypoton. Zustande zugesetztes K u. P verteilt sich gleichmäßig zwischen Zellen u. Außen-Fl., nach Herstellung der Isotonie ist die Zelle für diese Stoffe wieder impermeabel. ATP u. $K_3[Fe(CN)_6]$ werden auch im hypoton. Zustand nicht in die Zelle aufgenommen. (Acta physiol. Acad. Sci. hung. **3**. 571. 1952. Budapest, Univ., Med. Chem. Inst.) REICHLE. 4572

Jane C. Wright, *Der Einfluß eines Folsäureantagonisten, des A-Methopterin, auf den Eosinophilenspiegel des menschlichen Blutes.* Bei 10 gesunden Personen zeigte der Eosinophilenspiegel des Blutes (mit Ausnahme einer Person) mäßige tägliche Schwankungen. Nach täglichen peroralen *A-Methopterin* (**I**)-Gaben von 20—35 mg (6—56 Tage lang, bis Intoxikationserscheinungen auftreten) fielen die Eosinophilenwerte meistens über 50% unter die Werte vor der Verabreichung; nur bei einem Patienten nahm diese Zahl zunächst zu, dann während der Intoxikationsperiode ab. Bei 3 Fällen war überhaupt keine **I**-Toxizität ersichtlich, der Eosinophilenspiegel blieb konstant. Wahrscheinlich stimuliert **I** die Nebennierenrinde. (Blood **7**. 743—48. Juli 1952. New York, N. Y., Harlem Hosp.) W. BRANDT. 4573

David M. Bell, *Unterschiede im Zuckergehalt des Blutes von Arteria und Vena femoralis bei nüchternen Menschen.* Der Blutzucker in der A. femoralis lag bei 80 Bestimmungen an 60 nüchternen Personen durchschnittlich um 2,2 mg-% höher als in der V. femoralis. Oft ließen sich keine Differenzen feststellen. Innerhalb 2—25 Min. veränderte sich die Differenz bei nüchternen ruhenden Menschen nicht. Es bestand keine Beziehung zwischen arteriovenöser Glucosedifferenz u. arteriovenöser O_2-Differenz. Es läßt sich errechnen, daß die ruhende untere Extremität des nüchternen ruhenden Menschen nicht mehr als 17 mg Glucose pro Min. aufnimmt. (J. Lab. clin. Med. **40**. 337—41. Sept. 1952. Durham, N. C., Univ., School of Med., Dep. of Med.) W. BRANDT. 4574

M. Laskowski jr., D. H. Rakowitz und **H. A. Scheraga**, *Gleichgewicht bei der Fibrinogen-Fibrin-Umwandlung.* Für die Gerinnung von *Fibrinogen* (**I**) werden 3 Teil-Rkk. angenommen: (a) **I** $\xrightleftharpoons{\text{Thrombin}}$ aktiviertes **I** + Fibrinopeptid (**II**); (b) n **II** $\rightleftharpoons$ Intermediärprod. (**III**; vgl. FERRY u. SHULMAN, Amer. chem. Soc. Meeting Abstracts, New York [Sept. 1951.] 9 u. J. Phys. Colloid Chem. **55**. [1951] 135); (c) m **III** $\rightleftharpoons$ Fibrin ($5 < n < 15$; m ist eine sehr große Zahl). Um dieses Reaktionsschema zu beweisen, wurde geronnenes Fibrin (**IV**) wiederholt mit 0,3 mol. KCl gewaschen. Danach ist dieses nicht mehr fähig, eine 1%ig. **I**-Lsg. zur Gerinnung zu bringen. Daher muß das gewaschene **IV** thrombinfrei sein u. kann, da Thrombin am festesten gebunden ist, auch keine anderen Proteine okkludiert enthalten. Gewaschenes **IV** gibt in Salzlsgg. (p_H 6,5, Ionenstärke 0,3—1,0) in Abhängigkeit von der Temp. (2; 25; 37°) mehr oder weniger Protein gelöst ab. Das beweist die Reversibilität von (c). Die durch Viscositäts- u. Strömungsdoppelbrechungsmessungen bewiesene Dissoziation von **III** in einem durch Hexamethylenglykol gehemmten Syst. spricht zu Gunsten der Umkehrbarkeit von (b). Aus dem Überstand einer bei Raumtemp. geronnenen **I**-Probe ließen sich beim Abkühlen auf 2° weitere Gerinnsel abscheiden, die sich bei 37° wieder lösten. Endlich konnte das Gleichgewicht von (a) durch Zusatz von **II** u. Thrombin zu gewaschenem **IV** nach links verschoben werden. (J. Amer. chem. Soc. **74**. 280. Jan. 1952. Ithaca, N. Y., Cornell Univ., Dep. of Chem.) FERNHOLZ. 4574

J. H. Milstone, *Proteinthrombokinase und Lipoidthromboplastin als verschiedene Faktoren mit sich ergänzenden Funktionen. Thrombokinase* (**I**) aus Plasmaglobulinen u. *Thromboplastin* (**II**) aus Gehirnlipoiden erweisen sich bei der Gegenüberstellung als unterschiedliche Faktoren mit sich ergänzenden Funktionen. Mit beiden Faktoren zusammen erfolgt die Bldg. von Thrombin (**III**) wesentlich schneller als mit der doppelten Menge der Einzelfaktoren. Zur Aktivierung von Prothrombin (**IV**) genügt **I**, ohne daß **II** oder $Ca^{••}$ vorhanden sein müssen, die beide allein nicht für diese Aktivierung ausreichen. In Ggw. von **I** wirkt **II** auf die **III**-Bldg. als Beschleunigungsfaktor. $Ca^{••}$ ist sehr wichtig für die Beschleunigungsfunktion von **II**. Die **III**-Bldg. ist in erster Phase der **I**-, jedoch nicht der **I**-Menge direkt proportional. In einem **IV**, **II** u. $Ca^{••}$ enthaltenden Syst. läßt sich unter Beibehaltung der direkten Proportionalität zur **III**-Bldg. **I** durch Trypsin (**V**) ersetzen. **V** aktiviert **IV** genau wie **I** in Ggw. von überschüssigem Oxalat. Während **I** innerhalb von 15 Min. bei 60° fast vollständig inakt. wird, bleibt bei **II** die volle Aktivität in gleicher Zeit bei 70° erhalten. Jedoch ist die Hitzebeständigkeit kein gutes Kriterium zur Unterscheidung zwischen **I** u. **II**. **II** hebt nicht wie **I** die latente Phase von einem vermutlichen 2stufigen Vorgang zur Prokinaseaktivierung auf. (Yale J. Biol. Med. **25**. 19—33. Sept. 1952. Yale Univ., School of Med., Dep. of Pathol.) KÖNIGSDORF. 4574

John B. Miale und **Frederick J. Wenzel**, *Wirkung von Koagulaseglobulin auf die Restprothrombinaktivität („prothrombin consumption") von hämophilem Blut.* Die Rest-*Prothrombin* (I)-Aktivität in n. menschlichem Serum (II) unterscheidet sich deutlich von der in hämophil. Blut (III). Zugabe der Koagulase–Globulin-Fraktion aus **II** ruft nicht nur eine wesentliche Verminderung der Gerinnungszeit von **III** hervor, sondern erhöht auch dessen Geh. an **I**. Fügt man eine äquivalente Menge **II** zu **III**, so zeigt sich, wenn auch nicht ganz so stark, die gleiche Wirkung. Durch einfaches Verdünnen von **III** mit Salzlsg. (0,85%) treten bedeutende Änderungen in Gerinnungszeit u. Restprothrombin ein. (Proc. Soc. exp. Biol. Med. **80**. 76—77. Mai 1952. Marshfield, Wis., Marshfield Clin., u. Joseph's Hosp.) KÖNIGSDORF. 4574

Paul M. Aggeler, Sidney G. White, Mary Beth Glendening, Ernest W. Page, Tillie B. Leake und **George Bates**, *Plasma Thromboplastin-Komponente (PTC)-Mangel: Eine neue hämophilie-ähnliche Krankheit.* Ein Fall einer schweren hämorrhag. Krankheit, die infolge verzögerter Thrombinbldg. durch verlängerte Blutkoagulationszeit charakterisiert ist bei n. Plasmakonzz. aller bisher bekannten Koagulationsfaktoren, wird beschrieben. — Der Korrektivfaktor in n. Plasma oder Serum kann durch $BaSO_4$-Adsorption entfernt werden. Dieser bei dem erwähnten Fall fehlende, bisher noch nicht beschriebene Koagulationsfaktor wird als *„Plasma Thromboplastin-Komponente (PTC)"* bezeichnet. Eine Meth. für seine teilweise Reinigung u. Konz. wird angegeben. Durch Zugabe von Plasma, das frei von früher beschriebener Thromboplastinkomponente ist, oder geringen Mengen Gewebethromboplastin wird der Mangel behoben. (Proc. Soc. exp. Biol. Med. **79**. 692—94. April 1952. San Francisco, Calif., Univ. of California, School of Med., Div. of Med., Obstetrics and Gynecol., u. Div. of Pediatrics.) KÖNIGSDORF. 4574

C. Keller, K. Spang und **H. Hartert**, *Über die „kardiale" Gerinnungsstörung und ihre Beeinflussung durch die Therapie.* Im Gegensatz zur trockenen Herzinsuffizienz besteht bei hydrop. Herzinsuffizienz eine Störung der Blutgerinnung. Diese fehlt bei gleichzeitig vorliegender irreversibler Leberfunktionsstörung. Bei Rekompensation unter *Digitoxin-*, *Strophanthin-* oder *Cedilanid*-Therapie kommt es zur Ausschwemmung der Ödeme, Normalisierung der Gerinnungszeit u. Wiederanstieg der Blutproteine, hauptsächlich der Albumine u. der Fibrinogenfraktion. Verminderung des Prothrombinspiegels u. die mögliche Einschwemmung von Gewebsthrombokinase spielen bei der Genese eine Rolle. (Dtsch. Arch. klin. Med. **199**. 169—190. 1952. Heidelberg, Univ., Med. Klinik.) BÖHM. 4574

William H. Griffith, *Plasmaantithrombin bei Thrombose, Hämorrhagien und Lebererkrankungen.* Die *Antithrombin* (I)-Aktivität des Plasmas wurde bestimmt, indem eine relativ geringe Thrombin (II)-Menge (0,2 cm^3 einer Lsg., die 25 E. **II** pro cm^3 enthält) zu 0,2 cm^3 defibrinierten Plasmas gegeben wurde. Nach genau 3 Min. bei 38° (wenn ca. 80% des zugegebenen **II** inaktiviert worden sind) wurden 0,2 cm^3 Fibrinogenlsg. zugefügt. Die nun gemessene Gerinnungszeit ist ein Maß für die nach der Bebrütung übriggebliebene **II**-Menge. Die **I**-Aktivität des Plasmas fällt, wenn dieses mit Oxalat defibriniert wurde, oder wenn das Plasma mit Ionenaustauschern behandelt wurde. Bei Thrombosepatienten wurde kein **I**-Defizit im Plasma gefunden; die meisten dieser Patienten wiesen, wenn sie mit Dioxycumarin behandelt worden waren, eine erhöhte **I**-Aktivität auf. Auch bei Patienten mit hämorrhag. Diathesen wurden erhöhte **I**-Werte gefunden. Bei Patienten mit Ikterus variierte der **I**-Geh. innerhalb eines weiten Bereiches. (J. Lab. clin. Med. **40**. 367—73. Sept. 1952. Los Angeles, Calif., Hollywood Presbyterian Hosp., Dep. of inter. Med.) W. BRANDT. 4574

Werner Gunst, *Über Erfahrungen mit dem Antithromboticum Thrombocid in der Chirurgie.* Vf. berichtet über 3 Patienten, bei denen es unter Thrombocid (synthet. Heparinoid; BENEND, München)-Therapie zu multiplen massiven Thromboembolien kam, die in 2 Fällen zum Tode führten. Die Zunahme von embol. Prozessen auf prim. thrombophlebit. Grundlage ist sehr wahrscheinlich auf die Behandlung mit Penicillin u. Antikoagulantien zurückzuführen. Es soll durch Bakterienzerfall u. fibrinolyt. Effekt eine kumulierende Wrkg. zustande kommen, die zu vermehrter Emboliegefahr führen kann. (Dtsch. med. Wschr. **77**. 806—08. 20/6. 1952. Konstanz a. B., Städt. Krankenanstalt.) KÖNIGSDORF. 4574

H.-K. Bauer, *Über die klinische Bedeutung der Reticulocyten, zugleich ein Beitrag zur rationellen Therapie der Anämien bei Frauen.* Übersicht über Bedeutung der Reticulocyten, Auswertung der Reticulocytenkurven von 273 Krankheitsfällen. Es zeigt sich, daß die Kobalt–Eisen-Therapie die höchsten Reticulocytenwerte ergibt (200 Promille). (Arch. Gynäkol. **182**. 6—24. 1952. Wiesbaden, Städt. Frauenklinik.) MATTHIES. 4575

Bengt H. Persson, *Histochemische Untersuchungen über das Schicksal von parenteral einverleibtem Dextran bei Kaninchen.* 1. Mitt. *Nachweis von Dextran in Gewebeschnitten.*

Färbeverss. an Gelatinefilmen u. an Gewebeschnitten mit dem Dextranpräp. *Macrodex* (I) u. zum Vgl. mit *Glykogen* (II). I ließ sich ähnlich wie II auf dem Gelatinefilm mit BESTs Carmin oder ammoniakal. $AgNO_3$-Lsg. färben. I gibt mit Jodlsg. nur eine hellgelbe Färbung. Nach Oxydation mit n/30 HJO_4 in 70%ig. mit n/5 Na-Acetat gepuffertem A. färbte sich I wie auch II je nach Einwirkungszeit mit *Leukofuchsin* (III) purpurn bis fast schwarz. Nach Oxydation mit 5%ig. Chromsäure gab I im Gegensatz zu II mit III nur eine sehr schwache Reaktion. Offenbar oxydiert Chromsäure I über die Aldehydstufe hinaus. Nach 10—20 minütiger Oxydation mit 0,5%ig. $KMnO_4$-Lsg. zeigte I im Gegensatz zu II nur dann eine schwache Rk. mit III, wenn es auf gewissen Leukocyten (Granulocyten) gelagert war. Die Färbung trat aber ohne weiteres ein, wenn vor oder nach der $KMnO_4$-Einw. mit HJO_4 behandelt worden war. Die Färbung nach HJO_4 + III-Behandlung trat bei vorher mit Essigsäureanhydrid + Pyridin behandeltem I bzw. II nicht ein. Nach der Entacetylierung mit KOH zeigte nur noch II eine teilweise Farbreaktion. — I auf Gelatinefilmen färbte sich nach 1 std. Behandlung mit 1%ig. Malzdiastase u. darauffolgender Oxydation mittels HJO_4 mit III schwach, auf Granularleukocyten nicht mehr. Vielleicht ist I auf den Leukocyten der Diastase zugänglicher. — Mit bas. Farbstoffen, wie Toluidinblau, Azur A u. Fuchsin wird I nur nach vorheriger Oxydation mit HJO_4 gefärbt. II ist auch nach Oxydation mittels Chromsäure u. $KMnO_4$ mit bas. Farbstoffen anfärbbar u. gibt ähnliche Metachromasien wie I. Wahrscheinlich bilden sich bei der Oxydation Carboxylgruppen. — Die beschriebene I-Rk. ist nicht spezifisch. (Acta Soc. med. Upsaliensis **57.** 411—20. 10/12. 1952. Upsala, Univ., Dep. of Histol.) WILLENBERG. 4576

Bengt H. Persson, *Histochemische Untersuchungen über das Schicksal von parenteral einverleibtem Dextran bei Kaninchen.* 2. Mitt. *Über die Anhäufung von Dextran in Niere, Leber, Leukocyten und dem reticuloendothelialen System.* (1. vgl. vorst. Ref.) Die Organe von 104 Kaninchen wurden nach Verabreichung von *Dextran* (*Macrodex*) (I) untersucht. Als Färbemethoden dienten die in der 1. Mitt. geschilderten. — In der Niere tritt nach der Injektion im Epithel der Tubuli eine geringe vorübergehende Anhäufung (Maximum nach 2—4 Std.) von I auf. In der Leber ist 24 Std. bis 4 Tage nach der Infusion I zu beobachten. Polymorphkernige Granulocyten nehmen I sehr schnell auf, speichern es aber nur für kurze Zeit. Die reticuloendothelialen Zellen nehmen viel I auf, maximal zwischen dem 2. u. 5. Tage. Das I verschwindet dann langsam, kann aber noch 14 Tage nach einer Einzelinjektion nachgewiesen werden. Ferner wurden untersucht Speicherung in der Milz bis zu 30 Tagen, Maximum nach 36—72 Std., in Lymphknoten 30 Tage, Maximum nach 36—120 Std., im Knochenmark Maximum nach 36—120 Std., schnelleres Verschwinden, in den KUPFFER-Zellen kürzere Speicherung als bei den reticuloendothelialen Zellen anderer Organe, ferner im Verdauungstrakt u. in der Lunge. Intraperitoneale Gaben zeigten keine großen Unterschiede gegenüber intravenösen. Auch nach wiederholten Injektionen konnte keine Schädigung eines Organs oder Gewebes beobachtet werden. (Acta Soc. med. Upsaliensis **57.** 421—37. 10/12. 1952. Upsala, Univ., Dep. of Histol.) WILLENBERG. 4576

W. d'A. Maycock, *Analyse von Berichten über die Infusion von Dextranlösung.* Eine 6%ig. Lsg. von Dextran (I) in 0,9%ig. NaCl-Lsg. als Plasmaersatz verabreicht, wurde im allg. gut vertragen. In geringen Ausnahmen zeigten sich Nebenerscheinungen (Fieber, Urticaria, Ödeme der Augenlider). Dennoch soll I nicht im Übermaß gegeben werden, da es übermäßige Lsg. von Plasmaproteinen oder Erythrocyten hervorrufen kann. Gefordert wird folgende chem. Zus.: Dextran $6{,}0 \pm 0{,}5$ g/100 ml, NaCl $0{,}9 \pm 0{,}05$ g/100 ml, K $<$ 22 mg/100 ml, reduzierende Zucker $<$ 100 mg/100 ml u. Aceton $<$ 0,02%. (Lancet. **262.** 1081—83. 31/5. 1952. Elstree, Herts., Lister Inst.) ITZEROTT. 4576

Tommaso Porcelli, *Therapeutische Wirkung einiger Vitamine des B-Komplexes und von Embryolysaten auf die Erythrodermia desquamativa des Säuglings.* An Hand von 64 Fällen, die entweder mit *Vitamin* B_6 allein oder in Kombination mit B_2, D_2, *PP-Vitaminen, Embryolysaten* oder *Aminosäuren* behandelt wurden, wurde eine günstige Beeinflussung der Erythrodermia desquamativa durch Vitamin B_6 beobachtet, die die aller anderen Therapeutica übertrifft. Günstig wirkten auch die Lysate. (Pediatria [Napoli] **60.** 56 bis 62. 1952. Milano, Ospedale dei Bambini.) P. G. SCHEURLEN. 4587

F. M. Sawerucha, *Nicotinsäure beim Glaukom.* Zur Erhöhung der Sehschärfe beim Glaukom fand die *Nicotinsäure* (I) in 1%ig. Lsg. in Form intravenöser Injektionen (jedesmal 3 mg) Verwendung. Da I die Miotica nicht zu ersetzen vermag, wird sie in Kombination mit *Pilocarpin* gebraucht. Für eine Kur, die nötigenfalls wiederholt werden kann, sind 15 Injektionen erforderlich. (Вестник Офтальмологии [Nachr. Ophthalmol.] **31.** Nr. 1. 31—35. Jan./Febr. 1952. Moskau, II. Med. Stalin-Inst., Lehrstuhl für Augenkrankh.) RENTZ. 4587

Milton R. Beyers, William C. L. Diefenbach, Herbert Mark und **Leo M. Meyer,** *Die Wechselwirkung von Folsäure und Vitamin* B_{12} *bei makrocytischer Anämie mit Linitis* *plastica.* Unter Hinweis auf den Zusammenhang von makrocyt. Anämie als *Folsäure* (I)-Mangelzustand mit Schwangerschaft, Kindesalter, Sprue u. Linitis plastica wird ein Fall von letzterer weder neoplast. noch luet. Ursprungs ausführlich beschrieben, bei dem durch I-Behandlung keine ausreichende Heilwrkg. erzielt wurde, bei *Vitamin* B_{12} (II)-Behandlung jedoch Wiederherst. eintrat. Die Wechselwrkg. zwischen I u. II wird erörtert u. eine Erklärung der therapeut. Wrkg. wird auf Grund dieser engen Beziehung dargelegt. (Acta med. scand. **142.** 351—56. 24/3. 1952. Bronx, N. Y., Veterans Admin. Hosp., Med. Serv.) SCHWAIBOLD. 4587

C. Lockard Conley, Thomas W. Green, Robert C. Hartmann und **Julius R. Krevans,** *Verlängerte Behandlung der perniciösen Anämie mit Vitamin* B_{12}. Bericht über ca. 100 Fälle mit perniciöser Anämie; Behandlung mit *Vitamin* B_{12} (I; MERCK & Co., Rahway, N. J.) bis zu 40 Monaten. Bei parenteraler Verabreichung war I bzgl. klin. u. hämatolog. Besserung ebenso wirksam wie gereinigter Leberextrakt. Bei unkomplizierten Fällen erwies sich alleinige I-Therapie als völlig ausreichend. Orale Verabreichung erfordert die 100fache I-Menge zur Erzielung der gleichen Wirkung. Intramuskuläre Injektion von 45 mg I alle 6 Wochen genügt als Erhaltungsdosis. Vorzüge von I gegenüber Leberextrakten werden herausgestellt. (Amer. J. Med. **13.** 284—93. Sept. 1952. Baltimore, Md., Johns Hopkins Univ., u. Hosp.) DOSSMANN. 4587

Stuart R. Townsend, *Perniciöse Anämie durch Mangel an „extrinsic factor“.* Bericht über einen Fall mit perniciöser Anämie, der neben proteinfreier Diät täglich 0,1 mg *Vitamin* B_{12} = *extrinsic factor* erhielt. Die Patientin reagierte mit rascher Normalisierung des Blutbildes u. subjektivem Wohlbefinden. (Canad. med. Assoc. J. **67.** 53—54. Juli 1952. Montreal, Que., Montreal Gen. Hosp.) DOSSMANN. 4587

Henry Foy, Athena Kondi und **Anthony Hargreaves,** *Die Reaktion von Megaloblastenanämien während der Schwangerschaft auf den animal protein factor. Vorläufiger Bericht.* Der *animal protein factor* LEDERLEs (APF) bekannt als „*Aurofax*“ (I) ist ein Fermentationsprod. von Streptomyces aureofaciens u. fällt als Nebenprod. bei der Aureomycinherst. an. I enthält pro 250 mg Kapsel: APF, 6,7 mg Aureomycin, 1 γ Vitamin B_{12a} u. B_{12b} u. einen unbekannten Faktor. Mit I (9 Kapseln täglich, 28 Tage lang) wurde erfolgreich die Megaloblastenanämie einer Schwangeren behandelt. Am 7. Behandlungstag stiegen die Reticulocyten um 27%, u. es setzte eine stete Erythrocyten- u. Hämoglobinregeneration ein; das Knochenmark wurde wieder normal. Innerhalb von 3 Monaten trat kein Rückfall ein. Der Behandlungserfolg war derselbe wie nach Leber, Folsäure, Vitamin B_{12} u. Penicillin. (Brit. med. J. **1952.** I. 852—53. 19/4. Wellcome Trust Res. Labor., u. Kenya, Colonal Med. Serv.) W. BRANDT. 4587

Werner G. Jaffé, *Einfluß verschiedener Diätzusätze auf die Fortpflanzungsfähigkeit bei Ratten, die mit einer an Vitamin* B_{12} *armen Nahrung ernährt wurden.* Die *Vitamin* B_{12}-arme Diät bestand aus Sojamehl u. Maismehl, denen die lebenswichtigen Mineralstoffe u. Vitamine zugesetzt waren. Ein Zusatz von 2% Torulahefe vor der Geburt bedingte keine Änderung hinsichtlich Wachstum u. Sterblichkeit der Jungen, während das Muttertier an Gewicht zunahm. 15 γ Vitamin B_{12}, in dieser Zeit gegeben, hoben den Unterschied auf. Zwischen der Wrkg. eines reinen Vitamin B_{12}-Präp. (40 γ/kg Körpergewicht) u. einer äquivalenten Menge eines rohen Präp. des „animal protein-factor“ bestand keine Differenz. Wurde B_{12}-haltiges Futter gegeben, so wuchsen die Jungen besser, als wenn den Muttertieren das Vitamin parenteral verabfolgt wurde. Veränderung der Nahrung kurz vor der Geburt in Richtung auf Gaben eines kommerziellen Futters war ohne Einfl. auf das Wachstum der jungen Tiere, jedoch war dieses geringer als bei den regelrecht mit B_{12}-haltiger Nahrung gefütterten Tieren. (Arch. venezolanos Nutric. **3.** 59—68. Juni 1952. Carácas, Inst. Nacional de Nutrić.) P. G. SCHEURLEN. 4587

Wilhelm Stepp, *Richtige Ernährung als Grundlage der körperlichen und seelischen Gesundheit.* Grundsätzliche Betrachtungen. (Die Medizinische **1953.** 111—17. 24/1. München.) LOCH. 4589

N. M. Edelman, *Einfluß der Ernährungsbedingungen auf den physiologischen Zustand von Porthetria dispar L., Melasoma populi L. und Melasoma tremula L.* Die Versorgung der Raupen von Porthetria dispar L. mit verschied. Blättern beeinflußt deren physiol. Zustand in der Weise, daß die geringste Sterblichkeit sowie der größte Geh. a. Fetten u. Gesamt-N bei Ernährung mit Eichenblättern eintreten, das andere Extrem mit Birkenblättern. Eine Zwischenstellung nimmt der Faulbaum ein. Bei Eichenblatternährung überwiegt in der Raupe der Kohlenhydrat/Eiweißumsatz, mit Faulbaum der Fett/Eiweißumsatz, mit Birke der Fettumsatz. Mit fortschreitendem Alter der Raupe wird der Geh. an Gesamt-N geringer, an Fetten größer. Im Frühalter ist der Kohlenhydratumsatz vorherrschend, später der Kohlenhydrat/Eiweißumsatz. Bei Wechsel der

Ernährung tritt eine Änderung der physiol. Eigg. ein. Ähnliche Ergebnisse werden mit Melasoma populi L. u. Melasoma tremula L. gewonnen. (Доклады Академии Наук СССР [Ber. Akad. Wiss. UdSSR] [N. S.] **84.** 849—52. 1/6. 1952. Leningrad, Allunions Wiss. Forschungsinst. für Pflanzenschutz.) LEBTAG. 4589

Richard J. Doisy und **W. W. Westerfeld,** *Der Einfluß der Diät auf den Gehalt an Riboflavin und Xanthinoxydase in Leber und Darm der Ratte.* Verss. an männlichen entwöhnten Ratten, die neben Salzen u. Vitaminen mit verschied. Mengen Casein u. entfettetem Sojamehl ernährt wurden. Bei protein- bzw. riboflavinarmer Diät sank der *Riboflavin*-Spiegel in der Leber auf 40 bzw. 55% ab, im Darm auf 15 bzw. 55%. Stets fanden sich ca. 60% in den Kernen, Mitochondrien u. Mikrosomen. Das Sojamehl als Quelle des bisher noch nicht identifizierten Xanthinoxydasefaktors hatte keinen Einfl. auf den gesamten Xanthingeh. in Leber u. Darm, erhöhte aber den Geh. an *Xanthinoxydase* (I) um 30 bzw. 170%. Der Geh. an Leber-I sank bei xanthinarmer Diät nur um 25% ab. (Proc. Soc. exp. Biol. Med. **80.** 203—05. Juni 1952. Syracuse, N. Y., State Univ. of New York, Med. Coll., Dep. of Biochem.) LOHMANN. 4589

L. S. Dietrich, W. J. Monson und **C. A. Elvehjem,** *Untersuchungen über einen nicht identifizierten Wachstumsfaktor für Küken und hyperthyreoide Ratten bei synthetischer Diät.* Ausgehend von der Tatsache, daß Küken u. hyperthyreoide Ratten bei synthet. Kost mit Dextrin ein höheres Wachstum als bei Glucose zeigen, konnten Vff. das Vorhandensein eines in Naturprodd. weit verbreiteten, noch nicht identifizierten Wachstumsfaktors sicherstellen. Dieser ist lösl. in 70 u. 90%ig. A. sowie hitze -u. alkalistabil. Er wird von der Aktivkohle nicht absorbiert, ist nicht dialysabel u. wird durch bas. Pb-Acetat nicht gefällt. (Arch. Biochem. Biophysics **38.** 91—96. Juli 1952. Madison, Wis., Univ. of Wisconsin, Coll. of Agric., Dep. of Biochem.) KRUSEN. 4589

E. T. Mertz, W. M. Beeson und **H. D. Jackson,** *Klassifizierung der essentiellen Aminosäuren für entwöhnte Schweine.* Fütterungsverss. mit jungen Schweinen, die eine synthet., reine Aminosäuren enthaltende Nahrung erhielten, ergaben, daß bei Fehlen von *Arginin* (I) u. *Phenylalanin* (II) eine verzögerte Gewichtszunahme, bei Fehlen von *Leucin* (III) u. *Valin* (IV) Gewichtsabnahme auftritt. Schweine benötigen zu optimalem Wachstum folgende Aminosäuren: I—IV, *Histidin, Isoleucin, Lysin, Methionin, Threonin* u. *Tryptophan.* (Arch. Biochem. Biophysics **38.** 121—28. Juli 1952. Lafayette, Ind., Purdue Univ., Agric. Exp. Stat., Dep. of Agric. Chem. and Animal Husbandry.) KRUSEN. 4589

J. H. Birnie, K. E. Blackmore und **H. Heller,** *Änderungen der Wasserdiurese und Vasopressininaktivierung bei Mäusen, die mit eiweißarmer Diät gefüttert wurden.* Mäuse, die eiweißarmes Futter bekommen, zeigen schon wenige Tage darauf gehemmte Wasserdiurese gegenüber Kontrollen, wobei die Abnahme der Wasserdiurese von der gewählten Diät beeinflußt wird. Leberbrei der Versuchstiere inaktiviert *Vasopressin* (I) langsamer als der von n. Tieren. Je nach Art der Futterzus. (Cholingeh., Kalorienwert) u. Versuchsdauer zeigten sich Verfettungen in der Leber in verschied. Maße, doch ließen sich keine eindeutigen Beziehungen zwischen erhöhtem Fettgeh. u. Diuresehemmung u. Verlangsamung der I-Inaktivierung aufweisen, da die gleichen Erscheinungen auch bei Tieren auftraten, bei denen kein erhöhter Leberfettgeh. nachzuweisen war. (Experientia [Basel] **8.** 30 bis 31. 15/1. 1952. Bristol, Univ., Dep. of Pharmacol.) ITZEROTT. 4589

W. Frei, *Folgen des Mangels an Spurenelementen.* Zusammenfassender Bericht: Kennzeichnung der Entstehung der Mineralmangelkrankheiten u. der Wirkungsweise der Spurenelemente. Im einzelnen werden die bis jetzt bekannten Verhältnisse bei *Mangan, Kobalt, Kupfer, Zink* u. *Fluor* besprochen. (Schweiz. Arch. Tierheilkunde **94.** 431—43. Juli 1952. Zürich.) SCHWAIBOLD. 4589

W. H. Beijer, *Methangärung im Vormagen von Rindern.* In vitro-Verss., bei denen Vormagen-Fl. mit *Na-Acetat, Ca-Propionat, Na-Butyrat, Na-Succinat* (I) u. *Na-Formiat* (II) 4—6 Std. bei 40° gehalten wurde, ergaben, daß durch I u. II eine Steigerung der *Methan* (III)-, *CO_2*- u. *H_2*-Bldg. herbeigeführt wird. II wird innerhalb 4 Std. zu 80% der theoret. Ausbeute in III übergeführt. (Nature [London] **170.** 576—77. 4/10. 1952. Wageningen, Niederlande, Univ., Agric. Coll., Labor. of Microbiol. and Animal Physiol.) KRUSEN. 4594

T. W. Krassnowa, *Über Umwandlungen einiger Amide der Fettreihe im tierischen Organismus.* Im Vers. mit weißen Ratten wird gezeigt, daß in den Schnitten von Leber u. Niere sowie in den Extrakten von Leber, Niere u. Gehirn das *Triamid von Citronensäure* (I) u. das *Monoamid der Bernsteinsäure* (II) hydrolysiert werden. Das *Amid der Brenztraubensäure* wird in den Schnitten u. Extrakten der Niere hydrolysiert, nicht dagegen in den Schnitten u. Extrakten der Leber. Das *Monoamid der Fumarsäure* (III) u.

das *Diamid der Äpfelsäure* werden in den Schnitten u. Extrakten von Leber, nicht jedoch von Niere u. Gehirn, hydrolysiert. Eine merkliche Hydrolyse des ***Milchsäureamids*** tritt in den Extrakten von Niere u. Leber ein, nicht jedoch in deren Schnitten. *Buttersäureamid* (**IV**) wird nur in den Extrakten der Leber hydrolysiert. **I**, **II** u. **III** bewirken bei Zugabe zum Leberschnitt eine Stimulierung der Atmung. Die Hydrolyse der untersuchten Amide wird damit erklärt, daß sie eine Hydroxyl- oder Carboxylgruppe enthalten, die nicht durch die Ggw. einer entgegengesetzten Funktion gestört ist. Statt **IV** selbst wird wahrscheinlich sein Oxydationsprod. hydrolysiert. Beim **II** erklärt sich die Hydrolysierbarkeit aus der Enolform. (Биохимия [Biochemie] **17.** 343—47. Mai/Juni 1952. Moskau, Inst. für biol. u. med. Chem. der Akad. der Med. Wiss. der UdSSR, Labor. für Gewebechemie.) LEBTAG. 4596

DeWitt Stetten jr., *Über die Stoffwechselschäden bei Gicht.* Aus Verss. mit injizierter ^{15}*N-Harnsäure* (I) errechnet Vf. den sogenannten „mischbaren Harnsäurevorrat" (MH.), nämlich diejenige I-Menge des Organismus, welche sich mit der injizierten I sofort mischt u. das Isotop entsprechend verdünnt. Während der MH. beim n. Menschen nur in gelöster Form vorliegt, ist bei Gichterkrankungen auch ein Teil der festen I-Ablagerungen in den MH. einbegriffen. Die Absolutmenge des MH. überstieg die Norm in einem Fall um das 25fache; durch Acetylsalicylsäuregaben ließ sich auch dieser stark vermehrte MH. auf das Normalmaß zurückführen. Verss. mit oral appliziertem ^{15}*N-Glykokoll* ergeben bei Gichtkranken eine erhöhte Ausscheidung von ^{15}N-I im Harn, u. zwar ist die I-Ausscheidung bei proteinreicher Kost höher als bei proteinarmer. Vf. schließt daraus, daß der gichtkranke Organismus aus N-haltigen Vorstufen in stärkerem Maße I bildet als der gesunde. (Bull. New York Acad. Med. **28.** 664—72. Okt. 1952. New York, N. Y., Public Health, Res. Inst., Div. of Nutrit. and Physiol.) NEHRING. 4596

E. Crasemann, *Mineralstoffhaushalt und Mineralstoffversorgung der landwirtschaftlichen Nutztiere.* Zusammenfassender Bericht: Die Bedeutung der zu den Mineralstoffen gehörenden biogenen Elemente im Stoff- u. Energiehaushalt des tier. Organismus, die Deckung des Mineralstoffbedarfes, die Ausnutzung der Mineralstoffe in der Nahrung, die mineralstoffliche Wrkg. von Grünfutter, Heu u. Silage. (Schweiz. Arch. Tierheilkunde **94.** 445—61. Juli 1952. Zürich, TH, Inst. für Haustierernährung.) SCHWAIBOLD. 4596

R. Amprino, *Autoradiographische Analyse der Verteilung von markiertem Ca und P in Knochen.* An Dünnschliffen von frisch fixierten oder macerierten Knochen wurde die Aufnahme von ^{45}Ca u. ^{32}P in vitro (Einw. mehrere Std. bis Tage in Lsgg. von markiertem $CaCl_2$) untersucht. Die Autoradiographien ergaben eine höhere Aufnahme der Salze in den relativ weniger calcifizierten Abschnitten der Knochengrundsubstanz, wobei zu einem Teil die Ca- u. P-Ablagerung vom Verhältnis der anorgan. zu organ. Substanzen der Knochengrundsubstanz, zum anderen vom Verhältnis der Osteomucoide zu Kollagen beeinflußt werden dürfte. (Experientia [Basel] **8.** 20—22. 15/1. 1952. Turin, Inst. of Anatomy.) ITZEROTT. 4596

E₆. Pharmakologie. Therapie. Toxikologie. Hygiene.

Virgil L. Koenig und **J. D. Perrings**, *Physikochemische Wirkungen von Röntgenbestrahlung.* 1. Mitt. *Wirkung von Röntgenstrahlen auf Fibrinogen.* Bovines *Fibrinogen* (**I**), welches verschied. Dosen von Röntgenstrahlen ausgesetzt wurde, zeigte in der Ultrazentrifuge, ebenfalls in verschied. Konz., ein unterschiedliches Verhalten. **I**, welches in Ggw. von Helium bestrahlt wurde, zeigte eine stärkere Veränderung als bei Ggw. von O_2 oder N_2. Erfolgt die Bestrahlung des **I** in ungelöstem Zustand, so ist weit geringere Bestrahlung notwendig, um Veränderungen zu erreichen, als wenn **I** in einem Lösungsm. bestrahlt wird ($1 \cdot 10^6$ r gegenüber $5 \cdot 10^5$ r). (Arch. Biochem. Biophysics **38.** 105—19. Juli 1952. Los Alamos, N. M., Univ., Los Alamos Sci. Labor.) REICHLE. 4601

Leon O. Jacobson, *Der Nachweis eines humoralen Faktors bei dem Vorgang der Kompensation von Strahlenschäden. Übersicht.* Vf. bringt eine eingehende Diskussion der bekannt gewordenen Beobachtungen über die Beeinflussung der letalen Wrkg. hoch dosierter Röntgenbestrahlungen bei Versuchstieren. Bes. behandelt wird die Bedeutung der ***Milz*** u. deren Abdeckung während der Bestrahlung, sowie der Einfl. einer Splenektomie bzw. einer Implantation unbestrahlten Milzgewebes. Vf. kommt zu dem Schluß, daß der für die Kompensation der Strahlenwrkg. verantwortliche Faktor eine humorale Substanz sein muß, die von dem gegebenenfalls abgeschirmten bzw. implantierten Gewebe erzeugt wird. Welcher Art diese Substanz ist u. von welchen Zellen sie speziell erzeugt wird, kann aus den vorliegenden Unterss. noch nicht angegeben werden. — Literatur. (Cancer Res. **12.** 315—25. Mai 1952. Chicago, Ill., Univ. of Chicago, Inst. of Radiobiol. and Biophys., u. Argonne Nat. Labor., Div. of Biol. and Med. Res.) REUSSE. 4601

A. T. Reid, *Ein Wahrscheinlichkeitsmodell der Strahlenschäden.* (Vgl. REID u. LANDAU, Bull. Math. Biophysics **13.** [1951.] 153.) Das vom Vf. nach der Theorie von MARKOVschen Ketten entwickelte mathemat. Modell der Fortpflanzung der prim. Strahlenschädigung durch ein biol. Syst. wird weiter ausgebaut, die biol. Erklärungen der erhaltenen Ergebnisse werden diskutiert. (Nature [London] **169.** 369—70. 1/3. 1952. Chicago, Ill., Univ., Comm. of Math. Biol.) GERHARD SCHMIDT. 4601

Franz Hammer, *Sensibilisierung gegen Röntgenstrahlen durch „Phenylin".* Vf. berichtet über mehrere Patienten, bei denen nach n. dosierter Röntgenoberflächenbestrahlung anomal heftige Haut-Rkk. in Form von intensiven Erythemen, Ekzemen u. Blasen auftraten. Prüfung der Fälle ergab durchweg, daß die Kranken vor der Röntgenbestrahlung mit *Phenylin* oder *Phenoral* behandelt wurden. Der wirksame Bestandteil des Phenylin ist ein Polyarylpolysulfid, ein synthet. Körper mit spezif. Fermentwirkung. (Wiener med. Wschr. **102.** 497—99. 28/6. 1952. Linz, Gebietskrankenkasse, Röntgentherapiestation.) REUSSE. 4601

O. Hug, *Berufliche Strahlengefährdung und Strahlenschutz.* Zusammenfassender Bericht über den Strahlenschutz bei Arbeiten mit Strahlengeräten u. geschlossenen radioakt. Präpp. u. beim Transport radioakt. Präparate. Die physikal. u. biol. Grundlagen u. die der prakt. Verwirklichung des Strahlenschutzes dienenden Maßnahmen werden dargestellt. (Zbl. Arbeitsmed. Arbeitsschutz **2.** 164—69. Nov. 1952. Frankfurt/M., Max-Planck-Inst. für Biophysik.) REUSSE. 4601

C. H. Jaimet, *Die klinische Anwendung von radioaktiven Isotopen.* Vf. berichtet über die allg. Grundlagen der Isotopentherapie unter besonderer Berücksichtigung des ^{32}P, ^{198}Au u. des ^{131}J. Ferner wird eingehend über die Messung der Aktivität u. ihre Verteilung im Organismus mittels Scintillationszählers berichtet. In diesem Zusammenhang wird eine diagnost. Meth. zur Prüfung des Blutplasmas mittels ^{131}J eingehend beschrieben. (Canad. med. Assoc. J. **67.** 108—12. Aug. 1952. Hamilton, Ontario, Can., Hamilton Med. Res. Inst.) REUSSE. 4601

C. Ashölter, *Erleichterung der intravaginalen Röntgenbestrahlung durch Vorbehandlung mit Gynodal.* Vf. hat bei Carcinompatientinnen, die mit einem Körperhöhlenrohr röntgenbestrahlt werden, die damit verbundenen Belästigungen mit Erfolg in den meisten Fällen durch vorherige Applikation des Vaginalanästheticums *Gynodal* bekämpft. *Gynodal* enthält als Hauptbestandteil *4-Butylamino-2-oxybenzoesäurediäthylesterhydrochlorid.* (Zbl. Gynäkol. **74.** 2018—20. 1952. Paderborn, Landesfrauenklinik u. Hebammenlehranstalt.) REUSSE. 4601

Kenneth I. Freeman, *Alopecia areata.* Bericht über einen Fall mit Alopecia areata, der in der Jugend auftrat u. bei dem sich erst nach Jahrzehnten neuer Haarwuchs nach 2 Kuren mit *UV*-Bestrahlung, *Antihistaminen* u. *Vitamin C* entwickelte. (Canad. med. Assoc. J. **67.** 6—9. Juli 1952. Toronto, Ontario, Can., Mount Sinai Hosp.) DOSSMANN. 4601

E. E. Seedorf, W. N. Powell, R. G. Greenlee und **D. N. Dysart,** *Pseudoalbuminurie nach Verabreichung von Monophen und Priodax.* (Vgl. auch C. **1951.** II. 853.) An je 100 Patienten, die einer Cholecystographie unter Anwendung von *Monophen* (I) bzw. *Priodax*(II) unterzogen wurden, konnten Vff. nachweisen, daß in etwa gleichem Prozentsatz in beiden Fällen Pseudoalbuminurie (PA.) nachzuweisen war. Der gemessene Prozentsatz wich bei verschied. Bestimmungsmethoden beträchtlich ab, eine Erklärung dafür kann nicht gegeben werden. Vorhandensein oder Fehlen patholog. Befunde an der Gallenblase war ohne Einfl. auf die Beobachtungen. Auch das spezif. Gewicht, das mkr. Bild u. der p_H-Wert des Urins, der Barometerdruck u. die Temp. waren, wie bereits früher für **II** gezeigt, auch bei **I** ohne Beziehung zur PA. Dieses zeigte in etwas geringerem Maße als **II** störende Nebenerscheinungen (Dysurie, Diarrhoe usw.). (Radiology **59.** 422—23. Sept. 1952. Temple, Tex., Scott and White Clin., Dep. of Radiol., Dep. of Clin. Pathol. u. Dep. of Med.) REUSSE. 4601

George H. Pollock und **Kalman Gyarfas,** *Subcorticale Wirkung von Metrazol, Tris-β-chloräthylamin und Cyanid. Rolle des Kohlendioxyds.* Bei subcorticalen Unterss. an Tieren wurde gefunden, daß die durch *Metrazol* (I) hervorgerufenen Konvulsionen im Thalamus beginnen u. sich dann in die Hirnrinde fortpflanzen. Ein Gemisch aus 30% CO_2 u. 70% O_2 bringt diese Erscheinungen zum Stillstand. Bei **I**-Dosen, die noch keine Konvulsionen auslösen, wurden die Erscheinungen nur im Thalamus beobachtet. Tiere, die *Tris-β-chloräthylamin* erhalten hatten, zeigten Konvulsionen, wenn sie das Gemisch einatmeten. Die Wrkg. erschien gleichzeitig im corticalen u. subcorticalen Bereich, nicht aber im Kleinhirn. Bei Verss. mit *Cyanid* (**II**) ergab das EEG (Elektroencephalogramm) eine starke Verminderung der elektr. Aktivität. Die subcorticalen Registrierungen ließen geringere Empfindlichkeit gegenüber **II** erkennen als die corticalen. CO_2 scheint Konvulsionen, die im Thalamus beginnen, zu hemmen bzw. vorzubeugen, während die im Kleinhirn beginnenden beschleunigt oder vermehrt werden. — 38 Literaturhinweise. (Arch. int. Pharmacodynam. Thérap. **89.** 252—57. 1952. Chicago, Univ. of Illinois, Coll. of Med., Dep. of Psych. and Physiol.; Illinois Neuropsych. Inst.) R. KÖNIG. 4607

W. A. Biber und **N. Ss. Bogoljubowa,** *Die Huminsäure von Limanschlamm und ihre biologische Aktivität. Huminsäure* (I), die durch alkal. Extraktion aus Limanschlamm bei Odessa erhalten war, stimulierte in Verdünnungen von 1:250 u. 1:500 bei der Keimung von Maiskörnern im Vgl. zur Entw. in KNOOPscher Lsg. Wurzel- u. Stengelwachstum. Bei Kaninchen, denen im inneren Ohr ein Stückchen Haut entfernt worden war, trat bei subcutaner Injektion von I-Lsg. raschere Heilung ein (16—19 gegen 21—24 Tage der Kontrolle). (Доклады Академии Наук СССР [Ber. Akad. Wiss. UdSSR] [N. S.] **82.** 939—42. 21/2. 1952. Ukrain. Exp. Filatow-Inst. für Augenkrankh.) K. MAIER. 4607

Ferraris de Caspare und **B. Boles-Carenini,** *Über die Wirkung von Tabak und Alkohol auf die Sensibilität der Retina.* (*Untersuchungen mittels des künstlichen Skotoms nach Goldmann*). *Folgen gleichzeitigen Sauerstoffmangels.* Die Unterss. wurden an 18 gesunden Männern ausgeführt. Tabak in Form von inhaliertem Zigarettenrauch verringerte nur in einzelnen Fällen die Sehnervempfindlichkeit, gemessen mit Hilfe des GOLDMANNschen künstlichen Skotoms. Gleiche Befunde lassen sich bei gleichzeitigem O_2-Mangel erheben; hier wurde teilweise eine Erhöhung der durch O_2-Mangel verminderten Sensibilität der Retina beobachtet. A. allein oder in Verbindung mit O_2-Mangel setzt die Sehkraft herab, genau so wie gleichzeitige Inhalation von Tabakrauch. (Riv. Med. aeronaut. **15.** 388—99. Juli/Sept. 1952. Parma, Univ., Clin. Oculistica.) P. G. SCHEURLEN. 4608

Raymond-Hamet, *Über die atmungsreizende Wirkung eines in der Angusturarinde vorkommenden Alkaloids: Cusparin.* Vf. injiziert Hunden 2, 4 u. 10 mg *Cusparin* (I) pro kg Körpergewicht u. beobachtet eine Zunahme der Atemfrequenz u. -tiefe. Während erstere proportional der injizierten I-Menge ansteigt, wird die Atemtiefe unabhängig von der Alkaloidmenge um den doppelten Wert erhöht. Die Wrkg. des I auf die Atmung wird von einem Blutdruckanstieg begleitet. (C. R. Séances Soc. Biol. Filiales **146.** 880—82. Juni 1952.) FAHRNLAENDER. 4608

V. Erspamer und **A. Ottolenghi,** *Antidiuretische Wirkung kleiner Dosen von Enteraminextrakten bei der Ratte.* Als kleinste Dosis für sichere antidiuret. Wrkg. der Speicheldrüsenextrakte von *Octopus vulgaris* wurden 2 mg frisches Gewebe/100 g Körpergewicht ermittelt, was einer Wrkg. von 2 μg reinem *Enteramin* (I) entsprechen dürfte, da reines I zu ca. 1% in frischem Speicheldrüsengewebe enthalten ist. Aus der durch I verminderten Thiosulfat- u. p-Aminohippursäureausscheidung geht hervor, daß die antidiuret. I-Wrkg. über die Drosselung des afferenten Gefäßsyst. des Glomerulus u. nachfolgender Verminderung des hydrostat. intraglomerularen Druckes u. Durchströmung des intertubulären Capillarnetzes erfolgt. Da *Octopus*-Speicheldrüsenextrakte außer I noch Tyramin u. Octopamin (= *l*-Norsynephrin), Stoffe mit diuret. Wrkg. enthalten, so ist das Material für die Unters. der antidiuret. I-Wrkg. keineswegs das am besten geeignete. (Experientia [Basel] **8.** 31—33. 15/1. 1952. Bari, Univ., Pharmacol. Inst.) ITZEROTT. 4609

Jacob Geiger, *Thrombocytopenische Purpura unter Sulfisoxazol-(Gantrisin-)Therapie. Bericht über einen durch Thrombocytentransfusion geheilten Fall.* Nach Verabreichung von insgesamt 21 g *Gantrisin* (I; *3.4-Dimethyl-5-sulfanilamidoisoxazol*) an einen Patienten mit Prostatacarcinom trat eine thrombocytopen. Purpura auf, die nach Absetzen der I-Zufuhr u. Thrombocytentransfusion schlagartig verschwand. (J. Amer. med. Assoc. **149.** 1219. 26/7. 1952. New York, Lenox Hill Hosp.) KRUSEN. 4610

A. Girdwood Fergusson, J. P. McIntyre und **A. R. Gemmell,** *Toxische Hepatitis und PAS.* Bericht über eine tox. Hepatitis mit Auftreten eines generalisierten scharlachartigen Erythems, Ödemen am Gesicht u. Kollaps. Die schwangere, Tbc-kranke Patientin hatte 4 Wochen lang täglich 15 g Natriumsalz der *PAS* + 1 g *Streptomycindihydrochlorid,* also insgesamt 435 g PAS bis zum Auftreten der Symptome erhalten. Nach Behandlung mit *Anthisan* u. *Benadryl* gingen die Intoxikationserscheinungen völlig zurück. (Brit. med. J. **1952.** I. 855. 19/4. Glasgow, Robroyston Hosp.) W. BRANDT. 4610

—, *Vorsicht bei der Chemotherapie der Tuberkulose.* Anläßlich umfangreicher klin. Erprobung von *Isoniazid* (*Isonicotinsäurehydrazid*), *Iproniazid* (*1-Isonicotinoyl-2-isopropylhydrazin*) u. *Pyrazinamid* (*Aldinamid*) wird gewarnt vor dem Vers. ausschließlicher Chemotherapie der Tuberkulose. Bes. wird auf die Gefahren der Resistenzentw. u. der Überdosierung hingewiesen. (J. Amer. med. Assoc. **149.** 1224—25. 26/7. 1952.) KRUSEN. 4610

A. Duroux, R. Verges-Breton und **J. Desbordes,** *Klinische und experimentelle Untersuchung einer Depot-PAS. Der Vorteil ihrer Kombination mit PAS-Infusionen.* Die Wrkg. von *PAS* (I) bei der Behandlung der Lungentuberkulose hängt vom I-Blutspiegel ab. Durch intravenöse Infusion werden die höchsten Konzz. erzielt. In Fällen, wo die

Infusion nicht durchführbar ist, lassen sich neben der subcutanen Verabreichung auf oralem Wege ausreichende Konzz. erzielen, ohne daß Verdauungsstörungen auftreten; die Kombination von I-*Na* mit Vitamin C in *Pektin*-haltigem Milieu, reich an Flavonextrakten, ergab bzgl. Konz. sowie klin. u. röntgenolog. Befunde gute Resultate. Man erhält mit dieser Verabreichungsart mit geringeren I-Dosen ohne Intoleranzerscheinungen den gleichen Effekt wie bei I-Infusion höherer Dosen. (Presse méd. **60.** 1236—37. 24/9. 1952. Clamart, Hôp. Percy.) DOSSMANN. 4610

Th. Hryntschak und **H. Haschek**, *Weitgehende Ausheilung einer Nierentuberkulose unter Streptomycin und PAS.* Bericht über einen Fall mit kavernöser Nierentuberkulose, bei dem während eines Heilstättenaufenthaltes von ca. ½ Jahr 60 g *Streptomycin* (I) u. 342 g *PAS* verabreicht wurden, womit eine deutliche Besserung des Allgemeinzustandes erzielt wurde. Da der Prozeß als progredient angesehen werden mußte, erfolgte trotzdem unter I-Schutz Nephrektomie. Nachkontrolle ergab Beschwerdefreiheit, patholog. Elemente waren im klar gewordenen Harn nicht mehr nachzuweisen. Die Heilung der Tuberkulose manifestierte sich im negativen Tiervers. u. Bacillenbefund. (Wiener med. Wschr. **102.** 861—62. 25/10. 1952. Wien, Städt. Allg. Poliklinik.) DOSSMANN. 4610

W. J. Downs und **T. R. Clarke**, *Tuberkulöse Meningitis.* Bericht über einen Fall von tuberkulöser Meningitis, der durch *Streptomycin*-Therapie geheilt wurde. Gleichzeitig bestehende Gravidität wurde nicht beeinflußt. (Canad. med. Assoc. J. **66.** 475. Mai 1952. Edmonton.) KRUSEN. 4611

Marie Coursières-Berthézène und **J. Nickly**, *Über die Grenzen und Unzulänglichkeiten der Streptomycintherapie.* Vff. beschreiben einen Fall von tuberkulöser Peritonitis mit letalem Ausgang, in dessen Verlauf nach frühzeitiger Behandlung mit *Streptomycin* (I) Resistenz eingetreten ist. Sie weisen darauf hin, daß **I** keine vorbeugende Wrkg. besitzt u. in seiner Anwendung auf schwere Fälle u. bestimmte Stadien beschränkt werden sollte. (Tunisie méd. **40.** 525—28. Mai 1952.) ZILLIG. 4611

M. B. Alexander, **B. Benjamin**, **L. G. C. Maslen** und **A. T. Roden**, *Streptomycinbehandlung von infantiler Diarrhoe und Erbrechen. Verlauf und Ergebnisse eines kontrollierten Versuchs.* Mit *Streptomycin* (I) behandelte Fälle von infantiler Diarrhoe u. Erbrechen zeigen gegenüber unbehandelten keine statist. gesicherten Unterschiede im Verlauf. Bakteriolog. Studium ergibt, daß Stämme von Bact. coli durch **I** gehemmt werden, sich jedoch bald I-resistente Stämme herauszüchten. (J. of Hyg. **50.** 246—64. Juni 1952. London, St. Anns Gen. Hosp.) ZILLIG. 4611

Heinz Mehlhorn, *Streptomycin in der Chirurgie.* An Hand der vorliegenden Literatur wird die Zus. von *Streptomycin* (I) u. seine antibakterielle Wirkungsweise besprochen. Diskussion des Zusammenhanges von Dosis, Applikationsart u. Nebenerscheinungen, ferner Besprechung der I-Wrkg. auf eine Reihe von Bakterienstämmen. **I** ist indiziert bei der Bekämpfung von Infektionen durch gramnegative u. *Penicillin* (II)-resistente Erreger. Einige eigene Fälle werden besprochen, Vf. hält die Erfolge mit **I** für nicht so eindeutig, wie sie mit **II** zu erzielen sind. (Zbl. Chirurg. **77.** 2476—88. 1952. Berlin-Schöneberg, Städt. Auguste-Viktoria-Krankenhaus.) DOSSMANN. 4611

E. Aubertin, **Ch. Dulong de Rosnay** und **P. du Pasquier**, *Der Verlauf von Typhus und Paratyphus bei Chloromycetin-Behandlung.* Vff. geben einen statist. Vgl. über den Verlauf bekanntgewordener Fälle a) ohne (416 Fälle) u. b) mit (110 Fälle) *Chloromycetin* (I)-Behandlung bei Typhus u. Paratyphus. Sterblichkeit: a) 14%, b) 2,7%; Komplikationen während der Therapie: a) 30,5%, b) 9,7%; Rückfälle: a) 19,2%, b) 14,5%, wobei in neuester Zeit ein Ansteigen der Rückfälle bei b) auf 29,5% gegenüber 7,9% bei Aufnahme der I-Therapie zu beobachten war. Das Auftreten der Rückfälle u. das Problem der Bacillenträger wird nach bakteriolog. Unterss. damit erklärt, daß durch **I** eine Sterilisierung von Intestinaltrakt u. Gallenwegen nicht stattfindet. (J. Méd. Bordeaux Sud-Ouest **129.** 1121—38. Dez. 1952. Bordeaux, Clin. des Maladies infectienses.) DOSSMANN. 4611

Herbert Tracksdorf, *Über die Mundbodenabscesse und die „unchirurgische" Behandlung mit Kombinationsantibioticis.* Bericht über gute Heilerfolge bei Mundbodenabscessen nach Verabreichung von *Präpacillin* (I) u. *Supracillin* (II). Dosis im allg. 6 Tage lang je 200000 I.E. **I** submucös + 1 Ampulle **II** intramuskulär. — Beschreibung von 2 Fällen. (Dtsch. dentist. Z. **6.** 544—47. 20/8. 1952. Nürnberg.) KLESSE. 4611

Hans Götz und **Werner Thies**, *Zur Beurteilung des Ausfalls der intracutanen Penicillinreaktion.* Patienten mit Dermatomykosen, ausgeheilten oder noch bestehenden, können allerg. auf *Penicillin* (I) reagieren. Auch eine sogenannte parallerg. Rk. kommt bei tuberkulinpositiven Patienten vor. Demnach darf nicht nur die überstandene Dermatomykose für eine Unverträglichkeit von I verantwortlich gemacht werden. 5% der klin. nicht an Tuberkulose leidenden Patienten, die aber eine starke Tuberkulin-Rk. zeigten, erwiesen sich als allerg. gegen I. (Arch. Dermatologie Syphilis **194.** 91—98. 1952. München, Univ., Dermatolog. Klinik.) BERGER. 4611

A. Ravina, *Eine neue Indikation von Neomycin, vielleicht die wesentlichste: die Behandlung von Hautinfektionen.* Zusammenfassende Besprechung amerikan. Arbeiten über *Neomycin* (I), das stark baktericid wirkt, aber sehr tox. ist. Die erfolreiche I-Anwendung bei Hautaffektionen wird hervorgehoben u. betont, daß allerg. Nebenerscheinungen nicht beobachtet wurden. (Presse méd. **60.** 1237—38. 24/9. 1952. Paris.) DOSSMANN. 4611

E. Sidi und **R. Longueville,** *Die Ekzeme bei Krankenschwestern. (Berichte über 34 Fälle).* Die Ekzeme bei Krankenschwestern infolge des Umganges mit Antibioticis haben sich zwar durch entsprechende Vorsichtsmaßnahmen verringert, führen aber dazu, daß die Schwestern nicht mehr mit *Streptomycin* (häufigste Ursache) umgehen können, oft auch noch eine Sensibilisierung gegenüber *Penicillin* bekommen u. schließlich im Bedarfsfalle selbst kein Streptomycin verabreicht erhalten können. (Semaine méd. **28.** Nr. 39. 663—68. 26/10. 1952. Suppl. zu Semaine Hôpitaux Paris Nr. 79.) K. BÖHM. 4611

M. J. Brisou, *Die selektive Wirkung der Antibiotica auf Mikroben und die klinischen Konsequenzen.* Nach allg. Besprechung akuter u. chron. Fälle betont Vf., daß nach Feststellung des Erregers einer vorliegenden Infektion immer das am spezifischsten wirkende *Antibioticum* zur Therapie gewählt werden sollte, weil dann am wenigsten die Gefahr besteht, daß die n. Flora gestört wird. (J. Méd. Bordeaux Sud-Ouest **129.** 1164—68. Dez. 1952. Toulon, Hôp. Sainte-Anne.) DOSSMANN. 4611

Romeo Boldrini, *Biologische Aktivität und therapeutische Anwendung der Cocarboxylase.* Überblick über die Wrkg. der *Cocarboxylase* (I) im intermediären Kohlenhydratstoffwechsel (Brenztraubensäureabbau). Therapeut. wurde I bisher angewendet bei Coma diabeticum (100—300 mg täglich) intravenös. Daraufhin Normalisierung des Glucose- u. Brenztraubensäurespiegels; I wirkt hier insulinsparend. Weitere Anwendung bei Coma eclampticum mit Dosen von 300—400 mg täglich, wobei auch hier der Brenztraubensäurespiegel abfiel. Denselben Effekt hat das I auch bei dekompensierten Herzleiden (täglich 100 mg intravenös). Obwohl keine direkten Zusammenhänge zwischen I u. der Milchsäurebldg. bekannt sind, fällt auf, daß hier unter der Behandlung der zunächst erhöhte Milchsäurespiegel zur Norm zurückgeht. Wahrscheinlich wird der Milchsäureabbau durch einen erhöhten Brenztraubensäurespiegel gehemmt, so daß nach Gaben von I erst der n. Abbau vonstatten gehen kann. Weitere Indikationen sind Leberaffektionen, wobei I mit Methionin oder Cholin kombiniert wird; außerdem wird I bei infektiösen Zuständen u. in der Rekonvalescenz angewandt. (Minerva med. [Torino] **43.** II. 893—96. 12/11. 1952. Roma, Univ., Ist. di Clin. Med.) P. G. SCHEURLEN. 4614

Oliver H. Beahrs und **George L. Jordan jr.,** *Die Anwendung von Streptokinase und Streptodornase beim Primärverschluß der hinteren Wunden nach kombinierter abdominoperinealer Resektion von malignen Geschwülsten des Rectums und der unteren Teile des Dickdarms.* Vff. berichten über abdominoperineale Resektionen, wobei sie neben der postoperativen Anwendung von Dihydrostreptomycin u. Procain–Penicillin auch *Streptokinase* (I) u. *Streptodornase* (II) zur Verhinderung der hierbei sehr leicht auftretenden Sekundärinfektionen gebrauchten. Und zwar injizierten sie 72 Std. nach der Operation 100000 E. I u. 20000 E. II (insgesamt 20 cm^3) durch einen bei der Operation in den präsacralen Hohlraum eingelegten u. durch den Mittelteil der prim. verschlossenen Wunde herausgebildeten Katheter. Dies wurde an den folgenden Tagen wiederholt bis zu insgesamt 4—6 Injektionen. Die Heilungsergebnisse in diesen Fällen waren äußerst zufriedenstellend. (Proc. Staff Meetings Mayo Clin. **27.** 241—45. 18/6. 1952. Minnesota, Univ.) DUCHO. 4614

Maria Antonietta Brunelli, Pietro Dessi, Giuseppe Labò und **Gianfranco Parenti,** *Beitrag zum biochemischen Studium über die Beziehungen zwischen Aneurin und den sympathicomimetischen Aminen.* Ausdehnung früherer Arbeiten auf gewisse Phenyläthylaminoverbb. (*β-Phenyläthylamin, Tyramin, Benzedrin, Pervitin, Sympatol, Veritol, Mezalin, Adrenalin* u. andere). Im Tiervers. (Kaninchen) wurden Veränderungen im Kohlenhydratstoffwechsel beobachtet, wenn die Therapeutica an Aneurin gebunden waren. Exakte Folgerungen lassen die Ergebnisse noch nicht zu. (Ricerca sci. **22.** 930—43. Mai 1952. Bologna.) GRIMME. 4620

Nicholas A. Bercel, *Diagnose und Behandlung epileptischer und epileptiformer Krankheiten.* Besprechung der *Bromide*, des *phenylbarbitursauren Na*, des *Diphenylhydantoin-Na*, des *Trimethadions*, des *Methylphenäthylhydantoins*, des *Na-Phethenylats*

u. des *Phenacemids* zur Behandlung der Epilepsie u. epileptiformer Erkrankungen. (J. Amer. med. Assoc. **149**. 1361—65. 9/8. 1952. Los Angeles, Calif., Univ., Dep. of Physiol.) W. BRANDT. 4620

Herbert Tracksdorf, *Hyaluronidase in der zahnärztlichen Anästhesie.* Vergleichende Verss. (60 Fälle), in denen verschied. *Novocain* (I)-Lsgg. (*Mucain*, 2- u. 4%ig, *Novutox* 0,5-, 1-, 2- u. 4%ig) unter Zusatz von verschied. *Hyaluronidase* (II)-Präpp. (*Luronase* [BAYER], *Apertase* [HOECHST] u. *Hyason* [ORGANON]) verwendet wurden, ergaben, daß die 2%ig. I-Lsg. mit einem II-Zusatz von 50 VRE (Viscositäts-Reduktionseinheiten) bzw. 5 VRU (bei Hyason) als Mittel der Wahl für die zahnärztliche Chirurgie anzusehen ist. (Dtsch. dentist. Z. **6**. 779—82. 19/11. 1952. Nürnberg.) KLESSE. 4621

Herbert Tracksdorf, *Injektionslösungen mit stark reduziertem Adrenalingehalt.* Bericht über gute Erfahrungen (400 Fälle) mit *Mucain*, 2- u. 4%ig; gute Verträglichkeit mit *Penicillin.* (Dtsch. dentist. Z. **6**. 348—50. 28/5. 1952. Nürnberg.) KLESSE. 4621

Robert von Werz, *Nutzen und Nachteil gefäßverengernder Zusätze bei der Lokalanästhesie.* Allg. Überblick über die Wirkungen von *Cocain, Novocain, Adrenalin* u. dessen Austauschstoffen *Corbasil, Pitressin, Meropitan* u. *Arterenol.* (Dtsch. dentist. Z. **6**. 364 bis 367. 4/6. 1952. München.) KLESSE. 4621

Karl H. Sroka, *Zur Toxikologie der natürlichen wie synthetischen Lokalanästhetica.* (Dtsch. dentist. Z. **6**. 693—97. 15/10. 1952. Singen/Hohentwiel. — C. **1953**. **2481**.) KLESSE. 4621

Erich Voges, *Ein neues perlingual wirkendes Analgeticum.* Hinweis auf gute Erfolge (800 Fälle) mit dem perlingual wirkenden Analgeticum *Schmerz-Bionellen* (*Acetylsalicylsäure + Coffein*); günstiger Einfl. auf den Heilungsverlauf bei Wunden u. Schleimhautentzündungen im Mund–Kiefer-Bereich. (Dtsch. dentist. Z. **6**. 498. 30/7. 1952. Hamburg, Dentist. Inst.) KLESSE. 4621

Roland Duchesne, *Gefahren durch Dekamethoniumbromid.* Bericht über 7 Fälle, bei denen das bei 4000 Patienten innerhalb von 2 Jahren bewährte Relaxans *Syncurine* (I) = *Dekamethoniumbromid* bei intravenöser Verabreichung von im Durchschnitt 8 mg Atemlähmung hervorrief; bei 4 Fällen lag Leberatrophie vor, 2 hatten Gelbsucht, ein Fall beides. Nach Vf. ist die Frage zu klären, ob die Leber beim Abbau von I irgendwie beteiligt ist. (Canad. med. Assoc. J. **67**. 48—50. Juli 1952. Quebec, Que., St. François d'Assise Hosp.) DOSSMANN. 4628

H. Ph. Häusler, *Der Befund einer negativen spezifisch-dynamischen Proteinwirkung. Klinische Untersuchungen.* Bei Hypertonikern mit cerebraler Arteriosklerose, die eine negative spezif.-dynam. Eiweißwrkg. zeigten, konnte durch hohe Dosen von *Glykokoll* die Unterempfindlichkeit der Eiweißstoffwechselzentren überwunden werden u. eine positive dissimilator. Rk. erzielt werden. Bei unterschwelligen Dosen kommt nur die assimilator. Phase zur Ausprägung u. der Organismus bleibt in der vagotonen Bereitstellung. (Schweiz. med. Wschr. **82**. 528—30. 10/5. 1952. Wien, Univ., I. med. Klinik.) H. SCHEURLEN. 4630

R. Gerisch, *Blutungsübel und Capillarwandschädigung.* Hinweis auf das Hämostypticum *Styptobion* (enthält Rutin, Vitamin C u. Vitamin K), das vor allem bei tox. Capillarwandschäden indiziert ist. Ebenso ist das Präp. in Fällen, die zu postoperativen Blutungen neigen, als Prophylakticum geeignet (Dosierung: 3 Tage lang vor dem Eingriff täglich dreimal 1 Tablette per os). Keine Nebenerscheinungen. — Beschreibung von 6 Fällen. (Dtsch. dentist. Z. **6**. 231—33. 9/4. 1952. Köln, Dentist. Inst.) KLESSE. 4630

Herbert Tracksdorf, *Blutungsübel und Capillarwandschädigungen.* (*Ein Beitrag zu dem Artikel von Gerisch.*) (Vgl. vorst. Ref.) Übersicht über die verschied. Ursachen von Blutungen (avitaminot., anaphylaktoide, thrombopen. usw.) sowie über Prophylaxe u. Therapie mit *Vitamin C, Vitamin K* (*Karanum* [MERCK], *Hemodal* [HOECHST], *Synkavit* [HOFFMANN-LA ROCHE]), *Vitamin P* (*Citrin* [HOECHST], *Birutan* [MERCK], *Rutinion, Vasorutin*), *Styptobion, Gynergen* u. *Secacornin.* (Dtsch. dentist. Z. **6**. 333—35. 21/5. 1952. Nürnberg.) KLESSE. 4630

John L. Denney, Harold Miller, George C. Griffith und **Morris H. Nathanson**, *Ventrikeltachykardie nach Procainamidhydrochloridtherapie.* Bei einer Patientin mit ventrikulärer Tachykardie, die alle 4 Std. 500 mg Procainamidhydrochlorid erhielt, verschwanden alle Herzattacken; sie zeigte später keine Zeichen eines Myokardinfarktes mehr. (J. Amer. med. Assoc. **149**. 1391—92. 9/8. 1952. Los Angeles, Calif., Univ. of South California, General Hosp., School of Med. and Med. Service.) W. BRANDT. 4630

Augustus C. P. Bakos und **John Martin Askey**, *Fieber infolge Procainamidhydrochloridtherapie.* Eine Patientin mit Myokardinfarkt erhielt Heparin + Dicumarol + 250 mg *Procainamidhydrochlorid* alle 4 Stunden. Es stellten sich Fieber, Kälteschauer, Hautausschlag u. Unwohlsein ein, die nach ca. 14 Tagen wieder abgeklungen waren.

(J. Amer. med. Assoc. **149.** 1393. 9/8. 1952. Los Angeles, Calif., Univ. of South California, School of Med., u. St. Vincent's Hosp.) W. BRANDT. 4630

John M. Read, *Bericht über einen Fall von tödlichem Herzkammerflimmern nach Procainamidhydrochloridtherapie.* Bei einem Patienten mit ventrikulärer Tachykardie, dem 200 mg *Procainamidhydrochlorid* innerhalb 3 Min. intravenös gegeben wurden, trat im Anschluß an die Injektion Herzkammerflimmern u. Tod ein. (J. Amer. med. Assoc. **149.** 1390—91. 9/8. 1952. Elko, Nev., Elko Clinic.) W. BRANDT. 4630

John I. Waller, *Durch Banthine bedingte Urinretention. Banthine,* das in zunehmendem Maße bei der Behandlung pept. Magengeschwüre verwendet wird, hat eine atropinähnliche u. eine die autonomen Ganglien blockierende Wirkung. Auf Grund dieser Blockade kann eine Urinretention auftreten. Deshalb hat die Behandlung pept. Geschwüre mit Banthine bei Männern im Alter der Prostatahypertrophie oder bei Bestehen einer Prostatahypertrophie wegen der Gefahr der Urinretention mit Vorsicht zu geschehen. (J. Urology **68.** 773—74. Okt. 1952. Halstead, Kans., Hertzler Clinic.) REICHLE. 4645

W. Oelßner, *Santonin.* 2. Mitt. (1. vgl. C. **1953.** **3121.**) Ausführliche Literaturübersicht über Verss. mit Santonin (I) an verschied. Würmern, an isolierten Wurmorganen, an mit Würmern infizierten Tieren, über Nebenwirkungen, Resorption u. Ausscheidung sowie die Toxikologie von **I** bei Mensch u. Tieren u. über die therapeut. Verwendung von **I.** (Pharmazie **6.** 582—92. Nov. 1951.) v. GIZYCKI. 4649

H. Vossnacher, *Zahnstein, seine Entstehung, Entfernung und Verhütung.* Überblick über die verschied. Theorien der Zahnsteinbldg. sowie Besprechung der Möglichkeit, Zahnstein auf chem. Wege zu entfernen (durch CO_2, bzw. durch Zusatz von *Karlsbader Salz* oder *Kreuznacher Quellsalzen* oder *Natriumsulforicinoleat* zu Zahnpasten). (Dtsch. dentist. Z. **6.** 233—36. 9/4. 1952. Gelsenkirchen.) KLESSE. 4655

Erich Voges, *Klinische Erfahrungen mit neuen Fluorpräparaten.* Bericht über bakteriolog. Unterss., Indikationsgebiet u. gute klin. Erfolge mit den beiden Präpp. *Nur 1 Tropfen* (*One Drop Only;* amerikan. Präp.) u. *Ondroly* (CHEMISCHE FABRIK OTTO MÜLLER, Berlin-Charlottenburg). — Beschreibung von 2 Fällen mit Gingivitis ulcerosa bzw. marginalis. (Dtsch. dentist. Z. **6.** 330—33. 21/5. 1952. Hamburg, Dentist. Inst.) KLESSE. 4655

Karl Schlegel, *Das Chlorophyll und seine Bedeutung in der Zahnheilkunde.* Überblick. — 16 Literaturhinweise. (Dtsch. dentist. Z. **6.** 441—43. 9/7. 1952. München.) KLESSE. 4655

H. Schlegel, *Das galvanische Stiftelement als Weiterentwicklung der Ionophorese nach Bernard.* Überblick über Wirkungsweise u. therapeut. Effekte der Ionophorese u. des galvan. Stiftelementes mit Depolarisator (CuO). (Dtsch. dentist. Z. **6.** 447—50. 9/7. 1952. Tübingen.) KLESSE. 4655

J. Beckstroem, *Gefahren bei der Anwendung ungeeigneter metallischer Werkstoffe in der Zahnmedizin.* Entstehung einer Metallose, Rkk. von metall. Werkstoffen, bes. unedlen Legierungen im lebenden Gewebe u. Angabe einer App. zur Messung des elektrolyt. Ionisationspotentials für dentale Zwecke. (Dtsch. dentist. Z. **6.** 327—30. 21/5. 1952. Berlin, Techn. Univ., Inst. für Werkstofftechnik.) KLESSE. 4655

Ernst Wallner, *Über Fußmykosen und ihre Behandlung mit Vioform-Creme.* Von 105 Fällen von Fußmykosen, die mit *Vioform*-Creme (3% *Jodchloroxychinolin;* CIBA, Basel) behandelt wurden, konnten 67 ohne Rezidiv, 30 nach 1—3 Rezidiven geheilt u. 8 gebessert werden. (Münchener med. Wschr. **94.** 1527—29. 25/7. 1952. Wien, Kuranstalt Dianabad.) KRUSEN. 4661

Hans Götz, *Zur Behandlung der Epidermophytie.* Bemerkungen zur Entstehung, Diagnose u. Therapie von Epidermophytien, wobei auf das Präp. *Myco-Sagitralin* (SAGITTAWERK, München; fettsaure Zn- u. Äthanolaminsalze, bes. der Undecylen- u. Propionsäure) hingewiesen wird. (Münchener med. Wschr. **94.** 1523—27. 25/7. 1952. München, Univ., Dermatolog. u. Poliklinik.) KRUSEN. 4661

Duperrat, Behague und **Koff,** *Livide Dermatitis nach Nicolau, Ischialgie und Ischiämie der unteren Extremität nach einer intraglutealen öligen Wismut-Injektion.* Bericht über einen Fall, bei dem Komplikationen nach einer intraglutealen öligen Bi-Injektion, eine livide Dermatitis nach NICOLAU, eine Ischialgie u. vorübergehende Ischiämie der betreffenden unteren Extremität auftraten, die auf Embolie bzw. segmentalen Reflex zurückgeführt werden. Infiltrationen des lumbalen Grenzstranges u. täglich 500 mg Vitamin B_1 waren von guter Wirkung. (Semaine méd. **28.** Nr. 39. 660—61. 26/10. 1952. Suppl. zu Semaine Hôpitaux Paris Nr. 79.) K. BÖHM. 4661

Heinz Langhof, *Zur Akne conglobata.* Ein wichtiges Symptom der Akne conglobata sind Verhornungsstörungen durch Blockade der *Sulfhydryl* (I)-Gruppen. Äußerlich lösen

I-Gifte, wie *Teer, Pech, Schweröle* u. *chlorierte KW-stoffe*, fast an jeder Körperstelle eine Akne aus, von innen kann sie durch *Cl, Br* u. *J* entstehen. Besserung bei der durch Halogene hervorgerufenen Blockade ist durch I-Verbb.: *Natr. thiosulf.* oder *BAL* sowie durch *Porphyrin* möglich. Akne ist auch durch *Bi* u. *Salvarsan* zu provozieren, da beide Stoffe I hemmen. Im Blut kreisende *Phenol*-Verbb. haben stark positive Redoxpotentiale, Nachw. bei Obstipation mit Indicanurie, diese verbunden mit Dysbakterie bedingen Abnahme des Potentials. Auf das Fehlen reduzierender *Vitamine* u. auf den Einfl. gewisser *Hormone* wird hingewiesen. Über günstige Erfolge mit *Oestronom-forte*-Therapie, täglich 3 Tabletten über 2 Monate, wird berichtet. (Dermatol. Wschr. **126.** 897—905. 1952. Greifswald, Univ., Hautklinik.) DOSSMANN. 4661

A. Sézary, *Die sauren Netzmittel in der Hauttherapie.* Die gebräuchlichen Netzmittel sind vom anionakt. Typ u. stellen Derivv. oder Salze des Laurinsulfates dar. Sie vermögen tief in die Haut bis zum Stratum lucidum einzudringen. Unter Hinweis auf den Säuremantel der Haut, der an vielen Stellen des Körpers weniger ausgeprägt ist (Achselhöhlen, Genitalregion des Mannes u. der Frau, Analregion, Interdigitalregion der Füße u. Fußsohlen), die häufiger durch Mikroben u. Pilze erkranken, wird die therapeut. Verwendung der sauren Netzmittel bei den verschied. Dermatosen, wie Ekzem, Akne, Staphylokokkenmykosis, Mykosen, Epidermophythie, Dyshydrosis der Hände u. Füße empfohlen. (Semaine méd. **28.** Nr. 32/33. 551/52. 2.—6/9. 1952. Suppl. zu Semaine Hôpitaux Paris Nr. 65/66.) K. BÖHM. 4661

Andrew F. M. de Roetth, *Geringer Tränenfluß. — Trockenes Auge.* Die Therapie beim sogenannten trockenen Auge, bedingt durch eine Hypofunktion der Tränendrüse im Alter, bestand in der Anwendung von *Gelatine, Chlorbutanol* u. LOCKE-Lsg. enthaltenden Tropfen. Bei Versagen dieser Therapie wurde *Premarin* mit gutem Erfolg angewendet. In hartnäckigen Fällen ließ sich durch *Östrogene* eine Besserung erreichen. (Amer. J. Ophthalmol. [3] **35.** 782—87. Juni 1952. Spokane, Wash.) REICHLE. 4670

Pauls Lensky und **Howard L. Evans,** *Chlordanvergiftung beim Menschen. Bericht über einen Vergiftungsfall.* Ein 15 Monate altes Kind trank einen Schluck von einer *Chlordan* (I)-Suspension; I ist ein chlorierter KW-stoff, der neuerdings als Insekticid angewendet ist. Obgleich das Kind einen Teil der Suspension wieder ausspie u. sofort Erbrechen eingeleitet wurde, u. obwohl die aufgenommene I-Menge höchstens 100 mg betragen konnte, traten nach 3 Std. Tremor u. Krämpfe ein. Therapie: Inhalation von Äthylchlorid, Magenspülung, Amytalgaben. (J. Amer. med. Assoc. **149.** 1394—95. 9/8. 1952. Houston, Tex.) W. BRANDT. 4675

Irvin H. Blank und **Owen G. Miller,** *Gummiklebstoffe in Schuhen als Ursache einer Dermatitis an den Füßen.* Die Dermatitis beruhte meistens auf einer Allergie gegenüber dem *Monobenzyläther des Hydrochinons*, der als Antioxydans im Gummiklebstoff enthalten ist. Manche Personen sind auch spezif. empfindlich gegenüber anderen Antioxydantien u. Beschleunigern, bes. gegen *2-Mercaptobenzothiazol, 2.2'-Benzothiazolyldisulfid, Zn-Benzothiazolyl-2-mercaptid, Benzothiazolylsulfenamid, Zn-Benzothiazolylsulfid + Tetramethylthiurammonosulfid*, ein *Mercaptobenzothiazol + Dithiocarbamat, Tetramethylthiurammono-* bzw. *-disulfid, Se-Dimethyldithiocarbamat, polymerisiertes Trimethyldihydrochinolin, Phenyl-α-naphthylamin* u. das *Reaktionsprod. von Diphenylamin* u. *Aceton.* (J. Amer. med. Assoc. **149.** 1371—74. 9/8. 1952. Boston, Harvard Med. School, u. Massachusetts General Hosp.) W. BRANDT. 4675

Mario Barucci, *Über die psychischen Erscheinungen bei der chronischen Quecksilbervergiftung.* Ausführliche Literaturübersicht (59 Zitate) u. Schilderung eines Falles. (Rass. Med. ind. **21.** 62—76. Jan./Febr. 1952. Firenze, Univ., Clin. di Malattie nervose e mentali, u. Inst. di Med. Industr.) IPPEN. 4675

H. Wilkening und **St. Litzner,** *Über Erkrankungen, insbesondere der Niere durch Alkylquecksilberverbindungen.* Gewerbliche Vergiftung mehrerer Arbeiter durch Einatmen von *Methoxyäthyl-Hg-Silicat* bei dessen Herst. u. Verarbeitung zu *Abavit*, wobei sich neben bekannten Veränderungen an der Mundhöhle Nierenerscheinungen mit Retention harnpflichtiger Stoffe bei erhaltener Diurese u. n. Blutdruck zeigten. Zur Verhütung dieser gewerblichen Schäden wird Benutzung von Auermasken empfohlen. (Dtsch. med. Wschr. **77.** 432—34. 4/4. 1952. Wolfenbüttel, Städt. Krankenanstalten, Innere Abt.) LIEBNER. 4681

Mario Floris, Sergio Muntoni und **Angelo Cau,** *Über die Bleianämie.* Ausführliche Schilderung der bei der chron. Bleivergiftung auftretenden normochromen u. normocytären Anämie an Hand von 15 eigenen Fällen. Diese Anämie wird von Vff. zu den Anämien gerechnet, die durch Markschädigung eine verminderte Blutzellregeneration zeigen (myelotox.-hyporegenerativer Typ). (Rass. Med. ind. **21.** 33—48. Jan./Febr. 1952. Cagliari, Ist. di Med. Industr.) IPPEN. 4681

F. M. Troisi, *Pectanginöses Syndrom bei chronischer Bleivergiftung.* Beschreibung des Falles eines 56jährigen Arbeiters, der zunächst leichte Angina pectoris-Anfälle bekam, nachdem er 15 Jahre mit Pb-haltigen Farbstoffen gearbeitet hatte. Nach weiteren 15 Jahren mußte er wegen Hypertonie u. Coronarinsuffizienz für arbeitsunfähig erklärt werden. Eine andere Ursache für diese Erscheinungen glaubt Vf. ausschließen zu können. (Rass. Med. ind. **21.** 217—21. Mai/Juni 1952. Bologna, Univ., Ist. di Patolog. Med., u. Metodolog. Clin.) IPPEN. 4681

Luke R. Pascale, Sheldon S. Waldstein, Gertrude Engbring, Alvin Dubin und **Paul B. Szanto**, *Chromvergiftung, mit besonderer Berücksichtigung der Leberschädigung.* Bei einem Arbeiter, der galvan. Verchromungen ausführte, bestand eine akute Hepatitis, bei 4 anderen Arbeitern bestanden mäßige Leberschäden. Bei allen Arbeitern war im Harn Chrom nachweisbar. (J. Amer. med. Assoc. **149.** 1385—89. 9/8. 1952. Chicago, Ill., Cook County Hosp., Hektoen Inst. for Med. Res., u. Loyola Univ., Stritch School of Med.) W. BRANDT. 4681

M. Bodo und **L. Briccarello**, *Betrachtungen über einen Fall von massiver Silicose nach kurzer Einwirkungszeit.* Beschreibung eines Falles von massiver Silicose bei einem 28jährigen Arbeiter, der mit 16—18 Jahren in einer Mühle der Einw. von SiO_2-haltigem Staub ausgesetzt war. Diskussion der Gründe, die zu den unterschiedlichen Formen u. dem verschieden schnellen Auftreten der Silicose führen. (Rass. Med. ind. **21.** 233—38. Mai/Juni 1952. Torino, Sanatorio San Luigi.) IPPEN. 4681

Hans Cauer und **Norbert Neymann**, *Die Inhalieranlage nach Barthel-Küster auf der Zeche Hannibal und die Inhalierung von Calciumsole gegen Silicosebeschwerden.* Es wird die Anlage u. Wirkungsweise einer Inhalieranlage beschrieben, bei der unipolar geladene Tröpfchen (Calciumsole) mit einem Durchmesser $<0,4\ \mu$ versprüht werden. Damit wurden Erfolge bei der Behandlung von Silicose, aber auch von Bronchitiden, Asthma u. Keuchhusten erzielt. (Arch. physik. Therap. **4.** 243—55. Mai/Juni 1952. Bochum-Hordel.) THIELE. 4681

D. Campanacci, Attualità terapeutiche. Milano: F. Vallardi. 1952. (VI + 350 S.) L. 2600,—.

F. Pharmazie. Desinfektion.

S. W. Cornes, *Der elektrische Rührer in der Apotheke.* Erörterung der Vorteile eines in seiner Umdrehungsgeschwindigkeit regulierbaren elektr. Rührwerks für den Apothekenbetrieb an Hand verschied. Beispiele. (Pharmac. J. **169.** [4] **115.** 213. 20/9. 1952.) SPITALER. 4758

• **T. E. Wallis** und **S. Rohatgi**, *Der Bau der Blüte von Datura innoxia Miller.* Angabe der pharmakognost. Daten (Abbildungen), vor allem in bezug auf Datura stramonium. Mitt. eines Bestimmungsschlüssels zur Unterscheidung der gepulverten Blüten der arzneilich verwendeten Solanaceen. (J. Pharmacy Pharmacol. **4.** 471—78. Juli 1952. Museum of the Pharmac. Soc. of Gr. Britain.) HERRMANN. 4782

V. Dim-Zajec, *Der Anbau verschiedener Abarten und Arten des Stechapfels (Datura Stramonium L.).* Aus verschied. Teilen Jugoslawiens u. anderen Ländern stammende Kulturen von *Datura Stramonium* (I) zeigten keinerlei Unterschiede in der Ausbeute u. im Geh. an Alkaloiden. Der Alkaloidgeh. der Blätter betrug bei I 0,15—0,38(%), bei I *var. Tatula L.* 0,12—0,44, bei I *var. inermis* 0,12—0,33, bei *Datura Metel L.* 0,13—0,36. Letztere Art war für den Anbau am wenigsten geeignet. (Acta pharmac. jugosl. **2.** 1—7. 1952. Zagreb, „Biljana", Versuchsstation für den Anbau von Arzneipflanzen.) BECKMANN. 4782

J. Petričić, *Beitrag zur Kenntnis der Droge Herba Mari veri.* Die dalmatin. Droge *Herba Mari veri* (I) wurde chem. u. pharmakol. untersucht u. mit der als deren Ersatz verwendeten *Herba Teucrii montani* (II) verglichen. Für I bzw. II wurden ermittelt: Schaumzahl 133 bzw. 1528, hämolyt. Index 0 bzw. 666, Gerbstoffe nach der Cu-Acetatmeth. 6,87 bzw. 2,25%, Bitterstoffzahl 54,5 bzw. 167,0, äther. Öl 0,45 bzw. 0,1%. Der Bitterstoff von I gibt Alkaloid-Rkk., konnte aber nicht krist. erhalten werden. Die Gerbstoffe von I zeigten Pyrogallol- u. wahrscheinlich auch Phlobotannin-Charakter. — Verss. an Hunden ergaben für I eine choleret. Wrkg., während II die Galle nicht beeinflußte. Die therapeut. Wrkg. von I wird dem Geh. an äther. Öl zugeschrieben, die von II eher den Bitterstoffen u. Saponinen. Eine Verwendung von II statt I wird abgelehnt. (Acta pharmac. jugosl. **2.** 29—37. 1952. Zagreb, Pharmaz. Fak., Inst. für Pharmakognosie; Sarajevo, Med. Fak., Inst. für Pharmakol.) BECKMANN. 4782

E. J. Shellard, *Brasilianischer Jalap. 3. Mitt. Prüfung des Harzes und einige Vergleiche mit Harzen von Vera Cruz Jalap und Orizaba Jalap.* (2. vgl. C. **1952.** 730.) 4 Sorten von brasilian. Jalapharz wurden untersucht u. mit den beiden anderen Arten verglichen.

Die Unters. der Chromatogramme im UV-Licht zeigt, daß Sorte B des brasilian. Harzes sich wenig von den 3 anderen Sorten unterscheidet, die ident. erscheinen. Brasilian. Harz kann charakterisiert werden durch die geringe Löslichkeit in Ae., durch eine beträchtliche Löslichkeit in W., wobei beim Schütteln reichlicher Schaum entsteht, durch Gelbbraunfärbung im UV-Licht, durch fast vollkommene Abwesenheit von blauen u. purpurnen Zonen im Chromatogramm bei UV-Licht, durch die spezif. Drehung (ca. -20^0) u. durch F. $94-100^0$, beide Werte für Reinharz. Das Harz unterscheidet sich von dem Vera Cruz-Harz durch die Eigg. im UV-Licht, durch das Chromatogramm im UV-Licht, durch die Löslichkeit in W., spezif. Drehung u. Schmelzpunkt. Orizabaharz zeigt außerdem noch Unterschiede in der Löslichkeit in Äther. (J. Pharmacy Pharmacol. **4.** 304—10. Mai 1952. Bristol, Coll. of Technol., School of Pharm.) BOYE. 4782

Salvatore J. Greco, *Über die pharmazeutische Verwendung von Propylenglykol. 1. Mitt. Terpinhydrat- und Kodeinelixier.* In dem 1,7% Terpinhydrat (I) enthaltenden „Terpin Hydrate Elixir" der N. F. IX können die darin enthaltenen 40% Glycerin u. 42,5% A. ohne Schaden für die Haltbarkeit der Bereitung u. ihre Verträglichkeit mit anderen Medikamenten durch 75% des billigeren u. auch in Notzeiten greifbaren Propylenglykols ersetzt werden. Kodein wird zu 0,2% hinzugefügt. Unverträglichkeiten bei Zumischung anderer Bereitungen (Ausflockung des I) sind nur bei größerer Wasserzugabe u. hohem Elektrolytgeh. der Endmischung die Regel. (J. Amer. pharmac. Assoc., pract. Pharmac. Edit. **12.** 536—38. Sept. 1951.) M.-D. LAUBSCHAT. 4786

H. v. Czetsch-Lindenwald, *Frischpflanzenextrakte aus Drogen mit ätherischen Ölen.* Vorschläge u. allg. Hinweise zur Schaffung von fl. u. trockenen Frischpflanzenpräpp., die äther. Öl u. Glykoside enthalten. (Österr. Apotheker-Ztg. **5.** 526—28. 8/9. 1951. Wolfsberg, Austria Pan-Chemie.) KERN. 4790

E. Benk, *Über Birkensaft.* Der Cambialsaft der Birke (Birkensaft) (I), in die 2. Auflage des Homöopath. Arzneibuches 1934 aufgenommen, wird in seinen physikal. u. chem. Eigg. u. Zus. beschrieben. Zur Erkennung von echtem I eignet sich die Formoltitration zur Best. gelöster Proteine. Birkenwasser muß tatsächlich in irgendeiner Form natürliche Birkenbestandteile enthalten. (Seifen-Oele-Fette-Wachse **77.** 337—38. 4/7. 1951. Stuttgart-Zuffenhausen.) FREYTAG. 4790

Paul Brandau, *Kunststoffarmierung mit der Kunststoff-Faser Perlon.* Bericht über gute Erfahrungen bei der Verstärkung von *Kunststoff*-Prothesen mit *Perlon* u. Verarbeitungsvorschriften. (Dtsch. dentist. Z. **6.** 224—27. 2/4. 1952. Lübbecke/Westf.) KLESSE. 4798

Franz Heimbürger, *Metallfreie Stabilisierung der Kunststoffprothesen.* Stellungnahme zu der vorst. referierten Arbeit von BRANDAU. Vf. verwendet *Glasfasern* zur Stabilisierung von Kunststoffprothesen. (Dtsch. dentist. Z. **6.** 445—47. 9/7. 1952.) KLESSE. 4798

Hans Vogel, *Die Chinone und ihre Bedeutung für die Pharmazie.* Übersicht. Neben der klass. gewordenen Verwendung einiger Vertreter als Laxantia u. als Anthelmintica sowie ihrer Verwendung als Farbstoffe haben neuerdings die Chinone eine große Bedeutung für die Entw. antibakterieller Substanzen gewonnen, u. zwar zufolge ihrer Affinität zu biol. Redoxsystemen, Aminosäuren u. SH-Verbindungen. (Österr. Apotheker-Ztg. **5.** 358—62. 9/6. 1951.) M.-D. LAUBSCHAT. 4806

B. Samdahl, *Neuzeitliche chemotherapeutische Tuberkulosemittel.* Vortrag. — Überblick über Zus., Herst., Eigg., Handelsnamen u. therapeut. Wirkung. Ältere Präpp.: *Sanocrysin* (Na-Aurothiosulfat), *Solganal B* (Aurothioglucose) u. *Ebesal* (Cuproallylthioharnstoff-Na-benzoat). Neuere Präpp.: *Streptomycin* u. *Dihydrostreptomycin*; *p-Aminosalicylsäure* (PAS, *Pasalon, Aminox, Aminacyl, Aminosalylum*); *Promin* u. *Diazon*; Thiosemicarbazone: *Conteben, Tibalon, Ambathizonum, TB I*; *TB II, TB III, TB VI* (*Solvoteben*) u. *TB V*; Isonicotinsäurederivv. (*Isonicotinsäurehydrazid* [*Rimifon, Nydrazid, Neoteben, Nidaton, Tubicon, Vederon*] u. *Marsilid.* (Medd. norsk farmac. Selsk. **14.** 105—18. Sept./Okt. 1952.) GEITZ. 4806

W. Oelßner, *Santonin.* 1. Mitt. Übersicht über Geschichte, Botanik u. Anbau der Artemisia-Arten, die Gewinnung von Santonin, seine Chemie, Nachw. u. Bestimmungsmethoden. — 85 Literaturzitate. (Pharmazie **6.** 515—20. Okt. 1951.) v. GIZYCKI. 4806

R. Benigni, *Über die Vorteile der biologischen Standardisierung von k-Strophanthinpräparaten und die Einführung einer Einheit, die die Festsetzung einer Standardaktivität ermöglicht.* Da nach seinen Verss. die handelsüblichen Präpp. des k-Strophanthins (I) keine konstante biol. u. therapeut. Aktivität besitzen, schlägt Vf. vor, an die Stelle der gewichtsmäßigen Deklarierung den biol. Standard für die therapeut. verwendeten I-Präpp. zu setzen. In eigenen Verss. stellte Vf. an 6 verschied. I-Präpp., die alle mit 0,25 mg deklariert waren, nach der Meth. von HATCHER u. BRODY biol. Unterschiede fest, die Dosen zwischen 0,252 u. 0,542 mg entsprachen. Andererseits liegt die tödliche Minimaldosis für das g-Strophanthin (Ouabain) (II) des DAB. VI beim Kaninchen bei 0,235 mg/kg Körpergewicht u. Min., entspricht also weitgehend der therapeut. üblichen intravenösen Dosis für den Menschen (0,25 mg). Vf. schlägt deshalb vor, die einer Menge von 0,235 mg **II** (DAB. VI) biol. entsprechende **I**-Dosis als klin. Einheit zu betrachten u. in Zukunft **I**-Präpp. entsprechend zu deklarieren. (Farmaco [Pavia] **6.** 867—70. Nov./Dez. 1951. Milano, Inverni & Della Beffa.) IPPEN. 4806

M. G. Edwards, *Über die Herstellung von Hecogenin aus Sisalabfällen.* Der vorbehandelte Preßsaft älterer Blätter der Sisal-Agave wird nach Ansäuern mit H_2SO_4 3 Std. erhitzt. Hierdurch wird Hecogenin (**I**) freigesetzt, das dann an Aktivkohle adsorbiert wird. **I** wird mit CCl_4 der Kohle entzogen u. der Auszug zur Trockne eingedampft. Der Rückstand wird mit heißem A. aufgenommen u. sofort filtriert. Beim Abkühlen fällt rohes **I** in einer Menge bis 0,1%, bezogen auf den Preßsaft, aus. **I** soll zur Herst. von Cortison Verwendung finden. (East African agric. J. Kenya, Tanganyika, Uganda, Zanzibar **18.** 21—23. Juli 1952. East African Ind. Res. Board.) HERRMANN. 4808

Hoffmann-La Roche, Inc., übert. von: **Leo Berger,** Nutley, und **John Lee,** Essex Fells, N. J., V. St. A., *Gewinnung eines Laxativums* aus Cascara sagrada (Rhamnus purshianus) durch Extraktion der trockenen Droge mit Bzl., welches 5% A. enthält, oder mit Aceton (**I**), Methyläthylketon (**II**), Ae., PAe., CH_2Cl_2, Chlf., CCl_4 mit oder ohne Zusatz geringer Mengen Alkohol. Der so von Fett, Phytosterin, Chlorophyll u. Anthrachinon befreite Extraktionsrückstand wird mit Methanol (**III**) perkoliert oder maceriert Der als *Casanthranol* bezeichnete Wirkstoff wird aus dem **III**-Extrakt durch Zugabe von **I**, **II**, Äthylformiat oder Äthylacetat ausgefällt. Der Nd. wird aus Butanol oder Isopropanol umkrist.; kein Schmelzpunkt. Summenformel $C_{33}H_{42}O_{18}\cdot 2\,H_2O$. Acetylierung ergibt ein Dodekaacetat, F. 90—95°. Benzoylierung ergibt ein Dodekabenzoat, F. 120 bis 125°. (**A. P. 2 552 896** vom 18/9. 1948, ausg. 15/5. 1951.) K. HEINZE. 4791

Vasenol-Werke Dr. Arthur Köpp K. G. (Erfinder: **Herbert Fiedler**), Oberndorf/Neckar, *Puder gegen Oxyuriasis* durch Imprägnieren einer Pudergrundlage, wie TiO_2 u./oder Talkum, mit Naphthalin u. thiophenhaltigem Schieferöl. Es kann noch Formaldehyd, Paraformaldehyd, p-Aminobenzoesäureäthylester u. dgl. zugegeben werden. — Beispiel. (**D. B. P. 863 346** Kl. 30h vom 27/1. 1950, ausg. 15/1. 1953.) K. HEINZE. 4795

Montclair Research Co. und **Ellis-Foster Co.,** übert. von: **Homer van Beuren Joy,** Montclair, N. J., V. St. A., *Zahnersatzmasse,* bestehend aus einem innigen Gemisch eines Mischpolymerisates von 50—90(%) Vinylidenchlorid u. Acrylnitril mit 50—80 Methylmethacrylat (**I**), monomerem **I** als Plastifizierungsmittel u. einem organ. Peroxyd, z. B. Benzoylperoxyd, als Katalysator. (**A. P. 2 576 944** vom 30/4. 1947, ausg. 4/12. 1951.) E. PETERSEN. 4799

Kukirolfabrik Kurt Krisp K. G., Weinheim/Bergstraße, *Herstellen eines Haftmittels für Zahnprothesen.* Ein chem. indifferenter quellfähiger, pulverförmiger Stoff, z. B. Traganth, wird mit einer Salben-, Pasten- oder Cremegrundlage, gegebenenfalls unter Zufügen eines speichelziehenden Stoffes, z. B. Zucker, innig vermischt. (**D. B. P. 856 791** Kl. 30h vom 3/8. 1950, ausg. 24/11. 1952.) E. PETERSEN. 4799

Reheis Co., Inc., übert. von: **Thomas Govett,** Summit, und **Mildred L. Almquist,** Maplewood, N. J., V. St. A., *Schweißhemmendes Adstringens* mit einem Geh. von bas. Al-Chloriddoppelsalz mit Ca-, Mg-, Zn-, Li-, Na- oder K-Chlorid. Das Al-Doppelsalz wird mit salbenartigen oder dgl. Trägerstoffen verarbeitet. — Z. B. werden 12 (g) Stearinsäure, 2 Spindelöl hell, 2 Bienenwachs, 5 Polyoxyäthylenglykolstearat, 5 Polyoxyäthylenpropylenglykolstearat, 1 Titandioxyd, 43 W. u. 30 bas. Ca-Al-Chlorid (**I**) (mit 23,5% Al_2O_3-Geh.) zusammengeschmolzen. Die Herst. des **I** erfolgt durch Reagierenlassen von $AlCl_3$ mit $CaCO_3$ in wss. Lsg., Zusatz von Al-Pulver u. Trocknung des Nd. im Vakuum. (**A. P. 2 571 030** vom 15/3. 1950, ausg. 9/10. 1951.) K. HEINZE. 4805

Johann G. W. Opfermann & Sohn (Erfinder: **Adolf Opfermann**), Bergisch-Gladbach, *Ferrocalciumcitrat,* $CaFe_2(C_6H_5O_7)_2$, erhält man durch Rk. von Citronensäure in wss. Lsg. mit Ferrum reductum u. $CaCO_3$ oder Ca-Citrat, bes. in stöchiometr. Mengen, in Ggw. eines Schutzgases, z. B. H_2, N_2 oder CO_2, u. anschließendes Abdest. des W., bes. im Strom des Schutzgases. Mittel zur Behandlung *sek. Anämien.* (**D. B. P. 857 363** Kl. 12o vom 1/7. 1950, ausg. 27/11. 1952. Dän. Prior. 13/9. 1949.) MÜLLER-MEININGEN. 4805

Chemiewerk Homburg Akt.-Ges. (Erfinder: **Erwin Kohlstadt**), Frankfurt/M., *Wässerige Lösungen von p-Aminobenzolsulfonamid* (**I**) bzw. dessen Abkömmlingen durch Verwendung von Chininsalzen u. Phenyldimethylpyrazolon (**II**) oder Urethan als Lösungsvermittler. Es können mehrere Abkömmlinge des **I** in Lsg. gebracht werden. — Z. B. werden 12,5 (g) Chininhydrochlorid, 30 **II** mit 5 p-Aminobenzolsulfonsäureäthanolamid

u. 5 Sulfanilyl-4-aminopyridin in 100 W. gelöst. — Injizierbare Lösungen. (**D. B. P. 862 341** Kl. 30h vom 15/5. 1943, ausg. 8/1. 1953.) K. HEINZE. 4807

Farbenfabriken Bayer, Leverkusen (Erfinder: **Hans Schmidt, Robert Behnisch** und **Fritz Mietzsch**, Wuppertal), *Herstellung von Lösungen therapeutisch verwendbarer Thiosemicarbazone* (**I**) durch Verwendung von Glykolen bzw. ihren Äthern als Lösungsm., gegebenenfalls mit Wasser. — Z. B. werden 1 g 4-Acetylaminobenzal-**I** in 70 (cm^3) 1.2-Propylenglykol (**II**) gelöst u. mit Propylenglykol auf 100 aufgefüllt. Es kann auch 4-Aminobenzal-**I**, 4-Propionylaminobenzal-**I**, 4-Benzoylaminobenzal-**I**, Anisal-4-aminobenzal-**I** oder 4-Phenoxybenzal-**I** gelöst werden. An Stelle von **II** sind Äthylenglykol, Glykolmonomethyl- bzw. -monoäthyläther oder Diglykolmonoäthyläther u. 1.3-Butylenglykol geeignet. — *Mittel gegen Tbc.* (**D. B. P. 861 905** Kl. 30h vom 27/2. 1949, ausg. 8/1. 1953.) K. HEINZE. 4807

Curta & Co. (Erfinder: **Paul Herrmann**, Weilheim, Obb., und **Hans Zaubitzer**, Murnau-Seehausen), *Haltbare Lösungen von o-Dioxyphenyläthanolmethylamin* (**I**) durch Rk. mit Sparteinsulfat (**II**) im mol. Verhältnis in Wasser. **II** kann auch im Überschuß vorhanden sein. — Z. B. werden 422 (g) **II** in 2 Liter W. gelöst u. 183 **I** eingetragen. Klare haltbare Lösung. Es kann auch ein trockenes Gemisch von **I** u. **II** in W. gelöst werden. (**D. B. P. 861 906** Kl. 30h vom 19/4. 1951, ausg. 8/1. 1953.) K. HEINZE. 4807

Röhm & Haas Co., übert. von: **Louis H. Bock**, Huntingdon Valley, und **Leo S. Luskin**, Philadelphia, Pa., V. St. A., *Quaternäre Phenoxyäthylammoniumsalze* der allg. Formel **I**, worin C_8H_{17} = sek. oder tert. Alkyl, A = H oder Methyl, Y = Chalkogen mit dem At.-Gew. 16—32, X = Cl oder Br, n = 1—3, m = 1 oder 2. Herst. durch Rk. etwa äquivalenter Mengen

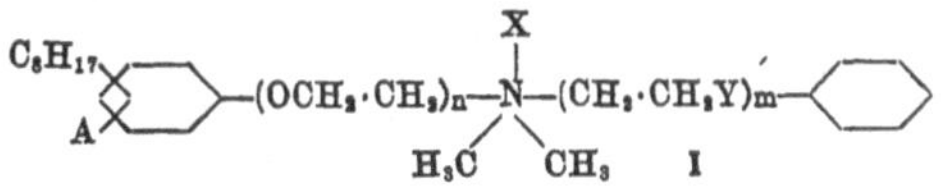

der entsprechenden N.N-Dimethylamine u. Phenylätherhalogenide bei 50—100° in organ. Lösungsmittel. 68 (Teile) p-1.1.3.3-Tetramethylbutylphenoxyäthoxyäthyldimethylamin, 33 β-Phenoxyäthylchlorid u. 30 Nitromethan werden 88 Std. bei 80—85° gekocht u. im Vakuum dest.; der gummiartige Rückstand wird mit 33 Äthylacetat behandelt: *1.1.3.3-Tetramethylbutylphenoxyäthoxyäthylphenoxyäthyldimethylammoniumchlorid* (**II**), *2-Methyl-4-(1.1.3.3-tetramethylbutyl)-phenoxyäthoxyäthylphenoxyäthyldimethylammoniumbromid*, Kristalle. — *o-Caprylphenoxyäthylphenoxyäthyldimethylammoniumbromid*: $Kp._4$ 160—180°. — *Diisobutylphenoxyäthoxyäthylphenoxyäthoxyäthyldimethylammoniumbromid*: Kristalle. — *Tetramethylbutylphenoxyäthoxyäthylphenylthioäthyldimethylammoniumchlorid* u. *-bromid*: Kristalle. — **II**-*Bromanaloges*: Kristalle. — *Baktericide, Fungicide.* (**A. P. 2 547 365** vom 28/1. 1949, ausg. 3/4. 1951.) LANK. 4807

M. Erlenbach und **A. Sieglitz**, Frankfurt/M. (Erfinder: **G. Ehrhart**), *Herstellung von Acylaminocyanessigsäureestern.* Man behandelt Isonitrosocyanessigsäureester (**I**) in saurer Lsg. mit Reduktionsmitteln u. acyliert anschließend. Z. B. red. man **I**-Methylester mit Zn-Staub u. acyliert mit $C_6H_5CH_2COCl$ zu *Phenylacetylaminocyanessigsäuremethylester*, F. 143°. Analog: *Acetylaminocyanessigsäuremethylester*, F. 130°. — *Heilmittel.* (**Schwed. P. 133 867** vom 8/4. 1949, ausg. 11/12. 1951. D. Prior. 1/10. 1948.) JÜRGEN SCHMIDT. 4807

F. Hoffmann-La Roche & Co., Akt.-Ges., Basel, Schweiz, *N-Methylmorphinan, dessen Oxy- und Alkoxyderivate und deren Salze.* 5.6.7.8-Tetrahydroisochinolin wird mit $NaNH_2$ zum 1-Amino-5.6.7.8-tetrahydroisochinolin, $Kp._{0,45}$ 120—121°, F. 81°, Hydrochlorid: F. 228°, Hydrobromid: F. 182°, Pikrat: F. 269°, durch Erhitzen auf 140—150° in Dimethylanilin umgesetzt. Mit HBr wird die NH_2-Gruppe durch Br ersetzt. Das erhaltene 1-Brom-5.6.7.8-tetrahydroisochinolin, $Kp._{0,75}$ 127°, F. 48°, Pikrat: F. 105°, wird in Ae. mit Alkyl-Li kondensiert u. das 1-Li-5.6.7.8-tetrahydroisochinolin mit Benzaldehyd zum 1-(α-Oxybenzyl)-5.6.7.8-tetrahydroisochinolin, $Kp._{0,05}$ 158—161°, F. 63°, Hydrochlorid: F. 234°, Sulfat: F. 213°, Jodmethylat: F. 201—203°, umgesetzt. Dieses gibt beim Behandeln mit HJ (D. 1,7) u. rotem P 1-Benzyl-5.6.7.8-tetrahydroisochinolin, $Kp._{0,25}$ 150°, F. 31°, Pikrat: F. 131,5°, Sulfat: F. 214°, Brommethylat: F. 92 bzw. 230°, Jodmethylat. Durch Hydrieren z. B. des Brommethylats mit Pt + H_2 in Methanol u. n-NaOH erhält man 2-Methyl-1-benzyl-1.2.3.4.5.6.7.8-oktahydroisochinolin, Pikrat: F. 133°, Nitrat: F. 161,5°, Hydrobromid: F. 194,5—195,5°, Jodmethylat: F. 178°. Die Cyclisierung mit sauren Mitteln (H_3PO_4, HBr, HCl) liefert *N-Methylmorphinan*, $Kp._1$ 144°, F. 60—61°. Hydrobromid: F. 202—203°, Pikrat: F. 177—178°. — *Arzneimittel.* (**Schwz. P. 279 776** vom 31/8. 1949, ausg. 1/5. 1952.) KRAUSS. 4807

F. Hoffmann-La Roche & Co., Akt.-Ges., Basel, Schweiz, *Optisch-aktive 3-Methoxy-N-methylmorphinane* (**I**) *und deren Salze* erhält man durch Überführung von dl-3-Oxy-N-methylmorphinan (**II**) mit opt.-akt. Säuren, bes. d-Weinsäure (**III**) in die entsprechenden Salze, fraktionierte Kristallisation der Basen u. Methylierung derselben, z. B. mit Phenyltrimethylammoniumhydroxyd. Oder man methyliert **II** zu dl-**I**, das man z. B. mit **III** in die entsprechenden Salze, u. diese gegebenenfalls in die freien Basen oder andere Salze überführt. — Beschrieben wird die Herst. von: *d-weinsaurem* **I**·2 H_2O, F. 113 bis 116°; $[\alpha]_D^{20}$ —13,8° (c = 3 in W.) → **I**-*Base*, F. 198—199°; $[\alpha]_D^{20}$ —56° (c = 3 in A.) → *Hydrobromid*, $[\alpha]_D^{20}$ —27,5° (c = 3 in W.); ferner (—)-**I**-*Hydrobromid*, F. 124—126°; $[\alpha]_D^{20}$ —26,3° (c = 1,5 in W.) → freie *Base*, F. 108—111°; $[\alpha]_D^{20}$ —49,3° (c = 1,5 in absol. A.) → *Tartrat*, F. 156—157°; $[\alpha]_D^{20}$ —11,6° (c = 1,5 in W.); *Hydrojodid*, F. 125 bis 127°; *Jodmethylat* 239—240°. — *dl*-**I**-*Hydrobromid*·H_2O, F. 92—94°, wasserfrei, F. 239 bis 240°; *Base*, F. 81—83°. — (+)-**I**-*Tartrat*·H_2O, F. 195—196°; $[\alpha]_D^{20}$ +30,6° (c = 1,5 in W.); (+)-*Base*, F. 108—109°; *Hydrobromid*, F. 122—124°; $[\alpha]_D^{20}$ +27,6°. — *Schmerz- u. hustenstillende Mittel.* (**D. B. P. 840 242** Kl. 12p vom 10/10. 1950, ausg. 29/5. 1952. Schwz. Priorr. 9/11. 1949 u. 15/9. 1950.) Müller-Meiningen. 4807

Ciba Akt.-Ges. (Erfinder: **Albert Wettstein** und **Charles Meystre**), Basel, Schweiz, *In 21-Stellung substituierte Pregnane.* $\Delta^{20.23}$-21-Halogencholadiene werden mit hydrolysierenden u./oder veresternden oder veräthernden Mitteln, gegebenenfalls vor oder nach Schutz einer in 21-Stellung vorhandenen freien OH-Gruppe, mit einem Oxydationsmittel zum entsprechenden 20-Ketopregnan abgebaut; dabei können gleichzeitig freie Ringcarbinolgruppen in Ketogruppen umgewandelt werden. — $\Delta^{20.23}$-3.12-Diacetoxy-21-brom-24.24-diphenylcholadien wird mit Eisessig in das $\Delta^{20.23}$-3.12.21-Triacetoxy-24.24-diphenylcholadien, F. 175—177°, übergeführt, das durch Oxydation mit CrO_3 *3.12.21-Triacetoxypregnan-20-on*, F. 153—153,5°, liefert; hieraus durch Verseifung *3.12.21-Trioxypregnan-20-on.* — *3.12-Dioxy-21-brompregnan-20-on*, F. 148—150°. — *3.20-Diketo-12.21-diacetoxypregnan*, F. 112—114° bzw. 122—124° bzw. 58—64°. — $\Delta^{20.23}$-3-Keto-12-p-toluolsulfoxy-24.24-diphenylcholadien → $\Delta^{11.20.23}$-3-Keto-21-acetoxy-24.24-diphenylcholatrien → Δ^{11}-*21-Acetoxypregnen-3.20-dion*, F. 150—151°. — *3.12-Diketo-21-äthoxypregnan-20-on*, F. 178—180°. — $\Delta^{20.23}$-3-Acetoxy-5-chlor-21-brom-24.24-diphenylcholadien → *Desoxycorticosteronmethyläther* (Δ^4-*21-Methoxypregnen-3.20-dion*), F. 161—165°. — *Desoxycorticosteronäthyläther, -benzyläther.* — $\Delta^{4.20.23}$-3-Keto-24.24-diphenylcholatrien → $\Delta^{4.20.23}$-3-Keto-21-brom-24.24-diphenylcholatrien → $\Delta^{4.20.23}$-3-Keto-21-acetoxy-24.24-diphenylcholatrien → *Desoxycorticosteronacetat* (Δ^4-*21-Acetoxypregnen-3.20-dion*), F. 159—161°. — *Desoxycorticosteronpropionat*, F. 164—165°; *-n.butyrat*, F. 110 bis 111°; *-n.valerianat*, F. 84—86°; *-palmitat*, F. 60—61°; *benzoat*, F. 210—212°; *-p-toluolsulfonat*, F. 170—172°; *-tetraacetylglucosid.* — $\Delta^{20.23}$-3.11-Diketo-21-brom-24.24-diphenylcholadien → $\Delta^{20.23}$-3.11-Diketo-21-acetoxy-24.24-diphenylcholadien → *21-Acetoxypregnan-3.11.20-trion*, F. 157—160°. — $\Delta^{20.23}$-3-Keto-12-oxy-21-succinyloxy-24.24-diphenylcholadien, F. 220—221° → Δ^{11}-*3.20-Diketo-21-acetoxypregnen*, F. 151—152°. Methylester des *3.20-Diketo-12-p-toluolsulfoxy-21-succinyloxypregnen.* — *3.20-Diketo-12-p-toluolsulfoxy-21-succinyloxypregnan* → $\Delta^{4.11}$-*3.20-Diketo-21-acetoxypregnadien* (*Anhydrocorticosteronacetat*), F. 179—181°. — $\Delta^{4.20.23}$-3.11-Diketo-21-brom-24.24-diphenylcholatrien → *11-Dehydrocorticosteronacetat*, F. 175—178°. *Arzneimittel* oder *Zwischenprodukte.* (**D. B. P. 843 411** Kl. 12o vom 1/1. 1949, ausg. 7/7. 1952. Schwz. Priorr. 13/12. 1946, 30/4. u. 4/7. 1947.) Krauss. 4809

Sterling Drug, Inc., New York, übert. von: **Sydney Archer**, Albany, N. Y., V. St. A., *Herstellung jodierter Phenylessigsäurederivate* der allg. nebenst. Formel, worin R′ u. R

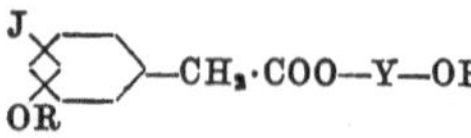

niedere Alkylgruppen u. Y einen Alkylenrest mit mindestens 2 C-Atomen darstellen, durch Veresterung einer jodierten u. oxyalkylierten Phenylessigsäure bzw. eines Deriv. mit einem Alkoxyalkanol bzw. Alkoxyalkylhalogenid, gegebenenfalls in Ggw. einer Mineralsäure. — Z. B. werden 30 g 3-Jod-4-methoxyphenylessigsäure mit 150 cm^3 β-Methoxyäthanol 15 Std. am Rückfluß gekocht. Aufarbeitung ergibt *β-Methoxyäthyl-3-jod-4-methoxyphenylacetat*, $Kp._{0,6}$ 167—169°. — *Röntgenkontrastmittel.* (**A. P. 2 548 852** vom 29/1. 1949, ausg. 17/4. 1951.) K. Heinze. 4829

O. Lennert-Petersen, Øvelser i bakteriologi og sterilisationsteknik til brug ved Danmarks farmaceutiske højskole. København: Dansk farmaceutforening. 1952. (38 S.) kr. 3,50.

G. Analyse. Laboratorium.

A. Kvalheim und **S. Rutlin**, *Probenahme von Søvit zur Spektralanalyse.* Um zuverlässige Proben für die Spektralanalyse auf Nb von Søvit zu nehmen, wird eine 20 kg-Probe zunächst auf ca. 1 cm, dann auf 2—3 mm zerkleinert, davon 2,5 kg (Probeentnahmen jeweils mit Riffle-Probenehmer) auf unter 0,5 mm u. 0,5—1 kg bis unter 1200 Maschen/cm^2 fein gemahlen; aus einer 100 g-Probe werden je 50—100 mg im Achatmörser gerieben

u. in die Elektrodenkohle ca. 5 mg eingebracht. Die Ggw. größerer Mengen Glimmer erfordert besondere Maßnahmen. Acht so erhaltene Proben ergeben im Mittel 0,276% Nb_2O_5 mit Abweichungen von ±4,4%. (Tidsskr. Kjemi, Bergves. Metallurgi **12.** 60—61. April 1952. Statens Råstofflabor.) R. K. MÜLLER. 5012

E. C. Pyatt, *Ein Strahlungstemperaturpyrometer unter Benutzung einer Photozelle.* Das beschriebene Pyrometer zur Messung niederer Tempp. ist mit einer PbS-Photozelle als Ausgleichsdetektor ausgestattet. Die Zelle wird abwechselnd der Strahlung des unbekannten heißen Körpers u. einer Lampe ausgesetzt, die sich in dem Instrument befindet. Der Strom aus der Zelle wird verstärkt u. auf Null durch Änderung des Lampenstromes einjustiert. Der Lampenstrom kann in bezug auf die Temp. eines schwarzen Körpers kalibriert werden. Das beschriebene Instrument hat drei Temperaturbereiche: 150—220, 210—330 u. 300—500° entsprechend den effektiven Wellenlängen 2,45, 2,35 u. 2,20 μ. Durch kleine Abänderungen des Instruments kann man auch den Temperaturbereich 100—175° erfassen. Die Genauigkeit für eine einzelne Ablesung beträgt ±5° (J. sci. Instruments **29.** 125—27. April 1952. Teddington, Middlesex, National Phys. Labor.) GOTTFRIED. 5016

R. A. W. Hill, *Thermische Messungen an kleinen kurzlebigen Systemen.* Vf. stellte experimentell fest, daß es prakt. ist, die Drähte eines Thermoelementes durch einen elektr. Strom zu erhitzen u. gleichzeitig die Temp. der Kontaktstelle mittels der auftretenden Thermo-EMK. zu messen. Man benutzt am besten einen Hochfrequenzstrom, damit man die begleitende Spannung (in der Größenordnung von 10 V) von der Thermokraft (Größenordnung 0,001 V) mittels Induktions-Kapazitäts-Filtern trennen kann. Die Meth. kann zur Messung der therm. Konstanten von schlechten Leitern benutzt werden, die in Kontakt mit den Drähten des Thermoelementes stehen. Es hat sich als günstig erwiesen, einen Stromimpuls hindurchzuschicken u. die Zeit-EMK-Kurve während der Erhitzungsperiode auszuwerten. Ist der Impuls lang genug, um einen stetigen Zustand zu erreichen, dann ist die höchste Temp. umgekehrt proportional der Wärmeleitfähigkeit; tritt dieser Fall nicht ein, dann müssen Leitfähigkeit u. spezif. Wärme in Betracht gezogen werden. Die Meth. ist bes. geeignet zur Unters. der Reaktionszonen von therm. selbst fortschreitenden Reaktionen. (Nature [London] **170.** 29—30. 5/7. 1952. Stevenston, Ayrshire, Imperial Chem. Ind., Res. Dep. Nobel Div.) GOTTFRIED. 5016

J. Angus und **A. W. Kenchington,** *Eine wohlfeile Eintauchumlaufpumpe für Laboratoriumsgebrauch.* Zum Durchmischen von Thermostatenbädern, bes. von engen u. tiefen, hat sich eine rohrförmige Propellerpumpe bewährt. (Chem. and Ind. **1951.** 821. 29/9. London, Brit. Gelatine and Glue Res. Assoc.) BLUMRICH. 5026

H. A. Liebhafsky, H. G. Pfeiffer und **E. W. Balis,** *Statistische Arbeitsregel für analytische Chemiker.* Begründung einer vorgeschlagenen prakt. Regel, nach der eine analyt. Einzelbest. mit einer Wahrscheinlichkeit von mindestens 95% keinen größeren als den 3fachen mittleren Fehler aufweist, wobei dieser aus mindestens 5 Wiederholungsbestimmungen berechnet wird. Bei Ausführung durch verschied. Analytiker oder in verschied. Laboratorien muß dazu der mittlere Gesamtfehler errechnet werden. Diese Regel wird durch Diskussion einer großen Zahl von Mikro-C-H-Bestimmungen (aus der Literatur) bestätigt. — Analoge Berechnungen ergeben für die Benutzung von höchstsd. Salzsäure als Urtitersubstanz (nach Literaturwerten) Fehler bis zu 0,4%. (Analytic. Chem. **23.** 1531—34. Nov. 1951. Schenectady, N. Y., General Electric Co., Res. Labor.) BLUMRICH. 5050

H. Rahbek und **M. Omar,** *Messung der Dicke durchsichtiger Filme mit dem Lichtprofilmikroskop.* Die von TOLANSKY (C. **1953.** 1857) beschriebene Lichtprofilmikroskoptechnik wurde zur Best. der opt. Dicke relativ dicker, durchsichtiger Filme angewandt. Ein durchsichtiger Film, der durch Medien mit Brechungsindices, die von denen des Films verschieden sind, gebunden ist, hat zwei reflektierende Oberflächen. Bei der Beobachtung mit dem Lichtprofilmikroskop erhält man zwei Bilder, aus deren Abstand man das Verhältnis t/μ ableiten kann, wenn t die Dicke u. μ den Brechungsindex bedeuten. Durch direkte Interferometrie erhält man den Wert μt, so daß man leicht t u. μ berechnen kann. Ein Beispiel wird beschrieben. (Nature [London] **169.** 1008—09. 14/6. 1952. Englefield Green, Surrey, Univ. of London, Royal Holloway College.) GOTTFRIED. 5056

Robert Barer und **A. E. Saunders-Singer,** *Mikromanipulator und Mikrosezierer mit geringer Vergrößerung.* Es wird ein neu konstruierter Mikromanipulator beschrieben, dessen Arbeitsweise dem eines Pantographen entspricht. In Verbindung mit dem Instrument wird ein einfaches Seziermikroskop mit Vergrößerungen bis zu 200mal oder ein Binokularmikroskop verwendet. (J. sci. Instruments **28.** 65—68. März 1951. Reading and Oxford, Dep. of Human Anatomy.) GOTTFRIED. 5056

Walter C. McCrone, *Schmelzmethoden im Vergleich zu Koflerschen Mikromethoden.* Überblick über die Anwendungsbereiche der in USA entwickelten Schmelzmethoden u.

über die KOFLERsche Mikromethode. (Mikrochem. verein. Mikrochim. Acta **38.** 476—86. 1951. Chicago, Ill., Illinois Inst. of Technol.) H. GEHLEN. 5056

W. Ja. Brodski, *Die Phasenkontrastmikroskopie, ihre Möglichkeiten und ihre Anwendung in der normalen und pathologischen Histologie.* (Успехи Современной Биологии [Fortschr. gegenwärt. Biol.] **33.** 305—16. März/April 1952.) RENTZ. 5058

Hagen Tronnier und **Hans-Henrich Wagener,** *Über Mikroabsorptionsmessungen.* Es wird eine mit einem Mikroskop kombinierte Meßeinrichtung beschrieben zur spektralphotometr. Best. der Durchlässigkeitsverhältnisse von Mikroobjekten, bes. mkr. Präpp., bei gleichzeitiger photograph. Fixierung des gemessenen Objektfeldes. (Strahlentherapie **84.** 567—80. 1951. Göttingen, Univ., Hautklinik.) SCHLOTTMANN. 5063

Ss. M. Raisski, *Generator für kurze optische Signale von rechteckiger Form.* Ein beleuchteter Spalt wird durch eine Linse auf einem Drehspiegel abgebildet; der reflektierte Strahl geht durch ein Gitter mit je 2mm voneinander entfernten 1mm breiten Spalten u. wird durch eine Linse auf das zu beleuchtende Objekt gelenkt. Mit diesem Gerät wurden rechteckige Lichtimpulse von 2 μSek. Dauer erzeugt. (Журнал Экспериментальной и Теоретической Физики [J. exp. theoret. Physik] **22.** 780—81. Juni 1952. Physikal. Lebedew-Inst. der Akad. der Wiss. der UdSSR.) KIRSCHSTEIN. 5063

Wilbur Kaye und **R. G. Devaney,** *Ein Zusatzgerät zur automatischen Registrierung der relativen Durchlässigkeit für das Beckman-Spektralphotometer Modell DU.* Beschreibung des Gerätes. Zusätzlich zu den früher mitgeteilten Abänderungen (KAYE u. Mitarbeiter, C. **1952.** 5464) wird das modulierte Lichtbündel durch einen rotierenden Spiegel in zwei verschied. Strahlengänge geführt, welche die Meß- u. Vergleichszelle enthalten, die den gleichen Empfänger treffen. Die beiden elektr. Signale für „I" u. „I_0" werden durch einen mit dem rotierenden Spiegel verbundenen Kommutator getrennt, u. das Verhältnis I/I_0 wird in Abhängigkeit von der Wellenlänge registriert. Das Gerät arbeitet in dem Bereich von 210—2700 mμ mit einer Reproduzierbarkeit von 0,5%, wobei der Untergrund nicht mehr als 3% von einer Geraden abweicht. Die relativen Durchlässigkeitskurven sind auf 2% des vollen Ausschlags linear. Diskussion der Anwendungen der Differentialregistrierung. (J. opt. Soc. America **42.** 567—71. Aug.1952. Kingsport, Tenn., Tennessee Eastman Co., Div. of Eastman Kodak Co., Res. Labors.) EICHHOFF. 5063

R. A. Oetjen, W. H. Haynie, W. M. Ward, R. L. Hansler, H. E. Schauwecker und **E. E. Bell,** *Ein Infrarotspektrograph für die Verwendung im Spektralbereich von 40—150 μ.* Diskussion der Konstruktionsprobleme eines Spektrographen für das ferne Infrarot u. Beschreibung einer Ausführung. Als Lichtquelle dient ein mit 100 A auf 1300° K geheizter, mit ThO_2 bedeckter Pt-Streifen. Als Filter gegen kurzwellige Strahlung werden Quarz, Paraffin, Terpentinruß, ein kompensierter Zerhacker aus KBr, Reststrahlenplatten u. ein Gitter (als Reflexionsfilter) mit einem etwas kleineren Furchenabstand als die untersuchte Wellenlänge verwendet. Die Dispersion geschieht durch ein Echelette-Gitter mit 180 Strichen/inch, der Empfänger ist eine pneumat. GOLAY-Zelle, deren Signal nach Verstärkung auf ein Registrierinstrument gegeben wird. Der Spektrograph kann evakuiert werden. Die Leistung des Gerätes wird an den Spektren von NH_3 u. atmosphär. Wasserdampf gezeigt, die Auflösung ist besser als 1 cm^{-1}. (J. opt. Soc. America **42.** 559—66. Aug. 1952. Columbus, O., Ohio State Univ., Dep. of Phys.) EICHHOFF. 5063

C. De Clippeleir und **R. Breckpot,** *Über die Erzeugung von pulsierenden Strömen mit Elektronenvervielfachern.* Ein Photomultiplier liefert pulsierende Ströme, die mit einem Wechselstromverstärker verstärkt werden können, wenn zwischen seine Endstufen eine Wechselspannung gelegt wird, während die restlichen Stufen mit Gleichspannung betrieben werden. Beschreibung der elektr. Schaltung, mit welcher die gleiche Empfindlichkeit erreicht wird wie bei reinem Gleichspannungsbetrieb. (Spectrochim. Acta [London] **4.** 516—18. 1952. Louvain, Univ., Labor. de Chim. Minérale.) EICHHOFF. 5063

A. W. M. Indemans, *Die Messung der Fluorescenz in der quantitativen Analyse.* Übersicht über das Wesen der Fluorimetrie u. die Faktoren, die sie beeinflussen können. (Pharmac. Weekbl. **87.** 470—72. 5/7. 1952.) WESLY. 5063

P. Mathiot, *Neues registrierendes Mikrodensitometer für die Spektrophotometrie.* Beschreibung des App. von VASSY, der darauf beruht, 2 Strahlenbündel derselben Lichtquelle, deren eines durch das photographierte Spektr. u. einen beweglichen photometr. Keil, deren anderes durch eine konstante Dichte geschwächt wird, durch elektron. Steuerung des den Keil bewegenden Mechanismus einander gleich zu machen. Die Anzeige des App. ist daher unabhängig von der Gleichmäßigkeit der Lichtquelle, von der Proportionalität zwischen photoelektr. Strom u. Lichtstärke u. von der Linearität des Verstärkers. Die Genauigkeit der Dichtenablesung beträgt für Dichte zwischen 0 u. 4 ca. 0,5%;

die Vergrößerungsfähigkeit des Spektr. 2,5—100. Die Geschwindigkeit, mit der das Sensitogramm auf gewöhnlichem Papier aufgeschrieben wird, wird bei großen Dichteschwankungen des Films automat. geregelt. (Spectrochim. Acta [London] **5.** 124—29. Juli 1952. Kodak-Pathé, Labors. de Rech.) METZENER. 5064

H. Flaschka, *Über Mikrotitrationen mit Äthylendiamintetraessigsäure.* 1. Mitt. Die von SCHWARZENBACH beschriebene komplexometr. Titration mit Äthylendiamintetraessigsäure wird auf den Mikromaßstab übertragen. Angabe von Arbeitsvorschriften mit Beleganalysen für die sehr einfache komplexometr. Best. von Ca^{2+}, Mg^{2+}, Zn^{2+}, Cd^{2+}, Mn^{2+}, Cu^{2+}, Fe^{2+}, Co^{2+}, Ni^{2+}, Hg^{2+} u. Pb^{2+}. Bei Mengen von 30—100 γ ist eine relative Genauigkeit von 1—1,5% erreichbar, u. bei Mengen zwischen 100 γ u. 1 mg liegt der Fehler sicher unter 1%. (Mikrochem. verein. Mikrochim. Acta **39.** 38—50. 1952. Graz-Gösting, Lack- u. Farbenwerke A. Zankl Söhne, Entwicklungslabor.) FRETZDORFF. 5066

H. Flaschka und **A. Holasek,** *Mikrotitrationen mit Äthylendiamintetraessigsäure.* 2. Mitt. *Die Bestimmung kleiner Phosphatmengen.* (1. vgl. vorst. Ref.) Das Phosphat wird als Mg-Ammoniumphosphat gefällt, der Nd. abfiltriert u. in lnHCl gelöst. In der erhaltenen Lsg. bestimmt man nach Einstellung auf p_H 8—10 mit NH_4OH das Mg komplexometrisch. Beigabe von Komplexon zu der zu untersuchenden Lsg. während der Fällung des Phosphats maskiert Ca u. andere störende Kationen, ohne die Titration ungünstig zu beeinflussen. (Mikrochem. verein. Mikrochim. Acta **39.** 101—04. 1952. Graz-Gösting, Lack- u. Farbenwerke A. Zankl Söhne, Entwicklungslabor., u. Univ., Med.-chem. Inst. u. Pregl-Labor.) FRETZDORFF. 5066

K. Schmitt, *Über ein neues Gerät zur Bestimmung von CO_2, CO, CH_4 und H_2S in kleinsten Konzentrationen.* Inhaltlich ident. mit der in C. **1951.** II. 2925 referierten Arbeit. (Dechema Monogr. **16.** 179—91. 1951.) P. ECKERT. 5086

Alfred Ehmert, *Gleichzeitige Messungen des Ozongehaltes bodennaher Luft an mehreren Stationen mit einem einfachen absoluten Verfahren.* Vf. beschreibt für die Best. von O_3 in Luft ein einfaches chem. Meßverfahren. Durch 3 ml einer 2%ig. KJ-Lsg. (mit einem Zusatz von 1 ml n/100 $Na_2S_2O_3$/750 ml Lsg.) werden 10 Liter Luft, mit einer Glasfritte fein verteilt, hindurchgesaugt. Der Überschuß an $Na_2S_2O_3$ wird dann zurücktitriert. Dies geschieht mit einem näher beschriebenen Jodometer. Elektrolyt. wird in der Meßlsg. J_2 erzeugt, das erst dann an 2 mit einer Spannung von 0,18 V vorpolarisierten Pt-Elektroden gemessen werden kann, wenn alles $Na_2S_2O_3$ verbraucht ist. In Ggw. von freiem J_2 erhält man bei rascher Bewegung der Lsg. gegen die Elektroden einen über sehr weite Bereiche der Konz. an J_2 proportionalen Strom. Die Genauigkeit des Verf. beträgt bei raschen Messungen 0,1 γ J_2. Zeitbedarf ca. 3—4 Minuten. (J. atmospheric terrestr. Physics **2.** 189—95. 1952. Weissenau, MPI, Forschungsstelle für Phys. der Stratosphäre.) WEITBRECHT. 5088

a) Elemente und anorganische Verbindungen.

Christina C. Miller, *Der Nachweis metallischer Elemente.* Zusammenfassende Übersicht über neuere Methoden zum Nachw. metall. Elemente in kleinsten Mengen durch Farbreaktionen. (Chem. and Ind. **1951.** 831—34. 6/10. Edinburgh, Kings Buildings, Chem. Dep.) WERNER. 5100

Henryk Romanowski, *Über eine neue qualitative Probe auf Borsäure und ihre Salze.* Hinweis auf das Verf. von KRESCHKOW u. WILBORG (Журнал Аналитической Химии [J. analytic. Chem.] **3.** [1948] 172) u. Beschreibung der Arbeitsweise mit Orthokieselsäureäthylester. (Farmacja polska **8.** 217—18. Juni 1952. Lublin, Akad. med., Wydz. farm., Zak. Chem. nieorgan.) R. K. MÜLLER. G 258

J. Baron, *Über die Siliciumbestimmung in den lothringischen Eisenerzen.* Vf. schlägt folgende Meth. vor: 2,5 g Probe werden in bedecktem Tiegel bei 550—600° während 20 bis 30 Min. geglüht. Nach dem Erkalten wird der Tiegelinhalt in eine Porzellanschale übergeführt, angefeuchtet u. mit 40 cm³ konz. HCl versetzt. Sobald die Lsg. beim Erwärmen klar wird, kommt die Schale in einen Ofen, worin sie 10—12 Std. bei 110° stehenbleibt. Nach dem Erkalten die M. mit 30 cm³ HCl aufnehmen, nach 10 Min. 150 cm³ sd. W. hinzufügen u. einige Min. bei 90° warm halten, dann 1 Min. absitzen lassen, filtrieren, mit warmer n/10 HCl u. heißem W. auswaschen. Im Pt-Tiegel veraschen u. glühen. Gegebenenfalls auswägen. Hierauf setzt man dem SiO_2-Rückstand die 6fache Menge Na_2CO_3 zu u. schm. 10 Min. lang. Die Schmelze wird in einer Porzellanschale mit 100 cm³ W. u. 15 cm³ HCl herausgelöst, fast zum Sieden gebracht u. für 12 Std. in den Ofen gestellt (110°). Nach dem Erkalten mit 25 cm³ HCl u. 150 cm³ sd. W. aufnehmen, 1—2 Min. absitzen lassen, filtrieren, mit heißer n/10 HCl u. sd. W. auswaschen, trocknen u. vorsichtig glühen. Weiter werden noch folgende Methoden erwähnt: 1. Unlöslichmachen mit $HClO_4$ u. Behandlung mit HF. — 2. Fällung mit Gelatine, Eiweiß oder Casein. (Chim. analytique [4] **33.** 333—40. Dez. 1951.) PISTOR. G 261

M. St. Mokranjac und **B. Rašajski,** *Die quantitative Bestimmung kleinster Mengen von Arsen mittels Gold(III)-chlorids.* Zur quantitativen Best. kleinster As-Mengen wird das As mit nascierendem H red., u. man läßt den entstehenden AsH_3 auf Filtrierpapier einwirken, das mit $AuCl_3$-Lsg. getränkt ist. Das Reagenspapier ist zwischen 2 Glasröhren eingeklemmt, die übereinander auf einen Erlenmeyer aufgesetzt sind. Im unteren Rohr befindet sich mit Pb-Acetat getränktes Filtrierpapier. Das Reagenspapier (14×14 mm für 0,05—1 γ As, 17×17 für 0,5—15 γ As) wird hergestellt aus Filtrierpapier Schleicher u. Schüll 601 u. mit 3—4 Tropfen 1%ig. alkoh. $AuCl_3$-Lsg. getränkt. Der Vgl. der Farbstärke der entstehenden violetten Au-Flecke erlaubt eine genauere Best. des As, als bei Anwendung von Ag- u. Hg-Salzen. — Abbildungen. (Acta pharmac. jugosl. **2.** 9—13. 1952. Belgrad, Pharmaz. Fak., Inst. für toxikol. Chem.) Beckmann. G 265

A. Halperin und **S. Sambursky,** *Die Verwendung von selbstabsorbierenden Spektrallinien zur quantitativen Bestimmung von Rubidium.* Eine quantitative Analyse der Salze des Toten Meers auf ihren Rb-Geh. wurde ausgeführt. Dafür wurden die Resonanzlinien des Rb bei 7800 u. 7948 Å benützt. Um die Fremdelemente aus der Berechnung auszuschalten, wurde die Meth. der „quantitativen Addition" verwendet. Diese Meth. konnte nur mit einer Korrektur für die starke Selbstabsorption der Rb-Resonanzlinie verwendet werden. So wurde eine korr. Formel abgeleitet u. mit deren Hilfe wurden gute Ergebnisse bei Konzz. von 0,005—0,1% Rb erzielt. (J. opt. Soc. America **42.** 475—81. Juli 1952. Jerusalem, Hebrew Univ., Dep. of Phys.) Dora Brück. G 276

A. Ss. Andrejew, O. P. Asreljan und **Je. Ss. Posspelowa,** *Bestimmung geringer Nickelbeimengungen in Blei und aktiven Massen von Bleiakkumulatoren.* Bei der Best. von Ni in Pb nach den Standardvorschriften durch Fällung des Pb als Sulfat aus der Lsg. in HNO_3 (**I**), Entfernung des restlichen Pb durch H_2S u. colorimetr. Best. von Ni mittels Dimethylglyoxims (**II**) fallen die Ni-Werte zu niedrig aus. 0,5 (mg/Liter) Pb, 0,02 Cu, 0,01 Fe(III) u. 1 Fe(II) stören die colorimetr. Ni-Best. mit **II** nicht. Am genauesten ist die anod. PbO_2-Abscheidung. Hierbei wird Ni nicht mit abgeschieden. Zur Ni-Best. in Pb werden 3 g Pb in 125 ml heißer **I** (1:4) gelöst, auf 80—90° erhitzt u. je 2 Std. bei der Stromstärke 1,0—2 A elektrolysiert. Den Trockenrückstand des Filtrates löst man in 1 ml **I** (1:4), versetzt mit 10—15 ml heißem W., 2,5 ml 25%ig. Seignette-Salz (**III**)-Lsg., 5 ml 5%ig. NaOH, 4 ml Br_2-Wasser (1 ml Br_2/1 Liter W.) u. 5 ml 1%ig. **II** in 5%ig. NaOH u. colorimetriert. Bei 0,00015—0,0015% Ni ist die Meth. genauer als die Standard- u. die polarograph. Methode. Zur Ni-Best. in der akt. M. des Pb-Akkumulators werden 3 g akt. M. 15—30 Min. geglüht, in 100 ml heißer **I** gelöst, je 2 Std. bei 80—90° u. 1—1,5 A elektrolysiert u. die Lsg. zur Trockne eingedampft. Nach 2maligem Auflösen des Rückstandes in je 5 ml **I** u. einigen ml W. u. Eindampfen zur Trockne wird mit 1 ml H_2SO_4 u. 15—20 ml heißem W. angefeuchtet, 20—30 Min. auf eine Heizplatte gestellt. Das Filtrat wird 5—6mal mit heißem W. gewaschen, nach dem Erkalten mit 2 ml **III**, 5 ml Lauge, 4 ml Bromwasser, 5 ml **II** versetzt. Nach Verdünnen auf 50—100 ml wird nach 15—20 Min. colorimetriert. (Журнал Аналитической Химии [J. analyt. Chem.] **6.** 375—82. Nov./Dez. 1951. Leningrad, Wiss. Akkumulatoren-Forschungsinst.) Lebtag. G 356

A. Weiss, S. Fallab und **H. Erlenmeyer,** *Semiquantitative Bestimmung von kleinen Mengen Uran, Kupfer und Eisen in Gesteinen.* (Vgl. C. **1950.** II. 921.) Vff. untersuchen die papierchromatograph. Trennung von U, Cu u. Fe bei aufsteigender Entw. unter Sichtbarmachung der Flecken mit $K_4[Fe(CN)_6]$. Während die Metallionen als Chloride, Sulfate oder Nitrate vorliegen können, geschieht die Entw. mit *96%ig. A.* + 4n H_2SO_4 (80:20). Die R_f-Werte werden zu 0,72 (UO_2^{2+}), 0,57 (Fe^{3+}) u. 0,41 (Cu^{2+}) bestimmt. Das Verf. erlaubt auch, wie Vff. zeigen, eine halbquantitative Auswertung durch Vgl. der Fleckengröße mit einer gleichzeitig hergestellten Konzentrationsreihe von 5—80 γ U u. 10—160 γ Fe bzw. Cu. Die tabellar. mitgeteilten Ergebnisse zeigen eine Genauigkeit von ±20%. Das Verf. wird auf die Best. von U u. Cu in *Torbernit* u. *Pechblende* angewendet u. ergibt brauchbare Übereinstimmung mit colorimetr. erhaltenen Werten. Während bei U-Konzz. >0,5% die Aufschlußlsg. direkt verwendet werden kann, treten bei Konzz. <0,5% Störungen durch Alkali- u. Erdalkaliionen auf, so daß eine Trennung notwendig wird. (Helv. chim. Acta **35.** 1588—91. 1/8. 1952. Basel, Univ., Anst. für anorgan. Chem.) Weitbrecht. G 358

Harvey Diehl und **John P. Butler,** *Die Trennung Silber–Kupfer durch elektrolytische Abscheidung aus ammoniakalischer Lösung.* Die Bestimmungen wurden nach Diehl („Electrochemical Analysis with Graded Cathode Potential Control" 1948) ausgeführt. Ag wird neben Cu, *Cd, Zn* in ammoniakal. Lsg. unter Durchleiten von O_2 an Pt-Elektroden abgeschieden. Die Stromstärke wird so weit erhöht, bis die Kathode eine Potentialdifferenz von —0,24 V gegen eine gesätt. Kalomelelektrode aufweist. Das $Cu(NH_3)_4^{2+}$

wird dann in Ggw. von z. B. Cd, Zn durch Hydroxylamin zu $Cu(NH_3)_2^+$ red. u. mit 2,0 A auf einem Pt-Netz abgeschieden. Fehler ca. ±0,2%. (Analyst **77.** 268—72. Mai 1952. Iowa, Iowa State Coll., Dep. of Chem.) MOSLÉ. G 359

P. H. Kitto und **S. R. Rabson,** *Fortschritte bei der Bestimmung freier Kieselsäure in Gesteinen und Stäuben.* Krit. Besprechung der verschied. Methoden zur Best. von freier SiO_2 in Grubenstäuben u. Gesteinen (petrolog., chem. u. physikal.). Vff. halten die Verwendung des Röntgenstrahlenspektrometers für die zur Zeit beste Methode. (South African Mining Engng. J. **63.** 867. 19/7. 1952.) GRIMME. 5290

b) Organische Verbindungen.

Heinrich Gysel, *Prozenttabellen organischer Verbindungen.* Beschreibung eines Prozenttabellenwerkes (GYSEL, Prozenttabellen organ. Verbb., Birkhäuser, Basel 1951), das das Mol.-Gew. u. die prozentmäßige Zus. organ. Verbb. der Typen C—H, C—H—O, C—H—N u. C—H—O—N angibt. Genauigkeit der Prozentwerte ±0,005 Einheiten. Auch organ. S-Verbb. können mittels dieses Werkes berechnet werden, sowie auch ein Teil der Br enthaltenden Substanzen. Berechnung der Formeln bis zu 50 C-, 10—12 O- u. 6—8 N-Atomen. Angabe von Hilfstabellen zur Berechnung weiterer Formeln u. Analysenresultate sowie zur Nachkontrolle. (Mikrochem. verein. Mikrochim. Acta **39.** 30—37. 1952. Basel, CIBA, A. G., Pharmazeut. Abt., Mikroanalyt. Labor.) FRETZDORFF. 5350

A. C. Neish, *Verteilungschromatographie von Mischungen einfacher aliphatischer Alkohole.* Mischungen von *Methanol* (**I**), *A.* (**II**), *Isopropylalkohol* (**III**), *n-Butanol* (**IV**) u. *Isoamylalkohol* (**V**) werden durch Verteilungschromatographie auf *wassergesätt. Celitesäulen* durch aufeinanderfolgenden Gebrauch von CCl_4 u. $CHCl_3$ entwickelt u. durch Oxydation mit $0{,}04n K_2Cr_2O_7$ in $18{,}6n H_2SO_4$ quantitativ neben der Entwicklungs-Fl. bestimmt. Pro Analyse sind nur 0,5 cm^3, die 1—5 mg je eines Alkohols enthalten, erforderlich. Die Meth. ist geeignet zur Best. von Gärungsprodd., die **II, III, IV,** *Acetoin* (**VI**), *Diacetyl* (**VII**) u. *Aceton* (**VIII**) enthalten, ungeeignet für einwertige Alkohole mit mehr als 5 C, da diese unfraktioniert im ersten Eluatanteil erscheinen. **VIII** stört die Best. nicht wesentlich u. kann durch Kondensation mit Salicylaldehyd bestimmt werden. **VII** wird in einem aliquoten Teil durch Kondensation mit Hydroxylamin, Harnstoff, **VI** u. **VII** werden zusammen in anderer Best. durch Rk. mit Kreatin u. alkal. α-Naphthol ermittelt u. die Alkoholwerte entsprechend korrigiert. Red. Mole Dichromat pro Mol **I, II, III** u. **IV** in verschied. Lösungsmittelzuss. nach verschied. Einwirkungszeiten, ferner Oxydation verschied. Mengen **IV** in Ggw. wechselnder H_2O-Mengen werden angegeben. Genauigkeit 98,8—100,5%. n-Propanol in der Isopropylalkoholfraktion wird durch Differenz bestimmt. 2.3-Butandiol stört nicht, da es bis zum Schluß auf der Säule bleibt. (Canad. J. Chem. **29.** 552—57. Juli 1951. Saskatoon, Sask., Prairie Regional Labor.) BRINKMANN. G 550

Stig E. G. Åqvist, *Anwendung von Stärkechromatographie und Ionenaustauscherharz für Trennungen von mit ^{15}N markierten Aminosäuren in größerem Maßstab.* Es wird die chromatograph. Trennung größerer Mengen von Aminosäuren, die mit ^{15}N markiert sind, sowohl an Stärke als auch am Ionenaustauscher Dowex 50 beschrieben. An letzterem ist die Trennung von Hydrolysaten aus 25—50 g Protein, an ersterer aus 250—300 mg möglich. — Trennung an Dowex 50: Untersucht werden Proteine aus Hefe (Torulopsis utilis) u. Bakterien (Escherichia coli). Hydrolyse durch 24std. Kochen mit 6nHCl. Zunächst wird *Thyrosin* durch isoelektr. Fällung entfernt u. das Hydrolysat in neutrale, saure u. bas. Aminosäuren getrennt. Aus der sauren Fraktion werden *Glutaminsäure* als Hydrochlorid u. *Asparaginsäure* als Cu-Salz isoliert. Zur Trennung der beiden anderen Fraktionen wird Dowex 50 verwandt, das nacheinander mit 4n u. 1,5nHCl vorbehandelt war. Das Auffangen der Fraktionen erfolgte mittels automat. Fraktionsschneiders, als Wasch-Fl. diente HCl, deren Normalität im Laufe der Operation von 1,5n auf 4n stieg. Zur Identifizierung wird die Ninhydrin-Rk. benutzt, die Kontrolle der Fraktionen erfolgt papierchromatographisch. Es wurden isoliert: *Serin, Threonin, Glycin, Alanin, Valin, Prolin, Isoleucin, Leucin* u. *Phenylalanin* aus der neutralen, *Lysin, Arginin* u. *Histidin* aus der bas. Fraktion. — Trennung an Stärkesäulen: Es werden die gleichen Hydrolysate verwendet. Kartoffelstärke wird mit Methanol extrahiert u. mit Butanol–W. angerührt. Ausmaß der Säule 8×30 cm. Als Eluentien wurden nacheinander Butanol–Propanol–0,1n HCl (1 : 2 : 1) u. Propanol–0,5nHCl (1 : 2) verwendet. Bei Wiederholungen wurde mit 0,1nHCl oder Butanol–W. eluiert. Die Identifizierung erfolgte ebenfalls mit Ninhydrin. Zur vollständigen Trennung war eine dreimalige Wiederholung notwendig. Bei der papierchromatograph. Kontrolle einiger Fraktionen wurden unbekannte Substanzen nachgewiesen, die wahrscheinlich erst durch das Eindampfen entstanden sind. Es konnten die gleichen Aminosäuren wie an dem Ionenaustauscher isoliert werden. (Acta chem. scand. **5.** 1031—45. 1951. Stockholm, Karolinska Inst., Biochem. Dep.) WITTWER. G 950

Luigi Musajo und **Dino Coppini**, *Die Bestimmung der Kynuren- und Xanthurensäure.* Da *Kynurensäure* (*4-Oxychinolin-2-carbonsäure*, **I**) u. *Xanthurensäure* (*4.8-Dioxychinolin-2-carbonsäure*, **II**) aus Tryptophan durch Bldg. in vivo gleichzeitig entstehen u. bei den üblichen analyt. Verff. zur **I**-Best. zugleich erfaßt werden, sind manche Bestimmungen revisionsbedürftig. Die colorimetr. Best. der **II** mit Fe^{II}-Salzen ist wegen ihrer besseren Eindeutigkeit der mit $FeCl_3$ vorzuziehen. 0,1—3 mg **II** werden in 6—7 ml 1%ig. wss. *$NaHCO_3$* (**III**)-Lsg. gelöst, mit 0,4 ml 1%ig. Lsg. von MOHR*schem Salz* (**IV**) versetzt u. mit **III**-Lsg. auf 10 ml aufgefüllt, nach 5 Min. filtriert u. mit PULFRICH-Photometer (Filter S 61, W. als Vergleichs-Fl.) colorimetriert. Bei 1 cm Schichtdicke gibt der negative log der Durchlässigkeit, mit 0,95 multipliziert, die Menge der **II** in mg/10 ml für den angegebenen Bereich, in dem das BEERsche Gesetz gilt. Keine Störung durch **I**. — Für die Best. der **I** wurde die Farbstoffbldg. beim Erwärmen mit Acetanhydrid, mit $SOCl_2$ + *Chinolin* (**V**), mit Benzoesäureanhydrid u. mit *PCl_5* (**VI**) + **V** untersucht. Alle diese Verff. haben Mängel infolge unvollständiger Rk. der **I** oder Lichtempfindlichkeit des Farbstoffs oder Versagens bei der Best. in biol. Flüssigkeiten. Einwandfrei ist dagegen folgendes Verf.: 0,1—4 mg **I** werden mit 50 mg **VI** + 1 ml *$POCl_3$* (**VII**) in trockenem Gefäß 15 Min. zum Sieden erwärmt u. nach dem Erkalten 0,1 ml reinstes, über KOH dest. **V** zugefügt: brauner Nd., dem nach dem Abdestillieren des **VII** im Vakuum A. tropfenweise (25 ml je mg ursprüngliche **I**) zugefügt wird. Die rotviolette Lsg. entfärbt sich im Sonnenlicht erst nach 1 Stunde. Bei der Photometrierung von 1 cm Schichtdicke mit Filter S 47 gegen einen Leervers. gibt der negative log der Durchlässigkeit, mit 0,68 multipliziert, die Menge der **I** in mg/25 ml Lösung. Das Absorptionsmaximum des Farbstoffs liegt bei 556—557 mμ. Unter den gleichen Bedingungen gibt **II** eine schwache Rosafärbung, die sich bei längerem Erwärmen mit **VI** + **VII** verstärkt. — Zur Best. der **I** neben **II** gibt man 10 ml Lsg. der beiden Säuren in 1% ig. **III**-Lsg. in ein Zentrifugenglas, fügt 1 ml n NaOH, dann 5 ml 0,1n $KMnO_4$-Lsg. zu zwecks Zerstörung der **II** (**I** wird nur langsam zu definierten Prodd. oxydiert), schüttelt, läßt 5 Min. ruhen, red. den $KMnO_4$-Überschuß mit festem $NaHSO_3$, erwärmt gelinde im Wasserbad, zentrifugiert das MnO_2 u. wäscht es mit 3—4 ml Wasser. Man säuert die Fl. durch Zutropfen von 2n HCl auf p_H 2 an, fügt 10 ml gereinigten *Isoamylalkohol* (**VIII**) zu, schüttelt 10 Min. u. trennt im Scheidetrichter mit 2maliger Wiederholung der Extraktion mit je 5 ml **VIII** für je 5 Minuten. Der **VIII**-Extrakt wird mit Na_2SO_4 getrocknet, filtriert, **VIII** im Vakuum abdest., der Rückstand bei 105° getrocknet, 50 mg **VI** u. 1 ml **VII** zugesetzt u. weiter wie bei der Best. der reinen **I** verfahren. Brauchbare Ergebnisse (im Durchschnitt etwas zu wenig: 3,5% für **I**, 3% für **II**) bis zu 10 γ **I** u. **II** je ml. — Best. im Urin: 3—5 ml werden im Zentrifugenglas mit 10 ml W. verd., mit einigen Tropfen 2n HCl auf p_H 1,5—2 eingestellt, mit 10 ml **VIII** 10 Min. gerührt, im Scheidetrichter getrennt u. noch 2mal mit **VIII** extrahiert. Die **VIII**-Extrakte werden 3mal mit je 5 ml 1% ig. **III**-Lsg. behandelt, die abgetrennte wss. Schicht auf 20 ml aufgefüllt u. davon 8 ml für die Best. der **II** u. 10 ml für die der **I** in der vorher angegebenen Weise verwandt. — Ergebnisse der Bestimmungen im Urin von Ratten, die Hyperproteindiät (Fibrin) oder l-Kynureninsulfat erhielten, u. von Kaninchen mit Fibrindiät u. Injektion von 3mal 2,5 g Tryptophan. (Experientia [Basel] **7**. 20—25. 15/1. 1951. Modena, Univ., Ist. Chim. farmaceut.) METZENER. G 3231

G. Beck, *Die zeitlich differenzierte percuprimetrische Titration von Proteinen mit Hilfe des Photometers.* Da bei der zeitlich differenzierten Titration der Proteine mit *Kaliumcupri(3)-perjodat* (vgl. Mikrochem. verein. Mikrochim. Acta **39**. [1952.] 22) der Endpunkt der Red. des Cu^{3+} zu Cu^{2+} rein visuell, Farbumschlag von gelbbraun nach violett, beobachtet wird u. dadurch mit einer gewissen Ungenauigkeit behaftet ist, wird hier die Titration mit *Kaliumcupri(3)-tellurat* ausgeführt u. der zeitliche Verlauf der Rk. mit dem Photometer gemessen. (Mikrochem. verein. Mikrochim. Acta **39**. 147—51. 1952. Bern, Univ., Med.-chem. Inst.) FRETZDORFF. G 4070

c) Bestandteile von Pflanzen und Tieren.

J. B. Longley, *Wirksamkeit Schiffscher Varianten bei der Schiffschen Perjod- und der Feulgenschen Nuclealtechnik.* Bei der SCHIFFschen Perjod- u. der FEULGENschen Nucleal-Rk. hat die Anwesenheit von mehr SO_2 im SCHIFF*schen Reagens* (**I**), als zur Darst. von *Leukofuchsin* (**II**) aus *bas. Fuchsin* (**III**) nötig ist, keine besondere Wrkg. auf das Verh. der Reagentien. Während mit aus wss. Lsg. hergestelltem **I** mit weniger als 0,125% **III** nicht alle Gewebsbestandteile angefärbt werden, fallen bei aus wss. Lsg. hergestelltem **I** mit mehr als 0,5% **III** beträchtliche Mengen von **II** aus. Wurden 0,5 g **III** zur Darst. von **I** in 100 cm^3 kalter 0,15n HCl gelöst, so entstand im Gegensatz zur Lsg. in warmer 0,15n HCl auch nach mehreren Monaten kein Niederschlag. Bei p_H 3 oder wenig darüber fällt **II** aus **I** aus; niedrigere p_H-Werte bis zum p_H von 10n HCl beeinflussen jedoch die histochem. Wirksamkeit nicht. Auf Grund der Ergebnisse schlägt Vf. für eine wirtschaftlich optimale

Lsg. von I mit maximaler Färbekraft folgendes Rezept vor: 0,5 g III wird ohne Erwärmen in 100 cm³ 0,15n HCl gelöst, der 0,5 g $K_2S_2O_5$ (oder $Na_2S_2O_5$) zugefügt wurde. Nachdem die Lsg. nicht mehr rötlich ist (etwa nach 2—3 Std.), wird sie durch 2 Min. langes Schütteln mit 300 mg frischer Aktivkohle entfärbt u. anschließend durch ein Papierfilter (WHATMAN Nr. 2 oder ähnlich) filtriert. (Stain Technol. **27.** 161—69. Mai 1952. Bethesda, Md., National Inst. of Arthritic and Metabolic Diseases, Labor. of Pathol. and Pharmacol.) ERDMANN. 5661

Henry S. DiStefano, *Feulgen-Hydrolyse mit Perchlorsäure.* Pankreasmaterial von Ratten wurde über Nacht im Essig-A.-Gemisch (1 : 3) nach CARNOY fixiert, zu 3 μ dicken Schnitten verarbeitet, bei 25° verschieden lang mit 10%ig. *Perchlorsäure* (I) u. anschließend für 1 Std. mit *Schiffschem Reagens* (II), das nach der Meth. von STOWELL (Stain Technol. **20.** [1945.] 45) hergestellt wurde, behandelt. Kontrollpräpp. wurden nur der Einw. von II oder zuvor nach der FEULGENschen Standardmeth. bei 60° einer 12 Min. langen Hydrolyse mit nHCl (an Stelle von I) ausgesetzt. Die Menge des an die Zellkerne gebundenen FEULGENschen Farbstoffes wurde jeweils photometr. bestimmt. Für die Messungen wurden nur sphär. Kerne mit einem Durchmesser von > 6 μ benutzt. Die schwache Säurehydrolyse bei der Rk. nach FEULGEN ergibt mit HCl nur über eine kurze Zeitspanne optimale Ergebnisse, während letztere bei Anwendung von I (bei gleicher maximaler Färbung) nach einer Einwirkungszeit von 12—24 Std. optimal sind (Extinktionswerte s. Original). Vf. zieht den Schluß, daß zur Hydrolyse bei der Rk. nach FEULGEN I verwendet werden kann, doch seien weitere Unterss. über den Einfl. der Fixierung auf die I-Hydrolyse notwendig. (Stain Technol. **27.** 171—74. Mai 1952. Syracuse, N. Y., State Univ. of New York, Coll. of Med., Dep. of Anatomy.) ERDMANN. 5661

Robert Rubin, *Eine Schnellmethode zur Herstellung von Dauerpräparaten von Nematoden.* Zur Aufhellung u. zum Einschluß von Nematoden u. ihren Eiern wurde folgende Meth. verwandt: Als Medium wurden 56 Teile einer Stammlsg. von Polyvinylalkohol (PVA) benutzt, die mit 22 Teilen Phenol u. 22 Teilen Milchsäure gemischt wurden. Die Stammlsg. von PVA wurde durch Auflösen von 15 g PVA in 100 ml dest. W. hergestellt. Dieses Mittel kann für Material verwandt werden, das in 10%ig. Formalin, A. beliebiger Konz., A.-Glycerin oder Glycerin fixiert wurde. (Stain Technol. **26.** 257—60. Okt. 1951. Stillwater, Okla., School of Vet. Med.) ITZEROTT. 5661

E. Peynaud, *Notiz über die quantitative Bestimmung der d-Weinsäure auf Grund der Racematmethode mit Hilfe des Extraktes von Bauhinia reticulata D. C.* Der wss. Extrakt aus den getrockneten Blättern von *Bauhinia reticulata D. C.* bildet eine billige Quelle für *l-Weinsäure* (I) (4,5—5% Geh.), mit deren Hilfe die *d*-I im Wein als *Calciumracemat* gefällt u. quantitativ bestimmt werden kann (vgl. PEYNAUD, Bull. int. Vin **196.** [1947.] 38). Durch kurzes Kochen mit 0,1n HCl werden die Blätter extrahiert, pro Liter Extrakt 20 cm³ konz. HCHO-Lsg. u. Kohle zugesetzt, u. nach einigen Tagen wird filtriert. Die Konz. der Lsg. an *l*-I wird mit einer bekannten Menge *d*-I ermittelt. (Bull. Soc. chim. France, Mém. [5] **18.** 911—12. Nov./Dez. 1951. Bordeaux, Stat. agronom. et oenolog.) FAASS. 5666

Ss. Je. Bressler und **P. A. Finogenow,** *Die Methode der Eiweißelektrophorese.* Beschreibung von konstruktiven Verbesserungen an der App. von TISELIUS u. SVENSSON. Als Beispiele werden Bilder von *Serumproteinen* von Pferd, Frosch u. Schildkröte gezeigt. Bemerkenswert ist beim Schildkrötenserum das Überwiegen der Globuline gegenüber dem Albumin. (Биохимия [Biochemia] **15.** 145—154. März/April 1950. Leningrad, Physikal.-Techn. Inst. der Akad. der Wiss. der UdSSR.) SCHMELZ. 5666

Harvey Diehl and George Frederick Smith, Quantitative analysis; elementary principles and practice. New York: Wiley. (546 S. m. Abb. u. Diagr.) $ 5,—.

H. Angewandte Chemie.

I. Allgemeine chemische Technologie.

Georg Schulz, *Polytrifluoräthylen im chemischen Apparatebau.* Es wird eine Übersicht über die Verarbeitung, Eigg. u. bisherige Bewährung im chem. Apparatebau gegeben. (Chemie-Ing.-Techn. **24.** 544—45. Okt. 1952. Frankfurt/M.-Höchst, Farbwerke Hoechst.) P. ECKERT. 5806

Hansjürgen Saechtling, *Anwendungen von Kunststoffen im Rohrleitungs- und Apparatebau.* (Chemie-Ing.-Techn. **24.** 537—44. Okt. 1952. Troisdorf, Dynamit-Actien-Gesellschaft.) P. ECKERT. 5806

L. D. Brailowski und **S. G. Libman,** *Verfahren zur Bestimmung des Harzgehalts von hochsiedenden organischen Wärmeträgern.* Das vorgeschlagene Verf. wurde speziell für die Best. des Harzgeh. (I) in der hochsd. eutekt. Mischung „*WOT-A*" ausgearbeitet, die in der industriellen Wärmetechnik als Wärmeträger Verwendung findet. Sie sd. bei ~258° bei (im Vgl. mit W.) 30—35mal geringerem Dampfdruck u. verharzt so langsam, daß sie bei 345° 60, bei 370° 37 Monate brauchbar bleibt; bei 15% **I** verliert sie ihre Eignung. Da die Reinigung des Wärmeüberträgers u. die Best. des **I** durch Vakuumdest. umständlich ist, wurden 5 Proben mit bis zu 20% **I** hergestellt u. der **I** durch Best. der Zähigkeit (Viscosimetercapillare 0,8 mm) u. der D. (pyknometr.) ermittelt, Berechnung nach Formeln u. 4 Kurvenscharen (Abhängigkeit der absol. u. relativen Viscosität, der relativen Ausflußgeschwindigkeit u. der D. von der Temp.). (Промышленная Энергетика [Ind. Energetik] **9.** Nr. 2. 8—10. Febr. 1952.) V. WILPERT. 5814

P. M. Heertjes, *Technische Filtration.* Übersicht über die Theorie der techn. Filtration mit Beispielen, die die Unzulänglichkeit der Theorie beleuchten unter Hinweis auf die in C. **1952.** 5311 referierte Arbeit. (Chem. Weekbl. **48.** 573—78. 9/8. 1952. Delft, TH, Labor voor chem. Technologie.) WESLY. 5830

C.-H. Fischer-Bobsien, *Einige Beziehungen beim Klärfiltern mit Bleicherde und Aktivkohle.* Zu den Verss. wurde der Schmutzinhalt eines bes. verschmutzten Destillierapp. verwendet. Zum Klären diente eine Bleicherde folgender Zus.: 40,6% Ton, 19% Kieselsäure, 27,6% Quarzsand u. 12,6% an Kieselsäure gebundenes Wasser. Ferner wurde Aktivkohle verwendet. Verwendet wurde das sogenannte Absetzverf. sowie das Filterverf. mit allseitigem Luftzutritt. Angewandt wurden 5—100 g/Liter Bleicherde. Untersucht wurde der Einfl. der Temp. (22 u. 50°) sowie des Lichtes. Ferner wurde auf das Filtern ohne u. mit Rühren eingegangen. Auf die besondere Bedeutung einer Kombination zwischen Bleicherde u. Aktivkohle wird hingewiesen. Die Versuchsergebnisse, die tabellar. zusammengefaßt sind, werden eingehend besprochen. Das Verf. kommt für die Praxis vor allem für das Gebiet des Klärfilterns in Betracht. (Färber u. Chemischreiniger, Färber-Ztg. **6.** 1—2. Jan. 1953.) P. ECKERT. 5830

H. E. Crosier und **L. E. Brownell,** *Waschen in porösen Medien.* Vff. führten Verss. zum Auswaschen von Filterkuchen durch. Als Filtrate u. Waschmittel wurden wss. Lsgg. von Glycerin u. NaCl sowie dest. W. benutzt, als Filterkuchen eine Reihe anorgan., teilweise poröser Stoffe. Die App. wird beschrieben. Die Ergebnisse werden in Form von Diagrammen mitgeteilt u. ausführlich diskutiert. Das Waschen verläuft danach in 3 Stufen: 1. Verdrängung bis zum Durchbruch der Waschflüssigkeit. 2. Abnahme der Konz. des Filtrates etwa in Form einer e-Funktion. 3. Entfernung der letzten Reste nach Diffusionsgesetzen. (Ind. Engng. Chem. **44.** 631—35. März 1952. Ann Arbor, Mich., Univ.) GERHARD GÜNTHER. 5830

Frank B. West, A. J. Herrman, A. T. Chong und **L. E. K. Thomas,** *Zusatzstoffe und Grenzflächen bei der Extraktion von Flüssigkeiten mit Flüssigkeiten.* Auf Grund verschied. Widersprüche in der Literatur führten Vff. Verss. zur Extraktion von *Essigsäure* aus organ. Lösungsmitteln in Tropfenform mit W. unter Zusatz von Alkoholen als weiteren Komponenten aus. Bei allen Lösungsmitteln (Bzl., Toluol u. CCl_4 als nichtpolare sowie eine Reihe polarer) wurde normalerweise ein Verh. entsprechend der „transient-film"-Theorie beobachtet. Bei Verwendung von *Tygon* (weichmacherhaltiger Kunststoff) als Leitungsmaterial zeigte sich jedoch bei den nichtpolaren Lösungsmitteln ein abweichendes Verh., das in geringeren Extraktionskoeff. resultierte. Durch Zusatz von verschied. Alkoholen (n., iso-, prim., sek., tert. sowie aromat.) mit nicht mehr als 8 C-Atomen wurde dieser Tygoneffekt mehr oder weniger aufgehoben. Vff. deuten dies so, daß das Bzl. aus dem Tygon einen Stoff herauslöst, der sich bei der Extraktion an der Phasengrenze W.–organ. Phase anreichert u. als Übergangsbarriere wirkt. Die zugesetzten Alkohole wirken im Sinne einer Verlagerung oder Zerstörung dieser Barriere. (Ind. Engng. Chem. **44.** 625—31. März 1952. Seattle, Wash., Univ.) GERHARD GÜNTHER. 5862

Cesare Carola, *Bedeutung der Molekulardestillation auf dem Gebiete der Öle, Fette und ihrer Derivate.* Grundlagen, Apparate (Abbildungen) u. Anwendung der Molekulardest. bei Mineralölen, pflanzlichen u. tier. Fetten (Carotinoidgewinnung, Entsäuerung, Monoglyceriddarst., Zerlegung von Standölen). — 72 Literaturzitate. (Olii minerali, Grassi Saponi, Colori Vernici **29.** 117—26. Okt./Nov. 1952. Milano, Statione sperimentale olii e grassi.) SCHEIFELE. 5864

H. E. Hughes und **J. O. Maloney,** *Die Verwendung radioaktiver Indicatoren bei der Lösung von Diffusionsproblemen.* Beschreibung der Anwendung der tracer-Technik auf folgende Probleme: 1. Messung des ^{14}C-Geh. fl. Proben in stat. Anordnung bzw. in strömenden Zustand. — 2. Messung der Dampf-Fl.-Gleichgewichte der Systeme *Methanol–W.* bzw. *Methanol–A.* unter Verwendung von ^{4}C-indiziertem Methanol. — 3. Messung des Gleichgewichts zweier fl. Phasen am Beispiel *Methanol–n-Butanol-W.* bei 30° unter Verwendung von ^{14}C-indiziertem Methanol durch radioakt. Zählungen u. Dichtebestimmungen. (Chem. Engng. Progr. **48.** 192—200. April 1952. Lawrence, Kans., Univ.) GERHARD GÜNTHER. 5888

W. Savelsberg, *Das Massenwirkungsgesetz als Grundlage zur Berechnung der technisch-wirtschaftlich besten Ausbeute.* An 2 einfachen chem. Reaktionsgleichgewichten (Wassergas-Rk. u. katalyt. Synth. von SO_3) werden mit Hilfe des Massenwirkungsgesetzes ausführliche Berechnungen über verschied. Probleme der prakt. chem. Technik durchgeführt. Hierbei werden auch Methoden der graph. Lsg. erörtert. (Chemiker-Ztg. **76.** 37—41. 25/1. 1952. Duisburg.) Gerhard Günther. 5888

Metallgesellschaft Akt.-Ges. (Erfinder: **Richard Heinrich**), Frankfurt/M., *Zusammenballen und Abscheiden von Schwebeteilchen aus Gasen* durch akust. u. elektr. Behandlung in einem gemeinsamen Raum, wobei für die elektr. Abscheidung der akust. behandelten Schwebeteilchen schwingungsfähige Niederschlagselektroden verwendet werden, deren Eigenschwingung gleich oder annähernd gleich der Schwingungszahl der im Behandlungsraum wirkenden Schallwellen ist. — Zeichnungen. (**D. B. P. 837 094** Kl. 12e vom 22/6. 1950, ausg. 21/4. 1952.) Heinsen. 5851

Metallgesellschaft Akt.-Ges. (Erfinder: **Georg Weindel**), Frankfurt/M., *Elektrofilter für aggressive Gase oder Flüssigkeiten,* z. B. H_2SO_4, gek. durch die an sich bekannte Verwendung von Glas (I) als Baustoff in Form von Platten zur Herst. der Niederschlagselektroden u. gegebenenfalls der Gehäusewände. Durch Erhöhung des Geh. an Alkali, Ti-Oxyd oder dgl. wird die elektr. Leitfähigkeit bzw. die Benetzungsfähigkeit des I verbessert. (**D. B. P. 845 495** Kl. 12e vom 14/11. 1944, ausg. 31/7. 1952.) Heinsen. 5851

Metallgesellschaft Akt.-Ges. (Erfinder: **Wilhelm Hoss**), Frankfurt/M., *Vergleichmäßigung der Verteilung und Zusammensetzung des Elektrodenniederschlages aus der elektrischen Reinigung von Gasen,* die Schwebeteilchen aus einem Gemisch von festen (z. B. As_2O_3 in Staubform) u. fl. (z. B. H_2SO_4 als Nebel oder Fl.) Bestandteilen enthalten oder entwickeln, gek. durch die Verwendung eines vorzugsweise sprühenden Abscheidungsfeldes, das in seiner Stärke im Zuge des Gasweges wechselt. (**D. B. P. 850 597** Kl. 12e vom 9/6. 1943, ausg. 25/9. 1952.) Heinsen. 5851

Metallgesellschaft Akt.-Ges. (Erfinder: **Hans Wachter**), Frankfurt/M., *Elektrodenreinigung bei Elektrofiltern* mit im Zuge der Gasströmung (I) senkrecht in einer Reihe nebeneinander angeordneten, parallele Gasgassen (II) bildenden Niederschlagselektroden (III), die einzeln oder in Gruppen nacheinander, z. B. durch Erschüttern, vom Staubansatz befreit werden, dad. gek., daß die II, welche den jeweils zu reinigenden III anliegen, gegen die I abgesperrt gehalten werden. Jede Verstaubungsgefahr des gereinigten Gases wird dadurch vermieden. — Vorrichtung. (**D. B. P. 850 599** Kl. 12e vom 23/3. 1943, ausg. 25/9. 1952.) Heinsen. 5851

Metallgesellschaft Akt.-Ges. (Erfinder: **Richard Heinrich**), Frankfurt/M., *Verfahren zum Betriebe von Elektrofiltern* mit sprühender Aufladezone (I) u. einer unter höherer Spannung liegenden Abscheidezone (II), wobei die Hochspannungsquelle der I als Erreger für einen die II speisenden Spannungssteigerer, z. B. Band-, Scheiben- oder Staubwolkengenerator, an sich bekannter Art verwendet wird. (**D. B. P. 850 600** Kl. 12e vom 26/11. 1940, ausg. 25/9. 1952.) Heinsen. 5851

Soc. financière d'Expansion Commerciale et Industrielle S. A. „Sfindex", Sarnen, Schweiz, *Elektrostatische Abscheidung fester und flüssiger Partikel aus Gasen.* Der Gasstrom wird radioakt. Strahlungsquellen (I) ausgesetzt zwecks Ionisation der Gasmoll., die ihrerseits die elektr. Aufladung der im Gas vorhandenen festen u. fl. Partikel (II) bewirken. Es wird dabei ein mit einer Spannungsquelle verbundenes, ein elektr. Feld quer zur Gasströmung aufweisendes Elektrodensyst. durchströmt, wobei die elektr. aufgeladenen II auf den Oberflächen der Elektroden niedergeschlagen werden. Die Feldstärke im Elektrodensyst. ist so niedrig, daß jede Glimm- oder Funkenentladung vermieden wird. (**Schwz. P. 280 824** vom 22/2. 1950, ausg. 3/6. 1952.) Heinsen. 5851

British Oxygen Co. Ltd. (Erfinder: **Roger William Herbert Sargent**), London, England, *Trennung eines Gasgemisches, besonders Luft,* in folgenden Stufen: Verdichtung des Gasgemisches, Bldg. eines gesätt. Dampfes, Kondensation wenigstens eines Teiles des Dampfes, zum mindesten teilweise Verwendung dieses fl. Gemisches zur Bldg. von Wasch-Fl. durch Verflüssigung der niedrigsd. Fraktion, Wiederverdichtung des verdampften Gemisches, Abkühlen u. Expandieren auf den Sättigungspunkt, Trennung des Gasstromes in die Fraktionen u. Wiedergewinnung der Kälte aus alten kalten Dämpfen zum Herabkühlen der Frischgaszufuhr. Abänderungen des Verf. u. Arbeitsschema. (**D. B. P. 859 900** Kl. 17g vom 29/7. 1951, ausg. 18/12. 1952.) Schindler. 5857

British Oxygen Co. Ltd., London (Erfinder: **Richard Stewart Biddulph Madeley**, Woking, und **Neville Wyn Roberts**, London), England, *Pulvergefülltes, vakuumisoliertes System* für die Förderung oder das Speichern verflüssigter Gase, bestehend aus einem doppelwandigen Gefäß, dessen Zwischenraum mit einem Isolierpulver gefüllt ist. Dieses Pulver ist in einer gasdurchlässigen Hülle angeordnet oder mittels Bindemittels an die Wand des inneren Gefäßes angeklebt. Hierdurch wird das Auspumpen des doppelwandigen Gefäßes erleichtert u. gleiche Isolierwrkg. bei geringerem Vakuum erreicht. (**D. B. P. 862 306** Kl. 17g vom 7/8. 1951, ausg. 8/1. 1953. E. Prior. 17/8. 1950.) SCHINDLER. 5857

Per Otto Stelling, Stockholm, und **Rolf-Bertil Miran Eklund,** Äppelviken, Schweden, *Durchführung chemischer Reaktionen in einer flüssigkeitsähnlichen Schicht,* z. B. Oxydation von SO_2 mittels feinzerteilter V-Katalysatoren. Zur Vermeidung von Inhomogenitäten in der Schicht werden die feinzerteilten Stoffe mechan. Schwingungen unterworfen. (**E. P. 669 311** vom 8/7. 1948, ausg. 2/4. 1952, Schwed. Prior. 9/7. 1947.) STEIL. 5879

Fichtel & Sachs Akt.-Ges. (Erfinder: **Alfred Lesage**), Schweinfurt/M., *Reibbelag für Fahrzeugbremsen und Kupplungen.* Mit einer Phosphatschicht überzogene Metallspäne oder -wolle werden mittels einer Kunstpreßmasse zu einem festen Körper verbunden. (**D. B. P. 852 611** Kl. 39b vom 3/4. 1950, ausg. 16/10. 1952.) SALZMANN. 5893

Harry Brammer, Horsforth, Leeds, England, *Herstellen eines nachgiebigen Werkstoffes für Treibriemen oder dergleichen.* Lagen aus unvulkanisierter Kautschukmischung u. über die ganze Fläche gelochten Bahnen aus künstlichem, organ. plast. Stoff geeigneter Biegsamkeit u. Stärke werden übereinander geschichtet, dann zusammengedrückt u. vulkanisiert, so daß die Kautschukmischung durch die Lochung der Kunstharzbahnen gepreßt wird. Die Lochung besteht aus kleinen, eng nebeneinanderliegenden Löchern. — Zeichnungen. (**D. B. P. 846 619** Kl. 39a vom 3/9. 1950, ausg. 14/8. 1952. E. Prior. 5/9. 1946.) SCHLITT. 5893

Bergwerksverband zur Verwertung von Schutzrechten der Kohlentechnik G. m. b. H. (Erfinder: **Otto Grosskinsky, Georg Huck** und **Joachim Karweil**), Dortmund-Eving, *Gewinnung einer Kohle mit großer chemischer und physikalischer Reaktionsfähigkeit aus Steinkohle.* Fusitreiche oder an Fusit angereicherte Steinkohle wird bei hoher Temp. entgast. Zur Vermeidung des Verbackens der Kohle (I) wird die Temp. langsam gesteigert. Man kann hierfür die **I** vor der Entgasung auch mit oxydierend wirkenden Gasen bei 150—300° behandeln. Man verwendet bes. aschearme oder künstl., z. B. durch Phasenumkehr, entaschte **I.** — Verwendung als *Katalysator.* (**D. B. P. 839 348** Kl. 12i vom 18/4. 1950, ausg. 19/5. 1952.) ZÜRN. 5905

E. I. du Pont de Nemours & Co., übert. von: **William W. Prichard,** Wilmington, Del., V. St. A., *Organische Kobaltverbindungen.* Durch Rk. von $Co(CO)_4$ mit Butadien (Molverhältnis 1:2—3) u. Isopropanol bei 100—150° unter einem CO-Druck von 100—500 at erhält man ein Addukt der Bruttoformel $C_8H_7O_4Co$ als orangefarbene Fl. vom $Kp._2$ 32 bis 33°, die sofort mit dem Luft-O_2 reagiert, unter N_2 bei n. Temp. jedoch beständig ist. Verwendung als *Katalysator,* z. B. bei der Hydrierung von Acetanhydrid zu Äthylidendiacetat oder bei der Einführung von CO-Gruppen in Olefine mittels CO $+H_2$, z. B. bei Cyclohexen → Hexahydrobenzaldehyd. (**A. P. 2 600 571** vom 14/10. 1947, ausg. 17/6. 1952.) BRÖSAMLE. 5905

Imperial Chemical Industries Ltd., London (Erfinder: **Peter William Reynolds,** Norton-on-Tees, Durham), England, *Herstellung poriger Co–Al-Katalysatoren,* z. B. zur Umwandlung von Aceton in Isopropanol. Körner einer Teilchengröße von 1,5—25 mm (3—6 oder 6—12 mm), die durch Zerbrechen einer durch rasche Abkühlung der Schmelze erhaltenen Co–Al-Legierung, die Co u. Al in Gewichtsverhältnissen von 15:85 bis 55:45, bes. 30:70 bis 50:50, enthält, hergestellt wurden, werden z. B. mit 0,01—30 Gew.-% KOH, 0,1—2 Gew.-% NaOH, 0,01—30 Gew.-% K_2CO_3 oder 0,1—25 Gew.-% Na_2CO_3, bei Tempp. bis zum Kp. der Lsg. behandelt u. aus deren Oberfläche 0,5—70, bes. 5—50 Gew.-% des ursprünglich vorhandenen Al herausgelöst. Der Katalysator kann durch weiteres Extrahieren des Al bis zur Entfernung von 5 Gew.-% des gesamten Al regeneriert werden. (**D. B. P. 846 248** Kl. 12g vom 27/9. 1951, ausg. 11/8. 1952. E. Prior. 29/5. 1946.) STEIL. 5905

José González del Tánago, Flúidodinámica y Transporte de Flúidos en sus aplicaciones a la Ingeniería Química. Madrid: Dossat. 1953. (XII + 345 S. m. Abb.) ptas. 200,—.

III. Elektrotechnik.

Western Electric Co., Inc., New York, N. Y. (Erfinder: **C. J. Christensen**), *Herstellung von stabilen Halbleitern* mit niedrigem spezif. Widerstand aus Oxydgemischen von Mn u. Cu. Diese Gemische werden nach dem Verformen zwischen 600—1450° gebrannt u. mit geregelter Geschwindigkeit abgekühlt. Die Brenntemp. u. die Kühlgeschwindigkeit werden hoch bemessen für Gemische mit $\geq$50 (Vol.-%) Mn, während bei Gemischen mit $>$50 Cu beide Werte niedrig bemessen werden. Im ersten Fall soll die Brenntemp. $>$1000°, im zweiten Fall < 1000° liegen. — Zeichnungen. (**Schwed. P. 133 176** vom 20/9. 1943, ausg. 9/10. 1951. A. Prior. 19/9. 1942.) JÜRGEN SCHMIDT. 5953

Purdue Research Foundation, Lafayette, Ind., V. St. A. (Erfinder: **S. Benzer**), *Gleichrichter mit Germaniumhalbleiter.* Man verwendet als Halbleiter sogenanntes chem. reines *Ge* mit ionisierenden Verunreinigungen, die von der Herst. stammen u. eine solche Stromspannungscharakteristik geben, daß das Spannungsmaximum bei niedriger Stromstärke liegt u. eine negative Widerstandscharakteristik für die Stromstärken oberhalb der Stromstärke beim Spannungsmaximum vorhanden ist. Als Gegenelektrode wird eine Metallspitze, z. B. aus Pt, Ta, Ni, Fe, Zn, Mo, W, Au, Cu, Ag, Zr, Pt–Ir oder Pt–Ru, verwendet. — Zeichnung. (**Schwed. P. 132 455** vom 10/7. 1946, ausg. 31/7. 1951. A. Prior. 23/1. 1946.) JÜRGEN SCHMIDT. 5953

Mo och Domsjö Aktiebolag, Örnsköldsvik, Schweden (Erfinder: **E. A. Westlin**), *Isolierung von elektrischen Leitern.* Man verwendet als Überzugsmittel Massen, die nichtdestillierbare Rückstände der *Tallöl*-Dest. mit ca. 10—60 Gew.-% Cellulosederivv., wie Celluloseäther, z. B. Äthyl- oder Benzylcellulose, enthalten. (**Schwed. P. 132 883** vom 5/11. 1946, ausg. 11/9. 1951.) JÜRGEN SCHMIDT. 5957

P. R. Mallory & Co. Inc., übert. von: **Samuel Ruben**, Indianapolis, Ind., V. St. A., *Alkalitrockenelement*, bestehend aus einer amalgamierten Zn-Anode u. einer O_2 abgebenden Kathode in einer verfestigten Alkalihydroxydlsg., die genügend W. für den Ionentransport u. wesentliche Mengen Alkalizinkat enthält. (**Can. P. 478 164** vom 8/10. 1948, ausg. 30/10. 1951.) WITTHOLZ. 5971

V. Anorganische Industrie.

Friedrich Vogel, *Zur Chemie des Kryoliths.* Auf Grund einer allg. Gegenüberstellung der einzelnen Verff. zur Herst. von HF, AlF_3, künstlichem Kryolith usw. ist nach Ansicht des Vf. sowohl für die Al- wie für die HF-Industrie der Aufschluß von Rohfluoriten (CaF_2) mittels hochkonz. Lsgg. von $AlCl_3$ bei Siedetemp. bes. geeignet, da man auf die billigsten Rohstoffe — durch HCl leicht zersetzliche Tonerdesilicate u. quarzreiche Rohfluorite — zurückgreifen kann. Für die Herst. von künstlichem Kryolith dürften in der Al-Industrie auch die Alkalisilicofluoride als Ausgangsmaterial Beachtung finden. (Chemiker-Ztg. **75.** 603—07. 15/11. 1951. Berlin.) OPPERMANN. H 246

Columbian Carbon Co., New York, N. Y., V. St. A., *Verbesserungen bei der Rußgewinnung.* Man bläst ein Gemisch (**I**) aus einem fl. Brennstoff u. einem freien O_2 enthaltenden Gas durch eine poröse Schicht von feuerfestem Material (**II**), brennt dabei **I** an u. leitet die gasförmigen Verbrennungsprodd. von der Oberfläche von **II** als nicht wirbelnden Strom gleichzeitig mit einem KW-stoff (**III**) aufwärts durch eine begrenzte Kammer. Dabei wird **III** zers. u. bildet mit den Verbrennungsgasen eine Suspension, die man aus der Kammer entfernt u. kühlt; aus ihr trennt man den Ruß ab. — Vorrichtung. (**E. P. 669 511** vom 13/6. 1950, ausg. 2/4. 1952. A. Prior. 3/3. 1950.) NEBELSIEK. H 260

Columbian Carbon Co., New York, N. Y., V. St. A., *Verbesserungen bei der Rußgewinnung.* Man bläst in das Ende einer langen, zylindr. Reaktionskammer (**I**) tangential zu deren Wandung ein leicht entzündbares Gemisch aus einem fl. KW-stoff u. Luft u. entzündet dieses. In die nun in Längsrichtung der **I** strömenden Flammengase (**II**) bläst man in radialer Richtung einen KW-stoff, der sich schnell mit den **II** mischt u. durch deren Hitze zu Ruß (**III**) zers. wird. Nun kühlt man die in den **II** suspendierten **III**-Teilchen u. trennt sie ab. — Vorrichtung. (**E. P. 669 968** vom 12/6. 1950, ausg. 9/4. 1952. A. Prior. 22/12. 1949.) NEBELSIEK. H 260

Columbian Carbon Co., New York, N. Y., übert. von: **William Bryan Wiegand**, Old Greenwich, Conn., V. St. A., *Verbesserungen bei der Rußgewinnung.* Man führt in das eine Ende einer zylindr. Kammer (**I**) ein Gemisch aus einem fl. KW-stoff u. Luft ein u. entzündet dieses. In diesen Strom von Flammengasen injiziert man nun am stromaufwärts gelegenen Ende der **I** einen teilweise pyrolysierten KW-stoff (z. B. länger erhitztes CH_4). Dabei wird dieser zu Ruß (**II**) zersetzt. Die in den Brenngasen suspendierten **II**-Teilchen kühlt man u. trennt sie ab. — Vorrichtung. (**E. P. 670 863** vom 9/6. 1950, ausg. 23/4. 1952, A. Prior. 3/3. 1950.) NEBELSIEK. H 260

Columbian Carbon Co., New York, N. Y., V. St. A., *Verbesserungen bei der Rußgewinnung.* Man läßt über eine dünne Rußschicht bei ca. 340—540° Luft streichen, bis deren Oberfläche zu 5—75% oxydiert ist. Dies stellt man durch period. Probeentnahme fest, indem man den p_H-Wert bestimmt. Zeigt dieser einen Wert von 2,5—3,5, so ist die Rk. beendet. Dann erhitzt man den so erhaltenen oxydierten Ruß nichtoxydierend auf 980—1090°, bis der größte Teil des an der Oberfläche absorbierten O_2 abgetrieben ist,

u. kühlt. (**E. PP. 673 400** u. **673 401** vom 21/2. 1950, ausg. 4/6. 1952. Beide A. Prior. 9/3. 1949.) NEBELSIEK. H 260

Phillips Petroleum Co., übert. von: **Merton Leland Studebaker**, Bartlesville, Okla., V. St. A., *Verbesserungen beim Herstellen von Ruß.* Man führt Ruß kontinuierlich in eine zylinderförmige Mühle bei ca. 95—150° ein, setzt diese in Bewegung u. erreicht durch die ständig rollende, fallende u. wälzende Bewegung, daß die flockenartigen Rußteilchen sich zu Kügelchen zusammenballen. (**E. P. 670 980** vom 29/3. 1949, ausg. 30/4. 1952. A. Prior. 9/4. 1948.) NEBELSIEK. H 260

Phillips Petroleum Co., Del., übert. von: **George N. Cade**, Bartlesville, Okla., V. St. A., *Verbesserungen bei der Rußgewinnung.* Beim Cracken gasförmiger KW-stoffe (I) entsteht ein teerhaltiger Ruß (II). Um den Teer zu beseitigen, zieht man ihn mit einem fl., chlorierten **I** aus u. gewinnt neben **II** noch HCl. — Vorrichtung. (**A. P. 2 587 107** vom 5/12. 1949, ausg. 26/2. 1952.) NEBELSIEK. H 260

J. M. Huber Corp., Locust, N. J., V. St. A., *Rußgewinnung.* Man führt in die Verbrennungskammer (I) eines Rußofens durch mehrere Öffnungen ein leicht brennbares Gemisch aus einem gasförmigen Brennstoff u. einem O_2-haltigen Gas ein, wobei man gleichzeitig in den rückwärtigen Teil von **I** achsial einen gasförmigen KW-stoff, z. B. Bzl., einleitet. Das dabei entstehende Gemisch aus C u. Gasen strömt aus **I** aus u. wird getrennt. (**E. P. 673 155** vom 12/5. 1950, ausg. 4/6. 1952. A. Prior. 17/2. 1950.) NEBELSIEK. H 260

„Linde" Chem. pharm. Präparate G. m. b. H., Mainz-Kastel (Erfinder: **Hans Huber** und **Rüdiger Lothar von Reppert**, Wiesbaden), *Herstellung hochviscoser Kolloidlösungen aus unlöslichem Kaliummetaphosphat* durch dessen Behandlung mit Lsgg. von anorgan. oder organ. NH_4-Salzen oder organ. N-Basen unter Vermeidung eines Überschusses dieser in der Wärme. Bei Verwendung starker organ. NH_4-Basen arbeitet man bei n. Temperatur. Die erhaltenen Lsgg. sind nur wenig elektrolytempfindlich u. daher als Verdickungsmittel für Druckfarben oder als Glycerinaustauschmittel verwendbar. (**D. R. P. 765 439** Kl. 12i vom 3/12. 1940, ausg. 8/9. 1952. **Zusatz zu D. R. P. 743 002; C. 1944. I. 1210.**) ZÜRN. H 264

Reynolds Metals Co., Richmond, Va., übert. von: **Arthur F. Johnson**, Cambridge, Mass., V. St. A., *Reinigen von Al_2O_3-haltigen Materialien,* die Fe_2O_3, SiO_2 u. TiO_2 als Verunreinigungen enthalten. In einer Reduktionskammer erhitzt man ein Gemisch aus Kryolith (I) u. C auf so hohe Temp., daß Al_2O_3 in **I** gelöst u. ein großer Teil des Fe_2O_3 red. wird. Man trennt das red. Fe von der Schmelze (II) ab u. läßt letztere ein erhitztes C-Filter (III) passieren, um die letzten red. Fe-Reste aus **II** abzutrennen. Dabei verwendet man die bei der Red. entstehenden Gase, um mit deren Hilfe **II** durch **III** zu drücken. — Vorrichtung. (**A. P. 2 587 328** vom 12/2. 1946, ausg. 26/2. 1952.) NEBELSIEK. H 294

VI. Silicatchemie. Baustoffe.

Hans Jebsen-Marwedel und **Gerhard Baum**, *Störungen der Glasschmelze durch eisenhaltige Einschlüsse von Fremdkörpern in feuerfestem Material. (Eine phänomenologische Studie).* Vf. zeigt an einer Reihe mkr. Bilder die lokale Blasenbldg., hervorgerufen durch Einsprenglinge von Markasit in Ton u. durch Verunreinigung von Schamotte durch disperses Fe in metall. Form (Verschleiß der Zerkleinerungsmaschinen für gebrannten Ton.) (Glastechn. Ber. **25.** 199—206. Juli 1952.) THIENE. 6174

Howard R. Lillie, *Methode, den „Fließpunkt" von Glas zu messen.* Vf. nennt die Temp., bei der das Glas eine Viscosität von 105 Poises hat, den „Fließpunkt" (flow point), der wichtig ist für die Charakteristik eines Glases. Er gibt Versuchsanordnung, bei der er diesen Punkt mißt, dafür auch eingehende Anleitung für die Eichung unter Berücksichtigung der Infrarotabsorption, weiter Einzelheiten über den Bau der Heizspirale, die Einbeziehung der Oberflächenspannung, die genauen Angaben über die elektr. Bauelemente u. die gesamte Energieabsorption. Es wird bei den Unterss. festgestellt, wann ein mit dem App. aufgeheizter Glasstab von ca. 0,65 mm Durchmesser unter dem eigenen Gewicht zu einem Faden ausgezogen wird. Die entsprechende Temp. läßt sich bei Weichgläsern mit Differenzen von 1°, bei Hartgläsern bis 5° feststellen. Die Feststellung ist für die Verarbeitung der Gläser ausgezeichnet brauchbar. (J. Amer. ceram. Soc. **35.** 149—55. Juni 1952.) KÜHNERT. 6200

Dietrich Frost und **Friedrich Klauer**, *Über die Dichteänderungen bei der Abschreckung von Borosilicatgläsern.* Die D. des Glases nimmt bei langsamer Kühlung zu, bei abgeschreckten Gläsern setzt im Transformationspunkt eine Dichteabnahme ein, abhängig von der Glaszusammensetzung. Die Vff. bestimmten die D. verschied. abgeschreckter Borosilicatgläser nach der Schwebemeth. durch Erhitzen eines Gemisches von Tetrabromäthan u. cis- u. trans-Dekalin von 15—50°, entsprechend einer Dichteänderung von 2,2120—2,5564 g/cm³. Die kleinste meßbare Dichtedifferenz betrug $1 \cdot 10^{-4}$ g/cm³. Dichteänderungen ließen sich schon an abgeschreckten Gläsern nachweisen, die noch keine Doppelbrechung erkennen ließen. Ein Zusammenhang zwischen der Größe des Dichtesprungs u. der chem. Zus. war nur für die SiO_2-Komponente nachweisbar. Mit steigendem SiO_2-Geh. nimmt der Dichtesprung ab, für Quarzglas ist er gleich 0. (Glastechn. Ber. **25.** 206—09. Juli 1952.) THIENE. 6200

John E. Cox und **Ralph L. Cook,** *Die Verwendung von Nephelinsyenit in Emails. Nephelinsyenit* kann Feldspat in Grundemails ersetzen. Das Email wird hierdurch leichtflüssiger, da der Alkaligeh. des Emails größer u. der SiO_2-Geh. kleiner wird. Der Stoff ist auch als Mühlenzusatz in üblichen Emails anwendbar. (Int. Enamelist **2.** Nr. 3. 2—3. 1952. Urbana, Ill., Univ.) MARKHOFF. 6212

M. K. Blanchard und **W. A. Deringer,** *Fleckenbildung (Islanding), ein Kennzeichen der Oberfläche einiger Emails.* Berichtet wird über Verss. zur Klärung der Ursache von inselartigen Fleckenbildungen in Emailoberflächen. Anscheinend handelt es sich um Inhomogenitäten des verwendeten Emails. — Abbildungen, Diagramm. (J. Amer. ceram. Soc. **65.** 12—15. 1/1. 1952. Milwaukee, Wis., A. O. Smith Corp.) MARKHOFF. 6212

Gordon S. Douglas und **Jason M. Zander,** *Röntgenstrahlenuntersuchung der Reaktionen an Stahloberflächen, die unmittelbar mit Titan-Email überzogen sind.* Berichtet wird über die Wrkg. der Brenndauer, der Brenntemp. u. eines Ni-Nd. auf die verschied. kristallinen Substanzen, die in der Berührungszone zwischen Stahl u. Email auftreten. Das zunächst vorhandene Fe_3O_4 u. FeO verschwindet beim Einbrennen, u. es bildet sich $FeTiO_3$. Auch der zunächst ausfallende Anatas verschwindet mit der Bldg. des $FeTiO_3$. Beim Ansteigen der Temp. verschwindet auch das $FeTiO_3$, u. es bildet sich Rutil. Ni vermindert das Auftreten von Fe_3O_4, $FeTiO_3$ u. Anatas. — Diagramme. (J. Amer. ceram. Soc. **35.** 5—11. 1/1. 1952. Cicero, Ill., Chicago Enamel Product Co.) MARKHOFF. 6212

E. Radicke, *Wärmeschutzisolierstoffe in der Deutschen Demokratischen Republik.* Besprechung der Isoliereigg. von Kieselgurerzeugnissen, Schlackenwolle u. Glasfaserprodd. im Hinblick auf Energieeinsparung auf verschied. Anwendungsgebieten. (Technik **7.** 247—50. Mai 1952. Berlin-Pankow.) GERHARD GÜNTHER. 6218

Franz Spausta, *Über Magnesiumsilicate bzw. -hydrosilicate.* Übersicht über die mineralog. u. techn. wichtigen Magnesiumsilicate u. -hydrosilicate, ihre Bildungsweisen, Eigg., synthet. Herst. (hydrothermal) u. Umwandlungen mit 41 Literaturzitaten. (Radex-Rdsch. **1951.** 87—101. Wien.) HENTSCHEL. 6218

P. A. Rehbinder und **Je. Je. Ssegalowa,** *Neue Probleme der Kolloidchemie der mineralischen Bindemittel.* Zusammenfassender Bericht über die Arbeiten von DUBININ u. Mitarbeitern über die Bindemittel von Zement u. Mörtel unter besonderer Berücksichtigung der Wrkg. von Plastifikatoren. Die hieraus abgeleiteten Vorstellungen über die Strukturbldg. u. deren Beeinflussung durch die Peptisation sowie die Abbindung u. Erhärtung der mineral. Bindemittel werden diskutiert. (Природа [Natur] **41.** Nr. 12. 45—52. Dez. 1952.) LEBTAG. 6222

K. Akerman und **R. Nielubowicz,** *Kurze Beschreibung der industriell wichtigsten Gips- und Anhydritlagerstätten in Polen.* 1. Mitt. (Przemysł chem. **7.** (**30.**) 537—44. Sept. 1951.) v. WILPERT. 6226

Westinghouse Electric Corp., East Pittsburgh, übert. von: **Walter J. Hushley,** Pittsburgh, Pa., V. St. A., *Glas zum Einbetten von Zinksulfidphosphoren.* Dieses besteht aus 74 (Gew.-%) B_2O_3, 15 SiO_2, 5 ZnO, 1 Al_2O_3, 4 Na_2O u. 1 NaF. Es schm. bei 650° u. kann deshalb auf Al-Folien aufgebracht werden. — Abbildung. (**A. P. 2 573 200** vom 29/6. 1949, ausg. 30/10. 1951.) HANS HOFFMANN. 6201

American Optical Co., übert. von: **Edgar D. Tillyer,** Southbridge, Mass., V. St. A., *Augenschutzglas für Schweißarbeiten.* Dieses enthält 1—10 (Gew.-%) Fe_2O_3, Oxyde der Seltenen Erden (aus Monazitsand gewonnen), bes. 2—5 Nd_2O_3, mindestens 50 SiO_2, wobei die Summe aus SiO_2 u. Oxyden der Seltenen Erden 60—85 beträgt, Rest CaO, Na_2O u. K_2O. Das Glas absorbiert Strahlungen im Bereich des UV, des Infraroten u. der Na-Linie. — Beispiel für eine Glaszus.: 54 SiO_2, 10 Na_2O, 5 K_2O, 2 CaO, 1—10 Fe_2O_3 u. 24 Oxyde der Seltenen Erden mit einem Nd_2O_3-Geh. von ca. 17. — Diagramm. (**A. P. 2 552 125** vom 4/2. 1947, ausg. 8/5. 1951.) HANS HOFFMANN. 6201

William Green, Moorcroft, Knayton, Thirsk, Yorkshire, England, *Silicaerzeugnisse* wandeln sich während ihrer Verwendung in Industrieöfen bei hohen Tempp. vollständig in Tridymit um. Ausgebrauchte u. wieder gemahlene Silicasteine (Silicabrocken) stellen damit ein nicht nachwachsendes Ausgangsmaterial für *feuerfeste* Erzeugnisse dar, das keines langen Fertigbrandes bedarf. Die gemahlenen Brocken werden mit SiO_2-Gel oder Gemischen aus SiO_2 u. Al_2O_3-Gel vermengt, geformt u. gebrannt. (**E. P. 663 774** vom 28/9. 1948, ausg. 27/12. 1951.) REINHART. 6219

Kaiser Aluminum & Chemical Corp., Del., übert. von: **Leslie W. Austin**, San Jose, und **James C. Hick**, Menlo Park, Calif., V. St. A., *Feuerfeste Magnesiakörper.* 50 bis 95 (Gew.-%) feingemahlener Periklas, der z. B. durch Sintern bei 2000° gewonnen wird u. wenigstens 95 MgO u. höchstens 2 SiO_2 u. 2 CaO enthält, werden mit 5—50 fein gemahlener akt. oder kaust. Magnesia von derselben chem. Zus. gemischt, durch Pressen geformt u. bei mindestens 1650° gesintert. Die kaust. Magnesia wird erhalten durch Erhitzen einer Mg-Verb., z. B. $Mg(OH)_2$ oder $MgCO_3$. Beide Bestandteile der M. werden in Korngrößen unter 74 μ verwendet. Die Prodd. zeigen eine gewisse Porigkeit u. daher auch Temperaturwechselbeständigkeit, trotzdem soll das Druckerweichungsverh. günstig sein. (**A. P. 2579 781** vom 17/6. 1949, ausg. 25/12. 1951.) REINHART. 6219

Kaiser Aluminum & Chemical Corp., Del., übert. von: **Arthur W. Vettel**, Watsonville, Calif., V. St. A., *Feuerfeste Magnesiakörper.* Feinverteilte Magnesia mit Körnchen unter 0,10 Größe, die wenigstens 95 (Gew.-%) MgO, unter 1,5 SiO_2 enthält u. bei der chem. Analyse einen Glühverlust von höchstens 0,75 hat, wird in einer umlaufenden Trommel durch Bestäuben mit einem fl. Bindemittel gestreuselt oder gekörnt. Die Streusel oder Körner werden bei wenigstens 1800° gesintert. Die Körner finden bes. für den Aufbau von Heizbetten von Regeneratoren Verwendung. (**A. P. 2579 886** vom 7/10. 1948, ausg. 25/12. 1951.) REINHART. 6219

Handelsbolaget A. Johnson & Co., Stockholm, Schweden (Erfinder: **C. Shaw, W. E. Langrish-Smith** und **D. E. B. Greensmith**), *Herstellung von feuerfesten Stoffen,* bes. Ausfütterungen für *Öfen* u. *Gießformen.* Man erhitzt ein Gemisch aus ZrO_2 u. feinverteiltem SiO_2 auf eine Temp., bei der beide Oxyde sich vereinigen. Hierbei verwendet man ein SiO_2, das aus organ. Si-Verbb. durch oxydierende Zers. erhalten wurde. Bes. werden beide Komponenten in solchen Verhältnissen angewendet, daß sich $ZrSiO_4$ bildet. Das erhaltene Prod. ist bes. geeignet für die Herst. von Gießkernen. (**Schwed. P. 132 625** vom 4/1. 1947, ausg. 7/8. 1951.) JÜRGEN SCHMIDT. 6219

Soc. Française Radio-Électrique, Seine, Frankreich, *Herstellung von Formkörpern aus keramischen Massen.* Man benutzt ein Bindemittel, das beim Vermischen mit dem Grundstoff ein festes Pulver ist u. beim Erhitzen Gase entwickelt, die alle adsorbierten gasförmigen Stoffe in der Mischung vertreiben. Als Bindemittel können z. B. Harnstoff, Kolophonium, Oxalsäure, als pulverförmige Grundstoffe Ton, Talk, MgO, Al_2O_3 Verwendung finden. Man vermischt die Stoffe in einer heizbaren Vorr. (Kugelmischer) u. erhitzt allmählich stärker. So behandelte Mischungen können dann gegebenenfalls auch in der Kälte unter Druck zu Formlingen komprimiert werden. (**F. P. 976 576** vom 24/4. 1942, ausg. 20/3. 1951.) BEWERSDORF. 6221

Wood Conversion Co., übert. von: **Clark C. Heritage**, Cloquet, Minn., V. St. A., *Faserfilz.* Langfaseriger Zellstoff, Gras, Stroh, Getreidehülsen u. dgl. werden mit pulverisiertem Asphalt (bzw. Bitumen oder Phenolharz) u. W. (3,8 Teile auf 1 Teil Faser),sowie gegebenenfalls einem Netzmittel in einer mit Zyklongebläse versehenen Kammer vermischt u. setzen sich als Filz ab, der unter ganz geringem Druck ausgewalzt oder gepreßt wird. Durch Heißpressen erhält man *Platten* einer D. von 23—160 kg/m³. (**A. P. 2 569 169** vom 10/9. 1942, ausg. 25/9. 1951.) SALZMANN. 6229

Aktiebolaget Isoflex, Stockholm, Schweden (Erfinder: **T. Elfving**), *Isolierplatte,* bestehend aus *Polystyrol, Polyvinylchlorid* oder *Polysiloxan* mit darin gebildeten Zellen und Poren. Die Kunstmasse wird mit Graphit oder ähnlichen Zusatzstoffen versetzt, um die Wärmestrahlung zu blockieren. Die Platten dienen dann zum Abhalten von Wärmestrahlung, wozu bereits sehr dünne Platten genügen. Sie sind in ihrer Wrkg. porösen Platten aus Acetylcellulose um ein Mehrfaches überlegen. (**Schwed. P. 133 990** vom 6/9. 1945, ausg. 18/12. 1951.) JÜRGEN SCHMIDT. 6229

Bilägernas Inköpscentral Förening, U. P. A., Stockholm, Schweden, *Herstellung von wärmeisolierten Oberflächen.* Die wärmeisolierten Oberflächen enthalten einen Überzug aus einer M., die feinkörniges Isoliermaterial, z. B. Korkpulver, Sägespäne oder Asbest oder auch Gasblasen u. außerdem ein Kunstharz, z. B. Polyvinylchlorid in einem fl. Lösungsm. enthält, wobei die M. in kaltem Zustande erhärtet, aber nach Entfernung des Lösungsm. doch noch elast. bleibt. Als weiteren Zusatz zur Erhöhung der Erweichungstemp. kann man Melaminharze zusetzen. Man kann die festen Stoffe auch in verschied. Korngröße zur Anwendung bringen. Isoliermittel, bes. für Teile von Kraftwagen. (**N. P. 79 170** vom 1/6. 1949, ausg. 15/10. 1951. Schwed. Priorr. 4/6. u. 28/7. 1948.) JÜRGEN SCHMIDT. 6229

VII. Agrikulturchemie. Schädlingsbekämpfung.

Jouko Vuorinen, *Über die Fruchtbarkeit der Böden der Versuchsgüter in Finnland.* Bericht über Bodenunterss. auf 16 Versuchsgütern in Finnland. Es wurden bestimmt: die mechan. Zus., p_H, Humus, K, P u. Ca. — 16 Nährstoffkarten. (Maatalouskoelaitoksen Maatutkimusosasto, agrogeol. Julkaisuja Nr. **59.** 1—59. 1952.) BECKMANN. 6304

F. Scheffer, *Mineraldüngung erzeugt Humus und hebt die Bodenfruchtbarkeit.* Allg. Ausführungen. (Mitt. dtsch. Landwirtschafts-Ges. **68.** 181—83. 19/2. 1953. Göttingen.) WINIKER. 6304

M. L. M. Salgado, *Vorläufige Untersuchungen über die Chemie von Mist auf Cocosnußpflanzungen.* Die übliche Pferchung von Vieh auf Cocosnußpflanzungen ergibt eine unausgeglichene einseitige Nährstoffversorgung der Cocospalmen mit N. Vf. empfiehlt eine Zudüngung von Kaliumchlorid u. Phosphatdünger. (Trop. Agriculturist **107.** 218—24. Okt.—Dez. 1951. Peradeniya, Ceylon, Dep. Agric.) GRÜTZ. 6304

Srimathy Vanamala Sathe und **T. A. Venkitasubramanian,** *Wirkung des Bodenphosphors auf den Phosphorgehalt von auf diesem Boden gewachsenen Reis.* Es wurde untersucht, welchen Einfl. P-Düngung auf den Geh. an Phytinsäure-P (Meth. von MCCANCE u. WIDDOWSON; Biochem. J. **39.** [1935.] 2694) u. Gesamt-P (KING; Biochem. J. **32.** [1932.] 292) von Reispflanzen ausübt. Die Pflanzen wurden in Feldparzellen bei Gaben von 30 u. 60 lbs./acre P_2O_5 als Superphosphat (18%) mit oder ohne N- u. K-Düngung gezogen. Nach den tabellar. wiedergegebenen Ergebnissen variiert der Geh. an Gesamt-P mit der Höhe der P-Gabe. Düngung mit N hat auf den P-Geh. keine ausschlaggebende, mit K gar keine Wirkung. Mit steigender Bodenfruchtbarkeit nimmt der P-Geh. der Pflanzen ab. (Sci. and Cult. **17.** 303—04. Jan. 1952. Bangalore, Indian Inst. of Sci., Food Techn. Labor.) RANG. 6304

J. B. Hester, F. A. Shelton und **R. L. Isaacs jr.,** *Verlauf und Höhe der Nährstoffaufnahme bei verschiedenen Pflanzen.* Bericht über Düngungsverss. bei Erbsen, Limabohnen, Karotten u. Tomaten mit Volldünger, enthaltend N, P, K, Ca u. Mg. Die Nährstoffaufnahme wurde durch Stengel- u. Blattanalysen wöchentlich nachgeprüft. Es ergab sich, daß die Aufnahme mit Entw. der Pflanzen regelmäßig zunimmt. (Proc. Amer. Soc. horticult. Sci. **57.** 249—51. Juni 1951. Riverton, N. J.) GRIMME. 6304

Kenneth Post und **C. W. Fischer jr.,** *Kalikalkernährung von Gewächshausrosen.* Die Rosen wurden eingepflanzt in Böden mit 100, 300, 600, 1000 u. 1600 lbs./1 acre K_2O u. 2500 u. 7500 lbs. CaO. Hoher CaO-Geh. neben hohem Geh. an Cl-Salzen wirkte im ersten Jahre ungünstig auf die Blütenentw., im 2. Jahre zeigte sich die Gabe von 100 lbs. K_2O als zu niedrig, während höhere K_2O-Geh. mehrere Jahre ausreichten. Der K_2O-Geh. der Blätter ist direkt abhängig von der Höhe der K_2O-Gabe. K_2O-Mangel zeigt sich an durch erhöhtes Auftreten von Wildtrieben, Kurzstengeligkeit der Blüten u. Nekrose der Zweigspitzen. (Proc. Amer. Soc. horticult. Sci. **57.** 361—68. Juni 1951. Ithaca, N. Y.) GRIMME. 6304

R. H. Sharpe und **H. W. Winsor,** *Wurzelernährung und Bordüngungsversuche bei Pekannüssen.* Die Verss. ergaben eine Überlegenheit der B-Wrkg. durch Wurzelernährung, d. h. direkte Gabe mit der Düngung. Einspritzung von B-Lsgg. in die Äste war nicht so wirksam. (Proc. Amer. Soc. horticult. Sci. **57.** 203—06. Juni 1951. Gainsville, Fla.) GRIMME. 6304

L. E. Scott und **D. H. Scott,** *Wirkung von Boden- und Spritzbehandlung mit Magnesiumsulfat bei Weinreben.* Die Weinrebenchlorose ist eine typ. Mg-Mangelkrankheit, welche jedoch leicht durch Düngung des Bodens mit $MgSO_4$-haltigen Düngern oder Blattspritzung mit $MgSO_4$-Lsg. behoben werden kann. (Proc. Amer. Soc. horticult. Sci. **57.** 53—58. Juni 1951. Beltsville, Md.) GRIMME. 6304

R. H. Stover und **L. W. Koch,** *Methylbromid als Bodenbegasungsmittel zur Bekämpfung von Krankheiten und Unkräutern in Tabaksaatbeeten.* Bei Gewächshaus- u. Freilandverss. in Ontario bewirkte Begasung des Bodens mit Methylbromid (**I**; 1—2 lbs./100 cu.ft.) vor Aussaat der Tabaksämlinge vollständige Vernichtung von Rhizoctonia- u. Pythiumspezies, Thielaviopsis basicola sowie der Unkrautpflanzen (mit Ausnahme von Kleearten). **I** wirkte außerdem auf die Tabaksämlinge wachstumsstimulierend. (Sci. Agric. **32.** 411—20. Aug. 1952. Harrow, Ontario, Can., Labor. of Plant Pathol.) RANG. 6312

R. J. Conroy, *Die Verwendung von Bodenbegasungsmitteln zur Wurzelgallenbekämpfung.* Die Wurzelgallenkrankheit wird hervorgerufen durch die Nematode Heterodera marioni. Als Bekämpfungsmittel bewährten sich bei Großverss. Begasungen mit D.D (eine Mischung von Dichlorpropan u. Dichlorpropen) sowie mit Chlorpikrin. (Agric. Gaz. New South Wales **62.** 411—14. 1/8. 1951.) GRIMME. 6312

A. Prugalow, *Neue Präparate zur Entfernung der Blätter der Baumwollpflanze.* Die übliche Anwendung von trockenem *Calciumcyanamid* (I) zur Entblätterung von Baumwollpflanzen bringt bes. in Trockengebieten nicht den erwünschten Erfolg. Durch eine Mischung aus 60% I u. 40% *Natriumsilicofluorid,* wurde bei Anwendung von 40 kg/ha eine 85,7%ig. Vernichtung der Blätter erzielt. Die günstige Wrkg. beruht auf der Bldg. von $NaHCN_2$, wobei Na das Eindringen der Lsg. in die Blattzellen erleichtert, während Ca die Protoplasmakolloide verdichtet. Durch Bespritzen mit 2%ig. I-Lsg. wurde bei Verwendung von 1200 Liter/ha ein Erfolg bis zu 84,8% erzielt. Die Anwendung beider Mittel muß zwecks Ausnutzung der Blattfeuchtigkeit in den Morgen- u. Abendstunden erfolgen. Die Ergebnisse wurden durch die Praxis bestätigt. (Хлопководство [Baumwoll-Wirtsch.] **1952.** Nr. 7. 42—47. Juli. Allunions Wiss. Forschungsinst. für Baumwollanbau.) Linter. 6312

S. L. Dallyn und **R. D. Sweet,** *Theorien über die herbicide Wirkung von Erdölkohlenwasserstoffen.* Umfassende Verss. zeigten, daß Karotten sehr widerstandsfähig gegen KW-stoffe sind, etwas weniger Umbelliferen, während Bohnen u. Gräser relativ empfindlich sind. Diese Erfahrungen geben wertvolle Hinweise auf die Unkrautbekämpfung in Kulturen durch KW-stoffe. (Proc. Amer. Soc. horticult. Sci. **57.** 347—54. Juni 1951. Ithaca, N. Y.) Grimme. 6312

J. H. Weinberger, *Die Wirkung von 2.4.5-Trichlorphenoxyessigsäure auf die Reifung von Birnen in Georgia.* Spritzung mit 2.4.5-T bewirkte bei Birnen eine Reifebeschleunigung. Diese betrug je nach Konz. u. Sorte 1—17 Tage. Es wird darauf hingewiesen, daß Größe, Farbe, Form, Festigkeit u. Qualität der Frucht durch die Spritzung in gewisser Beziehung beeinflußt werden. (Proc. Amer. Soc. horticult. Sci. **57.** 115—19. Juni 1951. Fort Valley, Ga.) Grimme. 6312

W. B. Harris, *Vorzeitiger Abfall von Birnen.* Bei der Bekämpfung der Krankheit ergaben Spritzungen mit 5 p.p.m. starken Lsgg. von 2.4-D u. 10 p.p.m. starken Lsgg. von ANA (= α-Naphthylessigsäure) gleich gute Wirkungen. (J. Dep. Agric. South Australia **54.** 593—95. Juli 1951.) Grimme. 6312

H. G. Drury, *E 605 als Obstbaumspritzmittel.* E 605 bewährte sich bei der Bekämpfung von roter Spinne, Apfelmotte u. Thrips. (J. Dep. Agric. South Australia **54.** 607. Juli 1951.) Grimme. 6312

Franklin Sherman III, *Parathion zur Abtötung von Fruchtfliegenlarven in Kirschen.* Spritzungen mit 15%ig. Parathion erwiesen sich als sehr wirksam. (J. econ. Entomol. **44.** 809. Okt. 1951. East Lansing, Mich.) Grimme. 6312

Carlos Della Paolera und **Mario Reti,** *Lindan.* Überblick über die Hexachlorcyclohexane (I), unter besonderer Berücksichtigung von γ-I (*Lindan*), dessen toxikolog. Eigg. für Insekten u. Warmblüter im Vgl. zu Isomeren u. anderen Bekämpfungsmitteln u. die verschied. Arten der Verwendung als Insekticid. — 120 Literaturhinweise. (Ind. y Quím. **14.** 180—83. 190. Sept. 1952.) Metzener. 6312

O. W. Ford und **C. L. Burkholder,** *Rückstände von Quecksilberspritzmitteln. Ihre Bestimmung an Äpfeln während der Erntezeit.* Vff. schildern eingehend ihre Meth. zur genauen Best. von Hg an gespritzten Äpfeln, die auf der Chloroformlöslichkeit von farbigen Metall-Dithizon-Komplexen beruht. Die genaue Ermittlung des bei der Ernte noch vorhandenen Geh. an Hg auf Blättern u. Früchten ergab Werte von der Größenordnung 10^{-9}. Nach den angestellten Verss. scheinen andere Faktoren als Regen für die Verminderung des Hg verantwortlich zu sein. (Agric. Chemicals **7.** 44—47. 123. Juli 1952. Lafayette, Ind., Purdue Univ., Horticult. Dep.) B. Kaspar. 6328

William J. Hale und **Phelps Vogelsang,** Midland, Mich., V. St. A., *Verbesserung der Keimung von Saatgut.* Samen, Wurzeln u. Knollen werden mit einem Überzug aus einem inerten Trägerstoff versehen, der ein wasserlösl. Bindemittel u. ein wasserlösl. Gemisch eines Porphyrin–Metall-Komplexes u. einer aliphat. Ketosäure sowie gegebenenfalls fungicide Stoffe, Düngemittel, getrocknetes Ochsenblut, Dimethylcellulose, Indolbuttersäure, extrahiertes Chlorophyll, getrocknete Brauereihefe u. dgl. enthält. (**A. P. 2 553 577** vom 14/11. 1946, ausg. 22/5. 1951.) Karst. 6313

American Chemical Paint Co., übert. von: **William W. Allen,** Ambler, Pa., V. St. A., *Chlorphenoxyessigsäureester* erhält man durch Veresterung von 2.4-Di- (**I**) oder 2.4.5-Trichlorphenoxyessigsäure (**II**) mit Diäthylenglykoläthern („Carbitole“) in üblicher Weise. — Aus I u. Butylcarbitol (= Diäthylenglykolmonobutyläther) erhält man durch Erhitzen auf 175—180° unter Entfernung des W. den **I**-*Butylcarbitolester*, $D.^{20}$ 1,220. — **II**-*Butylcarbitolester*, $D.^{20}$ 1,280. Ferner werden von **I** u. **II** hergestellt: *Methyl-, Propyl-, Benzyl-, Phenylcarbitolester.* — Verwendung als *Herbicide.* (**A. P. 2 596 089** vom 23/9. 1949, ausg. 13/5. 1952.) Krauss. 6313

N. V. De Bataafsche Petroleum Mij., Den Haag, Holland (Erfinder: **Frederick Birch Hilmer**, Emeryville, Calif., V. St. A.), *Verwendung von Begasungsmitteln zur entseuchenden Bodenbehandlung.* Man verwendet Mittel, die als akt. Bestandteil ungesätt. KW-stoffe enthalten, gegebenenfalls im Gemisch mit gesätt. halogenierten KW-stoffen, die 3 oder 4 C-Atome im Mol. aufweisen, während H-Atome derart durch Halogenatome ersetzt sind, daß mindestens 1 Halogenatom eine Allylstellung u. 1 Halogenatom eine Vinylstellung einnimmt. — Beispiele: 1.3-Dichlorpropen-(1) u. 1.2-Dichlorpropan. Günstigste Dosierung 100—300 kg/ha. Drahtwürmer, Nematoden, rote Ameisen, schädliche Pilze u. Bakterien im Boden werden vernichtet, Kulturpflanzen nicht angegriffen. (**D.B.P. 851 809** Kl. 16 vom 21/9. 1950, ausg. 9/10. 1952. A. Priorr. 30/6. u. 28/8. 1943.) KARST. 6313

Farbenfabriken Bayer (Erfinder: **Winfried Kruckenberg, Detlef Delfs, Günther Unterstenhöfer**), Leverkusen, *Ovicide Mittel*, bestehend aus p-Oxydiphenyl (**I**) u. seinen Salzen, z. B. gemischt mit 10 (Teilen) Zellpech, 20 NaOH auf 100 **I** in 1%ig. (auf **I** bezogen) wss. Lösung. (**D. B. P. 853 983** Kl. 451 vom 7/2. 1950, ausg. 30/10. 1952.) DUTTENHÖFER. 6313

E. I. du Pont de Nemours & Co., übert. von: **Arthur G. Jelinek**, Wilmington, Del., V. St. A., *Bis-(p-chlorphenyl)-mercaptolaceton* (**I**), $(CH_3)_2—C—(S—C_6H_4—Cl)_2$, F. 50,5 bis 51,5°, erhält man durch Kondensation von p-Chlorthiophenol mit Aceton im Verhältnis 2:1 bei Ggw. von HCl, zweckmäßig in Chlf. als Lösungsmittel. Es kann in Form von Lsgg., Stäubepulvern, wasserlösl. Pulvern, wss. Dispersionen oder Emulsionen zur *Milbenbekämpfung* verwendet werden, z. B. in einer Mischung aus 25% **I**, 73 Sommerspritzöl u. 2 Diäthylcyclohexylamindodecylsulfat, die eine in W. dispergierbare Lsg. liefert. (**A. P. 2 580 550** vom 25/8. 1949, ausg. 1/1. 1952.) KRAUSS. 6313

Michigan Chemical Corp., St. Louis, Mich., V. St. A., *Wasserdispergierbare Konzentrate von Parasitenbekämpfungsmitteln.* Man erhitzt ca. 200 (Teile) DDT, 0—70 gereinigtes weißes Öl, 30—100 alkyliertes aromat. Öl u. 5—35 eines Emulgierungsmittels auf ca. 85—104° unter Rühren. Das Gemisch wird unter Rühren zu 150 sd. W. zugefügt, die M. in einer Kolloidmühle verarbeitet u. dann schnell abgekühlt. Die koll., cremeartige Dispersion wird mit W. zu einer Suspension verd. u. als *Spritzmittel* gegen Pflanzenschädlinge verwendet. (**E. P. 656 840** vom 22/8. 1947, ausg. 5/9. 1951. A. Prior. 27/3. 1947.) KARST. 6313

Pennsylvania Salt Mfg. Co., Philadelphia, Pa., V. St. A., *Herstellung von Benzolhexachlorid* (**I**). Ein Gemisch aus Bzl. u. einem inerten organ. Lösungsm., z. B. Eisessig oder CCl_4, wird in Ggw. von aktin. Licht unterhalb 50° so lange mit gasförmigem oder fl. Cl_2 chloriert, bis ca. 10—60% des Benzolgeh. in **I** umgewandelt sind. Aus der Reaktionslsg. wird das überschüssige Cl_2 unter Rühren u. Durchblasen von Luft entfernt. Nach Abkühlung auf ca. 20° u. getrennter Gewinnung der festen Phase durch Filtration (α- u. β-Isomere) wird aus der fl. Phase das γ-reiche **I** durch Abdampfung u. Behandlung mit W. für sich hergestellt. Aus letzterem kann durch Kristallisation u. Trocknung ein stark *insekticides* Prod. mit hohem Geh. an γ-Isomer dargestellt werden. (**E. P. 656 457** vom 18/6. 1947, ausg. 22/8. 1951. A. Prior. 6/9. 1946.) KARST. 6313

Dow Chemical Co., übert. von: **Bill M. Williams**, Midland, Mich., *Anreicherung von γ-Hexachlorcyclohexan* (**I**). Das rohe **I**-Gemisch wird mit einem Lösungsm. behandelt, in welchem γ-**I** leichter lösl. ist als β-**I**. Die erhaltene Lsg., die weniger als 5% β-**I** enthält, wird bei 1—100 mm Hg dest., wobei die niedrigsd. Fraktion das α-**I** u. die höhersd. das γ-**I** enthält. — Ein **I**-Gemisch, das 55(%) α-, 12 β-, 15γ, 9σ **I** u. 9 unbestimmtes Prod. enthält, wird bei 91° mit der gleichen Gewichtsmenge Äthylenchlorid verrührt u. auf 180° gekühlt. Der Nd. enthält über 70% α- u. 16% β-**I**. Nach dem Verjagen des Lösungsm. wird das sirupartige Prod. mit 15 Gew.-% A. behandelt, wobei eine Fraktion mit 25 α-, 4 β-, 29 γ-, 23 δ-**I** u. 19 unbestimmtem Prod. u. einem F. mit 60—100° erhalten wird. Durch Dest. bei 5 mm Hg u. einem Rückflußverhältnis von 20:1 werden mehrere Fraktionen erhalten, die geruchfrei sind. (**A. P. 2 584 376** vom 22/10. 1947, ausg. 5/2. 1952.) KRAUSS. 6313

VIII. Metallurgie. Metallographie. Metallverarbeitung.

M. Mortenson, *Eine Übersicht über die Flotationstechnik in den USA.* Beschreibung der Flotation von sulfid. *Cu*-, *Pb*- u. *Zn*-Erzen, oxyd. Erzen u. nichtsulfid. Mineralien (*Phosphat, Feldspat, Flußspat* u. a.). Die zur Anwendung kommenden Chemikalien, die Ausbringung u. die verschied. Typen der Flotationsmaschinen sind genannt. Bei der Phosphataufbereitung geht ein sogenannter Agglomerierungsprozeß der Flotation voraus. (Tidsskr. Kjemi, Bergves. Metallurgi **11**. 150—54. Nov. 1951.) GEITZ. 6362

A. H. Thomson, *Basische hitzebeständige Auskleidungsmaterialien und Schlacken für elektrische Stahlschmelzöfen.* Es werden die Vorteile einer Magnesit-Ofenauskleidung gegenüber einer solchen mit Dolomit sowie die die Ofenhaltbarkeit beeinflussenden Betriebsbedingungen aufgezählt. (Amer. Foundryman **20.** 52—54. Sept. 1951.) HOCHSTEIN. 6370

Ju Schu-Pei, *Über die Praxis der Hochofenschmelze von armen Erzen mit sauren Schlacken.* Zwecks Ermittlung von genügend leichtfl. sauren Schlacken wurde das tern. Syst. $CaO-Al_2O_3-SiO_2$ untersucht u. festgestellt, daß Schlacken mit 10—20% Al_2O_3, 62—40% SiO_2 u. 20—40% CaO in isotherm. Zonen von 1300° schmelzen. Eine Schlacke ohne Al_2O_3-Geh. mit 62,5% SiO_2 u. 37,5% CaO schm. bei einer Temp., die nur ca. 150° höher liegt. Erörtert wird der Einfl. des Kokses u. seiner Asche auf die Schlackenbildung. Bei der Unters. über den Einfl. der Schlackenzus. u. -temp. auf die Viscosität wird festgestellt, daß die Anwesenheit von FeO, MnO u. CaS die Viscosität verringert u. der Vorteil einer niedrigeren Arbeitstemp. im Hochofenherd beim sauren Schmelzverf. nicht durch eine größere Schlackenzähigkeit bei Fließtempp. aufgehoben wird. Außer möglichst wenig zähfl. zu sein, müssen auch die Schlacken noch entschwefeln. Als günstige Endschlackenzuss. wurden ermittelt: 48—56% SiO_2, 27—33% CaO, 8—12% Al_2O_3, 1,5 bis 2% MgO, 1,5—2 CaS u. 4% FeO + MnO. (Известия Академии Наук СССР, Отделение Технических Наук [Nachr. Akad. Wiss. UdSSR, Abt. techn. Wiss.] **1952.** 1172—81. Aug.) HOCHSTEIN. 6400

—, *Elektrohartgußwalzen für Müllereibetriebe.* Überblick über die Herst., Zus. u. Eigg. der Walzen. (Giessereipraxis **70. 345—46.** 25/9. 1952.) HABBEL. 6402

Werner Gilde und **Günter Willing,** *Kupfer und Schwefel an der Stahloberfläche.* Quantitative Unterss. der Cu-Anreicherung. Der Anteil von Cu u. S im Zunder ist von der Glühdauer abhängig. An der Stahloberfläche entstehen Cu-Anreicherungen, sobald der Cu-Anteil im Stahl größer ist als das Lösungsvermögen des Zunders für Cu u. durchläuft ein Maximum, das bei S nicht festgestellt werden kann. Der Rotbruch entsteht infolge Spannungskorrosion beim Schmieden oder Walzen durch einen auf der Stahloberfläche befindlichen fl. CuS–MnS-Film. — Literatur. (Metallurgie u. Gießereitechn. **2.** 180—82. Juni 1952. VEB Maxhütte, Unterwellenborn.) STEIN. 6408

K. H. Jack, *Gefügeumwandlungen beim Anlassen von martensitischen Stählen mit hohem Kohlenstoffgehalt.* Diskussion u. Schrifttumsangaben zu der C. **1952.** 2573 referierten Arbeit. (J. Iron Steel Inst. **170.** 248—55. März 1952.) HABBEL. 6408

J. Lomas, *Fortschritte in der Behandlung von rostfreien und hitzebeständigen Stählen.* Überblick. (Engng. Boiler House Rev. **66.** 368—69. Dez. 1951.) J. FISCHER. 6410

N. N. Dawidenkow und **Ss. Je. Beljajew,** *Über die Verfestigung von Stahl bei Carbidausscheidung.* Vff. untersuchten das Verh. eines *Cr–Mn–Si-Stahles* im gehärteten u. verschieden hoch angelassenem Zustand bei stat. u. dynam. bei +20 u. —70° durchgeführter plast. Biegeverformung. Aus den Versuchsergebnissen wird die Bestätigung der Annahme abgeleitet, daß die Verfestigung durch Carbidausscheidung eines Stahles im nach Härtung niedrig angelassenen, also metastabilen Zustand der Verfestigung durch Alterung von C-Stahl nach Kaltverformung ähnlich ist. Hinsichtlich der Rk. auf Änderungen der Verformungsgeschwindigkeit u. Temp. folgt die „Carbidverfestigung" einer entgegengesetzten Gesetzmäßigkeit, als dies bei der „mechan." Verfestigung reiner Metalle der Fall ist. Letztere wird durch zunehmende Verformungsgeschwindigkeit u. abnehmende Temp. begünstigt, da beide Einflüsse der Kristallgittererholung entgegenwirken. Bei der „Carbidverfestigung" wurden diese Vorgänge durch den intensiveren Prozeß der Carbidausscheidung überlagert, der als Diffusionsprozeß durch höhere Verformungsgeschwindigkeit u. verringerte Temp. erschwert wird. Aus dem Zusammenwirken beider Verfestigungsarten ergibt sich das endgültige Verh. eines gehärteten u. angelassenen Stahles bei Kaltverformung. (Журнал Технической Физики [J. techn. Physik] **22.** 40—43. Jan. 1952.) EHMCKE. 6410

T. Waterfall, *Bessere Silicium–Eisen-Legierungen.* Vf. weist darauf hin, daß der Einfl. der Verunreinigungen auf die Eigg. von Fe–Si-Legierungen nicht eindeutig geklärt ist, da Verss. mit im Vakuum geschmolzenen Fe–Si-Legierungen mit weniger als 0,01% Verunreinigungen zeigten, daß durch maximale Reinheit keine entscheidende Steigerung der Kristallorientierung bewirkt wurde. Vf. vermutet daher, daß ein Teil der üblichen Verunreinigungen als Energieschwellen für die Entw. schlecht orientierter Kristalle dienen, zugunsten des Wachstums der besser orientierten. Sind keine Verunreinigungen vorhanden, vermögen die Kristalle ohne Bevorzugung einer bestimmten Richtung zu wachsen. Der Einfl. des N_2-Geh. auf die Kristallorientierung wird unter diesem Gesichtspunkt diskutiert. Eine Steigerung des N_2-Geh. von 0,0005 auf 0,001 u. 0,0015% bewirkt eine deutliche Verbesserung der Orientierung, zeigt aber auch, daß es eine krit. Konz. für die Hemmung des Kristallwachstums gibt. Besondere Bedeutung kommt demnach der Kenntnis der Rk. des Stahls mit der Gasphase zu. Durch Analyse des in den Ofen eintretenden Gases u. Berechnung der H_2O-Menge, die bei der Arbeitstemp. gebildet wird, ist es möglich, die Gleichgewichtskonstante für oxydierende, reduzierende, carburierende u. decarburierende Komponenten der Gasphase bei verschied. Arbeitstempp. zu ermitteln. (Indian Eastern Engr. [N. S.] **109.** 95—98. Juli 1951.) WOELK. 6410

Charles A. Scarlott, *Zink, seine Herkunft, Verwendung und Rohstoffreserven.* Übersicht über Zn in den USA. (Materials and Methods **34.** Nr. 5. 59—63. Nov. 1951. Westinghouse Electric Corp.) KLEFFNER. 6426

John L. Everhart, *Titan, Zirkonium, Molybdän, Wolfram, Tantal, Niob, Vanadin, Hafnium als technisches Material.* Übersicht über Vork., Herst., Eigg., Verarbeitung u. Verwendung. (Materials and Methods **34.** Nr. 6. 89—104. Dez. 1951.) KLEFFNER. 6448

D. B. Broughton, *Weniger häufige Metalle.* Zusammenfassende Literaturübersicht über neuere Arbeiten über *Ti, Zr, Ta* u. *Mo* sowie über Eigg. von Edelmetallegierungen (*Pd–W, Pd–Ag–Pt, Pd–Ag–Ni, Pd–Pt–Ni, Pd–Ag–Au–Co, Pt-Be, Pt-W, Au–Pd–Pt* u. *Pd–Au–Ag*). — 51 Literaturzitate. (Ind. Engng. Chem. **43.** 2280—82. Okt. 1951. Chicago Ill., Universal Oil Products Co.) WERNER. 6466

Walther Dawihl, *Über die Schwindung von Pulvern aus nichtbildsamen metallischen Stoffen.* Nach Klärung des Begriffes der Schwindung gegenüber dem der Sinterung wird die Schwindungsgeschwindigkeit bei Pulvern aus nichtbildsamen metall. Stoffen u. ihre Beeinflussung durch Zusätze erörtert u. versucht, den schwindungsbeschleunigenden Einfl. von metall. Zusätzen zu erklären, wobei die Oberflächenspannung der Zusatzstoffe wesentlich ist. Die bisher für die Gleitschwindung ermittelten Gesetzmäßigkeiten werden zusammengefaßt. — Diskussion. (Arch. Eisenhüttenwes. **23.** 483—88. Nov./Dez. 1952. Illingen/Saar.) HABBEL. 6474

S. Baeckström, *Streifung im Stahl. Literaturzusammenstellung.* Literaturstudie (39 Stellen) im Zusammenhang mit einer Unters. über die Einw. von Desoxydationsmitteln auf Streifungen im Stahl. (Jernkontorets Ann. **136.** 9—20. 1952.) GEITZ. 6482

Angelica Schrader und **Franz Wever,** *Zur Frage der Eignung des Elektronenmikroskops für die Gefügeuntersuchung von Stählen.* Mit dem Elektronenmikroskop konnten zwei Umwandlungsvorgänge festgelegt werden, die mit dem Lichtmikroskop bisher nicht befriedigend geklärt werden konnten. Für die Perlitumwandlung wird im elektronenmkr. Bild nachgewiesen, daß die Zementitbldg. vorangeht u. die Ferritbldg. folgt. Für die Zwischenstufenumwandlung wird nachgewiesen, daß hier die Ferritbldg. vorangeht; die Carbidausscheidung erfolgt aus einem C-angereicherten Austenit, der die Ferritnadeln als sehr feiner Saum umgibt. (Arch. Eisenhüttenwes. **23.** 489—95. Nov./Dez. 1952. Düsseldorf, Max-Planck-Inst. für Eisenforschung.) HABBEL. 6482

L. G. Erwall und **M. Hillert,** *Untersuchung der Verteilung von Blei in rostfreiem Stahl mittels Autoradiographie hoher Auflösung.* Unter Benutzung von ^{212}Pb u. einer neuen autoradiograph. Platte von KODAK wurde die Verteilung geringster Mengen Pb in rostfreiem Stahl an einem 1 mm dicken Draht untersucht. Aus den Unterss. ergab sich, daß sich Pb zwischen den Dendriten befand. (Research **4.** 242—44. Mai 1951. Stockholm, Royal Inst. of Technol., Div. of Phys. Chem., Inst. of Metal Res.) GOTTFRIED. 6484

Mats Hillert, *Kernreaktionsradiographie und Autoradiographie von Metallen.* Inhaltlich ident. mit der C. **1952.** 4091 referierten Arbeit. (Metal Treatment Drop Forging **19.** 135—37. März 1952.) RUMPF. 6484

A. A. Awakow, *Über die Temperatur beim Schneiden von Metallen.* Vf. bespricht die Mängel der bisher angewendeten Meßmethoden zur Best. der Temp. an den Schnittflächen beim Drehen mit großer Schnittgeschwindigkeit, bes. auch der unter Ausnutzung des Kontaktes zwischen Span- u. Schneidwerkzeug, als „natürliches" Thermoelement. Zu bevorzugen sei die Verwendung eines „künstlichen" Thermoelementes, dessen Lötstelle durch eine feine Bohrung im Schneidplättchen unmittelbar unter die Schneidkante geführt werden kann. Aber auch so werden zu niedrige Tempp. gemessen. (Журнал Технической Физики [J. techn. Physik] **21.** 1262—68. Okt. 1951. Tbilissi, Lenin-Inst. für Ingenieure des Eisenbahntransportwes., Lehrstuhl für Physik.) EHMCKE. 6490

J. A. Goodford und **D. W. Kaufmann,** *Schweißen unstabilisierter rostfreier austenitischer Stähle ohne Carbidausscheidung.* Durch eine gründliche u. schnelle Kühlung mit W. muß eine längere Erwärmung als 1 oder 2 Min. bei 420—815° verhindert werden. (Materials and Methods **34.** Nr. 5. 64—65. Nov. 1951. Westinghouse Electric Corp.) KLEFFNER. 6506

E. Scott Pattison, *Die Verwendung von Glycerin in der Oberflächenbehandlung von Metallen.* (Metal Finishing **49.** Nr. 11. 62—64. Nov. 1951. New York, C. Glycerine Producers Assn.) J. FISCHER. 6514

Leslie E. Lancy und **H. F. Hanson**, *Plan einer Abwasserbehandlung für eine galvanische Anlage.* Bei einem Wasserdurchlauf von 300 Liter/Min. sind in einer der n. Anlagen je Std. 5,3 kg CrO_3 u. 1.1 kg CN im Waschwasser enthalten. In einer modernen Anlage kann die Verunreinigung des W. auf 0,24 kg/Std. CrO_3 u. 0,65 kg/Std. CN verringert werden. Durch eine zusätzliche Wasserreinigung kann die Verunreinigung des W. ganz vermieden werden. CrO_3 wird durch SO_2 oder Hydrosulfit reduziert. Fällen als $Cr(OH)_3$, das techn. weiter verwendet werden kann. Cyanide werden durch Cl-Gas unschädlich gemacht. Säure u. alkal. Lsg. werden neutralisiert. (Plating **39.** 250—54. März 1952. Ellwood City, Pa., u. Pittsburgh u. Punxsutawney, Pa., Metals Protection Co.) J. FISCHER. 6514

A. W. Hothersall und **G. E. Gardan**, *Niederschlagen von Nickel in das Innere von Rohren unter Verwendung von unlöslichen Anoden.* Bei Verwendung von unlösl. Anoden muß der Elektrolyt frei von Cl^- sein u. die freiwerdende Säure mit $NiCO_3$ oder $Ni(OH)_2$ abgestumpft werden. Als Anodenmaterial kommt Pb mit 1% Ag oder 7% Sb in Betracht. Als n. wird eine Stromdichte von 1—2 A/dm^2 angesehen. Bei Stromunterbrechungen ist zu beachten, daß sich im Elektrolyt oxydierende Verbb., wie Persulfat, gebildet haben können, die die Ni-Oberfläche oxydieren können; diese ist deshalb wieder zu aktivieren. (Metal Finishing **49.** Nr. 12. 65—69. Dez. 1951.) J. FISCHER. 6520

Walter R. Binai, *Versilbern mit unlöslichen Anoden.* Als unlösl. Anoden werden solche aus Stahl, außer kalt gewalztem, oder rostfreiem Stahl verwendet. Beschreibung der BINAI-Konzentrationszelle. (Metal Finishing **49.** Nr. 12. 68—69. Dez. 1951. Indianapolis, Ind.) J. FISCHER. 6526

Luigi Piatti, *Veränderung von Korrosionen durch Netzmittel.* 2. Mitt. *Der Einfluß nichtionogener Netzmittel.* (1. vgl. C. **1951.** II. 1040.) Oberflächenakt. Stoffe können die korrodierende Wrkg. von Leitungswasser auf unlegiertem Stahl insofern günstig verändern, als Lochkorrosion vermieden wird u. nur noch abtragende Narbenkorrosion auftritt. Nichtionogene Netzmittel sind dabei wirksamer als anionaktive. Eine stärkere Erniedrigung der Oberflächenspannung des W. durch Zusatz von je 4‰ erhöht die Wirkung. Die chem. Konst. der verwendeten oberflächenakt. Körper scheint für ihre Wirksamkeit von großer Bedeutung zu sein. — Abbildungen. (Werkstoffe u. Korrosion **2.** 441 bis 444. Dez. 1951. Winterthur, Schweiz, Gebrüder Sulzer Akt.-Ges.) MARKHOFF. 6538

Mario Raffo, *Untersuchung über einige Leichtlegierungen.* Al-Legierungen italien. Ursprungs werden in geglühtem, halbgehärtetem, gehärtetem, vergütetem u. plattiertem Zustand Korrosionsprüfungen unterworfen (atmosphär. Luft, Salznebel, Wechsel- u. Dauertauchung), u. die Korrosionswrkg. auf Grund der mechan. Festigkeit mikrograph. u. durch Röntgenmessung der Gitterkonstanten festgestellt. (Ricerca sci. **21.** 1375—83. Aug. 1951. Genua.) R. K. MÜLLER. 6538

Dominique-Jean-Baptiste Grasso, Belgien, *Reduktion von Metalloxyden, insbesondere von Eisenerzen, durch Wasserstoff.* Den ohne Schmelzvorgang durch H_2 zu reduzierenden Metalloxyden, wie den Oxyden des *Fe*, *Mo* u. *W*, wird ein Mittel, wie ungelöschter Kalk oder Bariumoxyd, zugesetzt, das in der Lage ist, CO_2 unter Wärmeentw. zu absorbieren. Zweckmäßig wird dem H_2 noch CO_2 zugesetzt. Die Red. wird vorzugsweise in einem Schachtofen durchgeführt, in welchem das Reduktionsgas im Gegenstrom zu den reduzierenden Metalloxyden strömt. (**F. P. 979 503** vom 21/7. 1942, ausg. 27/4. 1951.) HOCHSTEIN. 6381

Gesellschaft der Ludw. von Roll'schen Eisenwerke Akt.-Ges., Schweiz, *Gießbare Stahllegierung* mit 0,5—3(%) C u. 6—15 Cr. Der Stahl enthält Legierungselemente einer Hauptgruppe, die *Cr, W, Co, Mo* u. *V* umfaßt, u. einer Zusatzgruppe, die aus *Ti, Ta, Be, Si* u. *Cu* besteht; aus der Hauptgruppe sollen Cr u. noch mindestens ein anderes Element in einem solchen Verhältnis entnommen werden, daß der Cr-Geh. höher ist als der Geh. der anderen aus dieser Gruppe entnommenen Elemente; aus der Zusatzgruppe soll ebenfalls mindestens ein Element vorhanden sein, bes. in einer Gesamthöhe bis zu 4%. Vorzugsweise soll mindestens ein Element gewählt werden, welches durch Desoxydation die Bldg. eines höherschm. u. dadurch den Ablauf des Schmelzprozesses behindernden Oxydationshäutchens vermeidet, bes. Ti. (**F. P. 987 263** vom 24/5. 1949, ausg. 10/8. 1951. Schwz. Prior. 2/6. 1948.) HABBEL. 6411

William Jessop & Sons Ltd., Sheffield, England, *Wärmebehandlung von austenitischen Chrom-Nickel-Stählen.* Austenit. Stähle mit 0,4(%) *C*, 1 *Si*, 0,8 *Mn*, 13 *Ni*, 13 *Cr*, 2,5 *W*, 1,9 *Mo*, 3 *Nb*, 10,5 *Co*, Rest *Fe* mit den üblichen Verunreinigungen werden ohne plast. Verformung bei Tempp. zwischen 600 u. 900°, vorzugsweise 750—850°, 1—100 Std., vorzugsweise 20 Std., geglüht, wodurch die Warmverformbarkeit u. Festigkeitseigg. der Stähle bei Raumtemp. verbessert werden. (**E. P. 670 686** vom 15/3. 1945, ausg. 23/4. 1952. **Zusatz zu E. P. 647 701; C. 1952. 6601.**) HOCHSTEIN. 6411

William Jessop & Sons Ltd., Sheffield, England, *Wärmebehandlung von austenitischen Stählen.* Austenit. Cr–Ni-Stähle mit einer Zus. gemäß E. P. 647 701 werden zur Erhöhung ihrer Warmfestigkeit u. Dauerstandfestigkeit u. ohne starke Beeinträchtigung ihrer Dehnbarkeit zwischen 600 u. 800° warmverformt. Zweckmäßig werden die Stähle zuvor einer Warmbehandlung bei Tempp. von 20—150° unterhalb ihres F. unterworfen; auch kann diese Behandlung der Warmverformung bei 600—800° folgen. Vorteilhaft wird bei der Warmverformung eine Querschnittsabnahme von 5—20% erzielt. Die so behandelten Stähle eignen sich zur Herst. von Turbinenschaufeln. (**E. P. 670 687** vom 24/7. 1944, ausg. 23/4. 1952. **Zusatz zu E. P. 647 701; C. 1952. 6601.**) HOCHSTEIN. 6411

William Jessop & Sons Ltd., Sheffield, England, *Wärmebehandlung von austenitischen Chrom-Nickel-Stählen.* Die Härte u. Dauerstandfestigkeit bei Tempp. bis zu 400° von austenit. Cr–Ni-Stählen, die außerdem noch *Nb, Ta, V, Zr* oder *Ti* enthalten können, werden erhöht, wenn die Stähle einer Lösungswärmebehandlung bei einer Temp. von 20—150° unter ihrer Soliduslinie, z. B. im Gebiet von 1200—1360°, unterworfen u. anschließend kalt verarbeitet werden. Vor der Wärmebehandlung werden die Stähle zweckmäßig warmverarbeitet. Auch können die Stähle vor ihrer Schlußkaltverformung noch einer Alterungsbehandlung unterworfen werden. (**E. P. 670 688** vom 15/3. 1945, ausg. 23/4. 1952. **Zusatz zu E. P. 647 701; C. 1952. 6601.**) HOCHSTEIN. 6411

Vereinigte Leichtmetall-Werke G. m. b. H., Hannover-Linden (Erfinder: **Paul Brenner** und **Willi Feldmann**, Hannover), *Veredelung von Aluminiumknetlegierungen mit Zink und Magnesium.* Die Legierungen werden einem Lösungsglühen bei Tempp. unterhalb 450°, vorzugsweise zwischen 350 u. 420°, unterworfen, abgeschreckt, worauf eine Zwischenlagerung eingeschaltet wird, bei der die Temp. so zu wählen ist, daß selbständig Aushärtung eingeleitet wird. Das Anlassen erfolgt dann bei einer Temp., bei der ohne die genannte Zwischenlagerung die gewünschte Aushärtung nicht eintritt. Die Zwischenlagerung kann bei oder unterhalb n. Tempp. u. die Aushärtung bei ca. 140° erfolgen. (**D. R. P. 764 919** Kl. 40d vom 21/11. 1939, ausg. 20/10. 1952.) GÖTZE. 6443

Magnesium Electron Ltd., England (Erfinder: **Alfred Claude Jessup, Edward Frederick Emley** und **Philip Andrew Fischer**), *Magnesiumlegierungen* bestehen aus mindestens 85(%) *Mg*, 0,5—10 Metalle der *Seltenen Erden*, von denen *Nd* mindestans 50, *La* u. *Ce* nicht mehr als 25 ausmachen, Rest *Pr, Sm* u. Spuren von Metallen der Y-Gruppe. Außerdem können die Legierungen noch enthalten 0,02—2 *Mn*, 0,01—2 *Al*, 0,01—2 *Ca*, 0,01—10 *Th*, 0,01—5 *Hg*, 0,0005—0,1 *Be*, 0,5—10 *Zn*, 0,5—10 *Cd* u. 0,4—0,9 *Zr*. Die Legierungen lassen sich gut gießen u. schmieden u. haben gute mechan. Eigenschaften. (**F. P. 978 259** vom 28/12. 1948, ausg. 11/4. 1951. E. Prior. 6/1. 1948.) GÖTZE. 6445

Robert Fouquet, Paris, Frankreich, *Kontinuierliche Magnesiumerzeugung.* In einer schmalen Kammer von verhältnismäßig großer Höhe werden Mg-haltige Mineralien, wie Dolomit, mit Hilfe nicht gasbildender Reduktionsmittel, wie Ferrosilicium mit 75% Si, fortlaufend zu metall. Mg red.; u. zwar wird das Reaktionsgemisch in die erste (obere) Zone der Kammer eingefüllt, wo es nach Entgasung u. Trocknung eine gasdicht abschließende Säule bildet. Unter dem Einfl. der Schwerkraft tritt es in die zweite elektr. beheizte Reaktionszone, in der das freiwerdende Mg verdampft u. in weniger hoch erhitzten Nebenräumen kondensiert wird. Die Rückstände wandern in die dritte Zone der Kammer, wo sie wiederum einen gasdichten Abschluß des Reaktionsraumes bilden u. von wo aus sie ausgetragen werden. Vorrichtungen zur Durchführung des Verf. werden beschrieben. — Abbildungen. (**A. PP. 2 550 684** vom 24/4. 1948, ausg. 1/5. 1951. F. Prior. 1/3. 1948; **2 558 744** vom 22/7. 1947, ausg. 3/7. 1951. F. Prior. 28/12. 1942 u. **2 559 419** vom 24/4. 1948, ausg. 3/7. 1951. F. Prior. 1/3. 1948.) HANS HOFFMANN. 6445

Marcel M. Bertolus, Paris, Frankreich, *Gewinnung von Rhenium.* Molybdänit, der Spuren von Re-Sulfiden enthält, wird oxydierend auf Tempp. über 550° erhitzt, bis der gesamte S verbrannt ist. Der in den SO_2-haltigen Röstgasen enthaltene Staub wird gesammelt u. dem Brenngut wieder zugefügt, welches erneut oxydierend auf Tempp. über 550° erhitzt wird unter Vermeidung einer zur Verdampfung des MoO_3 führenden Überhitzung. Während MoO_3 zusammensintert, verflüchtigt sich Re_2O_7, welches abgeschieden wird. — Abbildungen. (**A. P. 2 579 107** vom 27/3. 1948, ausg. 18/12. 1951. F. Prior. 3/3. 1948.) HANS HOFFMANN. 6449

United States of America, übert. von: **James C. Warf**, Los Angeles, Calif., V. St. A., *Cerextraktion.* Um Salze des 3wertigen Ce aus sauren wss. Lsgg. abzutrennen, werden diese mit einem mit W. nicht mischbaren Alkylphosphat in Berührung gebracht, welches die Ce-Salze extrahiert, so daß diese nach Abtrennung des organ. Lösungsm. von der wss. Phase gewonnen werden können. (**A. P. 2 564 241** vom 12/5. 1949, ausg. 14/8. 1951.) HANS HOFFMANN. 6449

Cinema-Television Ltd. (Erfinder: **Alfred Sommer**), London, England, *Legierungen aus Gold und einem Alkalimetall.* In einem geschlossenen Gefäß wird das Alkalimetall auf eine Goldschicht, die auf 150—250° gehalten wird, aufgedampft, wobei das Verhältnis des Au zum Alkalimetall, bes. *Cs*, der stöchiometr. Formel AuX entspricht, in der X das Alkalimetall darstellt. Eine aus der Legierung hergestellte Schicht ist lichtdurchlässig u. besitzt gleichzeitig gute elektr. Leitfähigkeit. Sie kann verwendet werden als Elektronen emittierende Schicht einer Photozelle oder in Kathodenstrahlröhren u Elektronenentladungseinrichtungen. — Zeichnung. (**D. B. P. 852 452** Kl. 40b vom 3/10. 1950, ausg. 16/10. 1952. E. Prior. 19/3. 1943.) GÖTZE. 6463

United States of America, übert. von: **Dwain B. Bowen,** Los Angeles, Calif., V. St. A., *Erzeugen einer Schmiermittelschicht auf Molybdän.* Die mit einem Werkzeug zu bearbeitende Mo-Oberfläche wird bei der Bearbeitung mit CS_2 benetzt, wodurch sich MoS bildet, das die mechan. Bearbeitung der Oberfläche erleichtert. (**A. P. 2 591 777** vom 3/5. 1946, ausg. 8/4. 1952.) MARKHOFF. 6491

N. V. Philips' Gloeilampenfabrieken, Eindhoven, Holland, *Lötverfahren.* Gegenstände, die mindestens an der Oberfläche aus einer oxydationsbeständigen Legierung infolge eines Geh. an mindestens einem Metall mit der D. von 1,80—2,75 u. einem At.-Gew. kleiner als 28 bestehen, z. B. aus Al oder Be, u. als Basis mindestens ein walz- u. ziehbares Schwermetall mit einer D. von 8,8—10,6 u. einem F. zwischen 960 u. 1456°, z. B. Cu, Ni oder Ag, besitzen, werden in einer reduzierenden Gasatmosphäre gelötet. Als Lotlegierung wird eine nichtoxydationsbeständige Legierung auf derselben Basis verwendet. Die Temp. wird so hoch gesteigert, daß durch Diffusion von einem oxydationsbeständigmachenden Bestandteil aus dem Gegenstand in die Lotschicht, diese oxydationsbeständig wird. Dabei erfolgt die Lötung bei einer Temp., die um höchstens 60° niedriger liegt als die Temp. der beginnenden Schmelzung der Legierung, aus der der Gegenstand besteht. (**Schwz. P. 278 659** vom 26/8. 1948, ausg. 1/2. 1952. Holl. Prior. 28/8. 1947.) GÖTZE. 6505

Henkel & Cie. G. m. b. H. (Erfinder: **Winfried Hentrich** und **Werner Reuß**), Düsseldorf, *Löt-, Schweiß- oder Schmelzmittel* besteht aus Polyphosphaten, wie neutral reagierenden Alkalipolyphosphaten der Formel $Na_5P_3O_{10}$ oder $Na_6P_4O_{13}$. Die Verbb. haben den Vorteil, unter Komplexbldg. verschiedenste Oxyde anzulagern, u. daß ferner die Möglichkeit besteht, das Verhältnis von bas. Oxyd zu P_2O_5 innerhalb weiter Grenzen beliebig zu wählen. (**D. B. P. 851 886** Kl. 49h vom 18/7. 1934, ausg. 9/10. 1952.) MARKHOFF. 6505

Heinrich Ritter, Aluminiumwarenfabrik (Erfinder: **Heinrich Ritter**), Eßlingen/Neckar, *Herstellen einer aufgerauhten, besonders beschreibbaren, Oberfläche auf Aluminium und Aluminiumlegierungen.* Die Oberfläche wird mit einem Halogen in wss. Lsg., z. B. mit Chlorwasser, behandelt; der Lsg. können Halogensalze der Alkalien, Erdalkalien oder Erden zugesetzt werden. Auch durch anod. Behandlung in Lsgg. von Halogensalzen wird eine Aufrauhung erzielt. (**D. B. P. 845 735** Kl. 48d vom 17/12. 1948, ausg. 4/8. 1952.) MARKHOFF. 6513

Dynamit-Akt.-Ges. vorm. Alfred Nobel & Co., Troisdorf, und **Max Baermann,** Bensberg-Wulfshof, Bez. Köln, *Herstellen von Metallüberzügen auf härtbaren Kunststoffen aller Art.* Der Kunststoff oder die den Kunststoff enthaltende Preßmasse wird gegebenenfalls nach vorhergehender Verdichtung, aber vor dem endgültigen Aushärten durch Aufspritzen mit einem Metallüberzug versehen u. anschließend, ohne daß die Metallschicht zum Schmelzen gelangt, einem erhöhten Preßdruck mit oder ohne Erwärmung unterworfen, der gleichzeitig die Aushärtung u. Überführung des Kunststoffes in den irreversiblen Zustand bewirkt. Man erhält festhaftende Überzüge, auf die weitere Überzüge aufgebracht werden können, z. B. galvan. Metallüberzüge. (**D. R. P. 765 173** Kl. 48b vom 4/2. 1939, ausg. 15/5. 1952.) MARKHOFF. 6517

United Kingdom of Great Britain, England, *Erzeugen von mit einem Metallüberzug versehenen Gegenständen.* Auf eine Form aus nichtrostendem Stahl wird zunächst eine Metallschicht mit einer Metallspritzpistole aufgebracht. Auf die Schicht wird dann eine warm härtbare Kunstharzschicht aufgegossen u. unter Preßdruck erhitzt. Nach Beendigung der Härtung wird der mit der Metallschicht fest verbundene Kunstharzkörper aus der Form entfernt. Die Metalloberfläche läßt sich polieren. Das Verf. eignet sich zur Herst. von sehr leichten Spiegeln. (**F. P. 984 632** vom 12/4. 1949, ausg. 9/7. 1951.) MARKHOFF. 6517

Metallwerk Plansee G. m. b. H. (Erfinder: **Eduard Nachtigall** und **Richard Kiefer**), Reutte/Tirol, Österreich, *Herstellung festhaftender, gasdichter Überzüge auf Formkörpern aus hochschmelzenden Metallen.* Es werden Si-haltige Legierungen hochschm. Oxyde bildender Metalle, wie *Al, Mg, Zr, Ti, Th, Cr, Be* auf die Formkörper, z. B. durch Tauchen, Aufspritzen oder Aufdampfen in einer Schichtdicke von unter 4 mm, aufgebracht, bes. solche Legierungen, die sich mit dem Grundmetall in Form einer metall. Diffusionsschicht festhaftend verbinden. Der Formkörper wird dann einer Oxydationsbehandlung, z. B. durch Glühen an der Luft bei einer Temp. von 1400°, unterworfen. Der entstehende Oxydüberzug besitzt gute Temperaturwechselbeständigkeit. (**Oe. P. 169 916** vom 25/10. 1950, ausg. 27/12. 1951.) MARKHOFF. 6531

W. C. Heraeus G. m. b. H., Hanau/Main (Erfinder: **Emil Grafried**, Auheim/Main, **Leopold Hiesinger** und **Karl Protzmann**, Hanau/Main), *Herstellung von Spinndüsen für Kunstseide und Zellwolle.* Auf der Außenseite des Düsenbodens wird durch Hochvakuumverdampfung oder durch eine mit Oxydation verbundene Kathodenzerstäubung eine dünne Schicht von Oxyden aufgebracht, bes. von Oxyden, die sich durch hohe Säurebeständigkeit auszeichnen, wie Oxyde des Si, Ti, Zr, Th, Al, Bi, Ta, Cr u. der Seltenen Erden. Die Schichtdicke soll 0,1—5 μ betragen. Die Kathodenzerstäubung soll in chem. reinem O_2 vorgenommen werden. Der Überzug ist hart u. widerstandsfähig u. verhindert die Bldg. klebriger Überzüge zu Beginn des Spinnvorganges. (**D. B. P. 845 883** Kl. 48b vom 21/2. 1950, ausg. 7/8. 1952.) MARKHOFF. 6531

Westinghouse Electric Corp., übert. von: **Paul L. Schmidt** und **Lawrence R. Hill**, V. St. A., *Erzeugen isolierender Eisenoxydüberzüge auf Eisen.* Das Werkstück wird bei einer Temp. von 400—570° in einer Atmosphäre aus mindestens 20 Vol.-% W. oder W. u. CO_2, Rest H_2, CO, N_2 u. Verunreinigungen erhitzt. Das Volumenverhältnis W. zu CO_2 soll größer als 0,25, das Verhältnis CO_2 zu CO größer als 1,2 sein. Der Geh. an freiem O_2 soll unter 0,5% liegen. Es bildet sich eine Schicht aus Fe_3O_4 mit guten Isolationseigenschaften. — Abbildung. (**F. P. 978 889** vom 12/1. 1949, ausg. 19/4. 1951. A. Prior. 15/1. 1948.) MARKHOFF. 6531

Leonore Singewald geb. Singewald, Leipzig (Erfinder: **Hanns Ketterl**, Weilheim [Obb.]), *Ausbildung einer gleichmäßig dichten Eisenoxydschicht auf Eisen oder Stahl.* Es wird mit geeigneten Beizmitteln, z. B. H_2SO_4 mit einem Zusatz von H_2O_2, prim. eine graue bis schwarze Beizschicht erzeugt, die gespült, durch Trocknen an der Luft aufoxydiert u. schließlich durch Erhitzen (200°) stabilisiert wird. Die Beizschichten werden entweder vollständig zu Fe_2O_3 oder zu einem Gemisch aus FeO u. Fe_2O_3 aufoxydiert. Die Schichten eignen sich als Grundlage für weitere Überzüge, z. B. für Emailüberzüge. (**D. B. P. 817 546** Kl. 48d vom 2/10. 1948, ausg. 18/10. 1951.) MARKHOFF. 6531

Parker Rust Proof Co., Detroit (Erfinder: **Robert C. Gibson**, Birmingham), Mich., V. St. A., *Erzeugen von Phosphatüberzügen auf Eisen und Zink.* Die Metalloberfläche wird mit einer Lsg. eines sauren Phosphats eines schichtbildenden Metalles, der ein lösl. *Chinon*, wie *Tetrachlorparabenzochinon*, zugesetzt ist, behandelt. Das Chinon beschleunigt die Schichtbildung. Das schichtbildende Metall muß der oxydierenden Wrkg. der Chinone widerstehen. (**D. B. P. 853 693** Kl. 48d vom 1/10. 1950, ausg. 27/10. 1952. A. Prior. 28/2. 1941.) MARKHOFF. 6533

Monsanto Chemical Co., übert. von: **John E. Malowan**, St. Louis, Miss., V. St. A., *Verhinderung der korrodierenden Wirkung von Phosphorsäure auf Eisen und Stahl.* Man setzt einer 75%ig. H_3PO_4 0,01—0,5 (Gewichtsteile) eines prim. Amins, z. B. Dodecylamin, oder eines Nitrils mit 6—20 C-Atomen, z. B. Acetonitril, in Verbindung mit 0,001 bis 0,1 KJ zu. (**E. P. 656 678** vom 19/11. 1948, ausg. 29/8. 1951. A. Prior. 31/12. 1947.) NEBELSIEK. 6539

IX. Organische Industrie.

Badische Anilin- & Soda-Fabrik (Erfinder: **Hans-Georg Trieschmann**, Ludwigshafen/Rh., und **Friedrich Mauchen**, Graz), *Herstellung von 1.4-Dichlorbutan*, dad. gek., daß man 2 (Mol) oder etwas mehr HCl auf 1 Tetrahydrofuran, gegebenenfalls in Ggw. von Katalysatoren, unter erhöhtem Druck bei Tempp. $>120°$ einwirken läßt. (**D. B. P. 859 734** Kl. 12o vom 7/5. 1939, ausg. 15/12. 1952.) G. KÖNIG. H 510

Krupp Kohlechemie G. m. b. H., Wanne-Eickel (Erfinder: **Hans Weghofer**, Rio de Janeiro, und **Georg Göttmann**, Wanne-Eickel), *Nitrierung von gesättigten aliphatischen Kohlenwasserstoffen* mit nitrosen Gasen, bes. mit NO_2, bei erhöhter Temp., dad. gek., daß die Rk. in Reaktionsgefäßen erfolgt, deren Innenwände mit einer Phosphorsäureschicht überzogen sind. — Beispiel: Propan → Nitropropan. (**D. B. P. 857 355** Kl. 12o vom 2/10. 1948, ausg. 27/11. 1952.) G. KÖNIG. H 510

Texas Co., New York, übert. von: **Wallace McMillan**, Glenham, N. Y., V. St. A., *Oxosynthese* wird durch Co-Salze des Acetylacetons (**I**), die als solche oder in Mischung mit den bekannten Co-Salzen vorliegen können, bei 100—400° (F) u. 200—5000 lbs./sq.in. günstig beschleunigt. Die Co-Salze des **I** lösen sich in A., Aceton, Methyläthylketon, Diäthylketon. Die aus Hexylen erhaltenen Aldehyde werden unmittelbar nach ihrer Bldg. mit RANEY-Ni bei 350° hydriert. Man erhält *Methylhexylalkohol* u. *n-Heptylalkohol.* **A. P. 2 578 144** vom 15/4. 1949, ausg. 11/12. 1951.) G. KÖNIG. H 650

Standard Oil Development Co., Del., übert. von: **Warren M. Smith**, Baton Rouge, La., V. St. A., *Oxosynthese* wird in einer adiabat. arbeitenden Reaktionszone ausgeführt. Die Kühlung der exotherm. verlaufenden Rk. erfolgt durch Rückleiten von gekühlter Reaktions-Fl. in verschied. Mengen u. mit dem unzers. Katalysator. Nicht zur Kühlung genutzte Reaktions-Fl., die neben Aldehyden noch geringe Mengen Ketone u. Alkohole enthält, wird zur Zerstörung der Carbonylverb. mit H_2 behandelt. Das Reaktionsprod. kann in einer Hydrieranlage zu den Alkoholen oder durch Oxydation zu den entsprechenden Carbonsäuren umgesetzt werden. — Zeichnungen. (**A. P. 2 557 701** vom 19/3. 1948, ausg. 19/6. 1951.) G. König. H 650

Standard Oil Development Co., Elizabeth, N. J., V. St. A., *Sauerstoffhaltige organische Verbindungen*, bes. *Octylaldehyd* u. *Octylalkohol*, erhält man aus Hepten, CO u. H_2 in Ggw. eines lösl. Co-Salzes (I) (Co-Naphthenat) bei 300—360° F u. 2900—3500 lbs./sq.in., wobei die mit den Reaktionsprodd. übergehende Menge an I gleich der frisch zugeführten sein soll. Der Geh. an I im Olefinstrom soll 0,1—0,3 Gew.-% Co, bezogen auf das Gewicht des Heptens, betragen. Die Reaktionsprodd. werden gekühlt, die gasförmigen u. einen Teil der fl. Prodd. führt man in den Kreislauf zurück. In dem fl. Prod. wird vorhandenes I als Metall niedergeschlagen u. hierbei der Aldehyd zu *Octylalkohol* hydriert. — Zeichnung. (**E. P. 663 240** vom 28/3. 1949, ausg. 19/12. 1951. A. Prior. 12/8. 1948.) G. König. H 660

Celanese Corp. of America, New York, N. Y., übert. von: **Alexander F. MacLean**, Bobstown, und **Walter E. Heinz**, Corpus Christi, Tex., V. St. A., *Trocknen von Paraformaldehyd* (I). Man leitet über feinverteilten I einen Luftstrom, der saure oder alkal. Stoffe enthält, um das p_H von I auf 3,4 zu halten. Anschließend leitet man einen erhitzten Luftstrom (80—170°) mit 0—25% Feuchtigkeit über I. Vorteilhaft führt man 1—100 (Vol.) Luft/Min. über 1 I. Die Teilchengröße von I wird nach der p_H-Einstellung auf 50 bis 100 Maschen eingestellt. Der Feuchtigkeitsgeh. des Endprod. beträgt 0,5—1,5 Gew.-%. (**A. P. 2 568 018** vom 28/10. 1949, ausg. 18/9. 1951.) G. König. H 670

Pittsburgh Plate Glass Co., Allegheny County, Pa., übert. von: **Edith M. Boldebuck**, Schenectady, N. Y., V. St. A., *Äthinylkieselsäureester* der allg. Formel $R_n[Si(OR')_m]_x$ (R' = einwertiges Aryl, Alkyl oder Aralkyl; R = $-C{\equiv}C-$ u. $CH{\equiv}C-$; x = Wertigkeit von R; n u. m = 1—3, n + m = 4) erhält man durch Kondensation des entsprechenden Chlorkieselsäureesters oder eines Organosilicohalogenids mit einem Metallacetylid in Ggw. eines polaren Lösungsm. (Pyridin, Dioxan, Triäthylamin, Pyridin–Ae.) nach dem Schema $(R'O)_mSiCl_n + nNaC{\equiv}CH \rightarrow (R'O)_mSi(C{\equiv}CH)_n + nNaCl$. Als Nebenprodd. bilden sich $(R'O)_3{\equiv}Si-C{\equiv}C-Si{\equiv}(OR')_3$ u. $HC{\equiv}C-Si(OR')_2-C{\equiv}C-Si(OR')_2-C{\equiv}CH$. Na-Acetylid wird innerhalb 2½ Std. zu einer Mischung aus Triäthylchlorsilicat $Si(OC_2H_5)_3Cl$ u. Pyridin bei 0—15° gegeben; durch Dest. erhält man $CH{\equiv}C-Si(OC_2H_5)_3$, Kp. 163°; $Kp._{52}$ 91—91,5°; n_D 1,3982. Dieses Prod. entwickelt mit wss. NaOH oder NH_4OH Acetylen u. ist mischbar mit Dioxan oder Xylol. Als Nebenprod. bildet sich $(C_2H_5O)_3-Si-C{\equiv}C-Si-(OC_2H_5)_3$, $Kp._1$ 105—106°. — Mit Diäthyldichlorsilicat erhält man $(CH{\equiv}C)_2{=}Si{=}(OC_2H_5)_2$, $Kp._1$ 31—32°, das sich nach 48 Std. an der Luft verdickt; u. $(C_2H_5O)_2{=}Si(C{\equiv}CH)-C{\equiv}C-Si(C{\equiv}CH){=}(OC_2H_5)_2$, $Kp._1$ 93—106°; es bildet an der Luft ein festes, transparentes Produkt. — Äthyltrichlorsilicat → $(CH{\equiv}C)_3Si(OC_2H_5)$ Verwendung für *Überzüge, Filme, Weichmacher* u. als *Modifizierungs*-Mittel. (**A. P. 2 551 924** vom 1/4. 1947, ausg. 8/5. 1951.) Krauss. H 980

Pan American Refining Corp., Texas City, übert. von: **Robert J. Lee**, La Marque, Tex., V. St. A., *Flüssige Diarylsulfone* erhält man durch Erhitzen einer Mischung von C_8-Aryl-KW-stoffen mit 35—50 (%) m-, 10—26 p-, 5—25 o-Xylol u. ca. 5—15 Äthylbenzol mit H_2SO_4 auf 145—165°, wobei das gebildete W. azeotrop. entfernt wird. *Dixylylsulfone*, $Kp._{10}$ 240—250°; Fließpunkt 80° F; $D.^{25}_{25}$ 1,16; n_D^{25} 1,5832; Mol.-Gew. 281; S-Geh. 11,38. — *Xylyltolylsulfone*, $Kp._{10}$ 464—482° F; n_D^{25} 1,5882; $D.^{25}$ 1,169; S-Geh. 11,6 (Tabellen). — Verwendung als *Plastifizierungsmittel* für plast. Massen, als Zusatzmittel zu *Klebstoffen*. — Tabellen, Diagramm. (**A. P. 2 556 429** vom 5/8. 1948, ausg. 12/6. 1951.) Krauss. H 1090

Henkel & Cie. G. m. b. H. (Erfinder: **Bernhard Raecke**), Düsseldorf, *Umsetzung von Toluol und ähnlichen flüchtigen aromatischen Kohlenwasserstoffen mit Chlorsulfonsäure* (I), dad. gek., daß man den zweckmäßig vorgekühlten KW-stoff in die gleichfalls vorgekühlte I einleitet. Erhöhung der Ausbeute an Sulfochloriden durch Verminderung der KW-stoffverluste in Dampfform. (**D. B. P. 840 238** Kl. 12o vom 2/10. 1948, ausg. 29/5. 1952.) Schindler. H 1090

Ontario Paper Co. Ltd., Thorold, übert. von: **Harry Borden Marshall**, Toronto, und **Charles Alfred Sankey**, St. Catherines, Ontario, Can., *Vanillin* erhält man durch Erhitzen von Sulfitablauge mit wenigstens 75 g NaOH je Liter Sulfitlauge auf 170—200°

u. Oxydation mit O_2-haltigen Gasen, zweckmäßig in Ggw. eines Katalysators (Cu-, Co-, Ce-, Pb-, Mn-, Fe-Oxyde, -Nitrate, -Chloride), wobei der Partialdruck des O_2 unter 10 lbs./sq.in. betragen soll; höchste genannte Ausbeute: 15,6%. — App., Zeichnung (**A. P. 2 544 999** vom 23/7. 1945, ausg. 13/3. 1951. Can. Prior. 9/7. 1945.) KRAUSS. H 1140

Ontario Paper Co. Ltd., Thorold, übert. von: **John Henry Fisher**, St. Catharines, **Harry Borden Marshall**, Toronto, und **Charles A. Sankey**, St. Catharines, Ontario, Can., *Vanillin, Acetovanillin* u. andere Oxydationsprodukte sowie deren Ca-Verbb. aus Ligninsulfonsäureverbb. (I), wie Sulfitablauge, erhält man in wss. alkal. Medium vom p_H 12 bis zum p_H einer gesätt. Kalklösung, bei 120—200° u. unter Druck, bei gleichzeitigem Durchleiten eines feinverteilten O-haltigen Gases mit einem Partialdruck von weniger als 20 lbs./sq.in. während 4 Stunden. Vorteilhaft ist ein Partialdruck von weniger als 10 lbs./sq.in. bei 175—200° u. von weniger als 20 lbs./sq.in. bei Tempp. < 175°. Als wirksames Alkali wird Kalk angewandt. Ausbeutesteigerungen ergeben Anfangskonzz. von I, die weniger als 38 g/Liter enthalten. Die Anfangskonz. kann beim kontinuierlichen Verf. weniger als 70 g/Liter aufweisen. Das kontinuierliche Verf. ergibt in einem einzigen Umsetzungsgefäß die besten Ausbeuten. Als Ausgangsstoffe sind die Rückstandslaugen der Gärung von Sulfitlaugen auf Alkohol bes. geeignet. — Zeichnungen. (**A. PP. 2 576 752, 2 576 753** und **2 576 754** vom 7/1. 1949, ausg. 27/11. 1951.) G. KÖNIG. H 1140

Michael Erlenbach und **Adolf Sieglitz**, Frankfurt/M.-Höchst, *1.4-Butylenglykol-bis-(β-äthyleniminobutyrat)* der Formel $\left[\begin{matrix}CH_2\\ |\\ CH_2\end{matrix}\!\!>\!N\cdot CH(CH_3)\cdot CH_2\cdot CO_2\cdot CH_2\cdot CH_2-\right]_2$ findet Verwendung in der Textil-, Kunststoff- u. Lackindustrie. — Man kocht 452 (g) 1.4-Butylenglykoldicrotonat mit 258 Äthylenimin u. 2 Na·O·CH_3 48 Std. unter CO_2-Austausch. Fl., Kp.$_{0,2}$ 162—165°. Erstarrt kristallin. (**Schwz. P. 275 434** vom 28/4. 1949, ausg. 1/9. 1951. D. Prior. 1/10. 1948.) LANGER. H 3030

Canadian Kodak Co., Ltd., übert. von: **Grafton H. Keyes**, Rochester, N. Y., V. St.A., *Herstellung von Thioketonen* der allg. Formel I, worin R eine Methyl-, Äthyl-, β-Äthoxyäthyl-, Allyl-, β-Oxyäthylgruppe oder eine β-Acetoxyäthylgruppe ist. R' ist eine Methyl-,

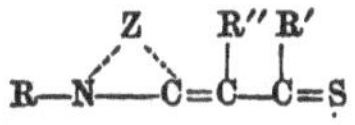
I

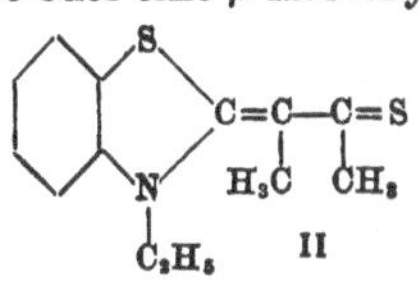
II

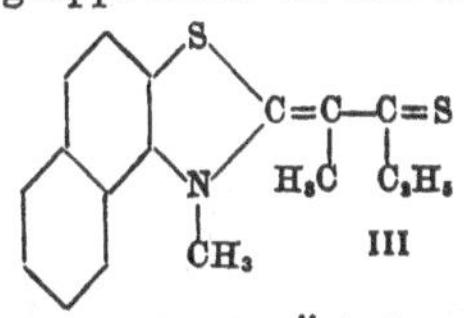
III

Äthyl-, Propyl-, Cyclohexyl- oder Phenylgruppe. R'' ist eine Methyl- oder Äthylgruppe, u. Z bedeutet ein Nichtmetallatom eines heterocycl. Ringes der Thiazolreihe. Verbb. dieser Art sind z. B. Thioketone der Formeln II u. III (vgl. hierzu A. P. 2 500 126; C. **1951**. I. 786). (**Can. P. 475 487** vom 17/6. 1946, ausg. 24/7. 1951. A. Prior. 3/10. 1945.) M. F. MÜLLER. H 3142

Minnesota Mining & Mfg. Co. (Erfinder: **Edward Alexander Kauck** und **Josef H. Simons**), St. Paul, Minn., V. St. A., *Cyclische Fluorkohlenstoffoxyde* (F_2C—$(CF_2)_n$—O, Ring geschlossen zwischen C und O) erhält man durch Elektrolysieren einer Lsg. eines Alkylenoxyds mit an C gebundenen, durch F ersetzbaren H-Atomen der allg. Formel $C_mH_{2m}O$ (m = 2 oder eine höhere, ganze Zahl) in fl. HF bei einer Zellenspannung, die nicht zur Bldg. von freiem F ausreicht. — Beispiele: Pentamethylenoxyd (Tetrahydropyran) → *Dekafluorpentamethylenoxyd*, Kp. 31—33°, n^{29} 1,260; $D.^{15}$ 1,68; $DK.^{20}$ 1,77; Mol.-Gew. 268. — *Oktafluortetramethylenoxyd*, Kp. 1°. — *1.2-Hexafluorpropylenoxyd*, Kp. —42°. — *Tetrafluoräthylenoxyd*, CF_2CF_2O, Kp. —70°. — *Hexafluortrimethylenoxyd*, Kp. —38°. Verwendung als *Kühl-* u. *Lösungsmittel* u. Zwischenprodukte. (**D. B. P. 814 002** Kl. 12o vom 20/7. 1949, ausg. 17/9. 1951. A. Prior. 10/9. 1948.) KRAUSS. H 3200

Commercial Solvents Corp., übert. von: **Murray Senkus**, Terre Haute, Ind., V. St.A., *Cyclische Aminoacetale* der Formel I, worin R = H, Alkyl, Phenyl oder Phenylalkyl bedeutet, dienen als Textilhilfsmittel u. als Zwischenprodd. für Polyplaste. — Sie entstehen durch katalyt. Hydrierung der entsprechenden Nitroverbindungen. — *Aceton-2.2'-bis-(2-amino-1.3-propandiol)-diacetal.* Aus Aceton-2.2'-bis-(2-nitro-1.3-propandiol)-diacetal, H_2 u. RANEY-Ni in Methanol bei 1000 lbs./sq.in. Kristalle. — Analog wurden erhalten: *Methylbenzylketon-2.2'-bis-(2-amino-1.3-propandiol)-diacetal; Benzaldehyd-2.2'-bis-(2-amino-1.3-propandiol)-diacetal.* (**A. P. 2 543 473** vom 12/10. 1949, ausg. 27/12. 1951.) LANGER. H 3252

Koppers Co., Inc., übert. von: **John Mitchell** und **George A. Webb,** Pittsburgh, Pa., V. St. A., *Gewinnung von feinverteiltem, raffiniertem Phenothiazin* (I). Unreines rohes Phenothiazin wird in geschmolzenem Zustande mit Wasserdampf versprüht u. das Dampfgemisch in einer Kondensationskammer plötzlich abgekühlt. Dabei kondensiert ein Gemisch von feinverteiltem I in W. in Form eines Breies. Das abgetrennte feste Prod. wird mit einer wss. Alkalilsg. gewaschen, wobei die färbenden Anteile entfernt werden. — Zeichnung. (**Can. P. 472 815** vom 3/12. 1945, ausg. 10/4. 1951.) M. F. MÜLLER. H 3292

Farbenfabriken Bayer (Erfinder: **Albert Ballauf** und **Richard Wegler**), Leverkusen, *Triazinderivate.* Man läßt wasserfreien CH_2O u. Nitrile, die keine NH_2- oder NH-Gruppen enthalten, in Ggw. von $(CH_3CO)_2O$ u. weiteren sauren Kondensationsmitteln (I) bei erhöhter Temp. in fl. Zustand aufeinander einwirken; verwendet man z. B. *Acrylnitril* u. H_2SO_4 als I u. nimmt die Rk. in Chlorbenzol unter Zusatz von polymerisationsverzögernden Stoffen vor, so erhält man eine Verb. $C_{12}H_{15}O_3N_3$, die wahrscheinlich die Formel II aufweist. Mit *Propionitril* erhält man ein *Triazin* vom F. 169°, mit *Acetonitril* ein Triazin vom F. 88—90° (unscharf), mit *Benzonitril* ein Triazin vom F. 219—220°, mit *β-Methoxypropionsäurenitril* eine hochviscose Flüssigkeit. — Ausgangsstoffe für Polymerisate, ferner Verwendung als Schädlingsbekämpfungsmittel, Weichmacher oder Wachse. (**D. B. P. 859 170** Kl. 12p vom 22/3. 1942, ausg. 11/12. 1952.) BRÖSAMLE. H 3313

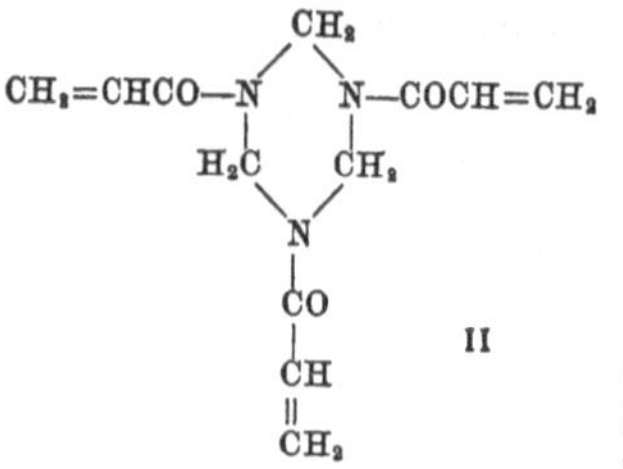
II

Badische Anilin- & Soda-Fabrik, Ludwigshafen/Rh. (Erfinder: **Alfred Max Paquin,** Frankfurt/M.), *1.3.5-Triazinderivate.* Man setzt Harnstoff (I), Thioharnstoff (II) oder Guanidin bzw. ihre Mono- oder symm. Disubstitutionsverbb. mit CH_2O u. prim. Aminen bei $< 40°$ um. Dabei erhält man Verbb. der Formel III; z. B. aus I, CH_3NH_2 u. CH_2O eine Verb. III (X = CH_3, Y = O), die sich bei 199° zers.; aus I, Aminopropan u. CH_2O eine Verb. III (X = C_3H_7, Y = O) vom F. 182°. — III (X = Isobutyl, Y = O), F. 194°. — III (X = CH_3, Y = S), F. 169°. — III (X = $-CH_2-CH_2-NH_2$, Y = S), Zers. bei 140°. — Zwischenprodukte. (**D. B. P. 859 018** Kl. 12p vom 2/6. 1943, ausg. 11/12. 1952.) BRÖSAMLE. H 3313

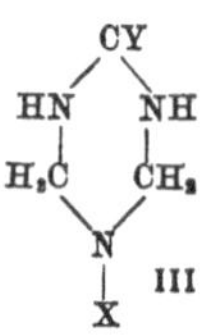
III

Deutsches Hydrierwerk Rodleben VEB (Erfinder: **Heinz-Joachim Engelbrecht**), Rodleben bei Roßlau, *Herstellung von Abkömmlingen des Hexahydro-1.3.5-triazins,* dad. gek., daß man auf 2 Mol einer eine prim. Aminogruppe enthaltenden Verb. der Formel $NH_2 \cdot R$, in der R einen gegebenenfalls substituierten, am N über CO, OCO, NH·CO oder SO_2 gebundenen KW-stoffrest, bes. auch einen Arylsulfonsäurerest bedeutet, der in 4-Stellung zur SO_2-Gruppe einen in eine Aminogruppe überführbaren Rest enthält, in Ggw. von Halogenwasserstoffsäure 3 Mol eines Aldehyds einwirken läßt u. die erhaltenen Einwirkungsprodd. mit NH_3, einem prim. Amin oder einer eine NH_2-Gruppe enthaltenden Verb. der Formel $NH_2 \cdot R$ kondensiert u. im Kondensationsprod. gegebenenfalls die Aminogruppe bildet, wobei man die Ausgangsstoffe so wählt, daß im Endprod. wenigstens ein Arylsulfonsäurerest enthalten ist, der in 4-Stellung zur SO_2-Gruppe eine Aminogruppe oder einen in eine Aminogruppe überführbaren Rest enthält. — Die Verbb. haben die allg. Formel I, worin G = KW-stoffreste sind, die in 4-Stellung zur SO_2-Gruppe eine Aminogruppe oder einen in eine Aminogruppe überführbaren Rest enthalten, während G′ die gleiche Bedeutung wie G hat oder auch 4 oder ein KW-stoffrest sein kann. Ein 4-Atom der CH_2-Gruppen kann durch einen KW-stoffrest ersetzt sein. — Die NH_2-Gruppen enthaltenden Verbb. der Formel $NH_2 \cdot R$ sind Carbonsäureamide, Carbaminsäureester, durch KW-stoffreste an einem N-Atom substituierte Harnstoffe u. Sulfonsäureamide, deren KW-stoffreste der aliphat., aromat., cycloaliphat. oder aus diesen gemischten Reihe angehören. Genannt sind Essigsäureamid, Butter-, Palmitin-, Benzoe-, Naphthensäureamid, Carbaminsäureäthylester, Carbaminsäureoctylester, Octylharnstoff, Butansulfonsäureamid, Octadecansulfonsäureamid, Benzolsulfonsäureamid, 4-Nitrobenzolsulfonsäureamid. Zur Umsetzung geeignete Aldehyde sind z. B. CH_2O, Paraformaldehyd, Trioxymethylen, Hexamethylentetramin, Formaldehydbisulfid, Methylal, Acetaldehyd, Butyraldehyd, Benzaldehyd. — Nach diesem Verf. werden erhalten *N.N′-Diacetyl-N.N′-dichlormethylmethylendiamin, N.N′-Dicarbäthoxy-N.N′-dichlormethylmethylendiamin* (**II**), *N.N′-Dicarbäthoxy-N.N′-dichloräthylidenäthylidendiamin, N.N′-Dibutylsulfo-N.N′-dichlormethylmethylendiamin, N.N′-Di-4-nitrobenzolsulfo-N.N′-dichlormethylmethylendiamin.* — Carbamin-

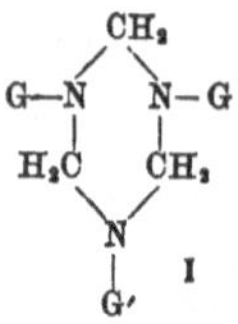
I

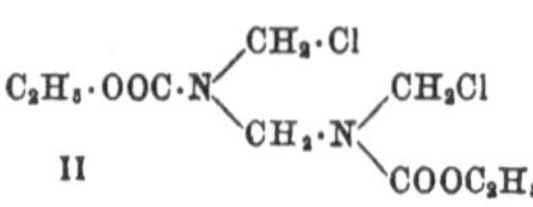
II

säureäthylester u. Trioxymethylen bilden eine Verb. der Formel **II** in Form eines hellgelben Öles. Dieses Prod. wird mit 4-Nitrobenzolsulfamid kondensiert. Die Nitroverb. hat den F. 139—140°. Durch Red. entsteht daraus die NH_2-Verb. der Formel **III**, F. 195—196°. — Dasselbe Kondensationsprod. wird erhalten, wenn man in eine Suspension aus 190 (Teilen) N.N'-Dicarbäthoxymethylendiamin, 66 Trioxymethylen u. 800 Bzl. solange HCl einleitet, bis eine klare Lsg. entstanden ist. Die Chlormethylverb. wird mit 4-Nitrobenzolsulfamid kondensiert u. reduziert. (**D. P. [DDR] 504** Kl. 12p vom 24/5. 1942, ausg. 6/4. 1952 [Wirtschaftspatent].) M. F. Müller. H 3313

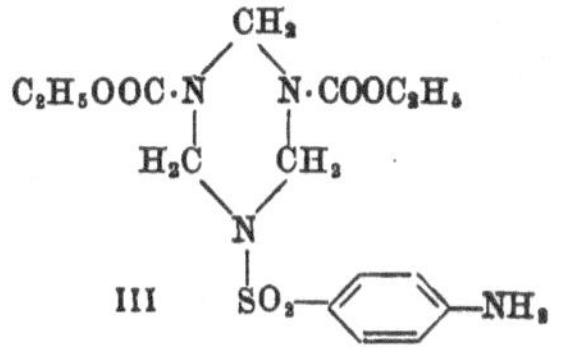

III

Gesellschaft für Chemische Industrie, Basel (Erfinder: **Willi Fisch**, Binningen), Schweiz, *Förderung von Melamin*, dad. gek., daß das Prod. in geschmolzenem Zustand unter einem so hohen NH_3-Druck aus dem Reaktionsraum entfernt wird, daß keine merkliche Zers. eintritt. Das ca. 370° heiße Prod. wird in eine gekühlte Vorlage abgeblasen, das NH_3 aufgefangen. (**D. R. P. 753 048** Kl. 12p vom 7/9. 1937, ausg. 21/8. 1952. Schwz. Prior. 3/9. 1937.) Schindler. H 3313

I. G. Farbenindustrie Akt.-Ges. (Erfinder: **Werner Zerweck** und **Karl Keller**), Frankfurt/M., *Herstellung von Melamin*, dad. gek., daß man Dicyandiamid für sich, gegebenenfalls mit inerten Verdünnungsmitteln (I), im geschlossenen Gefäß auf höhere Tempp. erhitzt, wobei der Zusatz eines festen **I** ohne weiteren Zusatz nichtfester **I** ausgeschlossen sein soll. Als **I** sind u. a. genannt: absol. A., Ae., Cyclohexanol, Tetrahydronaphthalin. (**D. R. P. 763 813** Kl. 12p vom 19/3. 1937, ausg. 23/5. 1952.) Schindler. H 3313

Süddeutsche Kalkstickstoff-Werke Akt.-Ges. (Erfinder: **Franz Kaess** und **Franz Maresch**), Trostberg, Obb., *Herstellung von Melamin aus Harnstoff* (I) unter Zusatz von NH_3, dad. gek., daß man **I** mit W. entziehenden Mitteln, z. B. P_2O_5 oder H_3PO_4 (wasserfrei), in Ggw. von NH_3 erhitzt, wobei mit Drucken von 200—400 atü gearbeitet wird. P_2O_5 soll ca. 20% des **I** betragen; auf 1 (Mol) **I** sollen ca. 4 NH_3 kommen. (**D. B. P. 836 354** Kl. 12p vom 4/5. 1950, ausg. 10/4. 1952.) Schindler. H 3313

Süddeutsche Kalkstickstoff-Werke Akt.-Ges. (Erfinder: **Franz Kaess**), Trostberg, Obb., *Herstellung von Melamin* aus Cyanamiden, bes. Dicyandiamid, durch Erhitzen in einem Gasmedium, gek. durch die Verwendung eines Gases, das mit dem während der Rk. entstehenden NH_3 reagiert, bes. CO_2. Neben CO_2 kann noch NH_3, gegebenenfalls in gebundener Form, verwendet werden. — Beispiele. (**D. B. P. 839 038** Kl. 12p vom 19/10. 1948, ausg. 15/5. 1952.) Schindler. H 3313

Ciba Akt.-Ges., Basel, Schweiz (Erfinder: **Nat H. Marsh**, Noroton Heights, Conn., V. St. A.), *Herstellung von Melamin* (I), dad. gek., daß man NH_3 u. CO bei Tempp. zwischen 230 u. 450°, vorteilhaft zwischen 295 u. 390°, unter Druck von bes. 70—350 kg/cm² in Ggw. eines wasserfreien, vorzugsweise Ni, Co, Pt oder TiO_2 enthaltenden Katalysators zur Rk. bringt u. das **I** isoliert. Das Molverhältnis von NH_3 zu CO soll größer als 1 sein. Das Verf. kann kontinuierlich durchgeführt werden, u. das NH_3 u. CO können nach Abtrennen des **I** zurückgewonnen u. erneut zur Rk. geführt werden. Mehrere Verfahrensbeispiele u. Aufzählung vorteilhafter Katalysatoren. (**D. B. P. 841 459** Kl. 12p vom 28/5. 1950, ausg. 16/6. 1952. A. Priorr. 28/5. u. 29/12. 1949.) Schindler. H 3313

British Industrial Plastics Ltd. (Erfinder: **Alfred Brookes**), London, England, *Herstellung von Melamin durch Polymerisation von Cyanamid und/oder Dicyandiamid* bei n. Druck in Ggw. von Salzen des Guanidins, Biguanidins oder deren substituierter Derivv., dad. gek., daß man solche Salze verwendet, die bei Tempp. bis 250° nur wenig zers. werden, die Rk. bei 150—250° durchführt u. die unveränderten Salze zur weiteren Polymerisation verwendet. Hierbei können die Salze zunächst durch Erhitzen der Cyanamide mit z. B. NH_4Cl hergestellt werden. — Beispiele. (**D. B. P. 844 746** Kl. 12p vom 7/5. 1949, ausg. 24/7. 1952. E. Prior. 11/5. 1939.) Schindler. H 3313

American Cyanamid Co., New York, N. Y. (Erfinder: **David Walker Jayne jr.**, Old Greenwich, und **Harold Milton Day**, Cosoob, Conn.), V. St. A., *Melamin*. Man vermischt wasserfreie Alkaliverbb., bes. Na- u. K-Carbonat, innig mit Dicyandiamid, schm. das Gemisch bei 160—210°, kühlt ab, mahlt, schlämmt in W. auf u. filtriert das Melamin ab. Hohe Ausbeuten. (**D. B. P. 854 652** Kl. 12p vom 27/1. 1940, ausg. 6/11. 1952. A. Prior. 4/4. 1939.) Brösamle. H 3313

American Cyanamid Co., New York, N. Y. (Erfinder: **Johnstone Sinnott Mackay**, Old Greenwich, Conn.), V. St. A., *Herstellung von Melamin*, dad. gek., daß NH_3 u. CO_2 in eine geschlossene Reaktionszone geleitet werden, in der die Temp. auf ca. 132° u. der

Druck auf ca. 70 kg/cm² gehalten u. der Partialdruck des der Rk. entstammenden W. so hoch gebracht wird, daß das W. dampfförmig bleibt, worauf der fl., wasserfreie Harnstoff mit NH_3 durch Druckerhitzung in Melamin übergeführt wird. Nicht umgesetztes NH_3 u. CO_2 wird mit dem W. zusammen entfernt u. nach Abscheiden des W. in den Kreislauf zurückgeführt. Temp. ca. 200°, Druck ca. 140 kg/cm², Partialdruck mindestens ca. 15,8 kg/cm². — Vorrichtung. (**D. B. P. 859 149** Kl. 12p vom 7/4. 1949, ausg. 11/12. 1952. A. Prior. 14/4. 1948.) SCHINDLER. H 3313

American Cyanamid Co., New York, N. Y., übert. von: **Johnstone S. Mackay**, Old Greenwich, Conn., V. St. A., *Melamin* (I). Man läßt NH_3 mit Dicyandiamid (oder auch Harnstoff, Cyanamid, Biuret usw.) kontinuierlich einen Reaktionskessel passieren, u. zwar unter solchen Bedingungen (**II**), daß **I** gebildet u. verdampft wird. Der **I**-Dampf wird entspannt, indem man ihn in einen Raum von n. Temp. u. n. Druck strömen läßt. Dabei scheidet sich sofort feinpulvriges, reines **I** ab. **II**: NH_3-Partialdruck mindestens 750 (lbs./sq.in.), Gesamtdruck 750—5000, Reaktionstemp. 400—450°. — Zeichnung. (**A. P. 2 566 223** vom 5/9. 1945, ausg. 28/8. 1951.) BRÖSAMLE. H 3313

American Cyanamid Co., New York, N. Y., übert. von: **Joseph H. Paden**, Stamford, und **Johnstone S. Mackay**, Old Greenwich, Conn., V. St. A., *Melamin* (**I**). Einer in einem Autoklaven befindlichen Lsg. von Dicyandiamid in fl. NH_3 wird weiteres, auf 500—600° erhitztes NH_3 zugeführt, so daß das Gemisch eine Temp. von 400—550° aufweist u. ein Druck von 750—5000 lbs./sq.in. vorliegt. Das gebildete **I** wird nach dem Abkühlen von NH_3 getrennt. — Zeichnungen. (**A. P. 2 566 227** vom 20/3. 1947, ausg. 28/8. 1951.) BRÖSAMLE. H 3313

Monsanto Chemical Co., St. Louis, Miss., V. St. A., *Melamin.* Man erhitzt NH_3 u. CO_2 (Mol-Verhältnis wenigstens 2 : 1) unter Druck in einem geschlossenen Syst., das eine 1. Reaktionszone von 375—450° u. eine 2. Zone aufweist, die wesentlich kälter ist u. auf solcher Temp. gehalten wird, daß der Druck im Syst. ca. 3000—4000 lbs./sq.in. beträgt. Das Syst. besteht z. B. aus 2 miteinander verbundenen Autoklaven. (**E. P. 670 355** vom 24/5. 1949, ausg. 16/4. 1952. A. Prior. 30/6. 1948.) BRÖSAMLE. H 3313

Pittsburgh Plate Glass Co., Allegheny County, Pa., übert. von: **Franklin Strain**, Norton Center, O., V. St. A., *Stabile Lösungen von hochchloriertem Melamin* erhält man durch Lösen folgender Gemische in W.: 84 (%) Na_2CO_3, $NaHCO_3$ oder Na_3PO_4, 11,5 chloriertes Melamin u. 4,5 Melamin. (**A. P. 2 578 270** vom 23/9. 1949, ausg. 11/12. 1951.) BRÖSAMLE. H 3313

American Cyanamid Co., New York, N. Y., übert. von: **Donald W. Kaiser**, Riverside, Conn., V. St. A., *Substituierte Melamine. N-Diallylmelamin* erhält man durch Rk. äquimol. Mengen von Diallylcyanamid (**I**) u. Dicyandiamid in Butanol u. in Ggw. von $^1/_{10}$ (Mol) NaOH pro 1 **I** bei 100—150°. F. 144—145°. — Analog: *N-Dimethylmelamin,* Zers. bei 307—308°, u. *N-Diäthylmelamin,* F. 178°, sowie *N-Dibenzylmelamin,* F. 222°. Aus N-Cyanmorpholin u. 1-Phenyldicyandiamid erhält man *N-(β-Oxytetramethylen)-N'-phenylmelamin,* F. 186°, aus 1-Dodecyldicyandiamid u. Dimethylcyanamid *N-Dimethyl-N'-dodecylmelamin,* F. 96°. Ferner werden dargestellt: *N-Methyl-N-phenylmelamin,* F. 249°, u. *N-Isopropylmelamin,* F. 217°. (**A. P. 2 567 847** vom 20/9. 1946, ausg. 11/9. 1951.) BRÖSAMLE. H 3313

Deutsche Gold- und Silber-Scheideanstalt vormals Roessler, Frankfurt/M. (Erfinder: **Hans Wagner**, Konstanz), *Substituierte Melamine.* Man bringt Cyanurchlorid in hydroxylfreien Lösungsmitteln bei 60—90° mit vorzugsweise überschüssigem NH_3 zur Rk. u. setzt das erhaltene Monochlordiaminotriazin oberhalb 100° mit Aminen um, z. B. mit überschüssigem Anilin, wobei *Phenylmelamin,* F. 213°, erhalten wird. (**D. B. P. 859 024** Kl. 12p vom 7/5. 1943, ausg. 11/12. 1952.) BRÖSAMLE. H 3313

Süddeutsche Kalkstickstoff-Werke Akt.-Ges. (Erfinder: **Franz Kaess** und **Franz Maresch**), Trostberg, Obb., *Herstellung von 1.3.5-Triaminotriazin* aus Cyanamid oder Dicyandiamid durch Erhitzung auf Tempp. über 100°, dad. gek., daß das Ausgangsmaterial in stückiger Form verwendet wird. Die Rk. soll in Ggw. von NH_3, CO_2 oder Rauchgas durchgeführt werden. Ausbeuteerhöhung. (**D. B. P. 839 195** Kl. 12p vom 20/11. 1949, ausg. 19/5. 1952.) SCHINDLER. H 3313

Deutsche Hydrierwerke Akt.-Ges., Düsseldorf (Erfinder: **Christoph Grundmann**, Columbus, O., V. St. A.), *2-Amino-4-oxy-1.3.5-triazin* erhält man durch Rk. von HCOOH mit Dicyandiamid in der Hitze. F. $>$360°. (**D. B. P. 861 384** Kl. 12p vom 29/10. 1941, ausg. 5/1. 1953.) BRÖSAMLE. H 3313

American Maize-Products Co., übert. von: **James F. Walsh, Siegfried M. Kinzinger** und **Willard L. Morgan**, New York, N. Y., V. St. A., *Gewinnung von Zein* durch Extraktion von Maisgluten mit einer 40—65%ig. wss. alkoh. Lsg. bei 75—140° F. Der Extrakt wird mit Cl_2 oder Br_2 oder mit Alkali- oder Erdalkalihypohalogeniden oxydierend behandelt. Es bilden sich dabei zwei Schichten. Die abgetrennte schwerere Schicht wird durch Dest. vom Lösungsm. befreit, u. es bleibt dabei das Zeïn zurück. (**Can. P. 478 849** vom 29/11. 1941, ausg. 27/11. 1951. A. Prior. 31/10. 1940.) M. F. Müller. H 4070

Rudolf Kveton, Strelske Hostice, Tschechoslowakei, *Gewinnung von reinem Keratin aus keratinhaltigem Material.* Dieses wird fein gemahlen, u. danach werden die leichteren organ. Anteile u. die schwereren anorgan. Anteile von den mittelschweren, das Keratin enthaltenden Anteilen mechan. getrennt. Das mit Keratin angereicherte Material wird danach in W. dialysiert, das wss. Dialysat mit HCl angesäuert u. dann mit H_2O_2 oder Ozon behandelt. Die wss. Lsg. wird nach der Oxydation mit CH_2O sterilisiert u. 3—5 Min. bei 100° erhitzt. Nach dem Verdampfen der Lsg. bleibt das Keratin zurück. (**Can. P. 479 053** vom 12/10. 1950, ausg. 4/12. 1951.) M. F. Müller. H 4070

X. Färberei. Organische Farbstoffe.

—, *Neue Farbstoffe und Hilfsmittel.* Prodd. der Farbwerke Hoechst, Frankfurt/M.: *Wollechtgrau BL* ist ein einheitlicher schwach sauer zu färbender Farbstoff. Er besitzt sehr gute Licht-, Wasser-, Schweiß- u. Seewasserechtheit. Zieht gleichfalls aus neutralem Bad auf Wolle. Der Farbstoff kann auch zum Färben von Polyamidfasern u. für den Direktdruck auf Wolle u. Naturseide verwendet werden. — Prodd. der Ciba AG., Basel: *Cibantinbrillantrosa 3 B* gibt auf nativer u. regenerierter Cellulose blaustichige Rosatöne von guter Licht- u. Waschechtheit u. vorzüglicher Cl- u. Superoxydechtheit. Eignet sich zur Herst. leicht reservierbarer Klotzfärbungen. Zirkular Nr. 698. — Prodd. der Badischen Anilin- und Sodafabrik, Ludwigshafen/Rh.: BASF-Prodd. für die Textilindustrie. Teil VI: Färben u. Ausrüsten von Polyamidfasern (Perlon, Nylon u. a.). Angeführt werden folgende Prodd.: *Schlichte T 8, Perapret PN, Umperol PN* (Egalisiermittel). — *Ramasit K* konz., *Ramasit RGT* konz. sind Imprägniermittel für die wasserabstoßende Ausrüstung von Textilien. — *Indanthrenfarbstoffe „Colloisol"*. Zwölf Indanthrenfarbstoffe in neuartiger, hoher Feinverteilung in Pulverform. *Indanthrengelb G* „Colloisol" (I), *-goldorange G* I, *-rot FFB* I, *-rubin GR* I, *-dunkelblau IB* I, *-blau RS* I, *-blau GCD* I, *-blau BC* I, *-oliv MW* I, *-oliv T* I. Ferner werden angeführt: *Indanthrenbrillantgrün FFB* I u. *-brillantgrün GG* I. Für die Apparate- u. Stückfärbemethoden, wie Stammküpenauszieh-, Abbot-Cox-Prozeß bzw. Indanthren-Naß/Dampf, Pad-Steam-Continue-Verfahren. — *Indanthrengelb 4 GF* Suprafix Teig als Druckfarbe verwendbar nach dem üblichen Pottasche–Rongalit-C-Verf. oder nach dem Colloresinverfahren. Die Färbungen sind vorzüglich lichtecht, sehr gut Cl- u. waschecht. — Kundenrundschreiben 8056. (Textil-Rdsch. [St. Gallen] **7.** 596—97. Dez. 1952.) P. Eckert. 7018

L. Drijvers, *Das Färben von Textilfasern bei hoher Temperatur (über 100° C).* (Textielwezen **8.** 133—46. Sept. 1952. Kortrijk, Groeninghe Ververij. — C. **1952.** 5010.) Wesly. 7020

Erich Karafiat, *Färben und Ausrüsten von Perlon- und Nylonstrümpfen.* 2. Mitt. (1. vgl. C. **1952.** 8050.) Arbeitsvorschriften u. prakt. Hinweise. (Melliand Textilber. **33.** 1033—34. Nov. 1952.) P. Eckert. 7020

Konrad Hoffmann, *Anlage zur Prüfung der Lichtechtheit von Färbungen, Kunststoffen und dergleichen durch künstliche Belichtung.* Das neue Belichtungsgerät ist ein Zwischending zwischen einer elektr. Birne u. einer Hg-Dampflampe. Vergleichverss. an gefärbten Geweben mit dem angeführten App. u. Tageslicht werden beschrieben. Zur Gewinnung eines Überblickes über die spektrale Lichtverteilung im sichtbaren Bereich wurde eine Reihe von Farbmessungen durchgeführt, deren Ergebnisse tabellar. wiedergegeben werden. (Melliand Textilber. **33.** 1040—43. Nov. 1952.) P. Eckert. 7028

Ciba Akt.-Ges., Basel (Erfinder: **Hermann Hauser**, Binningen), Schweiz, *Zum Drucken geeignetes Farbstoffpräparat.* Es enthält einen Küpenfarbstoff der allg. Formel I, worin R u. R_1 von lösl. machenden Gruppen freie Reste der Benzolreihe darstellen, sowie mindestens ein Druckhilfsmittel, z. B. Sulfitablauge. (**D. B. P. 850 137** Kl. 8n vom 1/1. 1949, ausg. 22/9. 1952. Schwz. Priorr. 15/8. 1947 u. 30/7. 1948.) v. Schiller. 7023

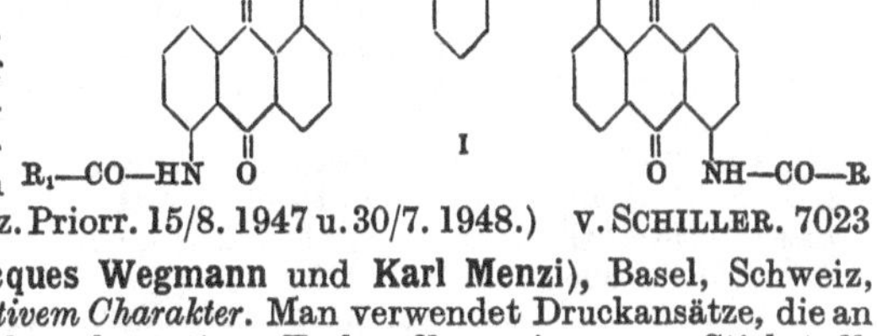

I

Ciba Akt.-Ges. (Erfinder: **Jacques Wegmann** und **Karl Menzi**), Basel, Schweiz, *Drucken mit Farbstoffen von substantivem Charakter.* Man verwendet Druckansätze, die an sich schwerlösl. Metallkomplexverbb. substantiver Farbstoffe sowie organ. Stickstoffbasen enthalten, welche der allg. Formel $C_nH_{2n}=[-NH-C(R_1)(R_2)-CH_2-OH]_2$ entsprechen, worin R_1 = H, eine Alkylgruppe mit höchstens 3 C-Atomen oder eine Oxymethylgruppe, R_2 = H oder CH_3 u. n eine ganze Zahl von höchstens 4, bes. 2 bedeutet, z. B. 1.2-Di-(β-oxyäthylamino)-äthan. (**D. B. P. 850 138** Kl. 8n vom 11/8. 1950, ausg. 22/9. 1952. Schwz. Priorr. 19/9. 1949 u. 20/7. 1950.) V. SCHILLER. 7023

Farbenfabriken Bayer, Leverkusen (Erfinder: **Heinrich Gold**, Opladen, und **Hans Frank Piepenbrink**, Leverkusen), *Monoazofarbstoffe der Pyrazolonreihe.* 3-Methyl-5-pyrazolon (I) wird mit Sulfonsäuren der Monoamine von solchen Verbb. gekuppelt, die 2 nicht kondensierte carbocycl. Ringe enthalten, z. B. mit 4-Aminodiphenyl-, 4-Cyclohexylanilin-, 4-Aminodiphenylamin- oder Aminodiphenyläthersulfonsäuren. Die Prodd. färben Wolle u. Seide aus saurem Bade lebhaft gelb. — Beispiel: 4-Aminodiphenyl-3-sulfonsäure → I. Orangefarbenes Pulver, färbt tier. Fasern etwas grünstichig gelb. (**D. B. P. 842 978** Kl. 22a vom 2/2. 1950, ausg. 3/7. 1952.) KALIX. 7053

J. R. Geigy Akt.-Ges., Basel (Erfinder: **Peter Hindermann**, Bodmingen), Schweiz, *Metallisierbare Tetrakisazofarbstoffe der Dipyrazolonreihe* der allg. Formel I erhält man

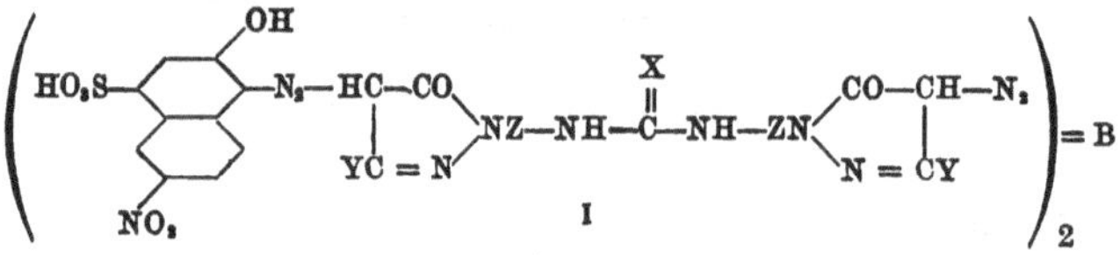

I

durch Kupplung einer Tetrazoverb. eines einfachen oder zusammengesetzten, mehrkernigen aromat. Diamins B, das noch weiter substituiert sein kann, mit 2 gleichen oder verschied. Monoazofarbstoffen der allg. Formel I in schwach saurem, neutralem oder alkal. Medium. Hierbei bedeuten X ein O- oder S-Atom, die Y gleiche oder verschied. Alkyl- oder Phenylgruppen u. Z einen in 1.4-Stellung gebundenen Phenylen- oder Diphenylrest, der noch weiter substituiert sein kann; B kann durch Halogen, OH-, COOH-, SO_3H-, Alkoxy-, Carboxy- oder andere Gruppen substituiert sein. — Beispiel: 24,2 (Teile) 4.4′-Diaminodiphenylharnstoff (II) werden tetrazotiert u. in bicarbonatalkal. Medium mit 139,8 Monoazofarbstoff gekuppelt, der durch halbseitige Kupplung von diazotierter 1-Amino-6-nitro-2-oxynaphthalin-4-sulfonsäure mit dem Harnstoff des 1-(4′-Aminophenyl)-3-methyl-5-pyrazolon erhältlich ist. Der entstandene Tetrakisazofarbstoff ist ein in W. rot lösl. Pulver, das Cellulose rotbraun färbt, beim Nachkupfern rot. Ähnliche Farbstoffe erhält man bei Ersatz von II durch 4.4′-Diaminodiphenyl, Diaminodiphenylmethan, -sulfid, -amin, 4.4′-Diaminostilben-2.2′-disulfonsäure, 1-(3′- oder 4′-Aminobenzoylamino)-4-aminobenzol usw. (**D. B. P. 842 520** Kl. 22a vom 14/12. 1948, ausg. 26/6. 1952. Schwz. Prior. 27/12. 1945.) KALIX. 7055

Sandoz Akt.-Ges. (Erfinder: **Walter Wehrli** und **Fritz Kehrer**), Basel, Schweiz, *Trisazofarbstoffe.* 1 (Mol) 5.5′-Dioxy-2.2′-dinaphthylamin-7.7′-disulfosäure (III) wird in

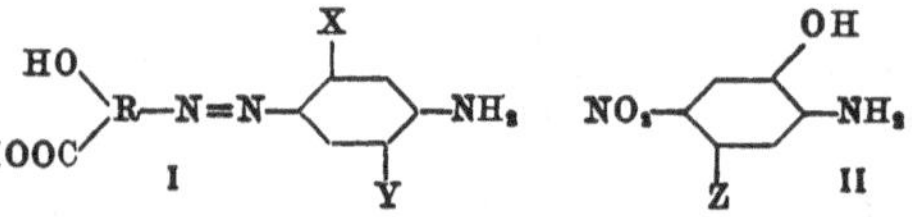

I II

beliebiger Reihenfolge mit 1 der Diazoverb. von I u. mit 1 der Diazoverb. von II gekuppelt. Hierbei bedeutet R einen Benzolrest mit HO u. COOH in o-Stellung zueinander u. gegebenenfalls mit zusätzlichen Alkylresten, X eine Alkyl- oder Alkoxygruppe, Y eine Alkoxygruppe u. Z ein H- oder Halogenatom oder eine Alkylgruppe. Die Reaktionsprodd. färben Cellulose, regenerierte Cellulose, Baumwolle u. Leinen in klarblauen Tönen, deren Licht- u. Naßechtheit durch Nachkupfern verbessert wird. — Beispiel: 3 (Gewichtsteile) 4-Amino-2-methyl-5-methoxy-4′-oxy-3′-carboxy-1.1′-azobenzol werden diazotiert u. mit 4,6 III u. der entstandene Disazofarbstoff mit 1,54 5-Nitro-2-amino-1-oxybenzol gekuppelt. (**D. B. P. 836 223** Kl. 22a vom 29/11. 1949, ausg. 10/4. 1952. Schwz. Prior. 17/5. 1944.) KALIX. 7055

Ciba Akt.-Ges., Basel (Erfinder: **Paul Grossmann**, Binningen, und **Walter Kern**, Sissach), Schweiz, *Farbstoffpräparate*, gek. durch einen Geh. an mindestens 2 voneinander verschied. α-Acylamino-α-oxyanthrachinonen in feinverteilter Form, worin die Acylgruppen den Resten niedrigmol. aliphat. Carbonsäuren entsprechen. Z. B. werden 10 (Teile) 1-Acetylamino-8-oxyanthrachinon mit 10 1-Chloracetylamino-8-oxyanthrachinon in 160 H_2SO_4 (90%) bei —5 bis 0° gelöst, auf Eis ausgetragen, filtriert u. neutral gewaschen. Das aus 30—75 W. u. 20 Farbstoffmischung bestehende Nutschgut wird mit 30 getrockneter Sulfitablauge vermahlen. Es färbt *Acetatkunstseide* in reinen gelben Tönen von sehr guter Lichtechtheit. (**D. B. P. 848 792** Kl. 8m vom 1/1. 1949, ausg. 8/9. 1952. Schwz. Priorr. 20/12. 1946 u. 26/11. 1947.) V. SCHILLER. 7059

General Aniline & Film Corp., New York, N. Y., übert. von: **Nicholas W. Solonen** und **David I. Randall**, Easton, Pa., V. St. A., *Pigmentfarbstoff.* Durch Erhitzen von

1-Nitroanthrachinon-2-carbonsäure mit $SOCl_2$, Umsetzen des erhaltenen Säurechlorids in Ggw. eines säurebindenden Mittels, wie Pyridin oder Chinolin, mit 3.4-Xylidin, Red. der NO_2-Gruppe zur NH_2-Gruppe u. durch Verküpen der erhaltenen Verb., die dann wieder durch Behandeln mit einem Luftstrom in die Ketoform übergeführt wird, erhält man den Farbstoff der Zus. I,

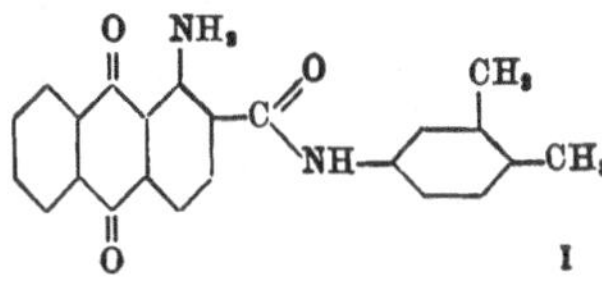
I

der in sehr lichtechten, kräftigen klaren roten Tönen färbt. (**A. P. 2 589 974** vom 26/12. 1950, ausg. 18/3. 1952.) ROICK. 7059

Imperial Chemical Industries Ltd., übert. von: **Norman Hulton Haddock** und **Clifford Wood**, Blackley, England, *Quaternäre oder ternäre Salzgruppen enthaltende wasserlösliche Phthalocyanine.* Aus Phthalocyaninverbb. mit an die Phenylgruppen des Phthalocyaningrundkomplexes über —CO-, —S-, —O-, —SO_2-Brücken gebundenen Arylresten mit n-CH_3Cl- bzw. CH_2Br-Gruppen, wobei n > 1 u. die Arylreste mindestens (n — 1) CH_2Cl- bzw. CH_2Br-Gruppen enthalten, entstehen durch Ersatz des Cl bzw. Br durch quaternäre oder tern. Salzgruppen nach bekannten Methoden wasserlösl. Derivv. der Formel $R(CH_2X)_n$, wobei R das Mol. einer Metall- oder metallfreien Phthalocyaninverb. u. X eine quaternäre oder tern. Salzgruppe, z. B. ein quaternäres Ammoniumhalogenid-, Pyridinchlorid-, Isothioharnstoffchlorid-, tern. Sulfoniumsalzradikal bedeutet. Baum-

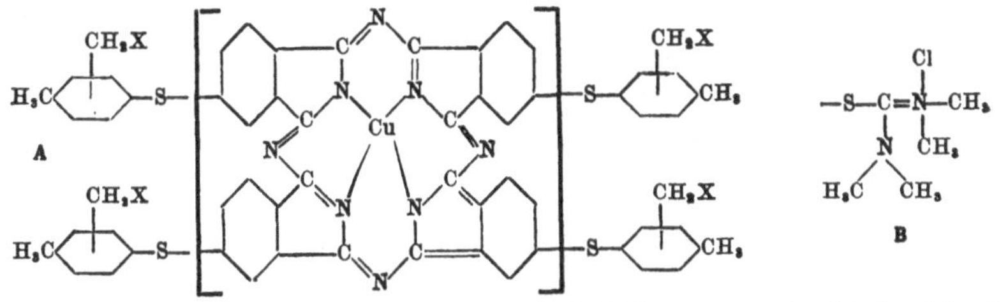
A B

wolle oder anderes Textilmaterial werden damit licht- u. waschecht leuchtendgrün gefärbt. Beschrieben wird die Rk. von Cu-Tetra-(chlormethyl)-tetra-4-benzoyl (bzw. p-tolylmercapto- bzw. p-tolylsulfonyl)-phthalocyanin mit Tetramethylthioharnstoff (I) bzw. Pyridin bzw. Na-Methylmercaptid u. Dimethylsulfat. Die p-Tolylmercaptoverb. ergibt mit I die Verb. **A**, wobei X das Radikal **B** bedeutet. (**A. P. 2 542 328** vom 18/3.1949, ausg. 20/2. 1951. E. Prior. 6/12. 1944.) HARDER. 7073

XIa. Farben. Anstriche. Lacke. Naturharze.

H. Hadert, *Leuchtfarbenprobleme.* Fortschrittsbericht über Darst., Bindemittel u. Anwendung von Leuchtfarben auf Grund der neueren Patent- u. Zeitschriftenliteratur. — 11 Hinweise. (Fette Seifen einschl. Anstrichmittel **58.** 757—58. Dez. 1951. Wandlitz bei Berlin.) SCHEIFELE. 7092

Anatol Allas, *Die Verwendung der Metalle als Trockenstoffe in der Lackindustrie.* Besprochen werden: Einfl. der Trockenstoffe auf Trocknung, Durchhärtung u. Alterung der Lackfilme; spezif. Wrkg. von Pb, Fe, Mn, Co, Ca, Zn; Einfl. der Säureradikale des Trockenstoffes; Trocknungsverh. von Alkydharzen. (Pitture e Vernici **8.** 421—25. Aug. 1952.) SCHEIFELE. 7096

Z. Klonowski, *Rostschutzfarben.* Kurzer Überblick über Zus., Eigg. u. Anwendung. (Przemysł chem. **7.** (**30.**) 275—78. Mai 1951.) v. WILPERT. 7106

W. H. Ritchie, *Fungicide in Anstrichstoffen und anderen Schutzüberzügen.* Vortrag. Überblick über Entw. u. Verwendung der Fungicide enthaltenden Anstriche u. Überzüge nebst einigen prakt. Hinweisen zu ihrer Herstellung. (Paint Technol. **16.** 481—84. Nov. 1951. Monsanto Chemicals Ltd., Development Div.) SCHEIFELE. 7106

G. Tröger, *Über die Technik der Autolackierung.* Für die neuzeitliche Autolackierung stehen zur Verfügung: 1. totaler Nitrocelluloseaufbau, 2. ofentrocknende Kunstharzgrundierung + lufttrocknender Nitrocellulosedecklack, 3. totaler Kunstharzaufbau, ofentrocknend. Letzterer wird industriell auf breitester Basis angewendet. Als Beispiel wird die Lackierung des Volkswagens geschildert. (Fette Seifen einschl. Anstrichmittel **53.** 764—66. Dez. 1951. Hiltrup/Westf.) SCHEIFELE. 7106

A. Turco, *Die Technik der Holzlackierung mittels Ballenauftrages.* Darst. der einzelnen Phasen der Schlußpolierung von Hölzern. (Pitture e Vernici **8.** 433—36. Aug. 1952.) SCHEIFELE. 7106

Lewis Berger & Sons Ltd., London, England (Erfinder: **F. Armitage** und **D. H. Hewitt**), *Herstellung von Styrol-Öl-Mischpolymerisaten.* Man polymerisiert Styrol oder Alkylstyrole mit Mischestern aus mehrwertigen Alkoholen (Glycerin, Pentaerythrit) u. Fettsäuren, von denen ein Teil aus trocknenden oder halbtrocknenden Ölen stammt. Bes. geht man von Fettsäuren aus, die konjugierte Trienfettsäurereste enthalten. Die teilweise polymerisierten Mischester können auch ölmodifizierte Alkydharze sein. Man führt die Polymerisation bei ca. 155—250° u. 1,4—56 at durch. Man kann auch in Ggw. von Lösungsmitteln, wie Terpene oder Styrol, arbeiten. Die Prodd. geben hochwertige *Überzugsfilme,* sie können aber auch für Druckfarben verwendet werden. Durch den erhöhten Druck wird die Polymerisation sehr beschleunigt. Nach Schwed. P. 133 211 wird die Esterkomponente durch Rk. von mehrbas. Säuren (Phthalsäure), mehrwertigen Alkoholen u. ungesätt. Fettsäuren von trocknenden Ölen (chines. Holzöl) hergestellt. Die Polymerisation mit Styrol kann auch ohne Druck durchgeführt werden. (**Schwed. PP. 133 210** vom 12/11. 1947, ausg. 9/10. 1951. E. Prior. 12/11. 1946 u. **133 211** vom 6/12. 1947, ausg. 9/10. 1951. E. Prior. 6/12. 1946.) JÜRGEN SCHMIDT. 7097

Steinkohlenbergwerk Rheinpreußen, Chemische Werke Homberg (Erfinder: **Walter Grimme,** Moers, und **Friedrich Josten,** Utfort), *Herstellung organischer Aluminiumverbindungen von Kunststoffcharakter* aus Aluminiumalkoholaten u. Anhydriden von Dicarbonsäuren, dad. gek., daß 1. man 1 (Mol) Al-Alkoholat (I) mit 3 eines Anhydrids einer aliphat. oder aromat. Dicarbonsäure oder eines Anhydridgemisches zweckmäßig in Ggw. eines Lösungsm. umsetzt, 2. 1 I mit weniger als 3 Dicarbonsäureanhydrid u. das entstehende Prod. mit einer organ. Säure weiter umsetzt, 3. die Nachbehandlung mit einem Gemisch von Mono- u. Dicarbonsäuren vornimmt, 4. die bei der Nachbehandlung mit Dicarbonsäuren gewonnenen Prodd., die freie COOH-Gruppen enthalten, mit OH-haltigen Stoffen, wie Alkoholen, Phenolen, Naphtholen, weiterbehandelt. — Die Prodd. sind Halbester der dicarbonsauren Al-Salze; z. B. entsteht aus 1 Al-sek.-butylat u. 3 Phthalsäureanhydrid die Verb. $H_9C_4OOC \cdot C_6H_4 \cdot COO \cdot Al(OOC \cdot C_6H_4 \cdot COOC_4H_9)_2$. — Aus Al-Isopropylat u. Maleinsäureanhydrid Harze vom Tropfpunkt 65—70°. — *Kunststoffe für die Lackindustrie.* (**D. B. P. 853 354** Kl. 39c vom 7/2. 1950, ausg. 23/10. 1952.) DONLE. 7097

Monsanto Chemical Co., St. Louis, Mo., übert. von: **Paul E. Marling,** Dayton, O., V. St. A., *Oberflächenüberzugsmasse.* Vinylester von Tallöl werden zusammen mit 0,01—5% Anthrachinon mehrere Std. in einer inerten Atmosphäre bei 400—600° F erhitzt. Zum Gebrauch wird die viscose M. in z. B. PAe. gelöst. Gegebenenfalls weiterer Zusatz eines Füllmittels oder Farbstoffs. (**A. P. 2 587 497** vom 29/7. 1948, ausg. 26/2. 1952.) KRANZ. 7107

Badische Anilin- & Soda-Fabrik, Ludwigshafen/Rh. (Erfinder: **Hans Gerlich,** Mannheim), *Herstellung von Lacküberzügen,* indem man Lsgg. von Verbb., die im Mol. 2 Urethanreste enthalten, wie sie durch Rk. von z. B. Toluylen- oder Chlorphenylendiisocyanat, Diisocyanatodiphenylmethan oder -äthan, Diisocyanatodicyclohexylmethan oder -äthan oder Triisocyanatobenzol mit Alkoholen, wie Äthanol, Butanol, Cyclohexanol, Glykolmonoalkyläthern oder -estern, erhalten werden, u. von filmbildenden Stoffen, die im Mol. mit Urethangruppen umsetzungsfähige Gruppen enthalten, wie Alkyd- oder Harnstoff-Formaldehydharze oder Kolophoniumester mehrwertiger Alkohole mit freien Oxygruppen, in an sich bekannter Weise auf die zu behandelnden Unterlagen aufbringt u. auf Tempp. von ca. 150° u. darüber erhitzt. (**D. B. P. 858 122** Kl. 22h vom 30/4. 1944, ausg. 4/12. 1952.) GRÄGER. 7107

Minnesota Mining & Manufacturing Co., St. Paul, übert. von: **Albert L. Finn,** Detroit, Mich., V. St. A., *Bindemittel und Überzugsmasse,* bestehend aus z. B. 100 (Teilen) eines kautschukartigen Butadien–Acrylnitril-Polymerisats, 10 eines weichen Cumaron-Inden-Harzes, 10 Salicylsäure, 80 eines öllösl. Phenolharzes u. 550 Methyläthylketons. Die fl., von selbst erhärtende zähe M. haftet gut an Metall u. Gewebe; sie eignet sich zum Befestigen von Flugzeugkabinen u. als wetter- sowie ölfester, in Verbindung mit Zement rutschfester Bodenbelag. (**A. P. 2 537 982** vom 3/8. 1945, ausg. 16/1. 1951.) SALZMANN. 7107

Minnesota Mining & Mfg. Co., übert. von: **Joseph H. Kugler** und **William E. Lundquist,** St. Paul, Minn., V. St. A., *Überzugslack für Leder,* bestehend aus einem Mischpolymerisat aus 65—80 (Teilen) Methylacrylat (bzw. Isoamyl- oder 2-Äthylbutylacrylat) u. 35—20 n-Hexylmaleat. Die M. kann mit einer Emulsion von 200 ZnS, 100 sulfoniertem Ricinusöl u. 1000 einer 1%ig. wss. Eialbuminlsg. angerührt u. zum Bestreichen von Kunstleder, bituminierten Geweben, Papier, Filmen u. dgl. verwendet werden. (**A. P. 2 544 691** vom 23/12. 1943, ausg. 13/3. 1951.) SALZMANN. 7107

S. Bergqvist, Göteborg, Schweden, *Rohr aus gewelltem Material.* Metallrohre aus gewelltem Material werden innen u. gegebenenfalls auch außen mit einer Schicht aus kautschukartigen Kunststoffen, wie Polyvinylverbb., Polyacrylate, Polystyrol oder Polyisobutylen oder Silicone, zum Schutz *gegen Korrosion* überzogen. Die Rohre sind leicht biegsam, ohne daß der *Überzug* reißt. (**Schwed. P. 132 558** vom 18/8. 1947, ausg. 31/7. 1951.) JÜRGEN SCHMIDT. 7107

XIb. Plaste (Kunstharze. Plastische Massen).

Maxwell A. Pollack, *Weichmacher für Elastomere.* Allg. Ausführungen. — 6 Literaturhinweise. (India Rubber Wld. **127.** 497—502. 510. Jan. 1953. Denville, N. J.) WINIKER. 7170

S. Pieterse, *Plastisole. Ein neues Verfahren zur Herstellung von Schaumpolyvinylchlorid.* Das bisher gebräuchliche Plastisolverf. wird durch die nachst. Arbeitsweise ersetzt. Die Polyvinylchloridpaste wird expandiert, indem man sie mit einem Gas unter Druck bringt. Die entstehende M., deren Konsistenz dickem Rahm entspricht, wird in einer Matrize bei 125—135° geliert u. dann abgekühlt. Das erhaltene Schaumprod. hat eine zellenartige Struktur, kann in jeder gewünschten Farbe u. Dicke hergestellt werden u. ist gut beständig gegen Oxydation, Feuchtigkeit, Alterung, Alkalien, Säuren u. viele andere Chemikalien, nahezu unverbrennbar, geruch- u. geschmacklos. Große Abstufungen in Härte u. Geschmeidigkeit können erzielt werden. D. 0,2—0,3. (Plastica [Delft] **5.** 248—51. Aug. 1952.) WESLY. 7172

Gordon B. Thayer, *Spritzguß von Polystyrolteilen mit großem Querschnitt.* Die zweckmäßige Spritztechnik für Polystyrolspritzgußkörper wird angegeben u. erörtert. (India Rubber Wld. **126.** 375—80. Juni 1952. Midland, Mich., Dow Chem. Co., Plastics Techn. Serv.) SCHÄFF. 7172

Pierre Talet, *Fortschritte auf dem Gebiet der Schichtstoffe.* Überblick über Herst. u. Eigg. von Schichtstoffen, hergestellt aus Papier oder Gewebe mit Phenolharzen, Harnstoff-Formaldehydharzen, Melamin-Formaldehydharzen oder Vinylharzen. (Ind. Plast. mod. **2.** Nr. 4. 33—41. Aug. Nr. 6. 43—45. Nov. 1950. **3.** Nr. 1. 28—29. Jan. Nr. 2. 25—27. Febr. 1951. Paris, Soc. Nobel Française, Labor. de Rech.) SCHNELL. 7204

Ervine F. Smith, *Bericht über die Verwendung des Durometers Shore Type A zur Härtebestimmung von Vinylplasten.* Vf. gibt Vorschriften zur Kalibrierung u. Benutzung des SHORE-Härteprüfers. Messungen an mit DOP weichgemachten PVC-Folien (Vinylite VYNW) ergaben, daß für 25—45% DOP die Härte mit zunehmendem Weichmachergeh. abnimmt (pro % Weichmacher um ca. 2 Barometereinheiten). Im Temperaturbereich von 0—50° nimmt die Härte mit steigender Temp. ab (pro 1,5° um ca. 1 Einheit). (India Rubber Wld. **127.** 515—18. Jan. 1953.) WINIKER. 7210

Borden Co., New York, übert. von: **Emil E. Novotny,** Prospectville, **George Karl Vogelsang,** La Mott, und **Ernest E. Novotny,** Philadelphia, Pa., V. St. A., *Umwandlung von hochmolekularen Stoffen in den unschmelzbaren, wärmebeständigen oder vulkanisierten kautschukartigen Zustand. Furfuracetonharz* z. B. wird mit den Schmelzprozeß fördernden chloriertem Furfurol oder seinen Umsetzungsprodd. mit sek. Amylalkohol, Tetradecanol, Monomethyläther des Äthylenglykols, Methanol in Ggw. von Zn geschmolzen. Diese, den Schmelzfluß fördernden halogenierten gesätt. Aldehyde der Monoheterofünfringe können direkt oder in Form von Lsgg. in organ. Lösungsmitteln oder W. verwendet werden; sie können auch dem Polymerisationsansatz zugegeben werden u. liefern hierbei Vernetzungsglieder. In gleicher Weise lassen sich *Vinylharze* u. Mischpolymerisate, Kondensations- u. Polykondensationsprodd., bes. solche mit funktionellen Gruppen, Celluloseester, Eiweißstoffe, Leim u. Teer verarbeiten. — Herst. von Schleif-, Kleb- u. Bindemitteln, Formkörpern, Kitten, Überzügen, Antriebselementen, Isoliermitteln, Kunstleder, Sperrholz, Tinte, Lacken u. Insekticiden, Verwendung als Weichmachungs-, Imprägnier- u. Versteifungsmittel. (**A. P. 2 561 814** vom 21/11. 1944, ausg. 24/7. 1951.) SALZMANN. 7171

Distillers Co. Ltd., Edinburgh, Schottland (Erfinder: **William Edgar Nelson,** Newport, England), *1.1.3-Trimethylcyclohexanol-5-carbonsäureester.* Das durch Kondensation von Isopropanol in fl. Phase in Ggw. eines Alkalihydroxyds oder -alkoholats unter erhöhtem Druck bei $>150°$, bes. 250—300°, erhaltene 1.1.3-Trimethylcyclohexanol-(5) (**I**) wird mit Carbonsäuren verestert. — **I**, Kp.$_{16-20}$ 85—110°, F. 32,5°, wird mit Essigsäureanhydrid in Ggw. einer Spur H_2SO_4 zu *1.1.3-Trimethylcyclohexylacetat,* Kp. 210°, verestert. — *Di-(1.1.3-trimethylcyclohexyl)-sebacinsäureester,* Kp.$_{0,2}$ 220—225°. — *Di-I-adipinsäureester,* Kp.$_2$ 212°; n_D^{20} 1,4673. — *Di-I-phthalsäureester,* Kp.$_2$ 226°, F. 91,2°. — Verwendung als *Weichmacher.* (**D. B. P. 855 991** Kl. 12o vom 3/5. 1950, ausg. 17/11. 1952. E. Prior. 6/5. 1949.) KRAUSS. 7171

B. F. Goodrich Co., New York, N. Y., übert. von: **Alan E. Ardis,** Akron, O., V. St. A., *Lösungsmittel für Polyvinylidencyanid* (**I**). Man verwendet Tetramethylharnstoff (II). Die Lsgg. sind geeignet zum Spinnen von Fäden, Gießen von Filmen u. dergleichen. — 3 (Teile) hochmol. I werden in 30 II verteilt u. das Gemisch auf 120° erwärmt. Man erhält eine viscose, farblose Lsg., die lange Zeit beständig bleibt. (**A. P. 2 574 369** vom 7/12. 1949, ausg. 6/11. 1951.) MÖLLERING. 7173

Monsanto Chemical Co., St. Louis, Mo., übert. von: **Henry A. Walter**, Longmeadow, Mass., V. St. A., *Pinakolinperoxyd* (I) erhält man durch Rk. von Pinakol (2.3-Dimethyl-2.3-butandiol) oder Pinakolin mit H_2O_2 in schwefelsaurer Lsg. bei 0—10°. F. 124—125°. — *Katalysator* für die *Polymerisation* ungesätt. Verbb. mit —C=C—-Bindungen. (**A. P. 2 591 645** vom 6/12. 1950, ausg. 1/4. 1952.) BRÖSAMLE. 7173

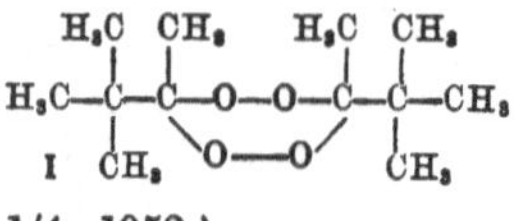
I

General Aniline & Film Corp., New York, N. Y., übert. von: **Carl E. Barnes**, Belvidere, N. J., V. St. A., *Herstellung transparenter, farbloser und farbbeständiger Poly-α-halogenacrylsäureverbindungen.* Man löst in α-Halogenacrylsäureverbb. 0,1—4% eines polymerisierbaren, OH-Gruppen enthaltenden, partiellen Esters eines mehrwertigen Alkohols u. einer ungesätt. Säure u. polymerisiert in bekannter Weise. Man polymerisiert z. B. eine Lsg. von 0,1—4% Glycerindimethacrylat in Methyl-α-chloracrylat. (**Can. P. 478 148** vom 3/5. 1946, ausg. 30/10. 1951. A. Prior. 23/6. 1945.) PANKOW. 7173

E. I. du Pont de Nemours & Co., Wilmington, Del., V. St. A., *Polymerisation organischer Verbindungen in Form langer Stäbe, besonders aus Methylmethacrylat.* Die Auspolymerisation des sirupartigen Vorpolymerisates erfolgt in aufgehängten Polyamidschläuchen, zu deren Herst. ein Ansatz aus 40 (Teilen) Hexamethylendiammoniumadipinat, 30 Hexamethylendiammoniumsebacat u. 30 Caprolactam verwendet worden ist, u. deren Wandstärke zwischen 0,002 u. 0,01 inch bei einer formelmäßig erfaßten Reißfestigkeit liegt. Derartige Schläuche haben genug Festigkeit u. Schrumpfvermögen, um der Schrumpfung des eingefüllten Polymerisates nachzufolgen. Nach erfolgter Härtung können die Schläuche leicht abgezogen werden. — Abbildung. (**E. P. 668 445** vom 6/4. 1950, ausg. 19/3. 1952. A. Prior. 30/8. 1949.) MÖLLERING. 7173

U. S. Rubber Co., New York, N. Y., übert. von: **Pliny O. Tawney**, Passaic, N. J., V. St. A., *Herstellung von Mischpolymerisaten.* Man erhitzt z. B. 105,1 (Teile) Itaconsäurediallylester (I), 164,2 Allylalkohol (II) u. 5,18 tert.-Butylhydroperoxyd (III) oder 34,7 Styrol, 70,1 I, 419,2 II u. 1,617 III 24 Std. unter Rückfluß auf 96—98°, dest. II im Vakuum ab, gießt in n-Hexan (IV), löst Nd. in $(CH_3)_2CO$ (V), wiederholt das Umfällen mehrmals u. trocknet im Vakuum. Ausbeute 77,5 bzw. 123,6. — Die Prodd. sind außer in V lösl. in Chlf., ungesätt. aliphat. Alkoholen u. deren Estern, Bzl., Xylol u. Xylol–Butanol. Aus der Lsg. erhält man klare, farblose u. unlösl. Filme. (**A. PP. 2 556 989** u. **2 556 990** vom 3/7. 1946, ausg. 12/6. 1951.) MÜLLER-MEININGEN. 7173

N. V. Octrooien Mij. „Activit", Amsterdam, übert. von: **Dirk Ramondt**, Bloemendaal, Holland, *Herstellung von Phenylendiamin–Formaldehyd-Harzen* als Anionenaustauscher. Man läßt eine wss. saure Lsg. von m-Phenylendiamin u. CH_2O, die bei einer Temp. von ca. 0° gehalten wird, in eine warme Lsg. von z. B. Toluol von z. B. 80° in Form von Tropfen fallen, wobei Polymerisation stattfindet. Durch die Bldg. von tropfenförmigen Polymerisaten erübrigt sich die Zerkleinerung, die sonst zur Herst. von körnigen Austauschern erforderlich ist. (**A. P. 2 582 849** vom 26/12. 1947, ausg. 15/1. 1952. Holl. Prior. 28/7. 1942.) REICHELT. 7181

Etablissements Phillips & Pain, Frankreich, *Anionenaustauscher.* Man kondensiert einen Aldehyd u. ein Keton oder Nitroalkan mit mindestens zwei akt. H-Atomen u. läßt dieses Prod. mit einer Guanidinverb. reagieren. Man erhält ein trocknes, unlösl. *Harz,* das Anionen bzw. Säuren, z. B. Mineral- u. Kieselsäure, aus verd. wss. Lsgg. entfernt. — Man mischt 25 (Teile) Aceton u. 78 CH_2O von 40% u. gibt 25 NaOH von 20% hinzu u. erhitzt einige Min. unter Rückfluß, bis die Rk. einsetzt, dann gibt man 30 Guanidinnitrat hinzu u. erhitzt auf dem Wasserbad, bis sich ein Gel bildet, was ca. 30 Min. erfordert. Das Gel wird abgetrennt u. bei 105° getrocknet u. zerkleinert. Das Austauschvermögen (I) beträgt 46 g pro Liter, berechnet auf $CaCO_3$. Mit 2%ig. NaOH wird regeneriert, worauf I auf 50 g pro Liter steigt. Als Ketone sind genannt: Aceton, Cyclohexanon, Methylhexanon, Mesityloxyd. Als Nitroalkane kommen Nitromethan, Nitroäthan u. als Guanidinverbb. Guanidin, Biguanid, Guanylguanidin, Guanylharnstoff oder deren Salze in Betracht. (**F. P. 990 563** vom 13/7. 1949, ausg. 24/9. 1951. E. Prior. 15/7. 1948.) WITTHOLZ. 7181

Resinous Products & Chemical Co., V. St. A. (Erfinder: **Charles Hamilton McBurney**), *Herstellung von Kunstharzen und Anionenaustauschern.* Die Mischpolymerisate aus aromat. Mono- u. Divinyl-KW-stoffen werden haloalkyliert u. die erhaltenen Halogenalkylderivv. mit Aminen behandelt. Bei Verwendung tert. Amine erhält man stark bas. unlösl. Polymere. Die Kunstharzzwischenprodd. müssen mindestens 1 Halogenalkylgruppe pro 15 aromat. Kernen enthalten; ein chlormethyliertes Styrolpolymeres mit 1% Divinylbenzol soll mindestens 2% Cl enthalten, um als Anionenaustauscher wirksam zu sein. Die Austauscher geben keine Verfärbung, können mit alkal. Lsgg. regeneriert werden u. verlieren auch bei 90° ihre Kapazität nicht. Man rührt eine Mischung aus 400 cm³ W., 34 cm³ wss. 1,5%ig. Mg-Silicatlsg., 97,5 g Styrol, 2,5 g Divinylbenzol u. 1 g Benzoylperoxyd bei 90°. 50 g der erhaltenen u. gereinigten Perlen werden mit 100 g $CH_3 \cdot O \cdot CH_2Cl$ angequollen, 115 cm³ PAe. u. bei 0° 30 g $AlCl_3$ zugegeben u. 2 Std. bei 0° gehalten, Eiswasser zugegeben u. gereinigt. 50 g dieses Prod. u. 125 g Tetraäthylenpentamin werden 4 Std. bei 100° gerührt, über Nacht stehengelassen, 200 cm³ W. zugegeben u. 2 Std. in 600 cm³ 10%ig. H_2SO_4 u. später mit 700 cm³ 5%ig. NaOH gerührt. (**F. P. 988 486** vom 5/7. 1948, ausg. 28/8. 1951. A. Prior. 5/7. 1947.) PANKOW. 7181

Auxiliaire des Chemins de Fer et de l'Industrie, Seine, Frankreich, *Herstellung von Kunstharzen und Ionenaustauschern* der Formel **I** u. bes. der Formel **II** (R = organ. Rest, bes. mit konjugierten Doppelbindungen; R' u. R'' = H oder KW-stoffrest; R''' = bas. oder saurer Substituent).

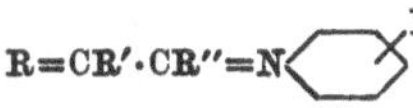

I

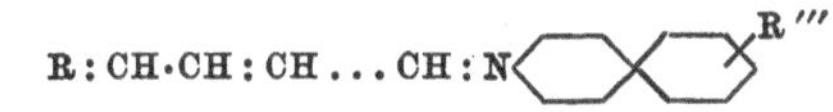

II

Man erhält die Verbb. durch Rk. von Arylnitrosobasen oder -säuren mit einer Verb. mit einer oder mehrerer Doppelbindungen oder durch Rk. von prim. aromat. Aminen, die bas. oder saure Substituenten enthalten, mit Aldehyden oder Ketonen, Diketonen oder Aldehydketonen mit mindestens einer α.β-Doppelbindung. — Man erhitzt z. B. 150 (g) p-Nitrosodimethylanilin in 600 Bzl. mit 145 Propenylphenol unter Rückfluß u. tropfenweisem Zusatz von 12 Essigsäure 1 Std., wäscht mit verd. Salzsäure u. W. u. erhält ein gegen Hydrolyse festes Harz. Weitere Beispiele beschreiben die Rk. von Phenylhydrazinhydrochlorid oder Benzidin mit Dicyandiamid u. Furfural (**III**), von p-Aminophenolsulfonsäure u. **III**, von Amino-1-naphthol-2-disulfonsäure-6.8 u. **III**, von Dimethyl-p-phenylendiaminhydrochlorid mit Crotonaldehyd. (**F. P. 993 966** vom 27/11. 1944, ausg. 9/11. 1951.) PANKOW. 7181

Organico, Paris, Frankreich, übert. von: **Efraim Kaczalski**, *Lineare Mischpolyamide*. Das N-Carboxylanhydrid einer α-Aminocarbonsäure, wie Glycin, Alanin, Leucin, Phenylalanin, Tyrosin, Thyroxin, Asparagin- oder Glutaminsäure, Arginin oder Lysin, wird im Gemisch mit einer ω-Aminocarbonsäure mit mindestens 6 C-Atomen durch Erhitzen eben über den F. polymerisiert. — 100 (Teile) 11-Aminoundecylsäure u. 80 ε-N-Carbobenzoxy-α-carboxyllysinanhydrid werden auf dem Ölbad auf 210° erhitzt, wobei die Carbobenzoxygruppe die ε-Aminogruppe vor Netzpolymerisation schützt. Nach Beendigung der CO_2-Entw. u. Entfernung der Wasserdämpfe löst man in der 5fachen Menge Eisessig, leitet H_2 bei 50° durch u. red. mit PH_4J. Der erhaltene halbfeste Nd. wird jodfrei gewaschen u. das erhaltene Mischpolymerisat getrocknet (F. 160°; Mol.-Gew. ca. 8000). (**E. P. 670 721** vom 14/4. 1949, ausg. 23/4. 1952. A. Prior. 17/4. 1948.) MÖLLERING. 7181

American Cyanamid Co., New York, N. Y., übert. von: **Edward L. Kropa**, Old Greenwich, Conn., V. St. A., *Kunstharze und Ausgangsstoffe*. Triazine der Formel **A**, wobei R ein Alkenylrest mit 3—10 C-Atomen ist, werden bei Tempp. bis 155° in Ggw. von Na, K, Li oder deren Gemischen mit Polyalkoholen, wie Glycerin oder Glykolen, umgeestert. Die Umesterungsprodd. können in Ggw. von Benzoylperoxyd (**I**) usw. bis zu harten Harzen weiter polymerisiert werden. — 500 (Teile) Triallylcyanurat, 150 Triäthylenglykol u. 5 Na werden 1 Std. bei 80° umgeestert, 100 (Teile) Prod. in Ggw. von 1 **I** 2 Std. bei 100° zu einem gelb gefärbten Harz polymerisiert. — Weitere Beispiele. (**A. P. 2 557 667** vom 10/1. 1947, ausg. 19/6. 1951.) MÖLLERING. 7181

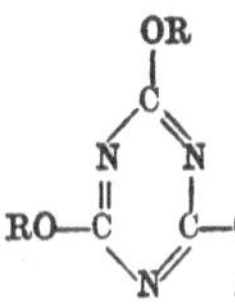

A

Dow Corning Corp., Midland, Mich. (Erfinder: **James Franklin Hyde**, Corning, N. Y.), V. St. A., *Herstellung von Organosiloxanen* durch Hydrolyse von Silanen u. Kondensation der Hydrolysierungsprodukte. — Nach D. B. P. 833 122 werden Mischungen von Silanen der Formel SiX_4 (**A**) u. $RSiX_3$ (**B**) verwendet, wobei R = Alkyl-, Aryl- oder Aralkylrest u. X = hydrolysierbares Atom oder Rest ist. Z.B. wird ein Gemisch aus äquimol. Mengen $SiCl_4$ (**I**) u. Phenyltriäthoxysilan tropfenweise mit A. zu einem schmelzbaren Harz mit höchster DK. u. Unempfindlichkeit gegenüber W. umgesetzt. — Weitere Beispiele unter Verwendung von Orthokieselsäureäthylester u. Methyltriäthoxysilan (**II**), bzw. **I** u. Benzyltrichlorsilan, wobei filmbildende Massen oder auch (spröde) Harze erhalten werden. — Nach D. B. P. 833 123 werden Gemische aus **A** u. Silanen der Formel $(R)(R')SiX_2$ (R u. R' = Methyl, Äthyl oder Phenyl) hydrolysiert u. kondensiert. Z.B. werden 0,28 (Mol) Tetraäthoxysilan u. 0,25 Diäthyldichlorsilan (**III**) durch Hydrolyse mit wss. A. zu einem viscosen Öl kondensiert, das bei Erhitzen erst in ein gummiartiges u. dann in ein sprödes Harz übergeht. Ein aus **I** u. **III** gewonnenes Harz eignet sich zum *Imprä-*

gnieren eines Glasfaserbandes. — Nach D. B. P. 833 124 wird ein Gemisch aus **A** u. Phenyltrichlorsilan (**IV**) hydrolysierend kondensiert. Z. B. gibt ein Gemisch aus 0,2 (Mol) **II** u. 0,02 **IV** mit A. beim Erhitzen nach abgeschlossener HCl-Abspaltung in Ggw. von W. u. Glykolmonoäthyläther ein Prod., das harte Filme liefert. Weitere Beispiele betreffen die Kondensation von **IV** u. Dodecyltrichlorsilan zu einem Pigmente bindenden u. für *Anstriche* geeigneten Harz. — Nach D. B. P. 833 254 werden Gemische aus mindestens 3 verschied. Silanen, u. zwar **B**, R_2SiX_2 (**C**) u. R_3SiX, in denen R Methyl, Äthyl oder Phenyl bedeuten, hydrolysierend kondensiert. Man erhält gummiartige, beim Erhitzen aushärtende Massen mit hoher DK., z. B. aus mol. Mengen von **II**, Phenyläthyldichlorsilan (**V**) u. Phenyldimethyläthoxysilan. — Nach D. B. P. 833 255 geht man von Gemischen von mindestens 2 hydrolysierbaren Silanen aus, die der Formel **C** entsprechen u. R mindestens zum Teil als Aryl u. sonst als Methyl oder Äthyl enthalten. Z. B. werden 1 (Teil) Diphenyldichlorsilan u. 4 **V**, gelöst in Dioxan (**VI**), mit einer wss. **VI**-Lsg. hydrolysiert u. kondensiert. Hochpolymerisierte viscose Öle, die als *Füllmittel für Transformatoren*, Kabel, Stromunterbrecher sowie *hydraul. Pressen* u. als *Dämpfungsmittel* dienen u. gegen Änderungen der Temp. sehr unempfindlich sind. (**D. B. PP. 833 122, 833 123, 833 124** Kl. 39c vom 19/5. 1950, ausg. 3/3. 1952 u. **833 254** u. **833 255** Kl. 39c vom 19/5. 1950, ausg. 6/3. 1952. A. Prior. 26/2. 1942.) MÖLLERING. 7189

Dow Corning Corp., Midland, Mich., übert. von: **Earl Leathen Warrick**, Pittsburgh, Pa., V. St. A., *Herstellung von Organosiloxanen.* Man stellt ein Gemisch aus zwei Verbb. der allg. Formeln CH_3SiX_3 u. $(CH_3)_3SiY$ in solchem Mol.-Verhältnis her, daß das schließlich erhaltene Kondensat ein C : Si-Verhältnis von 1,05—1,3 besitzt, wobei X u. Y hydrolysierbare Reste (Halogen, Alkoxy) darstellen, die gleich oder verschieden sein können. — Beispiele dieser Verbb. sind CH_3SiCl_3, $(CH_3)_3SiCl$, $CH_3Si(OC_2H_5)_3$, $(CH_3)_3SiOC_2H_5$. Man hydrolysiert durch Eintropfenlassen in ein wss. Medium, kondensiert das Hydrolysat durch 1—20std. Erhitzen (auf weniger als 100°) in Ggw. eines Säurekatalysators solcher Konz., daß der p_H-Wert des Gemisches zwischen 0,3 u. 2,0 liegt, u. behandelt das sich dabei bildende Harz (OH-Geh. 0,3—5,0) mit überschüssigem W., damit sich das Methylsiloxanmischpolymerisat als klebrige Schicht absetzt. Diese wird in Bzl. gelöst usw., dann solange konz., bis ein klebfreier, harzartiger Stoff oder eine Lsg. der gewünschten Konz. erhalten wird. — Beispiel für die Rk. von $CH_3Si(OC_2H_5)_3$ u. $(CH_3)_3SiOC_2H_5$. — Verwendung für Textilimprägnierung u. elektr. Isolierung. (**D. B. P. 853 352** Kl. 39c vom 3/10. 1950, ausg. 23/10. 1952. A. Prior. 12/12. 1944.) DONLE. 7189

Dow Corning Corp., Midland, Mich. (Erfinder: **James Franklin Hyde**, Corning, N. Y.), V. St. A., *Herstellung von Organosiloxanen* durch Hydrolyse von Silanen u. Kondensation der Hydrolyseprodd., dad. gek., daß eine Mischung hydrolysierbarer Silane verwendet wird, die den allg. Formeln SiX_4 u. R_3SiX entsprechen, worin jedes einzelne R entweder CH_3 oder C_6H_5 u. jedes einzelne X ein hydrolysierbares Atom oder eine hydrolysierbare Atomgruppe bedeuten. — Ein Gemisch von 2 (Mol) Phenyldimethylchlorsilan u. 1 $SiCl_4$ wird mit 2 Vol. Dioxan verd., die Mischung zu einer Lsg. von 1 Vol. W. u. 3 Vol. Dioxan tropfenweise gegeben. Nach Verdampfung fällt ein viscoses Öl an, in dem etwas SiO_2 suspendiert ist. Zus.: $(-O\overset{|}{\underset{|}{Si}}O-)_1$, $[C_6H_5(CH_3)_2SiO-]_2$; O : Si = 1,00. — Aus $SiCl_4$ u. Phenyldimethylchlorsilan (1 : 3 Mol.) mit Dioxan u. Eisessig ein Öl der Zus.: $(-O-\overset{|}{\underset{|}{Si}}O-)_1$, $[C_6H_5(CH_3)_2SiO-]_3$; O : Si = 0,87. — Hydraul. Fll., Isoliermittel, Schmiermittel; Prodd. mit O : Si-Verhältnis >1 können als Kunstharzpreßmassen verwendet werden. (**D. B. P. 854 264** Kl. 39c vom 19/9. 1950, ausg. 4/11. 1952. A. Prior. 26/2. 1942.) DONLE. 7189

Dow Corning Corp. (Erfinder: **Harold Arthur Clark**), Midland, Mich., V. St. A., *Herstellung von polymeren siliciumorganischen Verbindungen,* bei denen die Si-Atome über Phenylengruppen miteinander verbunden sind. Phenylchlorsilane der allg. Formel $(C_6H_5)_xSiCl_{4-x}$, in der x einen Wert von 1,5—2,9 hat, werden bei 210—300° mit einer

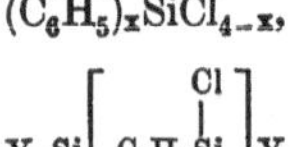

geringen Menge (0,001—10 Gew.-%) $AlCl_3$ zu linearen Polymerisaten der Formel I umgesetzt, wobei Y ein Cl-Atom oder Phenyl, aber mindestens ein Y ein Phenylrest ist u. n mindestens 1 bedeutet, Ausgangsstoffe sind z. B. Diphenyl- oder Triphenylchlorsilan. — Z. B. werden 1774 g $(C_6H_5)_2SiCl_2$ u. 8,5 $AlCl_3$ 48 Std. auf 210—250° erhitzt, der Rückstand bei 3 mm Hg u. 240—250° dest.; als 3. Fraktion fällt die Verb. $C_6H_5Si(Cl)_2C_6H_4\cdot Si(Cl)_2C_6H_5$, als nicht destillierbarer Rückstand ein harziges Material der allg. Formel $C_6H_5Si(Cl)_2[C_6H_4Si(Cl)_2]_nC_6H_5$ an. — Zwischenprodukte. (**D. B. P. 853 350** Kl. 39c vom 23/9. 1950, ausg. 23/10. 1952. A. Prior. 23/2. 1949.) DONLE. 7189

Rudolf Decker und Hellmuth Holz, München (Erfinder: **Siegfried Nitzsche** und **Ewald Pirson**, Burghausen, Oberbayern), *Herstellung von Polyacyloxysiloxanen*, dad. gek., daß man 1. auf polymere Alkoxy- u./oder Aryloxysiloxane aliphat. Carbonsäuren oder deren Anhydride einwirken läßt; 2. von Polyalkoxysiloxanen ausgeht, die Methoxy- u./oder Äthoxygruppen besitzen; 3. von Methyl- u./oder Äthylsiloxanen ausgeht, die Alkoxy- u./oder Aryloxygruppen besitzen. — 4. von Polyaryl- u./oder Alkyloxysiloxanen ausgeht, die als wesentlichen Anteil folgende Gruppierung enthalten: $[-SiR(OR')\cdot O]_n$, $[-SiR(OR')\cdot O\cdot SiR''R'''\cdot O-]_n$, worin R, R', R'', R''' verschieden oder untereinander gleich sein können. — Aus Polyäthoxymethylsiloxan mit Essigsäureanhydrid *Polyacetoxymethylsiloxan* von öliger Beschaffenheit. — Imprägniermittel usw. (**D. B. P. 839 868** Kl. 39c vom 25/6. 1950, ausg. 26/5. 1952.) HERBST. 7189

Morgan Crucible Co. Ltd., London, England, *Chemisch widerstandsfähige formtreue Bauteile für chemische Apparaturen.* In Formen wird unter Druck eine trocken schm. Mischung aus *Cashewnußöl* erhaltenem Harzpolymerisat mit Füllmitteln, wie Ruß u. Graphit, u. geringen Mengen CH_2O oder dieses liefernde Verbb. zusammengeschmolzen. (**E. P. 654 897** vom 20/9. 1948, ausg. 4/7. 1951.) MÖLLERING. 7205

Elastine Process & Development Ltd., übert. von: **Sydney Porter**, Toronto, Can., *Herstellen von Hohlkörpern.* Eine durch Wärme elast. werdende Kunststoffpaste [aus Mischpolymerisat von Polyvinylchlorid u. -acetat 100 (Gewichtsteile), Weichmacher, wie organ. Ester, z. B. Di-2-äthylhexylphthalat, Dioctylphthalat 72, Füll- u. Farbstoffen 7, Stabilisatoren, zweibas. Bleiphosphit 5] wird in eine einteilige Blechform mit einer Einfüllöffnung bis zur entsprechenden Tiefe des Hohlkörpers eingefüllt u. die M. durch Wärmeleitung mittels Infrarotstrahlen gegen die Formaußenwand vorvulkanisiert. Es setzt sich eine elast. Schicht auf der Forminnenwand ab. Durch örtliches Erhitzen von längerer Dauer werden Teile von unterschiedlicher Dicke erzielt. Überschüssige, noch fl. Anteile der M. werden aus der Form ausgeschüttet, worauf die Form nebst M. fertig geheizt, u. der vulkanisierte Gegenstand (Stiefel für Kinder) durch die Formöffnung herausgezogen wird. (**A. P. 2 588 571** vom 24/10. 1950, ausg. 11/3. 1952.) SCHLITT. 7205

Edgard-Henri Nazare, Département Alger, Algier, *Plastische Masse* aus einer Mischung von Al-Resinat u. α- oder anderen vegetabil. Fasern. Die M. (sogenannte *Aluplaste*) kann durch Gießen ohne oder mit Druck zu Bauteilen oder Mobiliar geformt werden. (**F. P. 989 814** vom 30/4. 1949, ausg. 13/9. 1951.) PANKOW. 7205

Harry Barron, Plásticos modernos. Barcelona: Gustavo Gili. 1952. (840 S. m. Abb.) ptas. 210,—.

XII. Kautschuk. Guttapercha. Balata.

Ira Williams, *Einige Effekte fester Füllstoffe bei Kautschuken.* Vf. erörtert den Einfl. der Teilchengröße u. -gestalt, der Verteilung u. der Oberflächeneigg. von Füllstoffen, wie Kaolin, ZnO, Ruß, auf die mechan. Eigg. (z. B. Einreißfestigkeit) von Kautschukvulkanisaten u. folgert, daß Pigmente sowohl rein mechan., als auch durch Oberflächenkräfte (Adsorption) u. bes. durch einen ordnenden Effekt (dadurch wirksamere Vernetzung der Moll. während der Vulkanisation) zur Kautschukverstärkung beitragen. Die Größe der einzelnen Effekte hängt jeweils von der Art des Kautschuks u. des Füllstoffs ab. (India Rubber Wld. **126**. 359—63. Juni 1952. Borger, Tex., J. M. Huber Corp.) SCHÄFF. 7226

Helmut Fredenhagen, *Die Aktivität heller Füllstoffe.* Vortrag. Als theoret. richtig u. mit der Praxis am besten vereinbar sieht Vf. ein Einteilungsschema an, dem als Haupteinteilungsprinzip die Zahl der Haftstellen pro Oberflächeneinheit u. als Unterteilung die Festigkeit der Haftstellen zwischen Kautschuk u. Füllstoff zugrunde liegt. Bei der betriebsmäßigen Unters. heller Füllstoffe eignen sich zu Vergleichszwecken die Best. des Klopfvol. u. des Sedimentvol., nicht aber die Schlämmanalyse u. die Messung der Durchlaufzeiten im Viscosimeter. — 16 Literaturhinweise. (Kautschuk u. Gummi **5**. Nr. 11. Wiss. u. Techn. WT 179—83. Nov. 1952. Düsseldorf.) WINIKER. 7226

R. Ecker, *Kieselsäure und Silicate als helle Verstärkerfüllstoffe für Kautschuk. Elektronenmikroskopische und anwendungstechnische Untersuchungen.* Verss. mit reinen Kieselsäuren (**I**), Ca-Silicaten (**II**) u. Al-Silicaten (**III**) ergaben, daß die **I** die aktivsten Füllstoffe sind. Die **II** ergeben auch in höheren Dosierungen weichere u. elastischere Vulkanisate als **I**, erweisen sich aber in ihrem Gesamtverh. als halbakt. Füllstoffe. Die **III** sind aktiver als die **II**, erreichen aber nicht in allen Eigg. die **I**-Aktivität. — 31 elektronenmkr. Aufnahmen. (Kautschuk u. Gummi **5**. Nr. 11. Wiss. u. Techn. WT171—78. Nov. 1952. Leverkusen, Farbenfabriken Bayer, Kautschuk- u. Kunststoffabteilung.) WINIKER. 7226

J. B. Harrison, *Faktis: seine Verwendung und Funktion in der Kautschuktechnologie.* Die charakterist. Effekte, die durch Verwendung von Faktis in Vulkanisationsmischungen hervorgerufen werden, werden aufgezeigt. Der mögliche Vulkanisationsmechanismus fetter

Öle, die Art der dabei erhaltenen Prodd., ihre wahrscheinliche Mol.-Struktur (Disulfidbrücken) u. die Bldg. von weißem Faktis werden erörtert. Diese Darlegungen ermöglichen eine Deutung des Verh. von dunklem Faktis als Weichmacher oder als Füllstoff im Kautschuk. Auf Grund der vorgeschlagenen ebenen Mol.- bzw. Teilchenstruktur von dunklem Faktis wird die Trennwrkg., die gute Oberflächenbeschaffenheit u. die gute Ausformung bei der Konfektionierung von Kautschuk–Faktis-Mischungen erklärlich. Auch für andere Erscheinungen (Verhinderung der S-Ausblühung) wird eine Deutung versucht. (Trans. Instn. Rubber Ind. **28.** 117—38. Juni 1952.) SCHÄFF. **7226**

A. F. Helin und **B. G. Labbe,** *Untersuchung verschiedener Tieftemperaturprüfmethoden.* 1. u. 2. Mitt. Vff. erörtern 9 verschied. Prüfmethoden zur Best. der Eigg. von Kautschuk bei tiefen Tempp., vergleichen die bei 9 natürlichen u. synthet. Kautschuken erhaltenen Daten miteinander u. geben abschließend eine krit. Bewertung der Prüfverfahren. (India Rubber Wld. **126.** 227—31. Mai. 365—68. Juni 1952. Akron, O., Univ., Governm. Evaluation Labors.) SCHÄFF. 7248

—, *Neue Methoden zur Kautschukprüfung.* Die Verwendung der ROELIG-Maschine zur Unters. der dynam. Eigg. des Kautschuks, die Anwendung der Ultrarotspektroskopie u. der Ultraschallmeth. zur Kautschukprüfung u. die Unters. von Kautschukproblemen mittels radioakt. Materialien werden kurz erörtert. (Trans. Instn. Rubber Ind. **28.** 139—43. Juni 1952.) SCHÄFF. 7258

H. C. L. Dunker, Hälsingborg, Schweden, *Herstellung von Tennisbällen.* Die Bälle bestehen aus einer inneren u. einer äußeren Kautschukschicht, die durch eine Zwischenschicht aus Schwammkautschuk miteinander verbunden sind. Zur Herst. befestigt man auf der inneren, bereits unter Gasdruck stehenden Hülle aus kompaktem Kautschuk einen Überzug aus einer Schwammkautschukmasse u. bringt darüber die Außenhülle an u. vulkanisiert gleichzeitig Zwischenschicht u. Außenhülle. (**Schwed. PP. 133 943** u. **133 944** beide vom 30/12. 1949, ausg. 11/12. 1951.) JÜRGEN SCHMIDT. 7231

Gottfried Baer (Erfinder: **Walter Wyrsch**), Schweiz, *Unlösbare Verbindung zwischen einem vulkanisierbaren Werkstoff und Leder.* Die angerauhte Lederschicht wird vor dem Vulkanisieren mit Chloropren getränkt u. mit der Kautschukschicht zusammenvulkanisiert. (**F. P. 985 883** vom 11/5. 1949, ausg. 24/7. 1951. Schwz. Prior. 30/5. 1948.) SCHLITT. 7231

Imperial Chemical Industries Ltd., England, übert. von: **William Waldrom** und **Philip John Schofield,** *Biegsamer Behälter,* z. B. für Treibstoffe. Man überzieht ein Elastomeres (Kautschuk, Kunstkautschuk oder Polyvinylverbb.) mit einem Gewebe, wobei die Bindung zwischen beiden nur so fest ist, daß bei starker Einw. u. Gewebebruch das Elastomere seine Nachgiebigkeit behält. Als Elastomeres ist Perbunan u. als Gewebematerial Nylon bespielsweise genannt. (**F. P. 986 215** vom 14/5. 1949, ausg. 30/7. 1951. E. Prior. 14/5. 1948.) PANKOW. 7231

XIV. Zucker. Kohlenhydrate. Stärke.

J. Dubourg, *Calciumcarbonatreinigung in der Rübenzuckergewinnung.* Die chem. Vorgänge bei der Reinigung von Rübenzuckersäften mit Kalk u. CO_2 u. die techn. Anwendung des Verf. werden besprochen. (Sucrerie franç. **93.** 153—56. Juli 1952.) RUTKOWSKI. 7412

Géza Austerweil, *Verhinderung der Saccharoseinversion durch Ionenaustauscher.* Bei der Verwendung einer Mischung von Kationenaustauschern (Polysulfostyrolen) u. Anionenaustauschern aus unlösl. quaternären Ammoniumverbb. (19°, Kontakt 4 Min.) konnte eine Inversion des Zuckersaftes bei der Reinigung prakt. verhindert werden. (C. R. hebd. Séances Acad. Sci. **234.** 1289—91. 17/3. 1952.) ROSSOW. 7412

F. H. Stadtman, C. O. Chichester und **G. Mackinney,** *Kohlendioxydbildung in der Bräunungsreaktion.* MAILLARD (C. R. hebd. Séances Acad. Sci. **154/155.** [1912.] 66. 1554) nahm an, daß die beim Erwärmen einer Aminosäure mit einem reduzierenden Zucker, wie Glucose, unter gleichzeitiger Bräunung sich bildende CO_2 durch Decarboxylierung der Aminosäure entsteht. Da Bräunungsverss. mit Aprikosensirup u. zugesetzter radioakt. *Glucose* u. *Fructose* ergaben, daß meßbare Mengen CO_2 aus Zuckerquellen herrührten, wurde ein einfaches Glucose–Glycin-Syst. mittels Tracertechnik bei 100° u. 56,5° untersucht. In einem Vers. reagierte ^{14}C*-Glucose* mit nicht markiertem *Glycin,* im 2. Vers. $^{14}C_{(1)}$*-Glycin* mit nicht markierter *Glucose.* Die Rkk. bei 100° werden 2 Std. fortgesetzt, die bei 56,5° 450 Std. zum Vgl. mit langdauernden Rkk. beim Bräunen von Aprikosensirup. Während der Rk. sank der p_H-Wert von 4,83 auf 4,15. Die Bräunung wurde als Funktion der Zeit graph. dargestellt. Die Kurve für CO_2-Bldg. zeigt ähnliche Form. Im Vgl. zur opt. D. bei 440 mμ wird viel mehr CO_2 bei 100° gebildet als bei 56,5°, während die Färbung bei beiden Tempp. gleich ist. Die Unterss. ergaben, daß über 80% CO_2 aus der COOH-Gruppe der Aminosäure stammt u. etwas weniger als 10% aus dem Zucker. (J. Amer. chem. Soc. **74.** 3194—96. 20/6. 1952. Berkeley, Calif., Univ., Div. of Food Technol.) Amelung. 7446

J. Dubourg, R. Saunier und **A. Lemaitre,** *Bestimmung der Übersättigungskoeffizienten der Zuckersiedereiabläufe.* Best. der Übersättigung nach der Meth. des „krit. Punkts" von Harman (vgl. Int. Sugar J. **1933.** 261) durch eine einfache Messung der Temp., bei der ein Saccharosekristall sich im Sirup aufzulösen beginnt. Beschreibung der App. u. der Arbeitsweise. (Sucrerie franç. **93.** 121—25. Juni 1952. Labor. du Syndicat National des Fabricants de Sucre.) Rutkowski. 7474

Dorr Company, New York, N. Y., V. St. A. (Erfinder: **F. N. Rawlings**), *Behandlung von Zuckerrohsaft,* ohne Vorreinigung durch CO_2. Man leitet den Saft durch einen H-Ionenaustauscher mit niedrigem p_H-Wert u. anschließend durch einen säureadsorbierenden Anionenaustauscher. Zwischen beide Behandlungsstufen ist eine 3. Stufe eingeschaltet, in der die noch vorhandenen Pektin- u. Albuminstoffe koaguliert u. abfiltriert werden. Hierbei wird vorzugsweise in der Wärme gearbeitet, jedoch vor dem Filtrieren abgekühlt. — Schema. (**Schwed. P. 134 093** vom 18/6. 1947, ausg. 27/12. 1951. A. Prior. 12/7. 1946.) Jürgen Schmidt. 7413

Röhm & Haas Co., Philadelphia, Pa., übert. von: **Robert Kunin,** Trenton, und **Francis X. McGarvey,** Haddon Heights, N. J., V. St. A., *Entsalzung im Mischbett, z. B. von Zuckerlösungen* (I). Es wird ein Gemisch von Anionenaustauschharzen (II) mit D. <1,15 u. einem Kationenaustauschharz (III) mit D. >1,25 verwendet. **II** besteht aus einem Mischpolymerisat eines monovinylaromat. KW-stoffes mit quaternären NH_4-Gruppen, die mit dem aromat. Kern durch Methylengruppen verbunden sind, z. B. von Styrol u. Divinylbenzol. **III** enthält als polare Gruppen Sulfonsäuregruppen. Nach der Erschöpfung wird das Gemisch im Aufwärtsstrom bei einer Geschwindigkeit von 4—12 Gallonen pro square foot der Säule geschichtet u. durch Erhöhung der Wassergeschwindigkeit auf 20—30 Gallonen **II** abgetrennt. Die Harze werden getrennt regeneriert u. danach wieder gemischt. Für die Entsalzung von **I** wird zur Vermeidung der sauren Stufe u. von Inversion ein **III** mit Carboxylgruppen benutzt. (**A. PP. 2 578 937** vom 22/5. 1948 u. **2 578 938** vom 15/6. 1950, beide ausg. 18/12. 1951.) Reichelt. 7413

Hollandsche Mij. Voor Licenties en Octrooien N. V., Groningen, Holland, *Reinigung zuckerhaltiger Lösungen* (**I**). Man setzt den **I** eine geringe Menge eines mit Kalk oder Soda behandelten verd. Mais- oder Kartoffelstärkegels oder einer kaltquellenden Stärke zu, wobei deren Micellae als Anlagerungskerne für die in den **I** vorhandenen Kolloide usw. dienen u. diese ausflocken. (**E. P. 661 577** vom 8/3. 1949, ausg. 21/11. 1951. F. Priorr. 8/3. 1948 u. 2/2. 1949.) Heinsen. 7413

Guillaume Lambinon, Brüssel, Belgien, *Gewinnung von Zucker,* dad. gek., daß der Rohsaft ohne vorherige Reinigung u. Entfernung der Nichtzuckerstoffe neutralisiert u. unmittelbar vor jeder Verdampfung einer elektromagnet. Induktionsbehandlung oder mit radioakt. Strahlung unterworfen wird, worauf der Saft verkocht u. nach der Trennung der Sirupbestandteile unmittelbar der Kristallzucker u. eine neuartige Melasse mit hohem Invertzuckergeh. gewonnen wird. Bezweckt wird Zerstörung des Kristallisationsvermögens der Erdalkalisalze des Rohsaftes. Die aufgewendete elektromagnet. oder radioakt. Energie soll ca. 3 mal so hoch sein wie bei der bekannten Anwendung des Verf. zur Behandlung von Kesselspeisewasser. (**D. B. P. 863 180** Kl. 89c vom 26/5. 1950, ausg. 15/1. 1953. Belg. Priorr. 24/11. 1949 u. 9/5. 1950.) Schindler. 7415

Corn Products Refining Co., New York, N. Y., übert. von: **William B. Newkirk,** La Grange, und **Arthur D. Hapke,** Bedford Park, Ill., V. St. A., *Gewinnung von kristalliner Dextrose* aus Stärkehydrolyse-Fll. durch Klären mit Bentonit, Entsalzen mittels Anionen u. Kationenaustauschern u. Entfärben mit A-Kohle. Nach Konz. erfolgt Kristallisation u. Rückführung der Mutterlauge in den Prozeß. Das p_H der entsalzten Fl. soll 3,5—5,4 betragen. Die A-Kohlebehandlung kann auch vor dem Entsalzen erfolgen. Weitere Variationen des Verfahrens. — Arbeitsschemata. (**A. P. 2 606 847** vom 6/8. 1949, ausg. 12/8. 1952.) Schindler. 7443

J. Dubour, Sucreries de betteraves. Paris: Baillière. (428 S.) Fr. 4000,—.

XVI. Nahrungs-, Genuß- und Futtermittel.

—, *Ionenaustausch in der Lebensmittelindustrie.* (Überblick unter Berücksichtigung der Herst. von Zuckern, Eiweißhydrolysaten, Milchprodd., Gelatine, Glycerin u. anderen mehrwertigen Alkoholen, Fruchtgetränken u. Vitaminen. (Canner **115.** Nr. 13. 11—12. 27/9. 1952.) Liebner. 7630

Winifred O. Walder, *Antibiotica und Nahrung.* Vf. gibt an Hand der Literatur einen kurzen Überblick über die derzeitigen Kenntnisse von den Antibiotica u. berichtet über deren Schutzwrkg. (bes. von Penicillin) auf verschied. Lebensmittel (Milch, Honig, Fische, Bohnen). Beschreibung der tox. Wirkung. Überblick über Bldg. von Antibiotica in pflanzl. Lebensmitteln (Weizen, Rettich, Knoblauch, Kohl, Rüben) sowie Bldg. durch Mikroorganismen (Hefe, Käse, Butter usw.). Wrkg. auf Bakterien. (Food **21.** 100—03. März. 142—45. April 1952.) REISS. 7630

W. Summer, *Biologische Kontrolle in der Lebensmittelindustrie.* Vf. bespricht die Ursachen für das Verderben von Lebensmitteln sowie die Vor- u. Nachteile verschied. Prä- bzw. Konservierungsmethoden (UV-Sterilisation, Elektronensterilisation, Hitze-u. Kältebehandlung, Trocknung u. gibt an Hand von Beispielen einen ausführlichenÜberblick über die Sterilisierung von Lebensmitteln durch UV-Bestrahlung (techn. Durchführung, Wrkg. auf verschied. Bakterien, Veränderung der Farbe der Lebensmittel). Sodann gibt Vf. einen Überblick über die Technik der Sterilisierung mit Elektronen von hoher Geschwindigkeit, erwähnt die Anwendung von β- oder γ-Strahlen u. weist auf die Bedeutung der Hochfrequenzsterilisierung hin. — 15 Literaturhinweise. (Food **21.** 84—86. März. 130—33. April 173—75. Mai 1952.) REISS. 7634

Frank H. Slade, *Neue Trocknungsverfahren.* An Hand von insgesamt 11 schemat. Wiedergaben wird Art u. Wirkungsweise von nach verschied. Prinzipien arbeitenden Trockenvorrichtungen der Lebensmittelindustrie beschrieben. (Food **20.** 366—69. Okt. 426—31. Nov. 1951.) LIEBNER. 7636

N. M. Ssissakjan, S. Ss. Bronowitzkaja und **N. Ss. Demjanowskaja,** *Über die Widerstandsfähigkeit des Vitamins C in Trockengemüse und Trockenkartoffeln während der Aufbewahrung.* In mit SO_2 vorbehandeltem Gemüse (Kohl, Zwiebel, Tomaten) u. Kartoffeln hält sich nach Trocknung das *Vitamin C* (I) bei der Lagerung unverändert. Erst mit dem Verschwinden des SO_2 fällt auch der I-Gehalt. Wichtig bei der Lagerung ist eine nicht zu hohe Luftfeuchtigkeit. Bei 63—25% bleibt der I-Geh. von Kartoffeln nach SO_2-Behandlung bis zu 10 Jahren unverändert. Auch Geschmack u. Handelswert der Kartoffeln ändern sich nicht. (Биохимия [Biochemie] **17.** 701—05. Nov./Dez. 1952. Moskau, Bach-Inst. für Biochem. der Akad. der Wiss. der UdSSR.) ULMANN. 7678

W. Spoon, *Vom Bananenmehl zum Bananenpulver.* Das aus dem Mark von ausgewachsenen, aber noch grünen Bananen durch Trocknen an der Sonne u. Mahlen erhaltene hellgraue, geschmacklose Mehl ist frei von Zucker, leicht verdaulich u. wird daher in den trop. Ländern von den Eingeborenen als Kindernährmittel verwendet. Aus etwas reiferen, künstlich getrockneten Früchten gewinnt man ein Mehl mit 5—8% Glucose. Das aus reifen Bananen gewonnene Pulver enthält nur noch wenige % Stärke u. besteht hauptsächlich aus Zucker. (Ber. Afdel. trop. Product. Kon. Inst. Tropen Nr. 238. Abdruck aus Voeding **13.** Nr. 8. 307—13. 15/8. 1952. Amsterdam, Koninklijk Inst. voor de Tropen/ Afd. Trop. Prod.) WESLY. 7688

J. J. Licciardello, W. B. Esselen jr. und **C. R. Fellers,** *Ascorbinsäurebeständigkeit bei frischen Moosbeeren während der Lagerung.* Frische Moosbeeren (die Früchte von Vaccinium macrocarpum) zeichnen sich durch ausgeprägten hohen Vitamin-C-Geh. aus. Lagerungsverss. bei 1,7° C ergaben, daß in 5 Monaten der Geh. um ca. 60% zurückgeht. (Proc. Amer. Soc. horticult. Sci. **57.** 94. Juni 1951. Amherst, Mass.) GRIMME. 7688

A. K. Brand, *Honigfarbe und Honigfarbstoffe.* Allg. Ausführungen an Hand der Literatur (9 Hinweise) u. eigener Versuche. (Dtsch. Lebensmittel-Rdsch. **47.** 64—67. März 1951.) v. GIZYCKI. 7700

Wolfgang Berger, *Uperisation. Ein neues Durchflußverfahren zur Wärmehaltung und Entkeimung von Milch und anderen Flüssigkeiten.* Kurzer Überblick über Technik u. Anwendungsmöglichkeiten der *Uperisation* (das Verf. besteht darin, daß die Milch einer außerordentlich kurzen Wärmehaltung bei sehr hohen Tempp. unterworfen wird.) (Molkerei- u. Käserei-Ztg. **3.** 1609—10. 23/12. 1952.) WINIKER. 7756

R. B. Maxey, *Einfache Methode zur Standardisierung der Milch für die Käseherstellung.* Zur Einstellung der Milch auf ein bestimmtes Verhältnis Casein:Fett für die Käsebereitung wird je 1 Formel angegeben für Abrahmen und für Zusatz von Magermilch. Für Betriebszwecke ist zur Vermeidung jedesmaliger Rechenarbeit eine Zahlentabelle ausgearbeitet, zu deren Anwendung der Fettgeh. in Milch u. Rahm bekannt sein muß. Durchrechnung von 2 Beispielen. (Butter, Cheese Milk Products J. **43.** 33—35. Okt. 1952.) FRESENIUS. 7756

Andreas Lembke, Werner Kaufmann und **Helga Schmidt,** *Enzymatische Studien an Milchproteinen.* Vff. untersuchten mittels einer spektralphotometr. Meth. die Reaktionskinetik des pept. u. trypt. Abbaus von Casein u. Magermilch u. errechneten die

Aktivierungsenergien sowie den Prozentgeh. an Tyrosin u. Tryptophan. Bei der papierchromatograph. Best. der freien Aminosäuren wurde festgestellt, daß beim trypt. Abbau der Magermilch nur Tryptophan entsteht, während beim pept. Abbau Prolin, Oxyprolin u. Tyrosin gebildet werden. Beim proteolyt. Abbau bearbeiteter Milch zeigten sich deutliche Unterschiede zwischen den beiden Fermenten (gekochte Magermilch wird besser von Trypsin abgebaut als von Pepsin). UV-bestrahlte Milch wird von beiden Fermenten schlecht abgebaut. (Milchwissenschaft **8.** 10—16. Jan. 1953. Kiel, Bundes-Versuchs- u. Forschungsanst. für Milchwirtschaft, Bakteriol. Inst.) WINIKER. 7756

L. K. Crowe, *Einige störende Aromastoffe in unserer Milch.* Ursachen für das Auftreten u. die Entw. ungewöhnlicher u. unerwünschter Geschmacks- u. Geruchsstoffe in Milch vor u. nach ihrer Bearbeitung u. Möglichkeiten zu ihrer Vermeidung werden besprochen. (Milk Plant Monthly **41.** 74—78. Nov. 1952. Lincoln, Neb., Univ.) FRESENIUS. 7756

Ernst Miklik, *Über das Eiweißabbau- und Fettspaltungsvermögen einer Rhodotorula aus der Butter.* Bei der Unters. eines Falles von frühzeitiger Ranzigkeit der Butter stellte Vf. eine Rhodotorula als Ursache fest. Diese Hefe baut Milcheiweiß bei saurer Rk. (Optimum bei p_H 5,8) ab u. spaltet Butterfett (wesentliche Steigerung des Fettspaltungsvermögens in Ggw. von Milchsäurebakterien). Die Fettspaltung wird als Folge eines erhöhten Eiweißabbaus angesehen. (Milchwissenschaft **8.** 23—26. Jan. 1953. Wien, Hochschule für Bodenkultur, Inst. für Milchwirtschaft u. landwirtschaftl. Mikrobiologie.) WINIKER. 7758

Torsten Storgårds und **Börje Lindquist,** *Untersuchungen über die Käsereifung. 1. Mitt. Chromatographische Untersuchungen über das Vorkommen von Aminosäuren in verschiedenen Käsesorten.* Unterss. an 200 verschied. Käseproben ergaben, daß sämtliche im Casein enthaltene Aminosäuren auch in der Aminosäurefraktion des Käses (**I**) vorhanden sind, u. zwar unabhängig von Sorte u. Alter. In allen Fällen wurden Threonin, Alanin, Valin, Methionin, Leucin, Lysin u. Glutaminsäure gefunden. Gewöhnlich wurden außerdem α-Aminobuttersäure, Tyrosin, Prolin, Tryptophan, Arginin, Histidin, Tyramin, Glutamin, Asparagin u. Phenylalanin festgestellt. Asparaginsäure, Serin, Glycin u. Isoleucin fehlten zuweilen. Oxyprolin u. Cystin wurden sehr selten nachgewiesen. Ein Zusammenhang von geschmacklichen Verschiedenheiten mit dem Vorhandensein einer bestimmten Aminosäure konnte nicht gefunden werden, doch sind Vff. der Ansicht, daß das Gleichgewicht zwischen den verschied. Aminosäuren Geschmacksverschiedenheiten bedingen kann. (Milchwissenschaft **8.** 5—10. Jan. 1953. Stockholm, Centrallabor. v. Mjölkcentralen.) WINIKER. 7760

Nis Petersen, *Käserindenfehler — ihre Verhütung und Bekämpfung.* Behandelt werden Rindenkrebs, Aspergillusschimmel, durch Käsebruch verursachte Rindenschäden, feucht-schleimige Rinden, Mißfärbung. (Molkerei-Ztg. **7.** 193—94. 19/2. 1953. Kiel.) WINIKER. 7760

Paul Langwagen, *Kochkäse, — das Rohmaterial, seine Verarbeitung, Kochkäsefehler.* Allg. Ausführungen. (Molkerei- u. Käserei-Ztg. **3.** 1467—70. 20/11. 1952. Liebenau.) WINIKER. 7760

Hans Lagoni, *Qualitätsbezahlung auf der Grundlage der Reduktaseprobe.* Vf. vertritt die Ansicht, daß die Reduktaseprobe als Grundlage einer Qualitätsbezahlung nicht genügend gesichert ist. (Molkerei- u. Käserei-Ztg. **3.** 1607—08. 23/12. 1952. Kiel, Bundes-Versuchs- u. Forschunganstalt für Milchwirtschaft, Bakteriol. Inst.) WINIKER. 7856

A. Wolf, *Anwendung und Auswirkung der Reduktaseprobe in Schweden.* (Molkerei- u. Käserei-Ztg. **3.** 1553—54. 12/12. 1952.) WINIKER. 7856

M. E. Schulz, E. Voß und **E. Warnecke,** *Die Technik der Coli-aerogenes-Probe nach Kessler und Swenarton für die „Totale Coli-Kontrolle“.* Vff. empfehlen besondere Probenahmeröhrchen, Coliglocken, Glasrohrgummistopfen, Reagensglasgestelle u. Galle-Gentianaviolett-Peptonmilch (3fach). (Molkerei- u. Käserei-Ztg. **4.** 4—7. 8/1. 1953. Kiel, Bundes-Versuchs- u. Forschungsanstalt für Milchwirtschaft, Chem. Inst.) WINIKER. 7856

Otto Rahn, Ithaca, N. Y., V. St. A., *Sterilisieren gesalzener Lebensmittel,* bestehend im Zusatz von Salzsäure zur Erzielung eines p_H-Wertes unter 4,5, Hitzesterilisation der Lebensmittel in einer Dose, Zusatz von NaOH in äquivalenter Menge unter Bldg. von NaCl u. Sterilisation in saurem Medium. (**A. P. 2 594 213** vom 5/5. 1949, ausg. 22/4. 1952.) MAASS. 7635

Pomosin-Werke G. m. b. H., Frankfurt/M. (Erfinder: **Ditmar Bachmann, Gisela Koch,** Großenbrode, und **Werner Reichardt,** Hessisch-Oldendorf), *Süßwaren,* wie Geleefrüchte, -einlagen, Fruchtpasten u. dgl. mit Zuckergeh. bis zu 70%. Die zur Gelierung notwendigen niederveresterten Pektine oder Pektinate werden mit dem Dispergiermittel, wie Na-Pyrophosphat, -Citrat oder -Acetat, einem Erdalkalisalz u. einer Säure in einem solchen Mengenverhältnis gemischt, daß der p_H-Wert des fertigen gelierten Prod. 3,5—4,5 beträgt. Der Zucker kann durch Stärkezucker ersetzt werden. (**D. B. P. 851 894** Kl. 53f vom 22/2. 1951, ausg. 9/10. 1952.) KRANZ. 7705

Siemens-Schuckertwerke Akt.-Ges., Berlin und Erlangen (Erfinder: **Rudolf Schöfer**, Berlin), *Saucieren von Tabak* (I). Gleichzeitig mit der Behandlung mit fein verteilter Sauce in Form eines Regens oder Nebels wird der I hochfrequenten mechan. Schwingungen, z. B. Ultraschallschwingungen, ausgesetzt. (**D. B. P. 857 174** Kl. 79c vom 13/3. 1943, ausg. 27/11. 1952.) KRANZ. 7735

Mathieson Chemical Corp., übert. von: **James Douglas MacMahon**, Niagara Falls, N. Y., V. St. A., *Konservierung von Milch mittels wasserlöslicher Chlorite.* Zur Verzögerung bakteriellen Wachstums setzt man Milch 0,012‰—2, bes. 0,012—0,2‰, eines in W. lösl. Chlorites (wirksames Cl) von einem nicht tox. Kation, bes. Na oder Ca, hinzu. (**A. P. 2 575 670** vom 23/10. 1946, ausg. 20/11. 1951.) MAASS. 7757

Golden State Co., Ltd., San Francisco, übert. von: **Paul F. Sharp**, Piedmont, und **Wesley H. Hoecker**, Orinda, Calif., V. St. A., *Milcherzeugnis*, bestehend aus 30—60% W. u. festen Milchbestandteilen. Das Erzeugnis enthält Lactose (I) in Höhe von 10—40%. Andere Milchtrockensubstanz liegt in Höhe von nicht weniger als 1 (Teil) auf 2 I vor. 1 der vorhandenen I ist in W. gelöst. Der restliche Teil der I liegt in Form kleiner Kristalle vor, um dem Erzeugnis eine plast. Konsistenz zu verleihen. (**A. P. 2 565 098** vom 15/1. 1947, ausg. 21/8. 1951.) MAASS. 7757

Wilhelm Müller und **Herbert Haller** (Erfinder: **Wilhelm Müller**), Hannover, *Herstellung von Cola-Milchgetränk.* Man setzt wss. oder alkoh. Auszüge aus der Cola-Nuß, die man nach Neutralisation mittels Na_2HPO_4 eingedickt hat, Milch zu. (**D. B. P. 853 251** Kl. 53e vom 14/11. 1950, ausg. 23/10. 1952.) MAASS. 7757

Lanco Products Corp., New York, übert. von: **Nat H. Nash**, Bronx County, N. Y., V. St. A., *Speiseeisbereitung.* Bei nachträglicher Zugabe eines Emulgators (I) zu einer fertigen pasteurisierten Eismischung wird I zunächst mit einem geeigneten Lösungsm. versetzt, z. B. 25 (Teile) Polyoxyäthylenstearat mit 75 W., oder 25 Sorbittrioleat mit 75 Baumwollsaatöl, u. dann in die Mischung eingearbeitet. (**A. P. 2 587 369** vom 11/5. 1949, ausg. 26/2. 1952.) KRANZ. 7757

American Dairies Inc., Kansas City, Mo., und **Quaker Oats Co.**, Chicago, Ill., übert. von: **Charles W. Turner**, Columbia, Mo., und **Ezra P. Reineke**, East Lansing, Mich., V. St. A., *Beifuttermittel*, bes. für *Geflügel.* Thyrosinhaltiges Protein wird in wss. Lsg. bei z. B. p_H 6,8—8 mit J_2 in Ggw. von $NaHCO_3$ u. einem Katalysator, wie $MnSO_4$, 12—18 Std. bei 50—100° unter dauerndem Rühren behandelt. Das gebildete jodierte Protein wird getrocknet, pulverisiert u. in Mengen von 0,01—0,08% dem n. Futter beigegeben. (**A. P. 2 591 107** vom 19/4. 1945, ausg. 1/4. 1952.) KRANZ. 7787

William Thomas Powling sen. und **William Thomas Powling jr.**, **Rochford, Essex**, und **Patrick Slaney Davis**, Near Banbury, England, *Futtermittelherstellung.* Stark wasserhaltige **Stoffe**, wie Gras oder Kartoffeln, werden zerkleinert u. z. B. im Verhältnis 1:4 mit mehlartigen Stoffen, gegebenenfalls unter weiterem Zusatz von Sojaöl, Lebertran oder Melasse, gemischt u. in Flockenform übergeführt. — Vorrichtung. (**E. P. 666 216** vom 13/4. 1948, ausg. 6/2. 1952.) KRANZ. 7787

Henry Clapp Sherman, Chemistry of food and nutrition. 8th ed. New York: Macmillan. 1952. (729 S. m. Abb. u. Diagr.) $ 6,—.

XVII. Fette. Seifen. Wasch- u. Reinigungsmittel. Wachse. Bohnermassen usw.

Hildegard Raeithel, *Über die Verwendung von Antioxydantien.* Übersichtsbericht. Aus den zahlreichen, vielfach noch unbekannten Umsetzungen, die zum Fettverderben führen, werden die biochem. (Hydrolyse, Methylketonbldg.) sowie die rein chem. (Autoxydation) Prozesse behandelt. Hinweis auf die physikal. Verff. zur Hemmung des Fettverderbens, auf die chem. Hemmung durch Antioxydantien. Es werden unter Erörterung ihres natürlichen Vork., ihrer Eigg., der anzuwendenden Konz. die in USA benutzten phenol. Antioxygene (natürliche, synthet.) besprochen: Tocopherole, Gallussäure u. Gallate, Guajakharz, Vanillin, Hydrokaffeesäure, Dihydroquercetin, Norconidendrin, Sesamol, Nordihydroguajaretsäure (DDSA), Butyloxyanisol (BHA), Jonol. Ausführungen über synergist. wirkende Stoffe: Citronen-, Ascorbin-, Phosphor- (Polyphosphate), Citracon-, Thiodipropionsäure, Kephalin (Rohlecithin), gewisse Aminosäuren, Tetraalkylthiuramdisulfide, SH-Verbb., hochungesätt. Verbb. (Lactaroviolin, Lycopinaldehyd). Beispiele für den antioxygenen Effekt bei Butterfett u. Schweineschmalz; Hinweise auf

die lebensmittelrechtliche Beurteilung der Antioxygene. (Z. Lebensmittel-Unters. u. -Forsch. **95.** 246—62. Okt. 1952. München, Inst. für Lebensmitteltechnologie.)
Täufel. 7878

N. Desikachar, T. V. Subba Rao, T. Venugopal und **P. S. R. Nambiar,** *Die Verwendung von Abfällen, die bei der Reinigung, Bleichung und Hydrierung von Pflanzenölen anfallen.* Es wird über die Aufarbeitung von den in den Abfällen vorhandenen Seifenstock, Waschwasser, Filterpressenschlämmen u. Ni-Schlämmen (aus der Hydrierung) berichtet. (Indian Soap J. **17.** 289—93. Juni 1952. Tatapuram, Tata Oil Mills Co., Res. Labor.)
Boye. 7886

Richard E. Boucher und **Evald L. Skau,** *Phasenbeziehungen bei der Lösungsmittel-„Winterization" von molekular umgeestertem Erdnuß- und Baumwollsamenöl.* Hinweis an Hand der Literatur auf die neueren Arbeiten zur Entstearinierung aus Lsg. durch Abkühlung, wobei gegenüber Hexan als Lösungsm. wesentlich besser abfiltrierbare Kristalle mit Aceton bzw. Aceton/Hexan (95 + 15) erhalten werden; weitere Verss. unter Auswertung der Ergebnisse von Bailey u. Mitarbeitern (Oil and Soap **20.** [1943.] 129), wonach durch entsprechende vorherige Umesterung der Öle Hexan als Lösungsm. gute Erfolge erzielen läßt. Die Umesterung wird nach Eckey (Ind. Engng. Chem. **40.** [1948.] 1183) vollzogen, Na-Methylat als Katalysator; Erhitzung auf 96°, 2 Std.; Rühren in N_2-Atmosphäre; Zers. des Na-Methylates mit HCl; Auswaschen u. Trocknen im Vakuum (20 mm) bei 100°; dann „Winterization" wie früher beschrieben (J. Amer. Oil Chemists' Soc. **27.** [1950.] 556; C. **1952.** 7277; C. **1952.** 4703). Vergleichende Verss. mit nicht vorbehandelten bzw. umgeesterten Ölen unter Variierung der Konz. der Lsg. in Aceton/Hexan; analyt. Charakterisierung der erhaltenen Fraktionen. Aus den Ergebnissen wird abgeleitet, daß sowohl bei der milden wie bei der energ. Umesterung der beiden geprüften Öle die Entstearinisierung keine Vorteile erkennen läßt. Zur Herst. eines „winterized-Öl" muß dabei ein höherer Anteil an fester Substanz entfernt werden (verringerte Ausbeute) als bei nicht vorbehandelten Ölen; weiterhin sind erforderlich niedrigere Abkühlungstemp. u. längere Kühlzeiten, weil die Kristallisation verzögert ist; die Absetzgeschwindigkeit der Kristalle ist verzögert. (J. Amer. Oil Chemists' Soc. **29.** 382—85. Sept. 1952. New Orleans, La., Southern Regional Res. Labor.) Täufel. 7894

Chittaranjan Mitra, *Gereinigtes Nim-Öl (von Melia azadirachta), ein wichtiges Rohprodukt für Seife und verwandte Industrien.* Nim-Saat liefert ca. 45% Öl mit hohen Gehh. an Öl-, Palmitin- u. Stearinsäure. Es wird über eine Reihe von Verss. u. Patenten berichtet, über Entfernung der Bitterstoffe (Verwendung in der Pharmazie) u. Weiterverarbeitung der dabei anfallenden Öle. Ein solches Öl enthält 1,7% Arachin-, 2,4% Myristin-, 10,2% Stearin-, 16,8% Palmitin-, 59,9% Öl- u. 8,3% Linolsäure, sowie 0,7% unverseifbare Bestandteile. Nach einer pyrolyt. Zers. liefert das Öl 90—93% Destillate unter 300°. Die anfallenden Zersetzungsprodd. finden Verwendung als Lösungsmittel, Beleuchtungsmaterial, Verdünnungsmittel für Lacke u. Farben u. als insekticides Zerstäubungsmittel. Bei weiterer Reinigung wird ein Öl erhalten mit VZ. 290, SZ. 0,5, JZ. 68. Nach vollständiger Hydrierung ist F. 50—54°, JZ. 3,2. (Indian Soap J. **17.** 281—84. Juni 1952. Poona, Nat. Chem. Labor.) Boye. 7894

H. Stüpel, *Über neuere Ergebnisse und Probleme auf dem Gebiet synthetischer Waschmittel.* An Hand eines umfassenden Schrifttums (66 Literaturangaben) werden Probleme des Einsatzes synthet. Rohstoffe als Waschmittelbasis behandelt, u. zwar die Seife u. die Synthetica. In diesem Zusammenhang wird auf den Aufbau u. die Eigg. von Synthetica im Vgl. mit Seife eingegangen, wobei die Waschkraft für Baumwolle, für Eiweißfasern sowie das Schmutzübertragungsvermögen behandelt werden. Diagramme geben über die Abhängigkeit der Waschkraft von der Konz. synthet. Rohstoffe, vom p_H-Wert u. der Wasserhärte bei sek. Alkylsulfaten, die Wrkg. komplexer Phosphate auf die Waschkraft von sek. Alkylsulfat unter besonderen Bedingungen der Wasserhärte u. der Menge waschakt. Substanz Auskunft. Weiteres Kurvenmaterial wird gebracht. (Melliand Textilber. **33.** 1025—28. Nov. 1952. Hochdorf, Schweiz, Labor. der Seifenfabrik.)
P. Eckert. 7912

—, *Über die Anwendung von Waschmitteln mit bleibender Wirkung.* Die opt. Bleichmittel werden beim Kochen u. Spülen der Wäsche in starkem Maße angewandt. Der der Wäsche durch die Bleichwaschmittel verliehene Farbton spielt eine große Rolle; der für das Auge ungünstige rote Farbton ist einem blauen Ton gewichen. Die heute verfügbaren Bleichwaschmittel sind licht- u. kochbeständig u. verhalten sich positiv gegenüber O_2 u. Cl_2. (Oliën, Vetten Zeep **36.** 241—43. 27/9. 1952.) Wesly. 7912

G. V. Scott und **W. E. Thompson,** *Messung der Schaumkonsistenz.* Überblick an Hand des Schrifttums über die Meth. zur Best. des Schaumes (Vol., Haltbarkeit) von Lsgg. von Reinigungsmitteln; Beschreibung eines routinemäßigen Verf. zur relativen Bewertung eines Reinigungsmittels nach der Konsistenz (Körper) des Schaumes. Zur Messung werden benutzt das „Mobilometer" nach GARDNER (Physic. and Chemical Examinations of Prints, Varnishes, Lacquers and Colors. 9. Aufl., Washington, D. C.), das Schaumkonsistometer sowie das BROCKFIELD-Viscosimeter Modell HAF. Einzelheiten über Herst. des Schaumes u. seine Messung sowie die einflußnehmenden Faktoren. Aus den Ergebnissen der Verss. mit verschied. Reinigungsmitteln (Seife, mit u. ohne Zusatzstoff, Seifenbildner) wird abgeleitet, daß hinsichtlich Viscosität u. Konsistenz in den erzeugten Schäumen große Unterschiede bestehen. Ein Rückgang in der Konsistenz erfolgt bei Zugabe anorgan. Salze (NaCl) bzw. von hartem Wasser. Für den Zusammenhang zwischen Reinigungsmittelsystemen u. Schaumkonsistenz besteht eine krit. Temperaturbeziehung; Erhöhung der Temp. setzt die Konsistenz herab. Die Resultate weisen auf eine Relation zwischen Schaumkonsistenz u. Flüssigkeitsabfluß bzw. Viscosität hin. Hohe Konsistenzen liegen vor, wenn der Abfluß von Fl. gering ist u. große Oberflächenviscosität gemessen wird. Diese Eigg. werden auf die Ggw. gewisser polarer organ. Substanzen zurückgeführt (Fettsäuren, Fettalkohole), die in der Grenzphase Fl.–Luft stark adsorbiert werden. (J. Amer. Oil Chemists' Soc. **29.** 386—91. Sept. 1952. Jersey City, N. J., Colgate-, Palmolive-Peet Comp.) TÄUFEL. 7942

Colgate-Palmolive-Peet Co., Jersey City, N. J., übert. von: **John Joseph Mahoney** New York, N. Y., V. St. A., *Waschpulver.* Pulver (I) aus Seife oder synthet. Mitteln werden mit einem Schutzüberzug, z. B. Wasserglas (**II**), gegen Austrocknen oder Zusammenbacken versehen, indem man **I** versprüht u. mit versprühter Lsg. von **II** in Berührung bringt. Gleichzeitig erfolgt eine Erhitzung mit Luft auf 130° F u. anschließende Abkühlung auf 90° F. — Zeichnung. (**A. P. 2 594 469** vom 10/5. 1947, ausg. 29/4. 1952.) LÜTTGEN. 7913

Deutsche Hydrierwerke Akt.-Ges. (Erfinder: **Alfred Kirstahler**), Düsseldorf, *Höhermolekulare Cycloalkylcarbonsäuren.* Aus Cyclohexanolen, die im Kern wenigstens einen höhermol., bes. aliphat. KW-stoffrest mit wenigstens 6 C-Atomen enthalten, wird in bekannter Weise W. abgespalten, die entstandenen Cycloolefine werden bei 100—200° in Ggw. von Katalysatoren mit CO u. H_2 behandelt u. die erhaltenen prim. Alkohole nach bekannten Verff. in Carbonsäuren übergeführt. — Das aus Octylmethylcyclohexanol mit $KHSO_4$ bei 180—190° gewonnene Olefin, $Kp._{16}$ 134—140°, wird im Druckgefäß in Ggw. von auf Kieselgur aufgebrachtem Co–Th–Mg (23; 4; 2%) bei 75 atü mit CO u. H_2, 3 Std. bei 155—170° behandelt. Die erhaltenen Octylmethylhexahydrobenzylalkohole, $Kp._{11}$ 162—167° (OH-Z. 231), werden mit NaOH u. W. 3 Std. auf 270—275° erhitzt, bis kein H mehr gebildet wird. Durch Zusatz von H_2SO_4 u. Dest. erhält man *sek. Octylmethylperhydrobenzoesäure,* $Kp._{0,5}$ 146—149°, SZ. 218,2; VZ. 220. Die wasserlösl. Salze der Säuren besitzen *Seifencharakter.* (**D. B. P. 856 437** Kl. 12o vom 3/12. 1942, ausg. 20/11. 1952.) KRAUSS. 7913

Farbwerke Hoechst, vormals Meister Lucius & Brüning, Frankfurt/M.-Höchst, *Capillaraktive Sulfamidoalkylsulfonsäuren* u. deren Salze erhält man durch Kondensation von Sulfamiden mit einem aliphat. Rest von wenigstens 8 C-Atomen mit Aldehydbisulfitverbb. oder ihrenBestandteilen, zweckmäßig in der Schmelze, nach dem Reaktionsschema: $RSO_2NH_2 + NaHSO_3 + R_1CHO \rightarrow RSO_2NHCH(R_1)SO_3Na + H_2O$. — Octadecylsulfamid wird mit Formaldehydbisulfit zuerst auf 150, dann auf 175° erhitzt, bis das W. entfernt ist. Das gelbliche, in W. klar lösl. Pulver besitzt gutes Waschvermögen. — Dodecylsulfamid + Paraformaldehyd + $NaHSO_3 \rightarrow$ lockeres Pulver mit Netzwirkung. — Octylsulfonsäureamid (aus Octylbromid + Na_2SO_3 + PCl_5 + NH_3) + CH_2O + $SO_2 \rightarrow$ in W. lösl., als Schaummittel verwendbares Pulver. — *Octylsulfamidomethansulfonsäure.* — *Dodecylbenzolsulfamidomethansulfonsäure.* — Aus geradkettigen, aliphat. KW-stoffen Kp. 200—350°, mit SO_2 u. Cl_2 u. Rk. mit NH_3 erhaltenen Sulfonamiden → *Alkylsulfamidomethansulfonsäuren.* — *Netz-, Dispergier-* u. *Reinigungsmittel.* (**D. B. P. 855 707** Kl. 12o vom 9/8. 1938, ausg. 17/11. 1952.) KRAUSS. 7913

I. G. Farbenindustrie Akt.-Ges. (Erfinder: **Gerhard Balle, Josef Nüßlein, Georg Schulz, Karl Panser**, Frankfurt/M., **Wolf Steindorff,** Semtin bei Pardubitz, und **Karl Horst**, Hofheim/Taunus), *Wasch-, Netz- und Reinigungsmittel,* bestehend aus Polyglykoläthern (I) aromat. oder hydroaromat. Oxyverbb., die im Kern durch mindestens 1 KW-stoffrest oder Acylrest substituiert sind, z. B. aus I von Isooctylphenol, u. gegebenenfalls anderen Textilhilfsmitteln, Enthärtungs- Bleichmitteln. (**D. R. P. 753 403** Kl. 8o vom 20/11. 1935, ausg. 24/11. 1952.) LÜTTGEN. 7913

Henri Brunel, Paris, Frankreich, *Reinigungsmittel.* Fette werden mit konz. oder rauchender H_2SO_4 versetzt u. anschließend überschüssige H_2SO_4, freie Fettsäuren u. gebildete Sulfonsäuren mit Alkali neutralisiert. Das Verf. wird ohne äußerliche Wärmezufuhr durchgeführt. (**Schwz. P. 281 137** vom 11/12. 1947, ausg. 3/6. 1952. F. Prior. 10/7. 1945, u. **F. P. 917 298** vom 10/7. 1945, ausg. 31/12. 1946.) LÜTTGEN. 7917

Imperial Chemical Industries Ltd., übert. von: **Frederick J. Pollok**, Largs, England, *Flüssiges Reinigungsmittel*, bestehend aus einer wss. Lsg. von <8% anionakt. Reinigungsmittel u. <4% wasserlösl. Methylcellulose mit 0,7—0,8 Carboxymethylgruppen pro Anhydroglucoseeinheit. (**A. P. 2 583 492** vom 15/3. 1950, ausg. 22/1. 1952. E. Prior. 27/5. 1949.) LÜTTGEN. 7917

Milly Kerzen- & Seifenfabrik Kopp & Co. Komm.-Ges., München, *Herstellung wasserlöslicher Produkte aus an sich wasserunlöslichen organischen Stoffen*, dad. gek., daß die unlösl. Stoffe mit organ. Sulfosäuren oder deren Salzen oder Kondensationsprodd. von Äthylenoxyd mit Phenol oder seinen Derivv. u. W. gemischt werden. — 20 (Teile) Alkylarylsulfonat, 5 Prod. aus Äthylenoxyd u. Phenol u. 20 W. werden unter Erwärmen zu einer homogenen M. verrührt, mit 25 W. verd. u. mit 15 Perchloräthylen vermischt. Die klare Lsg. ist in jedem Verhältnis mit W. mischbar. Verwendung: Reinigungsmittel, Zusatz zu Seifen, Entrostungsmittel. (**Schwz. P. 280 151** vom 8/4. 1949, ausg. 16/4. 1952.) LÜTTGEN. 7917

Arthur William Middleton, Watford, England, *Putz- und Poliermittel*, bestehend aus einer wss. Emulsion eines fl. Fettlösungsmittels, eines nichtionogenen Emulgators, eines Amins oder anderen Stabilisators, eines Verdickungs- u. eines feinen Schleifmittels, z. B. aus 3 (g) Äthylenglykollaurat, 0,2 Heptadecenyloxyäthylglyoxalidin, 30 gefälltem $CaCO_3$, 2 Al-Stearat, 100 W. u. 40 cm^3 Putzpetroleum. (**E. P. 674 956** vom 8/4. 1949, ausg. 2/7. 1952.) LÜTTGEN. 7917

British Resin Products Ltd., London, England, *Herstellung von Wachs* (**I**). Man bringt hydriertes Cardanol in Ggw. von wss. Alkali u. bei erhöhten Tempp. mit 1.4-Dichlorbutan in Reaktion. Das entstehende Wachs hat einen F. von 190° u. die Formel I. (**E. P. 653 302** vom 21/12. 1948, ausg. 9/5. 1951. A. Prior. 31/12. 1947.) LÜTTGEN. 7925

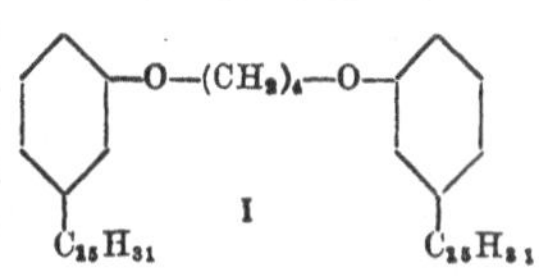

XVIIIa. Holz. Cellulose. Zellstoff. Papier. Papierdruck. Celluloid. Linoleum.

Harold R. Murdock, *Zellstoff- und Papierindustrie.* Die Rückgewinnung der Holzfaser, die Eindampfung u. Verbrennung von Kraftlauge u. die Wiedergewinnung der MgO-Sulfitlauge ist in einigen Großbetrieben mit Erfolg durchgeführt, jedoch bereiten ähnliche nach staatlichen Vorschriften zur Minderung der Flußverschmutzung geforderte Umstellungen in älteren kleineren Betrieben erhebliche Schwierigkeiten. (Ind. Engng. Chem. **44**. 507—13. März 1952. Atlanta, Ga.) MANZ. 7956

Joseph E. Atchison, *Verwendung der Zuckerrohrbagasse in der Zellstoff- und Papierindustrie.* Bagasse läßt sich nach den üblichen Verff. zu Zellstoff (I) verarbeiten. Um hochwertigen I zu erhalten, muß vor dem Aufschluß das Mark entfernt werden, da dieses einen höheren Chemikalienverbrauch bedingt u. die Eigg. des I vermindert. Bagasse-I kann allein oder mit Weichholz-I gemischt für Kartonagen, Papiersäcke, Buch- u. Schreibpapiere verwendet werden; für Zeitungspapiere ist er im Vgl. zu Holzschliff-I-Mischungen zu teuer. Vf. gibt ferner eine Übersicht der Entw. der Herst. von I aus Bagasse. (Paper Trade J. **135**. Nr. 16. 24—42. 17/10. 1952. Washington, D. C., Mutual Security Agency, Pulp Paper Branch.) H. BECKER. 7956

A. E. Chittenden, H. E. Coomber und **D. Morton**, *Sorghumstengel von der Goldküste als Material zur Papierherstellung und als Quelle für Furfurol.* Die Sorghumstengel enthalten ca. 53% Cellulose, 27,8% Pentosane (I) u. 16,3% Furfurol (II). Ein Natronzellstoff läßt sich mit 42% Ausbeute gewinnen u. ist leicht zu bleichen. Er ist mäßig stark u. ziemlich kurzfaserig; dürfte sich aber in Mischung mit anderem Zellstoff verwenden lassen. Kunstseide ist wegen des geringen Anteils an α-Cellulose (73,5%) schlecht aus dem Zellstoff herzustellen. Aus dem hohen Anteil an I u. II wird geschlossen, daß sich die industrielle Gewinnung von II aus Sorghumstengeln lohnen würde. (Colonial Plant Animal Products **2**. 299—305. 1951.) H. BECKER. 7956

M. G. Eliaschberg, *Die erforderlichen Bedingungen bei der Herstellung starker Kochsäure.* Bei der Zellstoffherst. nach dem Sulfitverf. ist man jetzt bestrebt, mit einer Konz. der Kochsäure von über 7% zu arbeiten. Vf. bringt eine Übersicht der dabei wichtigen physikal., chem. u. techn. wichtigen Punkte in Kocher, Regeneration u. Säureturm, die zum Halten der Säurekonz. u. zur Vermeidung von SO_2-Verlusten zu beachten sind. (Papier u. Druck **1**. 52—61. Okt. 1952.) H. BECKER. 7962

C. William Converse, *Eine Betrachtung über die Aufschlußmethoden bei der Erzeugung halbchemischer Papierstoffe.* Halbchem. werden Aspen- u. Hartholz aufgeschlossen. Herst. erfolgt nach dem Sulfitverf. durch milde Kochung u. folgende Zerfaserung, nach dem Sulfatverf. mit niedriggrädiger Lauge, teilweise nur mit NaOH. Es kann auch kalt mit 2,5—7,5%ig. NaOH in 24 Std. aufgeschlossen werden. Herst. erfolgt kontinuierlich u. diskontinuierlich, gebleicht kann der Halbzellstoff auch werden. Die Ausbeute ist 70—80% für ungebleichten u. 55—60% für gebleichten Halbzellstoff. Die Eigg. sind teilweise besser als die des chem. Sulfitzellstoffs, in der Entwässerung steht er zwischen Holzschliff u. Sulfitzellstoff. Verwendung erfolgt für Wellpappe, Druck-, Zeichen-, Pergamin- u. Wertzeichenpapiere. Vorteile des Verf. sind: geringere Baukosten für die Anlage, Ersparnis an Kraft, Dampf u. Arbeit. (Wbl. Papierfabrikat. **80**. 739—41. Ende Okt. 1952.) H. BECKER. 7964

Nathan Gilbert, I. A. Hobbs und **J. D. Levine,** *Hydrolyse von Holz mittels verdünnter Schwefelsäure.* Vff. beschreiben eine Modifikation des MADISON-Holzzuckerprozesses, die einfacher ist u. Lsgg. von höherer Konz. ergibt. Zur Anwendung kommt eine in Wilson Dam angebaute Versuchspflanze. Der Prozeß verläuft in folgenden Stufen: 1. Holzschnitzel in einen Perkolator bringen; 2. schnell mit heißer 0,5%ig. H_2SO_4 mischen u. auf 250—300° F erhitzen. Der Druck ist der Gleichgewichtsdruck von gesätt. Dampf (15—50 Pfund pro Quadratzoll); 3. weitere Säure kontinuierlich durch den Perkolator schicken, bis die Konz. des reduzierenden Zuckers in der Lsg., die den Perkolator verläßt, auf 1% fällt. Während der Perkolation wird die Temp. auf 365—380° F. erhöht, der Druck beträgt 145—185 Pfund pro Quadratzoll; 4. das Hydrolysat wird auf einen Druck von 30 Pfund pro Quadratzoll gebracht, dann neutralisiert u. unter diesem Druck kontinuierlich filtriert u. darauf zu Äthylalkohol, Melasse oder Hefe verarbeitet.(Ind. Engng. Chem. **44**. 1712—20. Juli 1952. Wilson Dam, Ala., Tennessee Valley Authority.) AMELUNG. 7968

N. L. Carter, *Acetylcellulose. Neue Entwicklungen und Anwendungen.* Acetylcellulose ist vielseitig verwendbar u. zeichnet sich durch große Zähigkeit u. Beständigkeit gegen Fett, Öl u. chem. Reinigungsmittel aus. Es gibt zur Zeit 6 Typen, u. zwar wetter-, wärmefeste u. nicht entflammbare Sorten. Sie können transparent gefärbt u. mit UV-Strahlungsinhibitoren gemischt werden. Verwendung erfolgt u. a. für Messergriffe, Bewässerungsrohre u. kleine elektr. Gehäuse. (Austral. Plastics **7**. Nr. 75. 23—25.Okt. 1951.) H. BECKER. 7970

E. Treiber und **W. Lang,** *Lichtabsorption von Cellulosederivaten.* 2. Mitt. *Das UV-Absorptionsspektrum der Acetyl- und Nitrocellulose.* (1. vgl. C. **1951**. I. 1959.) Im Zusammenhang mit der Frage der Lichtschädigung wurden maximal gereinigte Proben von Acetat- u. Nitrocellulose bzgl. ihrer UV-Absorption untersucht. Es wurde gefunden, daß eine Eigenabsorption nur dort auftritt, wo auch die entsprechenden niedermol. Modellkörper selektiv absorbieren. Auf Grund von Ergebnissen an zu Vergleichszwecken zusätzlich untersuchten Estern u. Äthern kann gefolgert werden, daß eine beobachtbare Absorption einer Celluloseverb. im Gebiet 4500 mm^{-1} prakt. nur von den eingeführten Substituenten herrührt u. der Absorption dieser entspricht. Die Versuchsergebnisse werden an Hand von Diagrammen eingehend diskutiert. — 34 Literaturzitate. (Melliand Textilber. **33**. 1021—24. Nov. 1952. Graz, Univ., Inst. für theoret. u. physikal. Chemie.) P. ECKERT. 7970

—, *Eine indische Anlage für Papierbrei aus gebleichter Bagasse.* Vf. beschreibt Anlagen einer ind. Fabrik, die als neuen Rohstoff Bagasse (ausgepreßtes Zuckerrohr) verwendet, das, gebleicht u. mit Bambus vermischt, ein ausgezeichnetes Material für spezielle Papiere u. Kartons ergibt. (Papeterie **74**. 281—83. Mai 1952.) HEINRICHS. 7974

W. Carr, *Hilfsstoffe in der Papierindustrie.* Vf. diskutiert Anwendung u. Wrkg. von Hilfsstoffen bei der Papierherst.: 1. Entschäumungsmittel: fl. Silicone, Alkylphosphate, langkettige aliphat. Alkohole, Mineralöle, Emulsionen pflanzlicher Öle; 2. Dispersionsmittel: Naphthalinsulfonsäuren u. ihre Salze, ligninsulfonsaure Salz u. Polymere; 3. Wachs- bzw. Paraffinemulsionen für bes. elektr. u. mechan. Eigg.; 4. Kontaktinsekticide: DDT; 5. naßfeste Harze: Harnstoff- oder Melamin-Formaldehyd-Harze; 6. nicht entflammbare Imprägnierungen auf Basis Borax bzw. Borsäure oder NH_4-Salzen; 7. opt. Bleichmittel: in W. lösl. Pulver mit blauer Fluorescenz; 8. Fixiermittel für saure u. bas. Farbstoffe; 9. Egalisierungsstoffe. (Wld. Paper Trade Rev. **138**. 1133—41. 9/10. 1952.) GNAUCK. 7974

Erwin Edmund Kuntz, Zug, Schweiz, *Zonenweise verschiedenes Imprägnieren von Holz.* Langholz wird horizontal oder zur Horizontalen schräg liegend von Fl. umgeben in einem einzigen Arbeitsgang in einem Kessel imprägniert, in dem die Imprägnier-Fl. durch Scheidewände voneinander getrennt sind. — Vorrichtung. (**D. B. P. 851 688** Kl. 38h vom 12/4. 1951, ausg. 6/10. 1952. Oe. Prior. 31/7. 1950.) E. PETERSEN. 7953

Aktiebolaget Kaukas Fabrik, Lauritsala, Finnland (Erfinder: **T. Saelan**), *Mauerlack,* bes. für *Cellulosekocher* u. Säurebehälter für die Zellstoffindustrie. Man verwendet

Massen aus Glasmehl, Asbest u. Bleiglätte (Verhältnis ca. 3:1:0,05) u. der erforderlichen Menge Wasserglas. (**Schwed. P. 133 755** vom 13/10. 1949, ausg. 27/11. 1951.) JÜRGEN SCHMIDT. 7957

Bernardino Oglietti, Hythe, Kent, England, *Gewinnung von Strohzellstoff für Papier, Pappe, Ledereraatz* usw. Vorzugsweise feuchtes Stroh mit z. B. 20% Wassergeh. wird gehäckselt u. bei ca. 100° mit einer wss. Lsg. von Alkalien, wie NaOH, $Ca(OH)_2$, Na_2CO_3, K_2CO_3 oder Mischungen daraus, z. B. 8—12 Std., oder, im Falle einer Vorimprägnierung mit den Chemikalien u. anschließendem Einleiten von Dampf geringen Druckes, 3—5 Stdn. behandelt. Auf 900 (kg) Stroh treffen z. B. 4540—5900 W. u. 90 bis 114 $Ca(OH)_2$ oder 45 $Ca(OH)_2$ u. 68 NaOH. Der Stoff wird nach dem Waschen in einer Schlagmühle schonend zerfasert u. gegebenenfalls gebleicht. (**E. P. 663 917** vom 12/7. 1949, ausg. 27/12. 1951.) G. VOGEL. 7959

G. H. Tomlinson, Montreal, Can., *Aufarbeiten von magnesiumhaltigen Sulfitablaugen.* Die Ablaugen werden mit MgO neutralisiert, auf einen für die Zuckergärung geeigneten p_H-Wert eingestellt u. auf 28—35% Trockenstoffe konzentriert. Dann wird vergoren u. der entstandene A. abdestilliert. Die Ablauge wird aus der Dest. mit einer höheren Temp. als der Gärtemp. abgezogen, auf 45—70% Trockenstoffe konz. u. in einem Ofen verbrannt. Hierbei wird die Temp. unter dem F. der Laugenrückstände gehalten. Die Verweilzeit der Lauge im Ofen soll so kurz sein, daß das MgO nicht totgebrannt wird, sondern erneut zur Herst. von Sulfitkochlauge verwendet werden kann. Zweckmäßig führt man die Asche aus dem Ofen mit den Fäulnisgasen ab. — Zeichnungen. (**Schwed. P. 132 660** vom 20/5. 1944, ausg. 7/8. 1951. A. Prior. 20/5. 1943.) JÜRGEN SCHMIDT. 7963

Aktiebolaget Rosenblads Patenter, Stockholm, Schweden (Erfinder: **K. E. Zettervall**), *Rückgewinnung von Wärme oder Schwefel aus hochkonzentrierter oder eingetrockneter Sulfitabfallauge.* Das Verf. zur Rückgewinnung von Wärme u. S aus diesen Laugen nach Schwed. P. 128 951 (C. **1951. II. 1526**), wonach die Laugen einer Trockendest. bei 300—600° unterworfen u. die Rückstände unter einem Kessel verbrannt werden, wird dahin geändert, daß die bei der Trockendest. anfallenden Gase nochmals bei höherer Temp. katalyt. behandelt werden, bes. bei ca. 700—800° u. in Ggw. von Oxyden oder anderen bas. Fe-Verbb., wie Kiesabbrände, um organ. S-Verbb. aufzuspalten. — Zeichnung. (**Schwed. P. 132 978** vom 30/10. 1948, ausg. 18/9. 1951. **Zusatz zu Schwed. P. 128 951.**) JÜRGEN SCHMIDT. 7963

Hercules Powder Co., Wilmington, Del., V. St. A., übert. von: **Walter S. Ropp,** *Heißtrocknende Druckfarbe* mit Binder aus Polyvinylterpenäther (I), der in einem Petroleum-KW-stoff gelöst ist, der bei 70° F. nicht flüchtig ist, aber bei 200—240° F. einen hohen Dampfdruck besitzt. I wird durch Polymerisation des Vinyläthers des α-Terpineols oder des Dihydro-α-terpineols hergestellt u. hat einen Erweichungspunkt von wenigstens 130°. (**A. P. 2 595 983** vom 25/8. 1950, ausg. 6/5. 1952.) LAASS. 7989

American Cyanamid Co., New York, übert. von: **Alfred F. Schmutzler,** Teaneck, N. J., V. St. A., *Druckfarbe,* bestehend aus Tallöl-Kunstharzen (I), einem Pigment, z. B. Ruß, u. einem inerten Lösungsm., z. B. einem hochsd. aliphat. Petroleum-KW-stoff. — Herstellungsbeispiel für I: Eine Mischung aus Tallöl u. einer mehrbas. Säure wird mit Zn-Staub als Katalysator ca. 2 Std. auf 225—245° erhitzt, auf 160° abgekühlt u. dann mit einem mehrwertigen Alkohol verestert. Das entstandene Prod. wird dann heiß mit monomerem Styrol u. Acrylnitril zur Rk. gebracht. (**A. P. 2 590 654** vom 16/4. 1949, aus. 25/3. 1952.) LAASS. 7989

Lucien C. Austin, Newton, N. J., V. St. A., *Herstellung von Tiefdruckformen.* Mit Hilfe eines gerasterten Posititvs (I) wird eine Tiefdruckform angefertigt, deren Näpfchen zwischen den Rakelstegen zur Aufnahme der Farbe nach dem Ätzen nicht nur verschieden tief, sondern auch verschieden im Durchmesser u. außerdem V-förmig sind, um eine Unterätzung der Seiten auszuschließen. I wird durch mehrmaliges Belichten mit Hilfe verschieden geformter Blendenöffnungen hergestellt, wobei 2 Raster, von denen das eine der lichtempfindlichen Schicht anliegt, verwendet werden. — Zeichnungen. (**A. P. 2 596 115** vom 26/12. 1945, ausg. 13/5. 1952.) LAASS. 7989

Farbenfabriken Bayer (Erfinder: **Fritz Schmidt**), Leverkusen, *Umsetzungsprodukte aus höhermolekularen, Hydroxylgruppen enthaltenden Verbindungen.* Cellulosederivv., OH-gruppenhaltige Polyester, Zuckerderivv., CH_2O-Kondensationsprodd. u. dgl. werden mit stabilisierten komplexen Titansäureestern (I) umgesetzt, wie sie durch Rk. reaktionsfähiger Derivv. des TiO_2, z. B. seiner Halogenide oder Ester, mit solchen organ. Verbb. erhältlich sind, die zur Komplexbldg. mit dem Ti befähigte Gruppen, wie die CO-Gruppe, enthalten. Titansäurehalogenide werden z. B. mit Diacetonalkohol, β-Ketobutanol, β-Oxybutyraldehyd, Acetessigester, Diacetyl oder polymeren Vinylmethylketonen zur Herst. von I umgesetzt. Herst. von *unlösl. Filmen,* Folien, Fäden. (**D. B. P. 851 846** Kl. 39b vom 31/8. 1950, ausg. 9/10. 1952.) SALZMANN. 7995

Badische Anilin- & Soda-Fabrik, Ludwigshafen/Rh. (Erfinder: **Fritz Stastny**, Weinheim/Bergstraße, und **Tim Toepel**, Ludwigshafen/Rh.), *Verbesserung der Eigenschaften von Bodenbelagmassen.* Man setzt den üblichen Bindemitteln, wie Leinölzement u./oder Bindemitteln auf Grundlage von Dicarbonsäuren u. drei- oder höherwertigen Alkoholen (I), Polykondensationsprodd. aus Urethanen (II) mehrwertiger I u. CH_2O oder aus Mischungen von II mehrwertiger I, hydroxylgruppenhaltigen Polyestern u. CH_2O zu. (**D. B. P. 857 341** Kl. 81 vom 30/12. 1950, ausg. 27/11. 1952.) V. SCHILLER. 7999

XVIIIb. Textilfasern.

H. A. Wannow, *Anwendung der Atomenergie in der Textilforschung und -technik.* In vorliegender Arbeit wird an Hand der Literatur eine Übersicht über die vielseitigen Anwendungsmöglichkeiten der radioakt. Substanzen, bes. der Isotope, in der Textilforschung u. -technik gegeben, wobei die Grundlagen eingehend besprochen werden. — 21 Literaturnachweise. (Dtsch. Textilgewerbe **54.** 1122—24. 2. Novemberheft 1952.) P. ECKERT. 8022

Claus Arnold, *Schmälzen, Avivagen, Präparationen.* Begriffserklärung u. allg. Ausführungen über die verschied. Arbeitsverff. unter Anführung prakt. Hinweise. (Dtsch. Textilgewerbe **54.** 1124—27. 2. Novemberheft 1952.) P. ECKERT. 8028

D. F. O'Reilly, J. C. Whitwell, R. O. Steele und **J. H. Wakelin**, *Eigenschaften von Bekleidungswollen.* 2. Mitt. *Veränderung der Faseroberfläche während der Verarbeitung nach dem Kammzugverfahren.* (1. vgl. V. BERGEN u. WAKELIN, C. **1953.** 308.) Gemessen wurde die PAULYsche Diazo-Rk., die Aufnahme von *Anthrachinonblau SKY* u. das mkr. Aussehen von Wolle (I) in Abhängigkeit von den einzelnen Stufen der Verarbeitung beim Kammzugverfahren. Waschen, Kämmen u. Ziehen verursachen eine Abspreizung der Schuppenzellen der I u. damit eine Zunahme der Farbaufnahme u. Intensität der Diazoreaktion. Nach kurzem Dämpfen legen sich die Schuppenzellen wieder an, u. die Diazo-Rk. wird wieder auf den ursprünglichen Wert abgeschwächt. Vff. kritisieren auf der Grundlage ihres Versuchsmaterials die Annahme, wonach die Epicuticula die Schuppenzellen in Form einer kontinuierlichen Deckschicht überzieht. (Textile Res. J. **22.** 441—47. Juli 1952. Princeton, N. J., Text. Res. Inst.) ZAHN. 8060

Paul-August Koch, *Chemische Faserstoffe — ein Überblick über ihre Vielfaltigkeit und ihre Eigenschaften.* 63 Schrifttumsnachweise. (Textil-Rdsch. [St. Gallen] **7.** 559—85. Dez. 1952.) P. ECKERT. 8070

Leon G. Davis, *Der heutige Stand der neuen synthetischen Fasern.* Übersicht über Art, Herst. u. Eigg. neuer synthet. Fasern. (Textielwezen **8.** Nr. 10. 47—50. Okt. 1952.) WESLY. 8070

—, *Über das Schlichten von Reyongarnen.* Beschrieben werden die verschied. Schlichtmethoden unter Anführung der erforderlichen Schlichtmaschinen. Prakt. Hinweise werden gegeben. (Dtsch. Textilgewerbe **54.** 1136—37. 2. Novemberheft 1952.) P. ECKERT. 8074

—, *Vollsynthetische Fasern.* Übersicht über Herst., chem. u. physikal. Eigg. von Nylon u. die für Nylon angewandten Farbstoffe. (Textielwezen **8.** 41—49. Sept. 1952.) WESLY. 8080

O. Innamaa, *Die Entwicklung von Nylon und Perlon zu Textilrohstoffen.* Übersicht über Struktur u. Eigg. von Nylon u. Perlon, sowie deren techn. Entwicklung. (Tekstiililehti **1952.** 55—60.) BECKMANN. 8080

—, *Entnahme und Anfertigung eines Analysenmusters für physikalische und chemische Faseruntersuchungen von Baumwolle und Fibranne.* Richtlinien der Schweizer. Normenvereinigung. (Schweiz. Arch. angew. Wiss. Techn. **18.** 347—48. Okt. 1952.) P. ECKERT. 8102

Ciba Akt.-Ges., Basel, Schweiz, *Herstellung eines 4.4'-Diaminostilbendisulfonsäure-(2.2')-derivates.* Man kondensiert entweder 2 Mol Cyanurchlorid (I) mit 1 Di-Na-Salz der 4.4'-Diaminostilbendisulfonsäure-(2.2') (II) u. setzt das Prod. bei 40° mit 2 $CH_3 \cdot NH_2$ (III) in Form einer 40%ig. wss. Lsg. um, oder man läßt I mit III reagieren u. kondensiert das erhaltene 2.4-Dichlor-6-methylaminotriazin mit 1 II.

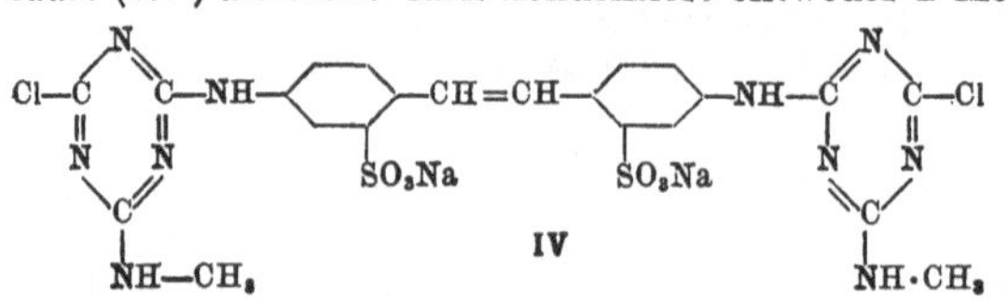

IV

Das erhaltene Prod. (IV) ist in W. löslich. Opt. Bleichmittel für Cellulosefasern. (**Schwz. P. 281 107** vom 18/10. 1949, ausg. 3/6. 1952.) MÜLLER-MEININGEN. 8029

N. V. de Bataafsche Petroleum Mij., Den Haag, Holland, *Nicht oder kaum korrodierende wässerige Lösungen capillaraktiver Alkylsulfonsäureestersalze oder Alkyl- oder Alkarylsulfonate* (I), bestehend aus höchstens 10% des capillarakt. I u. höchstens 5% einer wss. Lsg. eines wasserlösl. Silicats, Chromats oder Borats. Tabelle. (**E. P. 669 081** vom 3/6. 1948, ausg. 26/3. 1952. Holl. Prior. 4/7. 1947.) KRAUSS. 8029

Monsanto Chemical Co., St. Louis, Mo., V. St. A., übert. von: **Oscar P. Cohen**, *Waschfeste Textilausrüstung.* Wolle, Acetatseide oder anderes Textilgut wird nach einer Behandlung mit einer wss. Emulsion eines halogenierten bzw. chlorierten niedrigmol. Polymerisates aus Aminotriazin, (Thio-)Harnstoff, Guanidin oder Dicyandiamid u. einem Aldehyd getrocknet, worauf durch Erwärmen auf 120—180° die Fixierung erfolgt. — Z. B. wird ein Melamin–CH_2O-Kondensat, das mit Chloramin T in wss. Dispersion halogeniert ist, verwendet. (**E. P. 672 130** vom 14/12. 1948, ausg. 14/5. 1952. A. Prior. 30/12. 1947.) MÖLLERING. 8033

Karl A. Fischer, Washington, D. C., V. St. A., *Waschbeständige Appretur*, bestehend aus einem FISCHER-TROPSCH-Paraffin (F. 100—150°), das durch einen Polyvinylester oder -äther (Butyläther) weichgemacht ist. (**A. P. 2 594 547** vom 14/5. 1948, ausg. 29/4. 1952.) MÖLLERING. 8033

Farbwerke Hoechst, vormals Meister Lucius & Brüning (Erfinder: **Ludwig Orthner, Gerhard Balle** und **Hermann Wagner**, Frankfurt/M., und **Georg Dittus**, Ludwigshafen/Rh.), *Herstellung von Thiuroniumsalzen*, dad. gek., daß man Verbb. einer der allg. Formeln: $R \cdot CO \cdot NH_2$ oder $R \cdot O \cdot CO \cdot NH \cdot R'$ oder $R'' \cdot O \cdot CO \cdot NH \cdot R$ oder $R \cdot CN$, in denen bedeutet: R einen aliphat., aliphat.-cycloaliphat. oder araliphat. Rest mit mindestens 11 C-Atomen, der auch durch Heteroatome unterbrochen sein kann, R' einen Alkylrest oder H, R'' einen Alkylrest, mit CH_2O u. Thioharnstoff (I) oder dessen Alkylderivv., die in der Isoform reagieren können, u. Halogenwasserstoffsäuren, gegebenenfalls in Ggw. eines Lösungs- oder Verdünnungsmittels, umsetzt. An Stelle der Verbb. nach den Formeln u. CH_2O können deren Methylolverbb. u. an Stelle von I bzw. Alkylthioharnstoff u. Halogenwasserstoffsäure die halogenwasserstoffsauren Salze des I verwendet werden. Nach den Beispielen werden Laurinsäureamid mit Paraformaldehyd (II) u. I-Hydrochlorid in Eisessig bei 80—90° umgesetzt; weiße Substanz, wss. Lsgg. schäumen. Entsprechend Stearinsäuremethylolamid mit I-Hydrochlorid in Methanol. Bei Anwendung von nur I wird HCl-Gas eingeleitet. Weiße, in warmem W. lösl. Pulver. Weitere Ausgangsstoffe: Stearinsäurenitril, p-Isotetradecylphenoxyessigsäure, p-n-Dodecylbenzoesäure, N-Dodecylcarbaminsäureester u. Dichlorstearinsäureamid. Behandlungsmittel für Werkstoffe, bes. zum *Hydrophobieren von Textilien.* (**D. B. P. 859 885** Kl. 12o vom 2/2. 1938, ausg. 18/12. 1952.) SCHINDLER. 8037

Monsanto Chemical Co., St. Louis, Mo., übert. von: **Paul George Benignus**, Belleville, Ill., V. St. A., *Fungicides und baktericides Mittel für Textilien*, bes. *Papiermaschinenfilz.* Man imprägniert mit einer wss. Dispersion, die neben Netzmitteln, filmbildenden Schutzkolloiden u. harzbildenden Harnstoff–Aldehyd-Kondensaten noch in W. unlösl. Cu-, Zn- oder Cd-Salze von 8-Chinolinol oder von 5.7-Dichlor-8-chinolinol enthält, trocknet u. erhitzt 3—20 Min. auf 121—160°. (**A. P. 2 594 384** vom 12/11. 1946, ausg. 29/4. 1952.) MÖLLERING. 8037

E. I. du Pont de Nemours & Co., übert. von: **Paul Swithin Pinkney**, Wilmington, Del., V. St. A., *Acrylnitril enthaltendes Mischpolymerisat.* Ein Mischpolymerisat aus Acrylnitril mit einem Geh. von 67—84% 1.3-Butadien, das ein Mol.-Gew. nicht über 100000 aufweist, wird, z. B. in Dekahydronaphthalin gelöst, in Ggw. eines Pd-C-Katalysators bei 75° hydriert. Man filtriert den Katalysator ab u. entfernt das Lösungsm. bei 210° u. 10 mm Hg. Das ölige Prod. kann erneut gelöst u. unter Verwendung von RANEY-Ni nachhydriert werden. Das erhaltene hochviscose Öl ist in 5%ig. Essigsäure lösl. u. dient in dieser Lsg. zur *krumpffreien Ausrüstung von Wolle*, die zweckmäßig noch mit CH_2O nachbehandelt wird. (**A. P. 2 585 583** vom 1/8. 1949, ausg. 12/2. 1952.) MÖLLERING. 8061

Stevensons (Dyers) Ltd., Ambergate, England (Erfinder: **J. L. Raynes** und **F. M. Stevenson**), *Behandlung von Wolle.* Um die Schrumpfneigung von Wolle in alkal. Waschlauge herabzusetzen, behandelt man sie als solche oder als Garne oder Gewebe mit einer verd. Permanganatlsg. von einem p_H-Wert nicht unter 5, oder mit einer Lsg. oder Suspension einer Stickstoffchlorverb., die das Cl direkt an N gebunden enthält, z. B. mit Chloraminlsg., oder mit verd. Lsg. oder Suspension von Alkali- oder Erdalkalihypochlorit oder -hypobromit. Vorzugsweise liegt der p_H-Wert zwischen 7,5 u. 11,5. (**Schwed. P. 132 336** vom 15/6. 1944, ausg. 17/7. 1951. E. Prior. 15/6. 1943.) JÜRGEN SCHMIDT. 8061

Glanzstoff-Courtaulds GmbH. (Erfinder: **Heinz Grotjahn** und **Rudolf Steinmann**), Köln, *Gewinnung von Cellulosepräparaten mit großer chemischer Reaktionsfähigkeit.* Cellulosefasern werden nach dem Benetzen mit W. u. gegebenenfalls Mahlen unter W. einer

Dest. mit solchen organ. Fll. unterworfen, die mit W. azeotrop. Gemische bilden (n-Butanol). Dann wird z. B. alkalisiert u. *Viscose* hergestellt. (**D. B. P. 855 847** Kl. 12q vom 5/6. 1951, ausg. 17/11. 1952.) FABEL. 8075

Heberlein & Co. Akt.-Ges. (Erfinder: **Ernst Weiss**), Wattwil, Schweiz, *Transparentieren von cellulosehaltigen Fasern* bzw. Geweben durch Imprägnieren mit alkal. Celluloselsgg. u. Nachmercerisieren. Man verwendet Cellulosezinkatlsgg. u. nimmt die Nachmercerisation in feuchtem Zustand vor, ohne daß die Celluloselsg. auf der Faser bzw. dem Gewebe ausgefällt wurde. (**D. B. P. 850 132** Kl. 8k vom 4/12. 1948, ausg. 22/9. 1952. Schwz. Prior. 4/5. 1944.) v. SCHILLER. 8075

Imperial Chemical Industries Ltd., London, England (Erfinder: **S. N. Mc Geoch**), *Herstellung von viscosen, spinnbaren Alkalilösungen aus nichtdenaturiertem Erdnußeiweiß.* Man extrahiert die Globuline aus feinverteilten Erdnüssen, die frei von Hülsen sein sollen, bei höchstens 40° mit Alkalilaugen, deren Konz. so eingestellt wird, daß der p_H-Wert der Extraktlsgg. 11,0—11,5 beträgt. Man trennt vom Ungelösten ab, fällt die Globuline bei nicht $>40°$ u. löst die Globuline wieder in einer alkal. Lösung. Die Ausfällung erfolgt durch vorsichtiges Ansäuern bis zum isoelektr. Punkt. Die erhaltenen Lsgg. neigen nicht zum Steifwerden. (**Schwed. P. 134 052** vom 6/12. 1944, ausg. 27/12. 1951. E. Prior. 6/12. 1943.) JÜRGEN SCHMIDT. 8079

James Wotherspoon Fisher und **Edward William Wheatley**, Sponoon bei Derby, England, *Herstellung spinnfähiger, N enthaltender Polymerisationsprodukte.* Ein Gemisch aus Hydrazin (**I**), einer Dicarbonsäure u. einem Diamin, wobei die Summe der Aminogruppen stöchiometr. die der Carboxylgruppen übersteigen soll, wird polymerisiert. Die Prodd. lassen sich mit Baumwollfarbstoffen anfärben. — Aus 200 (Teilen) Dimethyladipinat u. 300 Hexamethylentetramin werden in 162 Methanol sd. umgesetzt. Nach Erhitzen des isolierten Prod. auf 240° erhält man eine wachsartige M. (N-Geh. = 13,5%), von der 400 (Teile) mit 200 Adipinsäuredihydrazid unter N_2 bei 200—220° u. 2 mm Hg 2 Std. umgesetzt werden. Nach weiterem Erhitzen auf 260° erhält man aus der Schmelze bei 230—235° gesponnene Fäden. — Weitere Beispiele. (**E. P. 655 277** vom 10/5. 1948, ausg. 18/7. 1951.) MÖLLERING. 8081

Eastman Kodak Co., Rochester, N. Y., übert. von: **Harry W. Coover jr.**, Kingsport, Tenn., und **Joseph B. Dickey**, Rochester, N. Y., V. St. A., *Verspinnbare Gemische von Polymerisaten*, die homogene Fäden von höherem F. ergeben, enthalten 60—90, bes. 70—85(%) Polyacrylnitril (**I**) u. als Rest ein Polymerisat, das zu 95 aus einem Alkylacylaminoacrylat der Formel $CH_2{=}C(COOR)NHCO \cdot R'$ (R = Alkylrest mit 1—4, R' = Alkylrest mit 1—3 C-Atomen) besteht. — Ein Gemisch aus 18 (g) Polymethyl-α-acetaminoacrylat u. 70 **I** wird in Dimethylformamid gelöst u. in W. als Spinn-Fl. gesponnen. — Als Komponente geeignet ist noch Polyäthyl- u. Polybutyl-α-acetaminoacrylat. (**A. P. 2 589 055** vom 29/4. 1950, ausg. 11/3. 1952.) MÖLLERING. 8081

Kunstseidefabrik Bobingen (Erfinder: **Paul Schlack**), Bobingen, *Fäden, Bändchen oder Filme aus Polyvinyl- oder Polyacrylverbindungen*, bes. aus Acrylnitril-Mischpolymerisaten u. nachchloriertem Polyvinylchlorid, gelöst in CH_2Cl_2 oder $CHCl_3$. Verwendung von über 40° warmen, wasserunlösl. Fettsäuren oder Naphthensäuren, bes. Paraffinoxydationsfettsäuren enthaltenden Fällbädern mit viscositätsverändernden Zusätzen, wie niedrigviscose organ. Lösungsmittel oder öllösl. Seifen bildende Basen. Die Ausspritzgeschwindigkeit der Spinnlsg. soll höher sein als die Abzugsgeschwindigkeit von der Düse. Wasserlösl. Lösungsmittel werden dem Fällbad durch Wasserwäsche kontinuierlich entzogen. Geeignet sind auch quasi homogene Pseudolsgg. von Polyvinylhalogeniden in bei höherer Temp. gelatinierend wirkendem o-Dichlorbenzol, die kurz vor dem Spinnen durch Erwärmen in Lsg. übergeführt werden. Der frisch gesponnene Faden wird mit 3%ig. Na_2CO_3-Lsg. gewaschen. (**D. B. P. 850 213** Kl. 29b vom 1/11. 1949, ausg. 22/9. 1952.) SALZMANN. 8081

E. Viviani e L. Graziano, Fibre artificiali e sintetiche. Torino: Einaudi. 1952. (VIII + 148 S. m. 51 Abb.) L. 500,—.

XIX. Brennstoffe. Erdöl. Mineralöle.

H. Jacob, *Die Bedeutung der p_H-Messung als brennstoffpetrographische Arbeitsmethode.* Die Messung ist auf Torf u. Weichbraunkohle beschränkt, da nur sie noch keine geochem. Veränderungen erfahren haben. Auf den p_H-Wert haben Huminsäure u. deren Salze sowie Kalk einen bedeutenden Einfluß. Die wichtigsten Kationen der humussauren Salze sind: Na, Mg, Ca, Al, Fe^{2+} u. Fe^{3+}. Für die mitteldeutsche Braunkohle gilt, daß der auf die Asche bezogene CaO-Geh. dem p_H-Wert etwa proportional ist. Er liegt in der Regel um so niedriger, je höher der Geh. an Fe_2O_3 u. Al_2O_3 in einer Weichbraunkohlenasche ist. (Bergakademie [Freiberg] **4**. 21—26. Jan. 1952. Freiberg.) H. SCHÖBERL. 8122

E. Rammler und **E. Knopfe,** *Beitrag zur Frage der Verarbeitung sandhaltiger Braunkohle in Brikettwerken unter feuerungstechnischen Gesichtspunkten.* An Hand von Berechnungen u. Schaubildern zeigen Vff. am Beispiel einer Niederlausitzer Braunkohle, daß die Herst. sandfreier Brikettkohle aus versandeter Braunkohle durch einfache Absiebung unter Verwendung des ausgesiebten, sandangereicherten Feinkorns als Feuerkohle für das Kesselhaus der Brikett-Trockenanlage nur unter eng umgrenzten Bedingungen durchführbar ist. Als maßgeblicher Faktor gilt der zulässige Ascheg eh. der Förderkohle, der sich im Diagramm als Schnittpunkt zwischen der Gleichgewichtslinie für den Feuerkohlenanfall u. -bedarf u. der Grenzlinie für die Feuerungswürdigkeit der Feuerkohle ermitteln läßt. (Braunkohlenarchiv **1951.** 1—14. Freiberg/Sa.)
H. SCHÖBERL. 8136

—, *Derivate der Tieftemperaturverkokung von Kohle.* 2. Mitt. (1. vgl. Ind. Chemist **27.** [1951.] 497.) Bebilderter Bericht über die Anlagen u. Arbeitsweise der BRITISH DIESEL OIL AND PETROL CO. LTD. Die Gewinnung von Phenol, Lösungsm., chlorierten Zwischenprodd. u. Ausgangsmaterialien für die Kunststoffindustrie sind beschrieben. (Ind. Chemist **27.** 545—50. Dez. 1951.) K. O. MÜLLER. 8140

Jerome J. Morgan, *Vergasung von Kohlenwasserstoffen zur Gewinnung eines Gases, das dem Naturgas der Stadtgasversorgung zugesetzt werden soll. I. Einführung* (1. u. 2. Mitt.) Aufgabenstellung. Allg. Erörterungen. Analysen von Gasen. Physikal.-chem. Grundlagen. (Gas Age **109.** Nr. 10. 49—54. 8/5. Nr. 11. 19—24. 22/5. 1952. Columbia Univ.)
ROSENDAHL. 8156

L. D. Derry, E. B. Evans, B. A. Faulkner und **E. C. G. Jelfs,** *Das Entweichen von Luft und Dampf aus Flugzeugbrennstoffen.* Das Verh. des Flugzeugtreibstoffes beim Fliegen in großen Höhen ist für die Sicherheit von entscheidender Bedeutung. In Laborverss. wurden die tatsächlichen Verhältnisse weitgehend nachgeahmt u. im besonderen die Löslichkeit von Luft in fl. Brennstoffen, das Verdampfen des Treibstoffes beim Absinken des atmosphär. Druckes u. hierbei seine Neigung zum Schäumen untersucht. Der Entfernung der Luft muß bei Brennstoffen mit niedrigem Dampfdruck — z. B. Kerosin — Beachtung geschenkt werden, während die hohe Flüchtigkeit von Flugzeuggasolin zum Schäumen u. Kochen u. damit zu Brennstoffverlusten führen kann. Da die Anfangstemp. des Brennstoffes einen großen Einfl. auf die Löslichkeit u. den Dampfdruck in großen Höhen hat, wird bes. bei Treibstoffen von hoher Flüchtigkeit eine vorherige Unterkühlung sowie eine verstärkte Behälterkonstruktion empfohlen. (J. Inst. Petroleum **38.** 475—525. Juli 1952.) H. SCHÖBERL. 8204

James C. Porter und **Richard Wiebe,** *Alkohol als Klopfbremse in Verbrennungskraftmaschinen.* Mit 4 Kraftstoffen (Naturbenzin, katalyt. gespaltenem, therm. gespaltenem u. Polymerbenzin) allein u. in Mischung wurden auf dem Prüfstand u. auf der Straße Verss. durchgeführt, wobei A., Alkohol-W. u. W. allein eingespritzt wurde. Ausführliche Versuchsdurchführung mit Diagrammen im Original. Es wurde gefunden, daß bei dem GENERAL MOTOR RESEARCH-Motor mit einer Kompression von 1:10, der bei hoher Drehzahl eine Oktanzahl von 100 u. bei geringer Drehzahl eine solche von 95 erfordert, bei Verwendung eines Kraftstoffes mit einer Oktanzahl von 90—95 (RESEARCH-Meth.) der Zusatz einer 50:50-Alkohol-W.-Mischung eine gute Vergleichsmöglichkeit ergibt. Unter diesen Bedingungen steigt die Leistungszahl um 20—30 bei geringer Drehzahl u. um 5—10 bei hoher Drehzahl. Methanol ist, wie die Verss. ergaben, dem A. gleichwertig, während Isopropylalkohol etwas weniger wirksam ist. — 18 Literaturhinweise. (Ind. Engng. Chem. **44.** 1098—1104. Mai 1952. Peoria, Ill., Northern Regional Res. Labor.) K. O. MÜLLER. 8208

W. Posspelow, *Die Regeneration von Schmierölen.* Es werden zwei Verff. zur Regeneration der Schmieröle beschrieben. Bei geringem Schmierölverbrauch wird das Öl nach Absitzen von W. u. Schmutz auf 80° erhitzt, nach 1—2 Std. nach Abzug des Schmutzes gefiltert. Im Großbetrieb wird das Öl dampferhitzt, bei 150—200° mit Bleicherde behandelt u. auf die Filterpresse gegeben. (Молочная Промышленность [Milch-Ind.] **13.** Nr. 10. 28—30. Okt. 1952. Minist. für Fleisch- u. Milch-Ind. der UdSSR.)
M. GORDIENKO. 8220

Martin Kühn, *Über grenzflächengebundene Schmierstoffe.* Die Verwendung von Schmierstoffen, die durch chem. Bindung an der Ziehgut-Oberfläche haften, wird beschrieben u. die Wirkungsweise im Bereich der Flüssigkeits- u. Mischreibung durch Bldg. gerichteter monomolekularer Schichten erklärt. Die Schmierwrkg. der gleichen Stoffe im Gebiet höchster Drucke u. Tempp. bei der Grenzreibung wird durch Bldg. von verformbaren Schichten, die sich aus den Umsetzungserzeugnissen der ursprünglich verwendeten Stoffe bei deren Zerfall bei hohen Tempp. u. der Umsetzung mit der Metalloberfläche bilden, erklärt. Theoret. Vorstellungen über die Wechselwrkg. von Schmierstoff u. Schmierstoffträger sowie über die Beziehungen zwischen dem chem. Aufbau von Schmierstoffen u. Verdünnungsmitteln zum Schmiervermögen u. der Haftfestigkeit werden entwickelt. Grenzflächenwirksame Schmierstoffe werden bei der Metall-Kaltformgebung verwendet. (Stahl u. Eisen **72.** 1212—16. 25/9. 1952. Düsseldorf.)

HOCHSTEIN. 8220

F. Smith, M. Stacey, J. C. Tatlow (unter Mitarbeit von **J. K. Dawson** und **B. R. J. Thomas**), *Organische Fluoride. 10. Mitt. Die Bildung von fluorierten Ölen und Harzen durch Polymerisation von Fluorkohlenwasserstoffen mittels Fluors.* (9. vgl. DARALL, SMITH, STACEY u. TATLOW, C. **1953.** **2423.**) Wenn Fluor-KW-stoffe, wie *Benzotrifluorid* (**I**) oder *2.5-Difluorbenzotrifluorid*, in einem geeigneten Lösungsm. bei 15—20° mit elementarem F_2 in N_2-Verdünnung behandelt werden, erfolgt gleichzeitig Polymerisation u. teilweise Fluorierung zu hochsd. Produkten. Behandelt man die Lsg. dieser Prodd. unter energischeren Bedingungen weiter mit F_2 (höhere F_2-Konz., Temp. 40—60°) u. anschließend mit AgF_2 bei Tempp. zwischen 130 u. 250°, so erhält man eine Reihe beständiger perfluorierter *Schmiermittel* (z. B. $Kp._{15}$ <130°, $D.^{20}$ 1,86, n_D^{20} 1,310; $Kp._{15}$ 130—250°, $D.^{20}$ 1,95, n_D^{20} 1,335) u. *Harze.* Die Umsetzung mit F_2 führt man zweckmäßig derart durch, daß man das mit N_2 verd. F_2 in das Lösungsm. einleitet u. das **I** in kleinen Anteilen zusetzt. Als Lösungsm. für diese Umsetzungen eignen sich *Pentachloräthan, Perfluormethylcyclohexan* oder *fluoriertes Kerosin* (Kp. 130—250°, $D.^{20}$ 1,87, n_D^{20} 1,310), welches man durch Fluorierung von Kerosin (Kp. 200—270°) in der Dampfphase mit CoF_3 bei 300—350° gewinnt. Als Ausgangsmaterialien können außer **I** auch die bei der Dampfphasenfluorierung von **I**, Bzl. oder Heptan mit F_2 über goldplattierten Cu-Spänen anfallenden Fluor-KW-stoffe eingesetzt werden. — *Benzotrifluorid* (**I**), $C_7H_5F_3$, Kp. 102—104°; durch Fluorierung von 1 (Teil) Benzotrichlorid mit 4 HF im Autoklaven bei 40° u. 1,75 at unter Abgasen des HCl mit 70—75%ig. Ausbeute. — *Perfluormethylcyclohexan*, C_7F_{14}, Kp. 76°, n_D^{20} 1,278; durch Dampfphasenfluorierung von **I** mit F_2 über goldplattierten Cu-Spänen. (J. appl. Chem. **2.** 97—105. März 1952. Birmingham, Univ., Chem. Dep.) FORCHE. 8222

Paul P. Trebuss, *Die Bestimmung der Festigkeit von Asphaltdecken auf graphischem Wege.* Auf Grund verschied. Analysen der Straßendecken hat Vf. ein Verf. entwickelt, um auf graph. Wege die Festigkeit von Asphaltdecken zu bestimmen. Die so ermittelten Werte können zur Vermeidung von Fehlern bei der Arbeit verwendet werden. Das Verf. ermöglicht auch, Voraussagen über die Festigkeit von Belegen bei verschied. Untergrundmassen zu machen. (Roads Engng. Construct. **90.** Nr. 10. 108. 142. 144. Okt. 1952.)

ROSENDAHL. 8236

D. C. Gunn, *Die Bestimmung von Verbrennungsverlusten.* Für die Best. des Unverbrannten in Feuerungen für feste Brennstoffe wird eine Meth. beschrieben, die einen nach dem Calorimeterprinzip arbeitenden Wärmeflußmesser verwendet. Bei der Abgasanalyse muß besonderes Augenmerk auf die Probenahme u. Reinigung vor der Analyse gelegt werden. Diaphragmapumpen haben sich für diesen Zweck gut bewährt, weil sie das Gas unter Druck bis zum Analysenort fördern. Zur Einstellung des gewünschten Brennstoff–Luft-Verhältnisses führt Vf. Meß- u. Regelinstrumente an, die als Impuls bzw. Meßgröße entweder den Druckabfall oder die Geschwindigkeitserhöhung verwenden, die venturiartige Querschnittsveränderungen hervorrufen. (Brit. Coal Utilisat. Res. Assoc., monthly Bull. **16.** 397—403. Sept. 1952.) H. SCHÖBERL. 8246

Maynard E. Hall, *Polarographische Bestimmung des in Erdölfraktionen gelösten Sauerstoffs.* Für gewöhnlich wird der gelöste O_2 im Mineralöl durch Austreiben unter Erhitzen im Vakuum u. anschließende Gasanalyse bestimmt. Die polarograph. Meth. gestattet die Best. des O_2 in 15 Min. mit ± 2 mg Genauigkeit bei 20—40 mg gelöstem O_2/Liter Öl; als Probenmenge genügen 1—2 ml. Vf. gibt ausführlich die Arbeitsvorschrift an, bei der der O_2 in 1 ml Öl, vermischt mit 20 ml Basislsg., (4,3 LiCl/Liter CH_3OH—Bzl., 3:1 Vol.) durch Messung des Diffusionsstroms vor u. nach Austreibung des O_2 bei —1,6 V angelegter Spannung bestimmt wird. Zu Beginn ist eine Eichung an W. mit bekanntem Geh. an gelöstem O_2, das in gleicher Weise verd. wird, vorzunehmen. (Analytic. Chem. **23.** 1382—84. Okt. 1951. Baytown, Tex., Humble Oil and Refining Co.)

ROEDER. 8252

F. Kneule, *Kraftstoffbewertung im Fahrbetrieb.* Vf. vertritt die Auffassung, daß die Kraftstoffe der Nachkriegszeit hinsichtlich ihres Verh. im Fahrbetrieb durch die Motor-Oktanzahl (OZ) allein nicht genügend charakterisiert werden. Die „Empfindlichkeit“ des Kraftstoffes, d. h. der Unterschied zwischen RESEARCH-OZ u. Motor-OZ muß als zusätzliches Kriterium berücksichtigt werden. In Deutschland u. den USA sind Bestrebungen im Gange, das bei Straßenklopfmessungen bisher angewandte Abhörverf. durch eine objektive Erfassung der Klopfgeräusche zu verbessern. Hierfür eignet sich das elektroakust. Verfahren. (Erdöl u. Kohle **5.** 638—40. Okt. 1952. München, TH.)

K. O. MÜLLER. 8257

J. Greenwood und **R. W. Morton**, *Die Prüfdurchführung von Schmierölen für schnellaufende Zahnräder.* Durch eingehende Verss. wird ermittelt, daß die IAE (Inst. Automobile Engineers)-Prüfmaschine, in der 3½ inch-Zahnräder benutzt werden, sich sehr gut zur Dauerprüfung von mineral. oder synthet. Getriebeölen eignet, da sie unter hoher Last bei großen Drehzahlen gefahren werden kann. Auf Fehlerquellen wird aufmerksam gemacht. — Tabellen u. Diagramme im Original. (J. Inst. Petroleum **38.** 732—46. Sept. 1952. Esso Developm. Co. Ltd.) K. O. Müller. 8258

H. J. Watson, *Prüfung und Auswahl von Getriebeölen.* Nach allg. Betrachtungen über Betriebsbedingungen, die zum Verschleiß u. Ausbruch u. Korrosion von Zahnflanken in Getrieben im prakt. Betrieb führen können, wird in bildlicher u. schemat. Darst. eine kleine Prüfmaschine beschrieben, in der der Praxis auftretende Verschleißbedingungen nachgeahmt werden können. Tabellen u. graph. Wiedergabe von Laufverss. u. Auswertung für verschied. geprüfte Öle. (J. Inst. Petroleum **38.** 763—74. Sept. 1952. Huddersfield, Developm. Engng., Messrs. David Brown and Sons, Ltd.) K. O. Müller. 8258

R. D. B. Stone, *Herstellung von Prüfkörpern für die Schmierölprüfung.* Die an Prüfkörper, bes. Zahnräder, zu stellenden Anforderungen werden beschrieben; Bearbeitung, Härte u. genaue Maße sind angegeben. (J. Inst. Petroleum **38.** 728—32. Sept. 1952. British Gear Grinding & Manufact. Co. Ltd.) K. O. Müller. 8258

C. M. Gambrill, A. G. Gassmann und **W. R. O'Neill**, *Spektrographische Analyse frischer und gebrauchter Schmieröle.* Vff. beschäftigten sich mit der spektrograph. Best. von *Fe, Ba, Ca, Pb, Zn* u. *P* in Schmierölen nach der Meth. der „rotierenden Scheibenelektrode" (RSE) u. der „porösen Tassenelektrode" (PTE). Bei PTE wird eine von oben her ausgehöhlte Graphitelektrode, deren untere Wandstärke 0,64±0,05 mm beträgt, mit dem zu untersuchenden frischen Öl gefüllt u. bei der anschließenden elektr. Entladung als obere Elektrode benutzt, als untere Elektrode dagegen eine kon. Graphitelektrode. Es ergab sich, daß bei PTE die Best. von Ba, Ca, Zn u. P von der Art des Öles im wesentlichen unabhängig ist. Ein Vorfunken von 20 Sek. vor der eigentlichen, 60 Sek. währenden Spektralaufnahme ist aber notwendig. Vff. untersuchten die Abhängigkeit der Meßergebnisse von den Entladungsbedingungen, der Dicke des „Tassenbodens" (0,51 mm bis 0,89 mm erwies sich als günstig) u. der Wrkg. eines kühlenden Luft- oder N_2-Stroms auf die Entladung. Hierbei wurde der Schleier auf den Platten stärker, bessere Bedingungen wurden nicht festgestellt. Auch die Viscosität des Öles beeinflußte die Ergebnisse in der Weise, daß bei höher viscosen Ölen geringere Mengen an P, Ca oder Zn festgestellt wurden. Die Genauigkeit von PTE wird bei Konzz. über 0,01% auf 10% geschätzt. Bei RSE wird als untere Elektrode eine rotierende Graphitscheibe benutzt, die in die zu untersuchende Ölprobe eintaucht u. so kontinuierlich der Entladung neue Ölteile zuführt. Auch hier prüften Vff. die Abhängigkeit der Ergebnisse von den Entladungsbedingungen, der Scheibendrehgeschwindigkeit (15 Umdrehungen/Min. war optimal) u. einem auf die Entladung gerichteten Luft- oder N_2-Strom. Dieser brachte keine merkliche Verbesserung außer das die vorher benötigten 60 Sek. zum Vorfunken auf 30 Sek. herabgemindert wurden. Die Expositionszeit ist stets 90 Sekunden. Die Genauigkeit bei der Pb-Best. (mittels der Linien Pb 2663 u. 2833 Å u. Vgl. mit der Schwärzung des Plattenuntergrundes) betrug bei Pb-Konzz. von 0,11—2,4% im Mittel ± 10% u. bei der Fe-Best. (mittels der Linien Fe 2625 u. 2599 Å) bei Fe-Konzz. von 0,001—0,28% im Mittel ± 15%. Bei Fe-Gehh. über 0,1% versagt die Best. des P. Meth. PTE scheint in bezug auf Zuverlässigkeit gegen RSE etwas überlegen zu sein. RSE eignet sich zur Best. von Pb u. Fe u. von Ca, P u, Zn, wenn die Konzz. der 3 letzten zwischen 0,02 bis 0,20 % liegen, u. von Ba für Konzz. zwischen 0,025 u. 0,30%. Der Einfl. höherer Viscosität ist bei RSE u. PTE vorhanden. PTE ist etwas einfacher zu handhaben u. erfordert kürzere Arbeitszeit, die Ergebnisse von RSE u. PTE sind etwa gleich befriedigend. (Analytic. Chem. **23.** 1365—69. Okt. 1951. Detroit, Mich., Ethyl Corp.) Roeder. 8258

Humphreys & Glasgow Ltd. und **W. C. Holmes & Co. Ltd.**, London, England, *Entfernen von H_2S aus Gasen* durch Behandlung derselben mit eisenhydroxydhaltigem Reinigungsmittel (I) mit leicht alkal. p_H-Wert, das kontinuierlich am oberen Ende des Behälters zu- u. am unteren abgeführt wird. Um das Zusammenbacken des I zu vermeiden, werden Sägespäne oder pulverisierter Torf zugemischt. Die Regenerierung des I erfolgt im Reaktionsbehälter mittels O_2-haltigen Gases, das dem einströmenden, zu reinigenden Gas beigefügt wird. (**Schwz. P. 277 931** vom 29/4. 1949, ausg. 3/1. 1952.) Heinsen. 8173

Standard Oil Development Co., übert. von: **Victor G. Meadors**, Tulsa, Okla., V. St. A., *Spülflüssigkeit für Bohrsonden*, bestehend aus einer Aufschlämmung von Bentonit in W., der zur Verminderung der Viscosität 0,1—5% Dioxan oder Polyäthylenglykol mit einem Mol.-Gew. von 150—8000 zugesetzt sind. (**A. P. 2 589 949** vom 15/12. 1949, ausg. 18/3. 1952.) Dersin. 8191

Sun Oil Co., Philadelphia, übert. von: **Paul D. Barton**, Phoenixville, Pa., V. St. A., *Trennen von Öl aus Wasser*, bes. aus einer Öl-in-W.-Emulsion, mit weniger als 200 mg Petroleumdestillat/Liter in feindispergierter Form. Man führt die Emulsion durch ein Bett mit Glaswolle, deren Fäden einen Durchmesser $>$0,001 in. haben, bei einer Oberflächengeschwindigkeit von $<$3 feet/Min., um ein Zusammenfließen dispergierten Öls zu bewirken. Man kann auch der Emulsion ein Öllösungsm., das mit W. keine stabile Emulsion bildet, z. B. Naphtha, Kerosin, Gasöl, vor der Zuführung in die Glaswolle zusetzen. Danach läßt man die Emulsion absitzen u. trennt die gebildeten Schichten. (**A. P. 2 588 794** vom 25/6. 1946, ausg. 11/3. 1952.) Reichelt. 8191

Petrolite Corp. Ltd., Wilmington, Del., übert. von: **Louis T. Monson**, Puente, Calif., V. St. A., *Brechen von Öl-in-Wasser-Emulsionen.* Man behandelt die Emulsion mit einem Reaktionsprod. aus einer mehrfach halogenierten organ. Verb. (z. B. Dichlormethyläther, Dichloräthyläther usw.) u. dem oberflächenakt. Polymerisationsprod. (Mol.-Gew. ca. 2000) eines tert. Aminoalkohols; vgl. A. P. 2 589 199 (C. **1953. 1909**). (**A. P. 2 589 200** vom 26/8. 1950, ausg. 11/3. 1952.) Unger. 8191

Petrolite Corp. Ltd., Wilmington, Del., übert. von: **Louis T. Monson**, Puente, Calif., V. St. A., *Brechen von Öl-in-Wasser-Emulsionen.* Man unterwirft die Emulsion der Einw. eines Gemisches aus folgenden Komponenten: a) Reaktionsprod. aus einer mehrfach halogenierten organ. Verb. (z. B. Chlf., Dichloräthyläther) u. dem Polymerisationsprod. eines tert. Aminoalkohols (vgl. A. P. 2 589 199; C. **1953. 1910**); b) hydrophiles Koll., z. B. Leim; c) lösl. Erdalkalisalz. (**A. P. 2 589 201** vom 26/8. 1950, ausg. 11/3. 1952.) Unger. 8191

Petrolite Corp. Ltd., Wilmington, Del., übert. von: **Louis T. Monson**, Alhambra, Calif., V. St. A., *Verhinderung von Steinablagerung* aus Rohöl usw. u. Entfernung von Stein, der aus hartem W. gebildet ist, u. von ölhaltigem Stein durch Verwendung eines acylierten Deriv. (I) eines bas. Aminoalkohols der Formel $HO(R')_nN(R'')_2$. In dem Deriv. tritt mindestens ein Säurerest, z. B. einer ungesätt. höheren Fettsäure mit 8—32 C-Atomen, auf. R'' ist ein Alkanol-, Aminoalkanol- oder Polyaminoalkanolrest. R' ist eine Alkylengruppe mit wenigstens 2 u. nicht mehr als 10 C-Atomen, n = 1—10. Bei ölhaltigem Stein werden noch 9 Teile eines wasserunlösl. Öllösungsm. mit 1 Teil I verwendet. Beispiel für I: Ricinolsäure, verestert mit Triäthanolamin, in Form einer 20%ig. Dispersion in aromat. Erdöllsg. unter Zugabe von 2% konz. CH_3COOH im Endprodukt. (**A. P. 2 589 195** vom 14/3. 1949, ausg. 11/3. 1952.) Reichelt. 8193

Standard Oil Development Co., Del., übert. von: **Harold W. Schecline**, West Orange, N. J., V. St. A., *Gegenstromkontaktprozeß.* Man führt feste, gekörnte Kontaktkörper fortlaufend in nichtschwingender Bewegung abwärts durch eine Reaktionszone im Gegenstrom zu einem aufsteigenden Gasstrom. Die Kontaktkörper werden in schwingender Bewegung weiter abwärts durch eine Verbindungszone geführt, im Gegenstrom zu einem rascher aufwärts strömenden Gasstrom, wobei in dieser 2. Zone indirekter Wärmeaustausch stattfindet. Das Verf. ist sowohl für katalyt. Rkk. als auch bes. für die selektive Fraktionierung von KW-stoffgemischen brauchbar. — Zeichnung. (**A. P. 2 584 296** vom 30/11. 1946, ausg. 5/2. 1952.) Unger. 8195

Anglo-Iranian Oil Co., Ltd., London (Erfinder: **Frederick Arnold Fidler**, Sunbury-on-Thames), England, *Selektive Extraktion und extraktive Destillation von Kohlenwasserstoffgemischen.* Man verwendet als selektives Lösungsm. bzw. als Extraktionsmittel Pentamethylensulfone oder ihre einfach substituierten Derivv. (Monomethyl- oder Polymethylderivv.). — B e i s p i e l e: Eine zwischen 288 u. 320° sd. Fraktion eines Oxydationsprod. eines cycl. Sulfids oder ein Gemisch von Tetramethylensulfon u./oder einfachen Derivv. davon u. Pentamethylensulfon u./oder einfachen Derivv. davon. (**D. B. P. 865 171** Kl. 23b vom 10/8. 1949, ausg. 29/1. 1953. E. Prior. 8/6. 1948.) Unger. 8195

Badische Anilin- & Soda-Fabrik (Erfinder: **Heinz Hupfer** und **Ludwig Raichle**), Ludwigshafen/Rh., *Wiedergewinnung der in Rückständen der Druckhydrierung von Kohlen, Teeren und Mineralölen enthaltenen Wärme*, dad. gek., daß man den heißen Rückstand unter Druck in unmittelbare Berührung mit H_2 bringt, den man anschließend für die Rk. selbst verwendet. Ein Teil der Wärme kann vor der unmittelbaren Kühlung auch mittelbar entzogen werden. (**D. B. P. 854 212** Kl. 12o vom 13/5. 1943, ausg. 30/10. 1952.) G. König. 8199

Heinrich Koppers G. m. b. H. (Erfinder: **Willy Linder**), Essen, *Erzeugung von Synthesegas* durch Vergasung von nicht backenden Brennstoffen mittels heißer Spülgase, die im Kreislauf durch einen Gaserzeuger u. damit verbundenen Gaserhitzer bewegt werden, indem einerseits dem Spülgaskreislauf vor der Gaserhitzung u. andererseits dem aus dem Gaserzeuger abgezogenen Gas CO_2 oder CO_2 enthaltende Gase in regelbaren Mengen zugesetzt werden, aus dem Gemisch des aus dem Gaserzeuger abgezogenen Gases u. der CO_2 Wasserdampf durch Kühlung entfernt u. das Gemisch schließlich auf $>1000^0$ erhitzt wird. — Vorrichtung. (**D. B. P. 844 952** Kl. 24e vom 28/3. 1940, ausg. 28/7. 1952.) DEMMLER. 8201

Braunkohle-Benzin Akt.-Ges., Berlin-Wilmersdorf (Erfinder: **Adolf Wagner**, Senftenberg), *Behandlung von Kontakten der Kohlenwasserstoffsynthese* aus CO u. H_2 nach FISCHER-TROPSCH, bei dem die frisch red. Kontakte unmittelbar nach ihrer Herst. mit Paraffin (I) getränkt werden, dad. gek., daß zur Tränkung ein unter Synthesebedingungen nicht oder nur wenig mit dem Synthesegas flüchtiges I benutzt u. dieses nach dem Einfüllen des Kontakts in den Kontaktofen vor Beginn der Synth. mit Hilfe leichter als das I sd. Lösungsmitteln, z. B. aliphat. oder cycloaliphat. Alkoholen, Ketonen, Estern, Aminen, entfernt wird. (**D. R. P. 759 366** Kl. 12o vom 15/3. 1939, ausg. 20/10. 1952.) G. KÖNIG. 8201

Badische Anilin- & Soda-Fabrik, Ludwigshafen/Rh. (Erfinder: **Mathias Pier**, Heidelberg, **Ernst Donath**, Pittsburgh, Pa., V. St. A., und **Helmut Nonnenmacher**, Mannheim), *Klopffeste, lagerbeständige Motorbenzine.* Man leitet katalyt. in Ggw. von H_2 reformierte Benzine, bes. Schwerbenzine, zusammen mit H_2 bei $170—350^0$ über einen bei dieser Temp. hydrierend wirkenden Katalysator (Sulfide von Mo, Cr, V, Ni in einer Menge von 0,1—20% auf akt. Tonerde aufgebracht) u. anschließend bei ca. 270^0 (unter 350^0) über Adsorptionsmittel, wie Bleicherden oder künstlich hergestellte Al- u./oder Mg-Silicate. (**D. B. P. 856 493** Kl. 23b vom 17/12. 1940, ausg. 20/11. 1952.) UNGER. 8201

Ruhrchemie Akt.-Ges., Oberhausen-Holten (Erfinder: **Heinrich Tramm**, Mühlheim/Ruhr, und **Helmut Kolling**, Duisburg-Hamborn), *Hochwertige Benzine.* Man spaltet KW-stofföle in Ggw. von gasförmigen KW-stoffen (4—6 C-Atome, unverzweigte Olefine), die man anschließend polymerisiert, unter so milden Bedingungen (500^0, Verweilzeit 5—20 Sek., gegebenenfalls in Ggw. von Wasserdampf u. Al-Silicaten bei einem Partialdruck der KW-stoffe von $^1/_{10}$ at), daß im wesentlichen nur eine Isomerisierung der zugesetzten gasförmigen KW-stoffe erfolgt. (**D. B. P. 857 998** Kl. 23b vom 3/5. 1941, ausg. 4/12. 1952.) UNGER. 8201

Badische Anilin- & Soda-Fabrik, Ludwigshafen/Rh. (Erfinder: **Mathias Pier**, Heidelberg, und **Ernst Donath**, Pittsburgh, Pa., V. St. A.), *Herstellung klopffester Treibstoffe aus Kohlenwasserstoffölen,* die sauerstoff- u. stickstoffhaltige Verbb. u./oder ungesätt. KW-stoffe enthalten, durch raffinierende u. mäßig spaltende Druckhydrierung u. anschließende spaltende Druckhydrierung in Ggw. von Schwermetallsulfiden, die sich auf akt. Kohle oder vorteilhaft mit F_2 oder FH behandelten kieselsäurehaltigen Massen als Träger befinden, oder anschließende Spaltung in Ggw. kieselsäurehaltiger Katalysatoren oder anschließende katalyt. Reformierung in Ggw. von H_2, dad. gek., daß man die raffinierende u. mäßig spaltende Druckhydrierung in Ggw. von auf Tonerde, Magnesia oder ZnO als Träger niedergeschlagenen Oxyden oder Sulfiden des Mo, Cr, V oder W u. gegebenenfalls Oxyden oder Sulfiden der Metalle der Fe-Gruppe u. von stark hydrierend wirkenden Schwermetallsulfiden für sich allein ausführt u. solche Reaktionsbedingungen (Druck, Temp. u. Verweilzeit) einhält, daß weniger als 50% Bzn. gebildet werden. Bes. wirksame Katalysatoren enthalten auf 100 (Teile) Tonerde, Magnesia oder ZnO ca. 2—15, bes. 3—8, eines Oxyds oder Sulfids von Mo, Cr, V oder W u. 0,5—10, bes. 1—6, eines Oxyds oder Sulfids eines Metalls der Fe-Gruppe, bes. des Ni oder Co. Die Reaktionstempp. liegen zwischen 380 u. 480^0, u. die Drucke hält man über 150—300 at u. mehr. (**D. B. P. 847 144** Kl. 12o vom 8/12. 1940, ausg. 21/8. 1952.) G. KÖNIG. 8201

Standard Oil Co., übert. von: **Harrison M. Stine**, Cleveland, O., V. St. A., *Kombiniertes Verfahren zur Reformierung von Benzin und Entschwefelung von Gasöl.* Die bei der Reformierung entstehenden gasförmigen KW-stoffe werden aus den Abgasen durch das Gasöl ausgewaschen. Der übrigbleibende H_2 wird teils in die Reformierung zurückgeführt, teils dient er zum Hydrieren des im Gasöl enthaltenen Schwefels. (**A. P. 2 580 478** vom 28/5. 1949, ausg. 1/1. 1952.) v. HUHN. 8201

Badische Anilin- & Soda-Fabrik, Ludwigshafen/Rh. (Erfinder: **Ernst Donath**, Pittsburgh, Pa., V. St. A., und **Helmut Nonnenmacher**, Mannheim), *Herstellung klopffester Treibstoffe* aus S-haltigen Schwerbenzinen u. Mittelölen bei $440—560^0$ u. einem Gesamtdruck von höchstens 100 at in Ggw. von H_2 mit einem Partialdruck, der ca. 20—85% des Gesamtdruckes beträgt u. unter 50 at liegt, wobei ein aus oxyd. Trägern, bes. akt. Tonerde, u. einer oder mehreren Verbb. von Mo, W, V oder Cr bestehender Katalysator verwendet wird, u. die den Reaktionsraum verlassenden H_2-haltigen Gase ohne weitere Zugabe von frischem H_2 in einer Menge von 0,3—4,5 m^3 je kg Ausgangsstoff in den Reaktionsraum zurückgeführt werden, dad. gek., daß die Ausgangsstoffe so weit vorraffiniert werden, daß während der Rk. höchstens 0,16% S u. zweckmäßig höchstens 0,5% in gas- oder dampfförmigen Verbb. vorliegender O_2 u./oder höchstens 0,1% anorgan. oder organ. gebundener N_2, bezogen auf den Ausgangsstoff, anwesend sind. (**D. B. P. 848 351** Kl. 12o vom 12/11. 1943, ausg. 4/9. 1952.) G. König. 8205

Wilhelm Grönwoldt, Hamburg-Altona, und **Eduard Hasenberg**, Kiel, *Erhöhung der Octanzahl von Treibstoffen für Benzinmotoren*, dad. gek., daß 1. dem Treibstoff unmittelbar vor dem Verbrauch ein Octanverbesserer in einem feinsten Düsenstrahl derartig zugeführt wird, daß Treib- u. Zusatzstoff ein sich nicht entmischendes homogenes Brennstoffgemisch bilden; 2. als Octanverbesserer vergällter A. oder Methanol allein oder mit Beimischungen verwendet wird; 3. der Düsenstrahl regelbar ist. — Vorrichtung. (**D. B. P. 843 328** Kl. $46a^6$ vom 8/4. 1951, ausg. 7/7. 1952.) Dersin. 8205

Braunkohle-Benzin Akt.-Ges., Berlin-Wilmersdorf (Erfinder: **Wolfgang Sapper**, Schwarzheide über Ruhland), *Klopffeste Benzingemische.* Man setzt den Benzinen Polymerbenzine zu, die vor dem Zusatz einer nochmaligen Dest. unterworfen worden sind. (**D. R. P. 764 870** Kl. 23b vom 22/2. 1939, ausg. 20/10. 1952.) Unger. 8207

Ethyl Corp., New York, N. Y., übert. von: **Hyonin Shapiro**, Detroit, Mich., V. St. A., *Tetraäthylblei.* Man bringt eine geschmolzene Na–Pb-Legierung (**I**) in einen Reaktionsbehälter ein, der fl. C_2H_5Cl unter Druck enthält, so daß dieses während der Rk. fl. bleibt. Die Teilchengröße der **I** liegt zwischen 8 u. 300 Maschen, die Reaktionstemp. liegt zwischen ca. 40 u. 100°; C_2H_5Cl wird vorteilhaft im Überschuß angewandt. (**A. P. 2 597 754** vom 16/8. 1950, ausg. 20/5. 1952.) Brösamle. 8209

Ethyl Corp., New York, N. Y. (Erfinder: **George Calingaert** und **Hymin Shapiro**, Detroit, Mich.), V. St. A., *Alkyl- bzw. Aryl–Pb-Verbindungen* erhält man durch Rk. von freiem Pb oder einer Pb-Legierung mit einem Alkyl- oder Aryl–Mg-Halogenid in Ggw. von einem oder mehreren Alkylierungs- oder Arylierungsmitteln, zweckmäßig im mol. Überschuß, vorteilhaft bei 45—85°, nach dem Reaktionsschema: $Pb + 2RMgX + 2RX \rightarrow (R)_4Pb + 2MgX_2$ (R = z. B. Äthyl, X = Cl). — Eine Na–Pb-Legierung (10% Na, 90% Pb) wird mit C_2H_5Cl bei 5,3 at auf 50—70° erhitzt, mit C_2H_5-MgCl in Ae. versetzt u. bei 9,1 at auf 70° erhitzt; man erhält nach der Wasserdampfdest. *$(C_2H_5)_4Pb$* in 83,5%ig. Ausbeute. (**D. B. P. 848 817** Kl. 12o vom 12/5. 1950, ausg. 8/9. 1952. A. Prior. 24/12. 1949.) Krauss. 8209

Gelsenkirchener Bergwerks-Akt.-Ges., Essen (Erfinder: **Georg Speckhardt**, Bochum, und **Georg Stamm**, Dortmund), *Herstellung von Steinkohlenteerdieselölen*, dad. gek., daß 1. H_2-armes Steinkohlenteeröl aus einer Destillationsvorr. redest. wird, deren Innenflächen frei von Rauheiten sind; 2. die Innenflächen der Gefäße glasiert, emailliert oder mit korrosionsfestem Material oberflächenplattiert sind. — Die Öle zeigen beim Lagern keine Rückstände. (**D. B. P. 852 696** Kl. 12r vom 10/11. 1950, ausg. 16/10. 1952.) Dersin. 8213

Standard Oil Development Co., übert. von: **Leo J. Blatz**, Elizabeth, N. J., V. St. A., *Herstellung von Heizöl.* Ein Texasheizöl mit >1% S u. Kp. 400—650° F wird zur Entfernung der Mercaptane mit einem Gemisch von CH_3OH u. NaOH-Lsg. extrahiert u. dann mit einem mit NaOH gewaschenen Cracköl vom Kp. 400—650° F vermischt. — Vorrichtung. (**A. P. 2 592 383** vom 28/6. 1949, ausg. 8/4. 1952.) Dersin. 8217

Standard Oil Development Co., Elizabeth, N. J., V. St. A., *Mineralschmieröle.* Sie enthalten Reinigungsmittel, die bei der Rk. von Phosphorsulfiden (P_2S_5) mit KW-stoffen u. Neutralisation der sauren Prodd. mit organ. Basen u. ihren bas. reagierenden Salzen erhalten wurden. Formel der freien Basen: $R_2'N—C(:NR)—NR_2''$. R, R′ u. R″ = H oder KW-stoffreste mit $C_1—C_{20}$, die gleich oder verschieden u. Alkylgruppen sein können. Man kann die reinigenden Zusätze durch Neutralisation der Prodd. aus Phosphorsulfid u. KW-stoff mit Guanidincarbonat (**I**) erhalten. — Z. B. wird 1 (Mol) P_2S_5 mit 2—5 Polyisobutylen bei 150—290° umgesetzt u. das Prod. mit **I** neutralisiert. (**D. B. P. 863 980** Kl. 23c vom 14/9. 1950, ausg. 22/1. 1953. A. Prior. 23/4. 1949.) Unger. 8221

XXI. Leder. Gerbstoffe.

P. J. van Vlimmeren, *Die enthaarende Wirkung von Aminen.* Übersicht über die Verwendung von Aminen als Enthaarungsmittel in der Lederindustrie u. die damit verknüpften Vorteile. (Nederl. Leder-Ind. **63.** 374—76. 28/8. 388—90. 4/9. 420—21. 18/9. 1952.) Wesly. 8334

W. O. Dawson, *Eine neue Eisengerbung.* Es wird ein neues Verf. der Eisengerbung beschrieben, bei dem eine Kombination des in W. lösl. u. auspolymerisierten Aminoaldehydharzes „*Chemtan 33*" mit durch Gluconsäure maskiertem $Fe_2(SO_4)_3$ verwendet wird. Gerbverss. mit gepickelten Kalbfellen ergaben, daß durch Maskierung mit Gluconsäure oder Sulfophthalsäure eine gute Stabilisierung der gerbenden Fe-Salze erreicht wird. Die Schrumpfungstemp. steigt auf 95°, wenn nur bis p_H 3 neutralisiert wird. Durch Einwalken des stark bas. Harzes wird die positive Ladung des Kollagens erhöht u. dadurch die Bindungsfähigkeit für den Fe-Komplex verstärkt. Es kann auf einen höheren p_H neutralisiert werden, ohne daß die Schrumpfungstemp. absinkt. Nach dem Verf. des Vf. gegerbte Leder können mit einem eine Sulfogruppe enthaltenden Aminoaldehydharz „*Chemtan R*" nachbehandelt werden. Derartige Leder sollen kombiniert gegerbte Armeeschuhoberleder ersetzen können. Beschreibung der Arbeitsweise. (J. Amer. Leather Chemists Assoc. **47**. 457—71. Juli 1952. Chemtan Co.) O. ENGEL. 8336

Martin Baum, Robert Lovin und **J. Richter Salvesen,** *Neue Ergebnisse über die gerbenden Eigenschaften von Ligninsulfonaten.* Vff. berichten über Gerbverss. unter Mitverwendung von Ligninsulfosäuren. Angewandt wurde eine Ligninsulfosäure, die durch Umfällen mit $Ca(OH)_2$ (I) gewonnen war u. eine Ligninsulfosäure aus Ammonsulfitaufschluß (II). I hatte einen erheblich geringeren S-Geh. (5,7% S, bezogen auf Lignin) als II (9,8%). Aus den Verss. geht hervor, daß Ligninsulfosäure in gewissem Umfang pflanzliche Gerbstoffe zu ersetzen vermag. Es kann entweder mit Ligninsulfosäure angegerbt werden, wobei im p_H-Bereich von 3—4 mit I Durchgerbungszahlen von 25—30 u. mit II von 10—15 erreicht werden, oder es kann mit Mischungen von pflanzlichen Gerbstoffen u. Ligninsulfosäuren gearbeitet werden. Mit Cr-Salzen gegerbte Leder können mit Ligninsulfosäuren allein oder in Mischung mit pflanzlichen Gerbstoffen nachgegerbt werden. Die Menge von der Haut aufgenommener Ligninsulfosäure hängt von der Mol.-Größe u. vom Sulfonierungsgrad ab. Bei Anteilen bis ca. 25% Ligninsulfosäure vom Gesamtgerbstoff werden die physikal. Eigg. der Leder nicht wesentlich beeinflußt. — 7 Tabellen. (J. Amer. Leather Chemists Assoc. **47**. 269—78. April **1952**. Rothchild, Wis., Central Res. Marathon Corp.) O. ENGEL. 8336

P. J. van Vlimmeren, *Die Verbesserung der mechanischen Eigenschaften des Leders.* Die Einflüsse der einzelnen bei der Lederherst. ausgeführten Arbeiten (Konservieren, Weichen, Kälken, Entkälken, Beizen, Gerbung, Fetten) auf die Verbesserung der mechan. Eigg. werden geschildert. (Nederl. Leder-Ind. **63**. 333—35. 22/5. 1952.) WESLY. 8340

P. J. van Vlimmeren, *Das Fettlickern von Chromleder.* Übersicht über die Emulsionen (Aufbau, Bestandteile, Bldg., Eigg., Typen), die Faktoren, die das Fettlickern beeinflussen (Zustand des Leders, Fettart, Emulgator, Verhältnis von sulfoniertem zu unsulfoniertem Öl, Fettmenge, Feuchtigkeit, Temp. u. Dauer des Fettens, p_H-Wert, Eindringen des Fettes, Zus. des W.) die Fette im Leder (Nachbehandlung des Leders, Bindungsform der Fette, Veränderung der Fette im Leder), den Einfl. des Fettlickerns auf die Ledereigg. (Schrumpfen beim Trocknen, das Äußere des Leders, mechan. u. physikal. Eigg.). (Nederl. Leder-Ind. **63**. 201—04. 27/3. 295—97. 307—08. 337—39. 356—57. 369—71. 384—85. 12/6. 1952.) WESLY. 8340

D. R. May, F. D. Thayer jr. und **J. D. McGovern,** *Analyse und chemische Zusammensetzung von Naphthalinsulfosäuresyntanen.* Es wird eine Untersuchungsmethodik für synthet. Gerbstoffe auf der Basis kondensierter Naphthalinsulfosäuren beschrieben. Es werden bestimmt: Gesamtschwefel, Sulfatasche, Sulfat u. freie H_2SO_4 durch polarograph. Titration mit Bleinitrat, Acidität, Ammoniak durch Titration mit Ca-Hypochlorit nach KOLTHOFF u. STENGER (Ind. Engng. Chem., analyt. Edit. **7**. [1935.] 79), Gesamttrockenrückstand (nach Neutralisation). Es wird erläutert, wie aus diesen Analysendaten die nachst. Kennzahlen errechnet werden: Na_2SO_4, Acidität, berechnet als H_2SO_4, freie H_2SO_4, pro Mol Naphthalin gebundene H_2SO_4, Geh. an organ. Substanz. — 2 Abbildungen, 3 Tabellen. (J. Amer. Leather Chemists Assoc. **47**. 482—91. Juli 1952. Bridgeville, Pa., American Cyanamid Comp., u. Stamford, Conn., American Cyanamid Comp., Stamford Res. Labor., Techn. Serv. u. Developm. Div.) O. ENGEL. 8364

Badische Anilin- & Soda-Fabrik, Ludwigshafen/Rh. (Erfinder: **Gerhard Otto,** Mannheim), *Fixierung von Lederzurichtungen auf der Grundlage wasserlöslicher Deckfarben.* Es werden zusammen mit den üblichen Fixierungsmitteln geringe Mengen solcher kationwirksamer oberflächenakt. Verbb. angewendet, die in W. leicht lösl. sind u. mit den vorhandenen anionwirksamen Stoffen Fällungen geben, z. B. wird ein vorgefärbtes, getrocknetes Chromkalbleder mit einer wasserlösl. Deckfarbe auf Caseinbasis gefärbt u. hierauf mit einer Appretur übersprüht, die im Liter W. 10 g Casein, 1,3 g 25%ig. NH_4OH-Lsg., 4,5 g eines sulfonierten Ricinusöls enthält. Man fixiert durch Übersprühen mit einer Lsg., die im Liter 100—150 g 30%ig. CH_2O sowie 5 g des Einwirkungsprod. eines Gemisches von 1 (Mol) Diäthylentriamin u. 1 Triäthylentetramin auf 2 Stearinsäure, das mit 1 Essigsäureanhydrid umgesetzt wurde, enthält. (**D. B. P. 849 995** Kl. 8m vom 15/11. 1950, ausg. 22/9. 1952.) V. SCHILLER. 8341

XXII. Leim. Klebstoffe usw.

Rudolf Köhler, *Aktuelle Fragen auf dem Klebstoffgebiet mit besonderer Berücksichtigung der Stärke und Stärkederivate.* Hinweis auf neue Anwendungsmöglichkeiten für Klebstoffe auf Grundlage von Stärke oder Stärkederivv., die für eine große Anzahl von Industrien, wie Holzverleimung, Kunststoffe, Leder, Folien, Papiere, Pappen, Farbbindemittel, von Interesse sind. (Stärke **4.** 89—92. April 1952. Düsseldorf, Klebstoffwerk der Fa. Henkel & Cie.) ULMANN. 8384

Leslie H. Griffiths, *Verwendung von Kautschuklatex in Klebemittelmischungen.* Vf. gibt eine Übersicht über die Technologie der Klebemittel auf Naturkautschuklatexbasis u. deren Anwendungen. Weitere Möglichkeiten ergeben sich durch Einsatz von synthet. Kautschuklatices. (India Rubber J. **122.** 304—07. 315. 23/2. 1952. Semtex, Ltd.) SCHÄFF. 8388

E. J. Ritter, *Die Verarbeitung der neuen aushärtenden Kunstharzleime.* Zusammenstellung der neueren Kunstharzleime mit Angabe ihrer techn. Daten (Tabelle). (Kunststoffe **42.** P 39—42. Mai 1952. Mainleus.) SCHÄFF. 8388

American Cyanamid Co., New York, N. Y., übert. von: **Chester Grey Landes,** New Canaan, und **John Studeny,** Stamford, Conn., V. St. A., *Stärkeklebemittel.* Um das Gelieren von konvertierten Stärkepräpp. zu verhindern, setzt man Stabilisatoren zu. Geeignet sind 1. Monomethyloldicyandiamid, 2. in W. lösl. NH_4-, Alkali- u. Erdalkalisalze des Dicyanimids u. 3. in W. lösl. Salze des Dicyanguanidins mit einer anorgan. Base (Alkali, NH_3). (**A. PP. 2 566 842, 2 566 861** u. **2 566 862** vom 5/5. 1948, ausg. 4/9. 1951.) HEINSEN. 8385

Ferdinand Pöschmann, Stuttgart, *Herstellung eines Klebstoffes für Wachspapier.* Man bringt handelsüblichen Caseinleim mit 40 (%) handelsüblichem H_2O_2 in Berührung, setzt nach ca. 1 Std. 30 reinen A. u. 30 einer Lsg. von Celluloid in Aceton zu u. läßt 1 Std. reifen. (**D. B. P. 853 484** Kl. 22i vom 18/2. 1950, ausg. 23/10. 1952.) MAASS. 8385

Weyerhaeuser Timber Co., Longview, Wash., übert. von: **Clark C. Heritage,** Cloquet, Minn., V. St. A., *Klebstoff auf Eiweißbasis,* bestehend aus z. B. Sojaeiweiß (**I**), Alkali (**II**) u. zerkleinerter Baumrinde von Coniferen, die als Puffer die **II**-Wrkg. auf **I** verzögert u. die Gebrauchszeit des angesetzten Leimes erhöht. (**A. P. 2 595 257** vom 13/7. 1948, ausg. 6/5. 1952.) LÜTTGEN. 8385

Swift & Co., übert. von: **Harland H. Young,** Chicago, Ill., V. St. A., *Eiweißhaltiger Klebstoff,* bestehend aus 20—90% tier. Leim, 2—50% wasserlösl. pflanzlichem Klebstoff, 1—30% Glucoseglucosid u. einem prim. Alkohol mit 2—8 C-Atomen. (**Can. P. 478 189** vom 12/6. 1943, ausg. 30/10. 1951. A. Prior. 16/7. 1942.) WITTHOLZ. 8385

American Cyanamid Co., V. St. A., *Klebstoffe.* Durch Alkali lösl. gemachtes tier. oder pflanzliches Eiweiß wird mit einer kleinen Menge eines Stabilisators vermischt. Als solcher kommen Alkylol-Dicyandiamide (**I**) in Betracht, u. zwar in Mengen von 5—30%, bezogen auf das Trockengewicht des Eiweißes. Der fertige Klebstoff enthält ca. 65—95% W. u. 35—5% Trockenmasse. — An Stelle von **I** kann auch ein Alkalimetall- oder Ammoniumsalz des Dicyanimids oder Dicyanoguanidins in gleichen Mengen wie **I** verwendet werden. (**F. PP. 994 272, 994 273, 994 274** vom 1/9. 1949, ausg. 14/11. 1951. Alle A. Prior. 22/9. 1948.) WITTHOLZ. 8385

Farbenfabriken Bayer (Erfinder: **Hermann Schirmer**), Leverkusen, *Herstellung von Klebemitteln* auf der Grundlage von Mischungen aus Polyhydroxylverbb. (**I**) u. Polyisocyanaten. Man setzt den **I** einwertige Alkohole, gegebenenfalls auch tert. Amine oder organ. Carbonsäuren zu. (**D. B. P. 853 483** Kl. 22i vom 17/6. 1950, ausg. 23/10. 1952.) MAASS. 8389

Badische Anilin- & Soda-Fabrik, Ludwigshafen (Erfinder: **Adolf Benischek,** Ziegelhausen, *Klebstoff* aus Vinylpyrrolidonpolymerisaten u. CH_2O, bes. zum Leimen von Holz. (**D. B. P. 851 099** Kl. 22i vom 24/8. 1944, ausg. 2/10. 1952.) MAASS. 8389

Minnesota Mining & Mfg. Co., St. Paul, Minn., übert. von: **Frederik J. Wehmer,** Birmingham, und **James M. McClellan jr.,** Detroit, Mich., V. St. A., *Herstellung eines Klebemittels* durch Mischen von plast. Polyalkylenpolysulfid, Chlorkautschuk u. einem Maleinsäureanhydrid–Kolophonium-Kondensat im Verhältnis von ca. 3:2:1, wobei die Mischung in einem halogenierten organ. Lösungsm. gelöst werden kann. (**A. P. 2 588 442** vom 26/7. 1947, ausg. 11/3. 1952.) MAASS. 8389

Leon Jean Doise, Johannesburg, Südafrika, *Klebstoff,* bestehend aus Latex mit Zusatz von 5—35% feingepulvertem S u. Kalkmehl oder Talkum. (**E. P. 661 404** vom 24/1. 1949, ausg. 21/11. 1951.) LÜTTGEN. 8389

XXIV. Photographie.

Je. A. Nessterowskaja und **Ss. Ja. Plotitscher,** *Die Natur der Zentren der photochemischen Färbung.* Beschreibung der hochempfindlichen Methoden von KIRILLOW zur Unters. der Lichtabsorption durch gefärbte Kristalle, wodurch nicht nur die vom Licht verursachten sichtbaren u. latenten Veränderungen erforscht werden können, sondern auch die Lichtempfindlichkeitszentren, die im Kristall bereits vor der Belichtung vorhanden sind. Die gleiche Natur der Zentren von Photoleitfähigkeit u. photochem. Färbung wird dadurch bestätigt, daß in den photochem. gefärbten Silberhalogensalzen das Photoleitfähigkeitszentrum durch eine Reihe von Maxima gek. ist, die mit den Maxima der Feinstruktur sich decken. Von Bedeutung für die Lichtaufnahme sind im gefärbten Silberhalogensalz außer den koll. Ag-Teilchen auch die atomaren Zentren in Form einzelner Atome u. Gruppen, die aus einer geringen Zahl von Ag-Atomen bestehen. Letztere liegen vorwiegend an der Kristalloberfläche. (Природа [Natur] **41.** Nr. 12. 67—72. Dez. 1952.) LEBTAG. 8596

Eugene Gansel, *Über die Verwendung von proteolytischen Enzymen zur Entfernung von Gelatine auf Filmunterlage.* Zur Weiterverwertung von photograph. Filmabfällen ist es notwendig, die auf beiden Seiten der Filmunterlage sitzenden Gelatineschichten zu entfernen. Hierfür hat sich die Verwendung von *proteolyt. Enzymen* bes. bewährt, da bei diesem Verf. entgegen früheren Methoden die Celluloseester nicht angegriffen werden. Durch die Protease wird die Gelatine hydrolysiert, wobei Aminosäuren entstehen, die bei entsprechendem p_H titrimetr. bestimmt werden können. Für die Unterss. wurden 6 verschied. Enzyme verwendet, z. B. *Serizym, Rhozym* u. *Takamin* der Firmen RÖHM & HAAS, TAKAMINE LABORATORIES u. WALLERSTEIN. Es wurden folgende quantitative Beobachtungen gemacht: Um die Reaktionsgeschwindigkeit bei der Hydrolyse der Gelatine zu verdoppeln, muß die vierfache Menge Enzym angewandt werden. Die Reaktionsgeschwindigkeit geht nicht proportional der Gelatinekonz., sondern sie erreicht ein Maximum bei der Gelatinekonz. von 1,16%. Bei p_H 8 verläuft die Hydrolyse viermal so schnell als bei p_H 5. Temperatursteigerung von 40 auf 50° erhöht die Reaktionsgeschwindigkeit von 1,5 auf 2,0. — Der Enzymbestimmungsmeth. liegt die Formoltitration nach SÖRENSEN zugrunde. Die Wirksamkeit des Enzyms wird ausgedrückt in cm³ n/100 NaOH pro g Gelatine. Gearbeitet wird bei 40° u. p_H 8 (Pufferlsg.: 22 g Citronensäuremonohydrat, 13 g Soda wasserfrei, 28 g $Na_2HPO_4 \cdot 12H_2O$, 5 g Borsäure, W. auf 1000 cm³). 15 g Gelatine werden in 150 cm³ W. aufgeschmolzen, mit 60 cm³ der angegebenen Pufferlsg. u. 30 cm³ einer 1%ig. Enzymsuspension versetzt u. auf 350 cm³ aufgefüllt. Nach 5,10, 20, 30 u. 60 Min. wird dieser Gelatine–Enzym-Mischung eine Probe von je 50 cm³ entnommen u. mit 22 cm³ eines Gemisches aus 450 cm³ 40%ig. Formalin u. 72 cm³ einer 1%ig. Phenolphthaleinlsg. in A. versetzt. Das Formalin stoppt augenblicklich die Wrkg. des Enzymes. Dann wird mit NaOH titriert u. umgerechnet auf den Verbrauch von n/100 NaOH pro g Gelatine. Ein Enzym, das 5 Min. nach Zugabe zur Gelatine einen Titrationswert von 5,5 cm³ n/100 NaOH ergibt, wird als wirksames Enzym bezeichnet. Diese Menge entspricht einem Hydrolysenwert von ca. 50%. An einem Beispiel wird gezeigt, wie die Hydrolyse verlangsamt wird, wenn die Gelatine durch vorheriges Behandeln mit 0,5% Glyoxal gehärtet wurde. (PSA J., Sect. B. **18.** 82—86. Okt. 1952. Binghamton, N. Y., Ansco, Res. Labor.) W. GÜNTHER. 8602

Olus J. Stewart, *Redukton als ein photographischer Entwickler.* Das von EULER u. MARTIUS (Liebigs Ann. Chem. **505.** [1933.] 83) isolierte *Glucoredukton* HO—CH= COH—CHO eignet sich als Entwicklersubstanz für photograph. Papiere. U. a. wird folgendes Rezept angegeben: 27 g $Na_2CO_3 \cdot H_2O$, 6,8 g Ätznatron, 15 g Na_2SO_3 sicc., 1 g Redukton, 4 g KBr, W. auf 1000 cm³. Die aus Redukton hergestellten Papierentwickler zeichnen sich durch einen warmbraunen Ton aus. (PSA J., Sect. B **18.** 80—86. Okt. 1952. Lexington, Ky., Univ., Dep. of Chem.) W. GÜNTHER. 8618

R. W. Henn, *Entwicklereigenschaften.* 2. Mitt. *p-Aminophenole.* (1. vgl. C. **1953.** 958.) Vf. untersucht folgende Entwicklersubstanzen auf ihre photograph. Eigg.: *p-Aminophenol* (**I**), *p-Methylaminophenol* (**II**) = *Metol, p-Oxyäthylaminophenol* (**III**), *p-β-Aminoäthylaminophenol* (**IV**), das *Natriumsalz des p-Sulfomethylaminophenols* (**V**), *p-Oxyphenylglycin* (**VI**) = *Glycin, N-Methyl-p-oxyphenylglycin* (**VII**), *4-Amino-2(oder 3)-chlorphenol* (**VIII**), *4-Amino-2(oder 3)-sulfosäure* (**IX**). Der Entwickler besteht aus folgender Mischung: 0,02 Mol Entwicklersubstanz, 0,2 Mol Natriumsulfit u. so viel NaOH, wie zur Neutralisation der OH-Gruppe bzw. der sauren Gruppen nötig ist. — Die untersuchten p-Aminophenole lassen sich nach ihren photograph. Eigg. in zwei Klassen einteilen: in solche von nichtionoidem Charakter (**A**): **I, II, III, IV, VIII,** u. solche von ionoidem Charakter (**B**): **V, VI, VII, IX.** Die Entwicklersubstanzen **A** entwickeln relativ rasch ohne große Induktionsperiode, im Gegensatz zu **B,** die in ihrer Entwicklungsgeschwindigkeit mehr den *Hydrochinonen* gleichen. **II** zeichnet sich durch die höchste Aktivität aus, die bereits bei p_H 7 deutlich meßbar wird u. mit steigender Alkalität beträchtlich zunimmt. **I** u. **III** besitzen nur die Hälfte bzw. zwei Drittel der Entwicklungskraft von **II**. Die Substanzen **B** nehmen bei höheren p_H-Werten weniger an Entwicklungskraft zu als **A**, ihre Aktivität beträgt nur ein Drittel bis ein Viertel der von **II**. Die Schleierneigung steigt bei allen p-Aminophenolen im allg. mit dem p_H an. **IV** gibt über p_H 9 erheblichen Schleier, eine Feststellung, die der prim. aliphat. Aminogruppe zugeschrieben wird. Die p-Aminophenole geben nur etwa die Hälfte des bei den Hydrochinonen beobachteten Schleiers. Im Gegensatz zum Hydrochinon geht die Verfärbung einer Entwicklerlsg. aus **II** durch Oxydationsprodd. annähernd parallel zum Verlust seiner Entwicklungskraft. Die Oxydierbarkeit der p-Aminophenole nimmt mit dem p_H zu. **III** u. **V** sind über p_H 11,5 gegenüber Oxydationsvorgängen relativ resistent. Bei p_H 10 sind mit Ausnahme von **I** u. **II** die p-Aminophenole relativ leicht löslich. **II** u. **IX** werden durch Zugabe von Hydrochinon ausgefällt. Der Substanz **III** kommt eine gewisse prakt. Bedeutung zu, da sie **II**, den Hauptvertreter aus der Gruppe der p-Aminophenole, in ihrer Löslichkeit übertrifft, somit für den Ansatz konzentrierterer Entwickler Verwendung finden kann. Außerdem ist sie bei höheren p_H-Werten weniger oxydierbar. Das bekannte Glycin **VI** ist nur in stark alkal. Lsgg. anwendbar, es ist empfindlich gegen p_H-Änderungen u. neigt zu dichroit. Schleier. — Die Unterschiede zwischen den Gruppen **A** u. **B** beruhen darauf, daß **A** als einfach geladene Ionen reagieren, während **B** als doppelt geladenen Ionen entwickeln, wie ihre p_H-Empfindlichkeit beweist. (PSA J., Sect. B **18**. 90—95. Okt. 1952. Kodak, Res. Labor., Mitt. 1485.) W. GÜNTHER. 8618

R. Thiers und **A. van Dormael**, *Farbbildner aus der Klasse der Malondiamide.* Vff. stellen fest, daß die von der I.G. patentierten (vgl. C. **1940**. I. 4024) *Malondiamide* der allg. Formel: $R-NH-CO-CH_2-CO-NH-R'$ (I) keine Farbbildner sind, da sie nach wiederholtem Umkristallisieren prakt. inakt. gegenüber den Oxydationsprodd. von Farbentwicklern wie ***Diäthyl-p-phenylendiamin*** werden. Die farbbildenden Eigg. der Malondiamide sind gewissen, in ihnen enthaltenen Verunreinigungen, wahrscheinlich *Malonsäureamidestern*: $R-NH-CO-CH_2-COOC_2H_5$ (**II**) zuzuschreiben, die als gelbe Farbbildner ebenfalls bekannt sind. Intensive gelbe Farbbildner sind: das *Anilid des Malonsäuremonoäthylesters* (**II**, $R = C_6H_5$) u. das *N-(2-Pyridyl-5-chlor)-amid des Malonsäuremonoäthylesters.* — Es werden folgende symm. u. asymm. **I** beschrieben u. auf ihre farbbildenden Eigg. untersucht: Formel **I**, R=R' = 4-Methylthiazolyl-Rest (s. nebenst. Formel), F. 229—230°, hellgelber Farbbildner. — R=R' = 4-Phenylthiazolyl, F. 261—262°. —

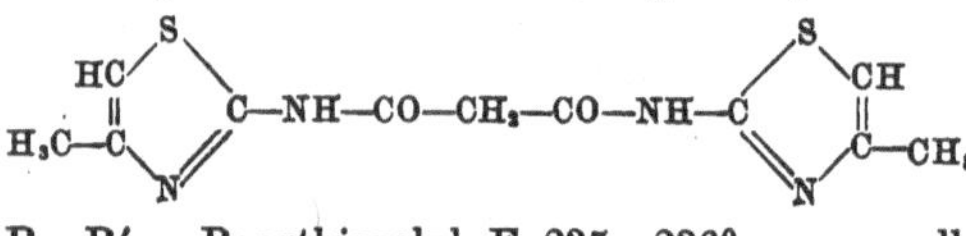

R=R' = Benzthiazolyl, F. 235—236°, orangegelber Farbbildner. — R = Benzthiazolyl, R' = 4-Phenylthiazolyl, F. 246—247°, gelber Farbbildner. — R = Benzthiazolyl, R' = Phenyl, F. 233—234°, gelber Farbbildner. — R = Benzthiazolyl, R' = N-Methylbenzthiazolyliden, F. 242—243°, wenig intensiver gelber Farbbildner. — R = Benzthiazolyl, R' = 5-Chlor-2-pyridyl, F. 223—224°, kein Farbbildner. — R=R' = 5-Chlor-2-pyridyl, F. 236—237°, kein Farbbildner. — R=R' = Benzoxazolyl, F. 236—238°, kein Farbbildner. — R=R' = N-Methylbenzthiazolyliden, F. 262—263°, kein Farbbildner. — R=R' = Phenyl, F. 223—224°, kein Farbbildner. — R=R' = p-Oxyphenyl, F. 235° unter Zers., kein Farbbildner. — R=R' = β-Napththyl, F. 235—236°, kein Farbbildner. — R=R' = 3.5-Dicarboxyphenyl, F. über 350°, schwachgelber Farbbildner. — R=R' = Phenyl-3.5-dicarbonsäuremethylester, F. 255—256°, schwachgelber Farbbildner. — Die chromogene Entw. wird durchgeführt, indem man 0,2 g des Farbkupplers in 1—5 cm³ A. löst oder suspendiert u. dann zu folgendem Entwickler gibt: W. auf 1000 cm³, 3 g N.N-Diäthyl-p-phenylendiamin, 5 g krist. Natriumsulfit, 75 g K_2CO_3 u. 2,5 g KBr. Bei den schwerlösl. Verbb. nimmt man 1—2 cm³ Dioxan oder Diaceton-Alkohol, bzw. 2nNaOH. Die Entwicklungsdauer beträgt bei Verwendung eines Positivfilmstreifens 16 Minuten. (Sci. Ind. photogr. [2] **23**. 386—88. Okt. 1952. Mortsel-Anvers, Gevaert Photo-Produits S. A., Serv. de Rech. Chim.) W. GÜNTHER. 8630

Herausgeber u. verantwortlich für den Inhalt: Prof. Dr. Maximilian Pflücke, Berlin W 8, Jägerstraße 22/23, Fernsprecher: 200481, 201464. Redaktion: Chefredakteure Dr. Eugen Klever und Prof. Dr. Maximilian Pflücke. Verlag: Akademie-Verlag GmbH, Berlin NW 7, Schiffbauerdamm 19 (Fernsprecher 425571, Postscheckkonto Berlin 35021) u. Verlag Chemie, GmbH, Weinheim/Bergstraße (Postscheckkonto Frankfurt/M. 145314 u. Berlin [West] 7430, Fernsprecher: Weinheim 2017). Bestell- u. Verlags-Nr. dieses Heftes: 1007/124/20. Das Chemische Zentralblatt erscheint wöchentlich
Satz u. Druck: VEB Leipziger Druckhaus, Leipzig, III/18/203. V. 53.
Veröffentlicht unter der Lizenznummer 1212 des Amtes für Literatur und Verlagswesen der Deutschen Demokratischen Republik.
Printed in Germany.

FSC
www.fsc.org
MIX
Papier | Fördert
gute Waldnutzung
FSC® C083411

Zeitfracht Medien GmbH
Ferdinand-Jühlke-Straße 7
99095 Erfurt, Deutschland
produktsicherheit@kolibri360.de